西门子

S7-200 PLC

从入门到精通

（第二版）

陈忠平　廖亦凡　侯玉宝　高金定　编著

XIMENZI S7-200 PLC
CONG RUMEN DAO JINGTONG

中国电力出版社
CHINA ELECTRIC POWER PRESS

内 容 提 要

本书从实际工程应用出发，以国内广泛使用的德国西门子公司 S7-200 PLC 为对象，讲解整体式 PLC 的基础与实际应用等方面的内容。本书共 11 章，主要介绍了 PLC 的基本概况、S7-200 PLC 的硬件系统、S7-200 PLC 编程软件的使用、S7-200 PLC 的基本指令、S7-200 PLC 的功能指令、数字量控制系统梯形图的设计方法、S7-200 PLC 模拟量功能与 PID 控制、PLC 的通信与网络、文本显示器与变频器、PLC 控制系统设计及实例、PLC 的安装与维护等内容。

本书语言通俗易懂，实例的实用性和针对性较强，特别适合初学者使用，对有一定 PLC 基础的读者也会有很大帮助。本书既可作为电气控制领域技术人员的自学教材，也可作为高职高专院校、成人高校、本科院校的电气工程、自动化、机电一体化、计算机控制等专业的参考书。

图书在版编目（CIP）数据

西门子 S7-200 PLC 从入门到精通/陈忠平等编著. —2 版. —北京：中国电力出版社，2020.1
ISBN 978-7-5198-3615-3

Ⅰ. ①西… Ⅱ. ①陈… Ⅲ. ①PLC 技术 Ⅳ. ①TM571.61

中国版本图书馆 CIP 数据核字（2019）第 187356 号

出版发行：中国电力出版社
地　　址：北京市东城区北京站西街 19 号（邮政编码 100005）
网　　址：http://www.cepp.sgcc.com.cn
责任编辑：刘　炽（liuchi1030@163.com）
责任校对：黄　蓓　朱丽芳　闫秀英
装帧设计：赵姗姗
责任印制：杨晓东

印　　刷：三河市航远印刷有限公司
版　　次：2015 年 1 月第一版　2020 年 1 月第二版
印　　次：2020 年 1 月北京第二次印刷
开　　本：787 毫米×1092 毫米　16 开本
印　　张：33.5
字　　数：780 千字
定　　价：128.00 元

PLC 的中文名为可编程控制器，它是以微处理器为基础，综合了现代计算机技术、自动控制技术和通信技术发展起来的一种新型通用工业自动控制装置。PLC 以其可靠性高、灵活性强、易于扩展、通用性强、使用方便等优点，已成为工控领域中最重要、应用最广的控制设备之一。

SIMATIC❶ S7-200 是西门子公司推出的一种小型整体式 PLC，其结构紧凑，具有性价比高、功能强大等特点，当前在我国的小型 PLC 市场中占有较大的份额。本书自第一版出版以来，有幸得到了广大读者及同行们的厚爱和宝贵意见，在此表示深深的谢意！在总结近几年的教学实践经验、意见与最新的技术资料的基础上，做了相应的修订：删除了 PLC 与其他顺序逻辑控制系统的比较、编程软件的安装；增加了 Modbus 寻址、PLC 控制的应用设计；增加或修改了部分实例。

本书特点

1. 由浅入深，循序渐进

本书在内容编排上采用由浅入深、由易到难的原则，在介绍 PLC 的组成及工作原理、硬件系统构成、软件的使用等基础上，在后续章节中结合具体的实例，逐步讲解相应指令的应用等相关知识。

2. 技术全面，内容充实

全书重点突出，层次分明，注重知识的系统性、针对性和先进性。对于指令的讲解，不是泛泛而谈，而是辅以简单的实例，使读者更易于掌握。注重理论与实践相结合，培养工程应用能力。本书的大部分实例取材于实际工程项目或其中的某个环节，对读者从事 PLC 应用和工程设计具有较大的实践指导意义。

3. 分析原理，步骤清晰

对于每个实例，都分析其设计原理，总结实现的思路和步骤。读者可以根据具体步骤实现书中的例子，将理论与实践相结合。

本书内容

第 1 章 PLC 的基本概况 本章除了对 PLC 的定义、基本功能与特点、应用和分类和 OMRON PLC 进行简单介绍外，介绍了 PLC 的组成及工作原理。

第 2 章 S7-200 PLC 的硬件系统 本章主要介绍了 S7-200 PLC 的主机单元、扩展单元以及存储器的数据类型与地址指定。

第 3 章 S7-200 PLC 编程软件的使用 本章介绍了 PLC 编程语言的种类，并重点讲述 STEP7-Micro/WIN 编程软件及 S7-200 仿真软件的使用。

---

❶ SIMATIC 是西门子自动化系列产品品牌统称，来源于 SIEMENS+ Automatic（西门子＋自动化）。

前 言

第 4 章　S7-200 PLC 的基本指令　基本指令是 PLC 编程时最常用的指令。本章介绍了基本逻辑指令、定时器指令、计数器指令和程序控制类指令，并通过实例讲解这些基本指令的使用方法。

第 5 章　S7-200 PLC 的功能指令　功能指令使 PLC 具有强大的数据处理和特殊功能。本章主要讲解了数据处理指令、算术运算指令和逻辑运算指令、PLC 转换指令、中断指令、实时时钟指令等内容。

第 6 章　数字量控制系统梯形图的设计方法　本章介绍了梯形图的设计方法、顺序控制设计法与顺序功能图、常见的顺序控制编写梯形图的方法、S7-200 顺序控制，并通过多个实例重点讲解了单序列的 S7-200 顺序控制、选择序列的 S7-200 顺序控制、并行序列的 S7-200 顺序控制的应用。

第 7 章　S7-200 模拟量功能与 PID 控制　本章介绍了模拟量的基本概念、S7-200 系列 PLC 的模拟量输入/输出扩展模块、PID 控制及 PID 应用控制等内容。

第 8 章　PLC 的通信与网络　本章介绍了数据通信、工业局域网、西门子 PLC 的通信与网络等基础知识，并通过实例重点讲解了 S7-200 系列 PLC 的 Modbus 通信、S7-200 系列 PLC 的自由端口通信、S7-200 系列 PLC 的 PPI 通信等内容。

第 9 章　文本显示器与变频器　本章介绍了文本显示的使用方法、西门子 G110 和 MM440 这两种变频器的接线方法、调试方法等内容，然后通过实例讲解 PLC 在变频器控制系统中的应用。

第 10 章　PLC 控制系统设计及实例　本章讲解了 PLC 控制系统的设计方法、通过实例讲解了 PLC 在电动机控制系统中的应用、PLC 在机床电气控制系统中的应用，以及 PLC 控制的应用设计方法。

第 11 章　PLC 的安装与维护　本章讲解了 PLC 的安装方法、主机单元和扩展 I/O 单元的接线、PLC 的维护和维修等内容。

读者对象

- PLC 初学人员；
- 自动控制工程师、PLC 工程师、硬件电路工程师及 PLC 维护人员；
- 高等院校电气、自动化相关专业师生。

参加本书编写工作的有湖南工程职业技术学院陈忠平，湖南涉外经济学院廖亦凡、侯玉宝和高金定，衡阳技师学院胡彦伦，湖南航天诚远精密机械有限公司刘琼，湖南科技职业技术学院高见芳，湖南三索物联信息科技有限公司王汉其等。全书由湖南信息学院邬书跃教授主审。

由于编者知识水平和经验的局限性，书中难免有错漏之处，敬请广大读者批评指正。

编著者

目录

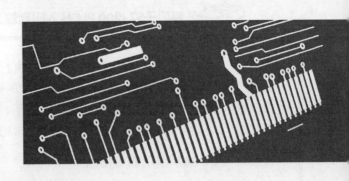

第1章

PLC的基本概况

自20世纪60年代末期世界第一台PLC问世以来,PLC发展十分迅速,特别是近些年来,随着微电子技术和计算机技术的不断发展,PLC在处理速度、控制功能、通信能力及控制领域等方面都有新的突破。PLC将传统的继电—接触器的控制技术和现代计算机信息处理技术的优点有机结合起来,已成为工业自动化领域中最重要、应用最广的控制设备之一,是现代工业生产自动化的重要支柱。

1.1 PLC 简 介

1.1.1 PLC 的定义

可编程控制器是在继电器控制和计算机控制的基础上开发出来的,并逐渐发展以微处理器为基础,综合计算机技术、自动控制技术和通信技术等现代科技为一体的新型工业自动控制装置。目前广泛应用于各种生产机械和生产过程的自动控制系统中。

因早期的可编程控制器主要用于代替继电器实现逻辑控制,因此将其称为可编程逻辑控制器(Programmable Logic Controller),简称PLC。随着技术的发展,许多厂家采用微处理器(Micro Processer Unit,MPU)作为可编程控制的中央处理单元(Central Processing Unit,CPU),大大加强了PLC功能,使它不仅具有逻辑控制功能,还具有算术运算功能和对模拟量的控制功能。据此美国电气制造协会(National Electrical Manufacturers Association,NEMA)于1980年将它正式命名为可编程序控制器(Programmable Controller),简称PC,且对PC做如下定义:PC是一种数字式的电子装置,它使用了可编程序的存储器以存储指令,能完成逻辑、顺序、计时、计数和算术运算等功能,用以控制各种机械或生产过程。

国际电工委员会(IEC)在1985年颁布的标准中,对可编程序控制器做如下定义:可编程序控制器是一种专为工业环境下应用而设计的数字运算操作的电子系统。它采用可编程程序的存储器，用来在其内部存储执行逻辑运算、顺序控制、定时、计数和算术运算等操作的指令，并通过数字式、模拟式的输入和输出，控制各种机械或生产过程。

PC可编程序控制器在工业界使用了多年，但因个人计算机（Personal Computer）也简称为PC，为了对两者进行区别，现在通常把可编程序控制器简称为PLC。

1.1.2 PLC的基本功能与特点

1. PLC的基本功能

（1）逻辑控制功能。逻辑控制又称为顺序控制或条件控制，它是PLC应用最广泛的领域。逻辑控制功能实际上就是位处理功能，使用PLC的"与"（AND）、"或"（OR）、"非"（NOT）等逻辑指令，取代继电器触点的串联、并联及其他各种逻辑连接，进行开关控制。

（2）定时控制功能。PLC的定时控制，类似于继电—接触器控制领域中的时间继电器控制。在PLC中有许多可供用户使用的定时器，这些定时器的定时时间可由用户根据需要进行设定。PLC执行时根据用户定义时间长短进行相应限时或延时控制。

（3）计数控制功能。PLC为用户提供了多个计数器，PLC的计数器类似于单片机中的计数器，其计数初值可由用户根据需求进行设定。执行程序时，PLC对某个控制信号状态的改变次数（如某个开关的动合次数）进行计数，当计数到设定值时，发出相应指令以完成某项任务。

（4）步进控制功能。步进控制（又称为顺序控制）功能是指在多道加工工序中，使用步进指令控制，在完成一道工序后，PLC自动进行下一道工序。

（5）数据处理功能。PLC一般具有数据处理功能，可进行算术运算、数据比较、数据传送、数据移位、数据转换、编码、译码等操作。中、大型PLC还可完成开方、PID运算、浮点运算等操作。

（6）A/D、D/A转换功能。有些PLC通过A/D、D/A模块完成模拟量和数字量之间的转换、模拟量的控制和调节等操作。

（7）通信联网功能。PLC通信联网功能是利用通信技术，进行多台PLC间的同位链接、PLC与计算机链接，以实现远程I/O控制或数据交换。可构成集中管理、分散控制的分布式控制系统，以完成较大规模的复杂控制。

（8）监控功能。监控功能是利用编程器或监视器对PLC系统各部分的运行状态、进程、系统中出现的异常情况进行报警和记录，甚至自动终止运行。通常小型低档PLC利用编程器监视运行状态；中档以上的PLC使用CRT接口，从屏幕上了解系统的工作状况。

2. PLC的特点

（1）可靠性高、抗干扰能力强。继电—接触器控制系统使用大量的机械触点，连接线路比较繁杂，且触点通断时有可能产生电弧和机械磨损，影响其寿命，可靠性差。PLC中采用现代大规模集成电路，比机械触点继电器的可靠性要高。在硬件和软件设计中都采用了先进技术以提高可靠性和抗干扰能力。比如，用软件代替传统继电—接触器控制系统中的中间继电器和时间继电器，只剩下少量的输入/输出硬件，将触点因接触不良造成的故障大大减小，提高了可靠性；所有I/O接口电路采用光电隔离，使工业现场的外电路与 PLC 内部电路电气隔离；增加自诊断、纠错等功能，提高了其在恶劣工业生产现场的可靠性、抗干扰能力。

（2）灵活性好、扩展性强。继电—接触器控制系统由继电器等低压电器采用硬件接线实现，连接线路比较繁杂，而且每个继电器的触点有数目有限。当控制系统功能改变时，需改变线路的连接。所以继电—接触器控制系统的灵活性、扩展性差。而在由 PLC 构成的控制系统中，只需在 PLC 的端子上接入相应的控制线即可，精简接线。当控制系统功能改变时，有时只需编程器在线或离线修改程序，就能实现其控制要求。PLC 内部有大量的编程元件，能实现逻辑判断、数据处理、PID 调节和数据通信功能，进而可以实现非常复杂的控制功能，若元件不够，只需加上相应的扩展单元即可，因此 PLC 控制系统的灵活性好、扩展性强。

（3）控制速度快、稳定性强。继电—接触器控制系统是依靠触点的机械动作来实现控制的，其触点的动断速度一般在几十毫秒，影响控制速度，有时还会出现抖动现象。PLC 控制系统由程序指令控制半导体电路来实现的，响应速度快，一般执行一条用户指令在很短的时间（微秒级）内即可，PLC 内部有严格的同步，不会出现抖动现象。

（4）延时调整方便，精度较高。继电—接触器控制系统的延时控制是通过时间继电器来完成的，而时间继电器的延时调整不方便，且易受环境温度和湿度的影响，延时精度不高。PLC 控制系统的延时是通过内部时间元件来完成的，不受环境的温度和湿度的影响，定时元件的延时时间只需改变定时参数即可，因此其定时精度较高。

（5）系统设计安装快、维修方便。继电—接触器实现一项控制工程，其设计、施工、调试必须依次进行，周期长，维修比较麻烦。PLC 使用软件编程取代继电—接触器中的硬件接线而实现相应功能，使安装接线工作量减小，现场施工与控制程序的设计还可同时进行，周期短、调试快。PLC 具有完善的自诊断、履历情报存储及监视功能，对于其内部工作状态、通信状态、异常状态和 I/O 点的状态均有显示，若控制系统有故障时，工作人员通过它即可迅速查出故障原因，及时排除故障。

1.1.3 PLC 的应用和分类

1. PLC 的应用

以前由于 PLC 的制造成本较高，其应用受到一定的影响。随着微电子技术的发展，PLC 的制造成本不断下降，同时 PLC 的功能大大增强，因此 PLC 目前已广泛应用于冶金、石油、化工、建材、机械制造、电力、汽车、造纸、纺织、环保等行业。从应用类型看，其应用范围大致归纳为以下几种：

（1）逻辑控制。PLC 可进行"与""或""非"等逻辑运算，使用触点和电路的串、并联代替继电—接触器系统进行组合逻辑控制、定时控制、计数控制与顺序逻辑控制。这是 PLC 应用最基本、最广泛的领域。

（2）运动控制。大多数 PLC 具有拖动步进电动机或伺服电动机的单轴或多轴位置的专用运动控制模块，灵活运用指令，使运动控制与顺序逻辑控制有机结合在一起，广泛用于各种机械设备。如对各种机床、装配机械、机械手等进行运动控制。

（3）过程控制。现代中、大型 PLC 都具有多路模拟量 I/O 模块和 PID 控制功能，有的小型 PLC 也具有模拟量输入/输出模块。PLC 可将接收到的温度、压力、流量等连续变化的模拟量，通过这些模块实现模拟量和数字量的 A/D 或 D/A 转换，并对被控模拟量进行闭环 PID 控制。这一控制功能广泛应用于锅炉、反应堆、水处理、酿酒等方面。

（4）数据处理。现代 PLC 具有数学运算（如矩阵运算、函数运算、逻辑运算等）、数据传送、转换、排序、查表、位操作等功能，可进行数据采集、分析、处理，同时可通过通信功能将数据传送给其他智能装置，如 PLC 对计算机数值控制 CNC 设备进行数据处理。

（5）通信联网控制。PLC 通信包括 PLC 与 PLC、PLC 与上位机（如计算机）、PLC 与其他智能设备之间的通信。PLC 通过同轴电缆、双绞线等设备与计算机进行信息交换，可构成"集中管理、分散控制"的分布式控制系统，以满足工厂自动化 FA 系统、柔性制造系统 FMS、集散控制系统 DCS 等发展的需要。

2. PLC 的分类

PLC 种类繁多，性能规格不一，通常根据其流派、结构形式、性能高低、控制规模等方面进行分类。

（1）按流派进行分类。世界上有 200 多个 PLC 厂商，400 多个品种 PLC 产品。这些产品，根据地域的不同，主要分成 3 个流派：美国流派产品、欧洲流派产品和日本流派产品。美国和欧洲的 PLC 技术是在相互隔离情况下独立研究开发的，因此美国和欧洲的 PLC 产品有明显的差异性。而日本的 PLC 技术是由美国引进的，对美国的 PLC 产品有一定的继承性，但美国和欧洲以大中型 PLC 而闻名，而日本的主推产品以小型 PLC 著称。

1）美国 PLC 产品。美国是 PLC 生产大国，有 100 多家 PLC 厂商，著名的有 A–B、通用电气（GE）公司、莫迪康（MODICON）公司、德州仪器（TI）公司、西屋公司等。

A–B（Allen–Bradley，艾伦–布拉德利）是 Rockwell（罗克韦尔）自动化公司的知名品牌，其 PLC 产品规格齐全、种类丰富。A–B 小型 PLC 为 MicroLogix PLC，主要型号有 MicroLogix1000、MicroLogix1100、MicroLogix1200、MicroLogix1400、MicroLogix1500，其中 MicroLogix1000 体积小巧、功能全面，是小型控制系统的理想选择；MicroLogix1200 能够在空间有限的环境中，为用户提供强大的控制功能，满足不同应用项目的需要；MicroLogix1500 不仅功能完善，而且还能根据应用项目的需要进行灵活扩展，适用于要求较高的控制系统。A–B 中型 PLC 为 CompactLogix PLC，该系列 PLC 可以通过 EtherNet/IP、控制网、设备网来远程控制输入/输出和现场设备，实现不同地点的分布式控制。A–B 大型 PLC 为 ControlLogix PLC，该系列 PLC 提供可选的用户内存模块（750K～8M 字节），能解决有大量输入/输出点数系统的应用问题（支持多达 4000 点模拟量和 128 000 点数字量）；可以控制本地输入/输出和远程输入/输出；可以通过以太网 EtherNet/IP、控制网 ControlNet、设备网 DeviceNet 和远程输入/输出 Universal Remote I/O 来监控系统中的输入和输出。

GE 公司的 PLC 代表产品是小型机 GE–1、GE–1/J、GE–1/P 等，除 GE–1/J 外，均采用模块结构。GE–1 用于开关量控制系统，最多可配置到 112 个 I/O 点。GE–1/J 是更小型化的产品，其 I/O 点最多可配置到 96 点。GE–1/P 是 GE–1 的增强型产品，增加了部分功能指令（数据操作指令）、功能模块（A/D、D/A 等）、远程 I/O 功能等，其 I/O 点最多可配置到 168 点。中型机 GE–Ⅲ，它比 GE–1/P 增加了中断、故障诊断等功能，最多可配置到 400 个 I/O 点。大型机 GE–Ⅴ，它比 GE–Ⅲ增加了部分数据处理、表格处理、子程序控制等功能，并具有较强的通信功能，最多可配置到 2048 个 I/O 点。GE-Ⅵ/P 最多可配置到 4000 个 I/O 点。

德州仪器（TI）公司的小型 PLC 产品有 510、520 和 TI100 等，中型 PLC 产品有 TI300、5TI 等，大型 PLC 产品有 PM550、530、560、565 等系列。除 TI100 和 TI300 无联网功能外，其他 PLC 都可实现通信，构成分布式控制系统。

莫迪康（MODICON）公司有 M84 系列 PLC。其中 M84 是小型机，具有模拟量控制、与上位机通信功能，I/O 点最多为 112 点。M484 是中型机，其运算功能较强，可与上位机通信，也可与多台联网，I/O 点最多可扩展为 512 点。M584 是大型机，其容量大、数据处理和网络能力强，I/O 点最多可扩展为 8192 点。M884 增强型中型机，它具有小型机的结构、大型机的控制功能，主机模块配置 2 个 RS-232C 接口，可方便地进行组网通信。

2）欧洲 PLC 产品。德国的西门子（SIEMENS）公司、AEG 公司和法国的 TE 公司是欧洲著名的 PLC 制造商。德国的西门子公司的电子产品以性能精良而久负盛名。在中、大型 PLC 产品领域与美国的 A-B 公司齐名。

3）日本 PLC 产品。日本的小型 PLC 最具特色，在小型机领域中颇具盛名，某些用欧美的中型机或大型机才能实现的控制，日本的小型机就可以解决。日本的小型机在开发较复杂的控制系统方面明显优于欧美的小型机，所以格外受用户欢迎。日本有许多 PLC 制造商，如三菱、欧姆龙、松下、富士、日立、东芝等，在世界小型 PLC 市场上，日本产品约占有 70% 的份额。

三菱公司的 PLC 是较早进入中国市场的产品。其小型机 F1/F2 系列是 F 系列的升级产品，早期在我国的销量也不小。F1/F2 系列加强了指令系统，增加了特殊功能单元和通信功能，比 F 系列有了更强的控制能力。继 F1/F2 系列之后，20 世纪 80 年代末三菱公司又推出 FX 系列，在容量、速度、特殊功能、网络功能等方面都有了全面的加强。FX2 系列是在 20 世纪 90 年代开发的整体式高功能小型机，它配有各种通信适配器和特殊功能单元。FX2N 为高功能整体式小型机，它是 FX2 的换代产品，各种功能都有了全面的提升。近年来还不断推出满足不同要求的微型 PLC，如 FXOS、FX1S、FX0N、FX1N 及 α 系列等产品。

三菱公司的大中型机有 A 系列、QnA 系列和 Q 系列，具有丰富的网络功能，I/O 点数可达 8192 点。其中 Q 系列具有超小的体积、丰富的机型、灵活的安装方式、双 CPU 协同处理、多存储器、远程口令等特点，是三菱公司现有 PLC 中最高性能的 PLC。

欧姆龙（OMRON）公司的 PLC 产品，大、中、小、微型规格齐全。微型机以 SP 系列为代表，其体积极小，速度极快。小型机有 P 型、H 型、CPM1A 系列、CPM2A 系列、CPM2C 和 CQM1 等。P 型机现已被性价比更高的 CPM1A 系列所取代，CPM2A/2C、CQM1 系列内置 RS-232C 接口和实时时钟，并具有软 PID 功能，CQM1H 是 CQM1 的升级产品。中型机有 C200H、C200HS、C200HX、C200HG、C200HE、CS1 系列。C200H 是前些年畅销的高性能中型机，配置齐全的 I/O 模块和高功能模块，具有较强的通信和网络功能。C200HS 是 C200H 的升级产品，指令系统更丰富、网络功能更强。C200HX/HG/HE 是 C200HS 的升级产品，有 1148 个 I/O 点，其容量是 C200HS 的 2 倍，速度是 C200HS 的 3.75 倍，有品种齐全的通信模块，是适应信息化的 PLC 产品。

CS1 系列具有中型机的规模、大型机的功能，是一种极具推广价值的新机型。大型机有 C1000H、C2000H、CV（CV500/CV1000/CV2000/CVM1）等。C1000H、C2000H 可单机或双机热备运行，安装带电插拔模块，C2000H 可在线更换 I/O 模块；CV 系列中除 CVM1 外，均可采用结构化编程，易读、易调试，并具有更强大的通信功能。

进入 21 世纪后，OMRON PLC 技术的发展日新月异，升级换代呈明显加速趋势，在小型机方面已推出了 CP1H/CP1L/CP1E 等系列机型。其中，CP1H 系列 PLC 是 2005 年推出的，与以往产品 CPM2A 40 点 PLC 输入/输出型尺寸相同，但处理速度可达其 10 倍。该机型外形小巧，速度极快，执行基本命令只需 0.1μs，且内置功能强大。

松下公司的 PLC 产品中，FP0 为微型机，FP1 为整体式小型机，FP3 为中型机，FP5/FP10、FP10S（FP10 的改进型）、FP20 为大型机，其中 FP20 是最新产品。松下公司近几年 PLC 产品的主要特点是：指令系统功能强；有的机型还提供可以用 FP-BASIC 语言编程的 CPU 及多种智能模块，为复杂系统的开发提供了软件手段；FP 系列各种 PLC 都配置通信机制，由于它们使用的应用层通信协议具有一致性，给构成多级 PLC 网络和开发 PLC 网络应用程序带来了方便。

（2）按结构形式进行分类。根据 PLC 的硬件结构形式，将 PLC 分为整体式、模块式和混合式三类。

1）整体式 PLC。整体式 PLC 是将电源、CPU、I/O 接口等部件集中配置装在一个箱体内，形成一个整体，通常将其称为主机或基本单元。采用这种结构的 PLC 具有结构紧凑、体积小、重量轻、价格较低、安装方便等特点，但主机的 I/O 点数固定，使用不太灵活。一般小型或超小型的 PLC 通常采用整体式结构。

2）模块式 PLC。模块式结构 PLC 又称为积木式结构 PLC，它是将 PLC 各组成部分以独立模块的形式分开，如 CPU 模块、输入模块、输出模块、电源模块有各种功能模块。模块式 PLC 由框架或基板和各种模块组成，将模块插在带有插槽的基板上，组装在一个机架内。采用这种结构的 PLC 具有配置灵活、装配方便、便于扩展和维修。大、中型 PLC 一般采用模块式结构。

3）混合式 PLC。混合式结构 PLC 是将整体式的结构紧凑、体积小、安装方便和模块式的配置灵活、装配方便等优点结合起来的一种新型结构 PLC。例如西门子公司生产的 S7-200 系列 PLC 就是采用这种结构的小型 PLC，西门子公司生产的 S7-300 系列 PLC 也是采用这种结构的中型 PLC。

（3）按性能高低进行分类。根据性能的高低，将 PLC 分为低档 PLC、中档 PLC 和高档 PLC 三类。

1）低档 PLC。低档 PLC 具有基本控制和一般逻辑运算、计时、计数等基本功能，有的还具有少量模拟量输入/输出、算术运算、数据传送和比较、通信等功能。这类 PLC 只适合于小规模的简单控制，在联网中一般作为从机使用。如西门子公司生产的 S7-200 就属于低档 PLC。

2）中档 PLC。中档 PLC 有较强的控制功能和运算能力，它不仅能完成一般的逻辑运算，也能完成比较复杂的三角函数、指数和 PID 运算，工作速度比较快，能控制多个输入/输出模块。中档 PLC 可完成小型和较大规模的控制任务，在联网中不仅可作从机，也可作主机，如 S7-300 就属于中档 PLC。

3）高档 PLC。高档 PLC 有强大的控制和运算能力，不仅能完成逻辑运算、三角函数、指数、PID 运算、还能进行复杂的矩阵运算、制表和表格传送操作。可完成中型和大规模的控制任务，在联网中一般作主机，如西门子公司生产的 S7 - 400 就属于高档 PLC。

（4）按控制规模进行分类。根据 PLC 控制器的 I/O 总点数的多少可分为小型机、中型机和大型机。

1）小型机。I/O 总点数在 256 点以下的 PLC 称为小型机，如西门子公司生产的 S7 - 200 系列 PLC、三菱公司生产的 FX2N 系列 PLC、欧姆龙公司生产的 CP1H 系列 PLC 均属于小型机。小型 PLC 通常用来代替传统继电—接触器控制，在单机或小规模生产过程中使用，它能执行逻辑运算、定时、计数、算术运算、数据处理和传送、高速处理、中断、联网通信及各种应用指令。I/O 总点数不大于 64 点的称为超小型或微型 PLC。

2）中型机。I/O 总点数在 256～2048 点之间的 PLC 称为中型机，如西门子公司生产的 S7 - 300 系列 PLC、欧姆龙公司生产的 CQM1H 系列 PLC 属于中型机。中型 PLC 采用模块化结构，根据实际需求，用户将相应的特殊功能模块组合在一起，使其具有数字计算、PID 调节、查表等功能，同时相应的辅助继电器增多，定时、计数范围扩大，功能更强，扫描速度更快，适用于较复杂系统的逻辑控制和闭环过程控制。

3）大型机。I/O 总点数在 2048 以上的 PLC 称为大型机，如西门子公司生产的 S7 - 400 系列 PLC、欧姆龙公司生产的 CS1 系列 PLC 属于大型机。I/O 总点数超过 8192 的称为超大型 PLC 机。大型 PLC 具有逻辑和算术运算、模拟调节、联网通信、监视、记录、打印、中断控制、远程控制及智能控制等功能。目前有些大型 PLC 使用 32 位处理器，多 CPU 并行工作，具有大容量的存储器，使其扫描速度高速化，存储容量大大加强。

1.1.4 西门子 PLC 简介

德国西门子（SIEMENS）公司是欧洲最大的电子和电气设备制造商之一，生产的 SIMATIC 可编程序控制器在欧洲处于领先地位。其著名的"SIMATIC"商标，就是德国西门子（SIEMENS）在自动化领域的注册商标。其第一代可编程序控制器是 1975 年投放市场的 SIMATIC S3 系列的控制系统。

在 1979 年，微处理器技术被广泛应用于可编程序控制器中，产生了 SIMATIC S5 系列，取代了 S3 系列，之后在 20 世纪末又推出了 S7 系列产品。

经过多年的发展演绎，西门子公司最新的 SIMATIC 产品可以归结为 SIMATIC S7、M7、C7 和 WinAC 等几大系列。

M7 - 300/400 采用与 S7 - 300/400 相同的结构，它可以作为 CPU 或功能模块使用，其显著特点是具有 AT 兼容计算机功能，使用 S7 - 300/400 的编程软件 STEP7 和可选的 M7 软件包，可以用 C、C++或 CFC（连续功能图）等语言来编程。M7 适用于需要处理数据量大，对数据管理、显示和实时性有较高要求和系统使用。

C7 由 S7 - 300PLC、HMI（人机接口）操作面板、I/O、通信和过程监控系统组成。整个控制系统结构紧凑，面向用户配置/编程、数据管理与通信集成于一体，具有很高的性价比。

WinAC 是在个人计算机上实现 PLC 功能，突破了传统 PLC 开放性差、硬件昂贵等缺点，WinAC 具有良好的开放性和灵活性，可以很方便地集成第三方的软件和硬件。

现今应用最为广泛的 S7 系列 PLC 是德国西门子公司在 S5 系列 PLC 基础上，于 1995 年陆续推出的性能价格比较高的 PLC 系统。

西门子 S7 系列 PLC 体积小、速度快、标准化，具有网络通信能力，功能更强，可靠性更高。S7 系列 PLC 产品可分为微型 PLC（如 S7-200），小规模性能要求的 PLC（如 S7-300）和中、高性能要求的 PLC（如 S7-400）等，其定位及主要性能见表 1-1。

表 1-1   S7 系列 PLC 控制器的定位

序号	控制器	定 位	主 要 性 能
1	LOGO!	低端独立自动化系统中简单的开关量解决方案和智能逻辑控制器	适用于简单自动化控制，可作为时间继电器、计数器和辅助接触器的替代开关设备。采用模块化设计，柔性应用。有数字量、模拟量和通信模块，具有用户界面友好，配置简单的特点
2	S7-200	低端的离散自动化系统和独立自动系统中使用的紧凑型逻辑控制器模块	采用整体式设计，其 CPU 集成 I/O，具有实时处理能力，带有高速计数器、报警输入和中断控制等特性
3	S7-300	中端的离散自动化系统中使用的控制器模块	采用模块式设计，具有通用型应用和丰富的 CPU 模块种类，由于使用 MMC 存储程序和数据，系统免维护
4	S7-400	高端的离散自动化系统中使用的控制器模块	采用模块式设计，具有特别高的通信和处理能力，其定点加法或乘法指令执行速度最快可达 0.03μs，支持热插拔和在线 I/O 配置，避免重启，具备等时模块，可以通过 PROFIBUS 控制高速机器
5	S7-200 SMART	低端的离散自动化系统和独立自动化系统中使用的紧凑型逻辑控制器模块，是 S7-200 的升级版本	采用整体式设计，其结构紧凑、组态灵活、指令丰富、功能强大、可靠性高，具有体积小、运算速度快、性价比高、易于扩展等特点，适用于自动化工程中的各种应用场合
6	S7-1200	中低端的离散自动化系统和独立自动化系统中使用的小型控制器模块	采用模块式设计，CPU 模块集成了 PROFINET 接口，具有强大的计数、测量、闭环控制及运动控制功能，在直观高效的 STEP 7 Basic 项目系统中可直接组态控制器和 HMI
7	S7-1500	中高端系统	S7-1500 控制器除了包含多种创新技术之外，还设定了新标准，最大程度提高生产效率。无论是小型设备还是对速度和准确性要求较高的复杂设备装置，都一一适用。S7-1500 PLC 无缝集成到 TIA Portal（博途）中，极大提高了项目组态的效率

S7-200 PLC 是超小型化的 PLC，由于其具有紧凑的设计、良好的扩展性、低廉的价格和强大的指令系统，使其能适用于各行各业、各种场合中的自动检测、监测及控制等。S7-200 PLC 的强大功能使其无论单机运行，或连成网络都能实现复杂的控制功能。

S7-300 是模块化小型 PLC 系统，能满足中等性能要求的应用。各种单独的模块之间可进行广泛组合构成不同要求的系统。与 S7-200 PLC 比较，S7-300 PLC 采用模块化结构，具备高速（0.6～0.1μs）的指令运算速度；用浮点数运算比较有效地实现了更为复杂的算术运算；一个带标准用户接口的软件工具方便用户给所有模块进行参数赋值；方便的人机界面服务已经集成在 S7-300 操作系统内，人机对话的编程要求大大减少。SIMATIC 人机界面（HMI）从 S7-300 中取得数据，S7-300 按用户指定的刷新速度传送这些数据。S7-300 操作系统自动地处理数据的传送；CPU 的智能化的诊断系统连续监控系统的功能是否正常、记录错误和特殊系统事件（例如超时，模块更换等）；多级口令保护可以使用户高度、有效地保护其技术机密，防止未经允许的复制和修改；S7-300 PLC 设有操作方式选择开关，操作方式选择开关像钥匙一样可以拔出，当钥匙拔出时，就不能改变操作方式，这样就可防止非法删除或用户程序改写。具备强大的通信功能，S7-300 PLC 可通过编程软件 Step 7 的用户界面提供通信组态功能，这使得组态非常容易。S7-300 PLC 具有多种不同的通信接口，并通过多种通信处理器来连接 AS-I 总线接口和工业以太网总线系统；串行通信处理器用来连接点到点的通信系统；多点接口（MPI）集成在 CPU 中，用于同时连接编程器、PC 机、人机界面系统及其他 SIMATIC S7/M7/C7 等自动化控制系统。

S7-400 PLC 是用于中、高档性能范围的可编程序控制器。该系列 PLC 采用模块化无风扇的设计、可靠耐用，同时可以选用多种级别（功能逐步升级）的 CPU，并配有多种通用功能的模板，这使用户能根据需要组合成不同的专用系统。当控制系统规模扩大或升级时，只要适当地增加一些模板，便能使系统升级和充分满足需要。

S7-200 SMART 是西门子公司于 2012 年推出的专门针对我国市场的高性价比微型 PLC，可作为国内广泛使用的 S7-200 系列 PLC 的替代产品。S7-200 SMART 的 CPU 内可安装一块多种型号的信号板，配置较灵活，保留了 S7-200 的 RS-485 接口，集成了一个以太网接口，还可以用信号板扩展一个 RS-485/RS-232 接口。用户通过集成的以太网接口，可以用 1 根以太网线，实现程序的下载和监控，也能实现与其他 CPU 模块、触摸屏和计算机的通信和组网。S7-200 SMART 的编程语言、指令系统、监控方法和 S7-200 兼容。与 S7-200 的编程软件 STEP 7-Micro/Win 相比 S7-200 SMART 的编程软件融入了新颖的带状菜单和移动式窗口设计，先进的程序结构和强大的向导功能使编程效率更高。S7-200 SMART 软件自带 Modbus RTU 指令库和 USS 协议指令库，而 S7-200 需要用户安装这些库。

S7-200 SMART 主要应用于小型单机项目，而 S7-1200 定位于中低端小型 PLC 产品线，可应用于中型单机项目或一般性的联网项目。S7-1200 是西门子公司于 2009 年推出的一款紧凑型、模块化的 PLC。S7-1200 的硬件由紧凑模块化结构组成，其系统 I/O 点数、内存容量均比 S7-200 多出 30%，充分满足市场针对小型 PLC 的需求，可作为 S7-200 和 S7-300 之间的替代产品。S7-1200 具有集成的 PROFINET 接口，可用于编程、HMI 通信和 PLC 间的通信。S7-1200 带有 6 个高速计数器，可用于高速计数和测量。S7-1200 集成了 4 个高速脉冲输出，可用于步进电机或伺服驱动器的速度和位置控制。S7-1200 提供了多达 16 个的带自动调节功能的 PID 控制回路，用于简单的闭环过程控制。

S7-1500 PLC 是对 S7-300/400 PLC 进行进一步开发、于 2013 年推出的一种模块化控制系统。它缩短了程序扫描周期，其 CPU 位指令的处理时间最短可达 1ns；集成运动控制，可最多控制 128 轴；CPU 配置显示面板，通过该显示面板可设置操作密码、CPU

的 IP 地址等。S7-1500 PLC 配置标准的通信接口是 PROFINET 接口，取消了 S7-300/400 标准配置的 MPI 接口，此外 S7-1500 PLC 在少数的 CPU 上配置了 PROFIBUS-DP 接口，因此用户如需要进行 PROFIBUS-DP 通信，则需要配置的通信模块。

当前在小型 PLC 应用市场中，S7-200 PLC 仍占有一定的份额，且许多高校所开设的 PLC 课程均以 S7-200 PLC 为蓝本，所以本书以 S7-200 PLC 为例讲解 PLC 的相关内容。

1.2 PLC的组成及工作原理

1.2.1 PLC 的组成

PLC 的种类很多，但结构大同小异，PLC 的硬件系统主要由中央处理器（CPU）、存储器、I/O（输入/输出）接口、电源、通信接口、扩展接口等单元部件组成，这些单元部件都是通过内部总线进行连接的。整体式 PLC 的结构形式如图 1-1 所示，模块式 PLC 的结构形式如图 1-2 所示。

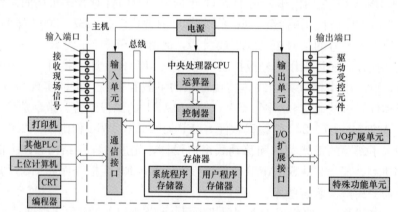

图 1-1　整体式 PLC 的结构形式

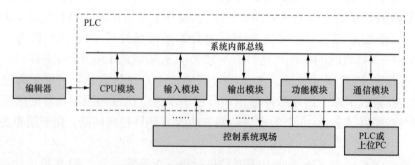

图 1-2　模块式 PLC 的结构形式

1. 中央处理器 CPU

PLC 的中央处理器与一般的计算机控制系统一样，由运算器和控制器构成，是整个系统的核心，类似于人类的大脑和神经中枢。它是 PLC 的运算、控制中心，用来实现逻辑和算术运算，并对全机进行控制，按 PLC 中系统程序赋予的功能，有条不紊地指挥 PLC 进行工作，主要完成以下任务：

（1）控制从编程器、上位计算机和其他外部设备键入的用户程序数据的接收和存储。

（2）用扫描方式通过输入单元接收现场输入信号，并存入指定的映像寄存器或数据寄存器。

（3）诊断电源和 PLC 内部电路的工作故障和编程中的语法错误等。

（4）PLC 进入运行状态后，执行如下工作：①从存储器逐条读取用户指令，经过命令解释后，按指令规定的任务产生相应的控制信号去启闭相关控制电路，通俗讲就是执行用户程序，产生相应的控制信号。②进行数据处理，分时、分渠道执行数据存取、传送、组合、比较、变换等动作，完成用户程序中规定的逻辑运算或算术运算等任务。③根据运算结果，更新有关标志位的状态和输出寄存器的内容，再由输入映像寄存器或数据寄存器的内容，实现输出控制、制表、打印、数据通信等。

2. 存储器

PLC 中存储器的功能与普通微机系统的存储器的结构类似，它由系统程序存储器和用户程序存储器等部分构成。

（1）系统程序存储器。系统程序存储器是用 EPROM 或 EEPROM 来存储厂家编写的系统程序，系统程序是指控制和完成 PLC 各种功能的程序，相当于单片机的监控程序或微机的操作系统，在很大程度上它决定该系列 PLC 的性能与质量，用户无法更改或调用。系统程序分为系统管理程序、用户程序编辑和指令解释程序、标准子程序和调用管理程序三种类型。

1）系统管理程序。由它决定系统的工作节拍，包括 PLC 运行管理（各种操作的时间分配安排）、存储空间管理（生成用户数据区）和系统自诊断管理（如电源、系统出错，程序语法、句法检验等）。

2）用户程序编辑和指令解释程序。编辑程序能将用户程序变为内码形式，以便于程序的修改、调试。解释程序能将编程语言变为机器语言便于 CPU 操作运行。

3）标准子程序和调用管理程序。为了提高运行速度，在程序执行中某些信息处理（I/O 处理）或特殊运算等都是通过调用标准子程序来完成的。

（2）用户程序存储器。用户程序存储器是用来存放用户的应用程序和数据，它包括用户程序存储器（程序区）和用户数据存储器（数据区）两种。

程序存储器用以存储用户程序。数据存储器用来存储输入、输出以及内部接点和线圈的状态以及特殊功能要求的数据。

用户存储器的内容由用户根据控制需要可读、可与、可任意修改、增删。常用的用户存储器形式有高密度、低功耗的 CMOS RAM（由锂电池实现断电保护，一般能保持 5～10 年，经常带负载运行也可保持 2～5 年）、EPROM 和 EEPROM 三种。

3. 输入/输出单元（I/O 单元）

输入/输出单元又称为输入/输出模块，它是 PLC 与工业生产设备或工业过程连接的接口。现场的输入信号，如按钮开关、行程开关、限位开关以及各传感器输出的开关量或模拟量等，都要通过输入模块送到 PLC 中。由于这些信号电平各式各样，而 PLC 的CPU 所处理的信息只能是标准电平，所以输入模块还需要将这些信号转换成 CPU 能够接受和处理的数字信号。输出模块的作用是接收 CPU 处理过的数字信号，并把它转换成现场的执行部件所能接收的控制信号，以驱动负载，如电磁阀、电动机、灯光显示等。

PLC 的输入/输出单元上通常都有接线端子，PLC 类型不同，其输入/输出单元的接线方式不同，通常分为汇点式、分组式和隔离式这三种接线方式，如图 1-3 所示。

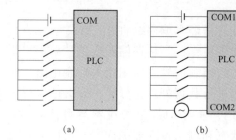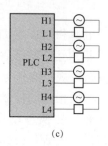

图 1-3　输入/输出单元 3 种接线方式
(a) 汇点式；(b) 分组式；(c) 隔离式

输入/输出单元分别只有 1 个公共端 COM 的称为汇点式，其输入/输出点共用一个电源；分组式是指将输入/输出端子分为若干组，每组的 I/O 电路有一个公共点并共用一个电源，组与组之间的电路隔开；隔离式是指具有公共端子的各组输入/输出点之间互相隔离，可各自使用独立的电源。

PLC 提供了各种操作电平和驱动能力的输入/输出模块供用户选择，如数字量输入/输出模块、模拟量输入/输出模块。这些模块又分为直流与交流、电压与电流等类型。

(1) 数字量输入模块。数字量输入模块又称为开关量输入模块，它是将工业现场的开关量信号转换为标准信号传送给 CPU，并保证信息的正确和控制器不受其干扰。它一般是采用光电耦合电路与现场输入信号相连，这样可以防止使用环境中的强电干扰进入PLC。光电耦合电路的核心是光电耦合器，其结构包括发光二极管和光电三极管。现场输入信号的电源可由用户提供，直流输入信号的电源也可由 PLC 自身提供。数字量输入模块根据使用电源的不同分为直流输入模块（直流 12V 或 24V）和交流输入（交流 100～120V 或 200～240V）模块两种。

1) 直流输入模块。当外部检测开关接点接入的是直流电压时，需使用直流输入模块对信号进行检测。下面以某一输入点的直流输入模块进行讲解。

直流输入模块的原理电路如图 1-4 所示。外部检测开关 S 的一端接外部直流电源（直流 12V 或 24V），S 的另一端与 PLC 的输入模块的一个信号输入端子相连，外部直流电源的另一端接 PLC 输入模块的公共端 COM。虚线框内的是 PLC 内部输入电路，R1 为限流电阻；R2 和 C 构成滤波电路，抑制输入信号中的高频干扰；LED 为发光二极管。当S 闭合后，直流电源经 R1、R2、C 的分压、滤波后形成 3V 左右的稳定电压供给光电隔离 VLC 耦合器，LED 显示某一输入点是否有信号输入。光电隔离 VLC 耦合器另一侧的光电三极管接通，此时 A 点为高电平，内部＋5V 电压经 R3 和滤波器形成适合 CPU 所需的标准信号送入内部电路中。

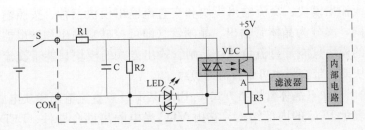

图 1-4 直流输入模块的原理电路

内部电路中的锁存器将送入的信号暂存，CPU 执行相应的指令后，通过地址信号和控制信号将锁存器中的信号进行读取。

当输入电源由 PLC 内部提供时，外部电源断开，将现场检测开关的公共接点直接与 PLC 输入模块的公共输入点 COM 相连即可。

2）交流输入模块。当外部检测开关接点加入的是交流电压时，需使用交流输入模块进行信号的检测。

交流输入模拟的原理电路如图 1-5 所示。外部检测开关 S 的一端接外部交流电源（交流 100～120V 或 200～240V），S 的另一端与 PLC 输入模块的一个信号输入端子相连，外部交流电源的另一端接 PLC 输入模块的公共端 COM。虚线框内的是 PLC 内部输入电路，R1 和 R2 构成分压电路，C 为隔直电容，用来滤掉输入电路中的直流成分，对交流相当于短路；LED 为发光二极管。当 S 闭合时，PLC 可输入交流电源，其工作原理与直流输入电路类似。

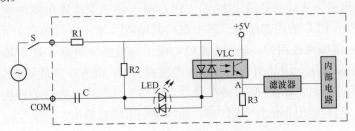

图 1-5 交流输入模拟的原理电路

3）交直流输入模块。当外部检测开关接点加入的是交或直流电压时，需使用交直流输入模块进行信号的检测，如图 1-6 所示。从图中看出，其内部电路与直流输入电路类似，只不过交直流输入电路的外接电源除直流电源外，还可用 12～24V 的交流电源。

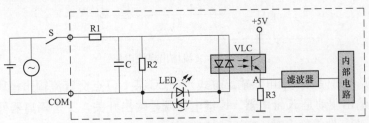

图 1-6 交直流输入模块的原理电路

（2）数字量输出模块。数字量输出模块又称开关量输出模块，它是将 PLC 内部信号转换成现场执行机构的各种开关信号。数字量输出模块按照使用电源（即用户电源）的不同，分为直流输出模块、交流输出模块和交直流输出模块三种。按照输出电路所使用的开关器件不同，又分为晶体管输出、晶闸管（即可控硅）输出和继电器输出，其中晶体管输出方式的模块只能带直流负载；晶闸管输出方式的模块只能带交流负载；继电器输出方式的模块既可带交流也可带直流的负载。

1）直流输出模块（晶体管输出方式）。PLC 某 I/O 点直流输出模块电路如图 1-7 所示，虚线框内表示 PLC 的内部结构。它由 VLC 光电隔离耦合器件、LED 二极管显示、VT 输出电路、VD 稳压管、熔断器 FU 等组成。当某端需输出时，CPU 控制锁存器的对应位为 1，通过内部电路控制 VLC 输出，晶体管 VT 导通输出，相应的负载接通，同时输出指示灯 LED 亮，表示该输出端有输出。当某端不输出时，锁存器相应位为 0，VLC 光电隔离耦合器没有输出，VT 晶体管截止，使负载失电，此时 LED 指示灯不亮，负载所需直流电源由用户提供。

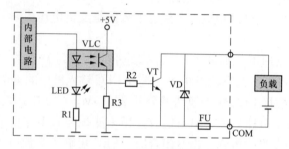

图 1-7　直流输出模块电路

2）交流输出模块（晶闸管输出方式）。PLC 某 I/O 点交流输出模块电路如图 1-8 所示，虚线框内表示 PLC 的内部结构。图中双向晶闸管为输出开关器件，由它组成的固态继电器 T 具有光电隔离作用；电阻 R2 和 C 构成了高频滤波电路，减少高频信号的干扰；浪涌吸收器起限幅作用，将晶闸管上的电压限制在 600V 以下；负载所需交流电源由用户提供。当某端需输出时，CPU 控制锁存器的对应位为 1，通过内部电路控制 T 导通，相应的负载接通，同时输出指示灯 LED 亮，表示该输出端有输出。

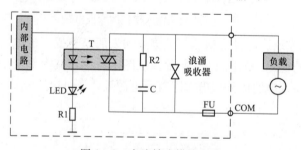

图 1-8　交流输出模块电路

3）交直流输出模块（继电器输出方式）。PLC 某 I/O 点交直流输出模块电路如图 1-9 所示，它的输出驱动是 K 继电器。K 继电器既是输出开关，又是隔离器件；R2 和 C 构成灭弧电路。当某端需输出时，CPU 控制锁存器的对应位为 1，通过内部电路控制 K 吸合，相应的负载接通，同时输出指示灯 LED 亮，表示该输出端有输出。负载所需交直流电源由用户提供。

通过上述分析可知，为防止干扰和保证 PLC 不受外界强电的侵袭，I/O 单元都采用

14

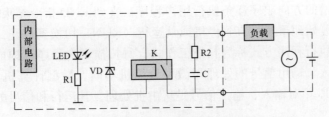

图1-9 交直流输出模块电路

了电气隔离技术。晶体管只能用于直流输出模块，它具有动作频率高、响应速度快、驱动负载能力小的特点；晶闸管只能用于交流输出模块，它具有响应速度快、驱动负载能力不大的特点；继电器既能用于直流也能用于交流输出模块，它的驱动负载能力强，但动作频率和响应速度慢。

（3）模拟量输入模块。模拟量输入模块是将输入的模拟量如电流、电压、温度、压力等转换成PLC的CPU可接收的数字量。在PLC中将模拟量转换成数字量的模块又称为A/D模块。

（4）模拟量输出模块。模拟量输出模块是将输出的数字量转换成外部设备可接收的模拟量，这样的模块在PLC中又称为D/A模块。

4. 电源单元

PLC的电源单元通常是将220V的单相交流电源转换成CPU、存储器等电路工作所需的直流电，它是整个PLC系统的能源供给中心，电源的好坏直接影响PLC的稳定性和可靠性。对于小型整体式PLC，其内部有一个高质量的开关稳压电源，对CPU、存储器、I/O单元提供5V直流电源，还可为外部输入单元提供24V的直流电源。

5. 通信接口

为了实现微机与PLC、PLC与PLC间的对话，PLC配有多种通信接口，如打印机、上位计算机、编程器等接口。

6. I/O扩展接口

I/O扩展接口用于将扩展单元或特殊功能单元与基本单元相连，使PLC的配置更加灵活，以满足不同控制系统的要求。

1.2.2 PLC的工作原理

PLC是一种存储程序的控制器。用户根据某一对象的具体控制要求，编制好控制程序后，用编程器将程序输入到PLC（或用计算机下载到PLC）的用户程序存储中的寄存。PLC的控制功能就是通过运行用户程序来实现的。

PLC虽然以微处理器为核心，具有微型计算机的许多特点，但它的工作方式却与微型计算机有很大不同。微型计算机一般采用等待命令或中断的工作方式，如常见的键盘扫描方式或I/O扫描方式，如果有键按下或I/O动作，则转入相应的子程序或中断服务程序；无键按下，则继续扫描等待。微型计算机运行程序时，一旦执行END指令，程序运行便结束。而PLC采用循环扫描的工作方式，即"顺序扫描，不断循环"。

PLC从0号存储地址所存放的第1条用户程序开始，在无中断或跳转的情况下，按存储地址号递增的方向顺序逐条执行用户程序，直到 END 指令结束。然后再从头开始执行，并周而复始地重复，直到停机或从运行（RUN）切换到停止（STOP）工作状态。PLC 的这种执行程序方式称为扫描工作式。每扫描 1 次程序就构成 1 个扫描周期。另外，PLC 对输入、输出信号的处理与微型计算机不同。微型计算机对输入、输出信号实时处理，而 PLC 对输入、输出信号是集中批处理。其运行和信号处理示意如图 1-10 所示。

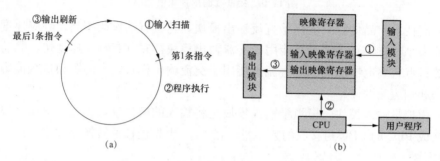

图 1-10　PLC 内部运行和信号处理示意图
(a) PLC 内部运行示意；(b) PLC 信号处理示意

PLC 采用集中采样、集中输出的工作方式，减少了外界干扰的影响。PLC 的循环扫描工作过程分为输入扫描、程序执行和输出刷新三个阶段，如图 1-11 所示。

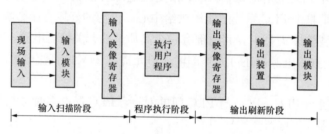

图 1-11　PLC 的循环扫描工作过程

1. 输入扫描阶段

PLC 在开始执行程序前，首先扫描输入模块的输入端子，按顺序将所有输入信号，读入到寄存器（即输入状态的输入映像寄存器）中，此过程称为输入扫描。PLC 在运行程序时，所需的输入信号不是现时取输入端子上的信息，而是取输入映像寄存器中的信息。在本工作周期内这个采样结果的内容不会改变，输入状态的变化只在下 1 个扫描周期输入扫描阶段才被刷新。此阶段的扫描速度很快，其扫描时间取决于 CPU 的时钟速度。

2. 程序执行阶段

PLC 完成输入扫描工作后，从 0 号存储地址按顺序对用户程序进行扫描执行，如果程序用梯形图表示，则总是按先上后下、先左后右的顺序进行。若遇到程序跳转指令时，则根据跳转条件是否满足来决定程序的跳转地址。当指令中涉及输入、输出状态时，PLC 从输入映像寄存器中将上一阶段采样的输入端子状态读出，从元件映像寄存器中读出对应元件的当前状态，并根据用户程序进行相应运算，然后将运算结果再存入元件寄存器中，对于元件映像寄存器来说，其内容随着程序的执行而发生改变。此阶段的扫描时间取决于程序的长度、复杂程度和 CPU 的功能。

3. 输出刷新阶段

当所有指令执行完后，进入输出刷新阶段。此时，PLC 将输出映像寄存器中所有与输出有关的输出继电器的状态转存到输出锁存器中，并通过一定的方式输出，驱动外部负载。此阶段的扫描时间取决于输出模块的数量。

上述三个阶段就是 PLC 的软件处理过程，可以认为就是程序扫描时间。扫描时间通常由三个因素决定：一是 CPU 的时钟速度，越高档的 CPU，时钟速度越高，扫描时间越短；二是 I/O 模块的数量，模块数量越少，扫描时间越短；三是程序的长度，程序长度越短，扫描时间越短。一般的 PLC 执行容量为 1k 的程序需要的扫描时间为 1～10ms。

PLC 工作过程除了包括上述三个主要阶段外，还要完成内部处理、通信处理等工作。在内部处理阶段，PLC 检查 CPU 模块内部的硬件是否正常，将监控定时器复位，以及完成一些别的内部工作。在通信服务阶段，PLC 与其他的带微处理器的智能装置实现通信。

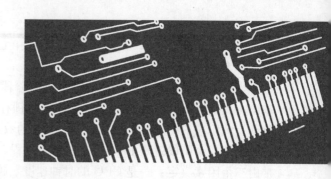

第2章

S7-200 PLC的硬件系统

SIMATIC S7-200 系列 PLC 是德国西门子公司 1995 年底推出的小型整体式可编程控制器，其指令丰富、功能强大、可靠性高，具有体积小、运算速度快、性价比高、易于扩展等特点，适用于自动化工程中的各种应用场合，尤其是在生产制造工程中的应用更加得心应手。

2.1 主 机 单 元

SIMATIC S7-200 系列 PLC 的主机单元又称 CPU 单元，它将微处理器、集成电源、输入电路和输出电路集成在一个紧凑的外壳中，从而形成了一个功能强大的 Micro PLC。

2.1.1 主机单元的类别及性能

S7-200 系列分为 CPU21X 和 CPU22X 两代产品，第一代产品主要有 CPU212、CPU214、CPU215 和 CPU216，现已停止生产。第二代产品于 21 世纪初投放市场，它提供了 CPU221、CPU222、CPU224、CPU226 和 CPU226XM 这 5 种不同结构配置的 CPU 单元。CPU221 价格低廉，能满足多种集成功能的需要；CPU222 是 S7-200 中低成本的单元，通过连接的扩展模块可处理模拟量；CPU224 具有更多的输入/输出单元及更大的用户存储容量；CPU226 和 CPU226XM 是功能最强的单元，可完全满足一些中小型复杂控制系统的要求。这 5 种不同结构配置的 CPU 单元，其主要技术性能有所不同，见表 2-1。

其中 CPU221 单元有 6 输入/4 输出的共 10 个数字量 I/O 点，无 I/O 扩展能力，程序和数据存储容量较小，4 个独立的 30kHz 高速计数器，2 路独立的 20kHz 高速脉冲输出，1 个 RS-485 通信/编程口，具有 PPI 通信协议、MPI 通信协议和自由方式通信能力，非常适合点数少的控制系统。

表 2-1　　　　　　　　　　　　　CPU22X 的主要技术性能

	CPU221	CPU222	CPU224	CPU226	CPU226XM
外形尺寸 (mm×mm×mm)	90×80×62	90×80×62	120.5×80×62	190×80×62	190×80×62
程序存储区 (bit)	4096		8192		16384
数据存储区 (bit)	2048		5120		10240
用户存储器类型	EEPROM				
掉电保护时间 (h)	50		190		
本机 I/O 点数	6 输入/4 输出	8 输入/6 输出	14 输入/10 输出	24 输入/16 输出	
扩展模块数量	无	2	7		
数字量 I/O 映像 (bit)	256（128 输入/128 输出）				
模拟量 I/O 映像 (bit)	无	32（16 输入/16 输出）	64（32 输入/32 输出）		
内部通用继电器 (bit)	256				
内部计数器/定时器	256/256				
顺序控制继电器 (bit)	256				
累加寄存器	AC0～AC3				
高速计数器 单相 (kHz)	30（4 路）		30（6 路）		
高速计数器 双相 (kHz)	20（2 路）		20（4 路）		
脉冲输出 (DC)(kHz)	20（2 路）				
模拟量调节电位器	1		2		
通信口	1 RS-485		2 RS-485		
通信中断发送/接收	1/2				
定时器中断	2（1～255ms）				
硬件输入中断	4				
实时时钟	需配时钟卡		内置		
口令保护	有				
布尔指令执行速度	0.37μs/指令				

　　CPU222 单元有 8 输入/6 输出的共 14 个数字量 I/O 点，能进行 2 个外部功能模块的扩展，它包括 6KB 程序和数据存储器，4 个独立的 30kHz 高速计数器，2 路独立的 20kHz 高速脉冲输出，1 个 RS-485 通信/编程口，具有 PPI 通信协议、MPI 通信协议和自由方式通信能力，适合小点数的微型控制系统。

　　CPU224 单元有 14 输入/10 输出的共 24 个数字量 I/O 点，程序和数据存储容量达 13KB，并能最多扩展 7 个外部功能模块，最大扩展至 168 路数字量 I/O 点或 35 路模拟量 I/O。内置时钟，6 个独立的 30kHz 高速计数器，2 路独立的 20kHz 高速脉冲输出，具有 PID 控制器。1 个 RS-485 通信/编程口，具有 PPI 通信协议、MPI 通信协议和自由方式通信能力。其 I/O 端子排可很容易地整体拆卸，具有较强控制能力，因此它是 S7-200 系列中应用最多的产品。

　　CPU226 单元有 24 输入/16 输出的共 40 个数字量 I/O 点，程序和数据存储容量达 13KB，并能最多扩展 7 个外部功能模块，最大扩展至 248 路数字量 I/O 点或 35 路模拟量 I/O。内置时钟，6 个独立的 30kHz 高速计数器，2 路独立的 20kHz 高速脉冲输出，具有

西门子S7-200 PLC从入门到精通（第二版）

PID控制器。1个RS-485通信/编程口，具有PPI通信协议、MPI通信协议和自由方式通信能力。其I/O端子排可很容易地整体拆卸，适用于控制要求较高、点数多的小型或中型控制系统。CPU226XM在CPU226的基础上进一步增大了程序和数据存储空间，其他指标与CPU226相同。

2.1.2 主机单元的外形结构

S7-200系列PLC主机单元的外形如图2-1所示。它们的硬件结构如图2-2所示，是将微处理器、集成电源和若干数字量I/O点集成在一个紧凑的封装中。当系统需要扩展时，通过扁平电缆将扩展模块与主机单元进行连接安装在同一条导轨上即可。

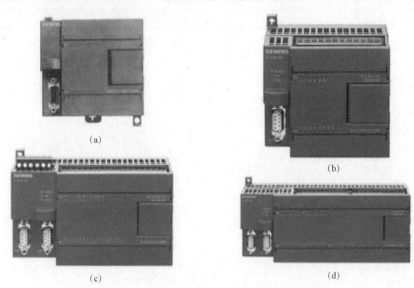

图2-1 S7-200系列PLC的主机单元的外形
(a) CPU221；(b) CPU222；(c) CPU224；(d) CPU226

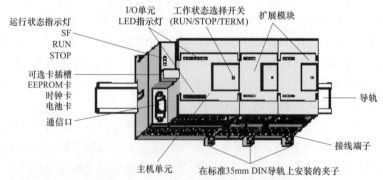

图2-2 S7-200系列PLC硬件结构图

1. 接线端子

接线端子分为输入接线端子和输出接线端子，输入接线端子是外部输入信号与PLC连接的接线端子；输出接线端子是外部负载与PLC连接的接线端子。

2. 工作状态选择开关

工作状态选择开关用于改变PLC的工作方式。

20

3. I/O 单元 LED 指示灯

I/O 单元 LED 指示灯分为输入状态指示灯和输出状态指示灯。输入状态指示灯（LED）用于显示是否有输入控制信号接入 PLC，当指示灯亮时，表示有控制信号接入 PLC；当指示灯不亮时，表示没有控制信号接入 PLC。输出状态指示灯（LED）用于显示是否有输出信号驱动外部执行设备，当指示灯亮时，表示有输出信号驱动外部设备；当指示灯不亮时，表示没有输出信号驱动外部设备。

4. 运行状态指示灯

运行状态指示灯包含 RUN、STOP、SF 3 个，其中 RUN、STOP 指示灯用于显示当前工作状态。若 RUN 指示灯亮，表示 PLC 处于运行状态；当 STOP 指示灯亮，表示 PLC 处于停止状态。SF 指示灯亮时，表示系统故障，PLC 停止工作。

5. 可选卡插槽

用户根据实际情况，在可选卡插槽内可插入 EEPROM 存储卡、时钟卡及电池卡。

6. 通信口

通信口可通过 PC/PPI 电缆与计算机或 PLC 连接，实现程序下载或网络连接。

2.1.3 主机单元的 I/O

S7 - 200 系列 PLC 主机单元的 I/O 包括输入端子和输出端子，作为数字量 I/O 时，输入方式分为直流 24V 源型和漏型输入；输出方式分为直流 24V 源型和漏型输出以及交流 120/240V 的继电器输出，它们的接线方式如图 2-3 所示。

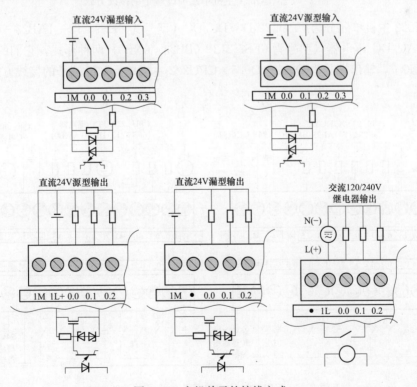

图 2-3 主机单元的接线方式

CPU221 主机单元分为 CPU221 DC/DC/DC（型号为 6ES7 211 - 0AA23 - 0XB0）及 CPU221 AC/DC/继电器（型号为 6ES7 211 - 0BA23 - 0XB0）两种形式，它们的输入端子为 I0.0～I0.5，输出端子为 Q0.0～Q0.3。CPU221 主机单元的输入使用了 2 组接线方式，每组均有一个独立公共端，分别称为 1M 和 2M。CPU221 DC/DC/DC 的输出采用汇点式接线方式，其公共端为 L＋；CPU221 AC/DC/继电器的输出采用分组式接线方式，其公共端为 1L 和 2L。CPU221 主机单元 I/O 端子的接线方式如图 2-4 所示。

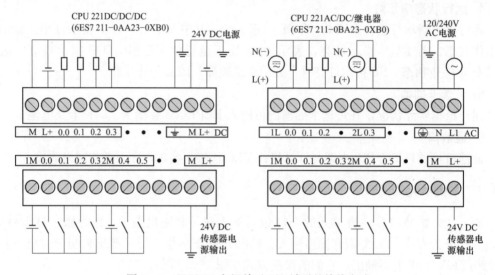

图 2-4　CPU221 主机单元 I/O 端子的接线方式

CPU222 主机单元分为 CPU222 DC/DC/DC（型号为 6ES7 212 - 1AB23 - 0XB0）及 CPU222 AC/DC/继电器（型号为 6ES7 212 - 0BB23 - 0XB0）两种形式，它们的输入端子为 I0.0～I0.7，输出端子为 Q0.0～Q0.5。CPU222 主机单元 I/O 端子的接线方式如图 2-5 所示。

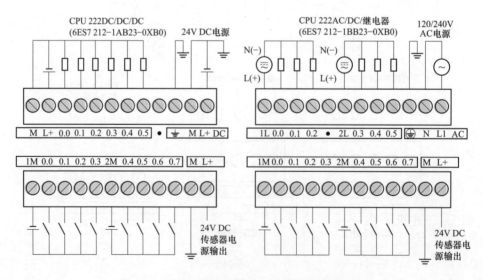

图 2-5　CPU222 主机单元 I/O 端子的接线方式

CPU224 主机单元分为 CPU224 DC/DC/DC（型号为 6ES7 214‑1AD23‑0XB0）及 CPU224 AC/DC/继电器（型号为 6ES7 214‑1BD23‑0XB0）两种形式，它们的输入端子为 I0.0～I0.7、I1.0～I1.5，输出端子为 Q0.0～Q0.7、Q1.0～Q1.1。CPU224 主机单元 I/O 端子的接线方式如图 2‑6 所示。

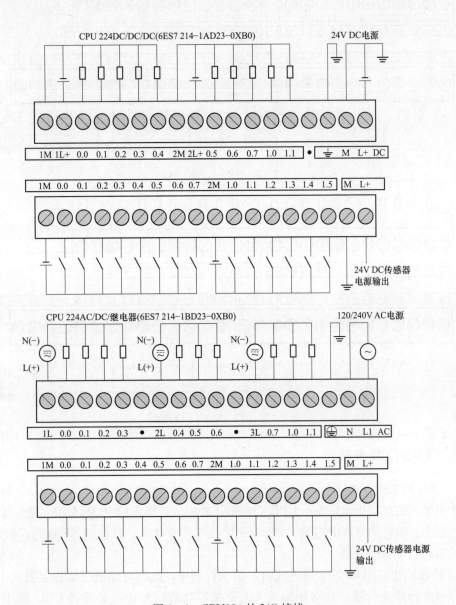

图 2‑6　CPU224 的 I/O 接线

CPU226 主机单元分为 CPU226 DC/DC/DC（型号为 6ES7 216‑2AD23‑0XB0）及 CPU226 AC/DC/继电器（型号为 6ES7 216‑2BD23‑0XB0）两种形式，它们的输入端子为 I0.0～I0.7、I1.0～I1.7、I2.0～I2.7，输出端子为 Q0.0～Q0.7、Q1.0～Q1.7。CPU226 主机单元 I/O 端子的接线方式如图 2‑7 所示。

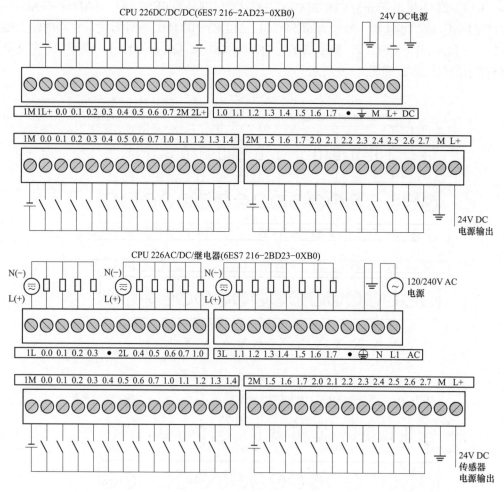

图 2-7　CPU226 的 I/O 接线

2.1.4　CPU 的工作方式

1. CPU 的工作方式

主机单元的状态指示灯显示 CPU 当前的工作方式，绿色的 RUN 灯亮，表示 CPU 处于运行状态；黄色的 STOP 灯亮，表示 CPU 处于停止状态；红色的 SF 灯亮，表示系统出现故障，CPU 停止工作。

CPU 在停止（STOP）工作方式时，不执行程序，此时可以通过编程装置向 PLC 装载程序或进行系统设置。在程序编辑、上下载等处理过程中，必须将 CPU 置于 STOP 方式。

CPU 在运行（RUN）工作方式下，PLC 按照自己的工作方式运行用户程序。

2. 改变工作方式的方法

改变 CPU 的工作方式有 3 种方法。

（1）使用工作状态选择开关改变工作方式。工作状态选择开关有 3 个挡位：STOP、TERM（Terminal）、RUN。

1）把工作状态选择开关切换到 STOP 位，可以停止程序的执行。

2）把工作状态选择开关切换到 RUN 位，可以启动程序的执行。

3）把工作状态选择开关切换到 TERM（暂态）位，允许 STEP 7 - Micro/WIN 32 软件设置 CPU 工作状态。

如果工作状态选择开关设为 STOP 或 TERM，电源上电时，CPU 自动进入 STOP 工作状态。设置为 RUN，电源上电时，CPU 自动进入 RUN 工作状态。

（2）用编程软件改变工作方式。把工作状态选择开关切换到 TERM（暂态），可以使用 STEP 7 - Micro/WIN 32 编程软件设置工作方式。

（3）在程序中用指令改变工作方式。在程序中插入 1 个 STOP 指令，CPU 可由 RUN 方式进入 STOP 工作方式。

2.2 扩 展 模 块

除了主机单元外，CPU22X 系列 PLC 还提供了相应的外部扩展模块。扩展模块主要有数字量 I/O 模块、模拟量 I/O 模块、通信模块、特殊功能模块等。除了 CPU221 外，其余的主机单元可以通过连接扩展模块，以实现扩展 I/O 点数和执行特殊的功能。连接时，主机单元放在最左侧，扩展模块用扁平电缆与左侧的模块连接。

2.2.1 电源模块

外部提供给 PLC 的电源，有 DC 24V 和 AC 220V 两种，根据型号不同有所变化。S7 - 200 的主机单元有一个内部电源模块，S7 - 200 小型 PLC 的电源模块与 CPU 封装在一起，通过连接总线为 CPU 模块、扩展模块提供 5V 的直流电源，如果容量许可，还可提供给外部 DC 24V 的电源，供本机输入点和扩展模块继电器线圈使用。应根据下面的原则来确定 I/O 电源的配置：

（1）有扩展模块连接时，如果扩展模块对 DC 5V 电源的需求超过 CPU 的 5V 电源模块的容量，则必须减少扩展模块的数量。

（2）当 DC 24V 电源的容量不满足要求时，可以增加一个外部 DC 24V 电源给扩展模块供电。此时外部电源不能与 S7 - 200 的传感器电源并联使用，但两个电源的公共端（M）应连接在一起。

2.2.2 数字量扩展模块

EM221 为数字量输入扩展模块，它包括 3 种类型：①8 点 24V 直流电源输入；②8 点 120/230V 交流电源输入；③16 点 24V 直流电源输入。输入方式分为直流 24V 源型、漏型输入和 120/230V 交流电源输入。

EM222 为数字量输出扩展模块，它包括 5 种类型：①8 点 24V 晶体管输出；②8 点继电器输出；③8 点 120/230V 交流电源输出；④4 点 24V 直流输出，每点 5A 电流；⑤4

点继电器输出，每点10A电流。输出方式分为直流24V源型、漏型输出和交流120/230V的继电器输出。

　　EM223为数字量输入/输出扩展模块，它包括8种类型：①4点24V直流输入，4V晶体管输出；②4点24V直流输入，4V继电器输出；③8点24V直流输入，8V晶体管输出；④8点24V输入，8V继电器输出；⑤16点24V直流输入，16V晶体管输出；⑥16点24V直流输入，16V继电器输出；⑦32点24V直流输入，32V晶体管输出；⑧32点24V直流输入，32V继电器输出。

　　数字量扩展模块通用规范见表2-2。

表2-2　　　　　　　　　　　　　数字量扩展模块通用规范

模块名称及描述	尺寸：$W \times H \times D$（mm×mm×mm）	功耗（W）	电源要求	
			+5V DC	+24V DC
EM 221 DI8×24V DC	46×80×62	2	30mA	接通时，4mA/输入
EM 221 DI8×120/230V AC	71.2×80×62	3	30mA	
EM 221 DI16×24V DC	71.2×80×62	3	70mA	接通时，4mA/输入
EM 222 DO4×24V DC/5A	46×80×62	3	40mA	
EM 222 DO4×继电器/10A	46×80×62	4	30mA	接通时，20mA/输出
EM 222 DO8×24V DC	46×80×62	2	50mA	
EM 222 DO8×继电器	46×80×62	2	40mA	接通时，9mA/输出
EM 222 DO8×120/230V AC	71.2×80×62	4	110mA	
EM 223 24V DC4 输入/4 输出	46×80×62	2	40mA	接通时，4mA/输入
EM 223 24V DC4 输入/4 继电器	46×80×62	2	40mA	接通时，4mA/输入，9mA/输出
EM 223 24V DC8 输入/8 输出	71.2×80×62	3	80mA	接通时，4mA/输入
EM 223 24V DC8 输入/8 继电器	71.2×80×62	3	80mA	接通时，4mA/输入，9mA/输出
EM 223 24V DC16 输入/16 输出	137.3×80×62	6	160mA	接通时，4mA/输入
EM 223 24V DC16 输入/16 继电器	137.3×80×62	6	150mA	接通时，4mA/输入，9mA/输出
EM 223 24V DC32 输入/32 输出	196×80×62	9	240mA	接通时，4mA/输入
EM 223 24V DC32 输入/32 继电器	196×80×62	13	205mA	接通时，4mA/输入，9mA/输出

2.2.3　模拟量扩展模块

　　在工业控制中，被控对象常常是模拟量，如压力温度、流量、转速等。而PLC的CPU内部执行的是数字量，因此需要将模拟量转换成数字量，以便CPU进行处理，这一任务由模拟量I/O扩展模块来完成。A/D扩展模块可将PLC外部的电压或电流转换成数字量送入PLC内，经PLC处理后，再由D/A扩展模块将PLC输出的数字量转换成电压或电流送给被控对象。

EM231 为模拟量输入模块，它是 4 通道电流/电压输入；EM232 为模拟量输出模块，它是 2 通道电流/电压输出；EM235 为模拟量输入/输出模块，它是 4 通道电流/电压输入、1 通道电流/电压输出。

模拟量扩展模块的功耗均为 2W，它们的通用规范见表 2-3。

表 2-3   模拟量扩展模块通用规范

模块名称及描述	尺寸：$W \times H \times D$ (mm×mm×mm)	输入	输出	电源要求	
				+5V DC	+24V DC
EM 231 模拟量输入，4 输入	71.2×80×62	4	无	20mA	60mA
EM 231 模拟量输入，8 输入	71.2×80×62	8	无	20mA	60mA
EM 232 模拟量输出，2 输出	46×80×62	无	2	20mA	70mA（两输出均为 20mA）
EM 232 模拟量输出，4 输出	71.2×80×62	无	4	20mA	100mA（所有输出均为 20mA）
EM 235 模拟量输出， 4 输入/1 输出	71.2×80×62	4	1	30mA	60mA（输出为 20mA）

2.2.4 通信扩展模块

除了主机单元自身集成的通信口外，S7-200 还可以通过通信扩展模块连接成更大的网络。通信扩展模块主要有：

（1）工业以太网链接模块 CP243-1 与 CP243-1IT。通过以太网的连接，PLC 可以利用远程编程器，对其进行程序编辑、状态监视、程序传送等编程服务，也可以与网络中的其他 PLC 进行数据交换、进行 E-mail 的收发与 PLC 数据的读/写操作等。

（2）远程 I/O 链接模块 CP243-2（也称为 AS-i 接口模块）。这是用于 S7-200 系列 PLC 远程控制或分布式系统 I/O 链接的接口模块，S7-200 系列 PLC 可以作为 AS-i 网络接口"主站"，以扩大 PLC 的控制范围与 I/O 点数。

（3）调制解调器模块 EM241。这是用于 S7-200 系列 PLC 远程维护与远程诊断的通信接口模块。通过 EM241 模块可连接全球电话网，并进行远程计算机与 PLC 间的数据传送、远程服务、短信收发或寻呼服务等。

（4）Profibus-DP 从站通信模块 EM277。通过 EM277 模块，可以实现由 S7-200 构成的设备级控制系统与分散式 I/O 的通信。EM277 还支持 MPI 从站通信，以实现 S7-200（作为从站）与 S7-300/400（作为主站）间的数据交换。

2.2.5 特殊功能扩展模块

为完成一些特定的任务，CPU22X 系列还提供了一些特殊功能扩展模块。例如 EM231 TC 为 4 输入通道的热电偶输入模块；EM231 RTD 为 2 输入通道的热电阻输入模块；EM253 为定位控制模块，它能产生脉冲串，用于步进电机和伺服电机的速度和位置的开环控制。

2.3 数据存储器

S7-200 的内部元器件的功能相互独立，在数据存储器区中都有一对应的地址，可依据存储器地址来存取数据。

2.3.1 数据长度

计算机中使用的都是二进制数，在 PLC 中，通常使用位、字节、字、双字来表示数据，它们占用的连续位数称为数据长度。

位（bit）指二进制的一位，它是最基本的存储单位，只有"0"或"1"两种状态。在 PLC 中一个位可对应一个继电器，当某继电器线圈得电时，相应位的状态为"1"；当继电器线圈失电或断开时，其对应位的状态为"0"。8 位二进制数构成一个字节（Byte），其中第 7 位为最高位（MSB），第 0 位为最低位（LSB）。两个字节构成一个字（Word），在 PLC 中字又称为通道（CH），一个字含 16 位，即一个通道（CH）由 16 个继电器组成。两个字构成一个汉字，即双字（Double Word），在 PLC 中它由 32 个继电器组成。

2.3.2 数制

数制也称计数制，是用一组固定的符号和统一的规则来表示数值的方法。如在计数过程中采用进位的方法，则称为进位计数制。进位计数制有数位、基数、位权三个要素。数位，指数码在一个数中所处的位置。基数，指在某种进位计数制中，数位上所能使用的数码的个数，例如，十进制数的基数是 10，二进制的基数是 2。位权，指在某种进位计数制中，数位所代表的大小，对于一个 R 进制数（即基数为 R），若数位记作 j，则位权可记作 R^j。

人们通常采用的数制有十进制、二进制、八进制和十六进制。在 S7-200 系列 PLC 中使用的数制主要是二进制、十进制、十六进制。

（1）十进制数。十进制数有两个特点：①数值部分用 10 个不同的数字符号 0、1、2、3、4、5、6、7、8、9 来表示；②逢十进一。

例：123.45

小数点左边第一位代表个位，3 在左边 1 位上，它代表的数值是 3×10^0，1 在小数点左面 3 位上，代表的是 1×10^2，5 在小数点右面 2 位上，代表的是 5×10^{-2}。

$123.45 = 1 \times 10^2 + 2 \times 10^1 + 3 \times 10^0 + 4 \times 10^{-1} + 5 \times 10^{-2}$

一般对任意一个正的十进制数 S，可表示为

$$S = K_{n-1}(10)^{n-1} + K_{n-2}(10)^{n-2} + \cdots\cdots K_0(10)^0 + K_{-1}(10)^{-1} + K_{-2}(10)^{-2} + \cdots\cdots + K_{-m}(10)^{-m}$$

其中，K_j 是 0、1……9 中任意一个，由 S 决定，K_j 为权系数；m、n 为正整数；10 称为计数制的基数；$(10)^j$ 称为权值。

（2）二进制数。BIN 即为二进制数，它是由 0 和 1 组成的数据，PLC 的指令只能处理二进制数。它有两个特点：①数值部分用 2 个不同的数字符号 0、1 来表示；②逢二进一。

二进制数化为十进制数，通过按权展开相加法。

例：1101.11（B）$= 1 \times 2^3 + 1 \times 2^2 + 0 \times 2^1 + 1 \times 2^0 + 1 \times 2^{-1} + 1 \times 2^{-2}$
$$= 8 + 4 + 0 + 1 + 0.5 + 0.25$$
$$= 13.75$$

任意二进制数 N 可表示为

$$N = \pm (K_{n-1} \times 2^{n-1} + K_{n-2} \times 2^{n-2} + \cdots\cdots K_0 \times 2^0 + K_{-1} \times 2^{-1} + K_{-2} \times 2^{-2} + \cdots\cdots + K_{-m} \times 2^{-m})$$

其中，K_j 只能取 0、1；m、n 为正整数；2 是二进制的基数。

（3）八进制数。八进制数有两个特点：①数值部分用 8 个不同的数字符号 0、1、3、4、5、6、7 来表示；②逢八进一。

任意八进制数 N 可表示为

$$N = \pm (K_{n-1} \times 8^{n-1} + K_{n-2} \times 8^{n-2} + \cdots\cdots K_0 \times 8^0 + K_{-1} \times 8^{-1} + K_{-2} \times 8^{-2} + \cdots\cdots + K_{-m} \times 8^{-m})$$

其中，K_j 只能取 0、1、3、4、5、6、7；m、n 为正整数；8 是基数。

因 $8^1 = 2^3$，所以 1 位八制数相当于 3 位二进制数，根据这个对应关系，二进制与八进制间的转换方法为从小数点向左向右每 3 位分为一组，不足 3 位者以 0 补足 3 位。

（4）十六进制数。十六进制数有两个特点：①数值部分用 16 个不同的数字符号 0、1、2、3、4、5、6、7、8、9、A、B、C、D、E、F 来表示；②逢十六进一。这里的 A、B、C、D、E、F 分别对应十进制数字中的 10、11、12、13、14、15。

任意十六进制数 N 可表示为：

$$N = \pm (K_{n-1} \times 16^{n-1} + K_{n-2} \times 16^{n-2} + \cdots\cdots K_0 \times 16^0 + K_{-1} \times 16^{-1} + K_{-2} \times 16^{-2} + \cdots\cdots + K_{-m} \times 16^{-m})$$

其中，K_j 只能取 0、1、2、3、4、5、6、7、8、9、A、B、C、D、E、F；m、n 为正整数；16 是基数。

因 $16^1 = 2^4$，所以 1 位十六制数相当于 4 位二进制数，根据这个对应关系，二进制数转换为十六进制数的转换方法为从小数点向左向右每 4 位分为一组，不足 4 位者以 0 补足 4 位。十六进制数转换为二进制数的转换方法为从左到右将待转换的十六制数中的每个数依次用 4 位二进制数表示。

2.3.3 数据类型及数据范围

在 S7-200 系列中，数据存储器中存放数据的类型主要有位类型（又称为布尔型逻辑型，Bool）、字节（Byte）、16 位整数型（INT）、32 位整数（DINT）和实数型（又称为浮点型，Real）。布尔逻辑型数据由"0"或"1"构成的字节型无符号整数；整数型数据包括 16 位单字和 32 位双字的带符号整数；实数型数据又称浮点型数据，它采用 32 位的单精度数表示。每种数据类型都有一范围，见表 2-4。

表 2-4　　　　　　　　　数 据 类 型 范 围

数据长度、类型	无符号整数	有符号整数	实数（单精度）IEEE 32 位浮点数
字节 B（8 位）	0～255（十进制）	−128～＋127（十进制）	
	0～FF（十六进制）	80～7F（十六进制）	
字 W（16 位）	0～65 535（十进制）	−32768～＋32767（十进制）	
	0～FFFF（十六进制）	8000～7FFF（十六进制）	
双字 DW（32 位）	0～4294967295（十进制）	−2147483648～＋2147483647（十进制）	＋1.175495E−38～＋3.402823E＋38（正数）
	0～FFFFFFFF（十六进制）	80000000～7FFFFFFF（十六进制）	−1.175495E−38～−3.402823E＋38（负数）（十进制）

1. 位（bit）

位类型只有两个值：0 或 1。如 I0.0，Q1.1，M10.0，VB0.0 等。

2. 字节（Byte）

一个字节（Byte）等于 8 位（bit），其中 0 位为最低位，7 位为最高位。如 IB0（包括 I0.0～I0.7 位）、QB1（包括 QB1.0～QB1.7 位）、MB0、VB1 等。其中第一个字母表示数据的类型，如 I、Q、M 等，第二个字母 B 则表示字节。

3. 字（Word）

相邻的两个字节（Byte）构成一个字（Word）来表示一个无符号数，因此，字为 16 位。如 IW0 是由 IB0 和 IB1 组成的，其中 I 是输入映像寄存器，W 表示字，0 是字的起始字节。需要注意的是，字的起始字节必须是偶数。字的范围为十六进制数 0000～FFFF。在编程时要注意，如果已经用了 IW0，如再用 IB0 或 IB1 时要特别加以小心，可能会造成数据区的冲突使用，产生不可预料的错误。

4. 双字（Double Word）

相邻的两个字（Word）构成一个双字（Double Word）来表示一个无符号数，因此，双字为 32 位。如 MD0 是由 MW0 和 MW1 组成的，其中 M 是内部标志位寄存器，D 表示双字，0 是双字的起始字节。需要注意的是，双字的起始字必须是偶数。双字的范围为十六进制数 0000～FFFFFFFF。在编程时要注意，如果已经用了 MD0，如再用 MW0 或 MW1 时要特别加以小心，可能会造成数据区的冲突使用，产生不可预料的错误。

5. 16 位整数（INT，Integer）

16 位整数为有符号数，最高位为符号位。符号位为 1 表示负数；符号位为 0 表示正数。

6. 32 位整数（DINT，Double Integer）

32 位整数也为有符号数，最高位为符号位。符号位为 1 表示负数；符号位为 0 表示正数。

7. 浮点数（R，Real）

浮点数双称为实数，它为 32 位，可以用来表示小数。浮点数可以为：$1.m \times 2^e$，其存储结构如图 2-8 所示。例如 $123.4 = 1.234 \times 10^2$。

符号位	指数e									尾数的小数部分m																					
31	30	29	28	27	26	25	24	23	22	21	20	19	18	17	16	15	14	13	12	11	10	9	8	7	6	5	4	3	2	1	0

图 2-8 浮点数存储结构

根据 ANSI/IEEE 标准，浮点数可以表示为 $1.m \times 2^e$ 的形式。其中指数 e 为 8 位正整数（$1 \leqslant e \leqslant 254$）。在 ANSI/IEEE 标准中浮点数占用一个双字（32 位）。因为规定尾数的整数部分总是为 1，只保留尾数的小数部分 m（0～22 位）。浮点数的表示范围为 $\pm 1.175495 \times 10^{-38} \sim \pm 3.402823 \times 10^{-38}$。

8. 常数

常数的数据长度可以字节、字和双字。CPU 以二进制的形式存储常数，书写常数可以用二进制、十进制、十六进制、ASCII 码或实数等多种形式，其格式如下：

十进制数：8721。十六进制常数：16♯3BCD。二进制常数：2♯1101100010100101。ASCII 码："good"。实数：+1.175495E−38（正数），−3.402823E+38（负数）。

2.3.4 数据存储器的编址方式

数据存储器的编址方式主要是对位、字节、字、双字进行编址。

（1）位编址的方式为：（区域标志符）字节地址.位地址，如 I0.1、Q1.0、V3.5。

（2）字节编址的方式为：（区域标志符）B 字节地址，如 IB0 表示输入映像寄存器 I0.0～I0.7 这 8 位组成的字节；VB0 表示输出映像寄存器 V0.0～V0.7 这 8 位组成的字节。

（3）字编址的方式为：（区域标志符）W 起始字节地址，最高有效字节为起始字节，如 VW0 表示由 VB0 和 VB1 这 2 个字节组成的字。

（4）双字编址的方式为：（区域标志符）D 起始字节地址，最高有效字节为起始字节，如 VD100 表示由 VB100、VB101、VB102 和 VB103 这 4 个字节组成的双字。

2.4 S7-200的存储系统与寻址方式

2.4.1 S7-200 的存储系统

S7-200 系列 PLC 的存储器是 PLC 系统软件开发过程中的编程元件，每个单元都有唯一的地址，为满足不同编程功能的需要，S7-200 系统为存储单元做了分区，所以不同的存储区有不同的有效范围，可以完成不同的编程功能。S7-200 的存储器空间大致可分为程序空间、数据空间和参数空间。

1. 程序空间

该空间主要用于存放用户应用程序，程序空间容量在不同的 CPU 中是不同的。另外，CPU 中的 RAM 区与内置 EEPROM 上都有程序存储器，但它们互为映像，且空间大小一样。

2. 数据空间

数据空间的主要作用是用于存放工作数据，这部分存储器称为数据存储器；另外一部分数据空间作寄存器使用，称为数据对象。无论是作为数据存储器还是数据对象，在PLC系统的软件开发及硬件应用过程当中都是非常重要的工具，PLC通过对各种数据的读取及逻辑判断才能完成相应的控制功能。

西门子S7-200 PLC的数据空间包括输入映像寄存器I、输出映像寄存器Q、变量存储器V、内部标志位寄存器M、顺序控制继电器S、特殊标志位寄存器SM、局部存储器L、定时器存储器T、计数器存储器C、模拟量输入映像寄存器AI、模拟量输出寄存器AQ、累加器AC和高速计数器HC等。

（1）输入映像寄存器I。S7-200的输入映像寄存器又称输入继电器，它是PLC用来接收外部输入信号的窗口。PLC中的输入继电器与继电—接触器中的继电器不同，它是"软继电器"，实质上是存储单元。当外部输入开关的信号为闭合时，输入继电器线圈得电，在程序中动合触点闭合，动断触点断开。这些"软继电器"的最大特点是可以无限次使用，在使用时一定要注意，它们只能由外部信号驱动，用来检测外部信号的变化，不能在内部用指令来驱动，所以编程时，只能使用输入继电器触点，而不能使用输入继电器线圈。

输入映像寄存器可按位、字节、字或双字等方式进行编址，如I0.1、IB4、IW5、ID10等。

S7-200系列PLC输入映像寄存器区域有I0～I15共16个字节单元，输入映像寄存器可按位进行操作，每一位对应一个输入数字量，因此，输入映像寄存器能存储16×8共计128点信息。CPU224的基本单元有14个数字量输入点：I0.0～I0.7、I1.0～I1.5，占用两个字节IB0、IB1，其余输入映像寄存器可用于扩展或其他操作。

（2）输出映像寄存器Q。S7-200的输出映像寄存器又称输出继电器，每个输出继电器线圈与相应的PLC输出相连，用来将PLC的输出信号传递给负载。

输入映像寄存器可按位、字节、字或双字等方式进行编址，如Q0.3、QB1、QW5、QD12等。

同样，S7-200系列PLC输出映像寄存器区域有Q0～Q15共16个字节单元，能存储16×8共计128点信息。CPU226的基本单元有16个数字量输出点：Q0.0～Q0.7、Q1.0～Q1.7，占用两个字节QB0、QB1，其余输出映像寄存器可用于扩展或其他操作。

输入/输出映像寄存器实际上就是外部输入/输出设备状态的映像区，通过程序使PLC控制输入/输出映像区的相应位与外部物理设备建立联系，并映像这些端子的状态。

（3）变量寄存器V。变量寄存器用来存储全局变量、存放数据运算的中间运算结果或其他相关数据。变量存储器全局有效，即同一个存储器可以在任一个程序分区中被访问。在数据处理中，经常会用到变量寄存器。

变量寄存器可按位、字节、字、双字使用。变量寄存器有较大的存储空间，CPU221/222有VB0.0～VB2047.7的2KB存储容量，CPU224有VB0.0～VB8191.7的8KB存储容量，CPU226有VB0.0～VB10239.7的10KB存储容量。

（4）内部标志位寄存器M。内部标志位寄存器M相当于继电—接触器控制系统中的中间继电器，它用来存储中间操作数或其他控制信息。内部标志位寄存器在 PLC 中没有输入/输出端与之对应，它的触点不能直接驱动外部负载，只能在程序内部驱动输出继电器的线圈。

内部标志位寄存器可按位、字节、字、双字使用，如 M23.2、MB10、MW13、MD24。CPU226 的有效编址范围为 M0.0～M31.7。

（5）顺序控制继电器 S。顺序控制继电器 S 又称状态元件，用于顺序控制或步进控制。它可按位、字节、字、双字使用，有效编址范围为 S0.0～S31.7。

（6）特殊标志位寄存器 SM。特殊标志位寄存器 SM 用于 CPU 与用户程序之间信息的交换，用这些位可选择和控制 S7-200CPU 的一些特殊功能。它分为只读区域和可读区域。

特殊标志位寄存器可按位、字节、字、双字使用。CPU224 特殊标志寄存器的有效编址范围为 SM0.0～SM179.7 字节，其中特殊存储器区的头 30 字节为只读区，即 SM0.0～SM29.7 字节为只读区。

特殊寄存器标志位提供了大量的状态和控制功能，详细说明请参阅附录 2，常用的特殊标志位寄存器的功能如下：

1）SM0.0：运行监视，始终为"1"状态。当 PLC 运行时可利用其触点驱动输出继电器，并在外部显示程序是否处于运行状态。

2）SM0.1：初始化脉冲，该位在首次扫描为 1 时，调用初始化子程序。

3）SM0.3：开机进入 RUN 运行方式时，接通一个扫描周期，该位可用在启动操作之前给设备提供一个预热时间。

4）SM0.4：提供 1min 的时钟脉冲或延时时间。

5）SM0.5：提供 1s 的时钟脉冲或延时时间。

6）SM0.6：扫描时钟，本次扫描时置 1，下次扫描时清 0，可作扫描计数器的输入。

7）SM0.7：工作方式开关位置指示，开关放置在 RUN 时为 1，PLC 为运行状态；开关放置在 TERM 时为 0，PLC 可进行通信编程。

8）SM1.0：零标志位，当执行某些指令结果为 0 时，该位被置 1。

9）SM1.1：溢出标志位，当执行某些指令，结果溢出时，该位被置 1。

10）SM1.2：负数标志位，当执行某些指令，结果为负数时，该位被置 1。

11）SM1.3：除零标志位，试图除以 0 时，该位被置 1。

（7）局部存储器 L。局部存储器用来存储局部变量，类似于变量存储器 V，但全局变量是对全局有效，而局部变量只和特定的程序相关联，只是局部有效。

S7-200 系列 PLC 有 64 个字节局部存储器，编址范围为 LB0.0～LB63.7，其中 LB60～LB63.7 是系统为 Step7-Micro/Win32 等软件所保留，其余 60 个字节可作为暂时寄存器或子程序传递参数。

局部存储器可按位、字节、字、双字使用。PLC 运行时，可根据需求动态分配局部存储器。当执行主程序时，64 个字节的局部存储器分配给主程序，而分配给子程序给子程序或中断服务程序的局部变量存储器不存在；当执行子程序或中断程序时，将局部存储器重新分配给相应程序。不同程序的局部存储器不能互相访问。

（8）定时器存储器 T。PLC 中的定时器相当于继电—接触器中的时间继电器，它是

PLC 内部累计时间增量的重要编程元件，主要用于延时控制。

PLC 中的每个定时器都有 1 个 16 位有符号的当前值寄存器，用于存储定时器累计的时基增量值（1～32 767）。S7 - 200 定时器的时基有 3 种：1、10、100ms，有效范围为 T0～T255。

通常定时器的设定值由程序或外部根据需要设定，若定时器的当前值不小于设定值时，定时器位被置 1，其动合触点闭合，动断触点断开。

（9）计数器存储器 C。计数器用于累计其输入端脉冲电平由低到高的次数，其结构与定时器类似，通常设定值在程序中赋予，有时也可根据需求而在外部进行设定。S7 - 200 中提供了 3 种类型的计数器：加计数器、减计数器和加减计数器。

PLC 中的每个计数器都有 1 个 16 位有符号的当前值寄存器，用于存储计数器累计的脉冲个数（1～32 767）。S7 - 200 计数器的有效范围为 C0～C255。

当输入触发条件满足时，相应计数器开始对输入端的脉冲进行计数，当当前计数不小于设定值时，计数器位被置 1，其动合触点闭合，动断触点断开。

（10）模拟量输入映像寄存器 AI。模拟量输入模块是将外部输入的模拟量转换成 1 个字长（16 位）的数字量，并存入模拟量输入映像寄存器 AI 中，供 CPU 运算处理。

在模拟量输入映像寄存器中，1 个模拟量等于 16 位的数字量，即两个字节，因此其地址均以偶数表示，如 AIW0、AIW2、AIW4。模拟量输入值为只读数据，模拟量转换的实际精度为 12 位。CPU221 没有模拟量输入寄存器，CPU222 的有效地址范围为 AIW0～AIW30；CPU224/226/226XM 的有效地址范围为 AIW0～AIW62。

（11）模拟量输出寄存器 AQ。模拟量输出模块是将 CPU 已运算好的 1 个字长（16 位）的数字量按比例转换为电流或电压的模拟量，用来驱动外部模拟量控制设备。

在模拟量输出映像寄存器中，1 个模拟量等于 16 位的数字量，即两个字节，因此其地址均以偶数表示，如 AQW0、AQW2、AQW4。模拟量输出值为只写数据，用户只能给它置数而不能读取。模拟量转换的实际精度为 12 位。CPU221 没有模拟量输出寄存器，CPU222 的有效地址范围为 AQW0～AQW30；CPU224/226/226XM 的有效地址范围为 AQW0～AQW62。

（12）累加器 AC。累加器用来暂存数据、计算的中间结果、子程序传递参数、子程序返回参数等，它可以像存储器一样使用读写存储区。S7 - 200 系列 PLC 提供了 4 个 32 位累加器 AC0～AC3，可按字节、字或双字的形式存取累加器中的数据。按字节或字为单位存取时，累加器只使用了低 8 位或低 16 位，被操作数据长度取决于访问累加器时所使用的指令。

（13）高速计数器 HC。高速计数器用来累计比 CPU 扫描速度更快的高速脉冲，其工作原理与普通计数器基本相同。高速计数器的当前值为 32 位的双字长的有符号整数，且为只读数据。单脉冲输入时，计数器最高频率达 30kHz，CPU221/222 提供了 4 路高速计数器 HC0～HC3，CPU224/226/226XM 为 6 路高速计数器 HC0～HC5；双脉冲输入时，计数器最高频率达 20kHz，CPU221/222 提供了 2 路高速计数器 HC0 和 HC1，CPU224/226/226XM 提供了 4 路高速计数器 HC0～HC3。

3. 参数空间

参数空间为用于存放有关 PLC 组态参数的区域，如保护口令、PLC 站地址、停电记忆保持区、软件滤波、强制操作的设定信息等。存储器为 EEPROM。

2.4.2　S7－200 存储器范围及特性

S7－200 存储器范围及特性见表 2－5。

表 2－5　　　　　　　　　　　　　S7－200 存储器范围及特性

	CPU221	CPU222	CPU224	CPU226
输入映像寄存器 I	I0.0～I15.7	I0.0～I15.7	I0.0～I15.7	I0.0～I15.7
输出映像寄存器 Q	Q0.0～Q15.7	Q0.0～Q15.7	Q0.0～Q15.7	Q0.0～Q15.7
模拟量输入映像寄存器 AI	AIW0～AIW30	AIW0～AIW30	AIW0～AIW62	AIW0～AIW62
模拟量输出映像寄存器 AQ	AQW0～AQW30	AQW0～AQW30	AQW0～AQW62	AQW0～AQW62
变量存储器 V	VB0.0～VB2047.7	VB0.0～VB2047.7	VB0.0～VB8191.7	VB0.0～VB10239.7
局部存储器 L	LB0～LB63	LB0～LB63	LB0～LB63	LB0～LB63
内部标志寄存器 M	M0.0～M31.7	M0.0～M31.7	M0.0～M31.7	M0.0～M31.7
特殊标志位存储器 SM	SM0.0～SM179.7	SM0.0～SM299.7	SM0.0～SM549.7	SM0.0～SM549.7
特殊标志位存储器 SM（只读）	SM0.0～SM29.7	SM0.0～SM29.7	SM0.0～SM29.7	SM0.0～SM29.7
定时器 T 有记忆接通延迟 1ms	T0，T64	T0，T64	T0，T64	T0，T64
定时器 T 有记忆接通延迟 10ms	T1～T4，T65～T68	T1～T4，T65～T68	T1～T4，T65～T68	T1～T4，T65～T68
定时器 T 有记忆接通延迟 100ms	T5～T31，T69～T95	T5～T31，T69～T95	T5～T31，T69～T95	T5～T31，T69～T95
定时器 T 接通/关断延迟 1ms	T32，T96	T32，T96	T32，T96	T32，T96
定时器 T 接通/关断延迟 10ms	T33～T36，T97～T100	T33～T36，T97～T100	T33～T36，T97～T100	T33～T36，T97～T100
定时器 T 接通/关断延迟 100ms	T37～T68，T101～T255	T37～T68，T101～T255	T37～T68，T101～T255	T37～T68，T101～T255
计数器 C	C0～C255	C0～C255	C0～C255	C0～C255
高速计数器 HC	HC0～HC5	HC0～HC5	HC0～HC5	HC0～HC5
顺序控制继电器 S	S0.0～S31.7	S0.0～S31.7	S0.0～S31.7	S0.0～S31.7
累加器 AC	AC0～AC3	AC0～AC3	AC0～AC3	AC0～AC3
跳转/标号	0～255	0～255	0～255	0～255
调用/子程序	0～63	0～63	0～63	0～63
中断程序	0～127	0～127	0～127	0～127
正/负跳变	256	256	256	256
PID 回路	0～7	0～7	0～7	0～7

2.4.3　寻址方式

S7－200 将信息存储在不同的存储单元，每个单元都有唯一的地址，系统允许用户以字节、字、双字的方式存取信息。使用数据地址访问数据称为寻址，指定参与的操作数据或操作数据地址的方法，称为寻址方式。S7‒200 系列 PLC 有立即数寻址、直接寻址和间接寻址三种寻址方式。

1. 立即数寻址

数据在指令中以常数形式出现，取出指令的同时也就取出了操作数据，这种寻址方式称为立即数寻址方式。常数可分为字节、字、双字型数据。CPU 以二进制方式存储常数，指令中还可用十进制、十六进制、ASCII 码或浮点数来表示。

2. 直接寻址

在指令中直接使用存储器或寄存器元件名称或地址编号来查找数据，这种寻址方式称为直接寻址。直接寻址可按位、字节、字、双字进行寻址，如图 2‒9 所示。可按位、字节、字、双字进行直接寻址的数据空间见表 2‒6。

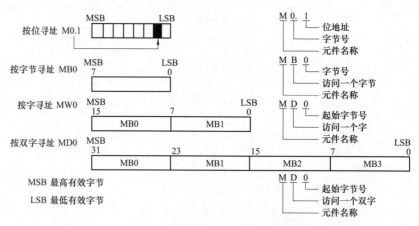

图 2‒9 位、字节、字、双字寻址方式

表 2‒6   S7‒200 系列可直接寻址的数据空间

元件符号	所在数据区域	位寻址	字节寻址	字寻址	双字寻址
I	数字量输入映像区	Ix. y	IBx	IWx	IDx
Q	数字量输出映像区	Qx. y	QBx	QWx	QDx
V	变量存储器区	Vx. y	VBx	VWx	VDx
M	内部标志位寄存器区	Mx. y	MBx	MWx	MDx
S	顺序控制继电器区	Sx. y	SBx	SWx	SDx
SM	特殊标志寄存器区	SMx. y	SMBx	SMWx	SMDx
L	局部存储器区	Lx. y	LBx	LWx	LDx
T	定时器存储器区	无	无	Tx	无
C	计数器存储器区	无	无	Cx	无
AI	模拟量输入映像区	无	无	AIx	无
AQ	模拟量输出映像区	无	无	AQx	无
AC	累加器区	无	任 意		
HC	高速计数器区	无	无	无	HCx

注 1. 表中"x"表示字节号。

2. 表中"y"表示字节内的位地址。

3. 间接寻址

数据存放在存储器或者寄存器中，在指令中只出现所需数据所在单元的内存地址，需通过地址指针来存取数据，这种寻址方式称为间接寻址。在 S7-200 系列中，可间接寻址的元器件有 I、Q、V、M、S、T 和 C，其中 T 和 C 只能对当前值进行。使用间接寻址时，首先要建立指针，然后利用指针存取数据。

（1）建立指针。指针为 32 位的双字，在 S7-200 系列中，只能用 V、L 或 AC 作为地址指针。生成指针时需使用双字节传送指令，指令中的内存地址（操作数）前必须使用 "&"，表示内存某一位位置的地址。

例如：MOVD &VB200, AC1

这条指令是将 VB200 的地址送入累加器 AC1 中建立指针。

（2）利用指针存取数据。指针建立好后，利用指针来存取数据。存取数据时同样需使用双字节传送指令，指令中操作数前必须使用 "＊"，表示该操作数作为地址指针。

例如，执行上条指令后，再执行 "MOVD ＊AC1, AC0" 后，将 AC1 中的内容为起始地址的一个字长数据送到 AC0 中。操作过程如图 2-10 所示。

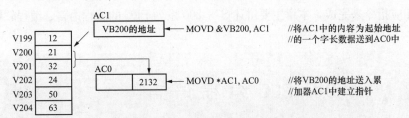

图 2-10　间接寻址操作过程

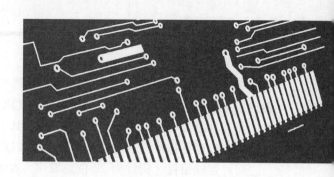

| 第3章 |

S7-200 PLC编程软件的使用

PLC是一种由软件驱动的控制设计，软件系统就如人的灵魂，可编程控制器的软件系统是PLC所使用的各种程序集合。为了实现某一控制功能，需要在一特定环境中使用某种语言编写相应指令来完成，本章主要讲述S7-200系列PLC的编程语言、编程软件等内容。

3.1 PLC 编 程 语 言

PLC是专为工业控制而开发的装置，其主要使用者是工厂广大电气技术人员，为了适应他们的传统习惯和掌握能力，通常PLC采用面向控制过程、面向问题的"自然语言"进行编程。S7-200系列PLC的编程语言非常丰富，有梯形图、助记符（又称指令表）、顺序功能流程图、功能块图等，用户可选择一种语言或混合使用多种语言，通过专用编程器或上位机编写具有一定功能的指令。

3.1.1 PLC编程语言的国际标准

基于微处理器的PLC自1968年问世以来，已取得迅速的发展，成为工业自动化领域应用最广泛的控制设备。当形形色色的PLC涌入市场时，国际电工委员会（IEC）及时地于1993年制定了IEC 1131标准以引导PLC健康发展。

IEC 1131标准分为IEC 1131-1～ IEC 1131-5共5个部分：IEC 1131-1为一般信息，即对通用逻辑编程作了一般性介绍，并讨论了逻辑编程的基本概念、术语和定义；IEC 1131-2为装配和测试需要，从机械和电气两部分介绍了逻辑编程对硬件设备的要求和测试需要；IEC 1131-3为编程语言的标准，它吸取了多种编程语言的长处，并制定了5种标准语言；IEC 1131-4为用户指导，提供了有关选择、安装、维护的信息资料和用户指导手册；IEC 1131-5为通信规范，规定了逻辑控制设备与其他装置的通信联系规范。

IEC 1131标准是由来自欧洲、北美以及日本的工业界和学术界的专家通力合作的产物，在 IEC 1131-3 中，专家们首先规定了控制逻辑编程中的语法、语义和显示，然后从现有编程语言中挑选了 5 种，并对其进行了部分修改，使其成为目前通用的语言。在这 5 种语言中，有 3 种是图形化语言，2 种是文本化语言。图形化语言有梯形图、顺序功能图、功能块图，文本化语言有指令表和结构文本。IEC 并不要求每种产品都运行这 5 种语言，可以只运行其中的一种或几种，但必须均符合标准。在实际组态时，可以在同一项目中运用多种编程语言，相互嵌套，以供用户选择最简单的方式生成控制策略。

正是由于 IEC 1131-3 标准的公布，许多 PLC 制造厂先后推出符合这一标准的 PLC 产品。美国 A-B 公司属于罗克韦尔（Rockwell）公司，其许多 PLC 产品都带符合 IEC 1131-3 标准中结构文本的软件选项。施耐德（Schneider）公司的 Modicon TSX Quantum PLC 产品可采用符合 IEC 1131-3 标准的 Concept 软件包，它在支持 Modicon 984 梯形图的同时，也遵循 IEC 1131-3 标准的 5 种编程语言。德国西门子（SIEMENS）公司的 SIMATIC S7-200 采用 SIMATIC 软件包，其中梯形图部分符合 IEC 1131-3 标准。

3.1.2 梯形图

梯形图 LAD（Ladder Programming）语言是使用得最多的图形编程语言，被称为 PLC 的第一编程语言。LAD 是在继电—接触器控制系统原理图的基础上演变而来的一种图形语言，它和继电—接触器控制系统原理图很相似。梯形图具有直观易懂的优点，很容易被工厂电气人员掌握，特别适用于开关量逻辑控制，它常被称为电路或程序，梯形图的设计称为编程。

1. 梯形图相关概念

在梯形图编程中，用到以下软继电器、能流和梯形图的逻辑解算 3 个基本概念。

（1）软继电器。PLC 梯形图中的某些编程元件沿用了继电器的这一名称，如输入继电器、输出继电器、内部辅助继电器等，但是它们必须不是真实的物理继电器，而是一些存储单元（软继电器），每一软继电器与 PLC 存储器中映像寄存器的一个存储单元相对应。梯形图中采用了类似于诸如继电—接触器中的触点和线圈符号，见表 3-1。

表 3-1	符 号 对 照 表			
	物理继电器	PLC 继电器	物理继电器	PLC 继电器
线圈	—□—	—○—	动断触点	—/—
动合触点	—/	—| |—		

存储单元如果为"1"状态，则表示梯形图中对应软继电器的线圈"通电"，其动合触点接通，动断触点断开，称这种状态是该软继电器的"1"或"ON"状态。如果该存储单元为"0"状态，对应软继电器的线圈和触点的状态与上述的相反，称该软继电器为"0"或"OFF"状态。使用中，常将这些"软继电器"称为编程元件。

PLC 梯形图与继电—接触器控制原理图的设计思想一致，它沿用继电—接触器控制电路元件符号，只有少数不同，信号输入、信息处理及输出控制的功能也大体相同。但两者还是有一定的区别：①继电—接触器控制电路由真正的物理继电器等部分组成，而梯形图没有真正的继电器，是由软继电器组成；②继电—接触器控制系统得电工作时，相应的继电器触头会产生物理动断操作，而梯形图中软继电器处于周期循环扫描接通之中；③继电—接触器系统的触点数目有限，而梯形图中的软触点有多个；④继电—接触器系统的功能单一，编程不灵活，而梯形图的设计和编程灵活多变；⑤继电—接触器系统可同步执行多项工作，而PLC梯形图只能采用扫描方式由上而下按顺序执行指令并进行相应工作。

（2）能流。在梯形图中有一个假想的"概念电流"或"能流"（power flow）从左向右流动，这一方向与执行用户程序时的逻辑运算的顺序是一致的。能流只能从左向右流动。利用能流这一概念，可以帮助我们更好地理解和分析梯形图。图3-1（a）不符合能流只能从左向右流动的原则，因此应改为如图3-1（b）所示的梯形图。

图3-1　母线梯形图
（a）错误的梯形图；（b）正确的梯形图

梯形图的两侧垂直公共线称为公共母线（bus bar），左侧母线对应于继电—接触器控制系统中的"相线"，右侧母线对应于继电—接触器控制系统中的"零线"，一般右侧母线可省略。在分析梯形图的逻辑关系时，为了借用继电器电路图的分析方法，可以想象左右两侧母线（左母线和右母线）之间有一个左正右负的直流电源电压，母线之间有"能流"从左向右流动。

（3）梯形图的逻辑解算。根据梯形图中各触点的状态和逻辑关系，求出与图中各线圈对应的编程元件的状态，称为梯形图的逻辑解算。梯形图中逻辑解算是按从左至右、从上到下的顺序进行的。解算的结果，马上可以被后面的逻辑解算所利用。逻辑解算是根据输入映像寄存器中的值，而不是根据解算瞬时外部输入触点的状态来进行的。

2. 梯形图的编程规则

尽管梯形图与继电—接触器电路图在结构形式、元件符号及逻辑控制功能等方面类似，但在编程时，梯形图需遵循一定的规则，具体如下：

（1）自上而下，从左到右的方法编写程序。编写PLC梯形图时，应按从上到下、从左到右的顺序放置连接元件。在SETP 7 Micro/WIN32中，与每个输出线圈相连的全部支路形成1个逻辑行，即1个网络，每个网络起于左母线，终于输出线圈，同时还要注意输出线圈的右边不能有任何触点，输出线圈的左边必须有触点，如图3-2所示。

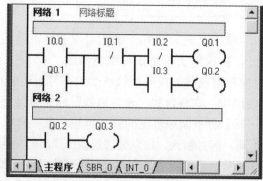

图3-2　梯形图绘制规则1

（2）串联触点多的电路应尽量放在上部。在每个网络（每一个逻辑行）中，当几条支路串联时，串联触点多的应尽量放在上面，如图3-3所示。

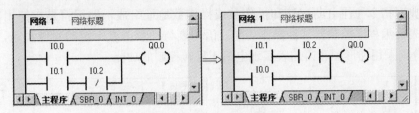

图3-3　梯形图绘制规则2

（3）并联触点多的电路应尽量靠近左母线。几条支路并联时，并联触点多的应尽量靠近左母线，这样可适当减少程序步数，如图3-4所示。

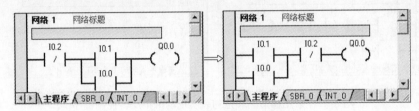

图3-4　梯形图绘制规则3

（4）垂直方向不能有触点。在垂直方向的线上不能有触点，否则形成不能编程的梯形图，因此需重新安排，如图3-5所示。

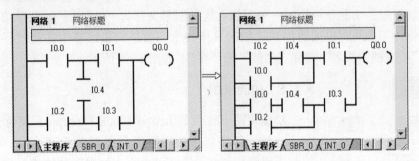

图3-5　梯形图绘制规则4

（5）触点不能放在线圈的右侧。不能将触点放在线圈的右侧，只能放在线圈的左侧，对于多重输出的，还须将触点多的电路放在下面，如图3-6所示。

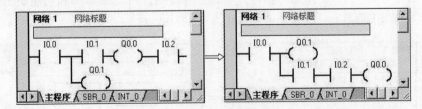

图3-6　梯形图绘制规则5

3.1.3　语句表

语句表STL（Statement List）是通过指令助记符控制程序要求的，类似于计算机汇编语言。不同厂家的 PLC 所采用的指令集不同，所以对于同一个梯形图，书写的语句表指令形式也不尽相同。

一条典型指令往往由助记符和操作数或操作数地址组成，助记符是指使用容易记忆的字符代表可编程序控制器某种操作功能。语句表与梯形图有一定的对应关系，如图 3-7 所示，分别采用梯形图和语句表实现电机正反转控制的功能。

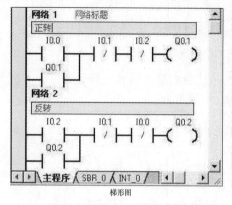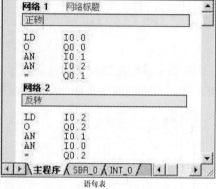

图 3-7　采用梯形图和语句表实现电机正反转控制程序

3.1.4　顺序功能图

顺序功能流程图 SFC（Sequential Function Chart）又称状态转移图，它是描述控制系统的控制过程、功能和特性的一种图形，这种图形又称为"功能图"。顺序功能流程图中的功能框并不涉及所描述的控制功能的具体技术，而是只表示整个控制过程中一个个的"状态"，这种"状态"又称"功能"或"步"，如图 3-8 所示。

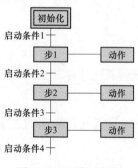

图 3-8　顺序功能图

3.1.5　功能块图

功能块图 FBD（Function Block Diagram）又称逻辑盒指令，它是一种类似于数字逻辑门电路的 PLC 图形编程语言。控制逻辑常用"与""或""非" 3 种逻辑功能进行表达，每种功能都有一个算法。运算功能由方框图内的符号确定，方框图的左边为逻辑运算的输入变量，右边为输出变量，没有像梯形图那样的母线、触点和线圈。PLC 梯形图和功能块图表示的电机起动电路如图 3-9 所示。

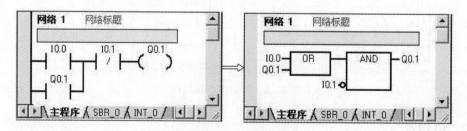

图 3-9　用梯形图和功能块图表示的电机启动电路

3.2 S7-200编程软件的使用

STEP 7 - Micro/WIN 是基于 Windows 操作系统的编程和配置软件，它是西门子公司专为 S7 - 200 系列 PLC 设计开发，目前最新版本为 SP9。该软件功能强大、界面友好，能很方便地进行各种编程操作，同时也可实时监控用户程序的执行状态。

3.2.1 STEP 7 - Micro/WIN 简介

1. STEP 7 - Micro/WIN 窗口元素

STEP 7 - Micro/WIN 编辑软件的窗口主要由浏览条、指令树、菜单栏、工具条、局部变量表、状态栏、输出窗口、程序编辑区等部分组成，如图 3 - 10 所示。

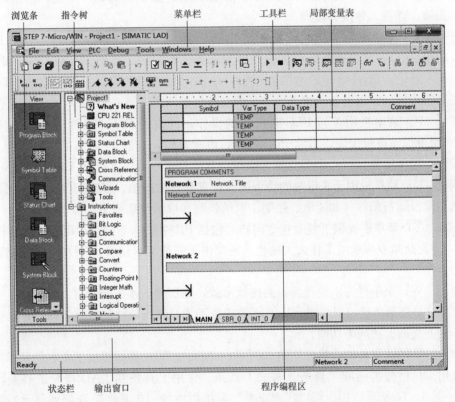

图 3 - 10 STEP 7 - Micro/WIN 窗口元素

（1）浏览条。浏览条为编程提供按钮控制，可以实现窗口的快速切换。在 STEP 7 - Micro/WIN 主界面上选择"查看"类别，可实现程序块、符号表、状态图、数据块、系统块、交叉引用、通信及设置 PG/PC 接口窗口的切换；选择"工具"类别，可实现以太网向导、AS-i 向导、因特网向导、配方向导、数据记录向导、PID 调节控制面板、S7-200 Explorer、TD Keypad Designer 窗口的切换。

（2）指令树。指令树以树形结构提供编程时用到的所有快捷操作命令和 PLC 指令，它由项目分支和指令分支组成。

在项目分支中，右击“项目”可将当前项目进行全部编译、比较和设置密码；在项目中可选择 CPU 的型号；右击“程序块”文件夹可插入新的子程序或中断程序；打开“程序块”文件夹，可以进行用密码保护本 POU，也可以插入新的子程序、中断程序或重新命名。

指令分支主要用于输入程序，打开指令文件夹并选择相应指令时，拖放或双击指令，可在程序中插入指令；右击指令，可从弹出菜单中选择“帮助”，获得有关该指令信息。

（3）菜单栏。STEP 7 - Micro/WIN 有 8 个主菜单：文件（F）、编辑（E）、查看（V）、PLC（P）、调试（D）、工具（T）、窗口（W）、帮助（H），这些菜单允许使用鼠标或对应热键进行操作，各菜单的功能如下：

文件（F）栏提供的操作有：新建、打开、关闭、保存、另存为、设置密码、导入、导出、上载、下载、新建库、添加/删除库、库存储区、页面设置、打印预览、打印、最近使用文件、退出。

编辑（E）菜单提供程序的编辑工具，其操作有：撤销、剪切、复制、粘贴、全选、插入、删除、查找、替换、转到。

查看（V）菜单栏可以选择不同的程序编辑器：STL（助记符）、梯形图（LAD）、FDB（功能块图）；可以选择组件进行程序编辑器、符号表、状态图、数据块、系统块、交叉引用、通信、PG/PC 接口参数的设置；还决定其他辅助窗口（如网络表、POU 注释、工具条按钮区、浏览条、指令树等）的打开与关闭。

PLC（P）菜单栏用于与 PLC 联机时的操作，可改变 PLC 的运行方式（运行、停止）、对用户程序进行编译，清除 PLC 程序，电源复位，查看 PLC 的信息，时钟、存储卡的操作，程序比较、PLC 类型选择等操作。其中对用户程序进行编译时可以离线进行。

调试（D）菜单栏用于联机时的动态调试，它有首次扫描、多次扫描、程序状态、用程序状态模拟运行条件（如读取、强制、取消强制和取消全部强制）等功能。

工具（T）菜单栏提供了复杂指令向导（包括 PID 指令、NETR/NETW 指令和 HSC 指令），使复杂指令编程时工作大大简化，还提供了安装文本显示器 TD200 和网络联接的向导等操作。

窗口（W）菜单栏可以设置窗口的排放形式，如层叠、水平、垂直。

帮助（H）菜单栏可以提供 S7 - 200 的指令系统及编程软件的所有信息，并提供在线帮助、网上查询、访问等功能。

（4）工具栏。工具栏为最常用的 SETP 7 - Micro/WIN 操作提供了便利的鼠标操作访问，常用工具栏分为标准工具条、调试工具条、常用工具条和 LAD 指令工具条，如图 3 - 11～图 3 - 14 所示。用户可以用“查看”菜单栏中的“工具栏”选项来显示或隐藏这些常用工具条。

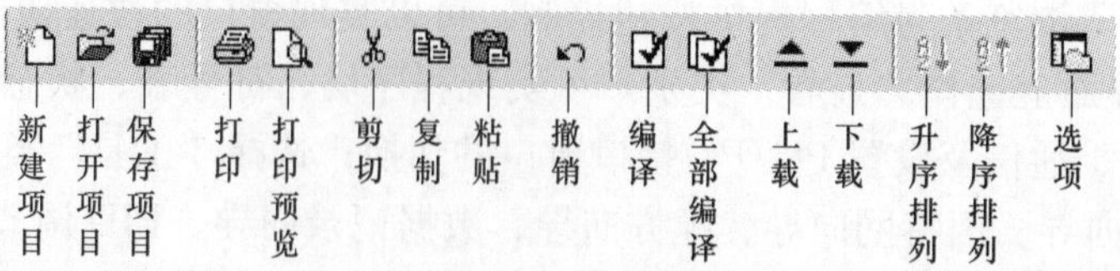

图 3 - 11　标准工具条

西门子S7-200 PLC从入门到精通(第二版)

图 3-12　调试工具条

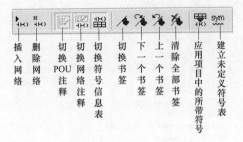

图 3-13　常用工具条

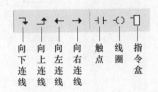

图 3-14　LAD 指令工具条

（5）局部变量表。每个程序块对应一个局部变量表，局部变量表用来定义局部变量，局部变量只在建立局部变量的 POU 中才有效。例如在带参数的子程序调用中，参数的传递就是通过局部变量表进行的。在局部变量表中建立的变量使用暂时内存；地址赋值由系统处理；变量的使用仅限于建立此变量的 POU。

（6）状态栏。状态栏又称为任务栏，它提供了在 STEP 7-Micro/WIN 中操作时的操作状态信息。

（7）输出窗口。输出窗口用来显示 STEP 7-Micro/WIN 程序编译时结果，如编译结果是否有错误，错误编码和位置等。当输出窗口列出的程序错误时，可双击错误信息，会在程序编辑区中显示适当的网络。

（8）程序编辑区。用户可以在程序编辑区使用梯形图、助记符或功能块图进行程序的编写。在联机状态下，从 PLC 上载用户程序进行编辑和修改。

2. 项目及其组件

STEP 7-Micro/WIN 将每个实际的 S7-200 系统的用户程序、系统设置等保存在一个项目文件中，扩展名为 .mwp。打开一个 .mwp 文件就可以打开相应的工程项目。

使用浏览条的视图部分和指令树的项目分支（见图 3-15），可以查看项目的各个组件，并且在它们之间切换。用鼠标单浏览条图标，或者双击指令树分支可以快速到达相应的项目组件。

单击 "Communications"（通信）图标，可以寻找与编程计算机连接的 S7-200 CPU，建立编程通信。单击 "Set PG/PC Interface" 图标可以设置计算机与 S7-200 之间的通信硬件以及网络地址和速率等参数。

3. 定制 STEP 7-Micro/WIN

（1）显示和隐藏各种窗口组件。在菜单栏中单击 "View"（查看），并选择一个对象，将其选择标记在打开和关闭之间切换，带选择标记的对象是当前在 STEP 7-Micro/WIN 环境中打开的对象，如图 3-16 所示。

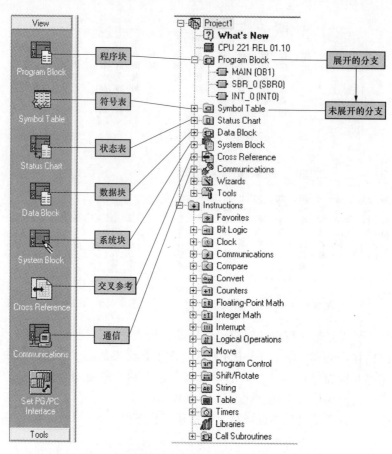

图 3-15　浏览条的视图部分和指令树的项目分支

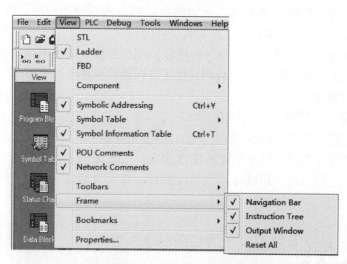

图 3-16　当前 STEP 7-Micro/WIN 环境中打开的对象

（2）选择窗口显示方式。在菜单栏中依次单击"Windows"（窗口）→"Cascade"（层叠窗口）/"Horizontal"横向平铺/"Vertical"（纵向平铺），可以改变窗口排列方式，也可以在不同窗口间切换，如图 3-17 所示。注意，当前窗口最大化后，其他窗口会自动隐藏到后面。

图 3-17　选择窗口显示方式

（3）使用标签切换窗口的不同组件。程序编辑器、状态表、符号表和数据块的窗口可能有多个标签。例如，在程序编辑器窗口中用鼠标单击标签可以在主程序、子程序和中断服务程序之间浏览，如图 3-18 所示。另外，用鼠标拖动分隔栏可以改变窗口区域的尺寸。

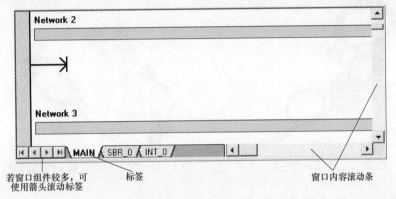

图 3-18　使用标签切换窗口的不同组件

（4）选择中文环境。STEP 7-Micro/WIN V3.2 从 SP1 起，支持完全汉化的工作环境。中英文环境设置方法如下：在菜单"Tools"（工具）→"Options"（选项）中，选择"General"（常规）选项卡，可以设置语言环境，如图 3-19 所示。在 Language 中选择

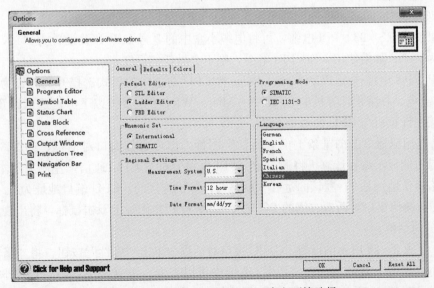

图 3-19　STEP-7 Micro/Win 中文环境选择

"Chinese"后，将软件改变为中文环境。改变设置后，退出 STEP 7 – Micro/WIN，再次启动软件后设置生效。

3.2.2 编程计算机与 CPU 通信

1. CPU 的通信条件与配置

与 CPU 通信，通常需要以下条件：

（1）PC/PPI（RS – 232/PPI 和 USB/PPI）电缆（如图 3 – 20 所示），连接 PG/PC 的串行通信口（RS – 232 即 COM 口，或 USB 口）和 CPU 通信口。

（2）PG/PC 上安装 CP（通信处理器）卡，通过 MPI 电缆连接 CPU 通信口（CP5611 卡配合台式 PC，CP5511/5512 卡配合便捷机使用），如图 3 – 21 所示。

 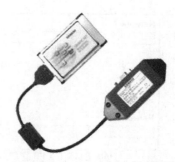

图 3 – 20 PC/PPI 电缆   图 3 – 21 MPI 电缆连接 CPU 通信口

最简单的编程通信配置如下：

（1）带串行通信端口（RS – 232 即 COM 口或 USB 口）的 PG/PC，并已安装了 STEP 7 – Micro/WIN 的有效版本。

（2）PC/PPI 编程电缆、RS – 232C/PPI 电缆连接计算机的 COM 口或 CPU 通信口；USB/PPI 电缆连接计算机的 USB 口和 CPU。

2. 设置通信

如果使用 RS – 232/PPI 电缆，可将电缆小盒中的 5 号 DIP 开关设置为"1"，而其他位保持为"0"；如果使用 USB/PPI 电缆，则不必做任何设置。

用 PC/PG 电缆连接 PG/PC 和 CPU，将 CPU 前盖内的模式选择开关设置为 STOP，给 CPU 上电。在编程计算机的 STEP 7 – Micro/WIN 中还要按以下方法通信设置，才能使建立编程计算机与 CPU 的通信。

（1）在用鼠标单击浏览条上的"通信"图标，出现通信窗口对话框，如图 3 – 22 所示。窗口右侧显示编程计算机将通过 PC/PPI 电缆尝试与 CPU 通信，左侧显示本地计算机的网络通信地址是 0，默认的远程（就是与计算机连接的）CPU 端口地址为 2。

（2）在通信窗口对话框右侧的 PC/PPI cable（PPI）图标上双击鼠标，将出现如图 3 – 23 所示的对话框。

（3）在图 3 – 23 所示的设置 PG/PC 接口对话框中单击"属性"按钮，将"属性- PC/PPI cable（PPI）"对话框。在"PPI"选项中可以查看、设置网络参数，如图 3 – 24 所示；"本地连接"选项卡可以选择实际连接的编程计算机的 COM 端口（如果是 RS – 232/

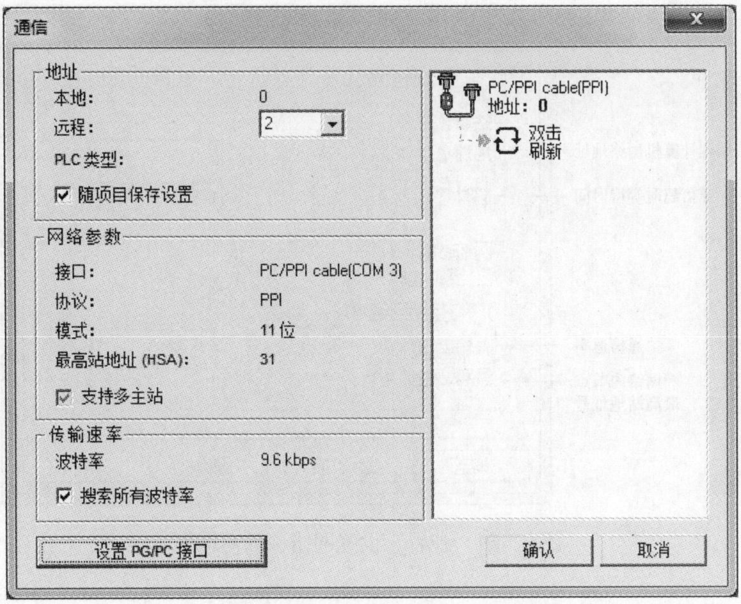

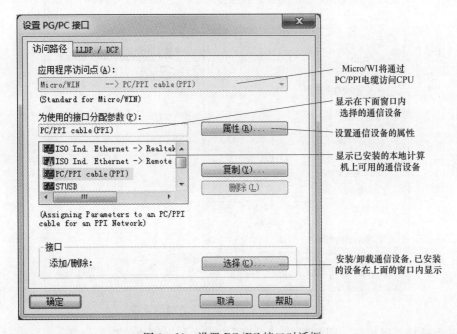

图3-22 通信窗口对话框

图3-23 设置PG/PC接口对话框

PPI电缆）或USB口（如果是USB/PPI电缆）。

（4）在图3-22所示通信窗口对话框的右侧鼠标双击"双击刷新"图标，将会显示通信设备上连接的设备，如图3-25所示。

3. PLC信息

在PG/PC和CPU联机状态下，执行菜单命令"PLC"→"信息"，将弹出图3-26所示的PLC信息对话框。此对话框可以显示CPU本机I/O信息和扩展模块信息，由于

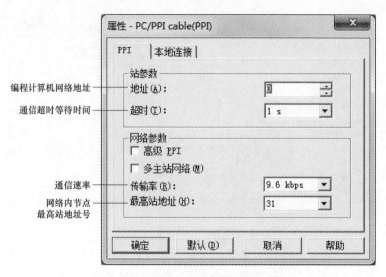

图 3-24　查看、设置网络参数对话框

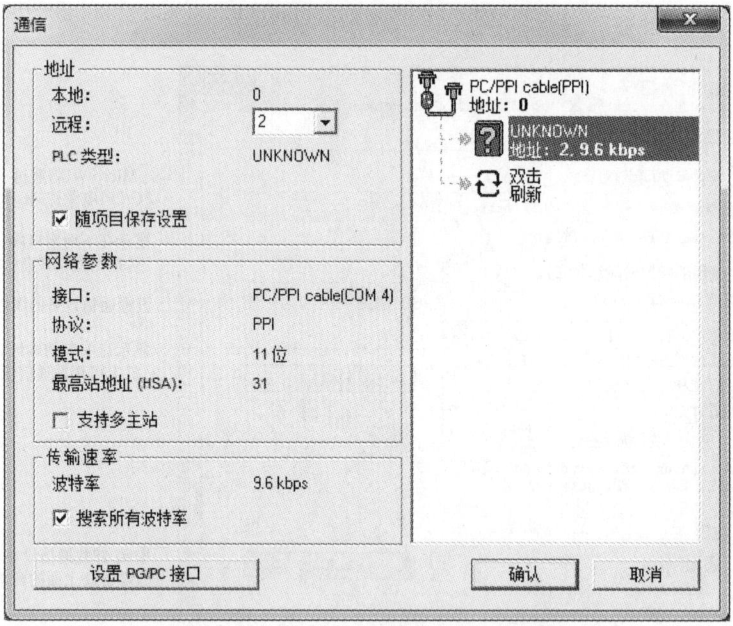

图 3-25　显示通信设备上连接的设备

CPU 没有连接扩展模块，因此图 3-26 中没有显示扩展模块的相关信息。

关闭通信窗口对话框后，可以发现指令树项目条目显示实际连接并通信成功的 CPU 型号和版本信息。例如本次通信的 PLC 为 CPU 224 CN，版本为 02.01，如图 3-27 所示。

在指令树项目条目 CPU 224 CN REL 02.01 上右击鼠标，选择"类型"，或者执行菜单命令"PLC"→"类型"，将弹出如图 3-28 所示的 PLC 类型对话框。在此对话框中可以设置 CPU 的类型及 CPU 的版本。

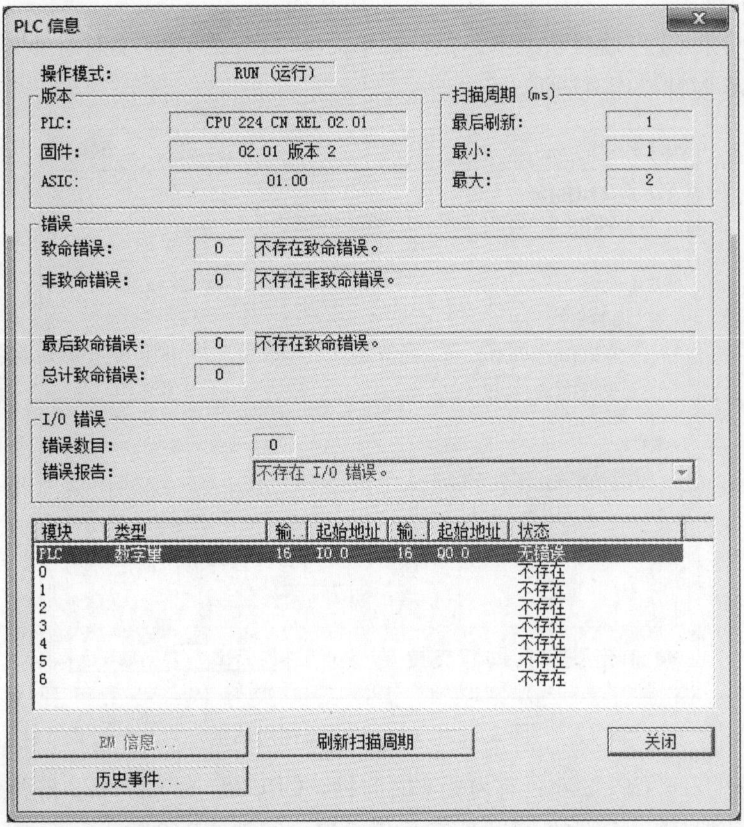

图 3-26　显示 PLC 信息对话框

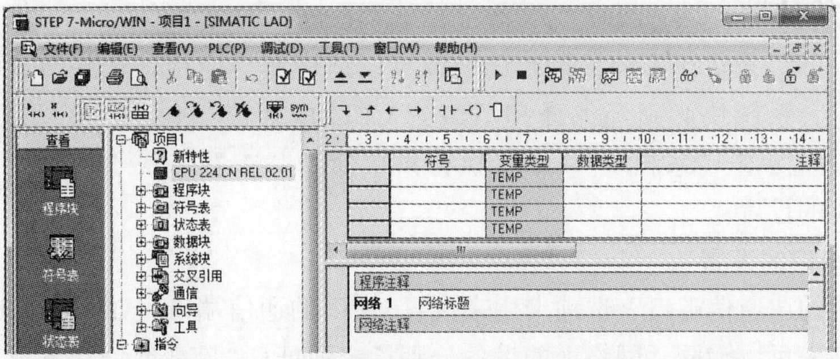

图 3-27　指令树项目条目显示的信息

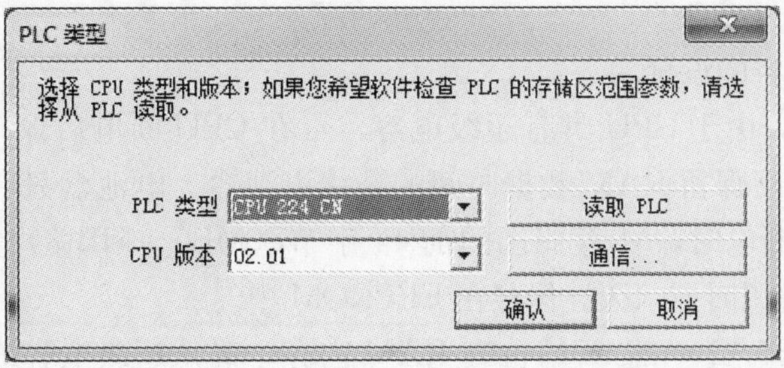

图 3-28　PLC 类型对话框

4. 实时时钟

在 PG/PC 和 CPU 联机状态下，执行菜单命令"PLC"→"实时时钟"，将弹出图 3-29 所示的 PLC 时钟操作对话框。

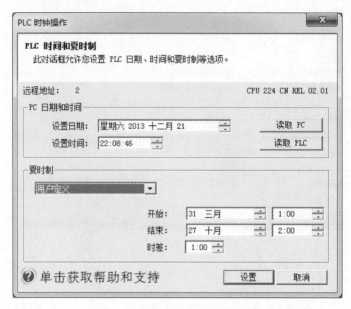

图 3-29　PLC 时钟操作对话框

注意，CPU224/CPU226 具有内置实时时钟，CPU221 和 CPU222 需要外插时钟电池卡才能使用实时时钟。全新的 CPU 需要设置一次，时钟才能开始正常走动。

3.2.3　系统块设置

S7-200 CPU 提供了多种参数和选项设置以适应具体应用，这些参数和选项在"系统块"内设置。系统块必须经编译和下载到 CPU 内才能起作用。在 STEP 7-Micro/WIN 的浏览条上单击"系统块"，或者执行菜单命令"查看"→"组件"→"系统块"，将进入系统块的设置。

1. 通信端口的设置

系统块内的"通信端口"选项卡用来设置 CPU 的通信端口，如图 3-30 所示。"PLC 地址"下拉列表可以为同一网络上的设备分别指定地址；"最高地址"下拉列表可以设置网络中的最高地址；"波特率"下拉列表可以选择通信速率。对于 CPU224/CPU226，可以使用端口 1。

2. 断电数据保持的设置

当电源掉电后，由于 CPU 具有超级电容，可在 CPU 断电后保存 RAM 数据。有些 CPU 型号支持延长可保留 RAM 数据时间的选用电池盒。电池盒只有在超级电容完全放电后才提供电源。断电时，M 存储区的前 14 字节（MB0～MB13）如果被配置为保留，在 CPU 模块失去电源时被永久性保存在 EEPROM 中。

系统断电后，S7-200 的 CPU 检查 RAM 内存，确认超级电容或电池已成功在保存存储在 RAM 中的数据。如果 RAM 数据被成功保存，RAM 内存的保留区不变。永久 V

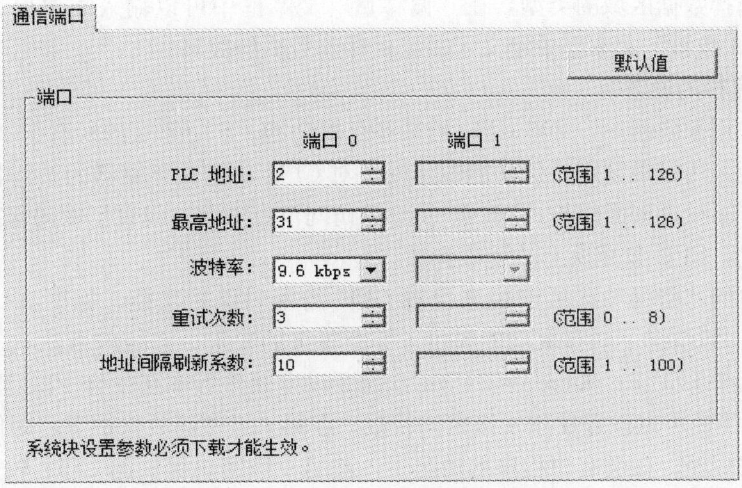

图3-30 系统块内通信端口选项卡

存储区（在EEPROM中）的相应区域被复制到CPU RAM中的非保留区。用户程序和CPU配置也从EEPROM恢复。CPU RAM的所有其他非保留区均被设为零。

系统上电后，如果未保存RAM的内容（例如长时间断电后），CPU清除RAM（包括保留和非保留范围），并为通电后的首次扫描设置保留数据丢失内存位（SM0.2）。然后，用户程序和CPU配置从EEPROM复制到CPU RAM。此外，EEPROM中V存储区的永久区域和M存储区永久区域（如果被定义为保留）从EEPROM复制到CPU RAM。CPU RAM的所有其他区域均被设为零。

在存储器V、M、C和T中，最多可定义6个需要保持的存储区。对于M，系统默认MB0~MB13不保持；对于定时器T，只有TONR可以保持；对于定时器T和计数器C，只有当前值可以保持，而定时器位和计数器位是不能保持的。

系统块内的"断电数据保持"选项卡用来设置CPU掉电时如何保存数据，如图3-31所示。断电数据保持选项卡，一共有6个范围可以供用户进行选择。单击相应的下拉

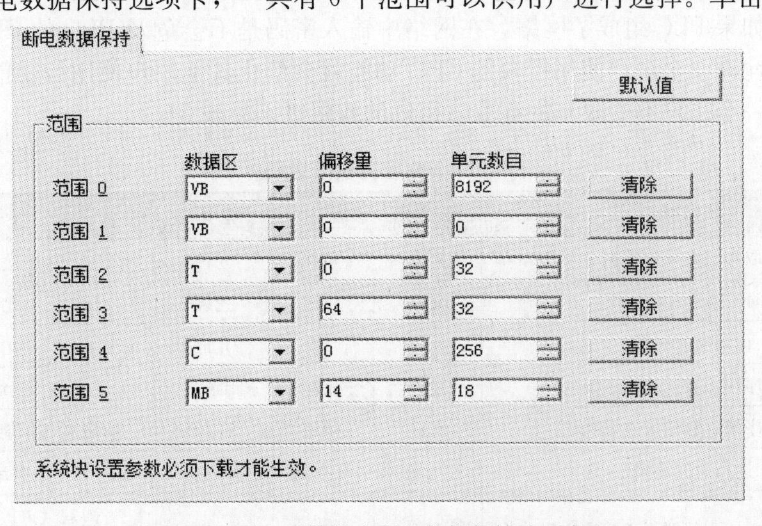

图3-31 系统块内断电数据保持选项卡

菜单，可以选择数据区域的类型，在"偏移量"文本框中可以输入需要保存的数据的起始地址，"单元数目"文本框中定义了需要保存的数据的数目。

3. 密码保护的设置

密码保护用来限制 S7-200 CPU 的某些存取功能。S7-200 的所有 PLC 型号都提供密码保护功能，用以限制对特殊功能的访问。对 CPU 功能及存储器的访问权限是通过密码来实现的。不设定密码保护，对 S7-200 的访问没有限制；设置了密码保护，根据安装密码时的设置，CPU 禁止所有的受限操作。

系统块内的"密码"选项卡用来设置 CPU 的密码保护功能，如图 3-32 所示。在 S7-200 中，一般情况下对存取功能提供了 3 个等级的权限，系统的默认状态是 1 级（不受任何限制）。STEP 7-Micro/WIN V4.0 SP3 以上软件版本在配合 PLC 固件版本 REL 2.01 以上的 CPU 可以设置使用 4 级密码权限。在第 4 级密码的保护下，即使有正确的密码也不能上载程序。在没有源程序的情况下，被第 4 级密码保护的 CPU 不支持程序状态监控、运行模式程序编辑和项目比较，其他功能与 3 级密码相同。

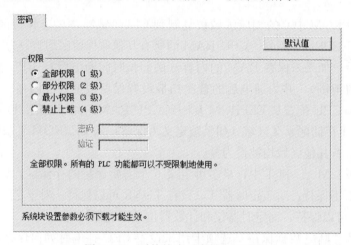

图 3-32　系统块内"密码"选项卡

此外，如果 PLC 组成了网络，在网络中输入密码是不会危及 PLC 的 CPU 的密码保护，因为只允许一个用户使用授权的 CPU 功能就会禁止其他用户使用该功能。在同一时刻，只允许一个用户不受限制的存取。密码的权限级别见表 3-2。

表 3-2　　　　　　　　　　　　　　S7-200 密码权限级别

CPU 功能	级别 1	级别 2	级别 3	级别 4
读取和写入用户数据	允许	允许	允许	允许
启动、停止重启 CPU	允许	允许	允许	允许
读写实时时钟	允许	允许	允许	允许
上载程序块、数据块或系统块	允许	允许	有限制	不允许
下载程序块、数据块或系统块	允许	有限制	有限制	有限制（不能下载系统块）
运行时间编辑	允许	有限制	有限制	不允许
删除程序块、数据块或系统块	允许	有限制	有限制	有限制（可以删除所有块，但不能只删除系统块）

CPU 功能	级别 1	级别 2	级别 3	级别 4
复制程序块、数据块或系统块到存储卡	允许	有限制	有限制	有限制
状态表内数据的强制	允许	有限制	有限制	有限制
单次或多次扫描功能	允许	有限制	有限制	有限制
在 STOP（停止）模式写入输出	允许	有限制	有限制	有限制
扫描速率复原	允许	有限制	有限制	有限制
执行状态监控	允许	有限制	有限制	不允许
项目比较	允许	有限制	有限制	不允许

在图 3-32 中选择相应权限级别，并在文本框中输入密码和验证后，即完成了密码的设置。如果用户忘记密码而不能访问 CPU 时，首先使 CPU 与编程计算机连接通信后，在 STEP 7-Micro/WIN 中执行菜单命令"PLC"→"清除"，将弹出如图 3-33 所示的清除对话框。在此对话框中选择相应的清除选项（如程序块、数据块、系统块等），然后点击"清除"按钮，可以清除密码和 CPU 中的程序等内容。

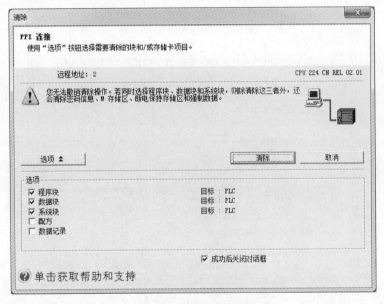

图 3-33　清除对话框

除了在系统块中可以设置密码外，还可以对程序组织单元（POU）和文件进行加密。程序组织单元包括项目中使用的组件，如主程序、中断程序、子程序等。这些组件的加密方法相同，下面以主程序的加密为例说明对程序组织单元的加密方法。

在 STEP 7-Micro/WIN 指令树中，鼠标右键单击"程序块"下的"主程序"，选择主程序的程序块，如图 3-34 所示。在弹出的右键菜单中选择"属性"命令，弹出主程序对话框，如图 3-35 所示。在主程序对话框中选择"保护"选项卡，并将"用密码保护本（POU）"复选框选中，然后在密码和验证文本框中输入密码，即可完成主程序程序块的密码保护。

对整个项目文件进行加密时，操作方法是执行菜单命令"文件"→"设置密码"，在

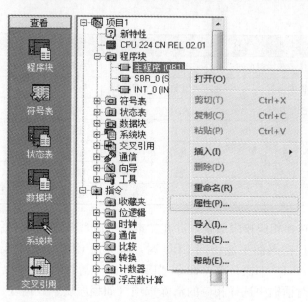

图 3-34　选择主程序的程序块

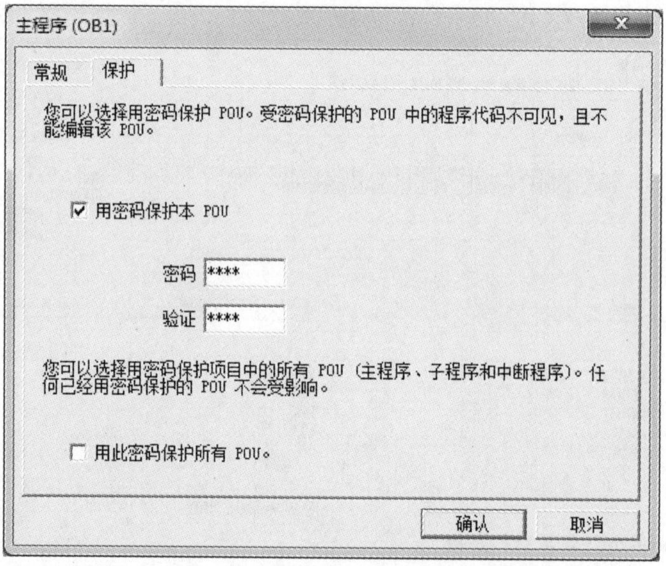

图 3-35　主程序对话框

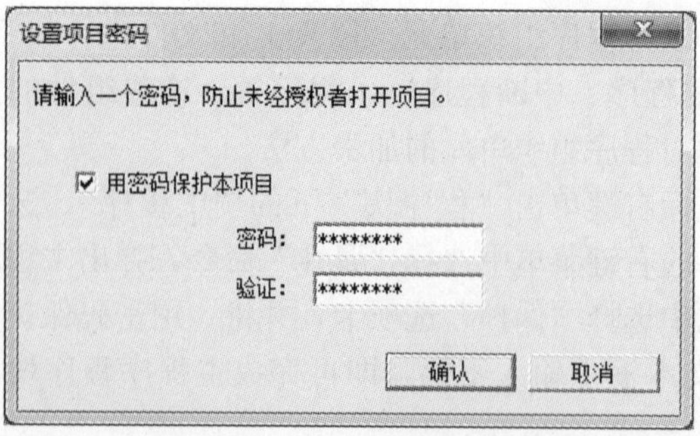

图 3-36　设置项目密码对话框

弹出的"设置项目密码"对话框中将"用密码保护本项目"复选框选中，然后再在密码和验证文本框中输入密码即可，如图3-36所示。在设置了项目密码后，未经授权的用户无法查看或编辑 STEP 7-Micro/WIN 项目中的任何部分。

4. 输出表的设置

S7-200 在运行过程中，可能会遇到由 RUN 模式转到 STOP 模式的情况，在已经配置了数字输出表功能时，就可以将数字输出表复制到各个输出点，使各个输出点的状态变为由数字输出表规定的状态，或者保持转换前的状态。

在系统块的"输出表"选项卡中可以设置输出表。输出表又包括数字量和模拟量两个选项卡，如图 3-37 所示。其中数字量和模拟量是 PLC 硬件控制的主要手段，根据不同型号的 PLC，其数量和地址不尽相同，但它们的作用是相似的：PLC 开始时赋初值，作为 PLC 运行的基础。

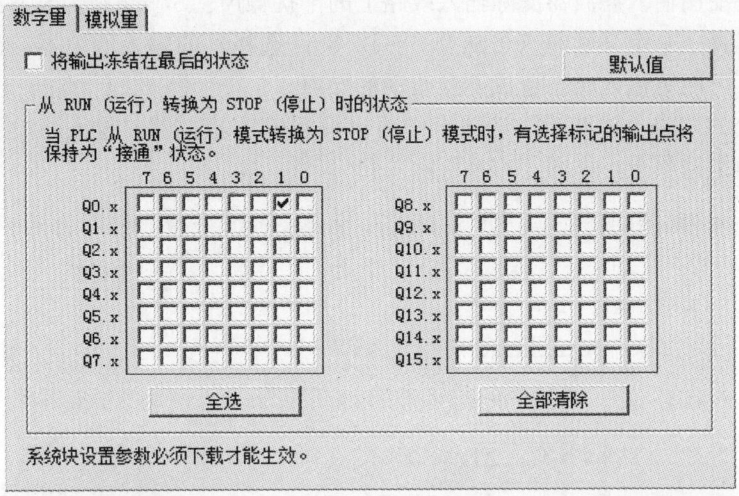

(a)

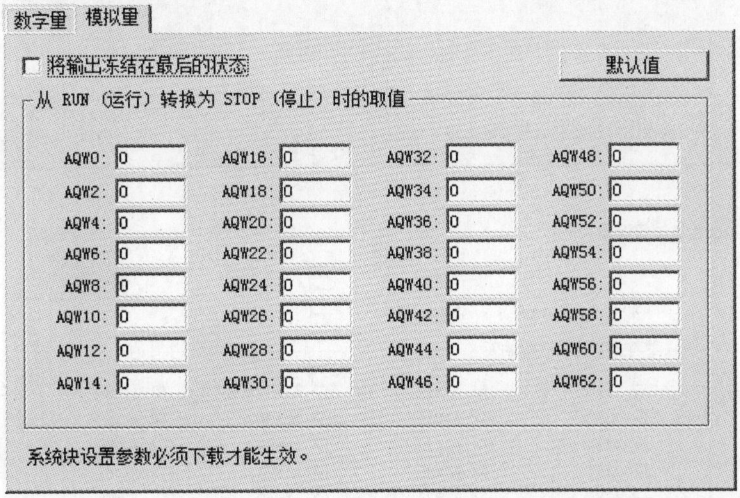

(b)

图 3-37　输出表设置对话框

(a) 数字量选项卡；(b) 模拟量选项卡

在"数字量"选项卡中，选中"将输出冻结在最后的状态"复选框，则 CPU 从 RUN 模式变为 STOP 模式时，所有的数字量输出点将保持在 CPU 由 RUN 模式进行到 STOP 模式时的状态。未选中"将输出冻结在最后的状态"复选框，CPU 在从 RUN 模式变为 STOP 模式时，各输出点的状态用输出表来设置。希望进入 STOP 模式之后某一位出现 1 的状态，则单击此位，使之被选中，如图 3-37（a）中的 Q0.1 所示。RUN 至

STOP 模式转换时，所有输出的默认状态为"关断"（0）状态。

"模拟量"输出表只能应用于 CPU224 和 CPU226 上，其选项卡中的"将输出冻结在最后的状态"选项使用方法与"数字量"是相同的。如果未选"冻结"模式，可以设置从 RUN 模式至 STOP 模式后模拟量输出值（−32767～32767）。

5. 输入滤波器的设置

由于 PLC 外接的触点在开关时会产生抖动，有时模拟量也会对输入信号产生脉冲干扰，所以需要使用输入滤波器滤除输入线路上的干扰噪声。S7 - 200 为某些或全部局部数字量输入点选择一个定义延时（可从 0.2～12.8ms 选择）的输入滤波器。该延迟帮助过滤输入接线上可能对输入状态造成不良改动的噪声。

在系统块的"输入滤波器"选项卡中可以设置输入滤波器。输入滤波器又包含数字量和模拟量两个选项卡，如图 3 - 38 所示。

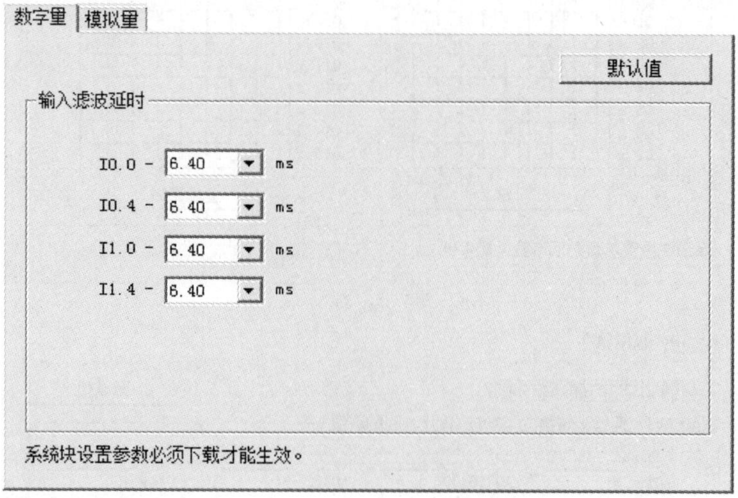

(a)

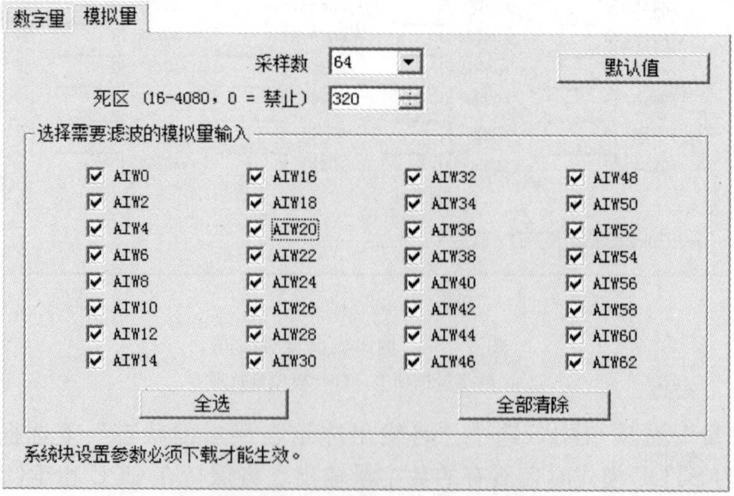

(b)

图 3 - 38　输入滤波器设置对话框

（a）数字量选项卡；（b）模拟量选项卡

在"数字量"选项卡中，通过设置输入滤波延时，可以过滤数字量输入信号。输入状态改变时，输入必须在延时期限内保持新状态，才能被认为有效。滤波器会消除噪声脉冲，并强制输入线在数字被接受之前必须先稳定下来。

在"模拟量"选项卡中，允许为单个模拟量输入通道选择是否使用软件滤波器。软件滤波的输出就是对一定采样数的模拟量值取的平均值。所有选择使用滤波器的通道都具有同样的采样数和死区设置；不使用滤波器的通道，在程序中访问它时读取的就是当前采样值。为变化比较缓慢的模拟量输入选用滤波器可以抑制波动；为变化较快的模拟量选用较小的采样数和死区会加快响应速度；对高速变化的模拟量不要使用滤波器。如果用模拟量传递数值信号，或者使用热电阻、热电偶、AS-I模块时应当不用滤波器。

6. 脉冲捕捉位的设置

S7-200 CPU 提供某些或全部数字量输入点的脉冲捕捉功能，该功能允许捕捉高电平脉冲或低电平脉冲。此类脉冲出现的时间极短，以至于小于 PLC 的扫描周期。当 PLC 在扫描周期开始读取数字量输入时，这种快速出现的脉冲已经结束了，所以 CPU 可能无法始终看到此类脉冲。

在系统块的"脉冲捕捉位"选项卡中可以设置脉冲捕捉，如图 3-39 所示。当为某一输入点启用脉冲捕捉时，输入状态的改变被锁定，并保持至下一次输入循环更新。这样可确保延续时间很短的脉冲被捕捉，并保持至 S7-200 读取输入。脉冲捕捉功能的说明如图 3-40 所示。注意，脉冲捕捉功能在对输入信号进行滤波后，必须调整输入滤波时间，以防止滤波器过滤掉脉冲。

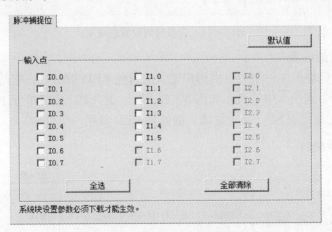

图 3-39　脉冲捕捉位设置选项卡

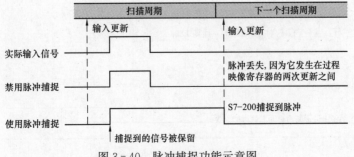

图 3-40　脉冲捕捉功能示意图

7. 背景时间的设置

S7 - 200 可以配置专门用于处理与 RUN 模式编译或执行状态监控有关的通信处理所占的扫描周期的时间百分比，即通信背景时间的设置。增加专门用于处理通信的时间百分比时，也会增加扫描时间，减慢控制过程的运行速度。

此功能专门用于处理通信请求的默认扫描时间百分比被设为 10%。该设置为处理编译/状态监控操作同时尽量减小对控制过程的影响进行了合理的折中。用户可以调整该设置，每次增加 5%，最大为 50%。

在系统块的"背景时间"选项卡中可以设置通信背景时间，如图 3-41 所示。

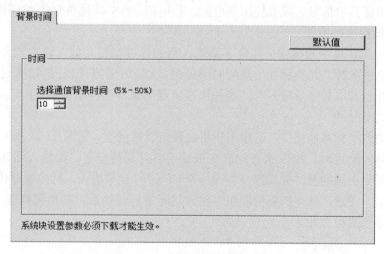

图 3-41 背景时间设置选项卡

8. LED 配置的设置

S7 - 200 CPU 提供了一个可以由用户定义的黄色 LED 指示灯，它的功能可以在系统块的"LED 配置"选项卡中定义，如图 3-42 所示。在 CPU 主机单元上，用户所定义的黄色 LED 指示灯与代表 SF（系统故障）的红色 LED 共用一个灯窗。

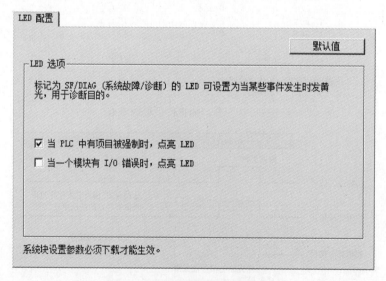

图 3-42 LED 配置的设置选项卡

9. 增加存储区的设置

当用户编写的用户程序内容过多时，可以通过禁止 RUN 模式下的程序在线编辑功能，以释放更多的程序块存储区。在系统块的"增加存储区"选项卡中，可以设置用户程序存储空间是否增大，如图 3-43 所示。

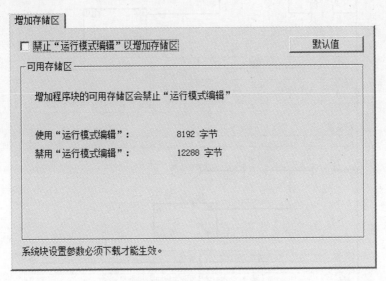

图 3-43 增加存储区的设置选项卡

3.2.4 程序的编写与编辑

1. 主程序中梯形图编程的编写

下面以一个简单的控制系统为例，介绍怎样用 STEP 7 - Micro/WIN 软件进行梯形图主程序的编写。假设控制两台三相异步电动机的 SB1 与 I0.0 连接，SB2 与 I0.1 连接，KM1 线圈与 Q0.0 连接，KM2 线圈与 Q0.1 连接。其运行梯形图程序如图 3-44 所示，按下启动 SB1 按钮后，Q0.0 为 ON，KM1 线圈得电使得 M1 电动机运行，同时定时器 T37 开始定时。当 T37 延时 3s 后，T37 动合触头闭合，Q0.1 为 ON，使 KM2 线圈得电，从而控制 M2 电动机运行。当 M2 运行 4s 后，T38 延时时间到，其动断触头打开使 M2 停止运行。当按下停止按钮 SB2 后，Q0.0 为 OFF，KM1 线圈断电，使 T37 和 T38 先后复位。

（1）程序段网络 1 的输入步骤如下。

第一步：动合触点 I0.0 的输入步骤。首先将光标移至网络 1 中需要输入指令的位置，单击"指令树"的"位逻辑"左侧的加号，在 ⊣⊢ 上双击鼠标左键输入指令；或者在"LAD 工具条"中单击"触点"选择 ⊣⊢。然后单击"?? . ?"并输入地址 I0.0。

第二步：串联动断触点 I0.1 的输入步骤。首先将光标移至网络 1 中 ⊣I0.0⊢ 的右侧，单击"指令树"的"位逻辑"左侧的加号，在 ⊣/⊢ 上双击鼠标左键输入指令；或者在"LAD 工具条"中点击"触点"选择 ⊣/⊢。然后单击"?? . ?"并输入地址 I0.1。

第三步：并联动断触点 Q0.0 的输入步骤。首先将光标移至网络 1 中 ⊣I0.0⊢ 的下方，单击"指令树"的"位逻辑"左侧的加号，在 ⊣⊢ 上双击鼠标左键输入指令；或者在

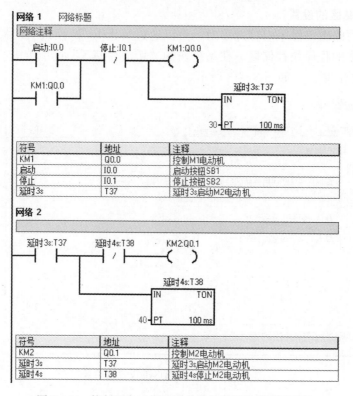

图 3-44 控制两台三相异步电动机运行的梯形图程序

"LAD工具条"中点击"触点"选择┤├。再单击"?? . ?"并输入地址 Q0.0。然后单击选中┤Q0.0├且在"LAD工具条"中点击↓向下连线。

第四步：输出线圈 Q0.0 的输入步骤。首先将光标移至网络 1 中的┤I0.1/├右侧，单击"指令树"的"位逻辑"左侧的加号，在（）上双击鼠标左键输入指令；或者在"LAD工具条"中点击"线圈"选择（）。然后单击"?? . ?"并输入地址 Q0.0。

第五步：并联定时器指令 T37 的输入步骤。首先将光标移至网络 1 中（Q0.0）的下方，单击"指令树"的"定时器"左侧的加号，在口 TON 上双击鼠标左键输入指令，再单击"????"输入定时器号 T37 按下回车键，光标自动移到预置时间值（PT），输入预置时间 30。然后单击选中┤I0.1/├且在"LAD工具条"中点击↓向下连线和→向右连线。

（2）程序段网络 2 的输入步骤如下。

第一步：定时器 T37 动合触点的输入步骤。首先将光标移至网络 2 中需要输入指令的位置，单击"指令树"的"位逻辑"左侧的加号，在┤├上双击鼠标左键输入指令；或者在"LAD工具条"中点击"触点"选择┤├。然后单击"?? . ?"并输入地址 T37。

第二步：串联定时器 T38 动断触点的输入步骤。首先将光标移至网络 2 中┤T37├的右侧，单击"指令树"的"位逻辑"左侧的加号，在┤/├上双击鼠标左键输入指令；或者在"LAD工具条"中点击"触点"选择┤/├。然后单击"?? . ?"并输入地址 T38。

第三步：输出线圈 Q0.1 的输入步骤。首先将光标移至网络 2 中的┤T38├右侧，单击"指令树"的"位逻辑"左侧的加号，在（）上双击鼠标左键输入指令；或者在"LAD工具条"中点击"线圈"选择（）。然后单击"?? . ?"并输入地址 Q0.1。

第四步：定时器指令 T38 的输入步骤。首先将光标移至网络 2 中─┤T37├─右下侧，单击"指令树"的"定时器"左侧的加号，在□ TON 上双击鼠标左键输入指令，再单击"？？？？"输入定时器号 T38 按下回车键，光标自动移到预置时间值（PT），输入预置时间 40。然后单击选中─┤T37├─且在"LAD 工具条"中点击┐向下连线和→向右连线。

输入完毕后保存的完整梯形图主程序如图 3-45 所示。

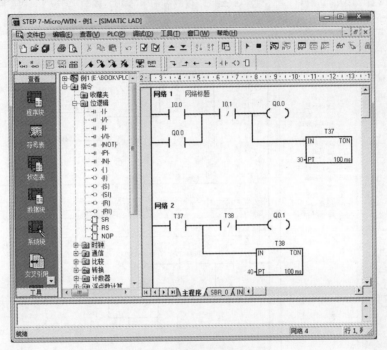

图 3-45　完整的梯形图主程序

2. 符号表的编写

符号表用符号地址代替存储器的地址，便于记忆。单击浏览条中的"符号表"按钮 ，建立如图 3-46 所示的符号表，其步骤如下。

			符号	地址	注释
1			启动	I0.0	启动按钮 SB1
2			停止	I0.1	停止按钮 SB2
3			KM1	Q0.0	控制 M1 电动机
4			KM2	Q0.1	控制 M2 电动机
5			延时 3s	T37	延时 3s 启动 M2 电动机
6			延时 4s	T38	延时 4s 停止 M2 电动机

图 3-46　符号表

第一步：在"符号"列键入符号名（如启动），符号名的长度不能超过 23 个字符。在给空号指定地址之前，该符号下有绿色波浪下划线。在给定符号地址后，绿色波浪下划线自动消失。

第二步：在"地址"列中输入相应地址号（如 I0.0）。

第三步：在"注释"列中输入相应的注解。注释是否输入可根据实际情况而定，可以不输入，输入注解时，每项最多只能输入 79 个字符。

第四步：建立符号表后，单击"查看"→"符号表"选择"将符合应用于项目

（S）"，则梯形图中的软元件前会加上相应的符号名称。

第五步：单击"查看"→"符号信息表"，将在网络段中开启或关闭相应的符号表。开启了符号信息表的梯形图主程序如图 3-47 所示。

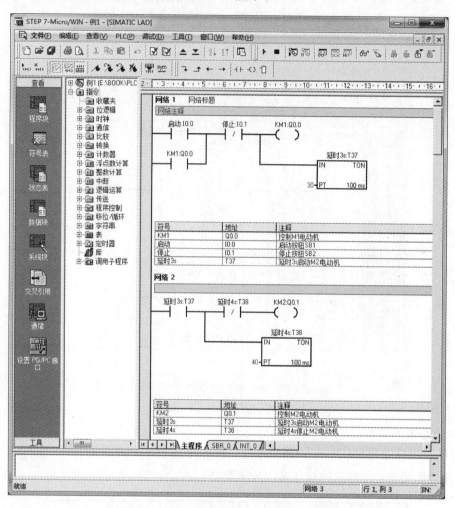

图 3-47　开启了符号信息表的梯形图主程序

3. 编程语言的转换

选择"查看"菜单项，单击 STL、梯形图、FBD 可进入相应的编程环境。若使用梯形编写程序时，在"查看"菜单项，单击 STL 或 FBD 将有相应的语句表或功能块图。控制两台三相异步电动机运行的 STL 和 FBD 程序如图 3-48 所示。如果使用 STL 语句表编写程序时，在"查看"菜单项，单击梯形图将有相应的梯形图程序。

3.2.5　程序的编译与下载

1. 程序编译

在 STEP 7-Micro/WIN 软件中，打开已编写好的项目程序，并执行菜单命令"PLC"→"编译"（或全部编译）或点击工具条上的▢或▢按钮，可以分别编译当前打开的程序或全部的程序。编译后在屏幕下部输出窗口显示程序中语法错误的个数，每条

网络 1　网络标题

网络注释

```
LD      启动:I0.0
O       KM1:Q0.0
AN      停止:I0.1
=       KM1:Q0.0
TON     延时3s:T37, 30
```

符号	地址	注释
KM1	Q0.0	控制M1电动机
启动	I0.0	启动按钮SB1
停止	I0.1	停止按钮SB2
延时3s	T37	延时3s启动M2电动机

网络 2

```
LD      延时3s:T37
LPS
AN      延时4s:T38
=       KM2:Q0.1
LPP
TON     延时4s:T38, 40
```

符号	地址	注释
KM2	Q0.1	控制M2电动机
延时3s	T37	延时3s启动M2电动机
延时4s	T38	延时4s停止M2电动机

(a)

网络 1　网络标题

网络注释

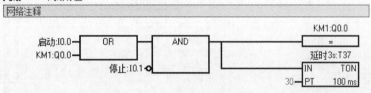

符号	地址	注释
KM1	Q0.0	控制M1电动机
启动	I0.0	启动按钮SB1
停止	I0.1	停止按钮SB2
延时3s	T37	延时3s启动M2电动机

网络 2

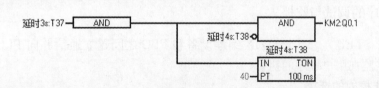

符号	地址	注释
KM2	Q0.1	控制M2电动机
延时3s	T37	延时3s启动M2电动机
延时4s	T38	延时4s停止M2电动机

(b)

图 3-48　控制两台三相异步电动机运行的 STL 和 FBD 程序

(a) STL 主程序；(b) FBD 功能块图主程序

错误的原因在程序中的位置。双击某一条错误，将会显示程序编辑器中该错误所在程序
段网络。

2. 程序下载

当程序编译成功后，可将程序下载到 PLC 中。执行菜单命令"文件"→"下载"，将弹出如图 3 - 49 所示的"下载"对话框。在此对话框中可选择是否下载程序块、数据块和系统块等。设置好后，点击"下载"按钮，开始下载数据。注意程序的下载，应在 STOP 模式下进行，所以下载前需在 CPU 主机单元上将工作状态选择开关拨到 STOP 状态，使 CPU 切换到 STOP 模式。如果 STEP 7 - Micro/WIN 中设置的 CPU 型号与实际连接的 CPU 型号不符时，将出现警告信息，应修改 CPU 型号后再下载。

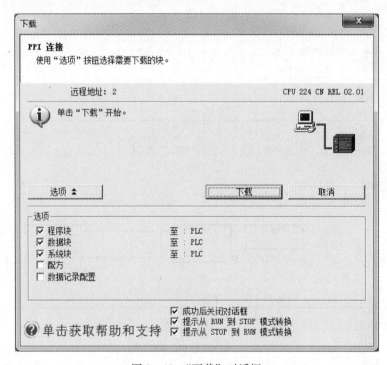

图 3 - 49 "下载"对话框

3.2.6 程序的调试与监控

在运行 STEP 7 - Micro/WIN 编程设备和 PLC 之间建立通信并向 PLC 下载程序后，便可调试并监视用户程序的执行。

1. 工作模式的选择

PLC 有"运行"和"停止"两种不同的工作模式，工作模式的不同，PLC 调试操作的方法也不相同。单击"PLC"→"RUN"或"STOP"可选择不同的工作方式，在调试工具条中选择 ▷ 或 ■ 也可选择"运行"或"停止"。

要使用 STEP 7 - Micro/WIN 软件控制 PLC 的进入 RUN（运行）模式，必须在 STEP 7 - Micro/WIN 和 PLC 之间已经建立了通信，并且必须将 PLC 硬件模式开关设为 TERM（终端）或 RUN（运行）。将模式开关设为 TERM（终端）不会改变 PLC 操作模式，但却允许 STEP 7 - Micro/WIN 改变 PLC 操作模式。位于 PLC 前方的状态 LED 表示当前操作模式。当程序状态监控或状态表监控操作正在进行时，在 STEP 7 - Micro/WIN 窗口右下方处附近的状态栏上会出现一个 RUN/STOP（运行/停止）指示灯。

（1）停止工作模式。当 PLC 位于 STOP（停止）模式时，可以创建和编辑程序，PLC 处于半空闲状态；停止用户程序执行；执行输入更新；用户中断条件被禁用。PLC 操作系统继续监控 PLC（采集 PLC RAM 和 I/O 状态），将状态数据传递给 STEP 7 - Micro/WIN，并执行所有的"强制"或"取消强制"命令。当 PLC 位于 STOP（停止）模式中时，可以执行以下操作：

1）使用状态表或程序状态监控查看操作数的当前值（由于程序未执行，相当于执行"单次读取"）。

2）可以使用状态表或程序状态监控强制数据；使用状态表写入数值。

3）写入或强制输出。

4）执行有限次数扫描，并通过状态表或项目状态查看结果。

（2）运行工作模式。当 PLC 位于 RUN（运行）模式时，不能使用"首次扫描"或"多次扫描"功能。可以在状态表中写入和强制数据，或使用 LAD 或 FBD 程序编辑器强制数据，方法与 STOP（停止）模式中强制数据相同。还可以执行以下操作〔不得从 STOP（停止）模式使用〕：

1）使用状态表采集不断变化的 PLC 数据的连续更新信息（如果希望使用单次更新，状态表监控必须关闭，才能使用"单次读取"命令）。

2）使用程序状态监控采集不断变化的 PLC 数据的连续更新信息。

3）使用"RUN（运行）模式中的程序编辑"功能编辑程序，并将改动下载至 PLC。

2. 程序状态显示

当程序下载至 PLC 后，可以用"程序状态监控"功能执行和测试程序网络。

（1）设置程序编辑器窗口。使用以下一种方法，可以设置程序编辑器窗口，显示测试的程序部分和网络：

1）点击浏览条的"程序块"按钮，则会打开主程序（OB1）POU。也可以点击子程序或中断程序标记，打开一个不同的 POU。

2）打开"指令树"的"程序块"文件夹，点击分支扩展图标，或双击"程序块"文件夹图标，然后双击主程序（OB1）图标或一个子程序图标或一个中断程序图标，打开所需的 POU。

（2）启动程序状态监控。程序编辑器视图正确设置后，必须启动程序状态，才能开始 PLC 状态数据通信。通常，PLC 应当位于 RUN（运行）模式，监控改动 PLC 数据值的影响。

点击"程序状态监控"按钮或单击菜单栏"调试"→"程序状态监控"，在程序编辑器窗口中显示 PLC 各元件的状态。在进入"程序状态"的梯形图中，用彩色块表示位操作数的线圈得电或触头闭合状态。表示触头的闭合状态，表示位操作数的线圈得电。

对于 LAD 和 FBD 程序状态监控，可以单击菜单栏"工具"→"选项"中的程序编辑器标签，以调整图形和字体大小。

（3）用程序状态监控模拟过程条件（读取、强制、取消强制和全部取消强制）。点击"程序状态监控"按钮或单击菜单栏"调试"→"程序状态监控"，开始监控数据状态，并启用调试工具。通过在程序状态中从程序编辑器向操作数写入或强制新数值的方法，可以模拟进程条件。

1）写入操作数。直接单击操作数（不要单击指令），然后用鼠标右键直接单击操作数，并从弹出菜单选择"写入"。

2）强制单个操作数。直接单击操作数（不是指令），然后从"调试"工具栏单击"强制"图标，或直接用鼠标右键单击操作数（不是指令），并从弹出菜单选择"强制"。

3）取消强制单个操作数。直接单击操作数（不是指令），然后从"调试"工具栏单击"取消强制"图标，或直接用鼠标右键单击操作数（不是指令），并从弹出菜单选择"取消强制"。

4）取消强制全部强制数据。从"调试"工具栏点击"取消全部强制"图标。

强制数据用于立即读取或立即写入指令指定 I/O 点，当 CPU 进入 STOP（停止）模式时，输出被设为强制数值，而不是预先配置的数值。

在程序中强制数值时，在程序每次扫描时将操作数重新设定为该数值，而忽略输入/输出条件或其他正常情况下对操作数有影响的程序逻辑关系。强制可能导致程序操作无法预料，无法预料的程序操作可能导致人员死亡或严重伤害或设备损坏。强制功能只是调试程序的辅助工具，切勿为了弥补过程装置的故障而执行强制。仅限合格人员使用强制功能。强制程序数值后，务必通知所有有权维修或调试程序的人员。在不带负载的情况下调试程序时，可以使用强制功能。

（4）强制图标的含义。

1）黄色锁图标表示该数值已经被"显性"或直接强制为当前正在显示的数值。

2）灰色锁图标表示该数值已经被"隐性"强制，即不对地址进行直接强制，但存储区落入另一个被显性强制的较大区域中。例如，如果显性强制 VW0，则 VB0 和 VB1 被隐性强制，因为它们包含在 VW0 中。

3）半锁图标表示数值被"部分"强制。例如，如果显性强制 VB1，则 VW0 被部分强制，因为其中的一个字节 VB1 被强制。

3. 程序状态监视

利用 3 种程序编辑器（LAD、FBD 和 STL）都可在 PLC 运行时，监视程序对各元件的执行结果，并可监视操作数的数值。

（1）LAD 梯形图程序的状态监视。在梯形图程序状态操作开始之前选择 RUN 运行模式，单击菜单命令"调试"→"开始程序状态监控"，梯形图程序中的相应元件会显示彩色状态值，如图 3-50 所示。如果程序进行了修改，且未下载到 PLC 中，而执行菜单命令"调试"→"开始程序状态监控"，则弹出如图 3-51 所示对话框。此时，在图 3-51 对话框中，先单击"比较"按钮，然后再单击"继续"按钮，则梯形图程序中的相应元件也会显示彩色状态值。程序执行状态颜色的含义（默认颜色）如下：

1）正在扫描程序时，电源母线显示为蓝色。

2）图形中的能流用蓝色表示，灰色表示无能流、指令未扫描（跳过或未调用）或位于 STOP（停止）模式的 PLC。

3）触点接通时，指令会显示为蓝色。

4）输出接通时时，指令会显示为蓝色。

5）指令接通电源并准确无误地成功执行时，SUBR 和指令显示为蓝色。

6) 绿色定时器和计数器表示定时器和计数器包含有效数据。

7) 红色表示指令执行有误。

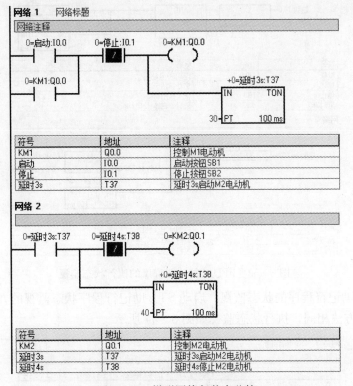

图 3-50 梯形图执行状态监控

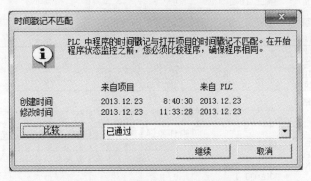

图 3-51 时间戳记不匹配对话框

（2）FBD 功能块图程序的状态监视。启动 FBD 功能块图程序状态监视的方法与启动梯形图程序监视的方法相同。如果在 FBD 功能块图程序的 I0.0 元件上右击鼠标，将弹出"强制"对话框如图 3-52 所示。在强制对话框中输入强制数值"1"，则 FBD 功能块图程序的执行状态监视如图 3-53 所示。

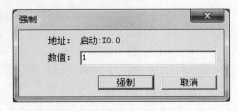

图 3-52 "强制"对话框

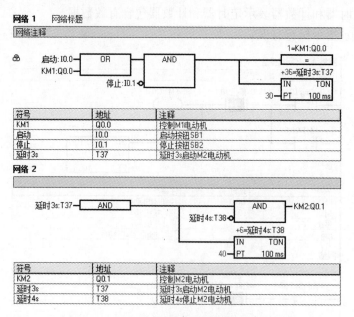

网络1 网络标题
网络注释

符号	地址	注释
KM1	Q0.0	控制M1电动机
启动	I0.0	启动按钮SB1
停止	I0.1	停止按钮SB2
延时3s	T37	延时3s启动M2电动机

网络2

符号	地址	注释
KM2	Q0.1	控制M2电动机
延时3s	T37	延时3s启动M2电动机
延时4s	T38	延时4s停止M2电动机

图3-53 FBD功能块图程序的执行状态监视

（3）STL助记符程序的状态监视。启动STL助记符程序状态监视的方法与启动梯形图程序监视的方法相同，执行状态监视如图3-54所示。

网络1 网络标题
网络注释

		操作数 1	操作数 2	操作数 3	0123	中
LD	启动:I0.0	1				
O	KM1:Q0.0	1				
AN	停止:I0.1	0				
=	KM1:Q0.0	1				
TON	延时3s:T37, 30	+163	30			

符号	地址	注释
KM1	Q0.0	控制M1电动机
启动	I0.0	启动按钮SB1
停止	I0.1	停止按钮SB2
延时3s	T37	延时3s启动M2电动机

网络2

		操作数 1	操作数 2	操作数 3	0123	中
LD	延时3s:T37	1				
LPS						
AN	延时4s:T38	1				
=	KM2:Q0.1	0				
LPP						
TON	延时4s:T38, 40	+133	40			

符号	地址	注释
KM2	Q0.1	控制M2电动机
延时3s	T37	延时3s启动M2电动机
延时4s	T38	延时4s停止M2电动机

图3-54 STL助记符程序的执行状态监视

4. 执行有限次扫描

可以指定PLC对程序执行有限次数扫描（从1次扫描到65535次扫描）。通过选择PLC运行的扫描次数，可以在程序改变过程变量时对其进行监控。第一次扫描时，SM0.1数值为1（打开）。

（1）执行单次扫描。"单次扫描"使 PLC 从 STOP 转变成 RUN，执行单次扫描，然后再转回 STOP，因此与第一次相关的信息不会消失，其操作步骤如下：

1）单击菜单"PLC"→"STOP"或在调试工具条上按下■，使 PLC 位于 STOP（停止）模式。

2）使用菜单"调试"→"首次扫描"。

（2）执行多次扫描。执行多次扫描的操作步骤如下：

1）单击菜单"PLC"→"STOP"或在调试工具条上按下■，使 PLC 位于 STOP（停止）模式。

2）使用菜单"调试"→"多次扫描"，弹出图 3-55 所示的对话框，在此对话框中输入所需的扫描次数后，单击"确认"按钮即可。

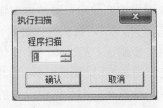

图 3-55　"执行扫描"对话框

3.3　S7-200仿真软件的使用

西门子公司未提供 S7-200 系列 PLC 的模拟仿真软件，但是近年来，在网上流行一种 S7-200 的仿真软件，该软件可以在网上用 Google 等工具进行搜索，它是免安装软件，使用时只要双击 S7-200.exe 图标，就可以打开它。单击屏幕中间出现的窗口，在密码输入对话框中正确输入密码就可进入仿真软件，如图 3-56 所示。

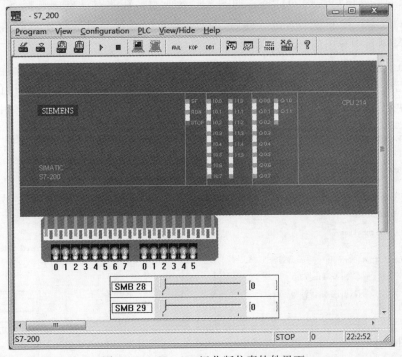

图 3-56　S7-200 汉化版仿真软件界面

使用 S7 - 200 仿真软件的操作步骤如下：

步骤一：在 STEP 7 - Micro/WIN 中单击菜单"文件"→"新建"或在常用工具条中单击图标🗋，新建一个项目文件。

步骤二：在新建的项目中输入程序，并保存。单击菜单"PLC"→"全部编译"对该项目进行，若编译正确后，单击菜单"文件"→"导出"或用鼠标右键单击某一程序块，在弹出的"导出"对话框中输入导出的 ASCII 文本文件的文件名，该文本文件的默认扩展名为 .awl。在此将控制两台三相异步电动机运行的梯形图程序导出为"例1.awl"。

步骤三：打开 S7 - 200 仿真软件，单击菜单"Configuration"→"CPU Type"或双击已有的 CPU 图案，弹出如图 3 - 57 所示的对话框。在此对话框中输入或读出 CPU 的型号。注意在此对话框中设置的 CPU 型号要与 STEP 7 - Micro/WIN 项目中 PLC 设置的型号相同。

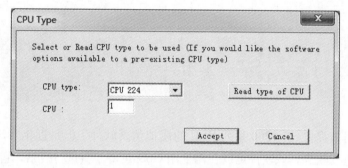

图 3 - 57　CPU 型号设置对话框

步骤四：单击菜单"Program"→"Load Program"或单击工具条中的第二个按钮📥，弹出"Load in CPU"对话框，如图 3 - 58 所示，在此对话框中选择 STEP 7 - Micro/WIN 的版本，按下"Accept"键后，在弹出的"打开"对话框中选择在 STEP 7 - Micro/WIN 项目中导出的 .awl 文件。

步骤五：将先前导出的 AWL 文件打开，会弹出如图 3 - 59 所示的"S7_200"对话框，提示无法打开文件（不要管它，直接单击"确定"按钮），这里出现错误的原因是无法打数据块和 CPU 配置文件，载入程序时不要先全部，只载入逻辑块则不会出现错误。

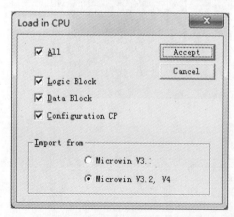

图 3 - 58　"Load in CPU"对话框

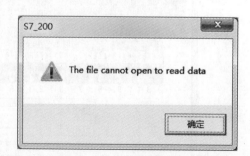

图 3 - 59　"S7_200"对话框

步骤六：单击菜单点"PLC"→"RUN"或工具栏上的绿色三角按钮▷，程序开始模拟运行。点击图中的 0 位拨码开关，并在工具栏中单击▨图标，控制两台三相异步电动机运行的仿真图形如图 3-60 所示。

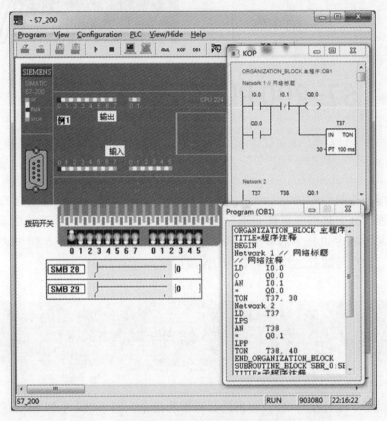

图 3-60 控制两台三相异步电动机运行的仿真图形

步骤七：PLC 仿真运行后，若想观看相关数据存储器的状态或数值，则在工具栏中单击▨图标，然后在弹出的状态表（State Table）对话框的相关地址栏（Address）中输入相应元件地址，最后点击"Start"按钮，即可显示数据存储器的运行状态值，如图 3-61 所示。

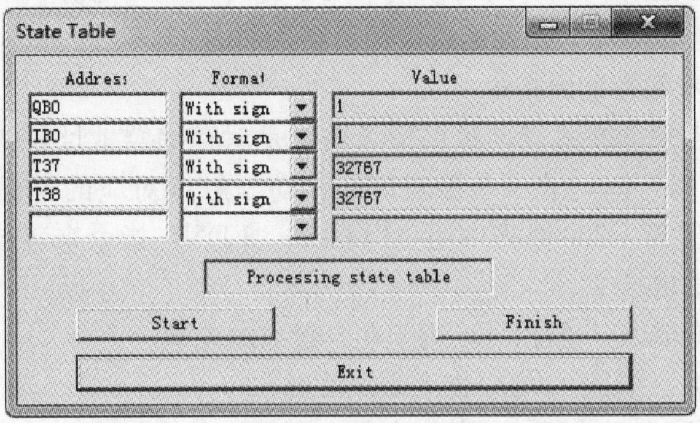

State Table

Address:	Format	Value
QB0	With sign ▼	1
IB0	With sign ▼	1
T37	With sign ▼	32767
T38	With sign ▼	32767
	▼	

Processing state table

Start   Finish

Exit

图 3-61 相关数据寄存器的运行状态值

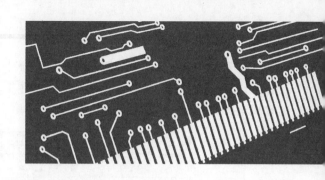

第4章

S7-200 PLC的基本指令

对于可编程控制器的指令系统，不同厂家的产品没有统一的标准，有的即使是同一厂家不同系列产品，其指令系统也有一定的差别。和绝大多数可编程控制器一样，S7-200系列PLC的指令也分为基本指令和功能指令两大类。基本指令是用来表达元件触点与母线之间、触点与触点之间、线圈等的连接指令。

4.1 基本逻辑指令

基本逻辑指令是直接对输入/输出进行操作的指令，S7-200系列PLC的基本逻辑指令主要包括基本位操作指令、块操作指令、逻辑堆栈指令、置位与复位指令、立即I/O指令、边沿脉冲指令等。

4.1.1 基本位操作指令

基本位操作指令是PLC中的基本指令，主要包括触点指令和线圈指令两大类。触点是对二进制位的状态进行测试，其测试结果用于进行位逻辑运算；线圈是用来改变二进制位的状态，其状态是根据它前面的逻辑运算结果而定。

1. 取触点指令和线圈输出指令

触点分动合触点和动断触点，触点指令主要是对存储器地址位操作。动合触点对应的存储器地址位为"1"时，表示该触点闭合；动断触点对应的存储器地址为"0"时，表示该触点闭合。在S7-200系列中用"LD"和"LDN"指令来装载动合触点和动断触点，用"="作为输出指令。

（1）LD。LD（Load）：取指令，用于动合触点的装载。

【例4-1】 LD　I0.0　　　//装入动合触点

在指令中，"//"表示注释，这条指令是在左母线上或线路的分支点处装载一个动合触点。

（2）LDN。LDN（Load Not）：取反指令，用于动断触点的装载。

【例 4-2】 LDN I0.0 //装入动断触点

这条指令是在左母线上或线路的分支点处装载一个动合触点。

LD/LDN 可取 I、Q、M、SM、T、C、V、S 的触点。

（3）=。=（OUT）：输出指令，对应梯形图则为线圈驱动。"="可驱动 Q、M、SM、T、C、V、S 的线圈，但不能驱动输入映像寄存器 I。当 PLC 输出端不带负载时，尽量使用 M 或其他控制线圈。

【例 4-3】 假设 I0.0 与按钮 SB0 连接，Q0.0 与交流接触器 KM 线圈连接，而 KM 与电动机连接，则图 4-1 所示为分别使用 PLC 梯形图、基本指令和功能块图实现电动机的点动控制。

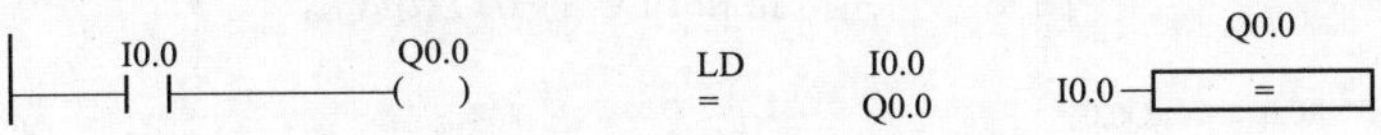

图 4-1 取指令和输出指令的应用

2. 触点串联指令

触点串联指令又称逻辑"与"指令，它包括动合触点串联和动断触点串联，分别用 A 和 AN 指令来表示。

（1）A。A（And）："与"操作指令，在梯形图中表示串联一个动合触点。

【例 4-4】 A、B 为两个输入点分别与 I0.0 和 I0.1 连接，当 A 和 B 同时输入为"1"时，输出信号（Q0.0）为"1"，用 PLC 表示其关系如图 4-2 所示。

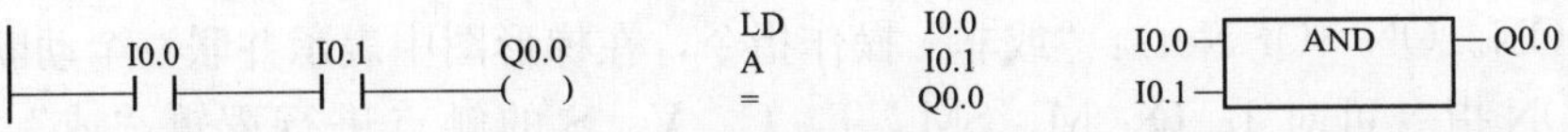

图 4-2 串联指令的应用 1

（2）AN。AN（And Not）"与非"操作指令，在梯形图中表示串联一个动合触点。

A、AN 指令可对 I、Q、M、SM、T、C、V、S 的触点进行逻辑"与"操作，和"="指令组成纵向输出。

【例 4-5】 在某一控制系统中，SB0 为停止按钮，SB1、SB2 为点动按钮，当 SB1 按下时电动机 M1 启动，此时再按下 SB2 时，电动机 M2 启动而电动机 M1 仍然工作，如果按下 SB0，则两个电动机都停止工作，试用 PLC 实现其控制功能。

解 SB0、SB1、SB2 分别与 PLC 输入端子 I0.0、I0.1、I0.2 连接。电动机 M1、电动机 M2 分别由 KM1、KM2 控制，KM1、KM2 的线圈分别与 PLC 输出端子 Q0.0 和 Q0.1 连接。其主电路与 PLC 的 I/O 接线如图 4-3 所示，PLC 控制程序如图 4-4 所示。

3. 触点并联指令

触点并联指令又称逻辑"或"指令，它包括动合触点并联和动断触点并联，分别用 O 和 ON 指令来表示。

（1）O。O（Or）："或"操作指令，在梯形图中表示并联一个动合触点。

【例 4-6】 A、B 为两个输入点分别与 I0.0 和 I0.1 连接，当 A 和 B 只要有一个输入为"1"时，输出信号（Q0.1）为"1"，用PLC表示的其关系如图4-5所示。

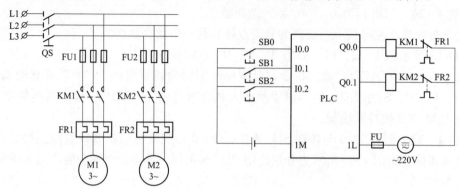

图4-3 主电路和PLC的I/O接线图

图4-4 串联指令的应用2

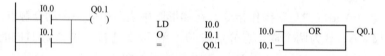

图4-5 并联指令的应用1

（2）ON。ON（Or Not）："或非"操作指令，在梯形图中表示并联一个动断触点。

O、ON指令可对I、Q、M、SM、T、C、V、S的触点进行逻辑"或"操作，和"="指令组成纵向输出，如图4-6所示。

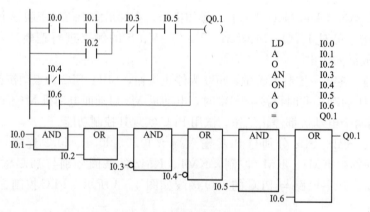

图4-6 并联指令的应用2

4. 基本位操作指令的综合应用

PLC是在继电器的基础上进行设计而成，因此可将PLC的基本位操作指令应用到改造继电—接触器控制系统中。

使用PLC改造继电—接触器控制电路时，可把PLC理解为一个继电—接触器控制系统中的控制箱。在改造过程中一般要进行如下步骤：

（1）了解和熟悉被设备的工艺过程和机械动作情况，根据继电—接触器电路图分析和掌握控制系统的工作过程。

（2）确定继电—接触器的输入信号和输出负载，将它们与 PLC 中的输入/输出映像寄存器的元件进行对应写出 PLC 的 I/O 端子分配表，并画出可编程控制器的 I/O 接线图。

（3）根据上控制系统工作过程，参照继电—接触器电路图和 PLC 的 I/O 接线图编写 PLC 相应程序。

【例 4 - 7】 将一台单向运行继电—接触器控制的三相异步电动机控制系统（如图 4 - 7 所示）改用 PLC 的控制系统。

解 图 4 - 7 所示控制系统的 SB1 为停止按钮，若 SB2 没有按下，而按下 SB3 时，电机作为短时间的点动起动。当 SB2 按下时，不管 SB3 是否按下，三相异步电动机都长时间工作。

将图 4 - 7 所示控制系统改为 PLC 控制时，确定输入/输出点数，见表 4 - 1。FR、SB1、SB2、SB3 为外部输入信号，对应 PLC 中的输入 I0.0、I0.1、I0.2、I0.3；KA 为中间继电器，对应 PLC 中内部标志位寄存器的 M0.0；KM 为继电—接触器控制系统的接触器，对应 PLC 中的输出点 Q0.1。对应 PLC 的 I/O 接线图（又称为外部接线图），如图 4 - 8 所示。

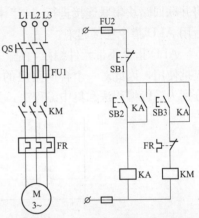

图 4 - 7　三相异步电动机控制

表 4 - 1　　　　　　　　　　　　　　PLC 的 I/O 分配表

输入（I）			输出（O）		
功能	元件	PLC 地址	功能	元件	PLC 地址
过载保护	FR	I0.0	驱动电动机 M	KM	Q0.1
停止	SB1	I0.1			
点动起动	SB2	I0.2			
长动起动	SB3	I0.3			

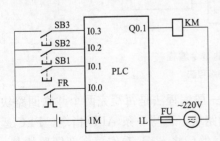

图 4 - 8　PLC 的 I/O 接线图

参照图 4 - 7、图 4 - 8 及 I/O 分配表，编 PLC 控制程序如图 4 - 9 所示。应用时只需图 4 - 9 中的其中一种编程方式即可。

4.1.2　块操作指令

在较复杂的控制系统中，触点的串、并联关系不能全部用简单的与、或、非逻辑关系描述，因此在指令系统中还有电路块的"与"和电路块的"或"操作指令，分别用 ALD 和 OLD 表示。在电路中，由两个或两个以上触点串联在一起的回路称为串联回路块，由两个或两个以上触点并联在一起的回路称为并联回路块。

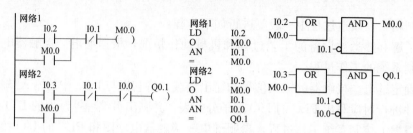

图4-9 PLC控制程序

1. ALD

ALD是块"与"操作指令，用于两个或两个以上触点并联在一起回路块的串联连接。将并联回路块串联连接进行"与"操作时，回路块开始用LD或LDN指令，回路块结束后用ALD指令连接起来。

ALD指令不带元件编号，是一条独立指令，ALD对每个回路块既可单独使用，又可成批使用，因此对一个含回路块的PLC梯形图，如图4-10所示，可有两种编程方式，分别为一般编程法和集中编程法，如图4-11所示。

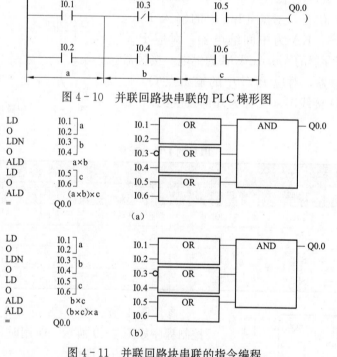

图4-10 并联回路块串联的PLC梯形图

图4-11 并联回路块串联的指令编程
(a) 一般编程法；(b) 集中编程法

在程序中将3个并联回路块分别设为a、b、c，一般编程法是每写完两个并联回路块时，就写一条ALD指令，然后接着写第3个并联回路块，再写一条ALD指令，PLC运行时先处理a和b两个并联回路块的串联，即a×b，然后将a×b看作一个新回路块与c回路块进行串联处理，即(a×b)×c。

对于集中编程法，它是将3个并联回路块全部写完后，再连续写2个ALD指令，PLC运行时先处理第1个ALD指令，即b×c，然后将b×c看作一个新回路块运行第2

个 ALD 指令与 a 回路块进行串联处理，即（b×c）×a。

虽然采用了两种不同方式，但它们的功能块图仍然相同，人们通常采用一般编程法进行程序的编写。

2. OLD

OLD 是块"或"操作指令，用于两个或两个以上触点串联在一起回路块的并联连接。将串联回路块并联连接进行"或"操作时，回路块开始用 LD 或 LDN 指令，回路块结束后用 OLD 指令连接起来。

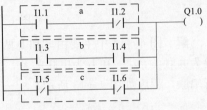

图 4-12 串联回路块并联的 PLC 梯形图

同样，OLD 指令不带元件编号，是一条独立指令，OLD 对每个回路块既可单独使用，又可成批使用，因此对一个含回路块的 PLC 梯形图，如图 4-12 所示，也有一般编程和集中编程两种编程方式，如图 4-13 所示。

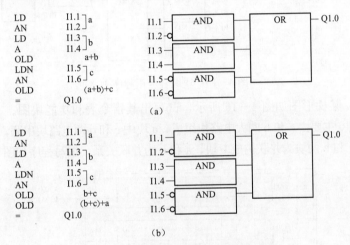

图 4-13 串联回路块并联的指令编程

(a) 一般编程法；(b) 集中编程法

在图 4-13 的梯形中将 3 个串联回路块分别设为 a、b、c，一般编程法是每写完两个串联回路块时，就写一条 OLD 指令，然后接着写第 3 个串联回路块，再写一条 OLD 指令，PLC 运行时先处理 a 和 b 两个串联回路块的并联，即 a+b，然后将 a+b 看作一个新回路块与 c 回路块进行并联处理，即（a+b）+c。

对于集中编程法，它是将 3 个串联回路块全部写完后，再连续写 2 个 OLD 指令，PLC 运行时先处理第 1 个 OLD 指令，即 b+c，然后将 b+c 看作一个新回路块再运行第 2 个 OLD 指令与 a 回路块进行并联处理，即（b+c）+a。

同样，虽然采用了两种不同方式，但它们的功能块图仍然相同，人们通常采用一般编程法进行程序的编写。

3. 块指令的综合应用

在一些程序中，有的将串联块和并联块结合起来使用，下面举例说明。

【例 4-8】 如图 4-14 所示电路，写出指令表和功能块图。

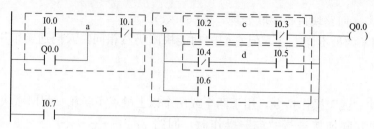

图4-14 块综合应用梯形图1

解 图4-14中主要由a和b两大电路块组成，b块含有c和d两电路块。c和d两块为并联关系，a和b为串联关系，因此首先写好c和d的关系生成b，之后再与块a进行串联，程序如图4-15所示。

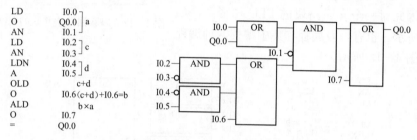

图4-15 块综合应用程序1

【例4-9】 某梯形图如图4-16所示，试写出其指令表和功能块图。

解 图4-16主要由a和b两大电路块组成，a块中c和d两电路块串联，d块中由e块和f块并联而成，g和h两块为并联构成b块，a和b为并联关系，编写程序如图4-17所示。

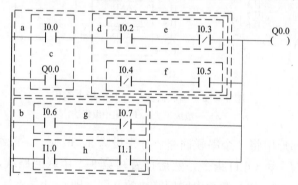

图4-16 块综合应用梯形图2

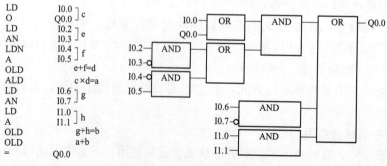

图4-17 块综合应用程序2

4.1.3 逻辑堆栈指令

在编写程序时，经常会遇到多个分支电路同时受一个或一组触点控制的情况，在此情况下采用前面的几条指令不易编写程序，像单片机程序一样，可借助堆栈来完成程序的编写。

在S7-200系列PLC中采用了模拟堆栈的结构，用来保存逻辑运算结果及断点的地址，这种堆栈称为逻辑堆栈。S7-200系列有一个9层的堆栈。常见的堆栈指令有LPS进栈指令、LRD读栈指令和LPP出栈指令：

(1) LPS（Logic Push）逻辑进栈指令，用于运算结果的暂存。

(2) LRD（Logic Read）逻辑读栈指令，用于存储内容的读出。

(3) LPP（Logic Pop）逻辑出栈指令，用于存储内容的读出和堆栈复位。

这3条堆栈指令不带元件编号，都是独立指令，可用于多重输出的电路。PLC执行LPS指令时，将断点的地址压入栈区，栈区内容自动下移，栈底内容丢失。执行读栈指令LRD时，将存储器栈区顶部内容读入程序的地址指针寄存器，栈区内容保持不变。执行出栈指令时，栈的内容依次按照先进后出的原则弹出，将栈顶内容弹入程序的地址指针寄存器，栈的内容依次上移。LPS、LRD和LPP指令的操作过程如图4-18所示，图中Iv.x为存储在栈区的断点地址。

为保证程序地址指针不发生错误，LPS和LPP必须成对使用，而且连续使用的次数不能超过9次。

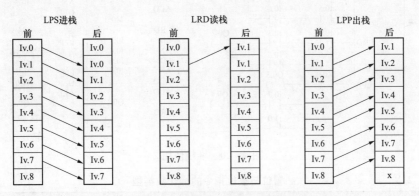

图4-18 堆栈操作过程示意图

不含嵌套堆栈的梯形图和指令、功能块如图4-19所示。

含块操作的多重输出，如图4-20所示。

4.1.4 置位与复位指令

置位即置1，复位即置0。置位指令S（Set）和复位指令R（Reset）可以将位存储区的某一位开始的一个或多个（最多可达255个）同类存储器位置1或置0。这两条指令在使用时需指明三点：操作元件、开始位和位的数量。各操作数类型及范围见表4-2。

西门子S7-200 PLC从入门到精通（第二版）

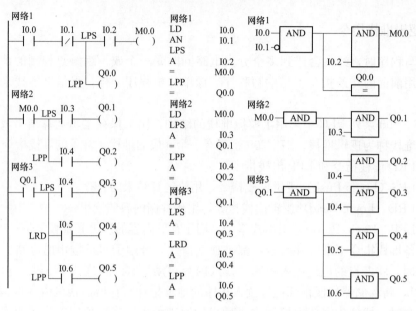

图 4-19　堆栈使用 1

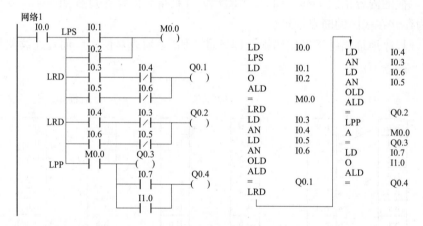

图 4-20　堆栈使用 2

表 4-2　　　　　　　　　　置位与复位指令的操作数类型

操作数	范围	类型
位（bit）	I、Q、M、SM、T、C、V、S、L	BOOL 型
数量（n）	VB、IB、QB、MB、SMB、LB、SB、AC、* VD、* AC、* LD	BYTE 型

　　置位指令 S（Set）是将位存储区的指定位（位 bit）开始的 n 个同类存储器位置位。它的梯形图由置位线圈、置位线圈的位地址和置位线圈数据构成，置位指令语句表由 S、bit 位、n 构成。复位指令 R（Reset）是将位存储区的指定位（位 bit）开始的 n 个同类存储器位置 0。它的梯形图由复位线圈、复位线圈的位地址和复位线圈数据构成，复位指令语句表由 R、bit 位、n 构成。

图 4-21　置位/复位指令　　　　置位/复位指令如图 4-21 所示。

对于位存储区而言，一旦置位，就保持在通电状态，除非对它进行复位操作；如果一旦复位，就保持在断电状态，除非对它进行置位操作。

【例 4 - 10】 置位与复位指令的使用程序如图 4 - 22 所示，其动作时序如图 4 - 23 所示。只有 I0.0 和 I0.1 同时为 ON 时，Q1.0 才为 ON；只要 I0.0 和 I0.1 同时接通，Q0.0 就会置 1，Q0.2~Q0.4 复位为 0。执行一次置位和复位操作后，当 I0.0 或 I0.1 断开时，Q1.0 输出为 OFF，而 Q0.0 保持为 1，Q0.2~Q0.4 也保持为 0。

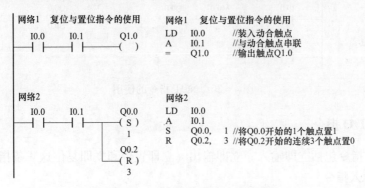

图 4 - 22 置位与复位指令的使用

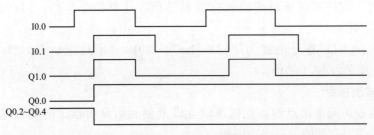

图 4 - 23 动作时序图

4.1.5 取反与空操作指令

NOT 取反指令又称取非指令，是将左边电路的逻辑运算结果取反，若运算结果为"1"取反后变为"0"，运算结果为"0"取反后变为"1"。该指令没有操作数。梯形图中是在触点上加写个"NOT"字符构成；指令语句表中用"NOT"表示。

NOP 空操作指令不做任何逻辑操作，在程序中留下地址以便调试程序时插入指令或稍微延长扫描周期长度，而不影响用户程序的执行。梯形图中由"NOP"和 n 构成，指令语句表由"NOP"和操作数 n 构成，其中 n 的范围为 0~255。

取反指令和空操作数指令如图 4 - 24 所示。

【例 4 - 11】 NOT 指令的使用程序如图 4 - 25 所示。若 I0.0、I0.1 分别与 SB0 和 SB1 连接，Q0.0 与 LED 发光二极管连接。PLC 一上电时，网络 1 中的由于 SB1 未按下时，I0.1 动合触点为断开，通过 NOT 指令后，M0.0 线圈输出为 ON，同时网络 2 中的 M0.0 动合触点

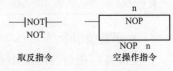

图 4 - 24 取反/空操作指令

为闭合，此时如果 SB0 按下 1 次，则 I0.0 动合触点闭合 1 次，从而 Q0.0 线圈输出为 ON

并实现自锁，使得 LED 发光二极管点亮。如果 SB1 按下，则网络 1 中的 M0.0 线圈输出为 OFF，从而控制网络 2 中的 Q0.0 线圈也输出为 OFF，LED 发光二极管熄灭。

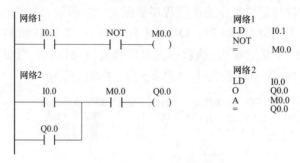

图 4-25　NOT 指令的使用

4.1.6　立即 I/O 指令

立即 I/O 指令包括立即输入、立即输出、立即置位和立即复位这 4 条指令。

1. 立即输入指令

在每个基本位触点指令的后面加"I"，就是立即触点指令。指令执行时，立即读取物理输入点的值，但是不刷新对应映像寄存器的值。这类指令包括：LDN、LDNI、AI、ANI、OI 和 ONI。

立即输入的 STL 指令格式为"LDN bit"。其中，bit 只能是 I 类型。例如：LDN I0.1，表示立即装入 I0.1 的值。

2. 立即输出指令

用立即指令访问输出点时，把栈顶值立即复制到指令所指定的物理输出点，同时，相应的输出映像寄存器的内容也被刷新。

立即输出的 STL 指令格式为"=I bit"。其中，bit 只能是 Q 类型。

3. 立即置位指令

用立即置位指令访问输出点时，从指令所指出的位（bit）开始的 n 个（最多为 128 个）物理输出点被立即置位，同时，相应的输出映像寄存器的内容也被刷新。

立即置位的 STL 指令格式为"SI bit, n"。其中，bit 只能是 Q 类型。SI 和 RI 指令的操作数类型及范围见表 4-3。例如"SI Q0.0, 2"。

表 4-3　　　　　　　　　　立即置位与立即复位指令的操作数类型

操作数	范围	类型
位（bit）	Q	BOOL 型
数量（n）	VB、IB、QB、MB、SMB、LB、SB、AC、＊VD、＊AC、＊LD	BYTE 型

4. 立即复位指令

用立即复位指令访问输出点时，从指令所指出的位（bit）开始的 n 个（最多为 128 个）物理输出点被立即复位，同时，相应的输出映像寄存器的内容也被刷新。

立即置位的 STL 指令格式为"RI bit, n"。其中，bit 只能是 Q 类型。例如"RI Q0.0, 3"。

【例 4 – 12】 立即指令的使用程序如图 4 – 26 所示，其对应的时序如图 4 – 27 所示。

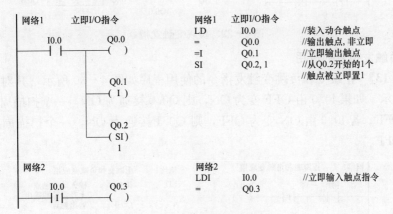

图 4 – 26 立即指令的使用

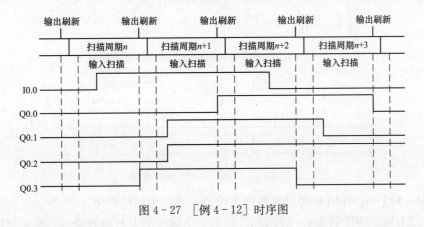

图 4 – 27 [例 4 – 12] 时序图

4.1.7 边沿脉冲指令

边沿触发是指用边沿触发信号产生一个机器周期的扫描脉冲，通常对脉冲进行整形。边沿触发信号分为正跳变触发和负跳变触发两种。

1. 正跳变触发指令

正跳变触发又称上升沿触发或上微分触发，它是指某操作数出现由 0 到 1 的上升沿时使触点闭合形成一个扫描周期的脉冲。正跳变触发梯形图由动合触点和"P"构成，指令用"EU"表示，没有操作元件，一般放在这一脉冲出现的语句之后，如图 4 – 28 所示。

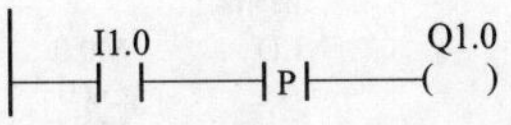

```
        I1.0         Q1.0        LD    I1.0
      ─┤ ├─┤P├──( )              EU              I1.0 ─┤  P  ├─ Q1.0
                               =    Q1.0
```

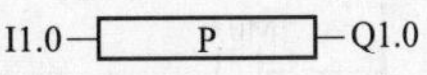

图 4 – 28 正跳变触发指令

2. 负跳变触发指令

负跳变触发又称下降沿触发或下微分触发，它是指某操作数出现由 1 到 0 的下降沿时使触点闭合形成一个扫描周期的脉冲。负跳变触发梯形图由动合触点和"N"构成，指令用"ED"表示，没有操作元件，一般放在这一脉冲出现的语句之后，如图 4 – 29 所示。

```
    I0.0        Q0.0        LD      I0.0
 ──┤ ├──┤N├──( )          ED
                            =       Q0.0        I0.0──┤ N ├──Q0.0
```

图4-29 负跳变触发指令

3. 边沿触发指令的应用

【例4-13】 正跳变和负跳变触发指令的使用程序如图4-30所示，其对应的时序如图4-31所示。如果I0.0由OFF变为ON，则Q0.0接通为ON，一个扫描周期的时间后重新变成OFF。若I0.0由ON变为OFF，则Q0.1接通为ON，一个扫描周期的时间后重新变成OFF。

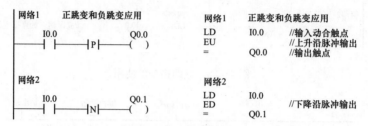

图4-30 正跳变和负跳变触发指令的使用程序

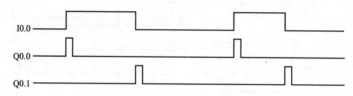

图4-31 ［例4-13］的时序图

【例4-14】 使用PLC边沿触发指令设计一个二分频的程序。

解 二分频的程序如图4-32所示，当第一个脉冲的上升沿到来时，使用"EU"指令让M0.0线圈输出一个扫描周期的单脉冲，并控制Q0.0输出为高电平；当第二个脉冲的上升沿到来时，M0.1线圈输出一个扫描周期的单脉冲，控制Q0.0输出为低电平；当第三个脉冲的上升沿到来时，M0.0线圈再次控制Q0.0输出高电平，如此循环，使得Q0.0输出的脉冲频率正好是I0.0输入脉冲频率的一半，达到二分频目的，其时序如图4-33所示。

```
网络1      二分频                         网络1      二分频
   I0.0                  M0.0            LD    I0.0
 ──┤ ├────────┤P├────────( )            EU
                                         =     M0.0

网络2                                    网络2
   M0.0      Q0.0        M0.1            LD    M0.0
 ──┤ ├──────┤ ├─────────( )             A     Q0.0
                                         =     M0.1

网络3                                    网络3
   M0.0      M0.1        Q0.0            LD    M0.0
 ──┤ ├──────┤/├─────────( )             O     Q0.0
 ┌─┤ ├──┐                               AN    M0.1
 │ Q0.0 │                               =     Q0.0
 └───────┘
```

图4-32 二分频程序

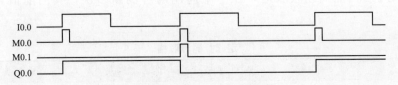

图 4 - 33 ［例 4 - 14］的时序图

4.2 定时器指令

在传统继电器—交流接触器控制系统中一般使用延时继电器进行定时,通过调节延时调节螺丝来设定延时时间的长短。在 PLC 控制系统中通过内部软延时继电器—定时器来进行定时操作。PLC 内部定时器是 PLC 中最常用的元器件之一,用好、用对定时器对 PLC 程序设计非常重要。

4.2.1 定时器的基本知识

定时器编程时要预置定时值,在运行过程中当定时器的输入条件满足时,当前值开始按一定的单位增加,当定时器的当前值达到设定值时,定时器发生动作,从而满足各种定时逻辑控制的需要。

S7 - 200 系列 PLC 提供了 3 种定时器指令:接通延时型定时器(TON)、保持型定时器(TONR)和断开延时型定时器(TOF)。

定时器的编号用 T 和常数编号(0~255)来表示,如 T0、T1 等。S7 - 200 系列 PLC 提供了 T0~T255 共 256 个增量型定时器,用于对时间的控制。

按照时间间隔(即时基)的不同,可将定时器分为 1ms、10ms、100ms 三种类型。在不同的时基标准下,定时精度、定时范围和定时器的刷新方式不同。

1. 定时精度和定时范围

定时器使能端输入有效后,当前值寄存器对 PLC 内部的时基脉冲增 1 计数,最小的计时单位称为时基脉冲宽度,又称定时精度。从定时器输入有效,到状态位输出有效经过的时间为定时时间,定时时间=设定值×时基。假如 T37(100ms 定时器)和设定值为 100,则实际定时时间为 $t = 100 \times 100ms = 10000ms = 10s$。

定时器的设定值为 PT,数据类型为 INT 型。操作数可以是 VW、IW、QW、MW、SW、SMW、LW、AIW、T、C、AC、* VD、* AC、* LD 或常数,其中常数最为常用。当前值寄存器为 16 位,最大计数值为 $2^{16} = 32767$。最长定时时间=时基×最大定时计数值,时基越大,定时时间越长,但精度越差。T0~T255 定时器分属不同的工作方式和时基,其规格见表 4 - 4。

2. 定时器的刷新方式

(1) 1ms 定时器采用中断的方式每隔 1ms 刷新一次,其刷新与扫描周期和程序处理无关，因此当扫描周期较长时，在一个周期内可刷新多次，其当前值可能被改变多次。

表4-4 定 时 器 规 格

工作方式	时基/ms	最长定时时间/s	定时器编号
TONR	1	32.767	T0，T64
	10	327.67	T1～T4，T65～T68
	100	3276.7	T5～T31，T69～T95
TON、TOF	1	32.767	T32，T96
	10	327.67	T33～T36，T97～T100
	100	3276.7	T37～T63，T101～T255

（2）10ms定时器在每个扫描周期开始时刷新，由于每个扫描周期内只刷新一次，因此每次程序处理期间，当前值不变。

（3）100ms定时器是在该定时器指令执行时刷新，下一条执行的指令即可使用刷新后的结果。在使用时要注意，如果该定时器的指令不是每个周期都执行，定时器就不能及时刷新，还可能导致出错。

通常定时器可采用字和位两种方式进行寻址，当按字访问定时器时，返回定时器当前值；按位访问定时器时，返回定时器的位状态，即是否到达定时值。

4.2.2 定时器指令

S7-200系列PLC的3种定时器指令格式见表4-5，表中Txx表示定时器编号；PT为定时器的设定值。

表4-5 定 时 器 指 令 格 式

LAD	STL	功能说明
???? ─IN　　TON ????─PT　　???ms	TON　Txx，PT	接通延时型定时器
???? ─IN　　TONR ????─PT　　???ms	TONR　Txx，PT	有记忆接通延时型定时器
???? ─IN　　TOF ????─PT　　???ms	TOF　Txx，PT	断开延时型定时器

1. 接通延时型定时器（TON）

接通延时型定时器用于单一间隔的定时，在梯形图中由定时标志TON、使能输入端IN、时间设定输入端PT及定时器编号Tn构成；语句表中由定时器标志TON、时间设定值输入端 PT 和定时器编号 Tn 构成。

当使能端 IN 为低电平无效时,定时器的当前值为 0,定时器 Tn 的状态也为 0,定时器没有工作;当使能端 IN 为高电平 1 时,定时器开始工作,每过一个时基时间,定时器的当前值就增 1。若当前值等于或大于定时器的设定值 PT 时,定时器的延时时间到,定时器输出点有效,输出状态位由 0 变为 1。定时器输出状态改变后,仍然继续计时,直到当前值等于其最大值 32767 时,才停止计时。

【例 4 - 15】 TON 指令的使用程序如图 4 - 34 所示。在网络 1 中,由 I0.0 接通定时器 T37 的使能输入端,设定值为 150,设定时间为 $150 \times 100ms = 15000ms = 15s$。当 I0.0 接通时开始计时,计时时间达到或超过 15s,即 T37 的当前值达到或超过 150 时,网络 2 中的 T37 的位动作为 ON,则 Q0.0 输出为 ON。如果 I0.0 由 ON 变为 OFF 时,则 T37 的位立即复位断开,当前值也回到 0。动作时序如图 4 - 35 所示。

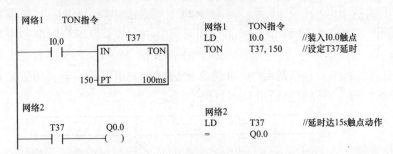

图 4 - 34 TON 指令的使用程序

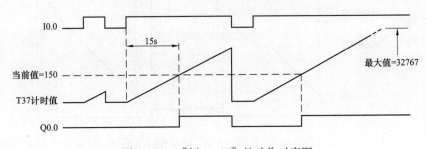

图 4 - 35 [例 4 - 15] 的动作时序图

2. 保持型定时器 (TONR)

保持型定时器用于多次间隔的累计定时,其构成和工作原理与接通延时型定时器类似,不同之处在于保持型定时器在使能端为 0 时,当前值将被保持,当使能端有效时,在原保持值上继续递增。

TONR 定时器只能使用复位指令 (R) 对其进行复位操作。TONR 复位后,定时器位为 OFF,当前值为 0。

【例 4 - 16】 TONR 指令的使用程序如图 4 - 36 所示。在网络 1 中,由 I0.1 接通定时器 T2 的使能输入端,设定值为 1500,设定时间为 $1500 \times 10ms = 15000ms = 15s$。当 I0.1 接通时开始计时,计时时间达到或超过 15s,即 T2 的当前值达到或超过 15s 时,网络 3 中的 T2 的位动作为 ON,则 Q0.1 输出为 ON。如果网络 2 中的 I0.2 接通时,T2 被复位,T2 的位复位断开,网络 3 中的 Q0.1 为 OFF。如果 I0.2 为 OFF,I0.1 接通开始计时。T2 计时未达到 15s 时，如果 I0.1 断开，则 T2 会把当前值记忆下来，当下次 I0.1 恢复为 ON 时，T2 的当前值会在上次计时的基础上继续累计，当累计计时时间达到或超过 15s，网络 3 中的 T2 位动作，Q0.1 输出为 ON，动作时序如图 4 - 37 所示。

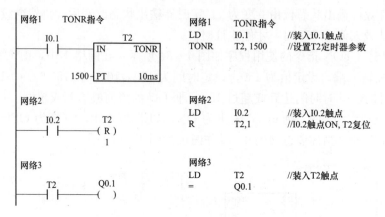

图 4 - 36　TONR 指令的使用程序

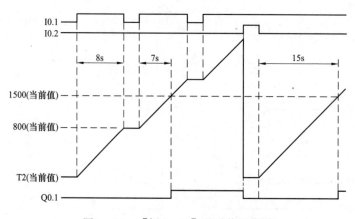

图 4 - 37　［例 4 - 16］的动作时序图

3. 断开延时型定时器（TOF）

断开延时型定时器用于断开或故障事件后的单一间隔定时，其构成类似前面两种定时器。

当使能端 IN 为高电平时，定时器输出状态位置 1，当前值为 0，没有工作。当使能端 IN 由高跳变到低电平时，定时器开始计时，每过一个时基时间，当前值递增，若当前值达到设定值时，定时器状态位置 0，并停止计时，当前值保持。

【例 4 - 17】　TOF 指令的使用程序如图 4 - 38 所示。在网络 1 中，由 I0.0 接通定时器 T36 的使能输入端，设定值为 150，设定时间为 $150 \times 10ms = 1500ms = 1.5s$。当 I0.0 接通时，网络 2 中的 T36 位动作，Q0.1 输出为 ON。当网络 1 中的 I0.0 触点断开时，T36 开始计时。当 T36 计时时间达到 1.5s，即 T36 的当前值达到 1.5s 时，网络 2 中的 T36 的位动作为 OFF，则 Q0.1 输出为 OFF。动作时序如图 4 - 39 所示。

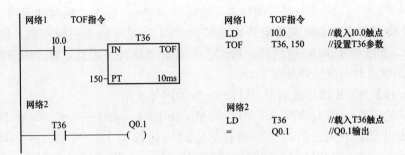

图 4-38 TOF 指令的使用程序

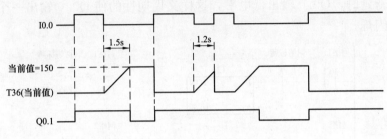

图 4-39 〔例 4-17〕的动作时序图

4.2.3 定时器指令的应用

【例 4-18】 使用 PLC 设计一个 2h 的延时电路。

解 2h＝7200s，在定时器中，最长的定时时间为 3276.7s，单个定时器无法延时 2h 的时间，但可采用多个定时器级联的方法实现，如图 4-40 所示。

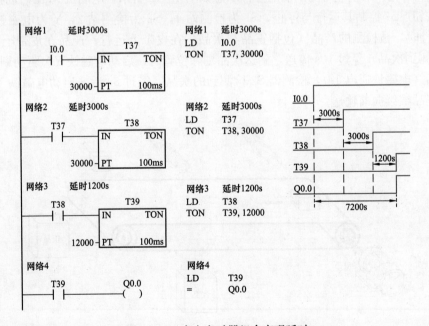

图 4-40 多个定时器组合实现延时

当I0.0=1时，T37定时器线圈得电开始延时3000s，若T37延时时间到，其延时闭合触点闭合使T38定时器线圈得电开始延时3000s，如果T38延时时间到，使T39进行延时1200s，当T39延时时间到后，从Q0.0输出一脉冲。因此，整个从I0.0闭合到Q0.0的输出这一时间段已经延时了2h。

【例4-19】 使用PLC定时器设计一个2s的闪烁电路

解 2s的闪烁电路应由两个定时器构成，如图4-41所示。T36和T37的时基不同，因此设定值不同，但每个定时器的定时时间都为1s。当I0.1=1时，T36线圈得电延时1s，若延时时间到，其延时闭合触点闭合，启动T37延时1s，同时Q0.0输出高电平，如果T37延时时间到，其动断延时打开触点打开，T36和T37复位，T36开始重新延时，Q0.0输出低电平，这样又周期性的使Q0.0输出一个2s的矩形波实现灯的闪烁。

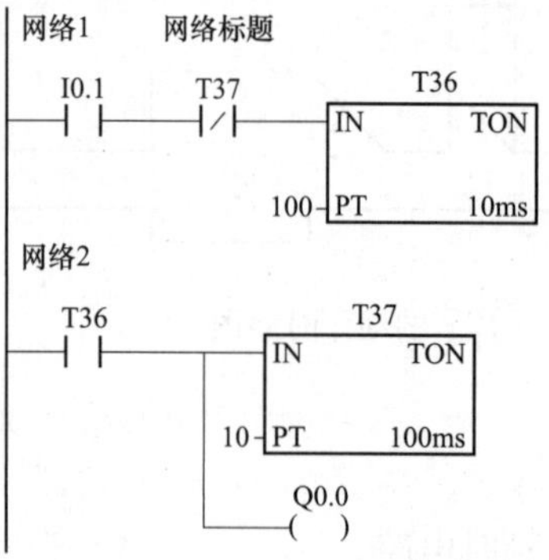


```
网络1    网络标题
LD       I0.1
AN       T37
TON      T36, 100

网络2
LD       T36
TON      T37, 10
=        Q0.0
```

图4-41 闪烁灯控制程序

【例4-20】 某企业车间产品的分拣示意如图4-42所示，电动机M由启动按钮SB0和停止按钮SB1控制其运行与停止，S1为检测站1，S2为检测站2，Y为电磁铁，电动机M运行时，被检测的产品（包括正品与次品）在皮带上运行。产品在皮带上运行时，若S1检测到次品，经过10s传送，到达次品剔除位置时，启动电磁铁YA驱动剔除装置，剔除次品（电磁铁通电1s），检测器S2检测到的次品，经过5s后，启动电磁铁YA剔除次品；正品继续向前输送。

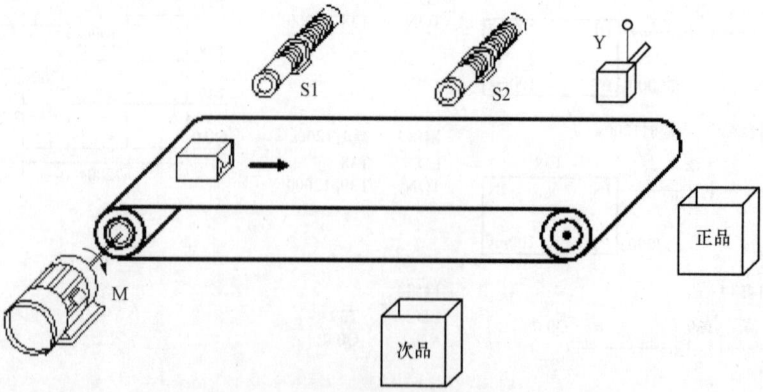

图4-42 正次品分拣示意图

正次品分拣的操作流程是首先启动电动机 M，使得产品在皮带运行下进行传送。在传送过程中，如果有次品，则通过两个检测站将次品剔除，否则正品继续传送，其流程如图 4-43 所示。

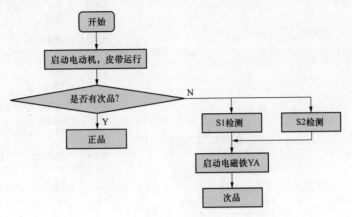

图 4-43　正次品分拣操作流程图

使用 PLC 实现正次品分拣时，I/O 分配见表 4-6，PLC 的 I/O 接线图如图 4-44 所示。程序编写如图 4-45 所示。程序中，网络 1 为电动机运行控制，按下启动按钮 SB1，则电动机 M 运行，使得被检测的产品（包括正品与次品）在皮带上运行。网络 2 中 S1 检测到次品时，M0.0 线圈得电。网络 3 中，T37 延时 10s，将次品传到剔除位置。网络 4 中 S2 检测到次品时，M0.1 线圈得电。网络 5 中，T38 延时 5s，将次品传到剔除位置。网络 6 中只要次品到达剔除位置（即 T37 或 T38 动合触点闭合 1 次），Q0.1 线圈得电，启动电磁铁 YA 驱动剔除装置，剔除次品。网络 7 为剔除机构动作时间控制。

表 4-6　　　　　　　　　　　　　　正次品分拣 I/O 分配表

输入（I）			输出（O）		
功能	元件	PLC 地址	功能	元件	PLC 地址
启动电动机 M	SB1	I0.0	驱动电动机 M	KM	Q0.0
停止电动机 M	SB2	I0.1	剔除次品	YA	Q0.1
检测站 1	S1	I0.2			
检测站 2	S2	I0.3			

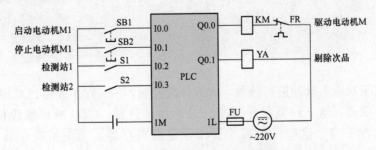

图 4-44　正次品分拣 I/O 接线图

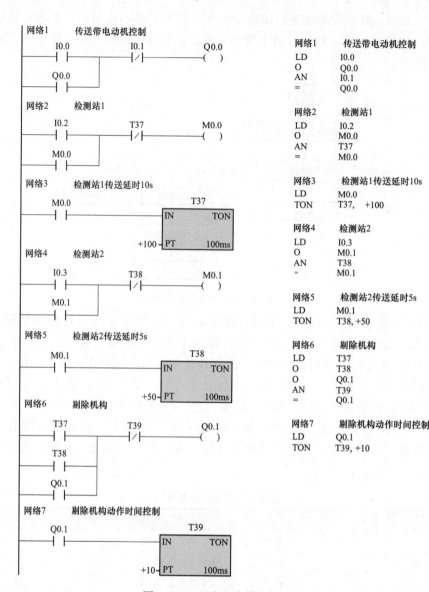

图4-45　正次品分拣控制程序

4.3　计数器指令

计数器用于对输入脉冲进行计数，实现计数控制。S7-200系列PLC提供了3种类型共256个计数器，这3种类型分别为：CTU加计数器、CTD减计数器和CTUD加/减计数器，见表4-7。这些计数器主要由设定值寄存器、当前值寄存器、状态位等组成。

表 4-7　计　数　器　类　型

类型	LAD	STL	编号范围	说　　明
加计数器	???? —CU CTU —R ????—PV	CTU	0~255	CU：加计数器输入端； CD：减计数器输入端； R：加计数复位输入端； LD：减计数复位输入端； PV：设定值
减计数器	???? —CD CTD —LD ????—PV	CTD	0~255	
加/减计数器	???? —CU CTUD —CD —R ????—PV	CTUD	0~255	

4.3.1　加计数器指令

如果复位端 R＝1 时，加计数器的当前值为 0，状态值也为 0。若复位端 R＝0 时，加计数器输入端每来一个上升沿脉冲时，计数器的当前值增 1 计数，如果当前计数值大于或等于设定值时，计数器状态位置 1，但是每来一个上升沿脉冲时，计数器仍然进行计数，直到当前计数值等于 32767 时，停止计数。

【例 4-21】　加计数器指令的使用程序如图 4-46 所示。图中 C0 为加计数器，I0.0 为加计数脉冲输入端，I0.1 为复位输入端，计数器的计数次数设置为 4。I0.0 每接通一次时，C0 的当前值将加 1。当 I0.0 的接通次数达到或超过 4 时，网络 2 中的 C0 动合触点闭合，从而驱动 Q0.0 为 ON。如果 I0.1 触点闭合，则 C0 的当前值复位为 0，C0 动合触点断开，动作时序如图 4-47 所示。

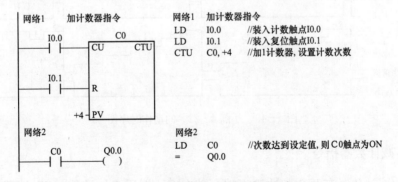

图 4-46　加计数器指令的使用程序

4.3.2　减计数器指令

如果复位输入端 LD＝1 时，计数器将设定值装入当前值存储器，状态值为 0。若复

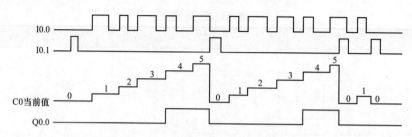

图4-47　［例4-21］的动作时序图

位输入端 LD＝0 时，减计数器输入端每来一个上升沿时，计数器的当前值减 1 计数，如果当前计数值等于 0 时，计数器状态位置 1，停止计数。

【例4-22】　减计数器指令的使用程序如图 4-48 所示。图中 C0 为减计数器，I0.0 为减计数脉冲输入端，I0.1 为复位输入端，计数器的计数次数设置为 5。I0.0 每接通一次时，C0 的当前值将减 1。当 C0 的当前值为 0 时，网络 2 中的 C0 动合触点闭合，从而驱动 Q0.0 为 ON。如果 I0.1 触点闭合，则 C0 的当前值复位为设定值，C0 动合触点断开，动作时序如图 4-49 所示。

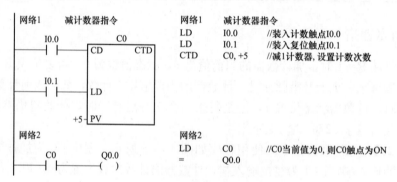

图4-48　减计数器指令的使用程序

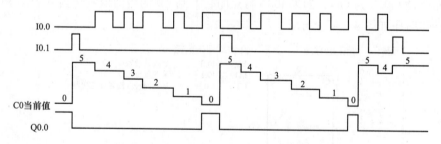

图4-49　［例4-22］的动作时序图

4.3.3　加/减计数器指令

如果加/减计数器有两个脉冲输入端，其中 CU 端用于加计数，CD 端用于减计数。复位输入端 R＝1 时，当前值为 0，状态值也为 0。当复位输入端 R＝0 时，加/减计数器开始计数。当 CU 端有一个上升沿输入脉冲时，计数器的当前值加 1 计数，如果当前计数值大于或等于设定值时，计数器状态位置 1。若 CD 端有一个上升沿输入脉冲时，计数器的当前值减 1 计数，如果当前值小于设定值时，状态位清 0。在加计数过程中，当前计数值达到最大值 32767 时,下一个 CU 的输入使计数值变为最小值-32768,同样,在减计数过程中,当前计数值达到最小值-32768 时,下一个 CU 的输入使计数值变为最大值 32767。

【例 4-23】 加/减计数器指令的使用程序如图 4-50 所示。图中 C0 为增/减计数器,I0.0 为加计数脉冲输入端,I0.1 为减计数脉冲输入端,I0.2 为复位输入端,计数器的计数次数设置为 3。I0.0 每接通一次时,C0 的当前值将加 1;I0.1 每接通一次时,C0 的当前值将减 1。当 C0 的当前值达到或超过设定值时,网络 2 中的 C0 动合触点闭合,从而驱动 Q0.0 为 ON。如果 I0.2 触点闭合,则 C0 的当前值复位为 0,C0 动合触点断开,动作时序如图 4-51 所示。

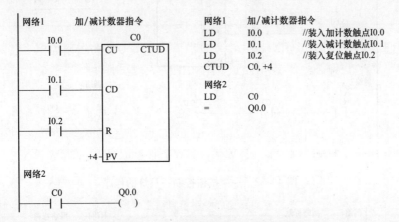

图 4-50 加/减计数器指令的使用程序

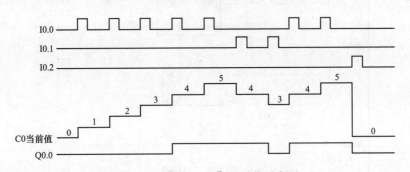

图 4-51 [例 4-23]的动作时序图

4.3.4 计数器指令的应用

【例 4-24】 用一个按钮控制一只灯的亮灭。按钮 SB 和 PLC 的 I0.0 连接,LED 灯与 PLC 的 Q0.0 连接。使用两个加计数器,奇数次按下按钮 SB 时,LED 灯为点亮,偶数按下按钮 SB 时,LED 灯为熄灭。编写的程序如图 4-52 所示。

【例 4-25】 由定时器实现的秒闪及和计数延时控制程序如图 4-53 所示。启动按钮 SB1 与 PLC 的 I0.0 连接,手动复位按钮 SB2 与 PLC 的 I0.1 连接,秒闪输出信号灯 HL1 与 PLC 的 Q0.0 连接,计数输出信号灯 HL2 与 PLC 的 Q0.1 连接。运行程序,I0.0 为 ON 时,Q0.0 每隔 1s 闪烁一次。C0 对 Q0.0 秒闪次数计数,当计数达到 10 次时,Q0.1 输出为 ON。当 Q0.1 为 ON,延时 5s 后 C0 复位,同时 Q0.1 为 OFF。在运行中,当

I0.1 为 ON 时，C0 和 Q0.1 将被复位。

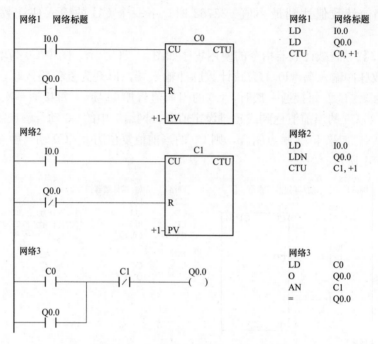

图 4-52　一个按钮控制一只灯的程序

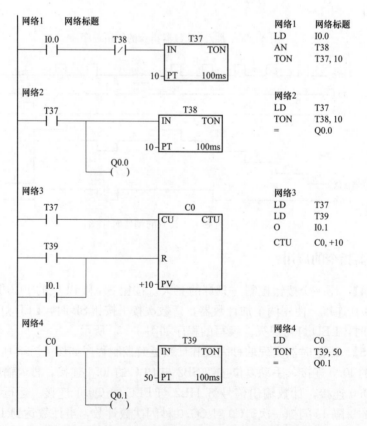

图 4-53　由定时器实现的秒闪及和计数延时控制程序

【例4－26】 采用计数器与特殊存储器实现30天的延时。

解 通过查阅附录2可知，SM0.4和SM0.5都可进行延时，SM0.4提供1min的延时，SM0.5提供1s的延时，下面采用SM0.4和计数器来实现365天的延时，程序如图4－54所示。

按下启动按钮时I0.0动合触点闭合，M0.0输出线圈有效，M0.0动合触点闭合SM0.4产生1min延时作为C0的输入脉冲。1h等于60min，因此C0的设定值为60。当C0计数60次（延时1h），C0动合触点闭合。C0的一对动合触点闭合作为本身的复位信号，另一对动合触点闭合作为C1的输入脉冲。若C1计数720次（延时30天），C1动合触点闭合，对本身进行复位。在延时过程中，若按下停止按钮时，I0.0动断触点打开，停止延时；I0.1动合触点闭合，使计数器复位。

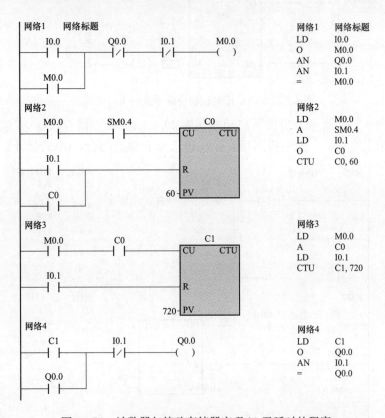

图4－54　计数器与特殊存储器实现30天延时的程序

【例4－27】 设计一个PLC控制包装传输系统。要求按下启动按钮后，传输带电动机工作，物品在传输带上开始传送，每传送10个物品，传输带暂停10s，工作人员将物品包装。

解 用光电检测来检测物品是否在传输带上，若每来一个物品，产生一个脉冲信号送入PLC中进行计数。PLC中可用加计数器进行计数，计数器的设定值为10。启动按钮SB1与I0.0连接，停止按钮SB2与I0.1连接，光电检测信号通过I0.2输入PLC中，传输带电动机由Q0.0输出驱动，I/O分配见表4－8，PLC的I/O接线图如图4－55所示。

表4-8　　　　　　　　　PLC控制包装传输系统的I/O分配表

输入（I）			输出（O）		
功能	元件	PLC 地址	功能	元件	PLC 地址
启动按钮	SB1	I0.0	驱动传输带电动机 M	KM	Q0.0
停止按钮	SB2	I0.1			
光电检测	S1	I0.2			

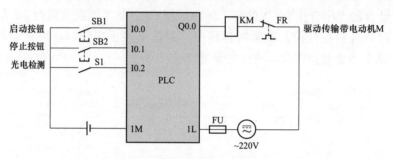

图4-55　PLC控制包装传输系统的I/O接线图

　　程序如图4-56所示。当按下启动按钮时 I0.0 动合触点闭合，Q0.0 输出传输带运行。若传输带上有物品，光电检测开关有效 I0.2 动合触点闭合，C0 开始计数。当计数到

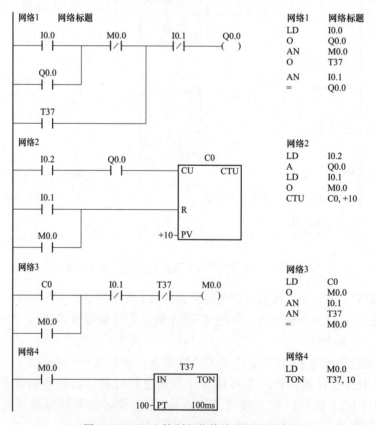

图4-56　PLC控制包装传输系统的程序

10时，计数器状态位置1，C0动合触点闭合，辅助继电器M0.0有效，M0.0的两对动合触点闭合，动断触点断开。M0.0的一路动合触点闭合使C0复位，使计数器重新计数；另一路动合触点闭合开始延时等待；M0.0的动断触点断开，使传输带暂停。若延时时间到，T37的动断触点打开，M0.0线圈暂时没有输出；T37的动合触点闭合，启动传输带又开始传送物品，如此循环。物品传送过程中，若按下停止按钮时I0.1的动断触点打开，Q0.0输出无效，传输带停止运行；I0.1的动合触点闭合，使C0复位，为下次启动重新计数做好准备。

【例4-28】 计数器在轧钢机的模拟控制中的应用。某车间轧钢机的控制示意图如图4-57所示，要求按下启动按钮SB1，电动机M1和M2运行。按下S1表示检测到物件，电动机M3正转，即M3F点亮。再按S2，电动机M3反转，即M3R点亮，同时电磁阀YV动作。再按S1，电动机M3正转，重复经过4次循环，再按S2，则停机5s，取出成品后，继续运行，不需要按启动。当按下停止按钮后，必须按启动按钮才方可运行。如果不先按S1，而按S2将不会有动作。

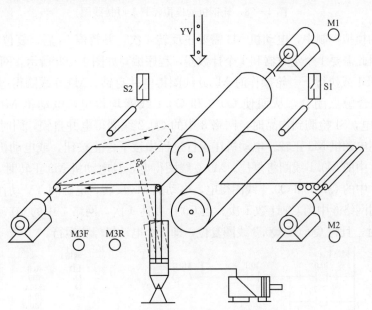

图4-57 轧钢机的模拟控制示意图

解 轧钢机的模拟控制中，需要连接4个输入端子和5个输出端子，I/O分配见表4-9，PLC的I/O接线图如图4-58所示。

表4-9 轧钢机的I/O分配表

输入（I）			输出（O）		
功能	元件	PLC地址	功能	元件	PLC地址
启动按钮	SB1	I0.0	驱动电动机M1	KM1	Q0.0
停止按钮	SB2	I0.1	驱动电动机M2	KM2	Q0.1
检测1	S1	I0.2	M3正转	KM3/M3F	Q0.2
检测2	S2	I0.3	M3反转	KM4/M3R	Q0.3
			电磁阀	YV	Q0.4

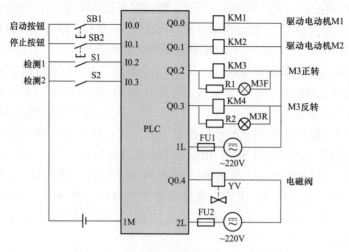

图4-58 轧钢机的模拟控制I/O接线图

　　轧钢机的模拟控制中，电动机M3需要正反转4次，并暂停5s后，复位重新下一轮的循环操作，因此需要1个定时器和1个计数器，程序编写如图4-59所示。网络1中，当按下启动按钮SB1或执行下一轮操作时M0.0线圈得电并自锁。M0.0线圈得电，使得网络2中的M0.0动合触点闭合，从而使Q0.0和Q0.1线圈均得电，电动机M1和M2运行。M0.0线圈得电，S1检测到物品时，网络3中的Q0.2线圈得电并自锁，同时M0.1线圈置位输出，控制电动机M3正转。电动机在运行过程中按下停止按钮，或电动机M3正反转3次后，网络4中的M0.1线圈将复位。M0.0线圈得电，且电动机M3正转时，S2检测到物品时，网络5中的Q0.3和Q0.4线圈得电，电动机M3反转，电磁阀YV动作。电动机M3反转1次，则网络6中的C0计数1次。当C0计数达4次，网络7中的C0动合触点闭合，启动T37延时，且将Q0.0~Q0.3线圈复位，即3个电动机停止运行。

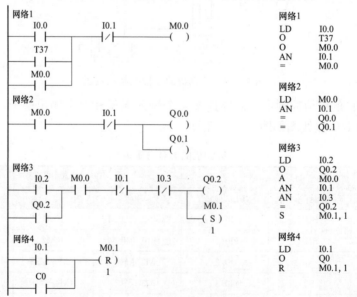

图4-59 轧钢机的模拟控制程序（一）

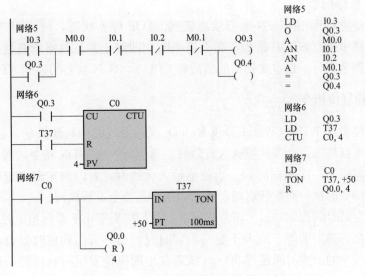

图4-59 轧钢机的模拟控制程序（二）

4.4 程序控制类指令

程序控制指令主要控制程序结构和程序执行的相关指令，主要包括结束及暂停、看门狗复位、跳转及标号、循环、子程序调用与返回等指令。

4.4.1 结束及暂停指令

1. 结束指令

结束指令分 END 条件结束和 MEND 无条件结束指令，如图4-60所示。

```
    M0.0        Q0.0           LD    M0.0          ├──(END)
  ──┤ ├──────────( )            =     Q0.0
                                END                 MEND
              ──(END)
```

图4-60 结束指令

END 条件结束指令，是根据前面的逻辑关系终止用户主程序，返回主程序的第一条指令执行。该指令无操作数，只能在主程序中使用，不能在子程序或中断程序中使用。在梯形图中由结束条件和 "END" 构成，语句指令表中由 "END" 构成。

MEND 无条件结束指令，结束主程序，返回主程序的第一条指令执行。在梯形图中无条件结束指令必须直接与左侧母线相连。用户必须以无条件结束指令来结束主程序，无条件指令必须在条件结束指令之后。调试程序时，在程序的适当位置插入 MEND 指令可以实现程序的分段调试，但在 STEP 7 - Micro/WIN 编程软件中，主程序的结尾会自动生成 MEND 无条件结束指令，用户不需输入，否则会编译出错。

2. STOP 暂停指令

STOP 指令使 CPU 由 RUN 运行状态转到 STOP 停止状态，终止用户程序的执行。如果在中断程序中执行 STOP 指令，那么该中断立即终止并且忽略所有挂起的中断，继续扫描程序的剩余部分，在本次扫描的最后将 CPU 由 RUN 状态切换到 STOP 状态。

4.4.2 看门狗复位指令

看门狗复位指令 WDR（Watch Dog Reset）又称警戒时钟刷新指令，它允许 CPU 的看门狗定时器重新被触发。当使能输入有效时，每执行一次 WDR 指令，看门狗定时器就被复位一次，可增加一次扫描时间。当使能输入无效时，看门狗定时器定时时间到，程序将终止当前指令的执行而重新启动，返回到第一条指令重新执行。

看门狗的定时时间为 300ms，正常情况下，若扫描周期小于看门狗定时时间，则看门狗不会复位。当扫描周期等于或大于看门狗定时时间时，看门狗定时器自动将其复位一次。因此，当程序的扫描时间超过 300ms 或者在中断事件发生时有可能使程序的扫描周期超过时，为防止在正常情况下程序被看门狗复位，可将看门狗刷新指令 WDR 插入到程序的适应位置以延长扫描周期，有效避免看门狗超时错误。

使用 WDR 指令时，若用循环指令去阻止扫描完成或过度的延迟扫描完成的时间，那么在终止本次扫描之前这些操作过程将被禁止：通信（自由端口方式除外）、I/O 更新（立即 I/O 除外）、强制更新、SM 位更新（SM0、SM5~SM29 不能被更新）、运行时间诊断、中断程序中的 STOP 指令等。由于扫描时间超过 25s，10ms 和 100ms 定时器将不会正确累计时间。

【例 4-29】 结束、暂停和看门狗指令的使用程序如图 4-61 所示。网络 1 中 SM5.0 是检查 I/O 是否发生错误，SM4.3 是运行时检查编程，I0.1 是外部切换开关，若 I/O 发生错误或者运行时发生错误或者外部开关有效，这 3 个条件只要有任一条件存在，PLC 由 RUN 切换到 STOP 状态。网络 2 中当 M5.6 有效时，允许扫描周期扩展，重新触发 CPU 的看门狗，MOV_BIW 指令是重新触发第一个输出模块的看门狗。网络 3 中当 I0.0 接通时，终止当前扫描周期。

```
网络1   网络标题                          网络1   网络标题
SM5.0                                    LD    SM5.0
├─┤ ├──────────(STOP)                    O     SM4.3
                                         O     I0.1
SM4.3                                    STOP
├─┤ ├─

I0.1
├─┤ ├─

网络2                                    网络2
M5.6                                     LD    M5.6
├─┤ ├──────────(WDR)                     WDR
                                         BIW   QB1, QB1
        ┌─ MOV-BIW ─┐
        │ EN    ENO │
        │           │
     QB1─┤ IN   OUT ├─ QB1

网络3                                    网络3
I0.0                                     LD    I0.0
├─┤ ├──────────(END)                     END
```

图 4-61 结束、暂停和看门狗指令的使用程序

4.4.3 跳转及标号指令

跳转指令主要用于较复杂程序的设计，该指令可以用来优化程序结构，增强程序功能。跳转指令可以使 PLC 编程的灵活性大大提高，使 PLC 可根据不同条件的判断，选择不同的程序段执行程序。

JMP 跳转指令是将程序跳转到同一程序 LBL 指定的标号（n）处执行，其指令格式如图 4-62 所示。可以在主程序、同一子程序或同一中断服务程序中使用跳转指令，且跳转和与之相应的标号指令必须位于同一程序内，但是不能从主程序跳转到子程序，同样也不能从子程序或中断程序中跳出。

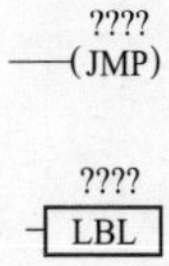

```
 ????
—(JMP)

 ????
—[ LBL
```

图 4-62 跳转指令

【例 4-30】 用跳转指令控制 1 个与 Q0.0 连接的信号灯 HL 显示。要求为：①能实现自动与手动控制的切换，切换按钮与 I0.0 连接，若 I0.0 为 OFF 则为手动操作，若 I0.0 为 ON 则切换到自动运行；②手动控制时，能用 1 个与 I0.1 连接的按钮实现 HL 的亮、灭控制；③自动运行时，HL 能每隔 1s 交替闪烁。

解 可以采用跳转指令来编写控制程序，当 I0.0 为 OFF 时，把自动程序跳过，只执行手动程序；当 I0.0 为 ON 时，把手动程序跳过，只执行自动程序。设计的程序如图 4-63 所示。

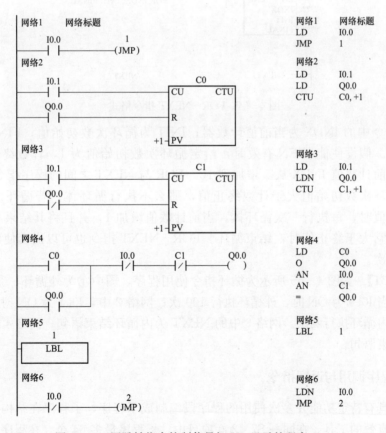

图 4-63 用跳转指令控制信号灯 HL 显示的程序（一）

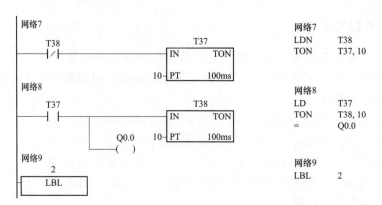

图 4-63   用跳转指令控制信号灯 HL 显示的程序（二）

4.4.4 循环指令

FOR-NEXT 循环指令可以用来描述一段程序重复执行一定次数的循环体，它由 FOR 指令和 NEXT 指令两部分组成，指令格式如图 4-64 所示，FOR 指令标记循环的开始，NEXT 指令标记循环体的结束，FOR 和 NEXT 必须成对使用。

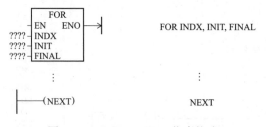

图 4-64   FOR-NEXT 指令格式

FOR 指令中的 INDX 为当前值计数器；INIT 为循环次数初始值；FINAL 为循环计数终止值。假设使能端 EN 有效时，给定循环次数初始值为 1，计数终止值为 10，那么随着当前计数值 INDX 从 1 增加到 10，FOR 与 NEXT 之间的程序指令被执行 10 次。如果循环次数初始值大于计数终止值，那么不执行循环体。若循环次数初值小于计数终止值时，每执行一次循环体，当前计数值增加 1，并且将其结果与终止值进行比较，当它大于终止值时，结束循环。FOR-NEXT 指令也可以嵌套使用，但最多可以嵌套 8 次。

【例 4-31】 如图 4-65 所示为循环指令使用程序，图中①为外循环，②为内循环。网络 1 中，当 I0.0 为 ON 时，外循环执行 100 次；网络 2 中，I0.1 为 ON 时，外循环每执行一次，内循环执行两次。网络 3 中的 NEXT 为内循环结束语句；网络 4 中的 NEXT 为外循环结束语句。

4.4.5 子程序调用与返回指令

通常将具有特定功能并多次使用的程序段编制成子程序，子程序在结构化程序设计是一种方便有效的工具。在同一 S7-200 项目中，子程序最多 64 个。在程序中使用子程序时，需进行的操作有：建立子程序、子程序调用和子程序返回。

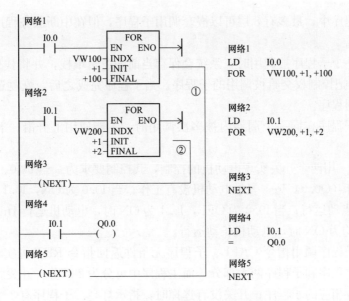

图 4-65 FOR-NEXT 指令使用程序

1. 建立子程序

在 STEP7 Micro/WIN 编程软件中可采用以下方法建立子程序:

(1) 在"编辑"菜单中的"插入"选项中的"子程序"。

(2) 在"指令树"中用鼠标右键单击"程序块"图标,并从弹出的菜单选项中选择"插入"下的"子程序"。

(3) 在"程序编辑器"的空白处,单击鼠标右键,从弹出的菜单选项中选择"插入"下的"子程序"。

建立了子程序后,子程序的默认名为 SBR_N,编号 N 从 0 开始按递增顺序生成。在 SBR_N 上单击鼠标右键,从弹出的菜单选项中选择"重命名",可更改子程序的程序名。

2. 子程序调用和返回

子程序调用指令 CALL 将程序控制权交给子程序 SBR_N,调用子程序时可以带参数也可以不带参数,子程序执行完成后,控制返回到调用子程序的指令的下一条指令。

子程序条件返回指令 CRET 根据它前面的逻辑块决定是否终止子程序,子程序无条件返回指令 RET 由编程软件自动生成。子程序调用及返回指令格式见表 4-10。

表 4-10   子程序调用与返回指令

指令	LAD	STL
子程序调用	SBR_0 EN	CALL SBR_0
子程序返回	——(RET)	RET

使用说明：

（1）在主程序中，最多有8层可以嵌套调用子程序，但在中断服务程序中，不能嵌套调用子程序。

（2）当有一个子程序被调用时，系统会保存当前的逻辑堆栈，并将栈顶值置1，堆栈的其他值为0，把控制权交给被调用的子程序。当子程序完成之后，恢复逻辑堆栈，将控制权交还给调用程序。

（3）如果子程序在同一个周期内被多次调用时，不能使用上升沿、下降沿、定时器和计数器指令。

【例4-32】 用两个开关实现电动机的控制，其控制要求为：当I0.0、I0.1均为OFF时，红色信号灯（Q0.0）亮，表示电动机没有工作；当I0.0为ON，I0.1为OFF时，电动机（Q0.1）点动运行；当I0.0为OFF，I0.1为ON时，电动机运行1min，停止1min；当I0.0、I0.1均为ON时，电动机长动运行。

解 使用子程序调用指令CALL、子程序无条件返回指令RET可实现该控制功能。该程序应分为主程序和子程序两大部分，而主程序中可分为2部分：开关状态的选择，根据这些选择执行相应的子程序；开关没有选择时，指示灯亮。子程序有3个：电动机点动运行（SBR_0）；电动机运行1min，停止1min（SBR_1）；电动机长动运行（SBR_2）。设计的程序如图4-66所示。

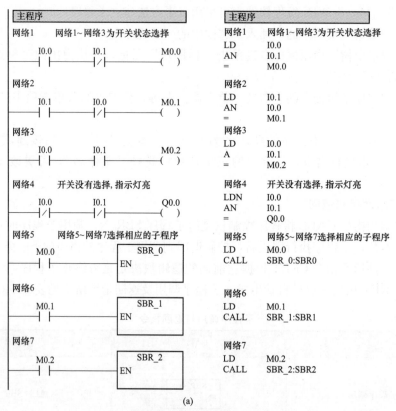

(a)

图4-66 两个开关实现电动机控制的程序（一）

(a) 主程序

子程序0(点动控制)

网络1

```
  I0.2   M0.1   M0.2           Q0.1
──┤ ├───┤/├───┤/├────────────( )

                            ─────(RET)
```

子程序0(点动控制)

```
网络1
LD      I0.2
AN      M0.1
AN      M0.2
=       Q0.1
```

(b)

子程序1(运行1min,停止1min)

网络1

```
  SM0.0   M0.0   M0.2           M1.0
──┤ ├────┤/├───┤/├────────────( )
```

网络2

```
  M1.0    T38                  T37
──┤ ├────┤/├──────────┤IN    TON├

                    600─┤PT    100ms├
```

网络3

```
  M1.0    T37                  T38
──┤ ├────┤ ├──────────┤IN    TON├

                    600─┤PT    100ms├
                          Q0.1
                         ( )
                        ─────(RET)
```

子程序1(运行1min, 停止1min)

```
网络1
LD      SM0.0
AN      M0.0
AN      M0.2
=       M1.0
网络2
LD      M1.0
AN      T38
TON     T37, 600

网络3
LD      M1.0
A       T37
TON     T38, 600
=       Q0.1
CRET
```

(c)

子程序2(长动控制)

网络1

```
  SM0.0   M0.0   M0.1           Q0.1
──┤ ├────┤/├───┤/├────────────( )

                            ─────(RET)
```

子程序2(长动控制)

```
网络1
LD      SM0.0
AN      M0.0
AN      M0.1
=       Q0.1
CRET
```

(d)

图 4-66　两个开关实现电动机控制的程序（二）

(b) SBR_0 子程序；(c) SBR_1 子程序；(d) SBR_2 子程序

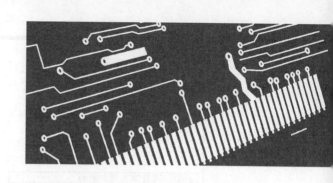

第5章

S7-200 PLC的功能指令

为适应现代工业自动控制的需求，除了基本指令外，PLC制造商为PLC还增加了许多功能指令（Function Instruction）。功能指令又称应用指令，它使PLC具有强大的数据运算和特殊处理的功能，从而大大扩展了PLC的使用范围。在SIMATIC S7-200系列中，功能指令主要包括数据处理指令、算术运算和逻辑运算指令、表功能指令、转换指令、中断指令、高速处理指令、PID回路指令、实时时钟指令等。这些功能指令可以认为是由相应的汇编指令构成的，因此在学习这些功能指令时，建议读者将微机原理、单片机技术中的汇编指令联系起来，对照学习。对于没有学过微机原理、单片机技术的读者来讲，应该在理解各功能指令含义的基础上进行灵活记忆。

5.1 S7-200 PLC的数据处理指令

S7-200系列PLC的数据处理主要包括传送、字节交换与读写、移位、比较等操作指令。

5.1.1 S7-200 PLC的传送指令

传送指令用于各个编程元件之间进行数据传送。根据每次传送数据的数量多少可以分为单一数据传送与数据块传送这两类指令。

1. 单一数据传送指令 MOV

单一数据传送指令每次传送一个数据。MOV指令是将输入的数据（IN）传送到输出（OUT），在传送过程中不改变数据原始值。按传送数据的类型可分为字节传送MOVB、字传送MOVW、双字传送MOVD和实数传送MOVR，见表5-1。

字节传送指令中，输入和输出操作数都为字节型数据，且输出操作数不能为常数；字传送指令中，输入和输出操作数都为字型或INT型数据，且输出操作数不能为常数；双字传送指令中，输入和输出操作数都为双字型或DINT型数据，且输出操作数不能为常数；实数传送指令中，输入和输出操作数都为 32 位的实数，且输出操作数不能为常数。

表 5-1   单一数据传送指令

传送类型	LAD	STL	输入数据 IN	输出数据 OUT
字节传送	MOV_B EN ENO ???? IN OUT ????	MOVB IN，OUT	VB，IB，QB，MB，SB，SMB，LB，AC，常数	VB，IB，QB，MB，SB，SMB，LB，AC
字传送	MOV_W EN ENO ???? IN OUT ????	MOVW IN，OUT	VW，IW，QW，MW，SW，SMW，LW，T，C，AQW，AC，常数	VW，IW，QW，MW，SW，SMW，LW，T，C，AQW，AC
双字传送	MOV_DW EN ENO ???? IN OUT ????	MOVD IN，OUT	VD，ID，QD，MD，SD，SMD，LD，HC，AC，常数	VD，ID，QD，MD，SD，SMD，LD，HC，AC
实数传送	MOV_R EN ENO ???? IN OUT ????	MOVR IN，OUT	VD，ID，QD，MD，SD，SMD，LD，AC，常数	VD，ID，QD，MD，SD，SMD，LD，HC，AC

注 表中 EN 为允许输入端；ENO 为允许输出端；IN1 为操作数据输入端；OUT 为结果输出端。

【例 5-1】 单一数据传送指令的使用程序见表 5-2。SM0.1 为特殊标志寄存器位，PLC 首次扫描时该位为 ON，用于初始化子程序。网络 1 为字节传送，指令"MOVB IB0，QB0"是将字节 IB0 传送 QB0；指令"MOVB 10，QB1"是将整数 10 传送给字节 QB1。网络 2 为字传送，指令"MOVW IW0，QW2"是把字型数据 IW0 传送给 QW2；指令"MOVW 20，QW4"是把整数 20 传送给 QW4。网络 3 为双字传送，指令"MOVD ID0，QD6"把双字型数据 ID0 传送给 QD6；指令"MOVD 80，QD10"把整数 80 传送给双字型数据 QD10。网络 4 为实数传送，指令"MOVR 0.3，AC0"把实数 0.3 传送给 AC0，其中 AC0 为 32 位的数据。

2. 数据块传送指令 BLKMOV

数据块传送指令将从输入 IN 指定地址的 n 个连续数据传送到从输出 OUT 指定地址开始的 n 个连续单元中。n 可以是 VB、IB、QB、MB、LB、AC 和常数，其数据范围为 1～255。按传送数据的类型可分为字节块传送 BMB、字块传送 BMV 和双字块传送 BMD，见表 5-3。

表 5-2 　　　　　　　　　　　单一数据传送指令的使用程序

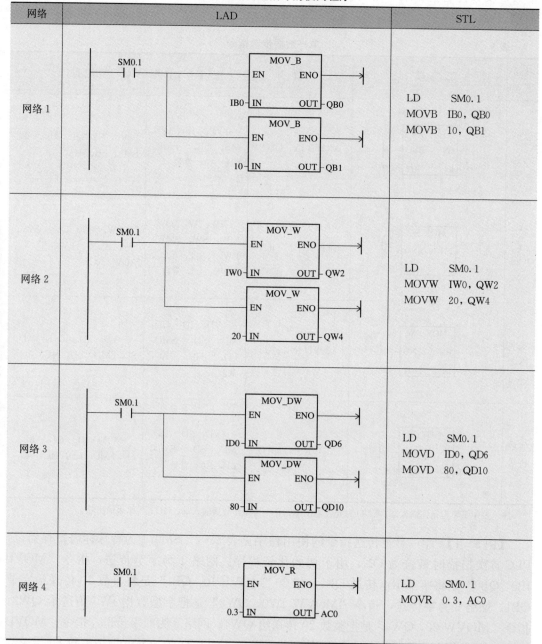

网络	LAD	STL
网络 1	SM0.1 — MOV_B (EN ENO, IB0 IN OUT QB0); MOV_B (EN ENO, 10 IN OUT QB1)	LD　　SM0.1 MOVB　IB0, QB0 MOVB　10, QB1
网络 2	SM0.1 — MOV_W (EN ENO, IW0 IN OUT QW2); MOV_W (EN ENO, 20 IN OUT QW4)	LD　　SM0.1 MOVW　IW0, QW2 MOVW　20, QW4
网络 3	SM0.1 — MOV_DW (EN ENO, ID0 IN OUT QD6); MOV_DW (EN ENO, 80 IN OUT QD10)	LD　　SM0.1 MOVD　ID0, QD6 MOVD　80, QD10
网络 4	SM0.1 — MOV_R (EN ENO, 0.3 IN OUT AC0)	LD　　SM0.1 MOVR　0.3, AC0

表 5-3 　　　　　　　　　　　数据块传送指令

传送类型	LAD	STL	输入数据 IN	输出数据 OUT
字节块 传送	BLKMOV_B (《 EN ENO 〉, ???? IN OUT ????, ???? N)	BMB IN, OUT	VB, IB, QB, MB, SB, SMB, LB	VB, IB, QB, MB, SB, SMB, LB

传送类型	LAD	STL	输入数据 IN	输出数据 OUT
字块传送	BLKMOV_W（EN ENO, ???? IN OUT ????, ???? N）	BMW IN, OUT	VW, IW, QW, MW, SW, SMW, LW, T, C, AQW	VW, IW, QW, MW, SW, SMW, LW, T, C, AQW
双字块传送	BLKMOV_D（EN ENO, ???? IN OUT ????, ???? N）	BMD IN, OUT	VD, ID, QD, MD, SD, SMD, LD	VD, ID, QD, MD, SD, SMD, LD

【例 5-2】 块数据传送指令的使用程序见表 5-4。网络 1 为字节块数据传送，它是将 VB2 开始的 4 个字节中的数据送入 VB100 开始的 4 个字节中。假设 VB2～VB5 单元的数据分别为 30、45、21、70，执行块传送指令后，VB100～VB103 单元的内容分别为 30、45、21、70。网络 2 为字块传送，它是将 VW10、VW11（即 VB10、VB11、VB12、VB13）单元中的数据传送给 QW0 和 QW1 中（即 QB0、QB1、QB2、QB3）。网络 3 为双字块传送，它是将 VD20、VD21（即 VW20、VW21、VW22、VW23）单元中的数据传送给 VD110 和 VD111 中（即 VW110、VW111、VW112、VW113）。

表 5-4 　　　　　　　　　　　块数据传送指令的使用程序

网络	LAD	STL
网络 1	SM0.1 —[ ]— BLKMOV_B（EN ENO, VB2 IN OUT VB100, 4 N）	LD SM0.1 BMB VB2, VB100, 4
网络 2	SM0.1 —[ ]— BLKMOV_W（EN ENO, VW10 IN OUT QW0, 2 N）	LD SM0.1 BMW VW10, QW0, 2
网络 3	SM0.1 —[ ]— BLKMOV_D（EN ENO, VD20 IN OUT VD110, 2 N）	LD SM0.1 BMD VD20, VD110, 2

3. 数据传送指令的应用实例

【例 5-3】 两级传送带的启停控制。两级传送带的启停控制示意图如图 5-1 所示。要求当按下启动按钮 SB1 时，I0.0 触点接通，电动机 M1 启动，A 传送带运行使货物向右运行。当货物到达 A 传送带的右端点时，触碰行程开关使 I0.1 触点接通，电动机 M2 启动，B 传送带运行。当货物传送到 B 传送带并触碰行程开关使 I0.2 触点接通时，电动机 M1 停止，A 传送带停止工作。当货物到达 B 传送带的右端点时，触碰行程开关使 I0.3 触点接通，电动机 M2 停止，B 传送带停止工作。

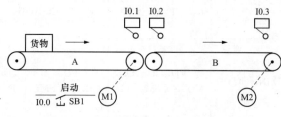

图 5-1　两级传送带的启停控制示意图

解　使用数据传送指令可以实现此功能，编写的程序见表 5-5。在网络 1 中，按下启动按钮 SB1 时，I0.0 动合触点闭合 1 次，将立即数 1 送入 QB0，使 Q0.0 线圈输出为 1，控制 M1 电动机运行。在网络 2 中，货物触碰行程开关使 I0.1 动合触点接通 1 次，将立即数 1 送入 QB1，使 Q1.0 线圈输出为 1，控制 M2 电动机运行。在网络 3 中，货物触碰行程开关使 I0.2 动合触点接通 1 次，将立即数 0 送入 QB0，使 Q0.0 线圈输出为 0，控制 M1 电动机停止工作。在网络 4 中，货物触碰行程开关使 I0.3 动合触点接通 1 次，将立即数 0 送入 QB1，使 Q1.0 线圈输出为 0，控制 M2 电动机停止工作。

表 5-5　　　　　　　　　　　两级传送带的启停控制程序

网络	LAD	STL
网络 1	I0.0 —| |— —|P|—　MOV_B　EN ENO　1-IN OUT-QB0	LD　I0.0 EU MOVB　1, QB0
网络 2	I0.1 —| |— —|P|—　MOV_B　EN ENO　1-IN OUT-QB1	LD　I0.1 EU MOVB　1, QB1
网络 3	I0.2 —| |— —|P|—　MOV_B　EN ENO　0-IN OUT-QB0	LD　I0.2 EU MOVB　0, QB0
网络 4	I0.3 —| |— —|P|—　MOV_B　EN ENO　0-IN OUT-QB1	LD　I0.3 EU MOVB　0, QB1

5.1.2　S7 - 200 PLC 的字节交换与读写指令

1. 字节交换指令 SWAP

字节交换指令是将输入字 IN 的高 8 位与低 8 位进行互换，交换结果仍存放在输入 IN 指定的地址中。输入字 IN 为无符号整数型，交换指令见表 5 - 6。

表 5 - 6　　　　　　　　　　　　　　　　　　字节交换指令

指令	LAD	STL	输入数据 IN
字节交换	SWAP — EN　ENO → ???? — IN	SWAP IN	VW, IW, QW, MW, SW, SMW, LW, TC, AC

【例 5 - 4】　字节交换指令在 LED 指示灯的中应用。假设 PLC 的 QB0 和 QB1 外接 16 只发光二极管，每隔 1s，高 8 位的 LED 与低 8 位的 LED 实现互闪，其程序编写见表 5 - 7。在网络 1 中，PLC 上电时，将初始值 16♯FF 送入 QW0，即 QB0 为 16♯FF，QB1 为 16♯00。在网络 2 中，由于 SM0.5 为 1s 的时钟周期信号，则每隔 1s，QB0 和 QB1 中的内容交换，从而实现了高 8 位（QB0）的 LED 与低 8 位（QB1）的 LED 互闪。

表 5 - 7　　　　　　　　　　　　　　　　字节交换指令的使用程序

网络	LAD	STL
网络 1	SM0.1 ——┤├—— MOV_W EN　ENO → 16#FF — IN　OUT — QW0	LD　　SM0.1 MOVW　16♯FF, QW0
网络 2	SM0.5 ——┤├—— SWAP EN　ENO → QW0 — IN	LD　　SM0.5 SWAP　QW0

2. 字节立即读、写指令

字节立即读 MOV_BIR（move byte immediate read）指令是读取 1 个字节的物理输入 IN，并将结果写入 OUT，但输入过程映像寄存器并不刷新。

字节立即写 MOV_BIW（move byte immediate write）指令是将输入 IN 中的 1 个字节的数值写入物理输出 OUT，同时刷新相应的输出过程映像寄存器。

字节立即读、写指令操作数的为字节型数据，其指令见表 5 - 8。

表 5 - 8 字节立即读、写指令

指令类型	LAD	STL	输入数据 IN	输出数据 OUT
字节立即读	MOV_BIR — EN ENO — ???? — IN OUT — ????	BIR IN, OUT	IB	VB，IB，QB， MB，SB，SMB， LB，AC，常量
字节立即写	MOV_BIW — EN ENO — ???? — IN OUT — ????	BIW IN, OUT	VB，IB，QB， MB，SB，SMB， LB，AC，常数	QB

【例 5 - 5】 字节立即读、写指令的使用程序见表 5 - 9。网络 1 中，将 IB0 （I0.0～I0.7）的状态传送到 VB10 中。网络 2 中，将 IB1 （I1.0～I1.7）的状态由 QB0 输出。

表 5 - 9 字节立即读、写指令的使用程序

网络	LAD	STL
网络 1	SM0.0 ——[ ]—— MOV_BIR EN ENO IB0 — IN OUT — VB10	LD SM0.0 BIR IB0, VB10
网络 2	I0.0 ——[ ]—— MOV_BIW EN ENO IB1 — IN OUT — QB0	LD I0.0 BIW IB1, QB0

5.1.3 S7 - 200 PLC 的移位指令

移位指令是 PLC 控制系统中比较常用的指令之一，根据所移位数据的长度可分为字节型移位、字型移位和双字型移位指令；根据移位方向的不同可分为左移位、右移位、循环左移位、循环右移位指令。

1. 左移位指令

左移位指令 SHL 是将输入端 IN 指定的数据左移 n 位，结果存入 OUT 中，左移 n 位相当于乘以 2^n。左移位包括字节左移位 SLB、字左移位 SLW 和双字左移位 SLD 指令，见表 5 - 10。

2. 右移位指令

右移位指令 SHR 是将输入端 IN 指定的数据左移 n 位，结果存入 OUT 中，右移 n 位相当于除以 2^n。右移位包括字节右移位 SRB、字右移位 SRW 和双字右移位 SRD 指令，见表 5 - 11。

表 5 - 10 左 移 位 指 令

左移位类型	LAD	STL	输入数据 IN	输出数据 OUT
字节左移位	SHL_B EN ENO ???? IN OUT ???? ???? N	SLB OUT, n	VB, IB, QB, MB, SB, SMB, LB, AC	VB, IB, QB, MB, SB, SMB, LB, AC
字左移位	SHL_W EN ENO ???? IN OUT ???? ???? N	SLW OUT, n	VW, IW, QW, MW, SW, SMW, LW, T, C, AC, 常数	VW, IW, QW, MW, SW, SMW, LW, T, C, AC
双字左移位	SHL_DW EN ENO ???? IN OUT ???? ???? N	SLD OUT, n	VD, ID, QD, MD, SD, SMD, LD, AC, HC, 常数	VD, ID, QD, MD, SD, SMD, LD, AC

表 5 - 11 右 移 位 指 令

右移位类型	LAD	STL	输入数据 IN	输出数据 OUT
字节右移位	SHR_B EN ENO ???? IN OUT ???? ???? N	SRB OUT, n	VB, IB, QB, MB, SB, SMB, LB, AC	VB, IB, QB, MB, SB, SMB, LB, AC
字右移位	SHR_W EN ENO ???? IN OUT ???? ???? N	SRW OUT, n	VW, IW, QW, MW, SW, SMW, LW, T, C, AC, 常数	VW, IW, QW, MW, SW, SMW, LW, T, C, AC
双字右移位	SHR_DW EN ENO ???? IN OUT ???? ???? N	SRD OUT, n	VD, ID, QD, MD, SD, SMD, LD, AC, HC, 常数	VD, ID, QD, MD, SD, SMD, LD, AC

左移位和右移位的移位数据存储单元与 SM1.1 溢出端相连，移位时，最后一次被移出的位进入 SM1.1，另一端自动补 0，如果移动的位数 n 大于允许值时，实际移位的位数为最大允许值。字节型移位的最大允许值为 8；字型移位的最大允许值为 16；双字型移位的最大允许值为 32。若移位的结果为 0，零标志位 SM1.0 被置 1。

【例 5 - 6】 当 I0.0 为 ON 时，将十六进制数送入 VB0 中，当 I0.1 为 ON 时，将 VB0 中的内容右移 2 位送入 QB0 中，VB0 中的内容左移 3 位送入 QB1 中，其程序见表 5 - 12。十六进制数为 16♯B3，右移 2 位送入 QB0 中的结果为 44（即 16♯2C）；左移 3

位送入 QB1 中的结果为 152（即 16♯98）。

表 5－12   左移、右移指令的使用程序

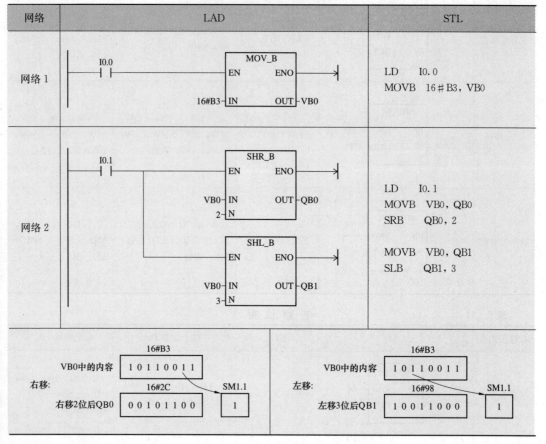

网络	LAD	STL
网络1	I0.0 MOV_B EN ENO 16#B3-IN OUT-VB0	LD I0.0 MOVB 16♯B3, VB0

网络2	I0.1 SHR_B EN ENO VB0-IN OUT-QB0 2-N；SHL_B EN ENO VB0-IN OUT-QB1 3-N	LD I0.1
		MOVB VB0, QB0
		SRB QB0, 2
		MOVB VB0, QB1
		SLB QB1, 3

VB0中的内容：16#B3   1 0 1 1 0 0 1 1
右移：16#2C   右移2位后QB0   0 0 1 0 1 1 0 0   SM1.1 → 1

VB0中的内容：16#B3   1 0 1 1 0 0 1 1
左移：16#98   左移3位后QB1   1 0 0 1 1 0 0 0   SM1.1 → 1

在 STL 指令中，当移位指令的 IN 和 OUT 指定的存储器不同时，必须首先将 IN 中的数据传送到 OUT 所指定的存储单元，如：

MOVB IN, OUT

SLB   OUT, n

3. 循环左移位指令

循环左移位指令是将输入端 IN 指定的数据循环左移 n 位，结果存入 OUT 中，它包括字节循环左移位 RLB、字循环左移位 RLW 和双字循环左移位 RLD 指令，见表 5－13。

表 5－13   循环左移位指令

循环左移位	LAD	STL	输入数据 IN	输出数据 OUT
字节循环 左移位	ROL_B EN ENO ????-IN OUT-???? ????-N	RLB OUT, n	VB, IB, QB, MB, SB, SMB, LB, AC, 常数	VB, IB, QB, MB, SB, SMB, LB, AC

循环左移位	LAD	STL	输入数据 IN	输出数据 OUT
字循环 左移位	ROL_W EN ENO ???? — IN OUT — ???? ???? — N	RLW OUT, n	VW, IW, QW, MW, SW, SMW, LW, T, C, AIW, AC, 常数	VW, IW, QW, MW, SW, SMW, LW, T, C, AC
双字循环 左移位	ROL_DW EN ENO ???? — IN OUT — ???? ???? — N	RLD OUT, n	VD, ID, QD, MD, SD, SMD, LD, AC, HC, 常数	VD, ID, QD, MD, SD, SMD, LD, AC

4. 循环右移位指令

循环右移位指令是将输入端 IN 指定的数据循环右移 n 位，结果存入 OUT 中，它包括字节循环右移位 RRB、字循环右移位 RRW 和双字循环右移位 RRD 指令，见表 5-14。

表 5-14　　　　　　　　　　　循环右移位指令

循环左移位	LAD	STL	输入数据 IN	输出数据 OUT
字节循环 右移位	ROR_B EN ENO ???? — IN OUT — ???? ???? — N	RRB OUT, n	VB, IB, QB, MB, SB, SMB, LB, AC, 常数	VB, IB, QB, MB, SB, SMB, LB, AC
字循环 右移位	ROR_W EN ENO ???? — IN OUT — ???? ???? — N	RRW OUT, n	VW, IW, QW, MW, SW, SMW, LW, T, C, AIW, AC, 常数	VW, IW, QW, MW, SW, SMW, LW, T, C, AC
双字循环 右移位	ROR_DW EN ENO ???? — IN OUT — ???? ???? — N	RRD OUT, n	VD, ID, QD, MD, SD, SMD, LD, AC, HC, 常数	VD, ID, QD, MD, SD, SMD, LD, AC

循环左移位和循环右移位的移位数据存储单元与 SM1.1 溢出端相连，循环移位是环形的，移位时，被移出位来的位将返回到另一端空出来的位置，移出的最后一位数据进入 SM1.1，如果移动的位数 n 大于允许值时，执行循环移位前先将 n 除以最大允许值后取其余数，该余数即为循环移位次数。字节型移位的最大允许值为 8；字型移位的最大允许值为 16；双字型移位的最大允许值为 32。

【例 5-7】　当 I0.0 为 ON 时，将十六进制数送入 VB0 中，当 I0.1 为 ON 时，将 VB0 中的内容循环左移 2 位送入 QB0 中，VB0 中的内容循环右移 2 位送入 QB1 中，其程序见表 5-15。十六进制数为 16#B3，循环左移 2 位送入 QB0 中的结果为 206（即 16#

第 5 章　S7-200 PLC 的功能指令

CE）；循环右移 2 位送入 QB1 中的结果为 236（即 16♯EC）。

表 5 - 15 循环左移、右移指令的使用程序

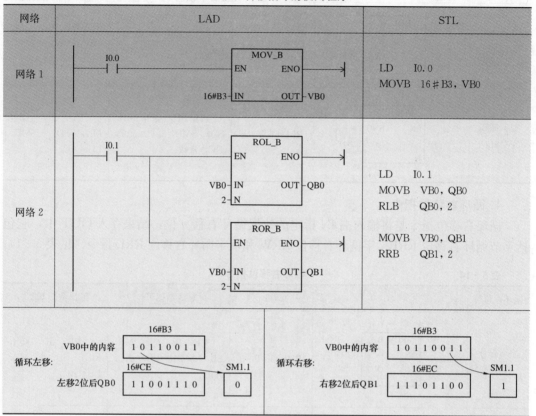

网络	LAD	STL
网络 1	I0.0 — MOV_B (EN ENO) 16#B3—IN OUT—VB0	LD I0.0 MOVB 16♯B3, VB0
网络 2	I0.1 — ROL_B (EN ENO) VB0—IN OUT—QB0 2—N ROR_B (EN ENO) VB0—IN OUT—QB1 2—N	LD I0.1 MOVB VB0, QB0 RLB QB0, 2 MOVB VB0, QB1 RRB QB1, 2

循环左移：
VB0中的内容 16#B3 1 0 1 1 0 0 1 1
左移2位后QB0 16#CE 1 1 0 0 1 1 1 0 → SM1.1 0

循环右移：
VB0中的内容 16#B3 1 0 1 1 0 0 1 1
右移2位后QB1 16#EC 1 1 1 0 1 1 0 0 → SM1.1 1

5. 移位寄存器指令 SHRB

移位寄存器指令 SHRB 是将 DATA 端输入的数值移入移位寄存器中，在梯形图中有 3 个数据输入端：DATA 数据输入端、S_BIT 移位寄存器最低位端和 n 移位寄存器长度指示端，见表 5 - 16。DATA 为数据输入，执行指令时将该位的值移入移位寄存器；S_BIT 指定移位寄存器的最低位；N 指定移位寄存器的长度和移位方向（负值向右移，正值向左移）。

表 5 - 16 移位寄存器指令

LAD	STL	DATA 和 S_BIT	N
SHRB (EN ENO) ??.?—DATA ??.?—S_BIT ????—N	SHRB DATA, S_BIT, n	I, Q, M, SM, T, C, V, S, L	VB, IB, QB, MB, SB, SMB, LB, AC

若 N 为正数，在每个扫描周期内 EN 为上升沿时，寄存器中的各位由低位向高位移一位，DATA 输入的二进制数从最低位移入，最高位被移到溢出位 SM1.1。若 N 为负

数，移位是从最高位移入，最低位移出。

【例 5-8】 移位寄存器指令的使用。程序及运行结果见表 5-17。

表 5-17   移位寄存器指令的使用程序

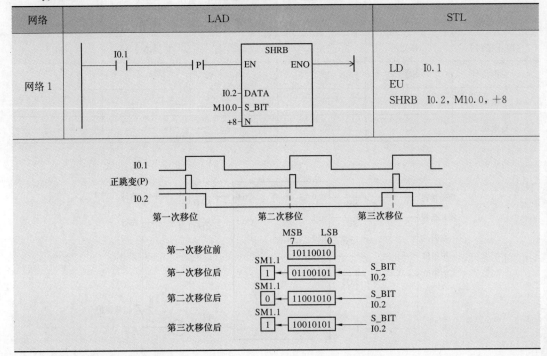

6. 移位指令的应用实例

【例 5-9】 使用 SHL 指令实现小车自动往返控制。要求当小车初始状态停止在最左端，按下启动按钮 SB1 将按如图 5-2 所示的轨迹运行；再次按下启动按钮 SB1，小车又开始新一轮运动。

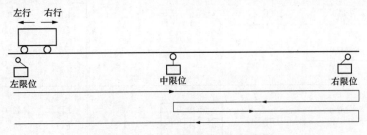

图 5-2   小车自动往返运行示意图

解 根据题意可知，小车自动往返控制应有 5 个输入和 2 个输出，I/O 分配见表 5-18，其 I/O 接线如图 5-3 所示。

使用左移位指令 SHL 实现此功能时，编写的程序见表 5-19。网络 1 为小车的启动与停止控制。网络 2 中当小车启动运行或每个循环结束时，将 MB0 清零。网络 3 中 M0.1~M0.4 为 0 时，将 M0.0 置 1，为左移位指令重新赋移位初值。网络 4 中，移位脉冲每满足 1 次，移位指令将 MB0 的值都会左移 1 次。网络 5 为右行输出控制。网络 6 为左行输出控制。

表 5-18   小车自动往返控制 I/O 分配表

输入（I）			输出（O）		
功能	元件	PLC 地址	功能	元件	PLC 地址
启动按钮	SB1	I0.0	小车右行	KM1	Q0.0
停止按钮	SB2	I0.1	小车左行	KM2	Q0.1
左限位	SQ1	I0.2			
中限位	SQ2	I0.3			
右限位	SQ3	I0.4			

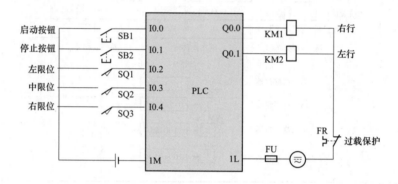

图 5-3 小车自动往返控制 I/O 接线图

表 5-19   小车自动往返控制程序

网络	LAD	STL
网络1	I0.0 I0.1 M2.0 / M2.0	LD I0.0 / O M2.0 / AN I0.1 / = M2.0
网络2	M2.0 —P— MOV_B EN ENO / I0.2 / 0-IN OUT-MB0	LD M2.0 / EU / O I0.2 / MOVB 0, MB0
网络3	M0.1 M0.2 M0.3 M0.4 M0.0	LDN M0.1 / AN M0.2 / AN M0.3 / AN M0.4 / = M0.0

网络	LAD	STL
网络4	M0.0 I0.0 I0.2 M2.0 SHL_B M0.1 I0.4 M0.2 I0.3 M0.3 I0.4 M0.4 I0.2 EN ENO MB0—IN OUT—MB0 1—N	LD M0.0 A I0.0 A I0.2 LD M0.1 A I0.4 OLD LD M0.2 A I0.3 OLD LD M0.3 A I0.4 OLD LD M0.4 A I0.2 OLD A M2.0 SLB MB0，1
网络5	M0.1 M2.0 Q0.0 M0.3	LD M0.1 O M0.3 A M2.0 = Q0.0
网络6	M0.2 M2.0 Q0.1 M0.4	LD M0.2 O M0.4 A M2.0 = Q0.1

【例5-10】 使用RLB指令实现8只流水灯控制。假设PLC的输入端子I0.0和I0.1分别外接启动和停止按钮；PLC的输出端子QB0外接8只发光二极管HL1~HL8。要求按下启动按钮后，流水灯开始从Q0.0~Q0.7每隔1s依次左移点亮，当Q0.7点亮后，流水灯再从Q0.0开始执行下轮循环左移点亮。

解 根据题意可知，PLC实现8只流水灯控制时，应有2个输入和8个输出，I/O分配见表5-20，其I/O接线如图5-4所示。

表5-20   8只流水灯的I/O分配表

输入（I）			输出（O）		
功能	元件	PLC地址	功能	元件	PLC地址
启动按钮	SB1	I0.0	流水灯1	HL1	Q0.0
停止按钮	SB2	I0.1	流水灯2	HL2	Q0.1
			流水灯3	HL3	Q0.2
			流水灯4	HL4	Q0.3

输入（I）			输出（O）		
功能	元件	PLC 地址	功能	元件	PLC 地址
			流水灯 5	HL5	Q0.4
			流水灯 6	HL6	Q0.5
			流水灯 7	HL7	Q0.6
			流水灯 8	HL8	Q0.7

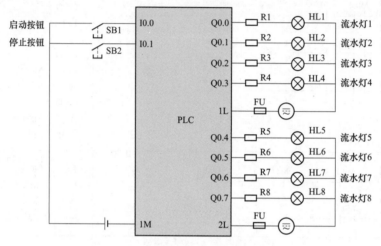

图 5-4　8 只流水灯的 I/O 接线图

　　使用循环左移位指令 SHL 实现此功能时，编写的程序见表 5-21。网络 1 中，当 PLC 上电或者按下停止按钮 SB2 时 QB0 输出为 0，即 8 只流水灯全部熄灭。网络 2 中，按下启动按钮 SB1 时，M0.0 线圈得电并自锁。网络 3 中，M0.0 线圈得电后，在 M0.0 动合触点首次闭合时，将 Q0.0 置为 1，为循环移位指令赋初始值。网络 4 为延时 1s 脉冲控制。网络 5 中，T37 每延时 1s，执行 1 次循环左移指令 RLB，将 QB0 中的内容左移 1 位，从而实现流水控制。

表 5-21　　　　　　　　　　　　　8 只流水灯的控制程序

网络	LAD	STL
网络 1	I0.1 ─┤├─ ─P─ ┌ MOV_B ┐ EN ENO ─── ; SM0.1 ─┤├─ 0─IN OUT─QB0	LD I0.1 EU O SM0.1 MOVB 0, QB0
网络 2	I0.0 ─┤├─ I0.1 ─┤/├─ M0.0 ─( ) ; M0.0 ─┤├─	LD I0.0 O M0.0 AN I0.1 = M0.0

网络	LAD	STL
网络3	M0.0 ─┤├─ ─┤P├─ [MOV_B: EN ENO, 1─IN OUT─QB0]	LD M0.0 EU MOVB 1, QB0
网络4	M0.0 ─┤├─ T37 ─┤/├─ [T37: IN TON, +10─PT 100ms]	LD M0.0 AN T37 TON T37, +10
网络5	T37 ─┤├─ ─┤P├─ [ROL_B: EN ENO, QB0─IN OUT─QB0, 1─N]	LD T37 EU RLB QB0, 1

【例5-11】 使用SHRB指令实现12只流水灯控制。假设PLC的输入端子I0.0和I0.1分别外接启动和停止按钮；PLC的输出端子QB0、QB1外接12只发光二极管HL1~HL12。要求按下启动按钮后，流水灯开始从Q0.0~Q1.3每隔1s依次左移点亮，当Q1.3点亮后，流水灯再从Q0.0开始执行下轮循环左移点亮。

解 根据题意可知，PLC实现12只流水灯控制时，应有2个输入和12个输出，I/O分配见表5-22，其I/O接线如图5-5所示。

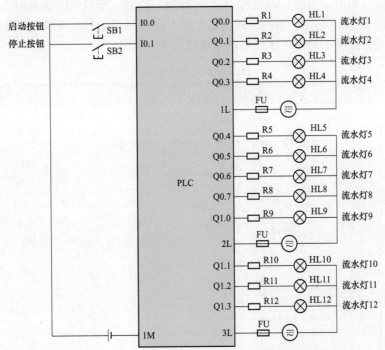

图5-5 12只流水灯的I/O接线图

表 5-22　　　　　　　　　　　12 只流水灯的 I/O 分配表

输入（I）			输出（O）		
功能	元件	PLC 地址	功能	元件	PLC 地址
启动按钮	SB1	I0.0	流水灯 1	HL1	Q0.0
停止按钮	SB2	I0.1	流水灯 2	HL2	Q0.1
			流水灯 3	HL3	Q0.2
			流水灯 4	HL4	Q0.3
			流水灯 5	HL5	Q0.4
			流水灯 6	HL6	Q0.5
			流水灯 7	HL7	Q0.6
			流水灯 8	HL8	Q0.7
			流水灯 9	HL9	Q1.0
			流水灯 10	HL10	Q1.1
			流水灯 11	HL11	Q1.2
			流水灯 12	HL12	Q1.3

　　此题是在［例 5-10］的基础上将 8 只流水灯改为 12 只流水灯，但要用循环左移指令实现起来将非常困难。而寄存器移位指令是可以指定移位寄存器的长度和方向的，编写的程序见表 5-23。网络 1 中，当 PLC 上电或者按下停止按钮 SB2 时 QW0 输出为 0，即 12 只流水灯全部熄灭。网络 2 中，按下启动按钮 SB1 时，M0.0 线圈得电并自锁。网络 3 中，M0.0 线圈得电后，在 M0.0 动合触点首次闭合时，将 M0.2 置为 1，为寄存器移位指令赋移位初值。网络 4 为延时 1s 脉冲控制。网络 5 中，T37 每延时 1s，执行 1 次寄存器移位指令 SHRB，将 QB0 中的内容左移 1 位。网络 6 中，当移位 1 次后，将 M0.2 复位，使每次只点亮 1 只灯，从而实现流水灯控制。

表 5-23　　　　　　　　　　　12 只流水灯的控制程序

网络	LAD	STL
网络1	I0.1 ─┤├─ ─┤P├─ ┌─MOV_W─┐ EN ENO ─( )─ 0─IN OUT─QW0 └────────┘ SM0.1 ─┤├─	LD　I0.1 EU O　SM0.1 MOVW　0, QW0
网络2	I0.0 I0.1 M0.0 ─┤├──┤/├───( )─ M0.0 ─┤├─	LD　I0.0 O　M0.0 AN　I0.1 =　M0.0
网络3	M0.0 M0.2 ─┤├──┤P├─────(S)─ 1 Q1.3 ─┤├─	LD　M0.0 O　Q1.3 EU S　M0.2, 1

网络	LAD	STL
网络4	M0.0 ── T37(/) ── [T37 IN TON, +10-PT 100ms]	LD M0.0 AN T37 TON T37, +10
网络5	T37 ──┤P├── [SHRB EN ENO, M0.2-DATA, Q0.0-S_BIT, 12-N]	LD T37 EU SHRB M0.2, Q0.0, 12
网络6	Q0.0 ──┤P├── (R) M0.2, 1	LD Q0.0 EU R M0.2, 1

5.1.4　S7-200 PLC 的比较指令

比较指令用来比较两个数 IN1 和 IN2 的大小，它可对起始触点、并联触点和串联触点进行比较，比较的操作数可以为字节、字、双字、实数，STL 指令见表 5-24。

表 5-24　　　　　STL 比 较 指 令

比较指令	起始触点比较	并联触点比较	串联触点比较
字节比较	LDBx IN1, IN2	OBx IN1, IN2	ABx IN1, IN2
字比较	LDWx IN1, IN2	OWx IN1, IN2	AWx IN1, IN2
双字比较	LDDx IN1, IN2	ODx IN1, IN2	ADx IN1, IN2
实数比较	LDRx IN1, IN2	ORx IN1, IN2	ARx IN1, IN2

比较条件有等于（＝）、大于（＞）、小于（＜）、不等于（＜＞）、大于等于（＞＝）、小于等于（＜＝），表 5-24 中的 "x" 表示比较条件。当比较数 1 和比较数 2 的关系符合比较条件时，比较触点闭合，后面的电路被接通，否则比较触点断开，后面的电路不接通，LAD 比较触点指令见表 5-25。

表 5-25　　　　　LAD 比 较 指 令

比较指令	等于	大于	小于	不等于	大于等于	小于等于
字节比较	IN1 ==B IN2	IN1 >B IN2	IN1 <B IN2	IN1 <>B IN2	IN1 >=B IN2	IN1 <=B IN2
字比较	IN1 ==I IN2	IN1 >I IN2	IN1 <I IN2	IN1 <>I IN2	IN1 >=I IN2	IN1 <=I IN2
双字比较	IN1 ==D IN2	IN1 >D IN2	IN1 <D IN2	IN1 <>D IN2	IN1 >=D IN2	IN1 <=D IN2

续表

比较指令	等于	大于	小于	不等于	大于等于	小于等于
实数比较	IN1 —| ==R |— IN2	IN1 —| >R |— IN2	IN1 —| <R |— IN2	IN1 —| <>R |— IN2	IN1 —| >=R |— IN2	IN1 —| <=R |— IN2

【例 5-12】 3 台电动机的顺启逆停控制。3 台电动机 M1、M2 和 M3 分别由 Q0.0、Q0.1 和 Q0.2 输出控制。要求按下启动按钮 SB1 后，首先 M1 直接启动，延时 3s 后 M2 启动，再延时 3s 后 M3 启动。按下停止按钮 SB2 后，M3 直接停止，延时 2s 后 M2 停止，再延时 3s 后 M1 停止。使用比较指令实现此功能。

解 启动按钮 SB1 与 I0.0 连接，停止按钮 SB2 与 I0.1 连接，要实现电动机 M1~M3 的顺序启动、逆序停止，可使用两个定时器和两个比较指令来实现。T37 作为顺序启动延时定时器，T38 作为逆序停止延时定时器，编写程序见表 5-26。网络 1 中，按下启动按钮 SB1 时，I0.0 动合触点闭合，M0.0 线圈得电并自锁。M0.0 线圈得电，使得网络 3 中的 M0.0 动合触点闭合，T37 开始延时，同时 Q0.0 线圈得电，电动机 M1 直接启动。当 T37 延时达 3s 时，网络 5 中的 Q0.1 线圈得电，使电动机 M2 延时 3s 后启动。当 T37 延时达 6s 时，网络 6 中的 Q0.2 线圈得电，使电动机 M3 延时 6s 后启动，同时网络 2 中的 T37 动合触点闭合，为电动机的停止作准备。当 3 台电动机全部启动后，按下停止按钮 SB2，网络 2 中的 M0.1 线圈得电自锁。M0.1 线圈得电，使得网络 4 中的 T38 进行延时，同时网络 6 中的 M0.1 动断触点断开，电动机 M3 直接停止。当 T38 延时达 2s，网络 7 中的 M0.2 线圈得电，从而使网络 5 中的 M0.2 动断触点断开，电动机 M2 停止运行。当 T38 延时达 5s，则网络 3 中的 T38 动断触点断开，电动机 M1 停止运行，同时网络 1 中的 T38 动断触点也断开，使 M0.0 线圈失电，各元件恢复为初始状态。

表 5-26   3 台电动机的顺启逆停控制程序

网络	LAD	STL
网络 1	I0.0 T38 M0.0 —| |——|/|———( ) M0.0 —| |—	LD I0.0 O M0.0 AN T38 = M0.0
网络 2	I0.1 T37 M0.1 —| |——| |———( ) M0.1 —| |—	LD I0.1 O M0.1 A T37 = M0.1
网络 3	M0.0 T37 —| |———[IN TON] 60—PT 100ms T38 Q0.0 —|/|———( )	LD M0.0 TON T37, 60 AN T38 = Q0.0

网络	LAD	STL
网络 4	M0.1 ────┤├──── T38 [IN TON] 50─PT 100ms	LD M0.1 TON T38，50
网络 5	T37 ────┤>=I├──── M0.2 ────┤/├──── Q0.1 ( )	LDW>= T37，30 AN M0.2 = Q0.1
网络 6	T37 ────┤├──── M0.1 ────┤/├──── Q0.2 ( )	LD T37 AN M0.1 = Q0.2
网络 7	T38 ────┤>=I├──── M0.2 ( ) 20	LDW>= T38，20 = M0.2

【例 5-13】 使用 PLC 实现仓库自动存放某种货物控制。要求仓库最多可以存放 5000 箱货物，当货物少于 1000 箱时，HL1 指示灯亮，表示可以继续存放货物；当货物多于 1000 箱且少于 5000 箱时 HL2 指示灯亮，存放货物数量正常；当货物达到 5000 箱时，HL3 指示灯亮，表示不能继续存放货物。

解 指示灯 HL1~HL3 可分别与 PLC 的 Q0.0~Q0.2 连接，货物的统计可以使用加/减计数器中进行，存放货物时，由 I0.0 输入一次脉冲，取一次货物时，由 I0.1 输入一次脉冲。指示灯 HL1~HL3 的状态可以通过比较指令来实现，编写的程序见表 5-27。

表 5-27 仓库自动存放某种货物控制程序

网络	LAD	STL
网络 1	I0.0 ────┤├──── C0 [CU CTUD] I0.1 ────┤├──── [CD] I0.2 ────┤├──── [R] +6000─PV	LD I0.0 LD I0.1 LD I0.2 CTUD C0，+6000
网络 2	C0 ────┤<=I├──── Q0.0 ( ) 1000	LDW<= C0，1000 = Q0.0
网络 3	C0 ────┤>I├──── C0 ────┤<I├──── Q0.1 ( ) 1000 5000	LDW> C0，1000 AW< C0，5000 = Q0.1
网络 4	C0 ────┤>=I├──── Q0.2 ( ) 5000	LDW>= C0，5000 = Q0.2

【例 5-14】 十字路口模拟交通灯控制。某十字路口模拟交通灯的控制示意如图 5-6

所示，要求在十字路口当某个方向绿灯点亮 20s 后熄灭，黄灯以 2s 周期闪烁 3 次（另一方向红灯点亮），然后红灯点亮（另一方向绿灯点亮、黄灯闪烁），如此循环。

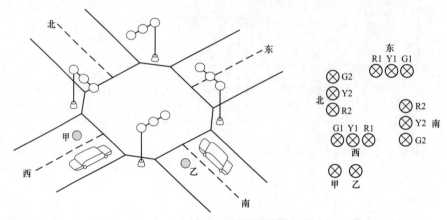

图 5－6　十字路口模拟交通灯控制示意图

解　根据题意可知，PLC 实现十字路口模拟交通灯控制时，应有 2 个输入，8 个输出，I/O 分配见表 5－28，其 I/O 接线如图 5－7 所示。

表 5－28　　　　　　　　　　十字路口模拟交通灯 I/O 分配表

输入（I）			输出（O）		
功能	元件	PLC 地址	功能	元件	PLC 地址
启动按钮	SB1	I0.0	东西方向绿灯 G1	HL1	Q0.0
停止按钮	SB2	I0.1	东西方向黄灯 Y1	HL2	Q0.1
			东西方向红灯 R1	HL3	Q0.2
			南北方向绿灯 G2	HL4	Q0.3
			南北方向黄灯 Y2	HL5	Q0.4
			南北方向红灯 R2	HL6	Q0.5
			甲车通行	HL7	Q0.6
			乙车通信	HL8	Q0.7

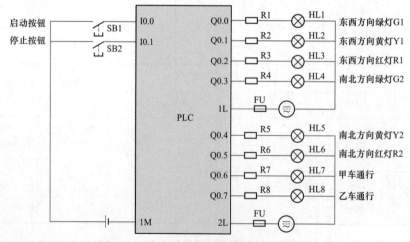

图 5－7　十字路口模拟交通灯 I/O 接线图

　　按某个方向顺序点亮绿灯、黄灯、红灯，可以采用秒计数器进行计时，通过比较计数器当前计数值驱动交通灯显示，编写程序见表5-29。网络1中，当按下启动按钮时，M0.0线圈得电并自锁。网络2中，通过SM0.5每隔1s使C0计数1次，其最大计数值为50。当C0计数值达到50次时，网络3中的M0.1线圈得电，从而使网络2中的计数器C0复位。网络4为东西方向的绿灯显示及甲车通行控制；网络5为东西方向的黄灯显示控制，黄灯闪烁3次，因此通过3次数值比较而实现；网络6为东西方向的红灯显示控制；网络7为南北方向的红灯显示控制；网络8为南北方向的绿灯显示及乙车通行控制；网络9为南北方向的黄灯显示控制。

表5-29　　　　　　　　　　　　　　十字路口模拟交通灯程序

网络	LAD	STL
网络1	I0.0—I0.1(/)—(M0.0)；M0.0自锁	LD　I0.0 O　M0.0 AN　I0.1 =　M0.0
网络2	M0.0—SM0.5—CU CTU C0；M0.1 / I0.1—R；+50—PV	LD　M0.0 A　SM0.5 LD　M0.1 O　I0.1 CTU　C0，+50
网络3	C0—M0.0—(M0.1)	LD　C0 A　M0.0 =　M0.1
网络4	M0.0—[>=I C0,0]—[<=I C0,19]—(Q0.0)；(Q0.6)	LD　C0 A　M0.0 =　M0.1
网络5	[==I C0,20]／[==I C0,22]／[==I C0,24]—M0.0—(Q0.1)	LDW=　C0，20 OW=　C0，22 OW=　C0，24 A　M0.0 =　Q0.1
网络6	M0.0—[>=I C0,25]—[<=I C0,50]—(Q0.2)	LD　M0.0 AW>=　C0，25 AW<=　C0，50 =　Q0.2
网络7	M0.0—[>=I C0,0]—[<=I C0,24]—(Q0.5)	LD　M0.0 AW>=　C0，0 AW<=　C0，24 =　Q0.5

续表

网络	LAD	STL
网络 8	M0.0 ─┤├─ C0 ─┤>=I├─ 25 C0 ─┤<=I├─ 44 ─( )─ Q0.3 ─( )─ Q0.7	LD　　M0.0 AW>=　C0, 25 AW<=　C0, 44 =　　　Q0.3 =　　　Q0.7
网络 9	C0 ─┤==I├─ 45 M0.0 ─┤├─ ─( )─ Q0.4 C0 ─┤==I├─ 47 C0 ─┤==I├─ 49	LDW=　C0, 45 OW=　 C0, 47 OW=　 C0, 49 A　　　M0.0 =　　　Q0.4

5.2　S7-200 PLC的算术运算和逻辑运算指令

目前生产的 PLC 都具备了算术运算和逻辑运算的处理功能，是否具有此种功能是现代 PLC 与传统 PLC 的主要区别。

5.2.1　S7-200 PLC 的算术运算指令

算术运算指令包括加法、减法、乘法、除法、增 1/减 1 和一些常用的数学函数指令。进行算术运算时，操作数的类型可以是整型 INT、双整型 DINT 和实数型 REAL，见表5-30。

表 5-30　　　　　　　　　　　算术运算指令操作数类型

输入/输出	操作数类型	操作数
IN1、IN2	INT	IW、QW、VW、MW、SMW、SW、T、C、LW、AC、AIW、＊VD、＊AC、＊LD、常数
	DINT	ID、QD、VD、MD、SMD、SD、LD、AC、HC、＊VD、＊LD、＊AC、常数
	REAL	ID、QD、VD、MD、SMD、SD、LD、AC、＊VD、＊LD、＊AC、常数
OUT	INT	IW、QW、VW、MW、SMW、SW、T、C、LW、AC、＊VD、＊AC、＊LD
	DINT	ID、QD、VD、MD、SMD、SD、LD、AC、＊VD、＊LD、＊AC
	REAL	ID、QD、VD、MD、SMD、SD、LD、AC、＊VD、＊LD、＊AC

注　1. IN1、IN2 为输入操作数。
　　2. OUT 为输出结果。

1. 加法指令 ADD

加法指令 ADD 是对两个带符号数 IN1 和 IN2 进行相加，并产生结果输出到 OUT

中。它包括整数加法＋I、双整数加法＋DI和实数加法＋R，在PLC梯形图中指令表示如图5-8所示。

图5-8 加法指令在梯形图中的表示

若IN1、IN2和OUT操作数的地址不同时，在STL指令中，首先用数据传送指令将IN1中数据送入OUT，然后再执行相加运算IN2＋OUT＝OUT。若IN2和OUT操作数地址相同，在STL中是IN1＋OUT＝OUT，但在LAD中是IN1＋IN2＝OUT。

执行加法指令时，＋I表示2个16位的有符号数IN1和IN2相加，产生1个16位的整数和OUT；＋DI表示2个32位的有符号数IN1和IN2相加，产生1个32位的整数和OUT；＋R表示2个32位的实数IN1和IN2相加，产生1个32位的实数和OUT。

进行相加运算时，将影响特殊存储器位SM1.0（零标志位）、SM1.1（溢出标志位）、SM1.2（负数标志位）。影响允许输出ENO的正常工作条件有SM1.1（溢出）、SM4.3（运行时间）和0006（间接寻址）。

2. 减法指令SUB

减法指令SUB是对两个带符号数IN1和IN2进行相减操作，并产生结果输出到OUT中。同样，它包括整数减法－I、双整数减法－DI和实数减法－R，在PLC梯形图中指令表示如图5-9所示。

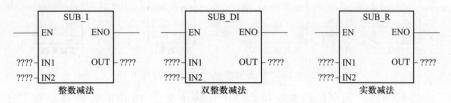

图5-9 减法指令在梯形图中的表示

IN1与OUT两个操作数地址相同时，进行减法运算时，在STL中执行OUT－IN2＝OUT，但在LAD中是IN1－IN2＝OUT。

执行减法指令时，－I表示2个16位的有符号数IN1和IN2相减，产生1个16位的整数OUT；－DI表示2个32位的有符号数IN1和IN2相减，产生1个32位的整数OUT；－R表示2个32位的实数IN1和IN2相减，产生1个32位的实数OUT。

进行减法运算时，将影响特殊存储器位SM1.0（零标志位）、SM1.1（溢出标志位）、SM1.2（负数标志位）。影响允许输出ENO的正常工作条件有SM1.1（溢出）、SM4.3（运行时间）和0006（间接寻址）。

【例5-15】 加/减法指令的使用程序见表5-31。网络1中，当I0.0动合触点闭合1次时，16位的有符号整数1000加上300，结果送入VW10中，VW10中的数值减去400送入VW12中；网络2中，VW10中的值等于1300时，Q0.0线圈得电；网络3中，VW12中的数值大于900时，Q0.1线圈得电。

表5-31 加/减指令的使用程序

网络	LAD	STL
网络1	I0.0 —P— ADD_I: EN ENO, +1000-IN1 OUT-VW10, +300-IN2; SUB_I: EN ENO, VW10-IN1 OUT-VW12, +400-IN2	LD I0.0 / EU / MOVW +1000, VW10 / +I +300, VW10 / MOVW VW10, VW12 / -I +400, VW12
网络2	VW10 ==I 1300 — Q0.0	LDW= VW10, 1300 / = Q0.0
网络3	VW12 >I 900 — Q0.1	LDW> VW12, 900 / = Q0.1

3. 乘法指令 MUL

乘法指令 MUL 是对两个带符号数 IN1 和 IN2 进行相乘操作，并产生结果输出到 OUT 中。同样，它包括完全整数乘法 MUL、整数乘法 *I、双整数乘法 *DI 和实数乘法 *R，在 PLC 梯形图中指令表示如图 5-10 所示。

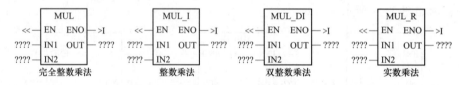

图5-10 乘法指令在梯形图中的表示

执行乘法指令时，完全整数乘法指令 MUL 表示 2 个 16 位的有符号整数 IN1 和 IN2 相乘，产生 1 个 32 位的双整数结果 OUT，其中操作数 IN2 和 OUT 的低 16 位共用一个存储地址单元；*I 表示 2 个 16 位的有符号数 IN1 和 IN2 相乘，产生 1 个 16 位的整数结果 OUT，如果运算结果大于 32767，则产生溢出；*DI 表示 2 个 32 位的有符号数 IN1 和 IN2 相乘，产生 1 个 32 位的整数结果 OUT，当运算结果超出 32 位二进制数范围时，则产生溢出；*R 表示 2 个 32 位的实数 IN1 和 IN2 相乘，产生 1 个 32 位的实数结果 OUT，当运算结果超出 32 位二进制数范围时，则产生溢出。

进行乘法运算时，若产生溢出，SM1.1 置 1，结果不写到输出 OUT，其他状态位都清 0。

4. 除法指令 DIV

除法指令 DIV 是对两个带符号数 IN1 和 IN2 进行相除操作，并产生结果输出到 OUT 中。同样，它包括完全整数除法 DIV、整数除法/I、双整数除法/DI 和实数除法/R，在 PLC 梯形图中指令表示如图 5-11 所示。

执行除法指令时，完全整数除法指令 DIV 表示 2 个 16 位的有符号整数 IN1 和 IN2 相除，产生 1 个 32 位的双整数结果 OUT，其中 OUT 的低 16 位为商，高 16 位为余数；/I

表示 2 个 16 位的有符号数 IN1 和 IN2 相除，产生 1 个 16 位的整数商结果 OUT，不保留余数；/DI 表示 2 个 32 位的有符号数 IN1 和 IN2 相除，产生 1 个 32 位的整数商结果 OUT，同样不保留余数；/R 表示 2 个 32 位的实数 IN1 和 IN2 相除，产生 1 个 32 位的实数商结果 OUT，不保留余数。

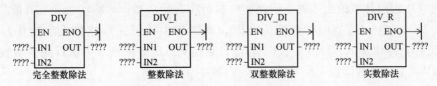

图 5-11 除法指令在梯形图中的表示

除法操作数 IN1 和 OUT 的低 16 位共用一个存储地址单元，因此在 STL 中是 OUT/IN2＝OUT，但在 LAD 中是 IN1/IN2。进行除法运算时，除数为 0，SM1.3 置 1，其他算术状态位不变，原始输入操作数也不变。

表 5-32   除法指令的使用程序

网络	LAD	STL
网络 1	I0.0 ─┤P├─ C0 ─ CU CTU C0 ─┤├─ R 6 ─ PV	LD I0.0 EU LD C0 CTU C0，6
网络 2	C0 ─┤==I├─ 1 MUL_1 EN ENO +23 ─ IN1 OUT ─ VW0 +36 ─ IN2	LDW＝ C0，1 MOVW +23，VW0 ＊I +36，VW0
网络 3	C0 ─┤==I├─ 2 DIV_DI EN ENO +1200 ─ IN1 OUT ─ VD10 +4 ─ IN2	LDW＝ C0，2 MOVD +1200，VD10 /D +4，VD10
网络 4	C0 ─┤==I├─ 3 DIV_R EN ENO 400.0 ─ IN1 OUT ─ VD14 25.0 ─ IN2	LDW＝ C0，3 MOVR 400.0，VD14 /R 25.0，VD14
网络 5	C0 ─┤==I├─ 4 MUL EN ENO 1500 ─ IN1 OUT ─ VD18 20 ─ IN2	LDW＝ C0，4 MOVW 1500，VW20 MUL 20，VD18
网络 6	C0 ─┤==I├─ 5 DIV EN ENO VW0 ─ IN1 OUT ─ VD6 12 ─ IN2	LDW＝ C0，5 MOVW VW0，VW8 DIV 12，VD6

【例5-16】 乘/除法指令的使用程序见表5-32。网络1中，当I0.0每发生1次上升沿跳变时（OFF变为ON），C0计数1次，当C0计数达6次时，C0自动复位。C0当前计数值为1时，网络2中执行整数乘法操作，将整数23和36相乘，结果送入VW0中。C0当前计数值为2时，网络3中执行双整数除法操作，将双整数1200除以4，结果送入VD10中。C0当前计数值为3时，网络4中执行实数除法操作，将实数400.0除以25.0，结果送入VD14中。C0当前计数值为4时，网络5中执行完全整数乘法操作，将整数1500除以20，结果送入VD18中。C0当前计数值为5时，网络6中执行完全整数除法操作，将VW0中的整数除以12，结果送入VD6中。

【例5-17】 试编写程序实现以下算术运算：$y = \dfrac{x+30}{4} \times 2 - 10$，式中，$x$是从IB0输入的二进制数，计算出的$y$值以二进制的形式从QB0输出，其编写见表5-33。

表 5-33 　　　　　　　　　　算 术 运 算 程 序

网络	LAD	STL
网络1	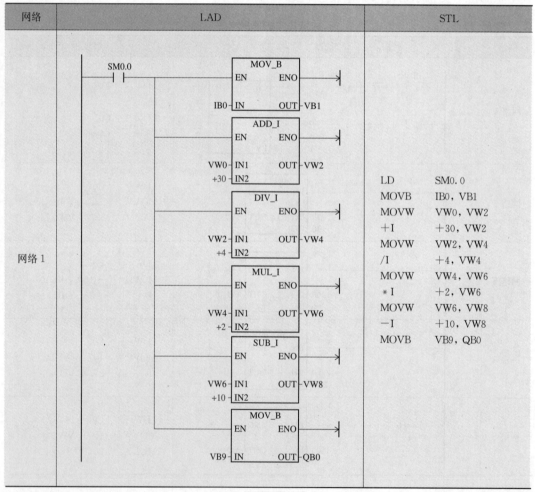	LD　　　SM0.0 MOVB　　IB0，VB1 MOVW　　VW0，VW2 +I　　　+30，VW2 MOVW　　VW2，VW4 /I　　　+4，VW4 MOVW　　VW4，VW6 *I　　　+2，VW6 MOVW　　VW6，VW8 -I　　　+10，VW8 MOVB　　VB9，QB0

5. 增1/减1指令

增1（Increment）和减1（Decrement）指令是对无符号整数或者有符号整数自动加1或减1，并把数据结果存放到输出单元，即 IN+1=OUT 或 IN-1=OUT，在语句表中为 OUT+1=OUT 或 OUT−1=OUT。

增 1 或减 1 指令可对字节、字或双字进行操作，其中字节增 1 或减 1 只能是无符号整数，其余的操作为有符号整数，指令见表 5-34。

表 5-34   增 1/减 1 指 令

指令		LAD	STL	输入数据 IN	输出数据 OUT
增 1	字节增 1	INC_B —EN ENO— ????—IN OUT—????	INCB OUT	VB、IB、QB、MB、SB、SMB、LB、AC、常数、＊VD、＊LD、＊AC	VB、IB、QB、MB、SB、SMB、LB、AC、＊VD、＊LD、＊AC
	字增 1	INC_W —EN ENO— ????—IN OUT—????	INCW OUT	VW、IW、QW、MW、SW、SMW、AC、AIW、LW、T、C、＊LD、＊AC、＊VD、常数	VW、IW、QW、MW、SW、SMW、AC、AIW、LW、T、C、＊LD、＊AC、＊VD
	双字增 1	INC_DW —EN ENO— ????—IN OUT—????	INCD OUT	VD、ID、QD、MD、SD、SMD、LD、AC、HC、＊VD、＊LD、＊AC、常数	VD、ID、QD、MD、SD、SMD、LD、AC、＊VD、＊LD、＊AC
减 1	字节减 1	DEC_B —EN ENO— ????—IN OUT—????	DECB OUT	VB、IB、QB、MB、SB、SMB、LB、AC、常数、＊VD、＊LD、＊AC	VB、IB、QB、MB、SB、SMB、LB、AC、＊VD、＊LD、＊AC
	字减 1	DEC_W —EN ENO— ????—IN OUT—????	DECW OUT	VW、IW、QW、MW、SW、SMW、AC、AIW、LW、T、C、＊LD、＊AC、＊VD、常数	VW、IW、QW、MW、SW、SMW、AC、AIW、LW、T、C、＊LD、＊AC、＊VD
	双字减 1	DEC_DW —EN ENO— ????—IN OUT—????	DECD OUT	VD、ID、QD、MD、SD、SMD、LD、AC、HC、＊VD、＊LD、＊AC、常数	VD、ID、QD、MD、SD、SMD、LD、AC、＊VD、＊LD、＊AC

字节增 1/减 1 指令对 SM1.0、SM1.1 会产生影响；字、双字增 1/减 1 指令对 SM1.0、SM1.1、SM1.2（负）产生影响。

【例 5-18】 增 1/减 1 指令的使用程序见表 5-35。网络 1 中，当 I0.0 由 OFF 变为 ON 时，MB0、QW0 和 VD0 中的数据分别自增 1；网络 2 中，当 I0.1 由 OFF 变为 ON 时，MB1、QW1、VD1 中的数据分别自减 1。

西门子S7-200 PLC从入门到精通（第二版）

表 5 - 35   增 1/减 1 指令的使用程序

网络	LAD	STL
网络 1	I0.0 —P— INC_B (EN ENO) MB0-IN OUT-MB0 / INC_W (EN ENO) QW0-IN OUT-QW0 / INC_DW (EN ENO) VD0-IN OUT-VD0	LD I0.0 EU INCB MB0 INCW QW0 INCD VD0
网络 2	I0.1 —P— DEC_B (EN ENO) MB1-IN OUT-MB1 / DEC_W (EN ENO) QW1-IN OUT-QW1 / DEC_DW (EN ENO) VD1-IN OUT-VD1	LD I0.1 EU DECB MB1 DECW QW1 DECD VD1

【例 5 - 19】 设计 1 个物件统计系统。按下启动按钮后，传输带电动机工作，物品在传输带上开始传送，每 22 个物品为 1 箱，要求能记录生产的箱数。

解　用光电检测来检测物品是否在传输带上，若每来一个物品，产生一个脉冲信号送入 PLC 中进行计数。PLC 中可用加计数器 C0 进行计数，C0 的设定值为 22。启动按钮 SB1 与 I0.0 连接，停止按钮 SB2 与 I0.1 连接，光电检测信号通过 I0.2 输入 PLC 中。C0 每计数 22 次时，其动合触点闭合 1 次，执行增 1 计数，结果送入 VW10 中，参考程序见表 5 - 36。

表 5 - 36   物件统计参考程序

网络	LAD	STL
网络 1	I0.0 I0.1 M0.0 ( ) / M0.0	LD I0.0 O M0.0 AN I0.1 = M0.0
网络 2	M0.0 I0.2 C0 CU CTU / C0 R / 22-PV	LD I0.0 O M0.0 AN I0.1 = M0.0

西门子S7-200 PLC从入门到精通（第二版）

138

网络	LAD	STL
网络3	C0 ── INC_W EN ENO VW10─IN OUT─VW10	LD I0.0 O M0.0 AN I0.1 = M0.0

6. 常用数学函数指令

在S7-200系列PLC中常用的数学函数指令包括平方根、自然对数、自然指数、三角函数（正弦、余弦、正切）等，这些常用的数学函数指令实质是浮点数函数指令，在运算过程中，主要影响SM1.0、SM1.1、SM1.2标志位，指令见表5-37。

表5-37　　　　　　　　　　　常用数学函数指令

常用函数	LAD	STL	输入数据 IN	输出数据 OUT
平方根	SQRT EN ENO ????─IN OUT─????	SQRT IN, OUT	VD、ID、QD、MD、SMD、SD、LD、AC、LD、＊VD、＊AC、常数	VD、ID、QD、MD、SMD、SD、LD、AC、LD、＊VD、＊AC
自然对数	LN EN ENO ????─IN OUT─????	LN IN, OUT	VD、ID、QD、MD、SMD、SD、LD、AC、LD、＊VD、＊AC、常数	VD、ID、QD、MD、SMD、SD、LD、AC、LD、＊VD、＊AC
自然指数	EXP EN ENO ????─IN OUT─????	EXP IN, OUT	VD、ID、QD、MD、SMD、SD、LD、AC、LD、＊VD、＊AC、常数	VD、ID、QD、MD、SMD、SD、LD、AC、LD、＊VD、＊AC
正弦	SIN EN ENO ????─IN OUT─????	SIN IN, OUT	VD、ID、QD、MD、SMD、SD、LD、AC、LD、＊VD、＊AC、常数	VD、ID、QD、MD、SMD、SD、LD、AC、LD、＊VD、＊AC
余弦	COS EN ENO ????─IN OUT─????	COS IN, OUT	VD、ID、QD、MD、SMD、SD、LD、AC、LD、＊VD、＊AC、常数	VD、ID、QD、MD、SMD、SD、LD、AC、LD、＊VD、＊AC
正切	TAN EN ENO ????─IN OUT─????	TAN IN, OUT	VD、ID、QD、MD、SMD、SD、LD、AC、LD、＊VD、＊AC、常数	VD、ID、QD、MD、SMD、SD、LD、AC、LD、＊VD、＊AC

（1）平方根函数指令SQRT。平方根函数指令SQRT（Square Root）指令是将输入的32位正实数IN取平方根，产生1个32位的实数结果OUT。

【例5-20】　求65536的平方根，将其运算结果存放AC0中，程序见表5-38。在网络1中，将65536送入VD0，在网络2中使用SQRT指令，将VD0中的内容求平方根，运算结果送入AC0中。

表5-38　　　　　　　　　　　求 平 方 根 程 序

网络	LAD	STL
网络1	SM0.1 — MOV_DW EN ENO; 65536-IN OUT-VD0	LD　　SM0.1 MOVD　65536，VD0
网络2	I0.0 —P— SQRT EN ENO; VD0-IN OUT-AC0	LD　　I0.0 EU SQRT　VD0，AC0

（2）自然对数指令LN。自然对数指令LN（Natural Logarithm）是将输入的32位实数IN取自然对数，产生1个32位的实数结果OUT。

若求以10为低的常数自然对数 $\lg x$ 时，用自然对数值除以2.302585即可实现。

（3）自然指数指令EXP。自然指数指令EXP（Natural Exponential）是将输入的32位实数IN取以e为底的指数，产生1个32位的实数结果OUT。

自然对数与自然指数指令相结合，可实现以任意数为底，任意数为指数的计算。

【例5-21】用PLC自然对数和自然指数指令实现2的3次方运算。

解　求2的3次方用自然对数与指数表示为 $2^3=EXP[3\times LN(2)]=8$，若用PLC自然对数和自然指数表示，则程序见表5-39。

表5-39　　　　　　　　　　2^3 运 算 程 序

网络	LAD	STL
网络1	I0.0 — MOV_DW EN ENO; +3-IN OUT-VD0 ; MOV_DW EN ENO; +2-IN OUT-AC0	LD　　I0.0 MOVD　+3，VD0 MOVD　+2，AC0
网络2	I0.1 — LN EN ENO; AC0-IN OUT-AC1 ; MUL_R EN ENO; AC1-IN1 OUT-AC2 VD0-IN2 ; EXP EN ENO; AC2-IN OUT-AC3	LD　　I0.1 LN　　AC0，AC1 MOVR　AC1，AC2 *R　　VD0，AC2 EXP　AC2，AC3

【例 5 - 22】 用 PLC 自然对数和自然指数指令求 27 的 3 次方根运算。

解 求 27 的 3 次方根用自然对数与指数表示为 $27^{1/3} = \text{EXP}\,[\text{LN}\,(27) \div 3] = 4$，若用 PLC 自然对数和自然指数表示，可在表 5 - 39 的基础上将乘 3 改为除以 3 即可，程序见表 5 - 40。

表 5 - 40   27 的 3 次方根运算程序

网络	LAD	STL

网络 1	I0.0 —[ ]— MOV_DW (EN ENO) +3—IN OUT—VD0 ; MOV_DW (EN ENO) +27—IN OUT—AC0	LD I0.0
		 MOVD +3, VD0
		 MOVD +27, AC0

网络 2	I0.1 —[ ]— LN (EN ENO) AC0—IN OUT—AC1 ; DIV_R (EN ENO) AC1—IN1 OUT—AC2 VD0—IN2 ; EXP (EN ENO) AC2—IN OUT—AC3	LD I0.1 LN AC0, AC1 MOVR AC1, AC2 /R VD0, AC2 EXP AC2, AC3

（4）三角函数指令。在 S7 - 200 系列 PLC 中三角函数指令主要包括正弦函数指令 SIN（Sine）、余弦函数指令 COS（Cosine）、正切函数指令 TAN（Tan），这些指令分别对输入 32 位实数的弧度值取正弦、余弦或正切，产生 1 个 32 位的实数结果 OUT。

当输入的实数为角度值时，应先将其转换为弧度值再执行三角函数操作。其转换方法是使用实数乘法指令 $*$R（MUL_R），将角度值乘以 $\pi/180^\circ$ 即可。

【例 5 - 23】 用 PLC 三角函数指令求 65° 正切值、余弦值和正弦值。

解 输入的实数为角度值，不能直接使用正切函数、余弦函数和正弦函数，应先将其转换为弧度值，程序见表 5 - 41。PLC 一上电，执行 1 次网络 1 中的操作，首先将 3.14159（π）除以 180，得到弧度值存入 AC0 中，然后 $65 \times$ AC0，得到 65° 的弧度值存入 VD10 中。I0.0 闭合 1 次时，求出 65° 的正切值、余弦值和正弦值，结果分别送入 VD20、VD30 和 VD40。

表 5－41　　　　　　　　　65°正切值、余弦值和正弦值程序

网络	LAD	STL
网络1	SM0.1 — DIV_R: EN/ENO, 3.14159–IN1, 180.0–IN2, OUT–AC0; MUL_R: EN/ENO, 65.0–IN1, AC0–IN2, OUT–VD10	LD　　SM0.1 MOVR　3.14159, AC0 /R　　180.0, AC0 MOVR　65.0, VD10 *R　　AC0, VD10
网络2	I0.0 — P — TAN: EN/ENO, VD10–IN, OUT–VD20; COS: EN/ENO, VD10–IN, OUT–VD30; SIN: EN/ENO, VD10–IN, OUT–VD40	LD　　I0.0 EU TAN　VD10, VD20 COS　VD10, VD30 SIN　VD10, VD40

5.2.2　S7－200 PLC 的逻辑运算指令

逻辑运算是对无符号数按位进行逻辑"取反""与""或"和"异或"等操作，参与运算的操作数可以是字节、字或双字。

1. 逻辑"取反"指令 INV

逻辑"取反"（logic invert）指令 INV，是对输入数据 IN 按位取反，产生结果 OUT，也就是对输入 IN 中的二进制数逐位取反，由 0 变 1，由 1 变 0。它可对字节、字、双字进行逻辑取反操作，见表 5－42。

表 5－42　　　　　　　　　　　　逻辑"取反"指令

逻辑取反	LAD	STL	输入数据 IN	输出数据 OUT
字节取反	INV_B: EN/ENO, ????–IN, OUT–????	INVB OUT	VB, IB, QB, MB, SB, SMB, LB, AC, *AC, *LD, 常数	VB, IB, QB, MB, SB, SMB, LB, AC, *AC, *LD, 常数

逻辑取反	LAD	STL	输入数据 IN	输出数据 OUT
字取反	INV_W — EN ENO — ???? — IN OUT — ????	INVW OUT	VW, IW, QW, MW, SW, SMW, LW, AIW, T, C, AC, *VD, *AC, *LD, 常数	VW, IW, QW, MW, SW, SMW, LW, AIW, T, C, AC, *VD, *AC, *LD
双字取反	INV_DW — EN ENO — ???? — IN OUT — ????	INVD OUT	VD, ID, QD, MD, SD, SMD, AC, LD, HC, *VD, *AC, *LD, 常数	VD, ID, QD, MD, SD, SMD, AC, LD, HC, *VD, *AC, *LD

【例 5-24】 逻辑"取反"指令的使用程序见表 5-43。网络 1 中，当 I0.0 由 OFF 变为 ON 时，对 QB0、VW0、VD10 赋初值。网络 2 中，每隔 1s，将 QB0、VW0、VD10 中的数值进行逻辑"取反"，例如 QB0 中的内容第 1 次取反后为 16♯5A，第 2 次取反恢复为 16♯A5，第 3 次取反又为 16♯5A。

表 5-43　　　　逻辑"取反"指令的使用程序

网络	LAD	STL
网络 1	I0.0 —| |— P — MOV_B: EN ENO, 16#A5 — IN, OUT — QB0 MOV_W: EN ENO, 16#A5A5 — IN, OUT — VW0 MOV_DW: EN ENO, 16#A5A5A5A5 — IN, OUT — VD10	LD　I0.0 EU MOVB　16♯A5, QB0 MOVW　16♯A5A5, VW0 MOVD　16♯A5A5A5A5, VD10
网络 2	SM0.5 —| |— INV_B: EN ENO, QB0 — IN, OUT — QB0 INV_W: EN ENO, VW0 — IN, OUT — VW0 INV_DW: EN ENO, VD10 — IN, OUT — VD10	LD　SM0.5 INVB　QB0 INVW　VW0 INVD　VD10

2. 逻辑"与"指令 WAND

逻辑"与"（logic and）指令 WAND，是对两个输入数据 IN1、IN2 按位进行"与"

操作，产生结果 OUT。逻辑"与"时，若两个操作数的同一位都为1，则该位逻辑结果为1，否则为0。它可对字节、字、双字进行逻辑"与"操作，见表5-44。在 STL 中，OUT 和 IN2 使用同一个存储单元。

表5-44　　　　　　　　　　　　　　　逻辑"与"指令

逻辑"与"	LAD	STL	输入数据 IN1、IN2	输出数据 OUT
字节"与"	WAND_B EN　ENO ???? – IN1　OUT – ???? ???? – IN2	ANDB　OUT	VB, IB, QB, MB, SB, SMB, LB, AC, *AC, *LD, 常数	VB, IB, QB, MB, SB, SMB, LB, AC, *AC, *LD, 常数
字"与"	WAND_W EN　ENO ???? – IN1　OUT – ???? ???? – IN2	ANDW　OUT	VW, IW, QW, MW, SW, SMW, LW, AIW, T, C, AC, *VD, *AC, *LD, 常数	VW, IW, QW, MW, SW, SMW, LW, AIW, T, C, AC, *VD, *AC, *LD
双字"与"	WAND_DW EN　ENO ???? – IN1　OUT – ???? ???? – IN2	ANDD　OUT	VD, ID, QD, MD, SD, SMD, AC, LD, HC, *VD, *AC, *LD, 常数	VD, ID, QD, MD, SD, SMD, AC, LD, HC, *VD, *AC, *LD

【例5-25】　逻辑"与"指令的使用程序见表5-45。网络1中，当 I0.0 由 OFF 变为 ON 时，将 IB0 和 IB1 输入的内容进行逻辑"与"操作，结果由 QB0 输出；将 VW0 和 VW2 中的内容进行逻辑"与"操作，结果由 VW4 输出；将 VD10 和 VD14 中的内容进行逻辑"与"操作，结果由 VD20 输出。假设 IB0 输入的内容为 16♯3A，IB1 输入的内容为 16♯64，则逻辑"与"操作后，结果为 16♯20。

表5-45　　　　　　　　　　　　　　逻辑"与"指令的使用程序

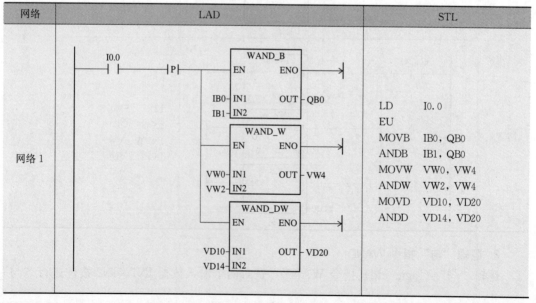

3. 逻辑"或"指令 WOR

逻辑"或"（logic or）指令 WOR，是对两个输入数据 IN1、IN2 按位进行"或"操作，产生结果 OUT。逻辑"或"时，只需两个操作数的同一位中 1 位为 1，则该位逻辑结果为 1。它可对字节、字、双字进行逻辑"或"操作，见表 5-46。在 STL 中，OUT 和 IN2 使用同一个存储单元。

表 5-46 　　　　　　　　　　　　　　逻辑"或"指令

逻辑"或"	LAD	STL	输入数据 IN1、IN2	输出数据 OUT
字节"或"	WOR_B —EN ENO— ????—IN1 OUT—???? ????—IN2	ORB OUT	VB、IB、QB、MB、SB、SMB、LB、AC、＊AC、＊LD，常数	VB、IB、QB、MB、SB、SMB、LB、AC、＊AC、＊LD，常数
字"或"	WOR_W —EN ENO— ????—IN1 OUT—???? ????—IN2	ORW OUT	VW、IW、QW、MW、SW、SMW、LW、AIW、T、C、AC、＊VD、＊AC、＊LD，常数	VW、IW、QW、MW、SW、SMW、LW、AIW、T、C、AC、＊VD、＊AC、＊LD
双字"或"	WOR_DW —EN ENO— ????—IN1 OUT—???? ????—IN2	ORD OUT	VD、ID、QD、MD、SD、SMD、AC、LD、HC、＊VD、＊AC、＊LD，常数	VD、ID、QD、MD、SD、SMD、AC、LD、HC、＊VD、＊AC、＊LD

【例 5-26】　逻辑"或"指令的使用程序见表 5-47。网络 1 中，当 I0.0 由 OFF 变为 ON 时，将 IB0 和 IB1 输入的内容进行逻辑"或"操作，结果由 QB0 输出；将 VW0 和 VW2 中的内容进行逻辑"或"操作，结果由 VW4 输出；将 VD10 和 VD14 中的内容进行逻辑"或"操作，结果由 VD20 输出。假设 IB0 输入的内容为 16 ♯ 3A，IB1 输入的内容为 16 ♯ 64，则逻辑"或"操作后，结果为 16 ♯ 7E。

表 5-47 　　　　　　　　　　　　　　逻辑"或"指令的使用程序

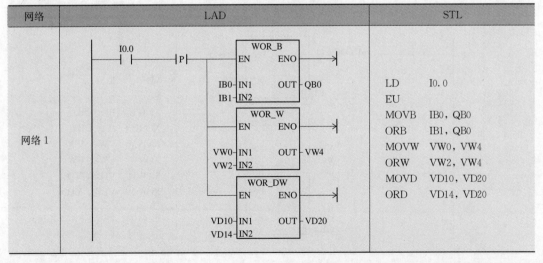

网络	LAD	STL
网络 1	I0.0 —| |— |P|　WOR_B EN ENO IB0—IN1 OUT—QB0 IB1—IN2 　WOR_W EN ENO VW0—IN1 OUT—VW4 VW2—IN2 　WOR_DW EN ENO VD10—IN1 OUT—VD20 VD14—IN2	LD　　I0.0 EU MOVB　IB0, QB0 ORB　　IB1, QB0 MOVW　VW0, VW4 ORW　　VW2, VW4 MOVD　VD10, VD20 ORD　　VD14, VD20

4. 逻辑"异或"指令 WXOR

逻辑"异或"（logic exclusive or）指令 WXOR，是对两个输入数据 IN1、IN2 按位进行"异或"操作，产生结果 OUT。逻辑"异或"时，两个操作数的同一位不相同，则该位逻辑结果为"1"。它可对字节、字、双字进行逻辑"异或"操作，见表 5-48。在 STL 中，OUT 和 IN2 使用同一个存储单元。

表 5-48　　　　　　　　　　逻辑"异或"指令

逻辑"异或"	LAD	STL	输入数据 IN1、IN2	输出数据 OUT
字节"异或"	WXOR_B　EN ENO　????-IN1 OUT-????　????-IN2	XORB OUT	VB，IB，QB，MB，SB，SMB，LB，AC，*AC，*LD，常数	VB，IB，QB，MB，SB，SMB，LB，AC，*AC，*LD，常数
字"异或"	WXOR_W　EN ENO　????-IN1 OUT-????　????-IN2	XORW OUT	VW，IW，QW，MW，SW，SMW，LW，AIW，T，C，AC，*VD，*AC，*LD，常数	VW，IW，QW，MW，SW，SMW，LW，AIW，T，C，AC，*VD，*AC，*LD
双字"异或"	WXOR_DW　EN ENO　????-IN1 OUT-????　????-IN2	XORD OUT	VD，ID，QD，MD，SD，SMD，AC，LD，HC，*VD，*AC，*LD，常数	VD，ID，QD，MD，SD，SMD，AC，LD，HC，*VD，*AC，*LD

【例 5-27】 逻辑"异或"指令的使用程序见表 5-49。网络 1 中，当 I0.0 由 OFF 变为 ON 时，将 IB0 和 IB1 输入的内容进行逻辑"异或"操作，结果由 QB0 输出；将 VW0 和 VW2 中的内容进行逻辑"异或"操作，结果由 VW4 输出；将 VD10 和 VD14 中的内容进行逻辑"异或"操作，结果由 VD20 输出。假设 IB0 输入的内容为 16#3A，IB1 输入的内容为 16#64，则逻辑"异或"操作后，结果为 16#5E。

表 5-49　　　　　　　　　　逻辑"异或"指令的使用程序

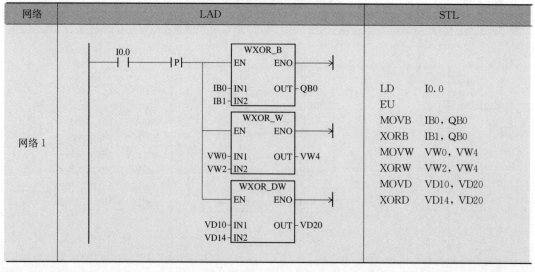

5.3 S7–200 PLC的表功能指令

PLC的表功能指令用来建立和存取字类型的数据表，数据表由表地址、表定义和存储数据3部分组成，其组成及数据存储格式见表5-50。表地址为数据表的第1个字地址；表定义是由表地址和第2个字地址所对应的单元分别存放的两个表参数来定义最大填表数 TL 和实际填表数 EC。存储数据为数据表的第3个字地址，用来存放数据。数据表最多可存放100个数据（字），不包括指定最大填表数 TL 和实际填表数 EC 的参数，每次向数据表中增加新数据后，EC 加1。

表5-50 数据表的组成和数据存储格式

单元地址	单元内容	说明
VW200	0005	TL＝5，最多可以填5个数，VW200为表首地址
VW202	0004	EC＝4，实际在表中存4个数据
VW204	2314	数据0
VW206	5230	数据1
VW208	1286	数据2
VW210	3487	数据3
VW212	××××	无效数据（指 VW212 中的数据不是表中实际数据）

要建立表格，首先须确定表的最大填表数，见表5-51，IN 输入最大填表数，OUT 为数据表地址。表5-50 的数据表最大可填入5个数据，实际只填入了4个数据。确定表格的最大填表数后，用表功能指令在表中存取字型数据。表功能指令包括填表指令、查表指令、表取数指令和存储器填充指令。

表5-51 确定表的最大填表数程序

网络	LAD	STL
网络1	SM0.1 ──┤├── MOV_W EN ENO +8─IN OUT─VW200	LD SM0.1 MOVW +8，VW200

5.3.1 S7–200 PLC 的填表指令

填表指令 ATT（add to table）向表 TBL 中填入1个字 DATA，指令见表5-52。数据表内的第1个数 DATA 是表的最大长度 TL，第2个数是表内实际填表数 EC，用来指示已填入表的数据个数。新数据被放入表内上1次填入的数的后面。每向表中增加1个新数据时，EC 自动加1。除 TL 和 EC 外，数据表最多可以装入100个数据。注意，填表指令中 TBL 操作数相差2个字节。

西门子S7-200 PLC从入门到精通（第二版）

表5-52 填 表 指 令

	LAD	STL	DATA 数据输入端	TBL 首地址
填表指令	AD_T_TBL EN ENO ???? - DATA ???? - TBL	ATT DATA, TBL	VW, IW, QW, MW, SW, SMW, LW, T, C, AIW, AC, 常数, *VD, *LD, *AC	VW, IW, QW, MW, SW, SMW, LW, T, C, AIW, AC, *VD, *LD, *AC

当数据表中装入的数据超过最大范围时，SM1.4将被置1。

【例5-28】 使用填表指令将VW100中的数据2345填入表5-50中。

解 首先使用传送指令建立表格，然后使用填表指令ATT将VW100中的数据2345填入VW200的数据表中，编写程序见表5-53。网络1建立表格，建立表格时，首先将5送入VW200中确定表的最大填表数，然后将4送入VW202中，确定表中实际存4个数据，最后依次将相应数据填入VW204～VW210中。网络2中，首先将数据2345送入VW100中，然后使用ATT指令将VW100中的数据填入VW200的数据表中。网络3中确定表地址VW212中是否填入数据2345。程序执行后，其结果见表5-54。

表5-53 填 表 数 据 程 序

网络	LAD	STL

网络1	SM0.1
	MOV_W EN ENO 5-IN OUT-VW200
	MOV_W EN ENO 4-IN OUT-VW202
	MOV_W EN ENO 2314-IN OUT-VW204
	MOV_W EN ENO 5230-IN OUT-VW206
	MOV_W EN ENO 1286-IN OUT-VW208
	MOV_W EN ENO 3487-IN OUT-VW210
		LD SM0.1
		MOVW 5, VW200
		MOVW 4, VW202
		MOVW 2314, VW204
		MOVW 5230, VW206
		MOVW 1286, VW208
		MOVW 3487, VW210

网络2	I0.0 -P- MOV_W EN ENO 2345-IN OUT-VW100 AD_T_TBL EN ENO VW100-DATA VW200-TBL	LD I0.0 EU MOVW 2345, VW100 ATT VW100, VW200

148

网络	LAD	STL
网络3	VW212 —|| ==I ||—( ) 2345 Q0.0	LDW= VW212, 2345 = Q0.0

表 5－54   执行填表指令的结果

操作数	单元地址	填表前的内容	填表后的内容	说明
DATA	VW100	2345	2345	待填表数据
TBL	VW200	0005	0005	TL=5，最多可以填5个数
	VW202	0004	0004	EC=4，实际在表中存4个数据
	VW204	2314	2314	数据0
	VW206	5230	5230	数据1
	VW208	1286	1286	数据2
	VW210	3487	3487	数据3
	VW212	××××	2345	数据4

5.3.2 S7－200 PLC 的查表指令

查表指令（table find）从 INDX 所指的地址开始查表 TBL，搜索与数据 PTN 的关系满足 CMD 定义的条件的数据，指令见表 5－55。INDX 用来指定表中符合查找条件的数据的编号；PTN 用来描述查表时进行比较的数据；命令参数 CMD＝1～4，分别代表"＝""＜＞""＜"和"＞"的查找条件。若发现一个符合条件的数据，则 INDX 指向该数据的编号。要查找下一个符合条件的数据，再次启动查表指令之前，应先将 INDX＋1。若没找到符合条件的数据，INDX 的数值等于 EC。

因为表中最多可填充 100 个数据，所以 INDX 的编号范围为 0～99。查表指令中的 TBL 操作数也相差 2 个字节。PTN 为整数型、INDX 和 TBL 为字型数据。

表 5－55   查 表 指 令

	LAD	STL	TBL、INDX	PTN
查表 指令	TBL_FIND — EN ENO — ???? — TBL ???? — PTN ???? — INDX ???? — CMD	FND= TBL, PATRN, INDX FND<> TBL, PATRN, INDX FND< TBL, PATRN, INDX FDN> TBL, PATRN, INDX	VW, IW, QW, MW, SW, SMW, LW, T, C, AC, ＊VD, ＊LD, ＊AC	VW, IW, QW, MW, SW, SMW, LW, T, C, AIW, AC, ＊VD, ＊LD, ＊AC, 常数

【例 5－29】 从表 5－50 中查找大于 3000 的数据，并将查表的结果存放到 V30 开始的字型存储单元中。

解 使用查表指令即可实现操作，程序见表 5－56。当 PLC 上电时，在网络 1 中使用传送指令建立表格；在网络2中首先进行初始化建立地址指针并对AC0清零，然后将查找数据3000送入VW60中。网络3中，当I0.1发生上升沿跳变时，从EC地址为VW202的表中查找大于3000的数，并将查找到的数据编号存放在从VW30开始的存储单元中。为了从表格的顶端开始查找，在网络2中AC0的初始值设为0。第1次执行查表指令，找到满足条件的数据1，AC0=1。继续向下查找，先将AC0加1，再激活查表指令，从表中符合条件的数据1的下一个数据开始查找，第2次执行查表指令时，找到满足条件的数据3，AC1=3。继续向下查找，将AC0再加1，再激活查表指令，从表中符合条件的数据3开始的下一个数据开始查找，第3次执行查表指令后，没有找到符合条件的数据，AC0=4（实际填表数）。查表指令执行过程见表5-57。

表5-56　　　　　　　　　　　查表数据程序

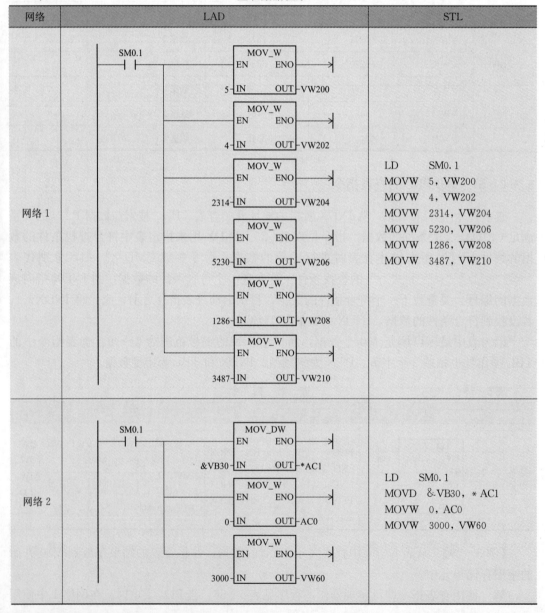

网络	LAD	STL
网络 3	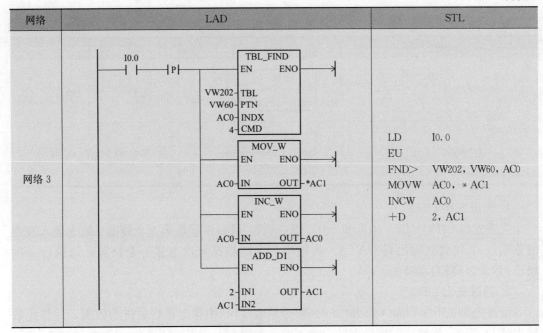	LD I0.0 EU FND> VW202，VW60，AC0 MOVW AC0，＊AC1 INCW AC0 ＋D 2，AC1

表 5 – 57　　　　　　　　　查表指令执行过程

操作数	单元地址	执行前的内容	第1次执行后内容	第2次执行后内容	第3次执行后内容	说　　明
PTN	VW60	3000	3000	3000	3000	用于比较的数据和地址
INDX	AC0	0	1	3	4	符合查表条件的数据编号
CMD	无	4	4	4	4	查表条件，4 表示大于
TBL	VW200	0005	0005	0005	0005	TL=5，最多可以填5个数
	VW202	0004	0004	0004	0004	EC=4，实际在表中存4个数据
	VW204	2314	2314	2314	2314	数据 0
	VW206	5230	5230	5230	5230	数据 1
	VW208	1286	1286	1286	1286	数据 2
	VW210	3487	3487	3487	3487	数据 3
	VW212	××××	××××	××××	××××	无效数据
VW30	非表格地址	××××	1	1	1	第1个查出的数据编号
VW32		××××	××××	3	3	第2个查出的数据编号
VW34		××××	××××	××××	4	实际填表数 EC

5.3.3　S7 – 200 PLC 的表取数指令

通过两种方式可从表中取一个字型的数据：先进先出式和后进先出式。若一个字型数据从表中取走，表的实际填表数 EC 值自动减 1。若从空表中取走一个字型数据，特殊寄存器标志位 SM1.5 置 1。表取数指令有先进先出指令和后进先出指令，见表 5－58。

表 5－58　　　　　　　　　　表 取 数 指 令

表取数指令	LAD	STL
先进先出	LIFO EN　ENO ????－TBL　DATA－????	FIFO TBL，DATA
后进先出	FIFO EN　ENO ????－TBL　DATA－????	LIFO TBL，DATA

1. 先进先出 FIFO

先进先出 FIFO（first to first out）指令从表 TBL 中移走第一个数据（最先进入表中的数据），并将此数输出到 DATA，表格中剩余的数据依次上移一个位置。每执行一次 FIFO 指令，EC 自动减 1。

2. 后进先出 LIFO

后进先出 LIFO（last to first out）指令从表 TBL 中移走最后放进的数据，并将此数输出到 DATA，表格中其他数据的位置不变。每执行一次 FIFO 指令，EC 自动减 1。

【例 5－30】　使用表取数指令从表 5－50 中取数据，分别送入 VW30 和 VW60 中，程序见表 5－59，执行结果见表 5－60。

表 5－59　　　　　　　　　　表 取 数 程 序

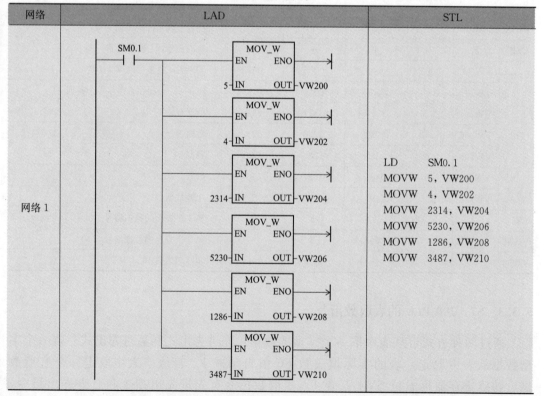

网络	LAD	STL
网络1	(梯形图)	LD　SM0.1 MOVW　5，VW200 MOVW　4，VW202 MOVW　2314，VW204 MOVW　5230，VW206 MOVW　1286，VW208 MOVW　3487，VW210

网络	LAD	STL
网络2	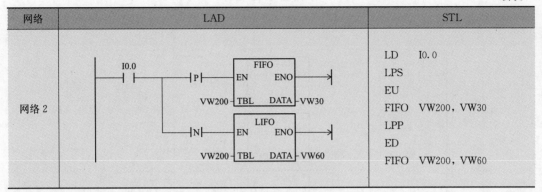	LD I0.0 LPS EU FIFO VW200，VW30 LPP ED FIFO VW200，VW60

表 5 - 60　　　　　　　　　　表取数指令的执行结果

操作数	单元地址	执行前的内容	执行 FIFO	执行 LIFO	说　明
DATA	VW30	空	2314	2314	FIFO 输出的数据
	VW60	空	空	3487	LIFO 输出的数据
TBL	VW200	0005	0005	0005	TL＝5，最多可以填 5 个数
	VW202	0004	0003	0002	EC 值由 4 变为 3 再变为 2
	VW204	2314	5230	5230	数据 0
	VW206	5230	1286	1286	数据 1
	VW208	1286	3487	××××	无效数据
	VW210	3487	××××	××××	无效数据
	VW212	××××	××××	××××	无效数据

5.3.4　存储器填充指令

存储器填充指令 FILL（memory fill）将输入 IN 值填充从 OUT 开始的 n 个字的内容，字节型整数 n 为 1～255，指令见表 5 - 61。N 为字节型，IN 和 OUT 为整数。

表 5 - 61　　　　　　　　　　存 储 器 填 充 指 令

	LAD	STL	IN、N	OUT
填充指令	FILL_N EN ENO ????－IN OUT－???? ????－N	FILL IN, OUT, N	VW，IW，QW， MW，SW，SMW， LW，T，C，AC， ＊VD，＊LD，＊AC， 常数	VW，IW，QW， MW，SW，SMW，LW， T，C，AIW，＊VD， ＊LD，＊AC

第 5 章　S7-200 PLC的功能指令

153

表 5－62　　　　　　　　　　　　存 储 器 填 充 程 序

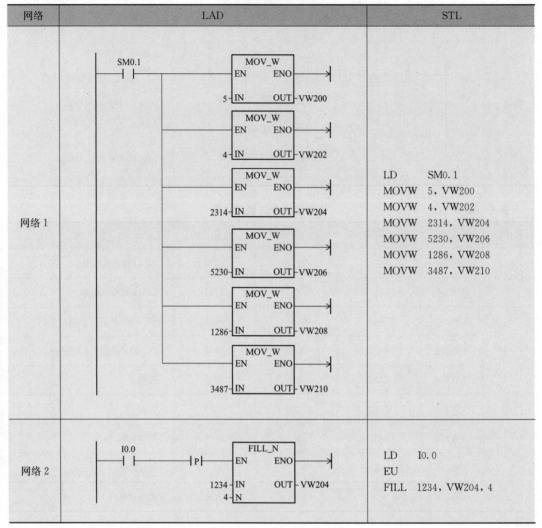

网络	LAD	STL
网络 1	(MOV_W blocks: 5→VW200, 4→VW202, 2314→VW204, 5230→VW206, 1286→VW208, 3487→VW210, enabled by SM0.1)	LD　　SM0.1 MOVW　5, VW200 MOVW　4, VW202 MOVW　2314, VW204 MOVW　5230, VW206 MOVW　1286, VW208 MOVW　3487, VW210
网络 2	(FILL_N block: I0.0 → P → EN, IN=1234, N=4, OUT=VW204)	LD　　I0.0 EU FILL　1234, VW204, 4

【例 5－31】　使用存储器填充指令，将 VW200 数据表中 4 个字的数据填充为 1234，程序见表 5－62，执行结果见表 5－63。

表 5－63　　　　　　　　　　　　存储器填充执行结果

操作数	单元地址	填表前的内容	填表后的内容	说明
	VW200	0005	0005	TL=5，最多可以填 5 个数
	VW202	0004	0004	EC=4，实际在表中存 4 个数据
TBL	VW204	2314	1234	数据 0
	VW206	5230	1234	数据 1
	VW208	1286	1234	数据 2
	VW210	3487	1234	数据 3
	VW212	××××	××××	无效数据

5.4 S7-200 PLC的转换指令

转换指令是对操作数的类型进行转换，并输出到指定的目标地址中去。S7-200系列PLC的转换指令包括数据转换、数据的编码和译码、ASCII码转换等指令。

5.4.1 S7-200 PLC的数据转换指令

在S7-200系列PLC中，数据类型主要有字节型、整数型、双整数型和实数型，使用了BCD码、ASCII码、十进制数和十六进制数。不同功能的指令对操作数类型要求不同，因此，许多指令执行前需对操作数进行类型的转换。

数据转换主要有BCD码与整数之间的转换、字节与整数之间的转换、整数与双字整数之间的转换和双字整数与实数的转换等。

1. BCD码与整数之间的转换

在一些数字系统，如计算机和数字式仪器中，如数码开关设置数据，往往采用二进制码表示十进制数。通常，把用一组四位二进制码来表示一位十进制数的编码方法称为BCD码。

4位二进制码共有16种组合，可从中选取10种组合来表示0～9这10个数，根据不同的选取方法，可以编制出多种BCD码，其中8421BCD码最为常用。十进制数与8421BCD码的对应关系见表5-64。如十进制数1234化成8421BCD码为0001001000110100。

表5-64   十进制数与8421BCD码对应表

十进制数	0	1	2	3	4	5	6	7	8	9
BCD码	0000	0001	0010	0011	0100	0101	0110	0111	1000	1001

BCD码与整数之间的转换是对无符号操作数进行的，其转换指令见表5-65。输入IN和输出OUT的类型为字。

表5-65   BCD码与整数之间的转换指令

指令	LAD	STL	IN	OUT
BCD转整数	BCD_I -EN ENO- ????-IN OUT-????	BCDI OUT	VW, IW, QW, MW, SW, SMW, LW, T, C, AC, *VD, *LD, *AC, 常数	VW, IW, QW, MW, SW, SMW, LW, T, C, AIW, *VD, *LD, *AC
整数转BCD	I_BCD -EN ENO- ????-IN OUT-????	IBCD OUT		

使用BCDI指令可将IN端输入的BCD码转换成整数，产生结果送入OUT指定的变

量中。IN 输入的 BCD 码范围为 0～9999。

使用 IBCD 指令可将 IN 端输入的整数转换成 BCD 码，产生结果送入 OUT 指定的变量中。IN 输入的整数范围为 0～9999。

当为无效 BCD 码时，特殊标志位 SM1.6 被置 1。输入 IN 和输出 OUT 操作数地址最好相同，若不相同时，需使用指令：

MOV　IN，OUT

BCDI　OUT

【例 5 - 32】　使用 BCD 码与整数之间的转换指令，将 VW100 中的 BCD 码转换成整数，并存放到 AC0 中；将 VW200 中的整数转换成 BCD 码，并存放到 AC1 中。其程序见表 5 - 66。假设 VW100 中的 BCD 为 1001001000110101，执行 BCDI 指令后，转换的整数为 9235；假设 VW200 中的整数 5421，执行 IBCD 指令后，转换的 BCD 码为 0101010000100001。

表 5 - 66　　　　　　　　　　BCD 码与整数之间的转换指令程序

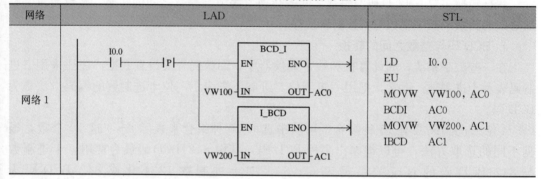

网络	LAD	STL
网络 1		LD　　I0.0 EU MOVW　VW100，AC0 BCDI　AC0 MOVW　VW200，AC1 IBCD　AC1

2. 字节与整数之间的转换

字节与整数之间的转换是对无符号操作数进行的，其转换指令见表 5 - 67。

表 5 - 67　　　　　　　　　　字节与整数之间的转换指令

指令	LAD	STL	IN	OUT
字节 转整数	B_I	BTI OUT	VB，IB，QB，MB，SB，SMB，LB，AC，常数	VW，IW，QW，MW，SW，SMW，LW，T，C，AC
整数 转字节	I_B	IBT OUT	VW，IW，QW，MW，SW，SMW，LW，T，C，AC，AIW，常数	VB，IB，QB，MB，SB，SMB，LB，AC

使用 BTI 指令可将 IN 端输入的字节型数据转换成整数型数据，产生结果送入 OUT 指定的单元中。使用 ITB 指令可将 IN 端输入的整数型数据转换成字节型数据，产生结果送入 OUT 指定的变量中。被转换的值应为有效的整数，否则溢出位 SM1.1 被置 1。

3. 整数与双字整数之间的转换

整数与双字整数之间的转换指令见表 5 - 68。

表 5-68 整数与双字整数之间的转换指令

指令	LAD	STL	IN	OUT
整数转双字整数	I_DI EN ENO ????-IN OUT-????	ITD OUT	VW, IW, QW, MW, SW, SMW, LW, T, C, AIW, AC, 常数	VD, ID, QD, MD, SD, SMD, LD, AC
双字整数转整数	DI_I EN ENO ????-IN OUT-????	DTI OUT	VD, ID, QD, MD, SD, SMD, LD, AC, 常数	VW, IW, QW, MW, SW, SMW, LW, T, C, AIW, AC

ITD 指令是将输入 IN 的整数型数据转换成双整数型数据，产生的结果送入 OUT 指定存储单元，输入为整数型数据，输出为双整数型数据，要进行符号扩展。

DTI 指令是将输入 IN 的双整数型数据转换成整数型数据，产生的结果送入 OUT 指定存储单元，输入为双整数型数据，输出为整数型数据。被转换的输入 IN 值应为有效双整数，否则 SM1.1 被置 1。

4. 双字整数与实数的转换

双字整数与实数的转换指令见表 5-69。

表 5-69 双字整数与实数的转换指令

指令	LAD	STL	IN	OUT
双字整数转实数	DI_R EN ENO ????-IN OUT-????	DTR IN, OUT	VD, ID, QD, MD, SD, SMD, LD, HC, AC, 常数	VD, ID, QD, MD, SD, SMD, LD, AC
四舍五入（取整）	ROUND EN ENO ????-IN OUT-????	ROUND IN, OUT	VD, ID, QD, MD, SD, LD, AC, SMD, 常数	VD, ID, QD, MD, SD, SMD, LD, AC
舍去小数（取整）	TRUNC EN ENO ????-IN OUT-????	TRUNC IN, OUT	VD, ID, QD, MD, SD, SMD, LD, AC, 常数	VD, ID, QD, MD, SD, SMD, LD, AC

DTR 指令是将输入 IN 的双字整数型数据转换为实数型数据，产生的结果送入 OUT 指定存储单元，IN 输入的为有符号的 32 位双字整数型数据。

四舍五入和舍去小数指令都是实数转换为双字整数的取整指令。执行 ROUND 指令时，实数的小数部分四舍五入；执行 TRUNC 指令时，实数的小数部分舍去。若输入的实数值太大，无法用双字整数表示时，SM1.1 被置 1。

【例 5-33】 用实数运算求直径为 32mm 的圆面积，将结果转换为整数。

解 圆的面积＝圆半径的平方×π，圆半径的平方可使用 EXP[2×LN(32/2)]，编写的 PLC 程序见表 5-70。

表 5-70   求圆面积的程序

网络	LAD	STL

网络1	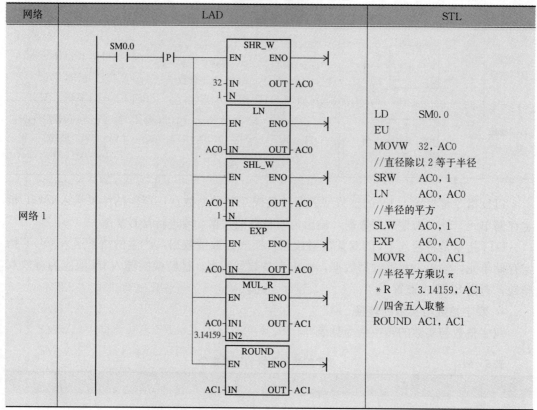	LD　　　SM0.0
		EU
		MOVW　32, AC0
		//直径除以2等于半径
		SRW　　AC0, 1
		LN　　　AC0, AC0
		//半径的平方
		SLW　　AC0, 1
		EXP　　AC0, AC0
		MOVR　AC0, AC1
		//半径平方乘以 π
		* R　　3.14159, AC1
		//四舍五入取整
		ROUND AC1, AC1

【例 5-34】 1英尺等于 2.54cm，假设英尺数由数码开关通过 IW0 输入（BCD 码），则长度由英尺转换成厘米，且厘米数由 QW0 用 BCD 码输出时，其程序编写见表 5-71。

表 5-71   英尺与厘米的转换程序

网络	LAD	STL

网络1	SM0.0 —│ │—│P│— BCD_I (EN ENO, IW0-IN OUT-VW0) / I_DI (EN ENO, VW0-IN OUT-VD2) / DI_R (EN ENO, VD2-IN OUT-VD6) / MUL_R (EN ENO, VD6-IN1 OUT-VD10, 2.54-IN2)	LD　　　SM0.0
		EU
		MOVW　IW0, VW0
		//IW0 由 BCD 码转换成整
		//数 VW0
		BCDI　VW0
		//VW0 整数转换成双整
		//数 VD2
		ITD　　VW0, VD2
		//双整数 VD2 转换成实
		//数 VD6
		DTR　　VD2, VD6
		MOVR　VD6, VD10
		//VD6 乘以 2.54，存入实
		//数 VD10
		* R　　2.54, VD10

网络	LAD	STL

网络1	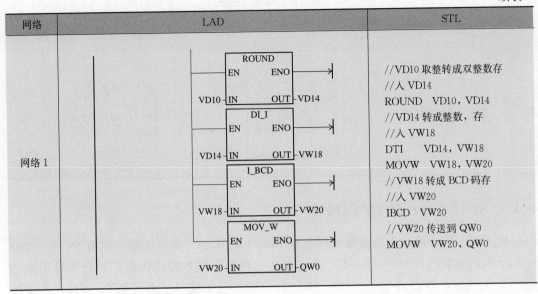	//VD10 取整转成双整数存
		//入 VD14
		ROUND VD10，VD14
		//VD14 转成整数，存
		//入 VW18
		DTI VD14，VW18
		MOVW VW18，VW20
		//VW18 转成 BCD 码存
		//入 VW20
		IBCD VW20
		//VW20 传送到 QW0
		MOVW VW20，QW0

5.4.2 S7-200 PLC 的编码和译码指令

1. 编码指令 ENCO

编码指令 ENCO（encode）是将输入的字型数据 IN 中为 1 的最低有效位的位数写入输出字节 OUT 的最低 4 位，即用半字节对一个字型数据 16 位中的"1"位有效位进行编码。它的输入 IN 为字型数据，输出 OUT 为字节型数据，其指令见表 5-72。

表 5-72   编 码 指 令

	LAD	STL	IN、N	OUT
编码 指令	ENCO EN ENO ????─IN OUT─????	ENCO IN， OUT	VW、 IW、 QW、 MW、 SW、 SMW、 LW、T、C、AC、常数	VB、IB、QB、MB、 SMB、LB、SB、AC

2. 译码指令 DECO

译码指令 DECO（decode）是将输入的字节型数据 IN 的低 4 位表示的位号输出到 OUT 所指定的单元对应位置 1，而其他位清 0。即对半字节的编码进行译码，以选择一个字型数据 16 位中的"1"位。它的输入 IN 为字节型数据，输出 OUT 为字型数据，其指令见表 5-73。

表 5-73   译 码 指 令

	LAD	STL	IN、N	OUT
译码 指令	DECO EN ENO ????─IN OUT─????	DECO IN， OUT	VB、 IB、 QB、 MB、 SMB、 LB、 SB、 AC、 常数	VW、 IW、 QW、 MW、SW、SMW、LW、 T、C、AC

【例 5-35】 编码和译码指令的举例，其程序见图 5-74。

表5-74　　　　　　　　　　　　　编码和译码指令程序

网络	LAD	STL
网络1	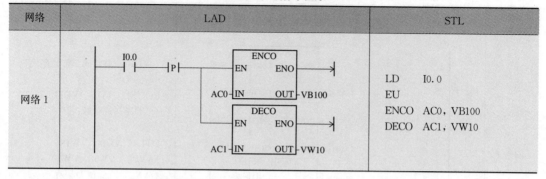	LD　　I0.0 EU ENCO　AC0，VB100 DECO　AC1，VW10

5.4.3　S7-200 PLC七段显示译码指令

S7-200系列PLC七段显示译码指令SEG（segment）是根据输入字节IN低4位确定的十六进制数（16♯0～16♯F）产生点亮七段显示器各段的代码，并送到输出字节OUT。七段显示器的abcdefg（D0～D6）段分别对应于输出字节的第0～6位，若输出字节的某位为1时，其对应的段显示；输出字节的某位为0时，其对应的段不亮。将字节的第7位补0，则构成七段显示器相对应的8位编码，称为七段显示码。字符显示与各段的关系见表5-75。例如要显示数字"2"时，D0、D1、D3、D4、D6为1，其余为0。

表5-75　　　　　　　　　　　　　字符显示与各段关系

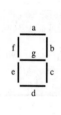

IN	段显示	.gfedcba	IN	段显示	.gfedcba
0	0	00111111	8		01111111
1		00000110	9		01100111
2		01011011	A		01110111
3		01001111	B		01111100
4		01100110	C		00111001
5		01101101	D		01011110
6		01111101	E		01111001
7		00000111	F		01110001

七段显示译码指令见表5-76。

表5-76　　　　　　　　　　　　　七段显示译码指令

	LAD	STL	IN	OUT
显示译码	``` SEG << ─ EN ENO ─ >I ???? ─ IN OUT ─ ???? ```	SEG IN, OUT	VB，IB，QB，MB， SMB，LB，SB，AC， 常数	VB，IB，QB，MB， SMB，LB，SB，AC

【例5-36】　循环显示数字0～9。若PLC的I0.0外接启动按钮SB1和停止按钮

SB2，QB0 外接 1 位 LED 共阴极数码管。要求按下启动按钮 SB1，数码管显示以 s 为单位的时间值，当累计达到 9s 时，自动清零，重新开始从零显示。按下停止按钮 SB2，停止显示。

解 可以使用 C0 增计数器对秒脉冲个数进行统计，并通过传送指令将 C0 中的当前值传送到 VW0 中，然后再使用 ITB 转换指令 VW0 的值转换成 BCD 码送入 VB10，最后使用 SEG 指令将 VB10 中的数值转换为相应的段码输出即可，编写的程序见表 5-77。

表 5-77　　　　　　　　　　　循环显示数字 0～9 的程序

网络	LAD	STL
网络 1	I0.0 ─┤├─ I0.1 ─┤/├─ M0.0 ─( ) M0.0 ─┤├─	LD　　I0.0 O　　 M0.0 AN　 I0.1 =　　 M0.0
网络 2	M0.0 ─┤├─ SM0.5 ─┤├─ CU　C0 CTU I0.1 ─┤├─ R C0 ─┤├─ 10─PV SM0.1 ─┤├─	LD　　M0.0 A　　 SM0.5 LD　　I0.1 O　　 C0 O　　 SM0.1 CTU　C0, 10
网络 3	M0.0 ─┤├─ MOV_W EN　ENO C0─IN　OUT─VW0 I_B EN　ENO VW0─IN　OUT─VB10 SEG EN　ENO VB10─IN　OUT─QB0	LD　　M0.0 MOVW　C0, VW0 ITB　 VW0, VB10 SEG　 VB10, QB0

5.4.4　S7-200 PLC 的 ASCII 码转换指令

ASCII 码（american standard code for information interchange）为美国标准信息交换码，在计算机系统中使用最广泛。S7-200 系列 PLC 的 ASCII 码转换指令包括整数转换为 ASCII 码指令、双整数转换为 ASCII 码指令、实数转换为 ASCII 码指令、十六进制整数与 ASCII 码相互转换指令，指令见表 5-78。

表 5‑78   **ASCII 码转换指令**

ASCII 码转换指令	LAD	STL
整数转换为 ASCII	ITA EN ENO ???? IN OUT ???? ???? FMT	ITA IN，OUT，FMT
双整数转换为 ASCII	DTA EN ENO ???? IN OUT ???? ???? FMT	DTA IN，OUT，FMT
实数转换为 ASCII	RTA EN ENO ???? IN OUT ???? ???? FMT	RTA IN，OUT，FMT
十六进制数转换为 ASCII	ATH EN ENO ???? IN OUT ???? ???? LEN	ATH IN，OUT，LEN
ASCII 转换为十六进制	HTA EN ENO ???? IN OUT ???? ???? LEN	HTA IN，OUT，LEN

1. 整数转换为 ASCII 码指令 ITA

整数转换为 ASCII 码指令 ITA（integer to ASCII）把输入端 IN 的有符号整数转换成 ASCII 字符串，其转换结果存入以 OUT 为起始字节地址的 8 个连续字节的缓冲区中，FMT 指定小数点右侧的转换精度和小数点是使用逗号还是点号。整数转 ASCII 码指令的格式操作如图 5‑12 所示，输出缓冲区的大小始终是 8 个字节，nnn 的值表示输出缓冲区中小数点右侧的数字位数，nnn 的有效范围为 0～5，若 nnn＝0，指定小数右侧的位数为 0，转换时数值没有小数点；若 nnn＞5 时，输出缓冲区会被空格键的 ASCII 码填冲，此时无法输出。C 指定整数和小数点的分隔符，当 C＝1 时，分隔符为 "，"；当 C＝0 时，分隔符为 "."，FMT 的高 4 位必须为 0。

FMT
MSB   LSB
7 6 5 4 3 2 1 0
| 0 | 0 | 0 | 0 | C | n | n | n |
C＝1，逗号
C＝0，点号
nnn＝小数点右侧的位数

	输出	输出 +1	输出 +2	输出 +3	输出 +4	输出 +5	输出 +6	输出 +7
输入=12				0	.	0	1	2
输入=-123			−	0	.	1	2	3
输入=1234				1	.	2	3	4
输入=-12345		−	1	2	.	3	4	5

图 5‑12 整数转 ASCII 码指令的 FMT 操作数

在图 5‑12 中给出了一个数值的例子，其格式为使用点号（C＝0），小数点右侧有 3 位小数（nnn＝011），输出缓缓冲区格式符合以下规则：

(1) 正数值写入输出缓冲区没有符号位；

(2) 负数值写入输出缓冲区时以负号（—）开头；

(3) 小数点左侧开头的 0（除去靠近小数点的那个之外）被隐藏；

(4) 数值在输出缓冲区 OUT 中是右对齐的。

【例 5-37】 将 VW10 中的整数转换为从 VB100 开始的 8 个 ASCII 码字符，使用 16#0B 的格式，用逗号作小数点，保留 3 位小数，程序见表 5-79。

表 5-79　　　　　　　　　　　　　　整数转 ASCII 码指令程序

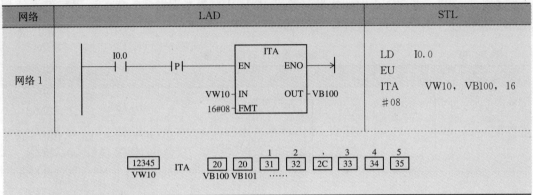

网络	LAD	STL
网络 1	(I0.0)—(P)—[ITA EN ENO / VW10—IN OUT—VB100 / 16#08—FMT]	LD　　I0.0 EU ITA　　VW10，VB100，16 #08

(下方图示)
```
┌──────┐
│12345 │   ITA    1  2  ,  3  4  5
└──────┘         [20][20][31][32][2C][33][34][35]
 VW10           VB100 VB101  ……
```

2. 双整数转换为 ASCII 码指令 DTA

双整数转换为 ASCII 码指令 DTA（double integer to ASCII）把输入端 IN 的有符号双字整数转换成 ASCII 字符串，其转换结果存入以 OUT 为起始字节地址的 12 个连续字节的缓冲区中。除输入 IN 为双整数、输出为 12 字节外，其他方面与整数转 ASCII 码指令相同。双整数转换为 ASCII 码指令的格式操作数如图 5-13 所示。

```
      FMT
MSB         LSB
7 6 5 4 3 2 1 0
0 0 0 0 C n n n
C=1, 逗号
C=0, 点号
nnn=小数点右侧的位数
```

	输出	输出+1	输出+2	输出+3	输出+4	输出+5	输出+6	输出+7	输出+8	输出+9	输出+10	输出+11
输入=−12								−	0	.	0	0	1	2
输入=1234567						1	2	3	.	4	5	6	7

图 5-13　双整数转 ASCII 码指令的 FMT 操作数

3. 实数转换为 ASCII 码指令 RTA

实数转换为 ASCII 码指令 RTA（real to ASCII）是将输入端 IN 的实数数转换成 ASCII 字符串，其转换结果存入以 OUT 为起始字节地址的 3~15 个连续字节的缓冲区中。实数转换为 ASCII 码指令的格式如图 5-14 所示。

```
      FMT
MSB           LSB
7 6 5 4 3 2 1 0
S S S S C n n n
SSS=输出缓冲区的大小
C=1, 逗号
C=0, 点号
nnn=小数点右侧的位数
```

	输出	输出+1	输出+2	输出+3	输出+4	输出+5
输入=−12345	1	2	3	4	.	5
输入=−0.0004				0	.	0
输入=−3.78953			−	3	.	8
输入=2.34				2	.	3

图 5-14　实数转 ASCII 码指令的 FMT 操作数

S7-200 的实数格式最多支持 7 位小数，若显示 7 位以上的小数会产生一个四舍五入的错误。图 5-15 中，SSSS 表示输出缓冲区 OUT 的大小，它的范围为 3～15 个字节。输出缓冲区的大小应大于输入实数小数点右边的位数，如实数-3.89546，小数点右边有 5 位，SSS 应大于 5，至少为 6。与整数转 ASCII 码指令相比，实数转 ASCII 码的输出缓冲区的格式还具有以下规则：

（1）小数点右侧的数值按照指定的小数点右侧的数字位数被四舍五入；

（2）输出缓冲区的大小应至少比小数点右侧的数字位多 3 个字节。

【例 5-38】 将 VD10 中的实数转换成从 VB100 开始的 10 个 ASCII 码字符，使用 16#A3的格式，用点号作小数点，后面跟 3 位小数，程序见表 5-80。

表 5-80　　　　　　　实数转 ASCII 码指令程序

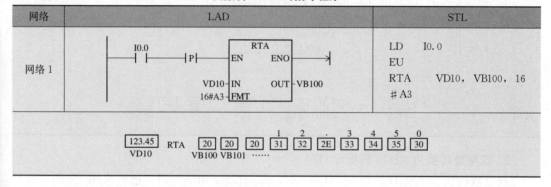

4. 十六进制整数 ASCII 码相互转换指令

ASCII 码 30～39 和 41～46 与十六进制数为 0～9 和 A～F 相对应，使用 ATH 指令可将十六进制整数转换为 ASCII 码字符串；使用 HTA 指令可将 ASCII 码字符串转换为相应的十六进制整数。

ATH 指令将一个长度为 LEN 从 IN 开始的 ASCII 码字符串转换成从 OUT 开始的十六进制整数；HTA 指令将从输入字节 IN 开始的长度为 LEN 的十六进制整数转换成从 OUT 开始的 ASCII 码字符串。ASCII 码和十六进制数的有效范围为 0～255。

【例 5-39】 将 VB100～VB102 中存放的 3 个 ASCII 码 34、42、38 转换成十六进制数。程序及运行结果见表 5-81。表中"x"为半字节，表示 VB11 的低 4 位值未改变。

表 5-81　　　　　　　十六进制整数转 ASCII 码指令程序

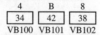

5.5 S7-200 PLC的中断指令

当计算机执行正常程序时，系统中出现某些急需处理的异常情况和特殊请求，CPU暂时中止现行程序，转去对随机发生的更为紧迫事件进行处理，处理完毕后，CPU自动返回原来的程序继续执行，此过程称为中断。

5.5.1 中断源

1. 中断源分类

能向CPU发出请求的事件称为中断源，每个中断源都分配一个编号加以识别。计算机系统中，一般有多个中断源，S7-200系列PLC最多有34个中断源，分为3大类：通信中断、输入/输出中断和时基中断。

（1）通信中断。PLC在自由通信模式下，通信口的状态可由程序来控制。用户根据需求通过程序可以定义波特率、每个字符位数、奇偶校验等通信协议参数，这种用户通过编程控制通信端口的事件称为通信中断。

（2）输入/输出中断。输入/输出中断包括外部的上升或下降沿输入中断、高速计数器中断和脉冲串输出中断（PTO）。在S7-200系列PLC中外部输入中断是利用输入点I0.0～I0.3的上升沿或下降沿产生中断，这些输入点被用作连接某些一旦发生必须处理的外部事件；高速计数器中断可对高速计数器运行时产生的事件实时响应，如当前值等于预置值、计数方向的改变、计数器外部复位等事件。脉冲串口输出中断允许完成对指定脉冲数输出的响应。

（3）时基中断。时基中断包括定时中断和定时器T32/T96中断。定时中断按指定的周期时间循环执行，周期时间以1ms为单位，周期设定时间为1～255ms。定时中断0，把周期时间值写入SMB34；定时中断1，把周期时间值写入SMB35。每当达到定时时间值时，定时中断时间把控制权交给相应的中断程序，执行中断。定时中断可用来以固定的时间间隔作为采样周期，对模拟量输入进行采样或定期执行PID回路。

定时器T32和T96中断是指允许对定时时间间隔产生中断，这类中断只能由时基为1ms的T32或T96构成。T32和T96定时器和其他定时器功能相同，只是T32和T96在中断允许后，当定时器的当前值等于预置位时，在主机正常的定时刷新中，执行中断程序。

2. 中断优先级

当有多个中断源同时请求中断响应时，CPU通常根据中断源的紧急程度，将其进行排列，规定每个中断源都有一个中断优先级。S7-200系列PLC中通信中断的优先级最高，其次为I/O中断，时基中断的优先级最低。

在S7-200系列PLC中，当不同的优先级的中断源同时请求中断时，CPU按从高到低的优先原则进行响应；当相同优先级的中断源请求中断时，CPU按先来先服务的原则响应中断请求；当 CPU 正在处理某中断时，若有新的中断源请求中断，当前中断服务程序不会被其他甚至更优先级的中断程序打断，新出现的中断请求只能按优先级排队等候响应。任何时候 CPU 只执行一个中断程序。3 个中断队列及其能保存的最大中断时间个数有限，若超出其范围时，将产生溢出，中断队列和每个队列的最大中断数见表 5-82。

表 5-82　　　　　　　　　中断队列和每个队列的最大中断数

队列	CPU221	CPU222	CPU224	CPU226	CPU226XM	中断队列溢出标志位
通信中断队列	4	4	4	8	8	SM4.0
I/O 中断队列	16	16	16	16	16	SM4.1
时基中断队列	8	8	8	8	8	SM4.2

每类中断中不同的中断事件又有不同的优先权，见表 5-83。

表 5-83　　　　　　　　　　　　中 断 优 先 级

组中断优先级	中断事件类型	中断事件号	中断事件说明	组内优先级
通信中断 （最高级）	通信口 0	8	通信口 0：接收字符	0
		9	通信口 0：发送字符	0
		23	通信口 0：接收信息完成	0
	通信口 1	24	通信口 1：接收信息完成	1
		25	通信口 1：接收字符	1
		26	通信口 1：发送完成	1
I/O 中断 （中等级）	脉冲输出	19	PTO0 脉冲串输出完成中断	0
		20	PTO1 脉冲串输出完成中断	1
	外部输入	0	I0.0 上升沿中断	2
		2	I0.1 上升沿中断	3
		4	I0.2 上升沿中断	4
		6	I0.3 上升沿中断	5
		1	I0.0 下降沿中断	6
		3	I0.1 下降沿中断	7
		5	I0.2 下降沿中断	8
		7	I0.3 下降沿中断	9
	高速计数器	12	HSC0 当前值等于预置值中断	10
		27	HSC0 输入方向改变中断	11
		28	HSC0 外部复位中断	12
		13	HSC1 当前值等于预置值中断	13
		14	HSC1 输入方向改变中断	14
		15	HSC1 外部复位中断	15
		16	HSC2 当前值等于预置值中断	16
		17	HSC2 输入方向改变中断	17
		18	HSC2 外部复位中断	18

组中断优先级	中断事件类型	中断事件号	中断事件说明	组内优先级
I/O中断 （中等级）	高速计数器	32	HSC3 当前值等于预置值中断	19
		29	HSC4 当前值等于预置值中断	20
		30	HSC4 输入方向改变中断	21
		31	HSC4 外部复位中断	22
		33	HSC5 当前值等于预置值中断	23
定时中断 （最低级）	定时	10	定时中断 0	0
		11	定时中断 1	1
	定时器	21	定时器 T32 CT＝PT 中断	2
		22	定时器 T96 CT＝PT 中断	3

5.5.2 中断控制指令

中断控制指令有开中断、关中断、中断返回、中断连接、中断分离、中断清除等指令，见表 5-84，表中 INT 和 EVNT 均为字节型常数。

表 5-84　　　　　　　　　　　中 断 控 制 指 令

指令	LAD	STL	INT	EVNT
开中断	——(ENI)	ENI	无	无
关中断	——(DISI)	DISI		
中断返回	——(RETI)	CRETI		
中断连接	ATCH EN ENO ????－INT ????－EVNT	ATCH INT, EVNT	0～127	CPU221 和 CPU222：0～12，19～ 23，27～33 CPU224：0～23，27～33 CPU226、CPU226XM：0～33
中断分离	DTCH EN ENO ????－INT ????－EVNT	DTCH INT, EVNT		
中断清除	CLR_EVNT EN ENO ????－INT ????－EVNT	CEVNT EVNT		

1. 开中断指令 ENI

开中断指令又称中断允许指令 ENI（enable interrupt），它全局性地允许所有被连接的中断事件。

2. 关中断指令 DISI

关中断指令又称中断禁止指令 DISI（disable interrupt），它全局性地禁止处理所有中断事件，允许中断排队等候，但不允许执行中断程序，直到全局中断允许指令 ENI 重新允许中断。

当 PLC 转换为 RUN 运行模式时，开始时中断自动被禁止，在执行全局中断允许指令后，各中断事件是否会执行中断程序，将取决于是否执行了该中断事件的中断连接指令。

3. 中断返回指令 CRETI

中断程序有条件返回指令 CRETI（conditional return from interrupt），用于根据前面的逻辑操作条件，从中断服务程序中返回，编程软件自动为各中断程序添加无条件返回指令。

4. 中断连接指令 ATCH

中断连接指令 ATCH（attach interrupt），将中断事件 EVNT 与中断服务程序号 INT 相关联，并启用该中断事件。

在调用一个中断程序之前，必须用中断连接指令将某中断事件与中断程序进行连接，当某个中断事件和中断程序连接好后，该中断事件发生时自动开中断。多个中断事件可调用同一个中断程序，但同一时刻一个中断事件不能与多个中断程序同时进行连接，否则，当中断许可且某个中断事件发生后，系统默认执行与该事件建立连接的最后一个中断程序。

当中断事件和中断程序连接时，自动允许中断，如果采用禁止全局中断指令不响应所有中断，每个中断事件进行排队，直到采用允许全局中断指令重新允许中断。

5. 中断分离指令 DTCH

中断分离指令 DTCH（detach interrupt），将中断事件 EVNT 与中断服务程序之间的关联切断，并禁止该中断事件。中断分离指令使中断回到不激活或无效状态。

6. 中断清除指令 CEVNT

中断清除指令 CEVNT 是从中断队列中清除所有 EVNT 类型的中断事件，将不需要的中断事件进行清除。当使用此指令来清除假的中断事件时，从队列中清除此事件之前必须先将其进行中断分离，否则在执行清除事件指令之后，新的事件将被增加到队列中。例如，光电传感器正好处于从明亮过渡到黑暗的边界位置，在新的 PV 值装载之前，小的机械振动将生成实际并不需要的中断，为清除此类振动干扰，执行时先进行中断分离指令。

5.5.3 中断程序

中断程序又称中断服务程序，是用户为处理中断事件而事先编写好的程序。它由中断程序标志、中断程序指令和无条件返回指令三部分组成。编程时用中断程序入口的中断程序标志来识别每个中断程序，每个中断服务程序由中断程序号开始，以无条件返回指令结束。对中断事件的处理由中断程序指令来完成，PLC 中的中断指令与计算机原理中的中断不同，它不允许嵌套。

中断程序不是由程序调用的，而是在中断事件发生时由操作系统调用。由于不能预知系统何时调用中断程序，在中断程序中不能改写其他程序使用的存储器，因此在中断程序中最好使用局部变量。在中断服务程序中禁止使用 DISI、ENI、CALL、HDEF、FOR/NEXT、LSCR、SCRE、SCRT、END 等指令。

软件编程时，在"编辑"菜单下"插入"中选择"中断程序"可生成一个新的中断程序编号，进入该程序的编辑区，在此编辑区中可编写中断服务。或者在程序编辑器视窗中点击鼠标右键，从弹出的菜单下"插入"中选择"中断程序"也可实现中断程序的编写。

在编写中断程序时，应使程序短小精悍，以减少中断程序的执行时间。最大限度地优化中断程序，否则意外条件可能会引起主程序控制的设备出现异常现象。

【例 5-40】 在 I0.0 的上升沿通过中断使 Q0.0 立即置位，在 I0.1 的上升沿通过中断使 Q0.0 立即复位，并解除中断。

解 这是 I/O 中断服务程序，I0.0～I0.3 的上升沿或下降沿可产生中断。I0.0 上升沿中断，其中断事件号为 0；I0.1 上升沿中断其中断事件号为 2，使用 ATCH 指令进行中断连接。SI 为立即置位指令，RI 为立即复位指令，其程序见表 5-85。

表 5-85   **I/O 中 断 程 序**

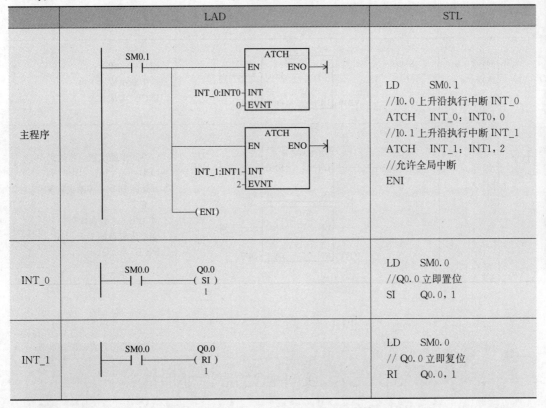

【例 5-41】 用定时中断 0 实现每隔 4s 时间 QB0 加 1。

解 这是定时中断服务程序，定时中断 0 和定时中断 1 的 1～255ms 时间间隔可分别写入特殊存储器 SMB34 和 SMB35 中，修改 SMB34 或 SMB35 中的数值就改变了时间间隔。将定时中断的时间间隔设为 250ms，在定时器 0 的中断程序中，每当一次定时中断到时，VB10 加 1，然后再使用比较触点指令"LD="判断 VB10 是否等于 16。如果正好等于 16 时，表示中断了 16 次，QB0 加 1。定时中断 0 的中断事件号为 10，其程序见表5-86。

表 5－86　　　　　　　　　　定时中断 0 程序

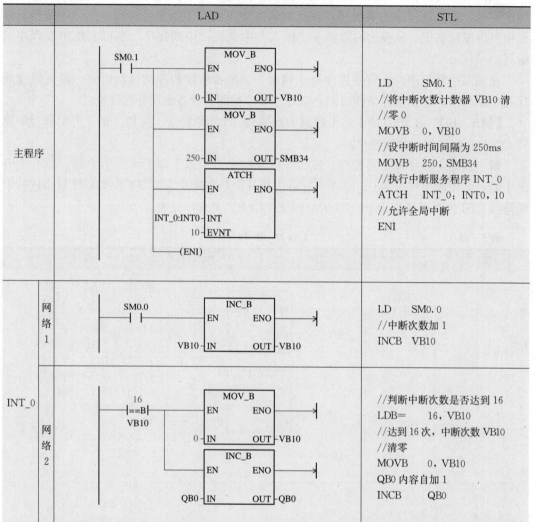

LAD	STL

主程序	LD　　SM0.1
	//将中断次数计数器 VB10 清
	//零 0
	MOVB　0, VB10
	//设中断时间间隔为 250ms
	MOVB　250, SMB34
	//执行中断服务程序 INT_0
	ATCH　INT_0: INT0, 10
	//允许全局中断
	ENI

INT_0　网络1	LD　　SM0.0 //中断次数加 1 INCB　VB10

网络2	//判断中断次数是否达到 16
	LDB=　　16, VB10
	//达到 16 次, 中断次数 VB10
	//清零
	MOVB　　0, VB10
	QB0 内容自加 1
	INCB　　QB0

5.6　S7-200 PLC的高速处理指令

　　PLC的高速处理指令包括高速计数指令、高速脉冲指令。一般来说，高速计数器和编码的配合使用可用来累计比 PLC 扫描频率高得多的脉冲输入（30kHz），利用产生的中断事件完成预定的操作，因此在现代自动控制的精确定位、测量长度等控制领域有重要的应用价值。

　　高速脉冲输出功能是指在可编程控制器的某些输出端有高速脉冲输出，用来驱动负载以实现精确控制。

5.6.1 S7-200 PLC 的高速计数指令

PLC 的普通计数器的计数过程受 CPU 扫描速度的影响，CPU 通过每一扫描周期读取一次被测信号的方法来捕捉被测信号的上升沿，被测信号的频率较高时，会丢失地数脉冲，所以普通计数器的工作频率一般只有几十赫兹，它不能对高速脉冲信号进行计数。为解决这一问题，S7-200 系列 PLC 提供了 6 个高速计数器 HSC0～HSC5，以响应快速脉冲输入信号。高速计数器独立于用户程序工作，不受程序扫描时间的限制，它可对小于主机扫描周期的高速脉冲准确计数，用户通过相关指令，设置相应的特殊存储器控制高速计数器的工作。

1. S7-200 系列的高速计数器

不同型号的 PLC 主机，高速计数器数量不同，CPU221 和 CPU222 支持 HSC0、HSC3、HSC4、HSC5 这 4 个高速计数器，而没有 HSC1 和 HSC2 这两个计数器；CPU224、CPU226 和 CPU226XM 拥有 HSC0～HSC5 这 6 个高速计数器。

高速计数器的硬件输入接口与普通数字量输入接口使用相同的地址，已定义用于高速计数器的输入端不再具有其他功能，但某个模式下没有用到的输入端还是可以用作普通开关量的输入点，其占用的输入端子见表 5-87。各高速计数器不同的输入端接口有专用的功能，如时钟脉冲端、方向控制端、复位端、起动端等。同一输入端不能用于两种不同的功能，但高速计数器当前模式未使用的输入端可用于其他功能，例如高速计数器 HSC0 在模式下，使用了 I0.0 和 I0.2，I0.1 没有使用，此时 I0.1 可用于边沿中断或用于高速计数器 HSC3 中。

表 5-87　　　　　　　　　　　高速计数器占用的输入端子

高速计数器	占用的输入端子	高速计数器	占用的输入端子
HSC0	I0.0, I0.1, I0.2	HSC3	I0.1
HSC1	I0.6, I0.7, I1.0, I1.1	HSC4	I0.3, I0.4, I0.5
HSC2	I1.2, I1.3, I1.4, I1.5	HSC5	I0.4

2. 高速计数器的工作类型

S7-200 系列 PLC 高速计数器有 4 种工作类型：①内部方向控制的单相计数；②外部方向控制的单相计数；③双脉冲输入的加/减计数；④两路脉冲输入的双相正交计数。

（1）内部方向控制的单相计数。内部方向控制的单相计数，只有一个脉冲输入端，通过高速计数器的控制字节的第 3 位来控制计数方向。若高速计数器控制字节的第 3 位为 1，进行加计数；若该位为 0，进行减计数，如图 5-15 所示，图中 CV 表示当前值，PV 表示预置值。

（2）外部方向控制的单相计数。外部方向控制的单相计数，有一个脉冲输

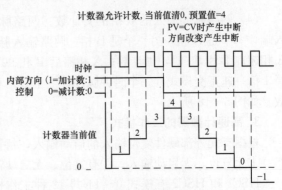

图 5-15　内部方向控制的单相计数

入端，有一个方向控制端。若方向控制端等于1时，加计数；若方向控制端等于0时，减计数，如图5-16所示。

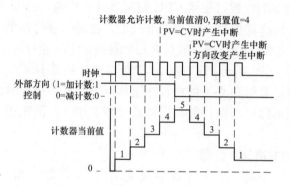

图5-16　外部方向控制的单相计数

（3）双脉冲输入的加/减计数。双脉冲输入的加/减计数，有两个脉冲输入端，一个是加计数脉冲输入端，另一个是减计数输入端。计数值为两个输入端脉冲的代数和。当在高速计数使用在模式6、7或8时，当加计数时钟的上升沿与减计数时钟输入的上升沿之间的时间间隔小于0.3ms时，高速计数器把这些事件看作是同时发生的，在此情况下，当前值不变，计数方向指示不变；当加计数时钟输入的上升沿与减计数时钟输入的上升沿之间的时间间隔大于0.3ms时，高速计数器分别捕捉每个事件，在以上两种情况下，都不会产生错误，计数器保持正确的当前值，如图5-17所示。

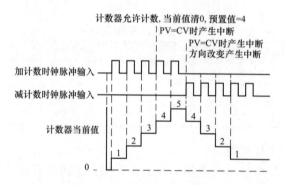

图5-17　模式6、7或8时双脉冲输入的加/减计数

（4）两路脉冲输入的双相正交计数。两路脉冲输入的双相正交计数，有两个脉冲输入端，一个是A相，另一个是B相。两路输入脉冲A相和B相的相位相差90°（正交），A相超前B相90°时，加计数；A相滞后B相90°时，减计数。在这种计数方式下，可选择1倍一速正交模式（一个时钟脉冲计一个数）和4倍速正交模式（一个时钟脉冲计4个数）如图5-18所示。

3. 高速计数器的工作模式

根据有无外部硬件复位输入的启动输入，每种高速计数器类型可以设定为3种工作状态：①无复位、无启动输入；②有复位、无启动输入；③既有复位又有启动输入。

HSC1和HSC2有模式0~11共12种工作模式；HSC0和HSC4因没有启动输入，只有模式0~7共8种工作模式；HSC3和HSC5只有时钟脉冲输入，只有模式0。模式

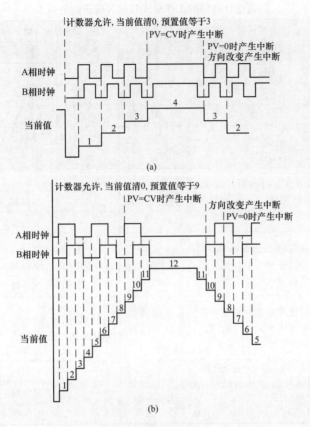

图 5-18　两路脉冲输入的双相正交计数
(a) 模式 6、7 或 8 时一倍速正交计数；(b) 模式 6、7 或 8 时四倍速正交计数

0～2采用单相内部方向控制的加/减计数；模式3～5采用单相外部方向控制的加/减计数；模式6～8采用双脉冲输入的加/减计数；模式9～11采用两路脉冲输入的双相正交计数。

选用某个高速计数器在某种工作模式下工作后，高速计数器所使用的输入不是任意选择的，必须按系统指定的输入点输入信号。例如 HSC2 在工作模式 8 下工作时，必须用 I1.3 为减计数脉冲输入端，I1.4 为复位端，I1.5 为起动端。高速计数器的工作模式和输入端子的关系见表 5-88。

高速计数器的复位输入信号有效时，计数当前值将被清除，并保持清除状态；当高速计数器的起动输入有效时，计数器允许计数，关闭起动输入时，计数器的当前值保持不变，时钟脉冲不起作用；当高速计数器在起动输入无效而复位输入变为有效时，复位被忽略，当前值不变，如果复位有效时起动输入变为有效，当前计数值被清除。

4. 高速计数器的控制字节、状态字节、数值寻址和中断功能

在定义了计数器和工作模式后，还要设置高速计数器有关控制字节。每个高速计数器都有一个控制字节，它决定计数器是否允许计数、控制计数方向（只对模式 0、模式 1和模式 2 有效）或者对所有其他模式定义初始化计数方向、装载初始值和装载预置值。高速计数器控制字节的位地址分配见表 5-89。

西门子S7-200 PLC从入门到精通（第二版）

表 5－88 　　　　　　　　　　高速计数器的工作模式和输入端子的关系

输入端子	功能及说明	占用的输入端子及功能			
HSC0		I0.0	I0.1	I0.2	×
HSC1		I0.3	I0.4	I0.5	×
HSC2		I0.6	I0.7	I1.0	I1.1
HSC3		I1.2	I1.3	I1.4	I1.5
HSC4		I0.1			
HSC5		I0.4			
HSC模式					
0	单相内部方向控制的加/减计数，控制字 SM3.7＝0，减计数；SM3.7＝1，加计数	脉冲输入端			
1				复位端	
2				复位端	起动端
3	单相外部方向控制的加/减计数，方向控制端＝0，减计数；方向控制端＝1，加计数	脉冲输入端	方向控制端		
4				复位端	
5				复位端	起动端
6	双脉冲输入的加/减计数，加计数有脉冲输入，加计数；减计数有脉冲输入，减计数	加计数脉冲输入端	减计数脉冲输入端		
7				复位端	
8				复位端	起动
9	两路脉冲输入的双相正交计数，A相脉冲超前B相脉冲，加计数；	A相脉冲输入端	B脉冲输入端		
10				复位端	
11	A相脉冲滞后B相脉冲，减计数			复位端	起动端

表 5－89 　　　　　　　　　　高速计数器控制字节的位地址分配

HSC0	HSC1	HSC2	HSC3	HSC4	HSC5	功 能 描 述
SM37.0	SM47.0	SM57.0		SM147.0		复位有效电平控制位：0，高电平有效；1，低电平有效
	SM47.1	SM57.1				起动有效电平控制位：0，高电平起动有效；1，低电平起动有效
SM37.2	SM47.2	SM57.2		SM147.2		正交计数速率选择位：0，4倍速计数；1，1倍速计数
SM37.3	SM47.3	SM57.3	SM137.3	SM147.3	SM157.3	计数方向控制位：0，减计数；1，加计数
SM37.4	SM47.4	SM57.4	SM137.4	SM147.4	SM157.4	向HSC写计数方向允许控制位：0，不更新；1，更新计数方向
SM37.5	SM47.5	SM57.5	SM137.5	SM147.5	SM157.5	向HSC写入预设值允许控制位：0，不更新；1，更新预设值
SM37.6	SM47.6	SM57.6	SM137.6	SM147.6	SM157.6	向HSC写入当前值允许控制位：0，不更新；1，更新当前值
SM37.7	SM47.7	SM57.7	SM137.7	SM147.7	SM157.7	HSC指令执行允许控制位：0，禁止HSC；1，允许HSC

　　每个高速计数器除了控制字节外，还有一个状态字节。状态字节的相关位用来描述当前的计数方向、当前值是否大于或等于预置值，状态位功能见表 5－90。

西门子S7-200 PLC从入门到精通(第二版)

表 5-90   高速计数器状态字节

HSC0	HSC1	HSC2	HSC3	HSC4	HSC5	功能描述
SM36.5	SM46.5	SM56.5	SM136.5	SM146.5	SM156.5	当前计数方向状态位： 0，减计数；1，加计数
SM36.6	SM46.6	SM56.6	SM136.6	SM146.6	SM156.6	当前值等于预置值状态位： 0，不相等；1，相等
SM36.7	SM46.7	SM56.7	SM136.7	SM146.7	SM156.7	当前值大于预置值状态位： 0，小于或等于；1，大于

每个高速计数器都有一个初始值和一个预置值，它们都是 32 位的有符号整数。初始值是高速计数器计数的起始值；预置值是计数器运行的目标值，当当前计数值等于预置值时，内部产生一个中断。当控制字节设置为允许装入新的初始值和预置值时，在高速计数器运行前应将初始值和预置值存入特殊的存储器中，然后执行高速计数器指令才有效。不同的高速计数器其初始值、预置值和当前值有专用的存储地址，见表 5-91。

表 5-91   高速计数器数值寻址

计数器号	HSC0	HSC1	HSC2	HSC3	HSC4	HSC5
初始值	SMD38	SMD48	SMD58	SMD138	SMD148	SMD158
预置值	SMD42	SMD52	SMD62	SMD142	SMD152	SMD162
当前值	HC0	HC1	HC2	HC3	HC4	HC5

当前值也是一个 32 位的有符号整数，HSC0 的当前值在 HC0 中读取；HSC1 的当前值在 HC1 中读取。

当当前计数值等于预置值时，内部会产生中断。使用外部复位端的计数模式支持外部复位中断，除模式 0、1 和 2 之外，所有计数器模式还支持计数方向改变中断，每种中断条件都可以分别允许或禁止。

5. 高速计数指令及举例

（1）高速计数指令 HSC。高速计数指令 HSC（high speed counter）有高速计数器（HDEF）定义指令和高速计数器（HSC）指令两条，指令格式见表 5-92。

表 5-92   高速计数指令格式

指令	LAD	STL	操作数
HDEF	HDEF EN ENO ???? — HSC ???? — MODE	HDEF HSC, MODE	HSC：高速计数器编号（0~5） MODE：工作模式（0~11）
HSC	HSC EN ENO ???? — N	HSC N	N：高速计数器编号（0~5）

高速计数器（HDEF）定义指令，用于指定高速计数器的工作模式，即用来选择高速计数器的输入脉冲、计数方向、复位和起动。每个高速计数器在使用之前必须使用此指令来选定一种工作模式，并且每一个高速计数器只能使用一次"高速计数器定义"指令。

高速计数器（HSC）指令，根据高速计数器控制位的状态和按照 HDEF 指令指定的工作模式，控制高速计数器。

（2）高速计数器的使用。使用高速计数器时，需完成以下步骤：

1）根据选定的计数器工作模式，设置相应的控制字节；

2）使用 HDEF 指令定义计数器号；

3）设置计数方向；

4）设置初始值；

5）设置预置值；

6）指定并使能中断服务程序；

7）执行 HSC 指令，激活高速计数器。

如果在计数器运行中改变其设置，则以上的第②和第⑥步省略。

（3）高速计数器指令的初始化。高速计数器指令的初始化步骤如下：

1）用初次扫描存储器 SM0.1=1 调用执行初始化操作的子程序，由于采用了子程序，在后续扫描中不必再调用这个子程序，从而减少扫描时间，使程序结构更加优化。

2）初始化子程序中，根据所希望的控制要求设置控制字节（SMB37、SMB47、SMB57、SMB137、SMB147、SMB157）。例如 SMB37＝16♯C8，表示使用 HSC0，允许加计数，写入初始值，不装入预置值，运行中不更改方向，若为正交计数时，为 4 倍速正交计数，高电平有效复位。

3）执行 HDEF 指令时，设置 HSC 编号（0～5）和工作模式 MODE（0～11）。

4）使用 MOVD 指令将新的当前值写入 32 位当前寄存器（SMD38、SMD48、SMD58、SMD138、SMD148、SMD158）。如果将 0 写入当前寄存器中，则是将当前计数值清 0。

5）使用 MOVD 指令将预置值写入 32 位预置值寄存器（SMD42、SMD52、SMD62、SMD142、SMD152、SMD162）。例如执行 MOVD 1000，SMD42 则预置值为 1000。

6）为了捕获当前值 CV 等于预置值 PV 中断事件，编写中断子程序，并指定 CV＝PV 中断事件（中断事件号为 13）调用该中断子程序。

7）为了捕获计数方向的改变，将方向改变的中断事件（中断事件号为 14）与一个中断程序联系；为了捕获外部复位事件，将外部复位中断事件（中断事件号为 15）与一个中断程序联系。

8）执行全局中断允许指令 ENI 来允许 HSC 中断。

9）执行 HSC 指令，使 S7-200 对高速计数器进行编程。

10）退出子程序。

（4）高速计数器的应用举例。

【例 5-42】 采用测频方法测量电动机的转速。

解 用测频法测量电动机的转速，其方法是在单位时间内采集编码器脉冲的个数。采集时，可以选用高速计数器对转速脉冲信号进行计数，同时用时基来完成定时。如果在单位时间内得到了脉冲个数，再经过一系列的计算就可以得到电动机的转速。

采用测频方法测量电动机转速的程序见表 5-93，其设计思路是：①选择高速计数器 HSC0，并确定工作模式为 0。用 SM0.1 对高速计数器进行初始化；②设置计数方向为增，允许更新计数方向，允许写入新初始值，允许写入新预置值，允许执行 HSC 指令，因此控制字节 SMB37 为 16♯F8；③执行 HDEF 指令，输入端 IISC 为 0，MODE 为 0；
④写入初始值，令 SMD38 为 0；⑤写入时基定时设定值，令 SMB34 为 200；⑥执行中断
连接 ATCH 指令，中断事件号为 10，执行中断允许指令 ENI，重新启动时基定时器，清
除高速计数器的初始值；⑦执行 HSC 指令，对高速计数器编程。

表 5-93　　　　　　　　　　　采用测频方法测量电动机转速的程序

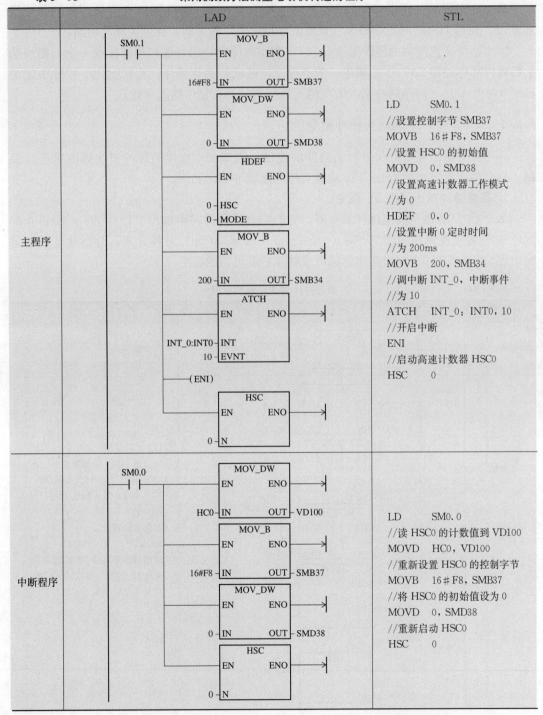

【例5-43】 使用高速计数器指令实现加工器件清洗控制。设某传输带的旋转轴上连接了一个A/B两相正交脉冲的增量旋转编码器。计数脉冲的个数代表旋转轴的位置，也就是加工器件的传送位移量。编码器旋转一圈产生10个A/B相脉冲和一个复位脉冲，需要在第5和第8个脉冲所代表的位置之间接通打开电磁阀将其进行清洗，在其余位置时不对加工器件进行清洗。

解 电磁阀的关闭由Q0.0进行控制，A相接I0.0，B相与I0.1连接，复位脉冲接入I0.2，利用HSC0的CV＝PV（当前值＝预置值）的中断，就可实现此功能。

加工器件清洗控制的程序见表5-94。在主程序中，用首次扫描时接通一个扫描周期的特殊内部存储器SM0.1去调用一个子程序，完成初始化操作。在初始化子程序中定义HSC0为模式10（两路脉冲输入的双相正交计数，具有复位输入功能）。

5.6.2 S7-200 PLC的高速脉冲指令

高速脉冲输出可对负载进行高精度的控制，例如利用输出的脉冲对步进电机进行控制，只有晶体管输出类型的CPU能够支持高速脉冲输出功能。

1. 高速脉冲输出（PLS）指令

每个CPU有两个高速脉冲发生器，它们均有高速脉冲串输出PTO（pulse train output）和脉冲宽度调制输出PWM（pulse width modulation）两种方式，分别通过数字量输出点Q0.0或Q0.1输出高速脉冲串或脉冲宽度可调的波形。

表5-94　　　　　加工器件清洗控制的程序

	LAD	STL
主程序	SM0.1 —[ ]— SBR_0 EN	LD　　SM0.1 //调用SBR_0 CALL　SBR_0：SBR0

初始化子程序（SBR_0）	SM0.0 —[ ]— MOV_B EN ENO 16#A4—IN OUT—SMB37
	HDEF EN ENO 0—HSC 10—MODE
	MOV_DW EN ENO +5—IN OUT—SMD42
	ATCH EN ENO INT_0:INT0—INT 12—EVNT
	—(ENI)
	HSC EN ENO 0—N
		LD　　SM0.0
		//设置HSC0控制字节
		MOVB　16#A4, SMB37
		//将HSC0设置模式10
		HDEF　0, 10
		//装入预置值5
		MOVD　+5, SMD42
		//连接中断事件12和INT_0
		ATCH　INT_0：INT0, 12
		//允许全局中断
		ENI
		//执行HSC0指令
		HSC　　0

	LAD	STL

中断程序
 	
INT_0
网络1
	HC0 <D +8 —— Q0.0 (S) 1
	MOV_B: EN ENO, 16#A4–IN OUT–SMB37
	MOV_DW: EN ENO, +8–IN OUT–SMD42
	HSC: EN ENO, 0–N
		LDD<　　HC0，+8
		//计数在5～8时置
		//位Q0.0
		S　　　　Q0.0，1
		MOVB　　16#A4，SMB37
		//将预置值改为8
		MOVD　　+8，SMD42
		//等待下一次中断发生
		HSC　　　0

INT_0
网络2
	HC0 >=D +8 —— Q0.0 (R) 1
	MOV_B: EN ENO, 16#A4–IN OUT–SMB37
	MOV_DW: EN ENO, +5–IN OUT–SMD42
	HSC: EN ENO, 0–N
		LDD>=　　HC0，+8
		//计数超过8复位Q0.0
		R　　　　Q0.0，1
		MOVB　　16#A4，SMB37
		//将预置值改为5
		MOVD　　+5，SMD42
		//等待下一次中断发生
		HSC　　　0

　　脉冲宽度与脉冲周期之比称为占空比，PTO可以输出一串占空比为50%的脉冲，用户也可以控制脉冲的周期和脉冲数目。周期的单位可选用μs或ms，周期范围为50～65536μs或2～65536ms，脉冲计数范围为1～4294967295。

　　PWM提供连续的、周期与脉冲宽度可以由用户控制的输出脉冲，周期的单位可选用μs或ms，周期变化范围为10～65536μs或2～65536ms，脉冲宽度变化范围为0～65536μs或0～65536ms。当指定的脉冲宽度值大于周期值时，占空比为100%，输出连续接通。当脉冲宽度为0时，占空比为0%，输出断开。

　　高速脉冲输出PLS指令检查为脉冲输出（Q0.0或Q0.1）设置的特殊存储器位SM，然后执行特殊存储器位定义的脉冲操作，指令见表5-95。

表5-95　　　　　　　　　　　　高速脉冲输出PLS指令

指令	LAD	STL	操作数
PLS	PLS EN ENO ????–Q0.X	PLS　Q	Q；常量（0或1）

2. 与脉冲输出控制相关的特殊寄存器

在 S7-200 中，每个 PTO 或 PWM 输出都对应一些 SM 特殊寄存器，如 1 个 8 位的状态字节、1 个 8 位的控制字节、2 个 16 位的时间寄存器、1 个 32 位的脉冲计数器、1 个 8 位的段数寄存器和 1 个 16 位的偏移地址寄存器。通过这些特殊的寄存器，可以控制高速脉冲输出的工作状态、输出形式及设置各种参数。

（1）高速脉冲输出的状态字节。PTO 输出时，Q0.0 或 Q0.1 是否空闲、是否产生溢出、是否由用户命令而终止、是否增量计算错误而终止等，都通过状态字节来描述，见表 5-96。Q0.0 的 SMB66.0～SMB66.3 和 Q0.1 的 SMB76.0～SMB76.3 特殊寄存器位没有使用。

表 5-96 高速脉冲输出的状态字节

Q0.0	Q0.1	功 能 描 述
SMB66.4	SMB76.4	PTO 包络由于增量计算错误而终止：0，无错误；1，终止
SMB66.5	SMB76.5	PTO 包络由于用户命令而终止：0，无错误；1，终止
SMB66.6	SMB76.6	PTO 管线溢出：0，无溢出；1，上溢/下溢
SMB66.7	SMB76.7	PTO 空闲：0，执行中；1，PTO 空闲

（2）高速脉冲输出的控制字节。高速脉冲输出的控制字节通过设置特殊寄存器 SMB67 或 SMB77 的相关位可定义 PTO/PWM 的输出形式、时间基准、更新方式、PTO 的单段或多段输出选择等，这些位的默认值为 0，特殊寄存器的设置见表 5-97。

表 5-97 高速脉冲输出的控制字节

Q0.0	Q0.1	功 能 描 述
SMB67.0	SMB77.0	PTO/PWM 更新周期值：0，不更新；1，更新周期值
SMB67.1	SMB77.1	PWM 更新脉冲宽度值：0，不更新；1，更新脉冲宽度值
SMB67.2	SMB77.2	PTO 更新脉冲数：0，不更新；1，更新脉冲数
SMB67.3	SMB77.3	PTO/PWM 时间基准选择：0，1μs/格；1，1ms/格
SMB67.4	SMB77.4	PWM 更新方法：0，异步更新；1，同步更新
SMB67.5	SMB77.5	PTO 操作：0，单段操作；1，多段操作
SMB67.6	SMB77.6	PTO/PWM 模式选择：0，选择 PTO；1，选择 PWM
SMB67.7	SMB77.7	PTO/PWM 允许：0，禁止；1，允许

（3）其他相关的特殊寄存器。在 S7-200 的高速脉冲输出控制中还有其他相关的特殊寄存器用于存储周期值、脉冲宽度值、PTO 脉冲计数值、多段 PTO 进行中的段数等，设置见表 5-98。

表 5-98 高速脉冲输出的其他相关特殊寄存器

Q0.0	Q0.1	功 能 描 述
SMW68	SMW78	PTO/PWM 周期值（范围：2～65536）
SMW70	SMW80	PWM 脉冲宽度值（范围：0～65536）
SMD72	SMD82	PTO 脉冲计数值（范围：0～4294967295）

Q0.0	Q0.1	功 能 描 述
SMB166	SMB176	进行中的段数（仅在多段 PTO 操作中）
SMW168	SMW178	包络表的起始位置，用从 V0 开始的字节偏移表示（仅在多段 PTO 操作中）
SMB170	SMB180	线性包络状态字节
SMB171	SMB181	线性包络结果寄存器
SMD172	SMD182	手动模式频率寄存器

3. PTO 操作

（1）PTO 工作模式。PTO 允许脉冲串"排队"，以保证脉冲输出的连续进行，形成管线，也支持在未发完脉冲串时，立刻终止脉冲输出。如果要控制输出脉冲的频率（如步进电机的速度/频率控制），需将频率转换为 16 位无符号数周期值。为保证 50% 的占空比，周期值设定为偶数，否则会引起输出波形占空比的失真。根据管线的实现方式不同，PTO 分为单段管线和多段管线两种工作模式。

1）单段管线模式。PTO 单段管线模式中，每次只能存储一个脉冲串的控制参数。在当前脉冲串输出期间，需要为下一个脉冲更新 SM 特殊寄存器。初始 PTO 段一旦启动了，就必须按照第二个波形的要求改变特殊寄存器，并再次执行 PLS 指令。第二个脉冲串的属性在管线中一直保持到第一个脉冲器发送完成。在管线中一次只能存储一段脉冲器的属性，当第一个脉冲器发送完成后，接着输出第二个波形，此时管线可以用于下一个新的脉冲串，这样可实现多段脉冲串的连续输出。

单段管线模式中的各段脉冲串可以采用不同的时间基准，但是当参数设置不当时，会造成各个脉冲串之间的连接不平稳且使编程复杂烦琐。

2）多段管线模式。PTO 多段管线模式中，在变量存储区 V 建立一个包络表，包络表存放每个脉冲器的参数。执行 PLS 指令时，CPU 自动从 V 存储器区包络表中读出每个脉冲串的参数。多段管线 PTO 常用于步进电机的控制。

包络是一个预先定义的以位置为横坐标、以速度为纵坐标的曲线，它是运动的图形描述。包络表由包络段数和各段构成，每段长度为 8 个字节，由 16 位周期增量值和 32 位脉冲个数值组成，其格式见表 5-99。选择多段操作时，必须装入包络表在 V 存储器中的起始地址偏移量（SMW168 或 SMW178），包络表中的时间基准可以选择μs 或 ms，但是所有周期值必须使用同一个时间基准，且在包络运行时时间基准不能改变。

表 5-99　　　　　　　　　　　　多段 PTO 包络表的格式

字节偏移量	包络段数	存储说明
VBn		包络表中的段数 1~255（输入 0 作为脉冲的段数将不产生 PTO 输出）
VBn+1		初始周期（2~65536 时间基准单位）
VBn+3	段 1	每个脉冲的周期增量（有符号值 −32768~+32767 时间基准单位μs 或 ms）
VBn+5		脉冲数（1~4294967295）

续表

字节偏移量	包络段数	存储说明
VBn+9	段2	初始周期（2～65536 时间基准单位）
VBn+11		每个脉冲的周期增量（有符号值 −32768～+32767 时间基准单位 μs 或 ms）
VBn+13		脉冲数（1～4294967295）
VBn+17	段3	初始周期（2～65536 时间基准单位）
VBn+19		每个脉冲的周期增量（有符号值 −32768～+32767 时间基准单位μs 或 ms）
VBn+21		脉冲数（1～4294967295）

多段管线 PTO 编程简单，能够按照程序设定的周期增量值自动增减脉冲周期，周期增量值为正值就增加周期，周期增量值为负值就减少周期，周期增量值为 0 则周期不变。多段管线 PTO 中所有脉冲串的时间基准必须一致，当执行 PLS 指令时，包络表中的所有参数均不能改变。

（2）PTO 的使用。使用高速脉冲串输出时，需按以下步骤完成：

1）确定脉冲发生器及工作模式

根据控制要求选用高速脉冲串输出端，并选择 PTO，确定 PTO 是单段管线模式还是多段管线模式。若要求有多个脉冲串连续输出时，通过选择多段管线模式。

2）按照控制要求设置控制字节，并写入 SMB67 或 SMB77 中。

3）写入周期表、周期增量和脉冲数。

如果使用单段脉冲，周期表、周期增量和脉冲数需分别设置；若采用多段脉冲，则需建立多段脉冲包络表，并对各段参数分别设置。

4）装入包络表的首地址。

5）设置中断事件并全局开中断。

6）执行 PLS 指令，使 S7-200CPU 对 PTO 确认设置。

（3）PTO 编程举例。

【例 5-44】 单段 PTO 的使用程序见表 5-100，主程序一次性调用初始化子程序 SBR_0；当 I0.0 接通时调用 SBR_1，改变脉冲周期。SBR_0 子程序用来设定脉冲个数、周期并发出起始脉冲器；SBR_1 子程序用来改变脉冲串周期。

表 5-100 单段 PTO 的使用程序

		LAD	STL
主程序	网络1	SM0.1 ─┤├─ Q0.0 ─(R)─ 1 ；SBR_0 ─EN	LD SM0.1 //初始复位 Q0.0 R Q0.0，1 //调用 SBR_0 CALL SBR_0：SBR0
	网络2	I0.0 ─┤├─ ┤P├─ SBR_1 ─EN	LD I0.0 EU CALL SBR_1：SBR1

LAD	STL
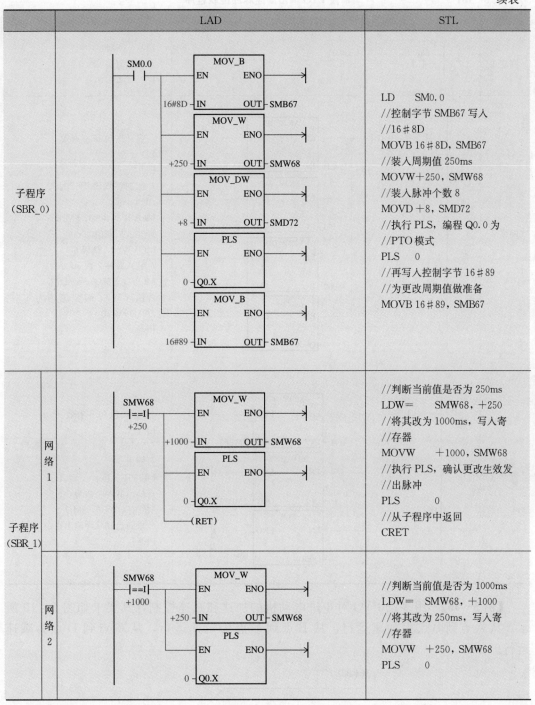	

子程序 (SBR_0)

```
LD     SM0.0
//控制字节 SMB67 写入
//16#8D
MOVB 16#8D, SMB67
//装入周期值 250ms
MOVW +250, SMW68
//装入脉冲个数 8
MOVD +8, SMD72
//执行 PLS，编程 Q0.0 为
//PTO 模式
PLS    0
//再写入控制字节 16#89
//为更改周期值做准备
MOVB 16#89, SMB67
```

子程序 (SBR_1) — 网络 1

```
//判断当前值是否为 250ms
LDW=    SMW68, +250
//将其改为 1000ms，写入寄
//存器
MOVW    +1000, SMW68
//执行 PLS，确认更改生效发
//出脉冲
PLS     0
//从子程序中返回
CRET
```

网络 2

```
//判断当前值是否为 1000ms
LDW=    SMW68, +1000
//将其改为 250ms，写入寄
//存器
MOVW    +250, SMW68
PLS     0
```

【例 5-45】 单段 PTO 输出高速脉冲控制程序见表 5-101。启动按钮与 PLC 的 I0.0 连接，停止按钮与 PLC 的 I0.1 连接。按下启动按钮时，Q0.0 输出 PTO 高速脉冲。脉冲的周期为 50ms，个数为 5000 个。若输出脉冲过程中按下停止按钮，则脉冲输出立即停止。

表5-101　　　　　　　　　单段PTO输出高速脉冲控制程序

网络	LAD	STL
网络1	SM0.1 ── Q0.0 (R) 1	LD　SM0.1 //初始复位Q0.0 R　Q0.0，1

网络2	I0.0 ──┤P├── MOV_B
	EN ENO
	16#8D─IN OUT─SMB67
	MOV_W
	EN ENO
	50─IN OUT─SMW68
	MOV_DW
	EN ENO
	+5000─IN OUT─SMD72
	PLS
	EN ENO
	0─Q0.X
		//启动按钮I0.0有效
		LD　I0.0
		EU
		//控制字节SMB67写入
		//16#8D
		MOVB 16#8D，SMB67
		//装入周期值50ms
		MOVW50，SMW68
		//装入脉冲个数5000
		MOVD +5000，SMD72
		//执行PLS，编程Q0.0为
		//PTO模式
		PLS　0

网络3	I0.1 ──┤├── MOV_B
	EN ENO
	16#0─IN OUT─SMB67
	MOV_DW
	EN ENO
	+0─IN OUT─SMD72
	PLS
	EN ENO
	0─Q0.X
		/停止按钮I0.1有效
		LD　I0.1
		//SM67.7为OFF，禁止脉冲
		//输出
		MOVB　16#0，SMB67
		//输出脉冲个数为0
		MOVD　+0，SMD72
		//重新启动脉冲输出指令
		PLS　0

【例5-46】 用多段PTO对步进电动机的加速和减速控制，其要求如图5-19所示。从A点到B点为加速运行，从B点到C点为匀速运行，从C点到D点为减速运行。

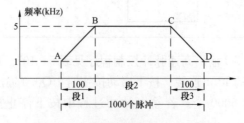

图5-19　步进电动机的加减速控制

解 从图 5-20 可看出，步进电动机分段 1、段 2 和段 3 这 3 段运行。起始和终止脉冲频率为 1kHz（周期为 1000μs），最大脉冲频率为 5kHz（周期为 200μs）。步进电动机总共运行了 1000 个脉冲数，其中段 1 为加速运行，有 100 个脉冲数；段 2 为匀速运行，有 800 个脉冲数；段 3 为减速运行，有 100 个脉冲数。根据以下公式，写出表 5-102 所示的包络表（以 VB300 开始作为包络表存储单元）。

$$段周期增量 = （段终止周期 - 段初始周期）/ 段脉冲数$$

表 5-102   步进电动机控制包络表

字节偏移量	包络段数	实数功能	参数值	存储说明
VB300	段数	决定输出脉冲串数	3	包络表共 3 段
VW301			1000μs	段 1 初始周期
VW303	段 1	电动机加速运行阶段	-8μs	段 1 脉冲周期增量
VD305			100	段 1 脉冲数
VW309			200μs	段 2 初始周期
VW311	段 2	电动机恒速运行阶段	0	段 2 脉冲周期增量
VD313			800	段 2 脉冲数
VW317			200μs	段 3 初始周期
VW319	段 3	电动机减速运行阶段	8μs	段 3 脉冲周期增量
VD321			100	段 3 脉冲数

在程序中用传送指令可将表中的数据传送 V 变量存储区中。

编程前，首先选择高速脉冲发生器为 Q0.0，并确定 PTO 为 3 段流水线。设置控制字节 SMB77 为 16#A0 表示允许 PTO 功能、选择 PTO 操作、选择多段操作，以及选择时基为微秒，不允许更新周期和脉冲数。建立 3 段的包络表（表 5-102），并将包络表的首地址 300 写入 SMW178。PTO 完成调用中断程序，使 Q0.1 接通。PTO 完成的中断事件号为 19。用中断调用指令 ATCH 将中断事件 19 与中断程序 INT_0 连接，并开启中断，执行 PLS 指令。其程序见表 5-103。

4. PWM 操作

（1）PWM 更新方法。脉冲宽度调制输出 PWM（pulse width modulation）发生器用来输出占空比可调的高速脉冲，通过同步更新和异步更新可改变 PWM 输出波形特性。

如果不需要改变 PWM 时间基准，就可以进行同步更新。执行同步更新时，波形的变化发生在周期边沿，形成平滑转换。

PWM 的典型操作是当周期时间保持常数时变化脉冲宽度，所以不需改变时间基准，但是，如果需要改变 PWM 时间基准时，就必须采用异步更新。异步更新会造成 PWM 功能被瞬时禁止，和 PWM 波形不同步而引起被控设备的振动，因此通常选用一个适合于所有周期时间的时间基准进行 PWM 同步更新。

（2）PWM 的使用。使用 PWM 时，需按以下步骤完成：

1）根据控制要求选用高速脉冲输出端，并选择 PWM 模式。

表 5-103   步进电动机的加减速控制程序

LAD			STL
主程序	网络1	SM0.1 ──┤├── Q0.1 ──(R)── 1	LD SM0.1 //初始复位 Q0.1 R Q0.1，1
	网络2	I0.0 ──┤├──┤P├── [SBR_0 EN]	LD I0.0 EU //I0.0 接通时调用 SBR_0 CALL SBR_0：SBR0

SBR_0	网络1	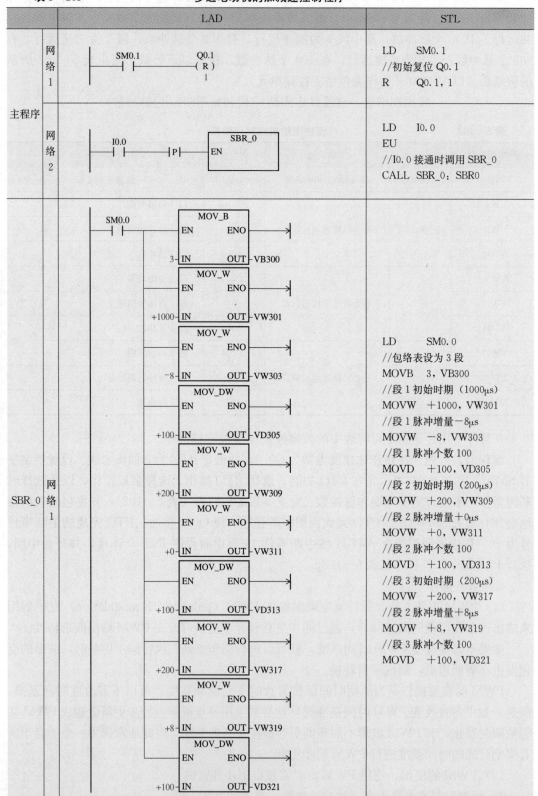	LD SM0.0
			//包络表设为 3 段
			MOVB 3，VB300
			//段 1 初始时期（1000μs）
			MOVW +1000，VW301
			//段 1 脉冲增量－8μs
			MOVW －8，VW303
			//段 1 脉冲个数 100
			MOVD +100，VD305
			//段 2 初始时期（200μs）
			MOVW +200，VW309
			//段 2 脉冲增量＋0μs
			MOVW +0，VW311
			//段 2 脉冲个数 100
			MOVD +100，VD313
			//段 3 初始时期（200μs）
			MOVW +200，VW317
			//段 2 脉冲增量＋8μs
			MOVW +8，VW319
			//段 3 脉冲个数 100
			MOVD +100，VD321

LAD	STL

<table><tr><td rowspan="2">SBR_0</td><td rowspan="2">网络 2</td></tr></table>	LD SM0.0
	//设置多段控制字节
	MOVB 16＃A0，SMB77
	//将包络表起始地址写入
	MOVW +300，SMW178
	//设置中断
	ATCH INT_0：INT0，19
	//全局开中断
	ENI
	//启动 PTO
	PLS 1

INT_0	LD SM0.0 //PTO 完成时，输出 Q0.1 = Q0.1

网络2 LAD含有：SM0.0 — MOV_B (IN 16#A0, OUT SMB77)；MOV_W (IN +300, OUT SMW178)；ATCH (INT_0:INT0 — INT, 19 — EVNT)；(ENI)；PLS (1 — Q0.X)。

INT_0 LAD含有：SM0.0 — Q0.1。

2）按照控制要求设置控制字节，并写入 SMB67 或 SMB77 中。

3）按控制要求将脉冲周期值写入 SMW68 或 SMW78，脉宽值写入 SMW70 或 SMW80 中。

4）执行 PLS 指令，使 S7‐200CPU 对 PWM 确认设置。

（3）PWM 应用举例。

【例 5‐47】 使用 PWM 实现从 Q0.1 输出周期递增的高速脉冲，要求脉冲的初始宽度为 100ms，周期固定为 10s，脉冲宽度每周期递增 10ms，当脉宽达到 150ms，脉冲又恢复初始宽度重新上述过程。

解 因为每个周期都有操作，所以需把 Q0.1 连接到 I0.0，采用 I0.0 上升沿中断的方法完成脉冲宽度的递增。在中断程序中，实现脉宽递增。在子程序中完成 PWM 的初始化操作，选用输出端为 Q0.1，控制字节为 SMB77，控制字设定为 16＃DA（允许 PWM 输出，Q0.1 为 PWM 方式，同步更新，时基为 ms，允许更新脉宽，不允许更新周期）。Q0.1 输出周期递增高速脉冲的程序见表 5‐104。

【例 5‐48】 使用 PWM 实现从 Q0.0 输出周期递增与递减的高速脉冲，要求脉冲的初始宽度为 500ms，周期固定为 5s，脉冲宽度每周期递增 500ms，当脉宽达到 4.5s 时，脉宽改为每周期递减 500ms，直到脉宽减为 0。以上过程重复执行。

解 因为每个周期都有操作，所以需把 Q0.0 连接到 I0.0，采用 I0.0 上升沿中断的方法完成脉冲宽度的递增和递减。编写两个中断程序，一个中断程序实现脉宽递增（INT_0），一个中断程序实现脉宽递减（INT_1），并设置标志位 M0.0。在初始化操作时使 M0.0 置位，执行脉宽递增中断程序。当脉宽达到 4.5s 时，使 M0.0 复位，执行脉宽递减中断程序。

表 5－104   **Q0.1 输出周期递增高速脉冲的程序**

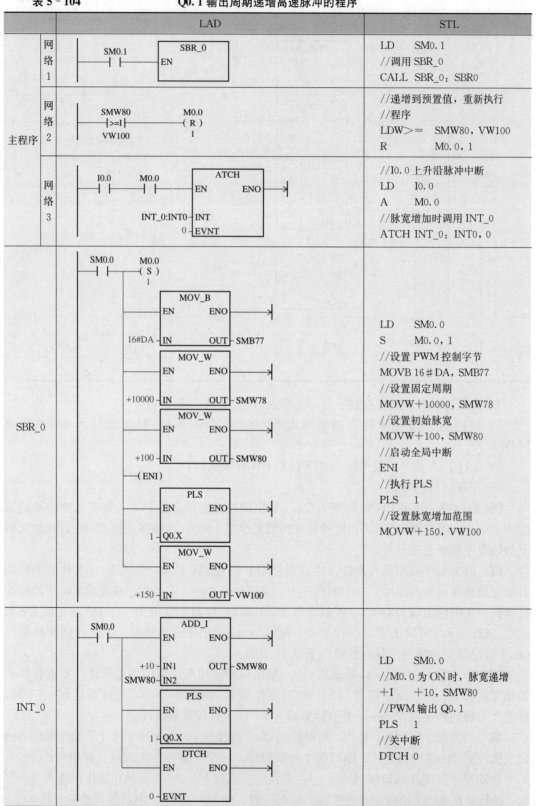

	LAD	STL
主程序	**网络1** SM0.1 — SBR_0 (EN)	LD SM0.1 //调用 SBR_0 CALL SBR_0：SBR0
	网络2 SMW80 [>=I] VW100 — M0.0 (R) 1	//递增到预置值，重新执行 //程序 LDW>= SMW80, VW100 R M0.0, 1
	网络3 I0.0 — M0.0 — ATCH (EN ENO) INT_0:INT0 — INT 0 — EVNT	//I0.0 上升沿脉冲中断 LD I0.0 A M0.0 //脉宽增加时调用 INT_0 ATCH INT_0：INT0, 0
SBR_0	SM0.0 — M0.0 (S) 1 MOV_B (EN ENO) 16#DA — IN OUT — SMB77 MOV_W (EN ENO) +10000 — IN OUT — SMW78 MOV_W (EN ENO) +100 — IN OUT — SMW80 (ENI) PLS (EN ENO) 1 — Q0.X MOV_W (EN ENO) +150 — IN OUT — VW100	LD SM0.0 S M0.0, 1 //设置 PWM 控制字节 MOVB 16#DA, SMB77 //设置固定周期 MOVW +10000, SMW78 //设置初始脉宽 MOVW +100, SMW80 //启动全局中断 ENI //执行 PLS PLS 1 //设置脉宽增加范围 MOVW +150, VW100
INT_0	SM0.0 — ADD_I (EN ENO) +10 — IN1 OUT — SMW80 SMW80 — IN2 PLS (EN ENO) 1 — Q0.X DTCH (EN ENO) 0 — EVNT	LD SM0.0 //M0.0 为 ON 时，脉宽递增 +I +10, SMW80 //PWM 输出 Q0.1 PLS 1 //关中断 DTCH 0

在子程序中完成 PWM 的初始化操作，选用输出端为 Q0.0，控制字节为 SMB67，控制字设定为 16♯DA（允许 PWM 输出，Q0.1 为 PWM 方式，同步更新，时基为 ms，允许更新脉宽，不允许更新周期）。Q0.0 输出周期递增与递减高速脉冲的程序见表 5-105。

表 5-105　　　　　　　　**Q0.0 输出周期递增与递减高速脉冲的程序**

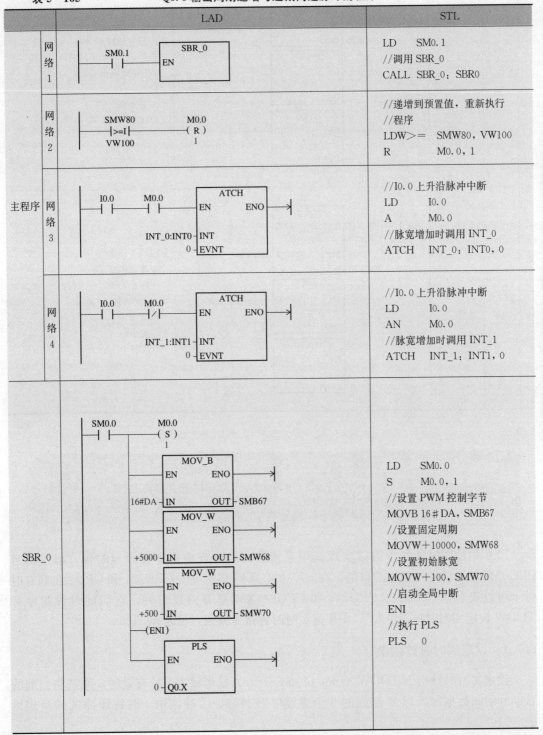

		LAD	STL
主程序	网络1	SM0.1 ——[ ]—— EN SBR_0	LD SM0.1 //调用 SBR_0 CALL SBR_0：SBR0

	网络2	SMW80 >=I VW100 ——(R) M0.0 1	//递增到预置值，重新执行
			//程序
			LDW>= SMW80，VW100
			R M0.0，1

	网络3	I0.0 M0.0 ——[ ]——[ ]—— EN ENO ATCH
		INT_0:INT0 - INT
		0 - EVNT
			//I0.0 上升沿脉冲中断
			LD I0.0
			A M0.0
			//脉宽增加时调用 INT_0
			ATCH INT_0：INT0，0

	网络4	I0.0 M0.0 ——[ ]——[/]—— EN ENO ATCH
		INT_1:INT1 - INT
		0 - EVNT
			//I0.0 上升沿脉冲中断
			LD I0.0
			AN M0.0
			//脉宽增加时调用 INT_1
			ATCH INT_1：INT1，0

SBR_0		SM0.0 ——[ ]—— M0.0 ——(S) 1
		MOV_B EN ENO
		16#DA - IN OUT - SMB67
		MOV_W EN ENO
		+5000 - IN OUT - SMW68
		MOV_W EN ENO
		+500 - IN OUT - SMW70
		——(ENI)
		PLS EN ENO
		0 - Q0.X
			LD SM0.0
			S M0.0，1
			//设置 PWM 控制字节
			MOVB 16♯DA，SMB67
			//设置固定周期
			MOVW+10000，SMW68
			//设置初始脉宽
			MOVW+100，SMW70
			//启动全局中断
			ENI
			//执行 PLS
			PLS 0

续表

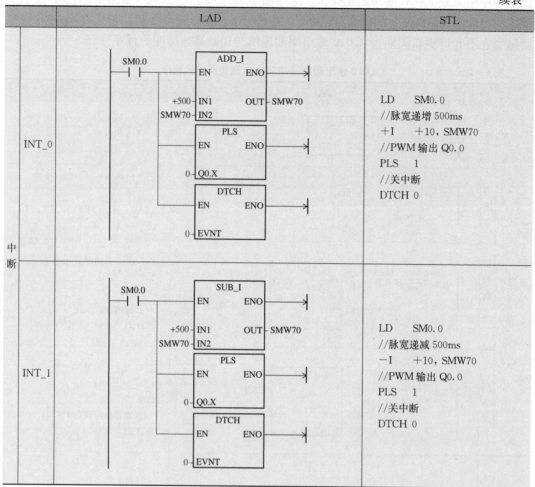

LAD	STL

INT_0	LD SM0.0
	//脉宽递增500ms
	＋I ＋10，SMW70
	//PWM输出 Q0.0
	PLS 1
	//关中断
	DTCH 0

INT_1	LD SM0.0
	//脉宽递减500ms
	－I ＋10，SMW70
	//PWM输出 Q0.0
	PLS 1
	//关中断
	DTCH 0

中断 (INT_0 / INT_1)

5.7 S7-200 PLC的实时时钟指令

PLC中使用时钟指令可以实现调用系统实时时钟或根据需要设定时钟，以达到对PLC系统的运行进行监视的目的。在S7-200系列PLC中，CPU221和CPU222都有时钟卡可以安装，CPU224、CPU226和CPU226XM都有内置时钟，它们的时钟指令有TODW设定实时时钟指令和TODR读实时时钟指令两条，见表5-106。

5.7.1 设定实时时钟指令

设定实时时钟指令TODW（time of day write）是当输入EN有效时，系统将当前的日期和时间数据写入以T起始的8个连续字节的时钟缓冲区中。时钟缓冲区的格式见表5-107。

表 5‑106 　　　　　　　　　　　　　　**实 时 时 钟 指 令**

指令	LAD	STL	T 操作数	功能说明
TODW	SET_RTC EN　ENO ????—T	TODW　T	VB, IB, QB, SMB, SB, LB, ＊VD, ＊AC, ＊LD	系统将包含当前时间和日期以地址 T 起始的 8 个字节的缓冲区装入 PLC 时钟
TODR	READ_RTC EN　ENO ????—T	TODR　T		系统读取实时时钟当前时间和日期，并将其载入以地址 T 起始的 8 个字节的缓冲区

表 5‑107 　　　　　　　　　　　　**时 钟 缓 冲 区 的 格 式**

地址	T	T+1	T+2	T+3	T+4	T+5	T+6	T+7
含义	年	月	日	时	分	秒	0	星期
范围	00～99	00～12	00～31	00～23	00～59	00～59	0	01～07

5.7.2 读实时时钟指令

读实时时钟指令 TODR（time of day read）是当输入 EN 有效时，系统从实时时钟读取当前时间和日期，并把它们装入以 T 为起始的 8 个字节的时钟缓冲区中。

在使用实时时钟指令时，要注意以下几点：

（1）必须使用 BCD 码表示所有日期和时间值，在实时时钟中只用年的最低两位有效数字，例如 2021 年用 16♯21 表示。实时时钟中星期的取值为 01～07，01 代表星期一，02 代表星期二，07 代表星期日。

（2）S7‑200 CPU 不核实输入的星期和日期是否正确，例如 2 月 30 日是无效的，但 CPU 可能接收此日期，所以必须输入正确的日期。

（3）不能在主程序和子程序中同时使用 TODW 或 TODR 指令，否则将产生 0007 数据错误，SM4.3 置位。

【例 5‑49】　使用实时时钟指令读取系统当前的日数据，并将其显示出来。

解　可以使用 TODR 指令读取系统当前的时间和日期，并将其存储在 VB0 起始的单元中。根据时钟缓冲区的格式可知，VB0 存储的年数据，VB1 存储的为月数据，VB2 存储的是日数据，因此只要将 VB2 中的数据传送到 VB20，然后使用 SEG 指令将 VB20 中的数据由 QB0 进行显示即可，编写程序见表 5‑108。由于时间、日期数据格式为字节型 BCD 码，所以不需要使用 ITB 指令进行格式转换，用 SEG 指令直接可以显示日期。

【例 5‑50】　用实时时钟指令编写路灯控制程序，要求 18：00 时开灯，06：00 时关灯，路灯由 Q0.1 输出控制，程序见表 5‑109。

表 5 – 108　　　　实时时钟指令读取系统当前的日数据程序

网络	LAD	STL
网络 1	SM0.1 READ_RTC EN　ENO VB0 – T MOV_B EN　ENO VB2 – IN　OUT – VB20 SEG EN　ENO VB20 – IN　OUT – QB0	LD　　　SM0.1 TODR　　VB0 MOVB　　VB2, VB20 SEG　　　VB20, QB0

表 5 – 109　　　　路 灯 控 制 程 序

网络	LAD	STL
网络 1	SM0.0 READ_RTC EN　ENO VB0 – T	LD　　　SM0.0 //读实时时钟，小时值在 VB3 中 TODR　　VB0

网络 2	VB3　　　　　Q0.1
	>=B　　　　　( )
	16#18
	VB3
	<=B
	16#06
		//若实时时钟在 18：00 之后
		LDB>=　　VB3, 16#18
		//或实时时钟在 6：00 以前
		OB<=　　VB3, 16#06
		//开启路灯
		=　　　　Q0.1

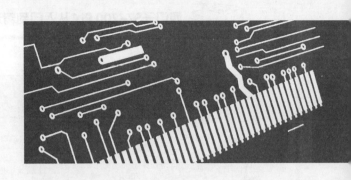

第6章

数字量控制系统梯形图的设计方法

数字量控制系统又称开关量控制系统，传统的继电—接触器控制系统就是典型的数字量控制系统。采用梯形图及指令表方式编程是可编程控制器最基本的编程方式，它采用的是常规控制电路的设计思想，所以广大电气工作者均采用这些方式进行 PLC 系统的设计。

6.1 梯形图的设计方法

梯形图的设计方法主要包括根据继电—接触器电路图设计法、经验设计法和顺序控制设计法。

6.1.1 根据继电—接触器电路图设计梯形图

根据继电—接触器电路图设计梯形图实质上就是 PLC 替代法，其基本思想是：根据表 6-1 所示的继电—接触器控制电路符号与梯形图电路符号的对应情况，将原有电气控制系统输入信号及输出信号作为 PLC 的 I/O 点，原来由继电—接触器硬件完成的逻辑控制功能由 PLC 的软件—梯形图及程序替代完成。下面以三相异步电动机的正反转控制为例，讲述其替代过程。

表 6-1　　　　继电—接触器控制电路符号与梯形图电路符号的对应情况

梯形图电路			继电—接触器电路	
元件	符号	常用地址	元件	符号
动合触点	┤├	I, Q, M, T, C	按钮、接触器、时间继电器、中间继电器的动合触点	
动断触点	┤／├	I, Q, M, T, C	按钮、接触器、时间继电器、中间继电器的动断触点	

续表

梯形图电路			继电—接触器电路	
元件	符号	常用地址	元件	符号
线圈	⊣（ ）	Q、M	接触器、中间继电器线圈	▯
功能框 定时器	Txxx IN TON PT ???ms	T	时间继电器	⊠▯ ■▯
功能框 计数器	Cxxx CU CTU R PV	C	无	无

1. 三相异步电动机的正反转控制

传统继电器—接触器的正反转控制电路原理图如图6-1所示。

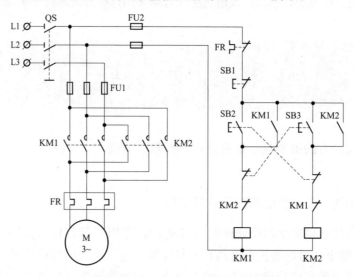

图6-1 传统继电器—接触器的正反转控制电路原理图

合上闸刀开关 QS，按下正向启动按钮 SB2 时，KM1 线圈得电，主触头闭合，电动机正向启动运行。若需反向运行时，按下反向启动按钮，其动断触点打开切断 KM1 线圈电源，电动机正向运行电源切断，同时 SB3 的动合触点闭合，使 KM2 线圈得电，KM2 的主触头闭合，改变了电动机的电源相序，使电动机反向运行。电动机需要停止运行时，只需按下停止按钮 SB1 即可实现。

2. 使用 PLC 实现三相异步电动机的正反转控制

用 PLC 实现对三相异步电动机的正反转控制时，需要停止按钮 SB1、正转启动按钮 SB2、反转启动按钮 SB3、还需要 PLC、正转接触器 KM1、反转接触器 KM2、三相异步交流电动机 M 和热继电器 FR 等。

用 PLC 实现对三相异步电动机的正反转控制时，其转换步骤如下：

（1）将继电—接触器式正反转控制辅助电路的输入开关逐一改接到 PLC 的相应输入端；辅助电路的线圈逐一改接到 PLC 的相应输出端，如图 6-2 所示。

（2）将继电—接触器式正反转控制辅助电路中的触点、线圈逐一转换成 PLC 梯形图虚拟电路中的虚拟触点、虚线线圈，并保持连接顺序不变，但要将虚拟线圈之右的触点改接到虚拟线圈之左。

（3）检查所得 PLC 梯形图虚拟电路是否满足要求，如果不满足应作局部修改。

实际上，用户可以将图 6-2 进行优化：①可以将 FR 热继电器改接到输出，这样节省了一个输入端口；另外 PLC 外部输出电路中还必须对正反转接触器 KM1 与 KM2 进行"硬互锁"，以避免正反转切换时发生短路故障。因此，优先后的 PLC 接线图如图 6-3 所示，用户编写的程序见表 6-2。

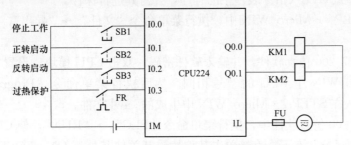

图 6-2　正反转控制的 PLC 外部接线图

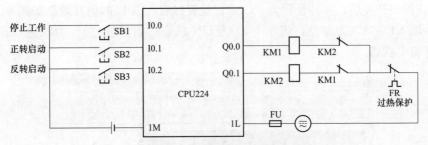

图 6-3　优化后的 PLC 外部接线图

网络 1 为正向运行控制，按下正向启动按钮 SB2，I0.1 触点闭合，Q0.0 线圈输出，控制 KM1 线圈得电，使电动机正向启动运行，Q0.0 的动合触点闭合，形成自锁。

网络 2 为反向运行控制，按下反向启动按钮 SB3，I0.2 的动合触点闭合，I0.2 的动断触点打开，使电动机反向启动运行。

不管电动机是在正转还是反转，只要按下停车按钮 SB1，I0.0 动断触点打开，都将切断电动机的电源，从而实现停车。

表 6-2　　　　　　　　　　　　用户编写的正反转控制程序

网络	LAD	STL
网络 1	I0.1　　I0.0　　I0.2　　Q0.1　　　Q0.0 ─┤├──┤/├──┤/├──┤/├──（ ） Q0.0 ─┤├─	LD　　I0.1 O　　Q0.0 AN　　I0.0 AN　　I0.2 AN　　Q0.1 =　　Q0.0

续表

网络	LAD	STL
网络2	 I0.2　I0.0　I0.1　Q0.0　Q0.1 ├┤├─┤/├─┤/├─┤/├──( ) 　Q0.1 ├┤├	LD　　I0.2 O　　Q0.1 AN　　I0.0 AN　　I0.1 AN　　Q0.0 =　　　Q0.1

3. 程序仿真

（1）用户启动 STEP 7 - Micro/WIN，创建一个新的项目，按照表 6 - 1 所示输入 LAD（梯形图）或 STL（指令表）中的程序，并对其进行保存。

（2）在 STEP 7 - Micro/WIN 中，执行菜单命令"文件"→"导出"，生成 .awl 仿真文件。

（3）启动 S7_200 仿真软件，并输入软件密码，双击 CPU 模块，设置 CPU 的型号与 STEP 7 - Micro/WIN 中 CPU 的型号相同。然后执行菜单命令"Program"→"Load Program"，载入在 STEP 7 - Micro/WIN 中生成的 .awl 文件。

（4）在 S7_200 仿真软件中，执行菜单命令"PLC"→"RUN"，使 CPU 处于模拟运行状态。在模拟运行状态下，直接单击某位拨码开关使其处于 ON 或 OFF 状态，例如单击"1"位拨码开关后，将其设置为"ON"，设置好后，CPU 的仿真效果如图 6 - 4 所示。在图中，输入位"1"为绿色，表示 I0.1 为 ON 状态；输出位"0"为绿色，表示 Q0.0 线圈处于得电状态。

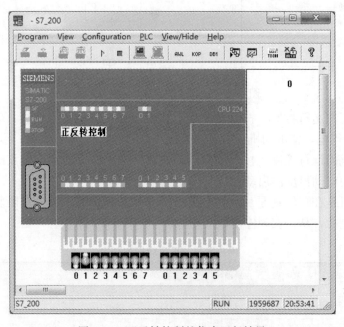

图 6 - 4　正反转控制的仿真运行结果

根据继电—接触器电路图设计梯形图这种方法的优点是程序设计方法简单，有现成的电控制线路作为依据，设计周期短。一般在旧设备电气控制系统改造中，对于不太复杂的控制系统常采用此方法。

6.1.2 用经验法设计梯形图

在 PLC 发展的初期,沿用了设计继电器电路图的方法来设计梯形图程序,即在已有的典型梯形图上,根据被控对象对控制的要求,不断修改和完善梯形图。有时需要多次反复地调试和修改梯形图,不断地增加中间编程元件的触点,最后才能得到一个较为满意的结果。这种方法没有普遍的规律可以遵循,设计所用的时间、设计的质量与编程者的经验有很大的关系,所以有人将这种设计方法称为经验设计法。

经验设计法要求设计者具有一定的实践经验,掌握较多的典型应用程序的基本环节。根据被控对象对控制系统的具体要求,凭经验选择基本环节,并把它们有机地组合起来。其设计过程是逐步完善的,一般不易获得最佳方案,程序初步设计后,还需反复调度、修改的完善,直至满足被控对象的控制要求。

经验设计法可以用于逻辑关系较简单的梯形图程序设计。电动机"长动+点动"过程的 PLC 控制是学习 PLC 经验设计梯形图的典型代表。电动机"长动+点动"过程的控制程序适合采用经验编程法,而且能充分反映经验编程法的特点。

1. 三相异步电动机的"长动+点动"控制

三相异步电动机的"长动+点动"控制电路原理图如图 6-5 所示。

在初始状态下,按下按钮 SB2,KM 线圈得电,KM 主触头闭合,电动机得电启动,同时 KM 动合辅助触头闭合形成自锁,使电动机进行长动运行。若想电动机停止工作,只需按下停止按钮 SB1 即可。工业控制中若需点动控制,在初始状态下,只需按下复合开关 SB3 即可。当按下 SB3 时,KM 线圈得电,KM 主触头闭合,电动机启动,同时 KM 的辅助触头闭合,由于 SB3 的动断触头打开,因此断开了 KM 自锁回路,电动机只能进行点动控制。

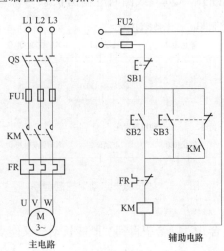

图 6-5 三相异步电动机的"长动+点动"
控制电路原理图

当操作者松开复合按钮 SB3 后,若 SB3 的动断触头先闭合,动合触头后打开时,则接通了 KM 自锁回路,使 KM 线圈继续保持得电状态,电动机仍然维持运行状态,这样点动控制变成了长动控制,因此在电气控制中称这种情况为"触头竞争"。触头竞争是触头在过渡状态下的一种特殊现象。若同一电器的动合和动断触头同时出现在电路的相关部分,当这个电器发生状态变化(接通或断开)时,电器接点状态的变化不是瞬间完成的,还需要一定时间。动合和动断触头有动作先后之别,在吸合和释放过程中,继电器的动合触头和动断触头存在一个同时断开的特殊过程。因此在设计电路时,如果忽视了上述触头的动态过程,就可能会导致产生破坏电路执行正常工作程序的触头竞争,使电路设计遭受失败。如果已存在这样的竞争一定要从电器设计和选择上来消除,如电路上采用延时继电器等。

2. 使用 PLC 实现三相异步电动机的"长动＋点动"控制

用 PLC 实现对三相异步电动机的"长动＋点动"控制时，需要停止按钮 SB1、长动按钮 SB2、点动按钮 SB3、还需要 PLC、接触器 KM、三相异步交流电动机 M 和热继电器 FR 等。PLC 用于三相异步电动机"长动＋点动"的辅助电路控制，其 I/O 接线如图 6-6 所示。

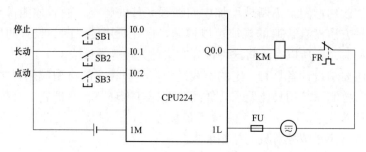

图 6-6 "长动＋点动"控制的 I/O 接线图

用 PLC 实现"长动＋点动"控制时，其控制过程为：当 SB1 按下时，I0.0 的动断触点断开，Q0.0 线圈断电输出状态为 0（OFF），使 KM 线圈断点，从而使电动机停止运行；当 SB2 按下时，I0.1 的动合触点闭合，Q0.0 线圈得电输出状态为 1（ON），使 KM 线圈得电，从而使电动机长动运行；当 SB3 按下，I0.2 的动合触点闭合，Q0.0 线圈得电输出状态为 1，使 KM 线圈得电，从而使电动机点动运行。

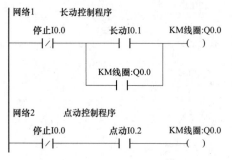

图 6-7 "长动＋点动"控制程序

从 PLC 的控制过程可以看出，可以理解由长动控制程序和点动控制程序构成，如图 6-7 所示。在图中的两个程序段的输出都为 Q0.0 线圈，应避免这种现象出现。试着将这两个程序直接合并，以希望得到"既能长动、又能点动"的控制程序，如图 6-8 所示。

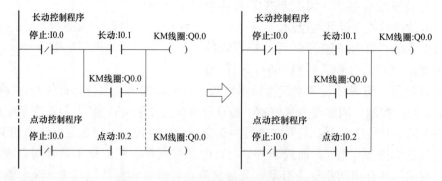

图 6-8 "长动＋点动"控制程序直接合并

如果直接按图 6-8 合并，将会产生点动控制不能实现的故障。因为不管是 I0.1 还是 I0.2 动合触点闭合，Q0.0 线圈得电，都使 Q0.0 动合触点闭合而实现了通电自保。

针对这种情况，可以有两种方法解决：一是在 Q0.0 动合触点支路上串联 I0.2 动断触点，另一方法是引入内部辅助继电器触点 M0.0，如图6-9所示。在图6-9中，既实现了点动控制，又实现了长动控制。长动控制的启动信号到来（I0.1动合触点闭合），M0.0通电自保，再由 M0.0 的动合触点传递到 Q0.0，从而实现了三相异步电动机的长动控制。这里的关键是 M0.0 对长动的启动信号自保，而与点动信号无关。点动控制信号直接控制 Q0.0，Q0.0 不应自保，因为点动控制排斥自保。

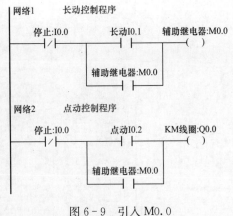

图6-9　引入 M0.0

根据梯形图的设计规则，图6-9还需进一步优化，需将 I0.0 动断触点放在并联回路的右方，且点动控制程序中的 I0.0 动断触点可以省略，因此用户编写的程序见表6-3。

表6-3　　　　　　　　　用户编写的"长动＋点动"控制程序

网络	LAD	STL
网络1	长动:I0.1　停止:I0.0　辅助继电器:M0.0 ( ) ／ 辅助继电器:M0.0	LD　长动：I0.1 O　辅助继电器：M0.0 AN　停止：I0.0 ＝　辅助继电器：M0.0
网络2	点动:I0.2　KM线圈:Q0.0 ( ) 辅助继电器:M0.0	LD　点动：I0.2 O　辅助继电器：M0.0 ＝　KM线圈：Q0.0

3. 程序仿真

（1）用户启动 STEP 7 - Micro/WIN，创建一个新的项目，按照表6-1所示输入 LAD（梯形图）或 STL（指令表）中的程序，并对其进行保存。

（2）在 STEP 7 - Micro/WIN 中，执行菜单命令"文件"→"导出"，生成 .awl 仿真文件。

（3）启动 S7_200 仿真软件，并输入软件密码，双击 CPU 模块，设置 CPU 的型号与 STEP 7 - Micro/WIN 中 CPU 的型号相同。然后执行菜单命令"Program"→"Load Program"，载入在 STEP 7 - Micro/WIN 中生成的 .awl 文件。

（4）在 S7_200 仿真软件中，执行菜单命令"PLC"→"RUN"，使 CPU 处于模拟运行状态。在模拟运行状态下，直接点击1位拨码开关使其处于 ON，输出位"0"为绿色（表示 Q0.0 输出为"1"），此时再点击1位拨码开关使其处于 OFF，输出位"0"为绿色，仿真效果如图6-10所示。当2位拨码开关处于 ON，输出位"0"为绿色，此时再将2位拨码开关处于 OFF，输出位"0"绿色消失，表示 Q0.0 输出为"0"。

通过仿真可以看出，表6-3中的程序完全符合设计要求。用经验法设计梯形图时，

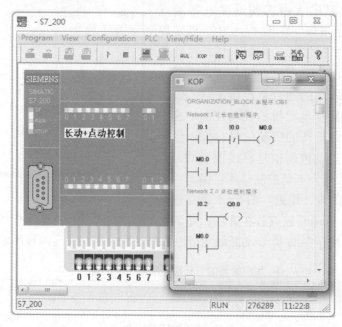

图6-10 "长动+点动"控制的仿真运行结果

没有一套固定的方法和步骤，且具有很大的试探性的随意性。对于不同的控制系统，没有一种通用的容易掌握的设计方法。

6.2 顺序控制设计法与顺序功能图

在工业控制中存在着大量的顺序控制，如机床的自动加工、自动生产线的自动运行、机械手的动作等，它们都是按照固定的顺序进行动作的。在顺序控制系统中，对于复杂顺序控制程序，仅靠基本指令系统编程会很不方便，其梯形图复杂且不直观。针对此种情况，可以使用顺序控制设计法相关程序的编写。

所谓顺序控制，就是按照生产工艺预先规定的顺序，在各个输入信号的作用下，根据内部状态和时间的顺序，在生产过程中各个执行机构自动地有秩序地进行操作。使用顺序控制设计法首先根据系统的工艺过程，画出顺序功能图，然后根据顺序功能图画出梯形图。有的PLC编程软件为用户提供了顺序功能（Sequential Function Chart，SFC）语言，在编程软件中生成顺序功能图后便完成了编程工作。例如西门子S7-300/400系列PLC为用户提供了顺序功能图语言，用于编制复杂的顺序控制程序。利用这种编程方法能够较容易地编写出复杂的顺序控制程序，从而提高工作效率。

顺序控制设计法是一种先进的设计方法，很容易被初学者接受，对于有经验的工程师，也会提高设计的效率，程序的调试、修改和阅读也很方便。其设计思想是将系统的一个工作周期划分为若干个顺序相连的阶段，这些阶段称为"步"（Step），并明确每一"步"所要执行的输出，"步"与"步"之间通过指定的条件进行转换，在程序中只需要通过正确连接进行"步"与"步"之间的转换，便可以完成系统的全部工作。

顺序控制程序与其他 PLC 程序在执行过程中的最大区别是：SFC 程序在执行程序过程中始终只有处于工作状态的"步"（称为"有效状态"或"活动步"）才能进行逻辑处理与状态输出，而其他状态的步（"无效状态"或"非活动步"）的全部逻辑指令与输出状态均无效。因此，使用顺序控制进行程序设计时，设计者只需要分别考虑每一"步"所需要确定的输出，以及"步"与"步"之间的转换条件，并通过简单的逻辑运算指令就可完成程序的设计。

顺序功能图又称流程图，它是描述控制系统的控制过程、功能和特性的一种图形，也是设计 PLC 的顺序控制程序的有力工具。顺序功能图并不涉及所描述的控制功能的具体技术，它是一门通用的技术语言，可以进行进一步设计，用作和不同专业的人员之间进行技术交流。

各个 PLC 厂家都开发了相应的顺序功能图，各国家也都制定了顺序功能图的国家标准，我国于 1986 年颁布了顺序功能图的国家标准。顺序功能图主要由步、有向连线、转换、转换条件和动作（或命令）组成。如图 6 - 11 所示。

6.2.1 步与动作

1. 步

在顺序控制中"步"又称状态，它是指控制对象的某一特定的工作情况。为了区分不同的状，同时使得 PLC 能够控制这些状态，需要对每一状态赋予一定的标记，这一标记称为"状态元件"。在 S7 - 200 系列 PLC 中，状态元件通常用顺序控制继电器 S0.0～ S31.7 来表示。

步主要分为初始步、活动步和非活动步。

初始状态一般是系统等待启动命令的相对静止的状态。系统在开始进行自动控制之前，首先应进入规定的初始状

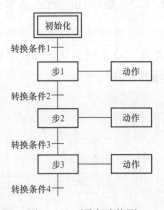

图 6 - 11　顺序功能图

态。与系统的初始状态相对应的步称为初始步，初始步用双线框表示，每一个顺序控制功能图至少应该有 1 个初始步。

当系统处于某一步所在的阶段时，该步处于活动状态，称为"活动步"。步处于活动状态时，相应的动作被执行。处于不活动状态的步称为非活动步，其相应的非存储型动作被停止执行。

2. 动作

可以将一个控制系统划分为施控系统和被控系统，对于被控系统，动作是某一步所要完成的操作；对于施控系统，在某一步中要向被控系统发出某些"命令"，这些命令也可称为动作。

6.2.2 有向连线与转换

有向连线就是状态间的连接线，它决定了状态的转换方向与转换途径。在顺序控制功能图程序中的状态一般需要 2 条以上的有向连线进行连接，其中 1 条为输入线，表示转换到本状态的上一级"源状态"，另 1 条为输出线，表示本状态执行转换时的下一线"目

标状态"。在顺序功能图程序设计中，对于自上而下的正常转换方向，其连接线一般不需标记箭头，但是对于自下而上的转换或是向其他方向的转换，必须以箭头标明转换方向。

步的活动状态的进展是由转换的实现来完成的，并与控制过程的发展相对应。转换用有向连线上与有向连线垂直的短划线来表示，转换将相邻两步分隔开。

转换条件是指用于改变PLC状态的控制信号，它可以是外部的输入信号，如按钮、主令开关、限位开关的接通/断开等；也可以是PLC内部产生的信号，如定时器、计数器动合触点的接通等，转换条件还可能是若干个信号的与、或、非逻辑组合。不同状态间的转换条件可以不同也可以相同，当转换条件各不相同时，顺序控制功能图程序每次只能选择其中的一种工作状态（称为选择分支）。当若干个状态的转换条件完全相同时，顺序控制功能图程序一次可以选择多个状态同时工作（称为并行分支）。只有满足条件的状态，才能进行逻辑处理与输出，因此，转换条件是顺序功能图程序选择工作状态的开关。

在顺序控制功能图程序中，转换条件通过与有向连线垂直的短横线行进标记，并在短横线旁边标上相应的控制信号地址。

6.2.3　顺序功能图的基本结构

在顺序控制功能图程序中，由于控制要求或设计思路的不同，使得步与步之间的连接形式也不同，从而形成了顺序控制功能图程序的3种不同基本结构形式：单序列、选择序列和并行序列。这3种序列结构如图6-12所示。

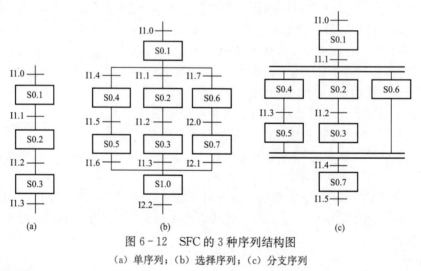

图6-12　SFC的3种序列结构图
（a）单序列；（b）选择序列；（c）分支序列

1. 单序列

单序列由一系列相继激活的步组成，每一步的后面仅有一个转换，每一个转换的后面只有一个步，如图6-12（a）所示。单序列结构的特点如下：

（1）步与步之间采用自上而下的串联连接方式。

（2）状态的转换方向始终是自上而下且固定不变（起始状态与结束状态除外）。

（3）除转换瞬间外，通常仅有1个步处于活动状态。基于此，在单序列中可以使用"重复线圈"（如输出线圈、内部辅助继电器等）。

（4）在状态转换的瞬间，存在一个PLC循环周期时间的相邻两状态同时工作的情况，因此对于需要进行"互锁"的动作，应在程序中加入"互锁"触点。

（5）在单序列结构的顺序控制功能图程序中，原则上定时器也可以重复使用，但不能在相邻两状态里使用同一定时器。

（6）在单序列结构的顺序控制功能图程序中，只能有一个初始状态。

2. 选择序列

选择序列的开始称为分支，如图 6 - 12（b）所示，转换符号只能在标在水平连线之下。在图 6 - 12（b）中，当步 S0.1 为活动步且转换条件 I1.1 有效时，则发生由步 S0.1→步 S0.2 的进展；当步 S0.1 为活动步且转换条件 I1.4 有效时，则发生由步 S0.1→步 S0.4 的进展；当步 S0.1 为活动步且转换条件 I1.7 有效时，则发生由步 S0.1→步 S0.6 的进展。

在步 S0.1 之后选择序列的分支处，每次只允许选择一个序列。选择序列的结束称为合并，几个选择序列合并到一个公共序列时，用与需要重新组合的序列相同数量的转换符号和水平连线来表示，转换符号只允许标在连线之上。

允许选择序列的某一条分支上没有步，但是必须有一个转换，这种结构的选择序列称为跳步序列。跳步序列是一种特殊的选择序列。

3. 并行序列

并行序列的开始称为分支，如图 6 - 12（c）所示，当转换的实现导致几个序列同时激活时，这些序列称为并行序列。在图 6 - 12（c）中，当步 0.1 为活动步时，若转换条件 I1.1 有效，则步 S0.2、步 S0.4 和步 S0.6 均同时变为活动步，同时步 S0.1 变为不活动步。为了强调转换的同步实现，水平连线用双线表示。步 S0.2、步 S0.4 和步 S0.6 被同时激活后，每个序列中活动步的进展将是独立的。在表示同步的水平双线上，只允许有一个转换符号。并行序列用来表示系统的几个同时工作的独立部分的工作情况。

6.3 常见的顺序控制编写梯形图的方法

有了顺序控制功能图后，用户可以使用不同的方式编写顺序控制梯形图。但是，如果使用的 PLC 类型及型号不同，编写顺序控制梯形图的方式也不完全一样。比如日本三菱公司的 FX_{2N} 系列 PLC 可以使用启保停、步进梯形图指令、移位寄存器和置位/复位指令这 4 种编写方式；西门子 S7 - 200 系列 PLC 可以使用启保停、置位/复位指令和 SFC 顺控指令这 3 种编写方式；西门子 S7 - 300/400 系列 PLC 可以使用启保停、置位/复位指令和使用 S7 Graph 这 3 种编写方式；欧姆龙 CP1H 系列 PLC 可以使用启保停、置位/复位指令和顺控指令（步启动/步开始）这 3 种编写方式。

注意，在启保停方式和置位/复位指令方式中，状态寄存器 S 用内部标志寄存器 M 来代替。下面，以某回转工作台控制钻孔为例，简单介绍分别使用启保停、置位/复位指令编写顺序控制梯形图的方法。

某 PLC 控制的回转工作台控制钻孔的过程是：当回转工作台不转且钻头回转时，如果传感器工件到位，则 I0.0 信号为 1，Q0.0 线圈控制钻头向下工进。当钻到一定深度使钻头套筒压到下接近开关时，I0.1 信号为 1，控制 T37 计时。T37 延时 5s 后，Q0.1 线圈控制钻头快退。当快退到上接近开关时，I0.2 信号为 1，就回到原位。顺序功能表图如图 6-13 所示。

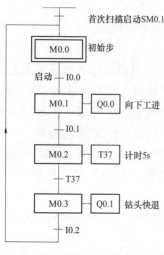

图 6-13 某回转工作台控制钻孔的顺序控制功能图

6.3.1 启保停方式的顺序控制

启保停电路即启动保持停止电路，它是梯形图设计中应用比较广泛的一种电路。其工作原理是：如果输入信号的动合触点接通，则输出信号的线圈得电，同时对输入信号进行"自锁"或"自保持"，这样输入信号的动合触点在接通后可以断开。

1. 启保停方式程序的编写

这种编写方法通用性强，编程容易掌握，一般在原继电一接触器控制系统的 PLC 改造过程中应用较多。从图 6-13 中看出，M0.0 的一个启动条件为 M0.3 的动合触点和转换条件 I0.2 的动合触点组成的串联电路；此外 PLC 刚运行时应将初始步 M0.0 激活，否则系统无法工作，所以初始化脉冲 SM0.1 为 M0.0 的另一个启动条件，这两个启动条件应并联。为了保证活动状态能持续到下一步活动为上，还需并上 M0.0 的自锁触点。当 M0.0、I0.0 的动合触点同时为 1 时，步 M0.1 变为活动步，M0.0 变为不活动步，因此将 M0.1 的动断触点串入 M0.0 的回路中作为停止条件。此后 M0.1~M0.3 步的梯形图转换与 M0.0 步梯形图的转换一致。表 6-4 是使用启保停电路编写与图 6-13 顺序功能图所对应的程序，在图中只使用了动合触点、动断触点及输出线圈。

表 6-4 使用启保停方式编写与图 6-13 顺序功能图所对应的程序

网络	LAD	STL
网络 1	M0.3 I0.2 M0.1 M0.0 ⊣⊢ ⊣⊢ ⊣/⊢ ( ) SM0.1 ⊣⊢ M0.0 ⊣⊢	LD M0.3 A I0.2 O SM0.1 O M0.0 AN M0.1 = M0.0
网络 2	M0.0 I0.0 M0.2 Q0.0 ⊣⊢ ⊣⊢ ⊣/⊢ ( ) M0.1 M0.1 ⊣⊢ ( )	LD M0.0 A I0.0 O M0.1 AN M0.2 = Q0.0 = M0.1
网络 3	M0.1 I0.1 M0.3 T37 ⊣⊢ ⊣⊢ ⊣/⊢ ┌IN TON┐ M0.2 +50─┤PT 100ms│ ⊣⊢ M0.2 ( )	LD M0.1 A I0.1 O M0.2 AN M0.3 TON T37,+50 = M0.2

网络	LAD	STL
网络4	M0.2 T37 M0.0 Q0.1 ─┤├──┤├──┤/├──( ) M0.3 ─┤├── M0.3 ( )	LD M0.2 A T37 O M0.3 AN M0.0 = Q0.1 = M0.3

2. 程序仿真

（1）用户启动 STEP 7 - Micro/WIN，创建一个新的项目，按照表 6 - 4 所示输入 LAD（梯形图）或 STL（指令表）中的程序，并对其进行保存。

（2）在 STEP 7 - Micro/WIN 中，执行菜单命令"文件"→"导出"，生成 .awl 仿真文件。

（3）启动 S7_200 仿真软件，并输入软件密码，双击 CPU 模块，设置 CPU 的型号与 STEP 7 - Micro/WIN 中 CPU 的型号相同。然后执行菜单命令"Program"→"Load Program"，载入在 STEP 7 - Micro/WIN 中生成的 .awl 文件。

（4）在 S7_200 仿真软件中，执行菜单命令"PLC"→"RUN"，使 CPU 处于模拟运行状态。刚进入模拟运行状态时，SM0.1 动合触点闭合 1 次，使 M0.0 线圈得电并自锁。先点击"0"位拨码开关后，将其设置为"ON"，M0.1 和 Q0.0 线圈得电，模拟钻头向下工进，其运行效果如图 6 - 14 所示。再将"0"位拨码开关设置为"OFF"，"1"位拨码开

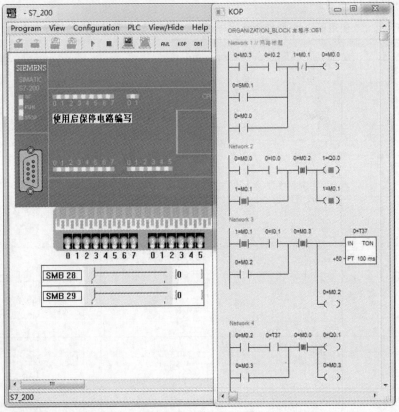

图 6 - 14　使用启保停方式编写程序的运行效果

关设置为"ON"，M0.1 和 Q0.0 线圈失电，同时 M0.2 线圈得电、T37 进行延时。当 T37 延时达 5s 时，M0.2 线圈失电，而 Q0.1 和 M0.3 线圈得电，模拟钻头快退。然后将 "1"位拨码开关设置为"OFF"，"2"位拨码开关设置为"ON"，M0.3 和 Q0.1 线圈失电，同时 M0.0 线圈得电，又回到初始步状态。

6.3.2 置位/复位指令方式的顺序控制

使用置位/复位指令的顺序控制功能梯形图的编写方法又称以转换为中心的编写方法，它是用某一转换所有前级步对应的辅助继电器的动合触点与转换对应的触点或电路串联，作为使用所有后续步对应的辅助继电器置位和使所有前级步对应的辅助继电器复位的条件。

1. 置位/复位指令方式程序的编写

这种编写方法特别有规律可循，顺序转换关系明确、编程易理解，一般用于自动控制系统中手动控制程序的编写。从图 6-13 中看出，M0.0 的一个启动条件为 M0.3 的动合触点和转换条件 I0.2 的动合触点组成的串联电路；此外 PLC 刚运行时应将初始步 M0.0 激活，否则系统无法工作，所以初始化脉冲 SM0.1 为 M0.0 的另一个启动条件，这两个启动条件应并联。为了保证活动状态能持续到下一步活动，可使用置位指令将 M0.0 置1。当 M0.0、I0.0 的动合触点同时为 1 时，步 M0.1 变为活动步，M0.0 变为不活动步，因此使用复位指令将 M0.0 复位，置位指令将 M0.1 置1。此后 M0.2～M0.3 步的梯形图转换与 M0.0 步梯形图的转换一致。表 6-5 是使用置位/复位指令编写与图 6-13 顺序功能图所对应的程序。

表 6-5　　使用置位/复位指令编写与图 6-13 顺序功能图所对应的程序

网络	LAD			STL	
网络 1	M0.3　I0.2	─| |───	M0.0 (S) 1	LD A O S R	M0.3 I0.2 SM0.1 M0.0, 1 M0.3, 1
	SM0.1		M0.3 (R) 1		
网络 2	M0.0　I0.0		M0.1 (S) 1	LD A S R	M0.0 I0.0 M0.1, 1 M0.0, 1
			M0.0 (R) 1		
网络 3	M0.1　I0.1		M0.2 (S) 1	LD A S R	M0.1 I0.1 M0.2, 1 M0.1, 1
			M0.1 (R) 1		
网络 4	M0.2　T37		M0.3 (S) 1	LD A S R	M0.2 T37 M0.3, 1 M0.2, 1
			M0.2 (R) 1		

网络	LAD	STL
网络 5	M0.1 ─┤├─ Q0.0 ─( )	LD　M0.1 ＝　Q0.0
网络 6	M0.2 ─┤├─ T37 　IN　　TON +50 ─ PT　　100ms	LD　M0.2 TON　T37，+50
网络 7	M0.3 ─┤├─ Q0.1 ─( )	LD　M0.3 ＝　Q0.1

2. 程序仿真

（1）用户启动 STEP 7－Micro/WIN，创建一个新的项目，按照表 6－5 所示输入 LAD（梯形图）或 STL（指令表）中的程序，并对其进行保存。

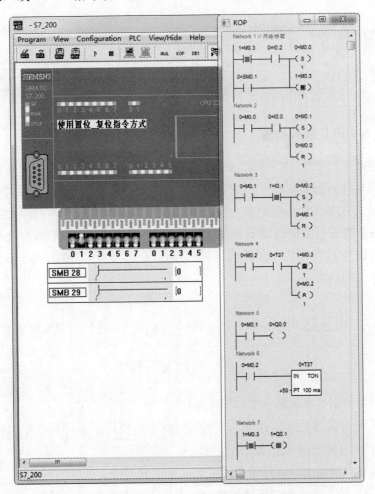

图 6－15　使用置位/复位指令方式编写程序的运行效果

第 6 章　数字量控制系统梯形图的设计方法

（2）在 STEP 7 - Micro/WIN 中，执行菜单命令"文件"→"导出"，生成.awl 仿真文件。

（3）启动 S7_200 仿真软件，并输入软件密码，双击 CPU 模块，设置 CPU 的型号与 STEP 7 - Micro/WIN 中 CPU 的型号相同。然后执行菜单命令"Program"→"Load Program"，载入在 STEP 7 - Micro/WIN 中生成的.awl 文件。

（4）在 S7_200 仿真软件中，执行菜单命令"PLC"→"RUN"，使 CPU 处于模拟运行状态。刚进入模拟运行状态时，SM0.1 动合触点闭合 1 次，使 M0.0 线圈得电并自锁。先单击"0"位拨码开关后，将其设置为"ON"，M0.1 和 Q0.0 线圈得电，模拟钻头向下工进。再将"0"位拨码开关设置为"OFF"，"1"位拨码开关设置为"ON"，M0.1 和 Q0.0 线圈失电，同时 M0.2 线圈得电、T37 进行延时。当 T37 延时达 5s 时，M0.2 线圈失电，而 Q0.1 和 M0.3 线圈得电，模拟钻头快退，其运行效果如图 6 - 15 所示。然后将"1"位拨码开关设置为"OFF"，"2"位拨码开关设置为"ON"，M0.3 和 Q0.1 线圈失电，同时 M0.0 线圈得电，又回到初始步状态。

6.4　S7-200 PLC顺序控制

6.4.1　S7 - 200 PLC 顺控指令

在 S7 - 200 系列 PLC 中，使用 3 条指令描述程序的顺序控制步进状态：顺序控制开始指令 SCR、顺序控制转移指令 SCRT 和顺序控制结束指令 SCRE。顺序控制程序段是从 SCR 指令开始，到 SCRE 指令结束，指令格式如图 6 - 16 所示。在顺序控制指令中，利用 LSCR n 指令将 S 位的值装载到 SCR 堆栈和逻辑堆栈顶；SCRT 指令执行顺控程序段的转换，一方面使上步工序自动停止，另一方面自动进入下一步的工序；SCRE 指令表示一个顺控程序段的结束。

```
 ??.?                        ??.?
├─┤ SCR │ LSCR n         ─( SCRT ) SCRT n        ├─( SCRE ) SCRE
```

图 6 - 16　顺序控制指令格式

在使用顺序控制指令时需注意以下几点：

（1）SCR 只对状态元件 S 有效，不能将同一个 S 位用于不同程序中，例如若主程序中用了 S0.1 位，子程序中就不能再用它了。

（2）当需要保持输出时，可使用置位 S 或复位 R 指令。

（3）在 SCR 段之间不能使用跳转指令，不允许跳入或跳出 SCR 段。

（4）在 SCR 段中不能使用 FOR - NEXT 和 END 指令。

6.4.2 顺控指令方式的顺序功能图

在 6.2.3 节中讲述了顺序功能图有 3 种基本结构，这 3 种基本结构均可通过顺控指令来进行表述。

1. 单序列顺序控制

单序列顺序控制如图 6-17 所示，从图中可以看出它可完成动作 A、动作 B 和动作 C 的操作，这 3 个动作分别有相应的状态元件 S0.0～S0.3，其中动作 A 的启动条件为 I0.1；动作 B 的转换条件为 I0.2；动作 C 的转换条件为 I0.3；I0.4 为动作重置条件。

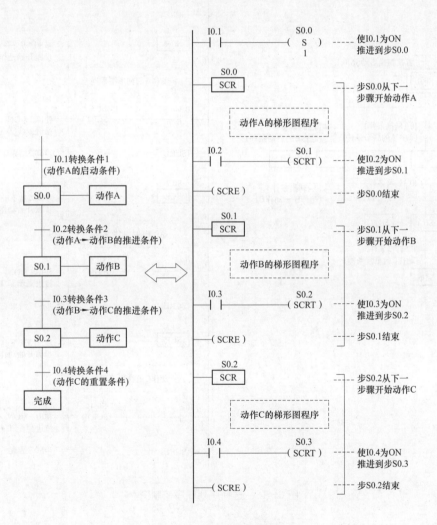

图 6-17　单序列顺序控制图

2. 选择序列顺序控制

选择序列顺序控制如图 6-18 所示，图中只使用了两个选择支路。对于两个选择的开始位置，应分别使用 SCRT 指令，以切换到不同的 S。在执行不同的选择任务时，应使用相应的 SCR 指令，以启动不同的动作。

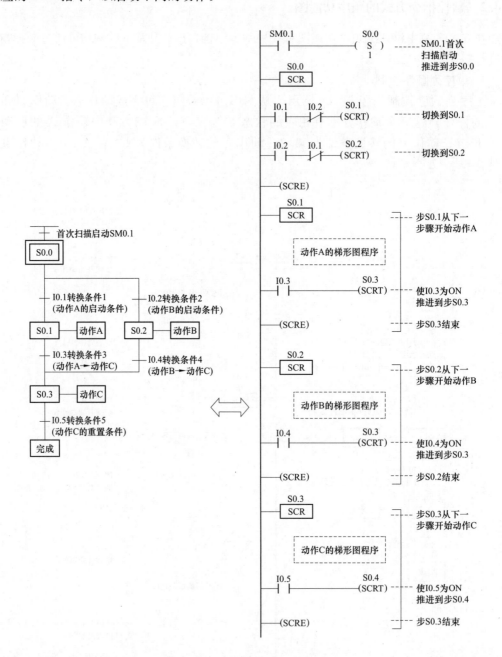

图 6-18　选择序列顺序控制图

3. 并行序列顺序控制

并行序列顺序控制如图 6-19 所示，在 6-19（b）图中执行完动作 B 的梯形图程序后，继续描述动作 C 的梯形图程序，然后在动作 D 完成后，将 S0.2、S0.4 和 I0.4 动合触点串联在一起推进到步 S0.5，以表示两条支路汇合到 S0.5。

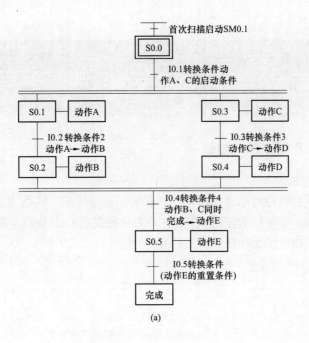

(a)

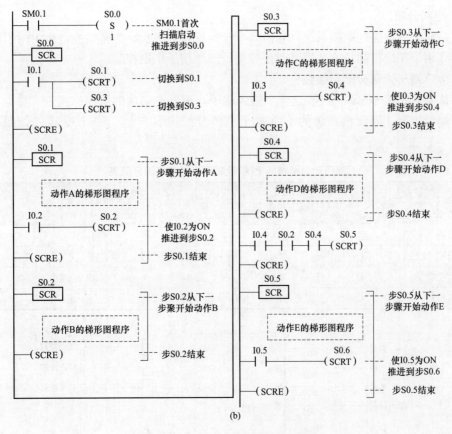

(b)

图 6-19 并行序列顺序控制图

（a）顺控状态流程图；（b）顺控指令描述的顺控图

6.5 单序列的S7-200 PLC顺序控制应用实例

6.5.1 液压动力滑台的 PLC 控制

1. 控制要求

某液压动力滑台的控制示意如图 6-20 所示，初始状态下，动力滑台停在右端，限位开关处于闭合状态。按下启动按钮 SB 时，动力滑台在各步中分别实现快进、工进、暂停和快退，最后返回初始位置和初始步后停止运动。

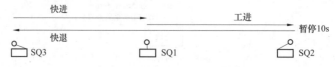

图 6-20 液压动力滑台控制示意图

2. 控制分析

这是典型的单序列顺控系统，它由 5 个步构成，其中步 0 为初始步，步 1 用于快进控制；步 2 用于工进控制；步 3 用于暂停控制；步 4 用于快退控制。

3. I/O 端子资源分配与接线

系统要求 SQ1～SQ3 和 SB 这 4 个输入端子，液压滑动台的快进、工进、后退可由 3 个输出端子控制，因此该系统的 I/O 端子资源分配见表 6-6，其 I/O 接线如图 6-21 所示。

表 6-6　　　　液压动力滑台的 PLC 控制 I/O 端子资源分配表

输入			输出		
功能	元件	对应端子	功能	元件	对应端子
启动	SB	I0.0	工进控制	KM1	Q0.0
快进转工进	SQ1	I0.1	快进控制	KM2	Q0.1
暂停控制	SQ2	I0.2	后退控制	KM3	Q0.2
循环控制	SQ3	I0.3			

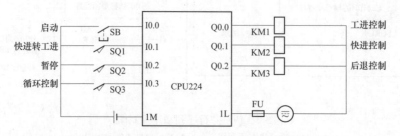

图 6-21 液压动力滑台的 PLC 控制 I/O 接线图

4. 编写 PLC 控制程序

根据液压动力滑台的控制示意图和 PLC 资源配置，设计出液压动力滑台的状态流程图如图 6-22 所示，液压动力滑台的 PLC 控制程序见表 6-7。

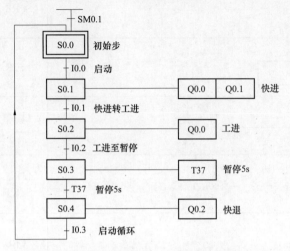

图 6-22 液压动力滑台 PLC 控制的状态流程图

表 6-7 液压动力滑台 PLC 控制程序

网络	LAD	STL
网络 1	SM0.1 ──┤ ├── (S) S0.0 / 1	LD SM0.1 S S0.0，1
网络 2	S0.0 [SCR]	LSCR S0.0
网络 3	I0.0 ──┤ ├── (SCRT) S0.1	LD I0.0 SCRT S0.1
网络 4	──(SCRE)	SCRE
网络 5	S0.1 [SCR]	LSCR S0.1
网络 6	SM0.0 ──┤ ├── ( ) Q0.0 ── ( ) Q0.1	LD SM0.0 = Q0.0 = Q0.1
网络 7	I0.1 ──┤ ├── (SCRT) S0.2	LD I0.1 SCRT S0.2

续表

网络	LAD	STL
网络8	─(SCRE)	SCRE
网络9	S0.2 SCR	LSCR S0.2
网络10	SM0.0────Q0.0 ─┤├────( )	LD SM0.0 = Q0.0
网络11	I0.2────S0.3 ─┤├──(SCRT)	LD I0.2 SCRT S0.3
网络12	─(SCRE)	SCRE
网络13	S0.3 SCR	LSCR S0.3
网络14	SM0.0────────T37 ─┤├────IN TON +50─PT 100ms	LD SM0.0 TON T37，+50
网络15	T37────S0.4 ─┤├──(SCRT)	LD T37 SCRT S0.4
网络16	─(SCRE)	SCRE
网络17	S0.4 SCR	LSCR S0.4
网络18	SM0.0────Q0.2 ─┤├────( )	LD SM0.0 = Q0.2
网络19	I0.3────S0.0 ─┤├──(SCRT)	LD I0.3 SCRT S0.0
网络20	─(SCRE)	SCRE

5. 程序监控

为了更好地对程序进行仿真，在 STEP 7 - Micro/WIN 软件中通过在线监控的方式进行。

（1）用户启动 STEP 7 - Micro/WIN，创建一个新的工程，按照表 6 - 7 所示输入 LAD（梯形图）或 STL（指令表）中的程序，并对其进行保存。

（2）通过 PPI 下载电缆将计算机与 CPU 连接好，在 STEP 7 - Micro/WIN 软件中，执行菜单命令"文件"→"下载"，将程序固化到 CPU 中。

（3）在 STEP 7 - Micro/WIN 软件中，执行菜单命令"PLC"→"RUN"，使 PLC 处于运行状态，然后再执行菜单命令"调试"→"开始程序状态监控"，进入 STEP 7 - Micro/WIN 在线监控（即在线模拟）状态。

（4）刚进入在线监控状态时，S0.0 步显示蓝色，表示为活动步，将 I0.0 强制为 "1"，S0.0 恢复为常态，变为非活动步；而 S0.1 为活动步；Q0.0 和 Q0.1 均输出为 1，此时再将 I0.0 强制为 "0"，Q0.0 和 Q0.1 仍输出为 1。当 I0.1 强制为 "1" 状态，S0.1 变为非活动步；而 S0.2 变为活动步；Q0.0 输出为 1，而 Q0.1 输出为 0。当 I0.2 置为 "1" 状态，S0.2 恢复为常态，变为非活动步；而 S0.3 变为活动步；Q0.0 输出为 0，此时 T37 开始延时。当 T37 延时 5s 后，T37 动合触点瞬时闭合，使 S0.3 变为非活动步；S0.4 为活动步；Q0.2 输出为 1，监控运行效果如图 6 - 23 所示。此时再将 I0.3 置为 "1" 状态，使 S0.4 变为非活动步，S0.0 为活动步，这样可以继续下一轮循环操作。

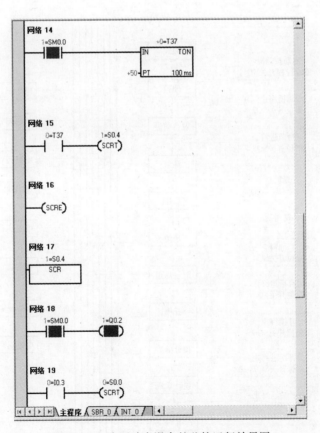

图 6 - 23　液压动力滑台的监控运行效果图

6.5.2　PLC在注塑成型生产线控制系统中的应用

在塑胶制品中，以制品的加工方法不同来分类，主要可以分为四大类：注塑成型产品；吹塑成型产品；挤出成型产品；压延成型产品。其中应用面最广、品种最多、精密度最高的当数注塑成品产品类。注塑成型机是将各种热塑性或热固性塑料经过加热熔化后，以一定的速度和压力注射到塑料模具内，经冷却保压后得到所需塑料制品的设备。

现代塑料注塑成型生产线控制系统是一个集机、电、液于一体的典型系统，由于这种设备具有成型复杂制品、后加工量少、加工的塑料种类多等特点，自问世以来，发展极为迅速，目前全世界80%以上的工程塑料制品均采用注塑成型机进行加工。

目前，常用的注塑成型控制系统有三种，即传统继电器型、可编程控制器型和微机控制型。近年来，可编程序控制器（PLC）以其高可靠性、高性能的特点，在注塑机控制系统中得到了广泛应用。

1. 控制要求

注塑成型生产工艺一般要经过闭模、射台前进、注射、保压、预塑、射台后退、开模、顶针前进、顶针后退和复位等操作工序。这些工序由8个电磁阀YV1～YV8来控制完成，其中注射和保压工序还需要一定的时间延迟。注塑成型生产工艺流程图如图6-24所示。

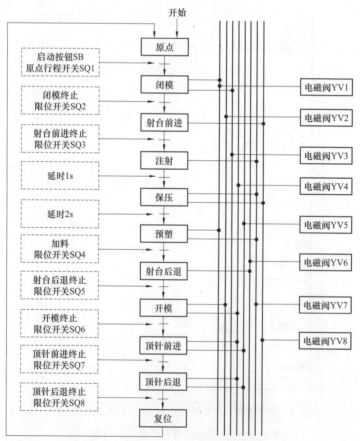

图6-24　注塑成型生产线工艺流程图

2. 控制分析

从图 6-24 中可以看出，各操作都是由行程开关控制相应电磁阀进行转换的。注塑成型生产工艺是典型的顺序控制，可以采用多种方式完成控制：①采用置位/复位指令和定时器指令；②采用移位寄存器指令和定时器指令；③采用步进指令和定时器指令。本例中将采用步进指令和定时器指令来实现此控制。

从图 6-24 中可知，注塑成型生产工艺由 10 步完成，在程序中需使用状态元件 S0.0～S1.1。首次扫描 SM0.1 位闭合，激活 S0.0。延时 1s 可由 T37 控制，预置值为 10；延时 2s 可由 T38 控制，预置值为 20。

3. I/O 端子资源分配与接线

根据控制要求及控制分析可知，该系统需要 10 个输入和 8 个输出点，输入/输出地址分配见表 6-8，其 I/O 接线如图 6-25 所示。

表 6-8　　　　　　　　　PLC 控制注塑成型生产线的输入/输出分配表

输　入			输　出		
功能	元件	PLC 地址	功能	元件	PLC 地址
启动按钮	SB0	I0.0	电磁阀 1	YV1	Q0.0
停止按钮	SB1	I0.1	电磁阀 2	YV2	Q0.1
原点行程开关	SQ1	I0.2	电磁阀 3	YV3	Q0.2
闭模终止限位开关	SQ2	I0.3	电磁阀 4	YV4	Q0.3
射台前进终止限位开关	SQ3	I0.4	电磁阀 5	YV5	Q0.4
加料限位开关	SQ4	I0.5	电磁阀 6	YV6	Q0.5
射台后退终止限位开关	SQ5	I0.6	电磁阀 7	YV7	Q0.6
开模终止限位开关	SQ6	I0.7	电磁阀 8	YV8	Q0.7
顶针前进终止限位开关	SQ7	I1.0			
顶针后退终止限位开关	SQ8	I1.1			

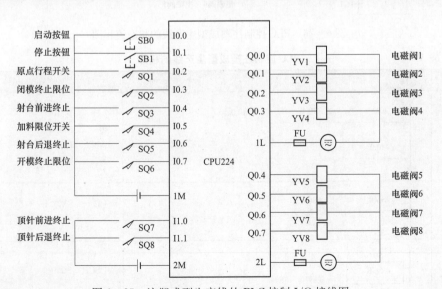

图 6-25　注塑成型生产线的 PLC 控制 I/O 接线图

4. 编写PLC控制程序

根据注塑成型生产线的生产工艺流程图和PLC资源配置，设计出PLC控制注塑成型生产线的状态流程图如图6-26所示，PLC控制注塑成型生产线的程序见表6-9。

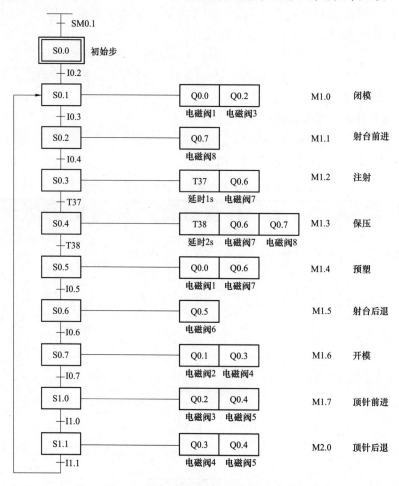

图6-26 PLC控制注塑成型生产线的状态流程图

表6-9 　　　　　　　　　PLC控制注塑成型生产线的程序

网络	LAD	STL
网络1	I0.0　I0.1　M0.0 M0.0	LD　I0.0 O　M0.0 AN　I0.1 =　M0.0
网络2	SM0.1　S0.0（S）1	LD　SM0.1 S　S0.0,1
网络3	S0.0 SCR	LSCR　S0.0

网络	LAD	STL
网络 4	M0.0　　　I0.2　　　　S0.1 ─┤ ├──┤ ├──(SCRT)	LD　　M0.0 A　　　I0.2 SCRT　S0.1
网络 5	─(SCRE)	SCRE
网络 6	S0.1 SCR	LSCR　S0.1
网络 7	M0.0　　　M1.0 ─┤ ├──( )	LD　　M0.0 =　　　M1.0
网络 8	M0.0　　　I0.3　　　　S0.2 ─┤ ├──┤ ├──(SCRT)	LD　　M0.0 A　　　I0.3 SCRT　S0.2
网络 9	─(SCRE)	SCRE
网络 10	S0.2 SCR	LSCR　S0.2
网络 11	M0.0　　　M1.1 ─┤ ├──( )	LD　　M0.0 =　　　M1.1
网络 12	M0.0　　　I0.4　　　　S0.3 ─┤ ├──┤ ├──(SCRT)	LD　　M0.0 A　　　I0.4 SCRT　S0.3
网络 13	─(SCRE)	SCRE
网络 14	S0.3 SCR	LSCR　S0.3
网络 15	M0.0　　　M1.2 ─┤ ├──( ) 　　　　　　　T37 　　　　　IN　　TON +10─PT　　100ms	LD　　M0.0 =　　　M1.2 TON　T37，+10
网络 16	M0.0　　　T37　　　　S0.4 ─┤ ├──┤ ├──(SCRT)	LD　　M0.0 A　　　T37 SCRT　S0.4
网络 17	─(SCRE)	SCRE
网络 18	S0.4 SCR	LSCR　S0.4

第 6 章　数字量控制系统梯形图的设计方法

219

续表

网络	LAD	STL
网络 19	M0.0 —┤├— M1.3 —( ) T38 IN TON +20 —PT 100ms	LD M0.0 = M1.3 TON T38, +20
网络 20	M0.0 —┤├— T38 —┤├— S0.5 —(SCRT)	LD M0.0 A T38 SCRT S0.5
网络 21	—(SCRE)	SCRE
网络 22	S0.5 SCR	LSCR S0.5
网络 23	M0.0 —┤├— M1.4 —( )	LD M0.0 = M1.4
网络 24	M0.0 —┤├— I0.5 —┤├— S0.6 —(SCRT)	LD M0.0 A I0.5 SCRT S0.6
网络 25	—(SCRE)	SCRE
网络 26	S0.6 SCR	LSCR S0.6
网络 27	M0.0 —┤├— M1.5 —( )	LD M0.0 = M1.5
网络 28	M0.0 —┤├— I0.6 —┤├— S0.7 —(SCRT)	LD M0.0 A I0.6 SCRT S0.7
网络 29	—(SCRE)	SCRE
网络 30	S0.7 SCR	LSCR S0.7
网络 31	M0.0 —┤├— M1.6 —( )	LD M0.0 = M1.6
网络 32	M0.0 —┤├— I0.7 —┤├— S1.0 —(SCRT)	LD M0.0 A I0.7 SCRT S1.0
网络 33	—(SCRE)	SCRE
网络 34	S1.0 SCR	LSCR S1.0

网络	LAD	STL
网络 35	M0.0 —( )— M1.7	LD M0.0 = M1.7
网络 36	M0.0 —||— I1.0 —||— (SCRT) S1.1	LD M0.0 A I1.0 SCRT S1.1
网络 37	—(SCRE)	SCRE
网络 38	S1.1 [SCR]	LSCR S1.1
网络 39	M0.0 —( )— M2.0	LD M0.0 = M2.0
网络 40	M0.0 —||— I1.1 —||— (SCRT) S0.1	LD M0.0 A I1.1 SCRT S0.1
网络 41	—(SCRE)	SCRE
网络 42	M1.0 —( )— Q0.0	LD M1.0 = Q0.0
网络 43	M1.6 —( )— Q0.1	LD M1.6 = Q0.1
网络 44	M1.0 —( )— Q0.2 M1.7	LD M1.0 O M1.7 = Q0.2
网络 45	M1.6 —( )— Q0.3 M2.0	LD M1.6 O M2.0 = Q0.3
网络 46	M1.7 —( )— Q0.4 M2.0	LD M1.7 O M2.0 = Q0.4
网络 47	M1.5 —( )— Q0.5	LD M1.5 = Q0.5

续表

网络	LAD	STL
网络 48	M1.2　　Q0.6 ├┤├──（　） M1.3 ├┤├ M1.4 ├┤├	LD　　M1.2 O　　 M1.3 O　　 M1.4 =　　 Q0.6
网络 49	M1.1　　Q0.7 ├┤├──（　） M1.3 ├┤├	LD　　M1.1 O　　 M1.3 =　　 Q0.7

5. 程序监控

（1）用户启动 STEP 7 - Micro/WIN，创建一个新的工程，按照表 6-9 所示输入 LAD（梯形图）或 STL（指令表）中的程序，并对其进行保存。

（2）通过下载电缆将程序固化到 CPU 后，在 STEP 7 - Micro/WIN 软件中，执行菜单命令"PLC"→"RUN"，使 PLC 处于运行状态，然后再执行菜单命令"调试"→"开始程序状态监控"，进入 STEP 7 - Micro/WIN 在线监控（即在线模拟）状态。

（3）刚进入在线监控状态时，S0.0 为活动步。将 I0.0 强制为 1，使 M0.0 线圈输出为 1。将 I0.2 强制为 1，S0.0 步变为非活动步，而 S0.1 变为活动步，此时 Q0.0 和 Q0.2 均输出为 1，表示注塑机正进行闭模的工序，运行效果如图 6-27 所示。当闭模完成后，将 I0.3 强制为 1，S0.1 变为非活动步，S0.2 变为活动步，此时 Q0.7 线圈输出为 1，表示射台前进。当射台前进到达限定位置时，将 I0.4 强制为 1，S0.2 变为非活动步，S0.3 变为活动步，此时 Q0.6 线圈输出为 1，T37 进行延时，表示正进行注射的工序。当 T37 延时 1s 时间到，S0.3 变为非活动步，S0.4 变为活动步，此时 Q0.6 和 Q0.7 线圈输出均为 1，T38 进行延时，表示正进行保压的工序。当 T38 延时 2s 时间到，S0.4 变为非活动步，S0.5 变为活动步，此时 Q0.0 和 Q0.6 线圈输出均为 1，表示正进行加料预塑的工序。加完料后，将 I0.5 强制为 1，S0.5 变为非活动步，S0.6 变为活动步，此时 Q0.5 线圈输出为 1，表示射台后退。射台后退到限定位置时，I0.6 强制为 1，S0.6 变为非活动步，S0.7 变为活动步，此时 Q0.1 和 Q0.3 线圈输出为 1，表示进行开模工序。开模完成后，I0.7 强制为 1，S0.7 变为非活动步，S1.0 变为活动步，此时 Q0.2 和 Q0.3 线圈均输出为 1，表示顶针前进。当顶针前进到限定位置时，I1.0 强制为 1，S1.0 变为非活动步，S1.1 变为活动步，此时 Q0.3 和 Q0.4 线圈均输出为 1，表示顶针后退。当顶针后退到原位点时，将 I1.1 和 I0.2 均强制为 1，系统开始重复下一轮的操作。注意，如果 M0.0 线圈输出为 0 时，各步动作均没有输出。

6.5.3　PLC 在简易机械手中的应用

机械手是工业自动控制领域中经常遇到的一种控制对象。机械手可以完成许多工作，如搬物、装配、切割、喷染等，应用非常广泛。

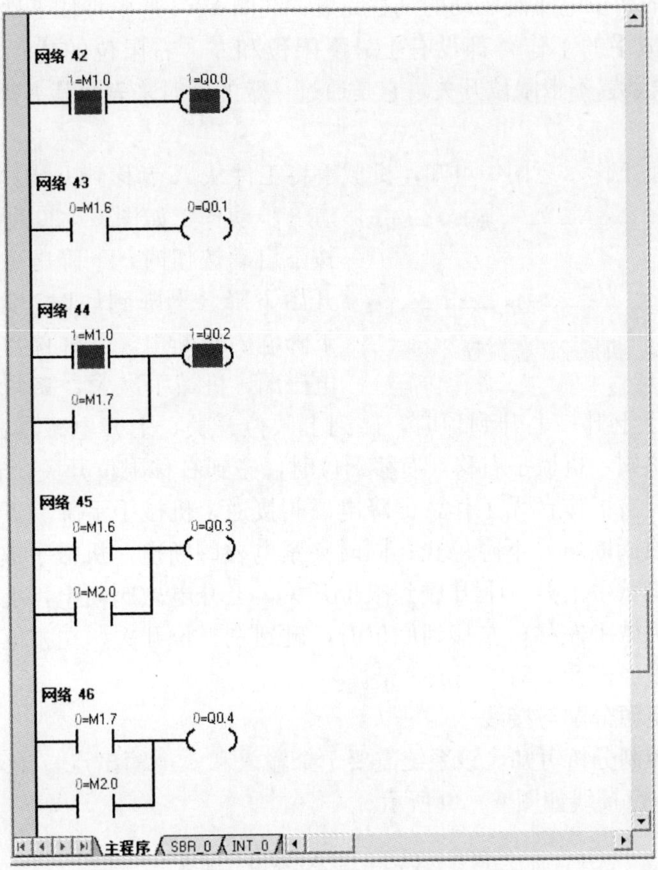

网络 42
1=M1.0
1=Q0.0
网络 43
0=M1.6
0=Q0.1
网络 44
1=M1.0
1=Q0.2
0=M1.7
网络 45
0=M1.6
0=Q0.3
0=M2.0
网络 46
0=M1.7
0=Q0.4
0=M2.0
主程序 SBR_0 INT_0

图 6-27　PLC 控制注塑成型生产线的监控效果图

1. 控制要求

如图 6-28 所示为某气动传送机械手的工作示意图，其任务是将工件从 A 点向 B 点移送。气动传送机械手的上升/下降和左行/右行动作分别由两个具有双线圈的两位电磁阀驱动气缸来完成。其中上升与下降对应的电磁阀的线圈分别为 YV1 和 YV2；左行与右行对应的电磁阀的线圈分别为 YV3 和 YV4。当某个电磁阀线圈通电，就一直保持现有的机械动作，直到相对的另一线圈通电为止。另外气动传送机械手的夹紧、松开的动作由

SQ3
SQ4
右行YV4
左行YV3
SQ1
上升
YV1
下降
YV2
夹紧
SQ2
松开YV5
工件
A
B

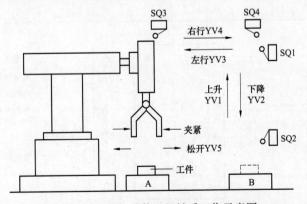

图 6-28　某气动传送机械手工作示意图

只有另一个线圈的两位电磁阀驱动的气缸完成，线圈YV5通电夹住工件，线圈YV5断电时松开工件。机械手的工作臂都设有上、下限位和左、右限位的位置开关SQ1、SQ2、SQ3、SQ4，夹紧装置不带限位开关，它是通过一定的延时来表示其夹紧动作的完成。

2. 控制分析

从图6-28机械手工作示意图中可知，机械手将工件从A点移到B点再回到原位的过程

图6-29 机械手工作流程

有8步动作，如图6-29所示。从原位开始按下启动按钮时，下降电磁阀通电，机械手开始下降。下降到底时，碰到下限位开关，下降电磁阀断电，下降停止；同时接通夹紧电磁阀，机械手夹紧，夹紧后，上升电磁阀

开始通电，机械手上升；上升到顶时，碰到上限位开关，上升电磁阀断电，上升停止；同时接通右移电磁阀，机械手右移，右移到位时，碰到右移限位开关，右移电磁阀断电，右移停止。此时，右工作台无工作，下降电磁阀接通，机械手下降。下降到底时碰到下限位开关下降电磁阀断电，下降停止；同时夹紧电磁阀断电，机械手放松，放松后，上升电磁阀通电，机械手上升，上升碰到限位开关，上升电磁阀断电，上升停止；同时接通左移电磁阀，机械手左移；左移到原位时，碰到左限位开关，左移电磁阀断电，左移停止。至此机械手经过8步动作完成一个循环。

3. I/O端子资源分配与接线

根据控制要求及控制分析可知，该系统需要7个输入和6个输出点，输入/输出地址分配见表6-10，其I/O接线如图6-30所示。

表6-10 简易机械手的输入/输出分配表

输　入			输　出		
功能	元件	PLC地址	功能	元件	PLC地址
启动/停止按钮	SB0	I0.0	上升对应的电磁阀控制线圈	YV1	Q0.0
上限位行程开关	SQ1	I0.1	下降对应的电磁阀控制线圈	YV2	Q0.1
下限位行程开关	SQ2	I0.2	左行对应的电磁阀控制线圈	YV3	Q0.2
左限位行程开关	SQ3	I0.3	右行对应的电磁阀控制线圈	YV4	Q0.3
右限位行程开关	SQ4	I0.4	夹紧放松电磁阀控制线圈	YV5	Q0.4
工件检测	SQ5	I0.5			

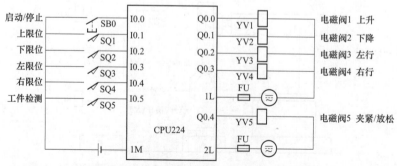

图6-30 简易机械手的PLC控制I/O接线图

4. 编写PLC控制程序

根据简易机械手的工作流程图和PLC资源配置，设计出PLC控制简易机械手的状态流程图如图6-31所示，PLC控制简易机械手的程序见表6-11。

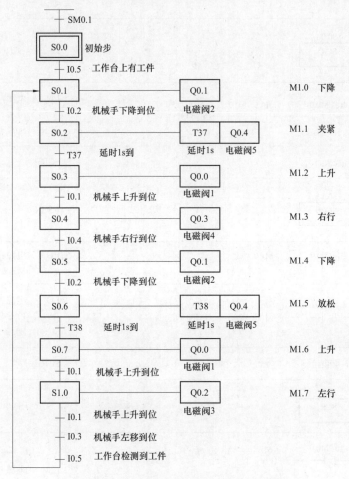

图6-31　PLC控制简易机械手的状态流程图

表6-11　　　　　　　　　　PLC控制简易机械手的程序

网络	LAD	STL
网络1	启停按钮:I0.0　　M0.1　　　　电源:M0.0 ├──┤├──┤/├──────( ) 启停按钮:I0.0　　电源:M0.0 ├──┤/├──┤├──	LD　　启停按钮：I0.0 AN　　M0.1 LDN　　启停按钮：I0.0 A　　　电源：M0.0 OLD =　　　电源：M0.0
网络2	启停按钮:I0.0　　M0.1　　　　M0.1 ├──┤├──┤├──────( ) 启停按钮:I0.0　　电源:M0.0 ├──┤/├──┤├──	LD　　启停按钮：I0.0 A　　　M0.1 LDN　　启停按钮：I0.0 A　　　电源：M0.0 OLD =　　　M0.1

网络	LAD	STL
网络3	SM0.1 ┤├ S0.0 —(S) 1	LD SM0.1 S S0.0，1
网络4	S0.0 SCR	LSCR S0.0
网络5	电源:M0.0 ┤├ I0.5 ┤├ S0.1 —(SCRT)	LD 电源：M0.0 A I0.5 SCRT S0.1
网络6	—(SCRE)	SCRE
网络7	S0.1 SCR	LSCR S0.1
网络8	电源:M0.0 ┤├ M1.0 —( )	LD 电源：M0.0 = M1.0
网络9	电源:M0.0 ┤├ I0.2 ┤├ S0.2 —(SCRT)	LD 电源：M0.0 A I0.2 SCRT S0.2
网络10	—(SCRE)	SCRE
网络11	S0.2 SCR	LSCR S0.2
网络12	电源:M0.0 ┤├ M1.1 —( ) T37 IN TON +10 –PT 100ms	LD 电源：M0.0 = M1.1 TON T37，+10
网络13	电源:M0.0 ┤├ T37 ┤├ S0.3 —(SCRT)	LD 电源：M0.0 A T37 SCRT S0.3
网络14	—(SCRE)	SCRE
网络15	S0.3 SCR	LSCR S0.3
网络16	电源:M0.0 ┤├ M1.2 —( )	LD 电源：M0.0 = M1.2

网络	LAD	STL
网络 17	电源:M0.0　　I0.1　　S0.4 ─┤├──┤├──(SCRT)	LD　　电源：M0.0 A　　I0.1 SCRT　S0.4
网络 18	├──(SCRE)	SCRE
网络 19	S0.4 ┌─────┐ │ SCR │ └─────┘	LSCR　S0.4
网络 20	电源:M0.0　　M1.3 ─┤├──( )	LD　　电源：M0.0 =　　M1.3
网络 21	电源:M0.0　　I0.4　　S0.5 ─┤├──┤├──(SCRT)	LD　　电源：M0.0 A　　I0.4 SCRT　S0.5
网络 22	├──(SCRE)	SCRE
网络 23	S0.5 ┌─────┐ │ SCR │ └─────┘	LSCR　S0.5
网络 24	电源:M0.0　　M1.4 ─┤├──( )	LD　　电源：M0.0 =　　M1.4
网络 25	电源:M0.0　　I0.2　　S0.6 ─┤├──┤├──(SCRT)	LD　　电源：M0.0 A　　I0.2 SCRT　S0.6
网络 26	├──(SCRE)	SCRE
网络 27	S0.6 ┌─────┐ │ SCR │ └─────┘	LSCR　S0.6
网络 28	电源:M0.0　　M1.5 ─┤├──( ) 　　　　T38 　　　┌────────┐ 　　　│IN　　TON│ 　+10─│PT　100ms │ 　　　└────────┘	LD　　电源：M0.0 =　　M1.5 TON　T38，+10
网络 29	电源:M0.0　　T38　　S0.7 ─┤├──┤├──(SCRT)	LD　　电源：M0.0 A　　T38 SCRT　S0.7
网络 30	├──(SCRE)	SCRE

网络	LAD	STL
网络 31	S0.7 SCR	LSCR S0.7
网络 32	电源:M0.0 M1.6 —( )	LD 电源:M0.0 = M1.6
网络 33	电源:M0.0 I0.1 S1.0 (SCRT)	LD 电源:M0.0 A I0.1 SCRT S1.0
网络 34	—(SCRE)	SCRE
网络 35	S1.0 SCR	LSCR S1.0
网络 36	电源:M0.0 M1.7 —( )	LD 电源:M0.0 = M1.7
网络 37	电源:M0.0 I0.1 I0.3 I0.5 S0.1 (SCRT)	LD 电源:M0.0 A I0.1 A I0.3 A I0.5 SCRT S0.1
网络 38	—(SCRE)	SCRE
网络 39	M1.2 Q0.0 —( ) M1.6	LD M1.2 O M1.6 = Q0.0
网络 40	M1.0 Q0.1 —( ) M1.4	LD M1.0 O M1.4 = Q0.1
网络 41	M1.7 Q0.2 —( )	LD M1.7 = Q0.2
网络 42	M1.3 Q0.3 —( )	LD M1.3 = Q0.3
网络 43	M1.1 Q0.4 —( ) M1.5	LD M1.1 O M1.5 = Q0.4

5. 程序监控

（1）用户启动 STEP 7 - Micro/WIN，创建一个新的工程，按照表 6 - 11 所示输入 LAD（梯形图）或 STL（指令表）中的程序，并对其进行保存。

（2）通过下载电缆将程序固化到 CPU 后，在 STEP 7 - Micro/WIN 软件中，执行菜单命令"PLC"→"RUN"，使 PLC 处于运行状态，然后再执行菜单命令"调试"→"开始程序状态监控"，进入 STEP 7 - Micro/WIN 在线监控（即在线模拟）状态。

（3）刚进入在线监控状态时，S0.0 为活动步。奇数次设置 I0.0 为 1 时，M0.0 线圈输出为 1；偶数次设置 I0.0 为 1 时，M0.0 线圈输出为 0，这样使用 1 个输入端子即可实现电源的开启与关闭操作。只有当 M0.0 线圈输出为 1 才能完成程序中所有步的操作，否则执行程序步没有任何意义。当 M0.0 线圈输出为 1，S0.0 为活动步时，首先进行原位的复位操作，将 Q0.4 线圈复位使机械手处于松开状态。当机械手没有处于上升限定位置及左行限定位置时，Q0.0 和 Q0.2 线圈输出 1。当机械手处于上升限定位置及左行限定位置时 Q0.0 和 Q0.2 线圈输出 0，表示机械手已处于原位初始状态，可以执行机械手的其他操作。此时将 I0.1 和 I0.3 动合触点均设置为 1，如果检测到工件，则将 I0.5 设置为 1，S0.0 变为非活动步，S0.1 变为活动步，Q0.1 线圈输出为 1，使机械手执行下降操作，其监控运行如图 6 - 32 所示。当机械手下降到限定位置时，将 I0.2 设置为 1，S0.1 变为非活动步，S0.2 变为活动步，此时 Q0.4 线圈输出 1，执行夹紧操作，并启动 T37 延时。当

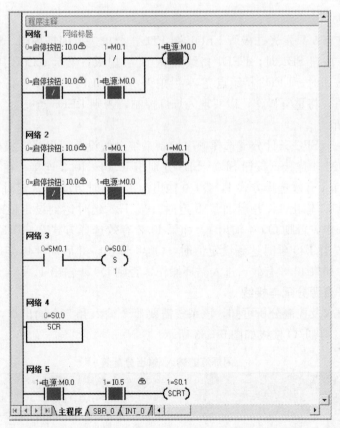

图 6 - 32　PLC 控制简易机械手的监控效果图

T37 延时达 1s，S0.2 变为非活动步，S0.3 变为活动步，Q0.0 线圈输出为 1，执行上升操作。当上升达到限定位置时，将 I0.1 设置为 1，S0.3 变为非活动步，S0.4 变为活动步，Q0.3 线圈输出为 1，执行右移操作。当右移到限定位置时，将 I0.2 设置为 1，S0.4 变为非活动步，S0.5 变为活动步，Q0.1 线圈输出为 1，执行下降操作。当下降达到限定位置时，将 I0.2 设置为 1，S0.5 变为非活动步，S0.6 变为活动步，Q0.4 线圈输出为 1，执行放松操作，并启动 T38 延时。当 T38 延时达 1s，S0.6 变为非活动步，S0.7 变为活动步，Q0.0 线圈输出为 1，执行上升操作。当上升达到限定位置时，将 I0.1 设置为 1，S0.7 变为非活动步，S1.0 变为活动步，Q0.2 线圈输出为 1，执行左移操作。当左移到限定位置时，将 I0.3 和 I0.5 这两个动合触点强制为 1，S1.0 变为非活动步，S0.1 变为活动步，这样机械手可以重复下一轮的操作。

6.6   选择序列的S7-200 PLC顺序控制应用实例

6.6.1   闪烁灯控制

1. 控制要求

某控制系统有 5 只发光二极管 LED1～LED5，要求进行闪烁控制。SB0 为电源开启/断开按钮，按下按钮 SB1 时，LED1 持续点亮 1s 后熄灭，然后 LED2 持续点亮 3s 后熄灭；按下 SB2 按钮时，LED3 持续点亮 2s 后熄灭，然后 LED4 持续点亮 2s 后熄灭。如果按下 SB3 按钮时，将重复操作，以实现闪烁灯控制，否则 LED5 点亮。

2. 控制分析

此系统是一个 SFC 条件分支选择顺序控制系统。假设 5 只发光二极管 LED1～LED5 分别与 Q0.0～Q0.4 连接；按钮 SB0～SB3 分别与 I0.0～ I0.3 连接。在 SB0 开启电源的情况下，如果 I0.1 有效选择方式 1，Q0.0 输出为 1，同时启动 T37 定时。当 T37 延时达到设定值时，Q0.1 输出 1，并启动 T38 定时。当 T38 延时达到设定值时，如果 I0.3 有效，进入循环操作，否则 Q0.4 输出 1。如果 I0.2 有效选择方式 2，I0.3 输出为 1，同时启动 T39 定时。当 T39 延时达到设定值时，Q0.4 输出，并启动 T40 定时。当 T40 延时达到设定值时，如果 I0.3 有效，进入循环操作，否则 Q0.4 输出 1。

3. I/O 端子资源分配与接线

根据控制要求及控制分析可知，该系统需要 4 个输入和 5 个输出点，输入/输出地址分配见表 6-12，其 I/O 接线如图 6-33 所示。

表 6-12　　　　　　　　　　闪烁灯的输入/输出分配表

输 入			输 出		
功能	元件	PLC 地址	功能	元件	PLC 地址
开启/断开按钮	SB0	I0.0	驱动 LED1	LED1	Q0.0
选择 1	SB1	I0.1	驱动 LED2	LED2	Q0.1

输 入			输 出		
功能	元件	PLC 地址	功能	元件	PLC 地址
选择 2	SB2	I0.2	驱动 LED3	LED3	Q0.2
循环	SB3	I0.3	驱动 LED4	LED4	Q0.3
			驱动 LED5	LED5	Q0.4

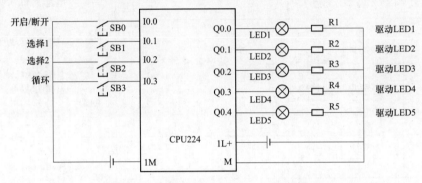

图 6-33　闪烁灯的 PLC 控制 I/O 接线图

4. 编写 PLC 控制程序

根据闪烁灯的控制分析和 PLC 资源配置,设计出 PLC 控制闪烁的状态流程图如图 6-34所示,PLC 控制闪烁灯的程序见表 6-13。

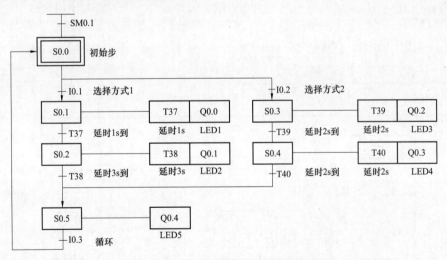

图 6-34　PLC 控制闪烁灯的状态流程图

5. 程序监控

(1) 用户启动 STEP 7-Micro/WIN,创建一个新的工程,按照表 6-13 所示输入 LAD（梯形图）或 STL（指令表）中的程序,并对其进行保存。

(2) 通过下载电缆将程序固化到 CPU 后,在 STEP 7-Micro/WIN 软件中,执行菜单命令"PLC"→"RUN",使 PLC 处于运行状态,然后再执行菜单命令"调试"→"开始程序状态监控",进入 STEP 7-Micro/WIN 在线监控（即在线模拟）状态。

表 6－13 　　　　　　　　　　　　　　PLC 控制闪烁灯的程序

网络	LAD	STL
网络 1	启停按钮: I0.0 ──┤├── M0.1 ──┤/├── 电源:M0.0 ──( ) 启停按钮: I0.0 ──┤/├── 电源:M0.0 ──┤├──	LD 启停按钮: I0.0 AN M0.1 LDN 启停按钮: I0.0 A 电源: M0.0 OLD = 电源: M0.0
网络 2	启停按钮: I0.0 ──┤├── M0.1 ──┤├── M0.1 ──( ) 启停按钮: I0.0 ──┤/├── 电源:M0.0 ──┤├──	LD 启停按钮: I0.0 A M0.1 LDN 启停按钮: I0.0 A 电源: M0.0 OLD = M0.1
网络 3	SM0.1 ──┤├── S0.0 ──(S) 　　　　　　　　　1	LD SM0.1 S S0.0, 1
网络 4	S0.0 SCR	LSCR S0.0
网络 5	选择方式1: I0.1 ──┤├── 选择方式2:I0.2 ──┤/├── S0.1 ──(SCRT)	LD 选择方式1: I0.1 AN 选择方式2: I0.2 SCRT S0.1
网络 6	选择方式2: I0.2 ──┤├── 选择方式1:I0.1 ──┤/├── S0.3 ──(SCRT)	LD 选择方式2: I0.2 AN 选择方式1: I0.1 SCRT S0.3
网络 7	──(SCRE)	SCRE
网络 8	S0.1 SCR	LSCR S0.1
网络 9	电源:M0.0 ──┤├── Q0.0 ──( ) 　　　　　　T37 　　　IN　　TON +10─PT　　100ms	LD 电源: M0.0 = Q0.0 TON T37, +10
网络 10	电源:M0.0 ──┤├── T37 ──┤├── S0.2 ──(SCRT)	LD 电源: M0.0 A T37 SCRT S0.2
网络 11	──(SCRE)	SCRE
网络 12	S0.2 SCR	LSCR S0.2

网络	LAD	STL
网络 13	电源:M0.0 ─┤├─ Q0.1 ─( ) T38 IN TON +10─PT 100ms	LD 电源：M0.0 = Q0.1 TON T38, +10
网络 14	电源:M0.0 ─┤├─ T38 ─┤├─ S0.5 ─(SCRT)	LD 电源：M0.0 A T38 SCRT S0.5
网络 15	─(SCRE)	SCRE
网络 16	S0.3 SCR	LSCR S0.3
网络 17	电源:M0.0 ─┤├─ Q0.2 ─( ) T39 IN TON +20─PT 100ms	LD 电源：M0.0 = Q0.2 TON T39, +20
网络 18	电源:M0.0 ─┤├─ T39 ─┤├─ S0.4 ─(SCRT)	LD 电源：M0.0 A T39 SCRT S0.4
网络 19	─(SCRE)	SCRE
网络 20	S0.4 SCR	LSCR S0.4
网络 21	电源:M0.0 ─┤├─ Q0.3 ─( ) T40 IN TON +20─PT 100ms	LD 电源：M0.0 = Q0.3 TON T40, +20
网络 22	电源:M0.0 ─┤├─ T40 ─┤├─ S0.5 ─(SCRT)	LD 电源：M0.0 A T40 SCRT S0.5
网络 23	─(SCRE)	SCRE
网络 24	S0.5 SCR	LSCR S0.5
网络 25	电源:M0.0 ─┤├─ Q0.4 ─( )	LD 电源：M0.0 = Q0.4

续表

网络	LAD	STL
网络 26	电源:M0.0　　I0.3　　S0.0 ├─┤ ├──┤ ├──(SCRT)	LD　　电源：M0.0 A　　I0.3 SCRT　S0.0
网络 27	├──(SCRE)	SCRE

（3）刚进入在线监控状态时，S0.0 步为活动步。奇数次设置 I0.0 为 1 时，M0.0 线圈输出为 1；偶数次设置 I0.0 为 1 时，M0.0 线圈输出为 0，这样使用 1 个输入端子即可实现电源的开启与关闭操作。只有当 M0.0 线圈输出为 1 才能完成程序中所有步的操作，否则所有 LED1～LED5 都处于熄灭状态。当 M0.0 线圈输出为 1，S0.0 为活动步时，可进行 LED 的选择操作。若设置 I0.1 为 1 时选择方式 1，S0.0 变为非活动步，S0.1 变为活动步，Q0.0 线圈输出为 1，使 LED1 点亮，并启动 T37 延时。当 T37 延时1s，S0.1 变为非活动步，S0.2 变为活动步，Q0.0 线圈输出为 0，Q0.1 线圈输出为 1，使 LED2 点亮，并启动 T38 延时。当 T38 延时 1s，S0.2 变为非活动步，S0.5 变为活动步，Q0.1 线圈输出为 0，Q0.4 线圈输出为 1，使 LED5 点亮。当设置 I0.3 为 1 时，S0.5 变为非活动步，S0.0 变为活动步，重复下一轮循环操作。若设置 I0.2 为 1 时选择方式 1，S0.0 变为非活动步，S0.3 变为活动步，Q0.2 线圈输出为 1，使 LED3 点亮，并启动 T39 延时。当 T39 延时 2s，S0.3 变为非活动步，S0.4 变为活动步，Q0.2 线圈输出为 0，Q0.3 线圈输出为 1，使 LED4 点亮，并启动 T40 延时。当 T40 延时 2s，S0.4 为非活动步，S0.5 变为活动步，Q0.1 线圈输出为 0，Q0.4 线圈输出为 1，使 LED5 点亮。当设置 I0.3 为 1 时，S0.5 变为非活动步，S0.0 变为活动步，重复下一轮循环操作。在选择 1 时，如果 I0.1 和 I0.3 均设置为 1，则可实现 LED1、LED 的闪烁显示；在选择方式 2 时，如果 I0.2 和 I0.3 均设置为 1，也可实现 LED3、LED4 闪烁显示，其监控效果如图 6-35 所示。

6.6.2　多台电动机的 PLC 启停控制

1. 控制要求

某控制系统中有 4 台电动机 M1～M4，3 个控制按钮 SB0～SB2，其中 SB0 为电源控制按钮。当按下启动按钮 SB1 时，M1～M4 电动机按顺序逐一启动运行，即 M1 电动机运行 2s 后启动 M2 电动机；M2 电动机运行 3s 后启动 M3 电动机；M3 电动机运行 4s 后启动 M4 电动机运行。当按下停止按钮 SB2 时，M1～M4 电动机按相反顺序逐一停止运行，即 M4 电动机停止 2s 后使 M3 电动机停止；M3 电动机停止 3s 后使 M2 电动机停止；M2 电动机停止 4s 后使 M1 电动机停止运行。

2. 控制分析

此任务可以使用 SFC 的单序列控制完成，也可使用选择序列控制完成，在此使用选择序列来完成操作。假设 4 个电动机 M1～M4 分别由 Q0.0、Q0.1、Q0.2、Q0.3 控制；按钮 SB0～SB2 分别与 I0.0～I0.2 连接。系统中使用 S0.0～S0.7、S1.0～S1.3 这 12 个步，其中步 S1.1～S1.3 中没有任务动作。在 SB0 开启电源的情况下，当按下 SB1 时，启动 M1 电动机运行，此时如果按下了停止按钮 SB2，则进入步 S1.3，然后由 S1.3 直接跳转到步 S1.0。

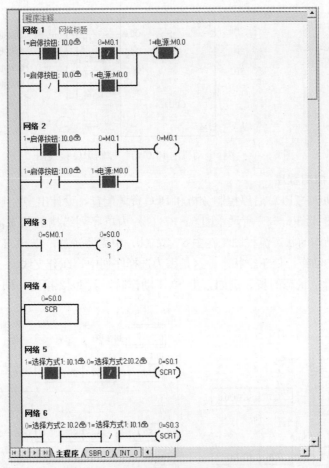

图 6-35　PLC 控制闪烁灯的监控效果图

如果 M1 电动机启动后，没有按下按钮 SB2，则进入到步 S0.2，启动 M2 电动机运行。如果按下了停止按钮 SB2，则进入步 S1.2，然后由 S1.2 直接跳转到步 S0.7。如果 M2 电动机启动后，没有按下按钮 SB2，则进入到步 S0.3，启动 M3 电动机运行。如果按下了停止按钮 SB2，则进入步 S1.1，然后由 S1.1 直接跳转到步 S0.6。如果 M3 电动机启动后，没有按下按钮 SB2，则进入到步 S0.4，启动 M4 电动机运行。M4 电动机运行后，如果按下了停止按钮 SB2，则按步 S0.5～步 S1.0 的顺序逐一使 M4～M1 电动机停止运行。

3. I/O 端子资源分配与接线

根据控制要求及控制分析可知，该系统需要 3 个输入和 4 个输出点，输入/输出地址分配见表 6-14，其 I/O 接线如图 6-36 所示。

表 6-14　　　　多台电动机的 PLC 启停控制输入/输出分配表

输　入			输　出		
功能	元件	PLC 地址	功能	元件	PLC 地址
开启/断开按钮	SB0	I0.0	控制电动机 M1	KM1	Q0.0
启动电动机	SB1	I0.1	控制电动机 M2	KM2	Q0.1
停止电动机	SB2	I0.2	控制电动机 M3	KM3	Q0.2
			控制电动机 M4	KM4	Q0.3

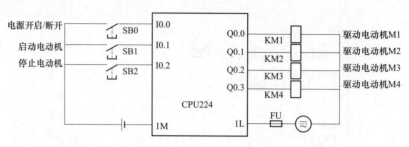

图 6-36 多台电动机的 PLC 启停控制 I/O 接线图

4. 编写 PLC 控制程序

根据多台电动机的 PLC 启停控制分析和 PLC 资源配置，设计出多台电动机的 PLC 启停控制的状态流程图如图 6-37 所示。图 6-37（a）为单序列结构的状态流程图，图 6-34（b）为选择序列结构的状态流程图。在图 6-37（b）中需要注意，步 S1.1、S1.2 和 S1.3 这三个步没有相应的动作，处于空状态，这是因为选择序列中，在分支线上一定要有一个以上的步，所以需设置空状态的步。例如，步 S0.1 动作时，若 I0.2 接通，则 S1.3 为活动步，

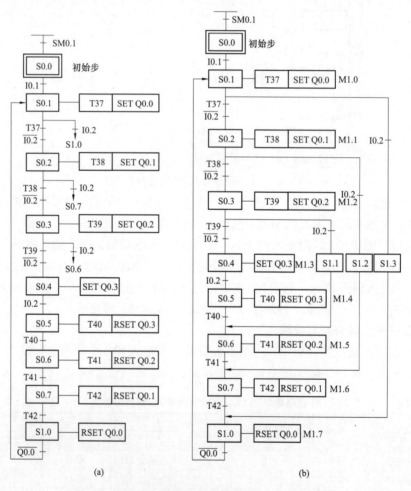

(a)   (b)

图 6-37 多台电动机的 PLC 启停控制的状态流程图

（a）单序列状态图；（b）选择序列状态图

然后直接跳转到 S1.0。读者可以根据图 6 37 （a）自行写出使用顺控指令的 LAD 或 STL 程序，在此写出图 6 - 37 （b）所示的多台电动机的 PLC 启停控制的程序见表 6 - 15。

表 6-15 多台电动机的 PLC 启停控制的程序

网络	LAD	STL
网络 1	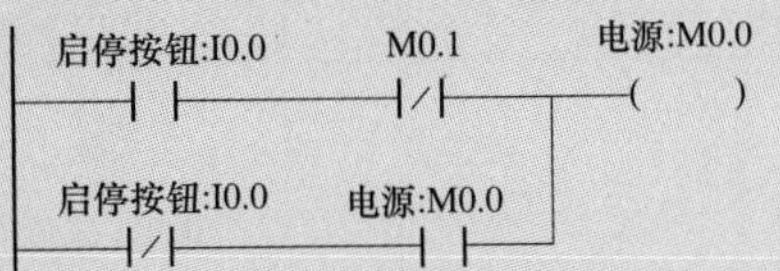 启停按钮:I0.0 —┤├— M0.1 —┤/├— 电源:M0.0 —( ) 启停按钮:I0.0 —┤/├— 电源:M0.0 —┤├—	LD 启停按钮：I0.0 AN M0.1 LDN 启停按钮：I0.0 A 电源：M0.0 OLD = 电源：M0.0
网络 2	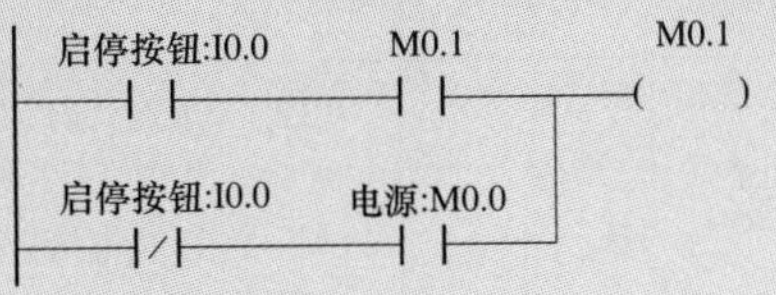 启停按钮:I0.0 —┤├— M0.1 —┤├— M0.1 —( ) 启停按钮:I0.0 —┤/├— 电源:M0.0 —┤├—	LD 启停按钮：I0.0 A M0.1 LDN 启停按钮：I0.0 A 电源：M0.0 OLD = M0.1
网络 3	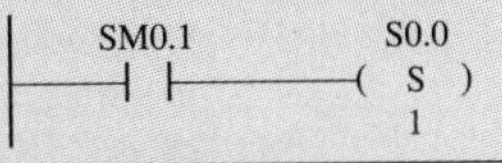 SM0.1 —┤├— S0.0 —(S) 　　　　　　　　1	LD SM0.1 S S0.0, 1
网络 4	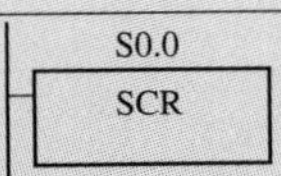 S0.0 [SCR]	LSCR S0.0
网络 5	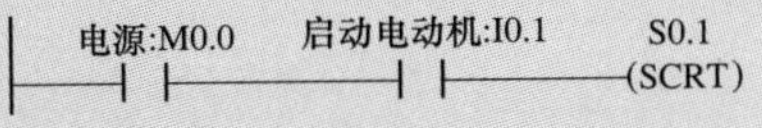 电源:M0.0 —┤├— 启动电动机:I0.1 —┤├— S0.1 —(SCRT)	LD 电源：M0.0 A 启动电机：I0.1 SCRT S0.1
网络 6	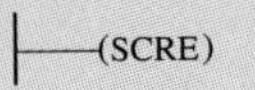 —(SCRE)	SCRE
网络 7	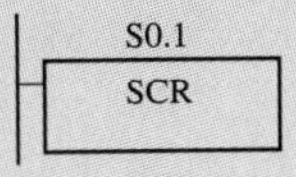 S0.1 [SCR]	LSCR S0.1
网络 8	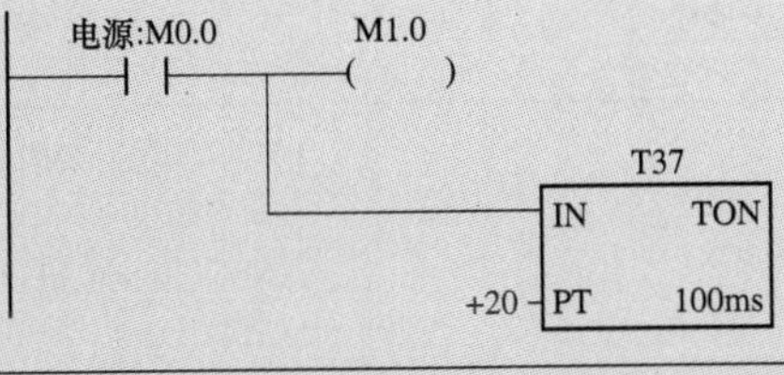 电源:M0.0 —┤├— M1.0 —( ) 　　　　　　T37 　　　IN　　TON +20—PT　　100ms	LD 电源：M0.0 = M1.0 TON T37，+20
网络 9	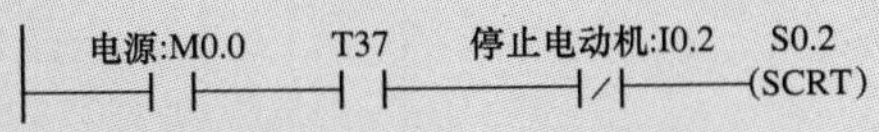 电源:M0.0 —┤├— T37 —┤├— 停止电动机:I0.2 —┤/├— S0.2 —(SCRT)	LD 电源：M0.0 A T37 AN 停止电机：I0.2 SCRT S0.2
网络 10	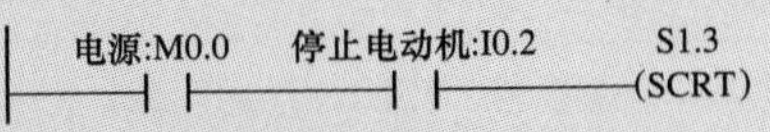 电源:M0.0 —┤├— 停止电动机:I0.2 —┤├— S1.3 —(SCRT)	LD 电源：M0.0 A 停止电机：I0.2 SCRT S1.3

续表

网络	LAD	STL
网络 11	──(SCRE)	SCRE
网络 12	S0.2 / SCR	LSCR S0.2
网络 13	电源:M0.0 ── M1.1 ( ) T38 IN TON +30 ─ PT 100ms	LD 电源：M0.0 = M1.1 TON T38，+30
网络 14	电源:M0.0 T38 停止电动机:I0.2 S0.3 ──(SCRT)	LD 电源：M0.0 A T38 AN 停止电机：I0.2 SCRT S0.3
网络 15	电源:M0.0 停止电动机:I0.2 S1.2 ──(SCRT)	LD 电源：M0.0 A 停止电机：I0.2 SCRT S1.2
网络 16	──(SCRE)	SCRE
网络 17	S0.3 / SCR	LSCR S0.3
网络 18	电源:M0.0 M1.2 ( ) T39 IN TON +40 ─ PT 100ms	LD 电源：M0.0 = M1.2 TON T39，+40
网络 19	电源:M0.0 T39 停止电动机:I0.2 S0.4 ──(SCRT)	LD 电源：M0.0 A T39 AN 停止电机：I0.2 SCRT S0.4
网络 20	电源:M0.0 停止电动机:I0.2 S1.1 ──(SCRT)	LD 电源：M0.0 A 停止电机：I0.2 SCRT S1.1
网络 21	──(SCRE)	SCRE
网络 22	S0.4 / SCR	LSCR S0.4

网络	LAD	STL
网络 23	电源:M0.0 ─┤ ├── M1.3 ──( )	LD 电源：M0.0 = M1.3
网络 24	电源:M0.0 ─┤ ├── 停止电动机:I0.2 ─┤ ├── S0.5 ──(SCRT)	LD 电源：M0.0 A 停止电机：I0.2 SCRT S0.5
网络 25	──(SCRE)	SCRE
网络 26	S0.5 SCR	LSCR S0.5
网络 27	电源:M0.0 ─┤ ├── M1.4 ──( ) T40 IN TON +30─PT 100ms	LD 电源：M0.0 = M1.4 TON T40，+30
网络 28	电源:M0.0 ─┤ ├── T40 ─┤ ├── S0.6 ──(SCRT)	LD 电源：M0.0 A T40 SCRT S0.6
网络 29	──(SCRE)	SCRE
网络 30	S0.6 SCR	LSCR S0.6
网络 31	电源: M0.0 ─┤ ├── M1.5 ──( ) T41 IN TON +20─PT 100ms	LD 电源：M0.0 = M1.5 TON T41，+20
网络 32	电源:M0.0 ─┤ ├── T41 ─┤ ├── S0.7 ──(SCRT)	LD 电源：M0.0 A T41 SCRT S0.7
网络 33	──(SCRE)	SCRE
网络 34	S0.7 SCR	LSCR S0.7

第6章 数字量控制系统梯形图的设计方法

续表

网络	LAD	STL
网络35	电源:M0.0 ─┤├─ M1.6 ─( ) T42 IN TON +10 - PT 100ms	LD 电源：M0.0 = M1.6 TON T42, +10
网络36	电源:M0.0 ─┤├─ T42 ─┤├─ S1.0 ─(SCRT)	LD 电源：M0.0 A T42 SCRT S1.0
网络37	─(SCRE)	SCRE
网络38	S1.0 SCR	LSCR S1.0
网络39	电源:M0.0 ─┤├─ M1.7 ─( )	LD 电源：M0.0 = M1.7
网络40	电源:M0.0 ─┤├─ Q0.0 ─┤├─ S0.1 ─(SCRT)	LD 电源：M0.0 A Q0.0 SCRT S0.1
网络41	─(SCRE)	SCRE
网络42	S1.3 SCR	LSCR S1.3
网络43	电源:M0.0 ─┤├─ S1.0 ─(SCRT)	LD 电源：M0.0 SCRT S1.0
网络44	─(SCRE)	SCRE
网络45	S1.2 SCR	LSCR S1.2
网络46	电源:M0.0 ─┤├─ S0.7 ─(SCRT)	LD 电源：M0.0 SCRT S0.7
网络47	─(SCRE)	SCRE
网络48	S1.1 SCR	LSCR S1.1
网络49	电源:M0.0 ─┤├─ S0.6 ─(SCRT)	LD 电源：M0.0 SCRT S0.6

网络	LAD	STL
网络 50	┤├—(SCRE)	SCRE
网络 51	M1.0 M1.7 Q0.0 ┤├—┤/├—( ) Q0.0 ┤├	LD M1.0 O Q0.0 AN M1.7 = Q0.0
网络 52	M1.1 M1.6 Q0.1 ┤├—┤/├—( ) Q0.1 ┤├	LD M1.1 O Q0.1 AN M1.6 = Q0.1
网络 53	M1.2 M1.5 Q0.2 ┤├—┤/├—( ) Q0.2 ┤├	LD M1.2 O Q0.2 AN M1.5 = Q0.2
网络 54	M1.3 M1.4 Q0.3 ┤├—┤/├—( ) Q0.3 ┤├	LD M1.3 O Q0.3 AN M1.4 = Q0.3

5. 程序监控

（1）用户启动 STEP 7 - Micro/WIN，创建一个新的工程，按照表 6 - 13 所示输入 LAD（梯形图）或 STL（指令表）中的程序，并对其进行保存。

（2）通过下载电缆将程序固化到 CPU 后，在 STEP 7 - Micro/WIN 软件中，执行菜单命令"PLC"→"RUN"，使 PLC 处于运行状态，然后再执行菜单命令"调试"→"开始程序状态监控"，进入 STEP 7 - Micro/WIN 在线监控（即在线模拟）状态。

（3）刚进入在线监控状态时，S0.0 步为活动步。奇数次设置 I0.0 为 1 时，M0.0 线圈输出为 1；偶数次设置 I0.0 为 1 时，M0.0 线圈输出为 0，这样使用 1 个输入端子即可实现电源的开启与关闭操作。只有当 M0.0 线圈输出为 1 才能完成程序中所有步的操作，否则 M1～M4 电动机都处于停止状态。当 S0.0 线圈输出为 1，S0.0 为活动步时，将 I0.1 设置为 1，S0.0 变为非活动步，S0.1 变为活动步，Q0.0 线圈输出 1 使电动机 M1 启动，并且 T37 定时器延时。T37 延时到达 1s，T37 动合触点闭合，S0.1 变为非活动步，S0.2 变为活动步，Q0.0 保持为 1，Q0.1 线圈输出 1 使电动机 M2 启动，并且 T38 定时器延时。若没有按下停止按钮（即 I0.2 没有设置为 1），依此顺序使 M2、M3 启动运行，仿真效果如图 6 - 38 所示。如果按下停止按钮，则直接跳转到相应位置，使电动机按启动的反顺序延时停止运行。例如 M2 电动机在运行且 M3 电动机未启动，按下停止按钮（I0.2 设置为 1），则直接跳转到步 S1.3，使 M2、M1 电动机按顺序停止运行。

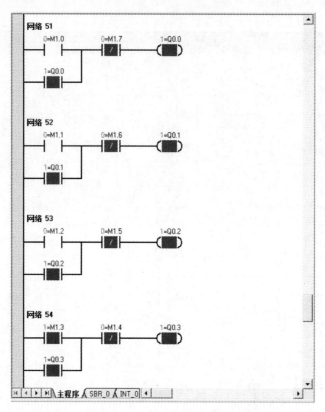

图 6-38　多台电动机的 PLC 启停控制的监控效果图

6.6.3　大小球分捡机的 PLC 控制

1. 控制要求

大小球分捡机的结构如图 6-39 所示，其中 M 为传送带电动机。机械手臂原始位置在左限位，电磁铁在上限位。接近开关 SQ0 用于检测是否有球，SQ1～SQ5 分别用于传送机械

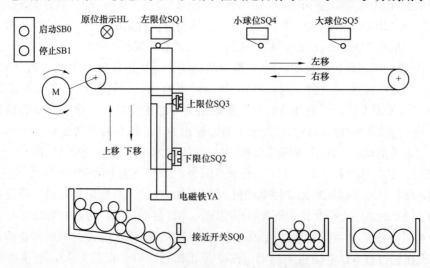

图 6-39　大小球分捡机的结构示意图

手臂上下左右运行的定位。

启动后，当接近开关检测到有球时电磁杆就下降，当电磁铁碰到大球时下限位开关不动作，当电磁铁碰到小球时下限位开关动作。电磁杆下降 2s 后电磁铁吸球，吸球 1s 后上升，到上限位后机械手臂右移，如果吸的是小球，机械手臂到小球位，电磁杆下降 2s，电磁铁失电释放小球，如果吸的是大球，机械手臂就到大球位，电磁杆下降 2s，电磁铁失电释放大球，停留 1s 上升，到上限位后机械手臂左移到左限位，并重复上述动作。如果要停止，必须在完成一次上述动作后到左限位停止。

2. 控制分析

大小球分捡机捡球时，可能抓的是大球，也可能抓的是小球。如果抓的是大球，则执行抓取大球控制；若抓的是小球，则执行抓取小球控制。因此，这是一种选择性控制，本系统可以使用 SFC 条件分支选择顺序控制来实现任务操作。在执行抓球时，可以进行自动抓球，也可以进行手动抓球，因此在进行系统设计时，需考虑手动操作控制。

手动控制一般可以采用按钮点动控制，手动控制时应考虑控制条件，如右移控制时，应保证电磁铁在上限位，当移到最右端时碰到限位开关 SQ5 应停止右移，右移和左移应互锁。

3. I/O 端子资源分配与接线

根据控制要求及控制分析可知，该系统需要 13 个输入和 6 个输出点，其中 I0.1~I0.7 作为自动捡球控制，I1.0~I1.4 作为手动捡球控制。大小球分捡机的输入/输出地址分配见表 6-16，其 I/O 接线如图 6-40 所示。

表 6-16   大小球分捡机的输入/输出分配表

输入			输出		
功能	元件	PLC 地址	功能	元件	PLC 地址
电源启动/断开	SB0	I0.0	下移	YV1	Q0.0
自动捡球	SB1	I0.1	电磁铁	YA	Q0.1
接近开关	SQ0	I0.2	上移	YV2	Q0.2
左限位开关	SQ1	I0.3	右移	KM1	Q0.3
下限位开关	SQ2	I0.4	左移	KM2	Q0.4
上限位开关	SQ3	I0.5	原位指示	HL	Q0.5
小球位开关	SQ4	I0.6			
大球位开关	SQ5	I0.7			
手动左移按钮	SB2	I1.0			
手动右移按钮	SB3	I1.1			
手动上移按钮	SB4	I1.2			
手动下移按钮	SB5	I1.3			
手动电磁铁按钮	SB6	I1.4			

4. 编写 PLC 控制程序

根据大小球分捡机的工作流程图和 PLC 资源配置，设计出 PLC 控制大小球分捡机的状态流程图如图 6-41 所示，PLC 控制大小球分捡机的程序见表 6-17。

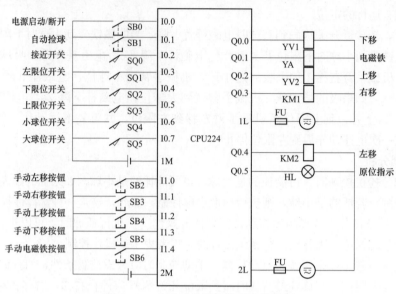

图 6-40　大小球分捡机的 I/O 接线图

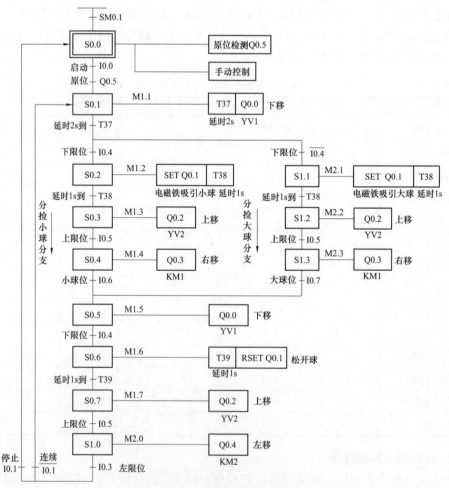

图 6-41　大小球分捡机的状态流程图

表 6-17　PLC 控制大小球分捡机的程序

网络	LAD	STL
网络1	启停按钮:I0.0 —┤├— M0.1 —┤/├— 电源:M0.0 —( ) 启停按钮:I0.0 —┤/├— 电源:M0.0 —┤├—	LD 启停按钮：I0.0 AN M0.1 LDN 启停按钮：I0.0 A 电源：M0.0 OLD = 电源：M0.0
网络2	启停按钮:I0.0 —┤├— M0.1 —┤├— M0.1 —( ) 启停按钮:I0.0 —┤/├— 电源:M0.0 —┤├—	LD 启停按钮：I0.0 A M0.1 LDN 启停按钮：I0.0 A 电源：M0.0 OLD = M0.1
网络3	SM0.1 —┤├— S0.0 —(S) 　　　　　　1	LD SM0.1 S S0.0, 1
网络4	S0.0 [SCR]	LSCR S0.0
网络5	左限位:I0.3 —┤├— 上限位:I0.5 —┤├— 下移:Q0.0 —┤/├— M3.0 —( )	LD 左限位：I0.3 A 上限位：I0.5 AN 下移：Q0.0 = M3.0
网络6	电源:M0.0 —┤├— 上限位:I0.5 —┤├— 左限位:I0.3 —┤/├— Q0.3 —┤/├— M3.1 —( )	LD 电源：M0.0 A 上限位：I0.5 AN 左限位：I0.3 AN Q0.3 = M3.1
网络7	电源:M0.0 —┤├— 上限位:I0.5 —┤├— I0.7 —┤/├— Q0.4 —┤/├— M3.2 —( )	LD 电源：M0.0 A 上限位：I0.5 AN I0.7 AN Q0.4 = M3.2
网络8	电源:M0.0 —┤├— 上限位:I0.5 —┤/├— 下移:Q0.0 —┤├— M3.3 —( )	LD 电源：M0.0 AN 上限位：I0.5 AN 下移：Q0.0 = M3.3
网络9	电源:M0.0 —┤├— I0.4 —┤/├— I0.2 —┤/├— M3.4 —( )	LD 电源：M0.0 AN I0.4 AN I0.2 = M3.4

西门子S7-200 PLC从入门到精通（第二版）

续表

网络	LAD	STL
网络10	I1.2 ┤├ I1.2 ┤/├ 电源:M0.0 ┤├ M3.5 —( ) Q0.1 ┤├ Q0.1 ┤/├	LD I1.2 O Q0.1 LDN I1.2 ON Q0.1 ALD A 电源：M0.0 = M3.5
网络11	电源:M0.0 ┤├ Q0.5 ┤├ S0.1 —(SCRT)	LD 电源：M0.0 A Q0.5 SCRT S0.1
网络12	—(SCRE)	SCRE
网络13	S0.1 SCR	LSCR S0.1
网络14	电源:M0.0 ┤├ M1.1 —( ) T37 IN TON +20—PT 100ms	LD 电源：M0.0 = M1.1 TON T37, +20
网络15	T37 ┤├ 电源:M0.0 ┤├ I0.4 ┤├ S0.2 —(SCRT)	LD T37 A 电源：M0.0 A I0.4 SCRT S0.2
网络16	T37 ┤├ 电源:M0.0 ┤├ I0.4 ┤/├ S1.1 —(SCRT)	LD T37 A 电源：M0.0 AN I0.4 SCRT S1.1
网络17	—(SCRE)	SCRE
网络18	S0.2 SCR	LSCR S0.2
网络19	电源:M0.0 ┤├ M1.2 —( ) T38 IN TON +10—PT 100ms	LD 电源：M0.0 = M1.2 TON T38, +10

西门子S7-200 PLC从入门到精通(第二版)

246

网络	LAD	STL
网络 20	电源:M0.0 ─┤├─ T38 ─┤├─ S0.3 ─(SCRT)	LD 电源：M0.0 A T38 SCRT S0.3
网络 21	─(SCRE)	SCRE
网络 22	S0.3 SCR	LSCR S0.3
网络 23	电源:M0.0 ─┤├─ M1.3 ─( )	LD 电源：M0.0 = M1.3
网络 24	电源:M0.0 ─┤├─ S0.4 ─(SCRT)	LD 电源：M0.0 SCRT S0.4
网络 25	─(SCRE)	SCRE
网络 26	S0.4 SCR	LSCR S0.4
网络 27	电源:M0.0 ─┤├─ M1.4 ─( )	LD 电源：M0.0 = M1.4
网络 28	电源:M0.0 ─┤├─ I0.6 ─┤├─ S0.5 ─(SCRT)	LD 电源：M0.0 A I0.6 SCRT S0.5
网络 29	─(SCRE)	SCRE
网络 30	S1.1 SCR	LSCR S1.1
网络 31	电源:M0.0 ─┤├─ M2.1 ─( ) T38 IN TON +10 ─ PT 100ms	LD 电源：M0.0 = M2.1 TON T38，+10
网络 32	电源:M0.0 ─┤├─ T38 ─┤├─ S1.2 ─(SCRT)	LD 电源：M0.0 A T38 SCRT S1.2
网络 33	─(SCRE)	SCRE
网络 34	S1.2 SCR	LSCR S1.2

第6章 数字量控制系统梯形图的设计方法

续表

网络	LAD	STL
网络35	电源:M0.0 ──┤├── M2.2 ──( )	LD　电源：M0.0 =　　M2.2
网络36	电源:M0.0 ──┤├── 上限位:I05 ──┤├── S1.3 ──(SCRT)	LD　电源：M0.0 A　　上限位：I0.5 SCRT S1.3
网络37	──(SCRE)	SCRE
网络38	S1.3 SCR	LSCR S1.3
网络39	电源:M0.0 ──┤├── M2.3 ──( )	LD　电源：M0.0 =　　M2.3
网络40	电源:M0.0 ──┤├── I0.7 ──┤├── S0.5 ──(SCRT)	LD　电源：M0.0 A　　I0.7 SCRT S0.5
网络41	──(SCRE)	SCRE
网络42	S0.5 SCR	LSCR S0.5
网络43	电源:M0.0 ──┤├── M1.5 ──( )	LD　电源：M0.0 =　　M1.5
网络44	电源:M0.0 ──┤├── I0.4 ──┤├── S0.6 ──(SCRT)	LD　电源：M0.0 A　　I0.4 SCRT S0.6
网络45	──(SCRE)	SCRE
网络46	S0.6 SCR	LSCR S0.6
网络47	电源:M0.0 ──┤├── M1.6 ──( ) T39 IN　TON +10─PT　100ms	LD　电源：M0.0 =　　M1.6 TON T39，+10
网络48	电源:M0.0 ──┤├── T39 ──┤├── S0.7 ──(SCRT)	LD　电源：M0.0 A　　T39 SCRT S0.7
网络49	──(SCRE)	SCRE

网络	LAD	STL
网络 50	S0.7 SCR	LSCR S0.7
网络 51	电源:M0.0 ───┤├─── M1.7 ───( )	LD 电源：M0.0 = M1.7
网络 52	电源:M0.0 ───┤├── 上限位:I0.5 ──┤├── S1.0 ──(SCRT)	LD 电源：M0.0 A 上限位：I0.5 SCRT S1.0
网络 53	──(SCRE)	SCRE
网络 54	S1.0 SCR	LSCR S1.0
网络 55	电源:M0.0 ───┤├─── M2.0 ───( )	LD 电源：M0.0 = M2.0
网络 56	电源:M0.0 ──┤├── 左限位:I0.3 ──┤├── I0.1 ──┤├── S0.1 ──(SCRT)	LD 电源：M0.0 A 左限位：I0.3 A I0.1 SCRT S0.1
网络 57	电源:M0.0 ──┤├── 左限位:I0.3 ──┤├── I0.1 ──┤/├── S0.0 ──(SCRT)	LD 电源：M0.0 A 左限位：I0.3 AN I0.1 SCRT S0.0
网络 58	──(SCRE)	SCRE
网络 59	M3.0 ───┤├─── Q0.5 ───( )	LD M3.0 = Q0.5
网络 60	M3.1 ───┤├─── Q0.4 ───( ) M2.0 ───┤├───	LD M3.1 O M2.0 = Q0.4
网络 61	M3.2 ───┤├─── Q0.3 ───( ) M1.4 ───┤├─── M2.3 ───┤├───	LD M3.2 O M1.4 O M2.3 = Q0.3

续表

网络	LAD	STL
网络 62	M3.3 ├┤├ Q0.2 ( ) M1.3 ├┤├ M2.2 ├┤├ M1.7 ├┤├	LD M3.3 O M1.3 O M2.2 O M1.7 = Q0.2
网络 63	M3.5 ├┤├ M1.6 ├/├ Q0.1 ( ) M1.2 ├┤├ M1.3 ├┤├ M1.4 ├┤├ M1.5 ├┤├ M2.1 ├┤├ M2.2 ├┤├ M2.3 ├┤├	LD M3.5 O M1.2 O M1.3 O M1.4 O M1.5 O M2.1 O M2.2 O M2.3 AN M1.6 = Q0.1
网络 64	M3.4 ├┤├ 下移:Q0.0 ( ) M1.1 ├┤├	LD M3.4 O M1.1 = 下移：Q0.0

5. 程序监控

（1）用户启动 STEP 7 - Micro/WIN，创建一个新的工程，按照表 6 - 13 所示输入 LAD（梯形图）或 STL（指令表）中的程序，并对其进行保存。

（2）通过下载电缆将程序固化到 CPU 后，在 STEP 7 - Micro/WIN 软件中，执行菜单命令 "PLC" → "RUN"，使 PLC 处于运行状态，然后再执行菜单命令 "调试" → "开始程序状态监控"，进入 STEP 7 - Micro/WIN 在线监控（即在线模拟）状态。

（3）刚进入在线监控状态时，S0.0 步为活动步。奇数次设置 I0.0 为 1 时，M0.0 线圈输出为 1；偶数次设置 I0.0 为 1 时，M0.0 线圈输出为 0，这样使用 1 个输入端子即可实现电源的开启与关闭操作。只有当 M0.0 线圈输出为 1 才能完成程序中所有步的操作，否则大小球分捡机不能执行任何操作。当 S0.0 线圈输出为 1，S0.0 为活动步时，在网络 5 执行原位指示。如果分捡机没在原位，则应设置 I0.3 和 I0.5 为 1，而网络 6～10 中为手动分捡球操作控制。当 I0.3 和 I0.5 设置为 1 时，S0.0 变为非活动步，S0.1 变为活动步，监控效果如图 6-42 所示，将 I0.2 设置为 1，Q0.0 线圈为 1 执行下移操作，同时启动 T37 延时。当 T37 延时 2s 后，执行大小球分捡选择操作，当 I0.4 动合触点为 ON 时（设置为 1），则按顺序执行网络 18～29 中的程序，以完成小球分捡操作；当 I0.4 动合触点为 OFF 时（设置为 0），则按顺序执行网络 30～41 中的程序，以完成大球分捡操作。在执行小球分捡时，如果在网络 28 中将 I0.6 设置为 1，表示电磁铁已吸住小球，程序则跳转到网络 42；在执行大球分捡时，如果在网络 40 中将 I0.7 设置为 1，表示电磁铁已吸住大球，程序则跳转到网络 42，这样实现两个选择分支的汇合。网络 42～47 中仿真电磁铁放置大小球的操作；网络 50～57 监控分捡机到原位的操作。网络 59～64 分别控制相应的输出映像继电器。

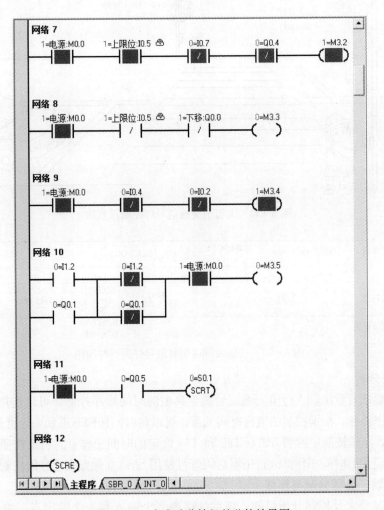

图 6-42　大小球分捡机的监控效果图

6.7　并行序列的S7-200 PLC顺序控制应用实例

6.7.1　人行道交通信号灯控制

1. 控制要求

某人行道交通信号灯控制示意图如图6-43所示，道路上的交通灯由行人控制，在人行道的两边各设一个按钮。当行人要过人行道时，交通灯按图6-44所示的时间顺序变化，在交通灯进入运行状态时，再按按钮不起作用。

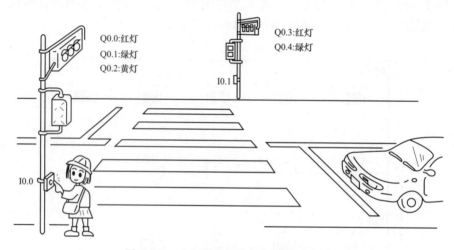

图6-43　人行道交通信号灯控制示意图

车道	绿灯 Q0.1 30s		黄灯 Q0.2 10s	红灯 Q0.0		绿灯 Q0.1
人行道	红灯 Q0.3			绿灯 Q0.4 10s	绿灯闪 Q0.4 5s	红灯 Q0.3
按下按钮				0.5s ON 0.5s OFF		

图6-44　按钮人行道交通信号灯通行时间图

2. 系统分析

从控制要求可看出，人行道交通信号属于典型的时间顺序控制，可以使用SFC并行序列来完成操作任务。根据控制的通行时间关系，可以将时间按照车道和人行道分别标定。在并行序列中，车道按照定时器T37、T38和T39设定的时间工作；人行道按照定时器T40、T41和T42设定的时间工作。人行道绿灯闪烁可使用SM0.5触点实现秒闪控制。

3. I/O端子资源分配与接线

根据控制要求及控制分析可知，该系统需要2个输入和5个输出点，输入/输出地址分配见表6-18，其I/O接线如图6-45所示。

表 6-18 人行道交通信号灯控制的输入/输出分配表

输　入			输　出		
功能	元件	PLC 地址	功能	元件	PLC 地址
电源启动/断开	SB0	I0.0	车道红灯	HL0	Q0.0
人行按钮	SB1	I0.1	车道绿灯	HL1	Q0.1
			车道黄灯	HL2	Q0.2
			人行道红灯	HL3	Q0.3
			人行道绿灯	HL4	Q0.4

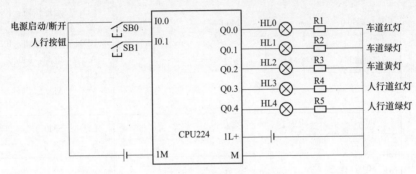

图 6-45　人行道交通信号灯控制的 I/O 接线图

4. 编写 PLC 控制程序

根据人行道交通信号灯控制的工作流程图和 PLC 资源配置，设计出 PLC 控制人行道交通信号灯控制的状态流程图如图 6-46 所示，PLC 控制人行道交通信号灯控制的程序见表 6-19。

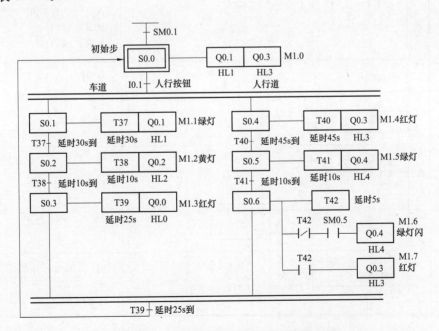

图 6-46　人行道交通信号灯控制状态流程图

表 6-19　　　　　　　　　　人行道交通信号灯控制程序

网络	LAD	STL
网络1	启停按钮:I0.0 ┤├ M0.1 ┤/├ 电源:M0.0 ( ) 启停按钮:I0.0 ┤/├ 电源:M0.0 ┤├	LD　启停按钮：I0.0 AN　M0.1 LDN　启停按钮：I0.0 A　电源：M0.0 OLD =　电源：M0.0
网络2	启停按钮:I0.0 ┤├ M0.1 ┤├ M0.1 ( ) 启停按钮:I0.0 ┤/├ 电源:M0.0 ┤├	LD　启停按钮：I0.0 A　M0.1 LDN　启停按钮：I0.0 A　电源：M0.0 OLD =　M0.1
网络3	SM0.1 ┤├ S0.0 (S)　1	LD　SM0.1 S　S0.0，1
网络4	S0.0 SCR	LSCR　S0.0
网络5	电源:M0.0 ┤├ M1.0 ( )	LD　电源：M0.0 =　M1.0
网络6	电源:M0.0 ┤├ 人行按钮:I0.1 ┤├ S0.1 (SCRT) S0.4 (SCRT)	LD　电源：M0.0 A　人行按钮：I0.1 SCRT　S0.1 SCRT　S0.4
网络7	─(SCRE)	SCRE
网络8	S0.1 SCR	LSCR　S0.1
网络9	电源:M0.0 ┤├ M1.1 ( ) T37　IN TON +300─PT　100ms	LD　电源：M0.0 =　M1.1 TON　T37，+300
网络10	电源:M0.0 ┤├ T37 ┤├ S0.2 (SCRT)	LD　电源：M0.0 A　T37 SCRT　S0.2
网络11	─(SCRE)	SCRE

网络	LAD	STL
网络 12	S0.2 SCR	LSCR　S0.2
网络 13	电源:M0.0　　M1.2 —┤├—————( ) 　　　　　　　T38 　　　　　　IN　　TON +100—PT　　100ms	LD　　电源：M0.0 =　　M1.2 TON　T38，+100
网络 14	电源:M0.0　T38　S0.3 —┤├——┤├——(SCRT)	LD　　电源：M0.0 A　　T38 SCRT　S0.3
网络 15	—(SCRE)	SCRE
网络 16	S0.3 SCR	LSCR　S0.3
网络 17	电源:M0.0　　M1.3 —┤├—————( ) 　　　　　　　T39 　　　　　　IN　　TON +250—PT　　100ms	LD　　电源：M0.0 =　　M1.3 TON　　T39，+250
网络 18	—(SCRE)	SCRE
网络 19	S0.4 SCR	LSCR　S0.4
网络 20	电源:M0.0　　M1.4 —┤├—————( ) 　　　　　　　T40 　　　　　　IN　　TON +450—PT　　100ms	LD　　电源：M0.0 =　　M1.4 TON　　T40，+450
网络 21	电源:M0.0　T40　S0.5 —┤├——┤├——(SCRT)	LD　　电源：M0.0 A　　T40 SCRT　S0.5
网络 22	—(SCRE)	SCRE
网络 23	S0.5 SCR	LSCR　S0.5

续表

网络	LAD	STL
网络 24	电源:M0.0 ─┤├─┬─(M1.5) 　　　　　　└─ T41 　　　　　　　　 IN　　TON 　　　　+100─PT　　100ms	LD　　电源：M0.0 =　　　M1.5 TON　T41，+100
网络 25	电源:M0.0　　　T41　　　　S0.6 ─┤├──┤├──(SCRT)	LD　　电源：M0.0 A　　　T41 SCRT　S0.6
网络 26	─(SCRE)	SCRE
网络 27	S0.6 ┌──────┐ │ SCR　│ └──────┘	LSCR　S0.6
网络 28	电源:M0.0　　　　　T42 ─┤├─┬──── IN　　TON 　　　│　 +50─PT　100ms 　　　│ 　　　├─ T42　　SM0.5　M1.6 　　　│ ─┤/├──┤├──( ) 　　　│ 　　　└─ T42　　M1.7 　　　　─┤├──( )	LD　　电源：M0.0 LPS TON　T42，+50 AN　　T42 A　　　SM0.5 =　　　M1.6 LPP A　　　T42 =　　　M1.7
网络 29	电源:M0.0　S0.3　S0.6　T39　S0.0 ─┤├──┤├──┤├──┤├──(SCRT)	LD　　电源：M0.0 A　　　S0.3 A　　　S0.6 A　　　T39 SCRT　S0.0
网络 30	─(SCRE)	SCRE
网络 31	M1.3　　　Q0.0 ─┤├──( )	LD　　M1.3 =　　　Q0.0
网络 32	M1.0　　　Q0.1 ─┤├─┬─( ) M1.1　│ ─┤├─┘	LD　　M1.0 O　　　M1.1 =　　　Q0.1
网络 33	M1.2　　　Q0.2 ─┤├──( )	LD　　M1.2 =　　　Q0.2

网络	LAD	STL
网络 34	M1.0 Q0.3 —┤ ├—————( ) M1.4 —┤ ├— M1.7 —┤ ├—	LD M1.0 O M1.4 O M1.7 = Q0.3
网络 35	M1.5 Q0.4 —┤ ├—————( ) M1.6 —┤ ├—	LD M1.5 O M1.6 = Q0.4

5. 程序监控

（1）用户启动 STEP 7 - Micro/WIN，创建一个新的工程，按照表 6 - 13 所示输入 LAD（梯形图）或 STL（指令表）中的程序，并对其进行保存。

（2）通过下载电缆将程序固化到 CPU 后，在 STEP 7 - Micro/WIN 软件中，执行菜单命令"PLC"→"RUN"，使 PLC 处于运行状态，然后再执行菜单命令"调试"→"开始程序状态监控"，进入 STEP 7 - Micro/WIN 在线监控（即在线模拟）状态。

（3）刚进入在线监控状态时，S0.0 步为活动步。奇数次设置 I0.0 为 1 时，M0.0 线圈输出为 1；偶数次设置 I0.0 为 1 时，M0.0 线圈输出为 0，这样使用 1 个输入端子即可实现电源的开启与关闭操作。只有当 M0.0 线圈输出为 1 才能完成程序中所有步的操作，否则人行道交通信号灯控制不能执行任何操作。当 M0.0 线圈输出为 1，S0.0 为活动步时，Q0.1 线圈输出为 1（即车道绿灯亮），Q0.3 线圈输出为 1（即人行道红灯亮），表示汽车可以通行，行人不能通行。如果行人要通过马路时，按下行人按钮（即将 I0.1 强制为 1），S0.0 为非活动步时，S0.1 为活动步，将执行人行道交通信号灯控制，其具体过程请读者自行分析，其监控效果如图 6 - 47 所示。

6.7.2 双面钻孔组合机床的 PLC 控制

组合机床是由一些通用部件组成的高效率自动化或半自动化专用加工设备。这些机床都具有工作循环，并同时用十几把甚至几十把刀具进行加工。组合机床的控制系统大多采用机械、液压、电气或气动相结合的控制方式，其中，电气控制起着中枢联接作用。传统的电气控制通常采用继电器逻辑控制方式，使用了大量的中间继电器、时间继电器、行程开关等，这样的继电器控制方式具有故障率高、维修困难等问题。如果使用 PLC 与液压控制相结合的方法对双面钻孔组合机床进行改造，则可以降低故障，维护、维修也较方便。

1. 双面钻孔机床的组成与电路原理图

双面钻孔组合机床是在工件两相对表面上钻孔的一种高效率自动化专用加工设备，其基本结构示意如图 6 - 48 所示。机床的两个液压动力滑台对面布置，左、右刀具电动机分别固定在两边的滑台上，中间底座上装有工件定位夹紧装置。

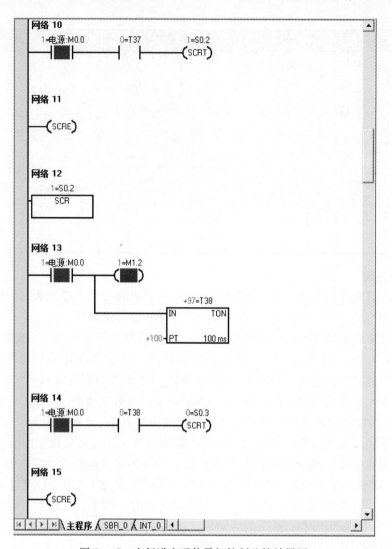

图 6-47　人行道交通信号灯控制监控效果图

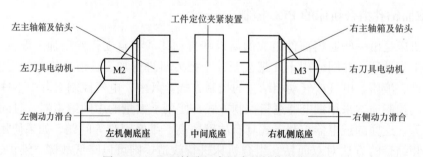

图 6-48　双面钻孔组合机床的结构示意图

该机床采用电动机和液压系统（未画出）相结合的驱动方式，其中电动机 M2、M3 分别驱动左主轴箱的刀具主轴提供切削主运行，而左、右动力滑台的工件夹紧装置则由液压系统驱动，M1 为液压泵的驱动电动机，M4 为冷却泵电动机。双面钻孔组合机床的主电路原理图如图 6-49 所示。

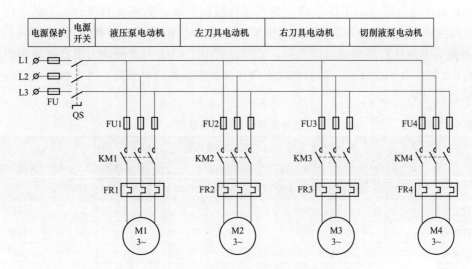

图 6 - 49   双面钻孔组合机床的主电路原理图

2. 控制要求

双面钻孔组合机床的自动工作循环过程如图 6 - 50 所示。工作时，将工件装入夹具（定位夹紧装置），按动系统启动按钮 SB3，开始工件的定位和夹紧，然后两边的动力滑台同时开始快速进给、工作进给和快速退回的加工循环，此时刀具电动机也启动工作，冷却泵在工进过程中提供冷却液。加工循环结束后，动力滑台退回原位，夹具松开并拔出定位销，一次加工循环结束。

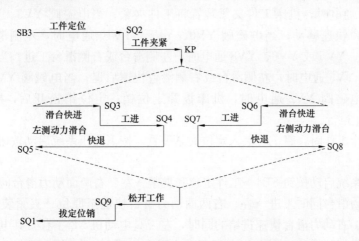

图 6 - 50   双面钻孔组合机床的自动工作循环过程图

双面钻孔组合机床的工作的具体要求如下：

（1）双面钻孔组合机床各电动机控制要求：双面钻孔组合机床各电动机只有在液压泵电动机 M1 正常启动运转，机床供油系统正常供油后，才能启动。刀具电动机 M2、M3 应在滑台进给循环开始时启动运转，滑台退回原位后停止运转。切削液泵电动机 M4 可以在滑台工进时自动启动，在工进结束后自动停止，也可以用手动方式控制启动和停止。

（2）机床动力滑台、工件定位、夹紧装置控制要求：机床动力滑台、工进定位、夹紧装置由液压系统驱动。电磁阀 YV1 和 YV2 控制定位销液压缸活塞的运动方向；YV3、YV4 控制夹紧液压缸活塞的运行方向；YV5、YV6、YV7 为左侧动力滑台油路中的换向电磁阀；YV8、YV9、YV10 为右侧动力滑台油路中的换向电磁阀，各电磁阀线圈的通电状态见表 6－20。

表 6－20　　　　　　　　　　　各电磁阀线圈的通电状态

| 工步 | 电磁换向阀线圈通电状态 | | | | | | | | | | 转换主令 |
| | 定位 | | 夹紧 | | 左侧动力滑台 | | | 右侧动力滑台 | | | |
	YV1	YV2	YV3	YV4	YV5	YV6	YV7	YV8	YV9	YV10	
工件定位	+										SB4
工件夹紧			+								SQ2
滑台快进			+		+		+	+		+	KP
滑台工进			+		+			+			SQ3、SQ6
滑台快退			+			+			+		SQ4、SQ7
松开工件				+							SQ5、SQ8
拔定位销		+									SQ9
停止											SQ1

注　表中的"＋"为电磁阀线圈通电接通。

从表 6－20 中可以看出，电磁阀 YV1 线圈通电时，机床工件定位装置将工件定位；当电磁阀 YV3 通电时，机床工件夹紧装置将工件夹紧；当电磁阀 YV3、YV5、YV7 通电时，左侧滑台快速移动；当电磁阀 YV3、YV8、YV10 通电时，左侧滑台快速移动；当电磁阀 YV3、YV5 或 YV3、YV8 通电时，左侧滑台或右侧滑台工进；当电磁阀 YV3、YV6 或 YV3、YV9 通电时，左侧滑台或右侧滑台快速后退；当电磁阀 YV4 通电时，松开定位销；当电磁阀 YV2 通电时，机床拔开定位销；定位销松开后，撞击行程开关 SQ1，机床停止运行。

当需要机床工作时，将工件装入定位夹紧装置，按下液压系统启动按钮 SB4，机床按以下步骤工作：

按下液压系统启动按钮 SB4→工件定位和夹紧→左、右两面动力滑台同时快速进给→左、右两面动力滑台同时工进→左、右两面动力滑台快退至原位→夹紧装置松开→拔出定位销。在左、右动力滑台快速进给的同时，左刀具电动机 M2、右刀具电动机 M3 启动运转工作，提供切削动力；在左、右两面动力滑台工进时，切削液泵电动机 M4 自动启动，在工进结束后切削液泵电动机 M4 自动停止。在滑台退回原位后，左、右刀具电动机 M2、M3 停止运转。

3. 控制分析

双面钻孔组合机床的电气控制属于单机控制，输入/输出均为开关量，根据实际控制要求，并考虑系统改造成本核算，在准备计算 I/O 点数的基础上，可以采用 CPU226 可编程控制器。该控制系统中所有输入触发信号采用动合触点接法，所需的 24V 直流电源由 PLC 内部提供。

根据双面钻孔组合机床的控制要求可知，该控制系统需要实现 3 个控制功能：①动力滑台的点、复位控制；②动力滑台的单机自动循环控制；③整机全自动工作循环控制。动力滑台的点、复位控制可由手动控制程序来实现；动力滑台的单机自动循环控制可采用顺序控制循环，应用步进顺控指令对其编程，可使程序简化，提高编程效率，为程序的调试、试运行带来许多方便；整机全自动工作循环控制可由总控制程序实现。

4. I/O 端子资源分配与接线

根据控制要求及控制分析可知，该系统需要 23 个输入和 15 个输出点，输入/输出地址分配见表 6-21，其 I/O 接线如图 6-51 所示。

表 6-21　　　　　　　双面钻孔组合机床的 PLC 控制输入/输出分配表

输　入			输　出		
功能	元件	PLC 地址	功能	元件	PLC 地址
工件手动夹紧按钮	SB0	I0.0	工件夹紧指示灯	HL	Q0.0
总停止按钮	SB1	I0.1	电磁阀	YV1	Q0.1
液压泵电动机 M1 启动按钮	SB2	I0.2	电磁阀	YV2	Q0.2
液压系统停止按钮	SB3	I0.3	电磁阀	YV3	Q0.3
液压系统启动按钮	SB4	I0.4	电磁阀	YV4	Q0.4
左刀具电动机 M2 启动按钮	SB5	I0.5	电磁阀	YV5	Q0.5
右刀具电动机 M3 启动按钮	SB6	I0.6	电磁阀	YV6	Q0.6
夹紧松开手动按钮	SB7	I0.7	电磁阀	YV7	Q0.7
左刀具电动机快进点动按钮	SB8	I1.0	电磁阀	YV8	Q1.0
左刀具电动机快退点动按钮	SB9	I1.1	电磁阀	YV9	Q1.1
右刀具电动机快进点动按钮	SB10	I1.2	电磁阀	YV10	Q1.2
右刀具电动机快退点动按钮	SB11	I1.3	液压泵电动机 M1 接触器	KM1	Q1.3
松开工件定位行程开关	SQ1	I1.4	左刀具电动机 M2 接触器	KM2	Q1.4
工件定位行程开关	SQ2	I1.5	右刀具电动机 M3 接触器	KM3	Q1.5
左机滑台快进结束行程开关	SQ3	I1.6	切削液泵电动机 M4 接触器	KM4	Q1.6
左机滑台工进结束行程开关	SQ4	I1.7			
左机滑台快退结束行程开关	SQ5	I2.0			
右机滑台快进结束行程开关	SQ6	I2.1			
右机滑台工进结束行程开关	SQ7	I2.2			
右机滑台快退结束行程开关	SQ8	I2.3			
工件压紧原位行程开关	SQ9	I2.4			
工件夹紧压力继电器	KP	I2.5			
手动和自动选择开关	SA	I2.6			

5. 编写 PLC 控制程序

根据双面钻孔组合机床的循环工作过程图、控制分析和 PLC 资源配置，设计出双面钻孔组合机床 PLC 自动控制如图 6-52 所示，双面钻孔组合机床 PLC 的程序见表 6-22。

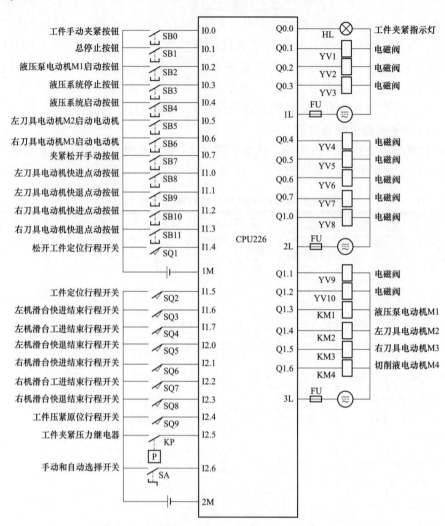

图 6-51　双面钻孔组合机床的 PLC 控制 I/O 接线图

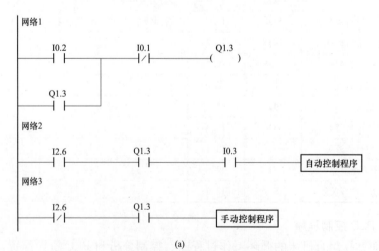

(a)

图 6-52　双面钻孔组合机床 PLC 自动控制图（一）

（a）控制程序总框图

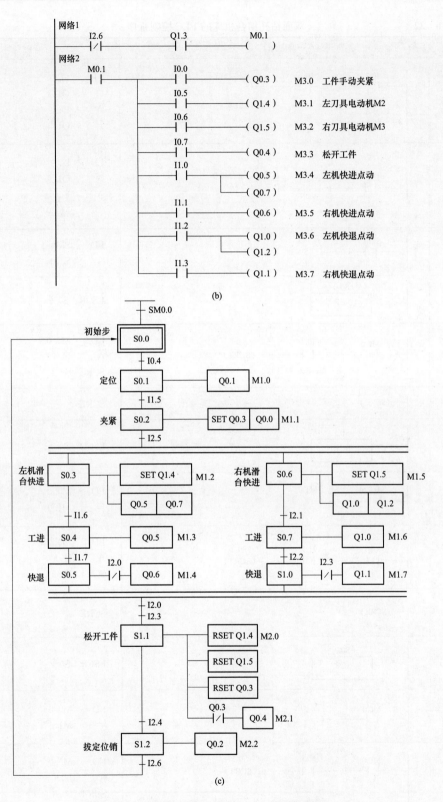

图 6-52 双面钻孔组合机床 PLC 自动控制图（二）

(b) 手动控制程序梯形图；(c) 自动控制状态流程图

表 6－22 双面钻孔组合机床的 PLC 控制程序

网络	LAD	STL
网络 1	I0.2 ─┤├─ I0.1 ─┤├─ (Q1.3) Q1.3 ─┤├─	LD I0.2 O Q1.3 A I0.1 = Q1.3
网络 2	I2.6 ─┤├─ Q1.3 ─┤├─ I0.3 ─┤├─ (M0.0)	LD I2.6 A Q1.3 A I0.3 = M0.0
网络 3	SM0.1 ─┤├─ S0.0 (S) 1	LD SM0.1 S S0.0, 1
网络 4	S0.0 SCR	LSCR S0.0
网络 5	M0.0 ─┤├─ I0.4 ─┤├─ S0.1 (SCRT)	LD M0.0 A I0.4 SCRT S0.1
网络 6	─(SCRE)	SCRE
网络 7	S0.1 SCR	LSCR S0.1
网络 8	M0.0 ─┤├─ (M1.0)	LD M0.0 = M1.0
网络 9	M0.0 ─┤├─ I1.5 ─┤├─ S0.2 (SCRT)	LD M0.0 A I1.5 SCRT S0.2
网络 10	─(SCRE)	SCRE
网络 11	S0.2 SCR	LSCR S0.2
网络 12	M0.0 ─┤├─ (M1.1)	LD M0.0 = M1.1
网络 13	M0.0 ─┤├─ I2.5 ─┤├─ S0.3 (SCRT) S0.6 (SCRT)	LD M0.0 A I2.5 SCRT S0.3 SCRT S0.6

网络	LAD	STL
网络 14	├──(SCRE)	SCRE
网络 15	S0.3 ├──[SCR]	LSCR S0.3
网络 16	M0.0 M1.2 ├──┤├──────( )	LD M0.0 = M1.2
网络 17	M0.0 I1.6 S0.4 ├──┤├──┤├────(SCRT)	LD M0.0 A I1.6 SCRT S0.4
网络 18	├──(SCRE)	SCRE
网络 19	S0.4 ├──[SCR]	LSCR S0.4
网络 20	M0.0 M1.3 ├──┤├──────( )	LD M0.0 = M1.3
网络 21	M0.0 I1.7 S0.5 ├──┤├──┤├────(SCRT)	LD M0.0 A I1.7 SCRT S0.5
网络 22	├──(SCRE)	SCRE
网络 23	S0.5 ├──[SCR]	LSCR S0.5
网络 24	M0.0 I2.0 M1.4 ├──┤├──┤/├────( )	LD M0.0 AN I2.0 = M1.4
网络 25	├──(SCRE)	SCRE
网络 26	S0.6 ├──[SCR]	LSCR S0.6
网络 27	M0.0 M1.5 ├──┤├──────( )	LD M0.0 = M1.5
网络 28	M0.0 I2.1 S0.7 ├──┤├──┤├────(SCRT)	LD M0.0 A I2.1 SCRT S0.7
网络 29	├──(SCRE)	SCRE

第6章 数字量控制系统梯形图的设计方法

265

续表

网络	LAD	STL
网络 30	S0.7 / SCR	LSCR S0.7
网络 31	M0.0 — M1.6 ( )	LD M0.0 = M1.6
网络 32	M0.0 — I2.2 — S1.0 (SCRT)	LD M0.0 A I2.2 SCRT S1.0
网络 33	(SCRE)	SCRE
网络 34	S1.0 / SCR	LSCR S1.0
网络 35	M0.0 — I2.3 — M1.7 ( )	LD M0.0 AN I2.3 = M1.7
网络 36	S0.5 — S1.0 — I2.0 — I2.3 — S1.1 (SCRT)	LD S0.5 A S1.0 A I2.0 A I2.3 SCRT S1.1
网络 37	(SCRE)	SCRE
网络 38	S1.1 / SCR	LSCR S1.1
网络 39	M0.0 — M2.0 ( ) Q0.3 — M2.1 ( )	LD M0.0 = M2.0 AN Q0.3 = M2.1
网络 40	M0.0 — I2.4 — S1.2 (SCRT)	LD M0.0 A I2.4 SCRT S1.2
网络 41	(SCRE)	SCRE
网络 42	S1.2 / SCR	LSCR S1.2
网络 43	M0.0 — M2.2 ( )	LD M0.0 = M2.2

网络	LAD	STL
网络 44	I2.6 ——│ │——— S0.0 (SCRT)	LD　I2.6 SCRT　S0.0
网络 45	——(SCRE)	SCRE
网络 46	M1.1 ——│ │——— Q0.0 ( )	LD　M1.1 =　Q0.0
网络 47	M1.0 ——│ │——— Q0.1 ( )	LD　M1.0 =　Q0.1
网络 48	M2.2 ——│ │——— Q0.2 ( )	LD　M2.2 =　Q0.2
网络 49	M1.1 ——│ │—— M2.0 ——│/│—— Q0.3 ( ) M1.2 ——│ │—— M1.3 ——│ │—— M1.4 ——│ │—— M1.5 ——│ │—— M1.6 ——│ │—— M1.7 ——│ │—— M3.0 ——│ │——	LD　M1.1 O　M1.2 O　M1.3 O　M1.4 O　M1.5 O　M1.6 O　M1.7 O　M3.0 AN　M2.0 =　Q0.3
网络 50	M2.1 ——│ │——— Q0.4 ( ) M3.3 ——│ │——	LD　M2.1 O　M3.3 =　Q0.4
网络 51	M1.2 ——│ │——— Q0.5 ( ) M1.3 ——│ │—— M3.4 ——│ │——	LD　M1.2 O　M1.3 O　M3.4 =　Q0.5
网络 52	M1.4 ——│ │——— Q0.6 ( ) M3.5 ——│ │——	LD　M1.4 O　M3.5 =　Q0.6

第6章　数字量控制系统梯形图的设计方法

267

续表

网络	LAD	STL
网络 53	M1.2 M3.4 —(Q0.7)	LD M1.2 O M3.4 = Q0.7
网络 54	M1.5 M1.6 M3.6 —(Q1.0)	LD M1.5 O M1.6 O M3.6 = Q1.0
网络 55	M1.7 M3.7 —(Q1.1)	LD M1.7 O M3.7 = Q1.1
网络 56	M1.5 M3.6 —(Q1.2)	LD M1.5 O M3.6 = Q1.2
网络 57	M1.2 M2.0/ —(Q1.4) M1.3 M1.4 M1.5 M1.6 M1.7 M3.1	LD M1.2 O M1.3 O M1.4 O M1.5 O M1.6 O M1.7 O M3.1 AN M2.0 = Q1.4
网络 58	M1.5 M2.0/ —(Q1.5) M1.6 M1.7 M3.2	LD M1.5 O M1.6 O M1.7 O M3.2 AN M2.0 = Q1.5

268

网络	LAD	STL
网络 59	`I2.6` `/` — `Q1.3` — `M0.1` `( )`	LDN I2.6 A Q1.3 = M0.1

网络 60	`M0.1` — `I0.0` — `M3.0`
	`I0.5` — `M3.1`
	`I0.6` — `M3.2`
	`I0.7` — `M3.3`
	`I1.0` — `M3.4`
	`I1.1` — `M3.5`
	`I1.2` — `M3.6`
	`I1.3` — `M3.6`
		LD M0.1
		LPS
		A I0.0
		= M3.0
		LRD
		A I0.5
		= M3.1
		LRD
		A I0.6
		= M3.2
		LRD
		A I0.7
		= M3.3
		LRD
		A I1.0
		= M3.4
		LRD
		A I1.1
		= M3.5
		LRD
		A I1.2
		= M3.6
		LPP
		A I1.3
		= M3.6

第 6 章　数字量控制系统梯形图的设计方法

6. 程序监控

（1）用户启动 STEP 7 - Micro/WIN，创建一个新的工程，按照表 6 - 13 所示输入 LAD（梯形图）或 STL（指令表）中的程序，并对其进行保存。

（2）通过下载电缆将程序固化到 CPU 后，在 STEP 7 - Micro/WIN 软件中，执行菜单命令"PLC"→"RUN"，使 PLC 处于运行状态，然后再执行菜单命令"调试"→"开始程序状态监控"，进入 STEP 7 - Micro/WIN 在线监控（即在线模拟）状态。

（3）刚进入在线监控状态时，S0.0 步为活动步。在网络 1 中将 I0.2 设置为 1，以启动液压泵电动机 M1。M1 启动后，可以在网络 59 中设置 I2.6 进行相应设置以进行手动或自动选择操作。例如选择手动操作后，设置相应的触点为闭合状态，可以实现相应操作。如图 6 - 53 所示的仿真图是在手动操作下，Q0.3 线圈输出为 1（工件夹紧）、Q1.5 线圈输出为 1（右机电动机 M3 启动）。在自动控制下的运行过程，请读者自己对其仿真。

269

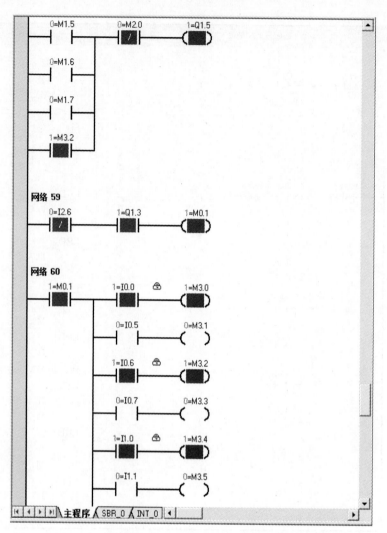

图 6-53 双面钻孔组合机床的 PLC 控制监控效果图

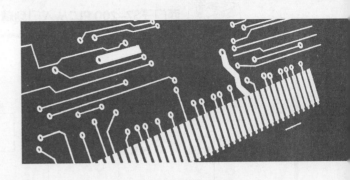

第7章

S7-200 PLC模拟量功能与PID控制

PLC是在数字量控制的基础上发展起来的工业控制装置，但是在许多工业控制系统中，其控制对象除了是数字量，还有可能是模拟量，例如温度、流量、压力、物位等均是模拟量。为了适应现代工业控制系统的需要，PLC的功能不断增强，在第二代PLC就实现了模拟控制。当今第五代PLC已增加了许多模拟量处理功能，具有较强的PID控制能力，完全可以胜任各种较复杂的模拟控制。S7-200系列PLC系统通过配置相应的模拟量输入/输出单元模块可以很好进行模拟量系统的控制。

7.1 模 拟 量 的 基 本 概 念

7.1.1 模拟量处理流程

连续变化的物理量称为模拟量，例如温度、流量、压力、速度、物位等。在S7-200系列PLC系统中，CPU以二进制格式来处理模拟值。模拟量输入模块用于将输入的模拟量信号转换成为CPU内部处理的数字信号；模拟量输出模块用于将CPU送给它的数字信号转换成比例的电压信号或电流信号，对执行机构进行调节或控制。模拟量处理流程如图7-1所示。

若需将外界信号传送到CPU，首先通过传感器采集所需的外界信号并将其转换为电信号，该电信号可能是离散性的电信号，需通过变送器将它转换为标准的模拟量电压或电流信号。模拟量输入模拟接收到这些标准模拟量信号后，通过ADC转换为与模拟量成比例的数字量信号，并存放在缓冲器中（AIW）。CPU读取模拟量输入模块缓冲器中数字量信号，并传送到CPU指定的存储区中。

若CPU需控制外部相关设备，首先CPU将指定的数字量信号传送到模拟量输出模块的缓冲器中（AQW）。这些数字量信号在模拟量输出模块中通过DAC转换后，转换为成比例的标准模拟电压或电流信号。标准模块电压或电流信号驱动相应的模拟量执行器

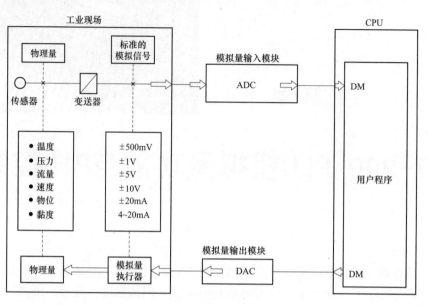

图7-1 模拟量处理流程

进行相应动作，从而实现了 PLC 的模拟量输出控制。

7.1.2 模拟量的表示及精度

1. 模拟值的精度

CPU 只能以二进制处理模拟值。对于具有相同标称范围的输入和输出值来说，数字化的模拟值都相同。模拟值用一个二进制补码定点数来表示，第 15 位为符号位。符号位为 0 表示正数，1 表示负数。

模拟值的精度见表 7-1，表中以符号位对齐，未用的低位则用"0"来填补，表中的"×"表示未用的位。

表 7-1   模 拟 值 的 精 度

精度（位数）	分 辨 率		模 拟 值	
	十进制	十六进制	高 8 位字节	低 8 位字节
8	128	0x80	符号 0000000	1 × × × × × × ×
9	64	0x40	符号 0000000	0 1 × × × × × ×
10	32	0x20	符号 0000000	0 0 1 × × × × ×
11	16	0x10	符号 0000000	0 0 0 1 × × × ×
12	8	0x08	符号 0000000	0 0 0 0 1 × × ×
13	4	0x04	符号 0000000	0 0 0 0 0 1 × ×
14	2	0x02	符号 0000000	0 0 0 0 0 0 1 ×
15	1	0x01	符号 0000000	0 0 0 0 0 0 0 1

2. 输入量程的模拟值表示

（1）电压测量范围为 −10～+10V、1～5V 以及 0～10V 的模拟值表示见表 7-2。

表 7-2 　　　电压测量范围为−10~+10V、1~5V 以及 0~10V 的模拟值表示

电 压 测 量 范 围				模拟值	
所测电压	±10V	1~5V	0~10V	十进制	十六进制
上溢	11.85V	5.741V	11.852V	32 767	0x7FFF
				32 512	0x7F00
上溢警告	11.759V	5.704V	11.759V	32 511	0x7EFF
				27 649	0x6C01
正常范围	10V	5V	10V	27 648	0x6C00
	7.5V	4V	7.5V	20 736	0x5100
	361.7μV	1V+144.7μV	0V+361.7μV	1	0x1
	0V	1V	0V	0	0x0
	−361.7μV			−1	0xFFFF
	−7.5V			−20 736	0xAF00
	−10V			−27 648	0x9400
下溢警告			不支持负值	−27 649	0x93FF
	−11.759V			−32 512	0x8100
		0.296V		−4864	0xED00
下溢				−32 513	0x80FF
	−11.85V			−32 768	0x8000

（2）电流测量范围为 0~20mA 和 4~20mA 的模拟值表示见表 7-3。

表 7-3 　　　电流测量范围为 0~20mA 和 4~20mA 的模拟值表示

电流测量范围			模 拟 值	
所测电流	0~20mA	4~20mA	十进制	十六进制
上溢	23.7mA	22.96mA	32 767	0x7FFF
			32 512	0x7F00
上溢警告	23.52mA	22.81mA	32 511	0x7EFF
			27 649	0x6C01
正常范围	20mA	20mA	27 648	0x6C00
	15mA	16mA	20 736	0x5100
	723.4nA	4mA+578.7nA	1	0x1
	0mA	4mA	0	0x0
			−1	0xFFFF
			−20 736	0xAF00
			−27 648	0x9400
下溢警告			−27 649	0x93FF
			−32 512	0x8100
	−3.52mA	1.185mA	−4864	0xED00

续表

电流测量范围			模 拟 值	
所测电流	0～20mA	4～20mA	十进制	十六进制
下溢			−32 513	0x80FF
			−32 768	0x8000

3. 输出量程的模拟值表示

（1）电压输出范围为−10～10V、0～10V 以及 1～5V 的模拟值表示见表 7-4。

表 7-4　　　电压输出范围为−10～10V、0～10V 以及 1～5V 的模拟值表示

数字量			输出电压范围			
百分比	十进制	十六进制	−10V～10V	0～10V	1～5V	输出电压
118.5149%	32 767	0x7FFF	0.00V	0.00V	0.00V	上溢，断路和去电
	32 512	0x7F00				
117.589%	32 511	0x7EFF	11.76V	11.76V	5.70V	上溢警告
	27 649	0x6C01				
100%	27 648	0x6C00	10V	10V	5V	正常范围
75%	20 736	0x5100	7.5V	7.5V	3.75V	
0.003617%	1	0x1	361.7μV	361.7μV	1V+144.7μV	
0%	0	0x0	0V	0V	0V	
	−1	0xFFFF	−361.7μV			
−75%	−20 736	0xAF00	−7.5V			
−100%	−27 648	0x9400	−10V			
	−27 649	0x93FF				下溢警告
−25%	−6912	0xE500			0V	
	−6913	0xE4FF				
−117.593%	−32 512	0x8100	−11.76V	输出值限制在 0V 或空闲状态		下溢，断路和去电
	−32 513	0x80FF				
−118.519%	−32 768	0x8000	0.00V	0.00V	0.00V	

（2）电流输出范围为 0～20mA 以及 4～20mA 的模拟值表示见表 7-5。

表 7-5　　　电流输出范围为 0～20mA 以及 4～20mA 的模拟值表示

数 字 量			输出电流范围		
百分比	十进制	十六进制	0～20mA	4～20mA	输出电流
118.5149%	32 767	0x7FFF	0.00mA	0.00mA	上溢
	32 512	0x7F00			
117.589%	32 511	0x7EFF	23.52mA	22.81mA	上溢警告
	27 649	0x6C01			

数 字 量			输出电流范围		
百分比	十进制	十六进制	0～20mA	4～20mA	输出电流
100%	27 648	0x6C00	20mA	20mA	
75%	20 736	0x5100	15mA	16mA	
0.003617%	1	0x1	723.4nA	4mA+578.7nA	正常范围
0%	0	0x0	0mA	4mA	
	−1	0xFFFF			
−75%	−20 736	0xAF00			
−100%	−27 648	0x9400			
	−27 649	0x93FF			
−25%	−6912	0xE500		0mA	下溢警告
	−6913	0xE4FF			
−117.593%	−32 512	0x8100	输出值限制在 0mA 或空闲状态		
	−32 513	0x80FF			下溢
−118.519%	−32 768	0x8000	0.00mA	0.00mA	

7.1.3 模拟量输入方法

模拟量的输入有两种方法：用模拟量输入模块输入模拟量、用采集脉冲输入模拟量。

1. 用模拟量输入模块输入模拟量

模拟量输入模块是将模拟过程信号转换为数字格式，其处理流程可参见图 7-1。使用该模块时，要了解其性能，主要的性能如下：

（1）模拟量规格：指可接受或可输出的标准电流或标准电压的规格，一般多些好，便于选用。

（2）数字量位数：指转换后的数字量，用多少位二进制数表达。位越多，精度越高。

（3）转换时间：只实现一次模拟量转换的时间，越短越好。

（4）转换路数：只可实现多少路的模拟量的转换，路数越多越好，可处理多路信号。

（5）功能：指除了实现数模转换时的一些附加功能，有的还有标定、平均峰值及开方功能。

2. 用采集脉冲输入模拟量

PLC 可采集脉冲信号，可用于高速计数单元或特定输入点采集。也可用输入中断的方法采集。而把物理量转换为电脉冲信号也很方便。

7.1.4 模拟量输出方法

模拟量输入的方法有 3 种：用模拟量输出模块控制输出、用开关量 ON/OFF 比值控制输出、用可调制脉冲宽度的脉冲量控制输出。

1. 用模拟量输出模块控制输出

为使控制的模拟量能连续、无波动地变化，最好采用模拟量输出模块。模拟量输出模块是将数字输出值转换为模拟信号，其处理流程可参见图7-1。模拟量输出模拟的参数包括诊断中断、组诊断、输出类型选择（电压、电流或禁用）、输出范围选择及对CPU STOP模式的响应。使用模拟量输出模块时应按以下步骤进行：

（1）选用。确定是选用CPU单元的内置模拟量输入/输出模块，还是选用外扩大的模拟量输出模块。在选择外扩时，要选性能合适的输入/输出模块，既要与PLC型号相当，规格、功能也要一致，而且配套的附件或装置也要选好。

（2）接线。模拟量输出模块可为负载和执行器提供电源。模拟量输出模块使用屏蔽双绞线电缆连接模拟量信号至执行器。电缆两端的任何电位差都可能导致在屏蔽层产生等电位电流，干扰模拟信号。为防止发生这种情况，应只将电缆的一端的屏蔽层接地。

（3）设定。包含硬设定及软设定。硬设定用DIP开关，软设定用存储区或运行相当的初始化PLC程序。做了设定，才能确定要使用哪些功能，选用什么样的数据转换，数据存储于什么单元等。总之，没有进行必要的设定，如同没有接好线一样，模块也是不能使用的。

2. 用开关量ON/OFF比值控制输出

改变开关量ON/OFF比值，进而用这个开关量去控制模拟量，是模拟量控制输出最简单的办法。这个方法不用模拟量输出模块，即可实现模拟量控制输出。其缺点是，这个方法的控制输出是断续的，系统接收的功率有波动，不是很均匀。在系统惯性较大，或要求不高、允许不大的波动时可用。为了减少波动，可缩短工作周期。

3. 用可调制脉冲宽度的脉冲量控制输出

有的PLC有半导体输出的输出点，可缩短工作周期，提高模拟量输出的平稳性。用其控制模拟量，是既简单又平稳的方法。

7.2 S7-200 PLC的模拟量扩展模块

S7-200 PLC的主机单元可以通过扩展电缆连接模拟量扩展模块，如图7-2所示。模拟量扩展模块包括具有四路模拟量输入端的模块量输入模块EM231、具有两路模拟量输出端的模拟量输出模块EM232、具有四路模拟量输入端和一路模拟量输出端的模拟量输入/输出模块EM235。

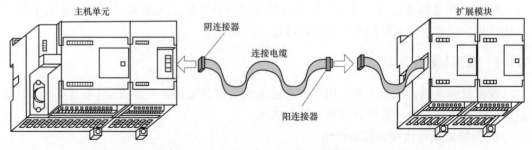

图7-2 主机单元与扩展模块的连接

7.2.1 EM231 模拟量扩展输入模块

1. EM231 的端子与接线

如图 7-3 所示为模拟量输入模块 EM231 的端子与接线图。模块上共有 12 个端子，每 3 个端子为一组，可作为一路模拟量的输入通道，共有 4 组输入通道，即 A（RA、A＋、A－）、B（RB、B＋、B－）、C（RC、C＋、C－）和 D（DA、D＋、D－）。

对于电压信号，只用两个端子，外部电压输入信号与相应回路的"＋""－"端子相连，如图 7-3 中的 A＋、A－，RA 端。对于电流输入需用 3 个端子，将 R 与"＋"短接后，外部电流信号与相应回路的"＋""－"端子相连，如图 7-3 中的 C＋、C－，RC 端与 C＋相连接。对于未用的通道应短接，如图 7-3 中的 B＋、B－相连接。

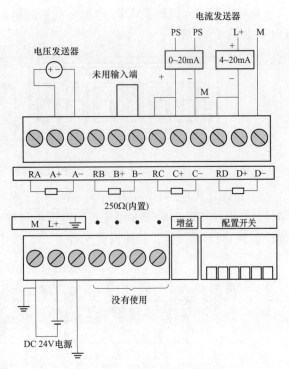

图 7-3　EM231 端子接线图

为满足共模电压小于 12V 的要求，在使用 2 线制传感器时，信号电压和供电的 M 端要采用共同的参考点，使共模电压为信号电压。EM231 模块下部左端 M、L＋两端子应接入 DC24V 电源，右端分别是校准电压器和配置设定开关 DIP。

2. EM231 的技术指标

EM231 的主要技术指标见表 7-6。

表 7-6　　　　　　　　　　　　　　EM231 的主要技术指标

输入类型	电压输入		电流输入
	单极性	双极性	
量程范围	0～10V，0～5V	±5V，±2.5V	0～20mA，4～20mA
数据字格式（全量程）	0～32 000	－32 000～＋32 000	0～32 000
输入分辨率	2.5mV，1.25mV	2.5mV，1.25mV	5μA
A/D 转换器分辨率	12 位		
输入响应时间	1.5ms		
共模电压	（信号电压＋共模电压）≤12V		
输入阻抗	≥10MΩ		

3. EM231 的 DIP 设置

通过调整 EM231 的开关 DIP，可以选择模拟量模块输入端的种类、极性和量程等参数。

在模拟量输入模块 EM231 电源一端侧的输入端子旁，装有模拟量模块参数设置开关 DIP，如图 7-4 所示。

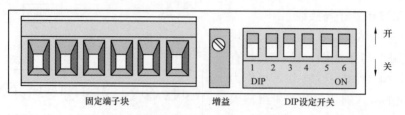

固定端子块　　　　　　　　增益　　　　　DIP设定开关

图 7-4　EM231 的 DIP 开关

开关 DIP 共有 6 个，其中开关 SW1 用于单/双极性选择，对于电流输入信号只能为单极性；开关 SW2 和 SW3 用于量程范围和分辨率选择；开关 SW4～SW6 未使用，但必须设置到 OFF 的位置。具体设置见表 7-7，表中 ON 表示接通，OFF 表示断开。

表 7-7　　　　　　　　　　　　　　　**EM231 的 DIP 设置**

DIP 开关			量程范围		分辨率		极性选择
SW1	SW2	SW3	电压	电流	电压	电流	
ON	OFF	ON	0～10V		2.5mV		单极性
	OFF	OFF	0～5V	0～20mA	1.25mV	5μA	
OFF	OFF	ON	±5V		2.5mV		双极性
	ON	OFF	±2.5V		1.25mV		

DIP 开关决定了模拟量模块输入端的设置，对于同一个模拟量模块，各输入端只能为相同的设置，即 DIP 开关的设置应用于整个模块。此外，开关设置只有在重新上电后才能生效。

4. 输入校准

模拟量输入模块在出厂前就已经进行了输入校准，当输入信号与模拟量的量程一致时，通常不需要进行校准。如果输入信号与模拟量模块的量程存在偏置（OFFSET）或增益（GAIN）电位器被调整过，则需要重新进行输入校准。校准的步骤如下：

（1）切断模块电源，选择需要的输入范围。

（2）接通 CPU 和模块电源，使模块稳定 15min。

（3）用一个变送器、一个电压源或一个电流源，将零值信号加到一个输入端。

（4）读取适当的输入通道在 CPU 中的测量值。

（5）调节偏置（OFFSET）电位计，直到读数为零或所需要的数字数据值。

（6）将一个满刻度值信号接到输入端子中的一个，读出送到 CPU 的值。

（7）调节增益（GAIN）电位计，直到读数为 32 000 或所需要的数字数据值。

（8）必要时，重复偏置和增益校准过程。

7.2.2　EM235 模拟量扩展输入/输出模块

1. EM235 的端子与接线

如图 7-51 所示为模拟量输入/输出模块 EM235 的端子接线图。模块上有 12 个输入端子，每3个端子为一组，可作为一路模拟量的输入通道，共有4组输入通道，即A（RA、A+、A−）、B（RB、B+、B−）、C（RC、C+、C−）和D（DA、D+、D−）。模块上还有3个模拟量输出端子M0、V0和I0，电压输出大小为−10V～+10V，电流输出大小为0～20mA。

对于电压信号，只用两个端子，外部电压输入信号与相应回路的"+""−"端子相连，如图7-5中的A+、A−，RA端。对于电流输入需用3个端子，将R与"+"短接后，外部电流信号与相应回路的"+""−"端子相连，如图7-5中的C+、C−，RC端与C+相连接。对于未用的通道应短接，如图7-5中的B+、B−相连接。

为满足共模电压小于12V的要求，在使用2线制传感器时，信号电压和供电的M端要采用共同的参考点，使共模电压为信号电压。EM235模块下部左端M、L+两端子应接入DC24V电源，右端分别是校准电压器和配置设定开关DIP。

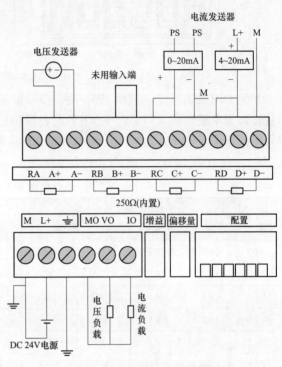

图7-5　EM235端子接线图

2. EM235 的技术指标

EM235的主要技术指标见表7-8所示。

表7-8　　　　　　　　　　　　　　　　　　EM235 的主要技术指标

模拟量输入	模拟量输入点数	4
	输入范围	电压（单极性）0～10V，0～5V，0～1V，0～500mV，0～100mV，0～50mV
		电压（双极性）±10V，±5V，±2.5V，±1V，±500mV，±250mV，±100mV，±50mV，±25mV
		电流 0～20mA
	数据字格式	双极性量程范围−32 000～+32 000；单极性量程范围 0～32 000
	分辨率	12 位 A/D 转换器
模拟量输出	模拟量输出点数	1
	信号范围	电压输出 ±10V；电流输出 0～20mA
	数据字格式	电压−32 000～+32 000；电流 0～32 000
	分辨率电流	电压 12 位；电流 11 位

3. EM235 的 DIP 设置

在模拟量输入模块 EM235 电源一端侧的输入端子旁，装有模拟量模块参数设置开关

DIP，如图7-6所示。通过调整EM235的开关DIP，可以选择模拟量模块的极性、增益、衰减等参数。

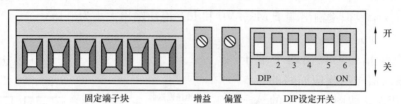

图7-6　EM235的DIP开关

开关DIP共有6个，其中SW6决定模拟量输入的单/双极性，当SW6为ON时，模拟量输入为单极性输入；SW6为OFF时，模拟量输入为双极性输入。SW4和SW5决定输入模拟量增益选择，而SW1、SW2和SW3共同决定了模拟量的衰减选择。具体设置见表7-9，表中ON表示接通，OFF表示断开。

表7-9　　　　　　　　　　　　　　　　EM235的DIP设置

单　极　性						满量程输入	分辨率
SW1	SW2	SW3	SW4	SW5	SW6		
ON	OFF	OFF	ON	OFF	ON	0～50mV	12.5μV
OFF	ON	OFF	ON	OFF	ON	0～100mV	25μV
ON	OFF	OFF	OFF	ON	ON	0～500mV	125μA
OFF	ON	OFF	OFF	ON	ON	0～1V	250μV
ON	OFF	OFF	OFF	OFF	ON	0～5V	1.25mV
ON	OFF	OFF	OFF	OFF	ON	0～20mA	5μA
OFF	ON	OFF	OFF	OFF	ON	0～10V	2.5mV
双　极　性						满量程输入	分辨率
SW1	SW2	SW3	SW4	SW5	SW6		
ON	OFF	OFF	ON	OFF	OFF	±25mV	12.5μV
OFF	ON	OFF	ON	OFF	OFF	±50mV	25μV
OFF	OFF	ON	ON	OFF	OFF	±100mV	50μV
ON	OFF	OFF	OFF	ON	OFF	±250mV	125μV
OFF	ON	OFF	OFF	ON	OFF	±500	250μV
OFF	OFF	ON	OFF	ON	OFF	±1V	500μV
ON	OFF	OFF	OFF	OFF	OFF	±2.5V	1.25mV
OFF	ON	OFF	OFF	OFF	OFF	±5V	2.5mV
OFF	OFF	ON	OFF	OFF	OFF	±10V	5mV

7.2.3　EM232模拟量扩展输出模块

1. EM232的端子与接线

如图7-7所示为模拟量输出模块EM232的端子接线图。EM232的上部从左端开始的每3个端子为一组，可作为一路模拟量的输出通道，共有2组输出通道。其中第1组的 V0 端接电压负载，I0 端接电流负载，M0 端为公共端。另一组的接线方法类同。

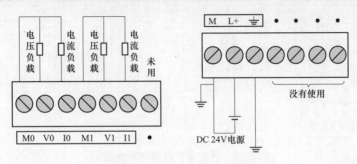

图 7 - 7　EM232 端子接线图

下部最左边的 3 个端子是模块所需要的直流 24V 电源，它既可由外部电源提供，也可由 CPU 单元提供。

2. EM232 的技术指标

EM232 的主要技术指标见表 7 - 10 所示。

表 7 - 10　　　　　　　　　　　　EM232 的主要技术指标

模拟量输出点数	1
信号范围	电压输出 ±10V；电流输出 0～20mA
数据字格式	电压－32 000～＋32 000；电流 0～32 000
分辨率电流	电压 12 位；电流 11 位

7.3　模拟量控制的使用

7.3.1　模拟量扩展模块的地址编排

每个模拟量扩展模块，按扩展模块的先后顺序进行排序，其中，模拟量根据输入、输出不同分别排序。模拟量的数据格式为一个字长，所以地址必须从偶数字节开始。例如：AIW0、AIW2、AIW4……，AQW0、AQW2……每个模拟量扩展模块至少占两个通道，即使第一个模块只有一个输出 AQW0，第二个模块模拟量输出地址也应从 AQW4 开始寻址，以此类推。

假设 CPU224 后面依次排列一个 4 输入/4 输出数字量模块，一个 8 输入数字量模块，一个 4 模拟输入/1 模拟输出模块，一个 8 输出数字量模块，一个 4 模拟输入/1 模拟输出模块，则各模块的地址编排如图 7 - 8 所示，其中 CPU224 的 I1.6、I1.7 和 Q1.2～Q1.7，4 输入/4 输出的 I2.4～I2.7 和 Q2.4～Q2.7，4 模拟输入 1 模拟输出的 AQW2，4 模拟输入 1 模拟输出的 AQW6 在图中显示为灰色，表示这些地址不能使用。

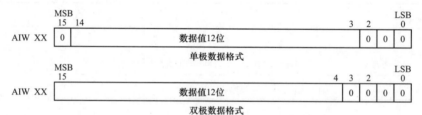

图 7-8　模拟量扩展模块地址编排

7.3.2　模拟量扩展模块的数据字格式

1. 输入数据字格式

EM231 和 EM235 的输入信号经 A/D 转换后的数字量数值均为 12 位二进制。该数值的 12 位在 CPU 中的存放格式如图 7-9 所示。从图中可以看出，该数值是左对齐的，最高有效位是符号位，0 表示正值。

```
            MSB                                    LSB
            15  14                      3   2       0
  AIW XX     0      数据值12位           0   0   0
            单极数据格式

            MSB                                    LSB
            15                      4   3   2       0
  AIW XX          数据值12位          0   0   0   0
            双极数据格式
```

图 7-9　输入数据字格式

在单极性格式中，3 个连续的 0 使得模拟量到数字量转换器（ADC）每变化 1 个单位，数据字则以 8 个单位变化。数值的 12 位存储在第 3～14 位区域，这 12 位数据的最大值应为 $2^{15}-8=32\,760$。EM321 和 EM325 输入信号经 A/D 转换后，单极性数据格式的全量程范围设置为 0～32 000。差值 32 760－32 000＝760 则用于偏置/增益，由系统完成。其第 15 位为 0，表示是正值数据。

在双极性格式中，4 个连续的 0 使得模拟量到数字量转换器每变化 1 个单位，数据字则以 16 为单位变化。数值的 12 位存储在第 4～15 位区域，最高位是符合位，双级性数据格式的全量程范围设置为－32 000～＋32 000。

2. 输出数据字格式

EM235 和 EM232 模拟量扩展模拟的输出数据格式如图 7-10 所示，从图中可以看出，其输出格式也是左端对齐的，最高位也是符号位，0 表示正值。数据装载到 DAC 寄存器之前，4 个连续的 0 是被截断的，这些位不影响输出信号值。

7.3.3　模拟量信号的转换

模拟量信号通过 A/D 转换变成 PLC 可以识别的数字信号，模拟量输出信号通过模拟量转换器（DAC）转换将 PLC 中的数字信号转换成模拟量输出信号。在 PLC 的程序设计

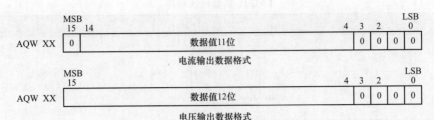

图 7-10 输出数据字格式

中为了实现控制需要，将有关的模拟量通过手工计算转换为数字量，具体的换算公式如下：

(1) 模拟量到数字量的转换公式

$$D = (A - A_0) \times \frac{(D_m - D_0)}{(A_m - A_0)} + D_0 \qquad (7-1)$$

(2) 数字量到模拟量的转换公式

$$A = (D - D_0) \times \frac{(A_m - A_0)}{(D_m - D_0)} + A_0 \qquad (7-2)$$

式中，A_m 为模拟量输入信号的最大值；A_0 为模拟量输出信号的最小值；D_m 为 A_m 经 A/D 转换得到的数值；D_0 为 A_0 经 A/D 转换得到的数值；A 为模拟量信号值；D 为 A 经 A/D 转换得到的数值。

【例 7-1】 已知 S7-200 的模拟量输入模块加入标准电信号 4～20mA（$A_0 \sim A_m$），经 A/D 转换后数值为 6400～32 000（$D_0 \sim D_m$），试分别计算：当输入信号为 12mA 时，经 A/D 转换后存入模拟量输入寄存器 AIW 中的数值；当已知存入模拟量输入寄存器 AIW 中的数值是 12 000 时，对应的输入端信号值。

解 由式（7-1）得到 AIW 中的数值 D 为

$$D = (A - A_0) \times \frac{(D_m - D_0)}{(A_m - A_0)} + D_0 = (12 - 4) \times \frac{32\ 000 - 6400}{20 - 4} + 6400 = 19\ 200$$

由式（7-2）得到输入端信号的值 A 为

$$A = (D - D_0) \times \frac{(A_m - A_0)}{(D_m - D_0)} + A_0 = (12\ 000 - 6400) \times \frac{20 - 4}{32\ 000 - 6400} + 4 = 7.5\ (\text{mA})$$

7.3.4 模拟量扩展模块的使用与仿真

1. EM231 的使用与仿真

【例 7-2】 EM231 测量电压。使用 CPU224 和 EM231 测量外界 0～10V 的电压，将测量的电压值转换成数字量存入 VW0 中，试编程并仿真。

解 (1) 首先在 STEP 7-Micro/WIN 根据表 7-11 所示输入程序，然后执行菜单命令"文件"→"导出"，生成 .awl 仿真文件。

(2) 启动 S7_200 仿真软件，并输入软件打开密码，双击 CPU 模块，设置 CPU 的型号与 STEP 7-Micro/WIN 中 CPU 的型号相同。然后执行菜单命令"Program"→"Load Program"，载入在 STEP 7-Micro/WIN 中生成的 .awl 文件。

表 7-11　　　　　　　　　　　　　　　　EM231 测量电压程序

网络	LAD	STL
网络 1	SM0.0 —[ ]— MOV_W EN　　ENO AIW0 — IN　　OUT — VW0	LD　　SM0.0 MOVW　AIW0，VW0

（3）双击 S7_200 仿真软件的扩展模块 0，将弹出如图 7-11 所示的模块配置对话框。在此对话框中选择模拟量扩展模块为 EM231，然后点击"Accept"按钮。

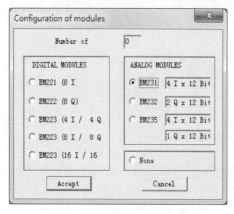

图 7-11　模块配置对话框

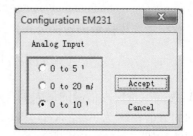

图 7-12　EM231 配置对话框

（4）在 S7_200 仿真软件中，单击"Conf. Module"按钮，将弹出如图 7-12 所示的 EM231 配置对话框，在此对话框中选择"0 to 10V"，然后点击"Accept"按钮。

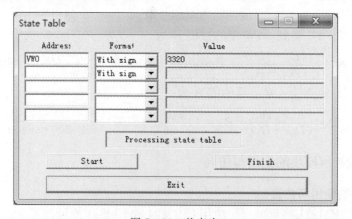

图 7-13　状态表

（5）在 S7_200 仿真软件中，执行菜单命令"PLC"→"RUN"，使 CPU 处于模拟运行状态。再执行菜单命令"View"→"State Table"，将弹出如图 7-13 所示状态表。在此对话框的"Address"栏中输入"VW0"，并单击"Start"按钮，此时"Value"栏显示相应的数值，该数值表示通过 EM231 后转换的数值。改变 AI0 中的电压值，图 7-13 中的数值也会发生相应的改变，其仿真效果如图 7-14 所示。

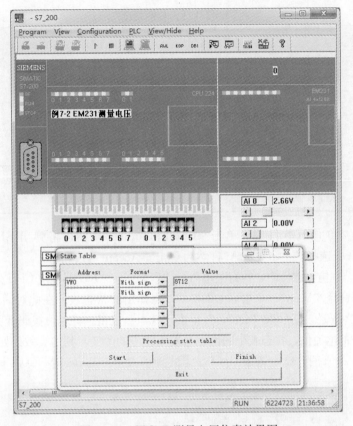

图7-14 EM231测量电压仿真效果图

【例7-3】 EM231 压力检测。量程为 $0\sim10$MPa 的压力变送器的输出信号为直流 $4\sim20$mA，当压力小于 2Mpa 时，LED0 指示灯亮；当压力大于 8MPa 时，LED1 指示灯亮。试编程并仿真。

解 从图 7-12 中可以看出，EM231 的输入电流量程为 $0\sim20$mA，因此 EM231 只能使用 $0\sim20$mA 挡作为模拟量输入的测量量程。当系统压力为 2MPa 时，则压力变送器的输出信号为 $4+\dfrac{20-4}{10}\times 2 = 7.2$（mA），模拟量 7.2mA 对应的数字量为 $(7.2-4)\times$ $\dfrac{32\ 000-6400}{20-4}+6400 = 11\ 520$；当系统压力为 8MPa 时，压力变送器的输出信号为 16.8mA，模拟量 16.8mA 对应的数字量为 26 880。在控制程序中，当 I0.0 为 ON 时，读取模拟量输入 AIW0 传送到变量寄存器 VW0，采用比较指令将 VW10 寄存器数值与常数 11 520和26 880 分别进行比较，然后根据比较结果执行相应的操作。编写的程序见表7-12。

（1）首先在 STEP 7-Micro/WIN 根据表 7-12 所示输入程序，然后执行菜单命令 "文件"→"导出"，生成 .awl 仿真文件。

（2）启动 S7_200 仿真软件，并输入软件打开密码，双击 CPU 模块，设置 CPU 的型号与 STEP 7-Micro/WIN 中 CPU 的型号相同。然后执行菜单命令 "Program"→ "Load Program"，载入在 STEP 7-Micro/WIN 中生成的 .awl 文件。

（3）双击 S7_200 仿真软件的扩展模块 0，将弹出模块配置对话框。在此对话框中选择模拟量扩展模块为 EM231，然后单击 "Accept" 按钮。

表 7-12   EM231 压力检测程序

网络	LAD	STL
网络1	I0.0 — MOV_W (EN ENO) AIW0—IN OUT—VW0	LD I0.0 MOVW AIW0, VW0
网络2	VW0 —|<|— Q0.0 —( ) 11520	LDW< VW0, 11520 = Q0.0
网络3	VW0 —|>|— Q0.1 —( ) 26880	LDW> VW0, 26880 = Q0.1

（4）在 S7_200 仿真软件中，单击"Conf. Module"按钮，将弹出 EM231 配置对话框，在此对话框中选择"0 to 20mA"，然后单击"Accept"按钮。

（5）在 S7_200 仿真软件中，执行菜单命令"PLC"→"RUN"，使 CPU 处于模拟运行状态。再执行菜单命令"View"→"State Table"，将弹出的状态表。在此对话框的"Address"栏中分别输入"VW0""Q0"和"Q1"，并单击"Start"按钮。将 0 位拨码开关设置为 ON 状态，改变 AI0 中的电流值，状态表中的值也会发生相应的改变，其仿真效果如图 7-15 所示。当电流值小于 7.2mA 时，Q0.0 输出为 ON；当电流值大于 16.8mA 时，Q0.1 输出为 ON。

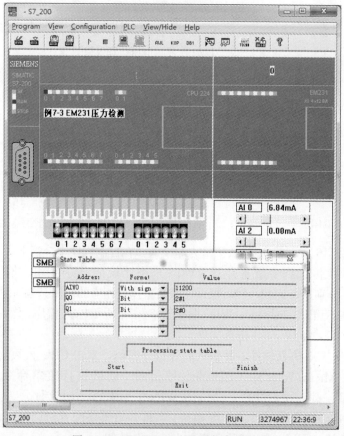

图 7-15   EM231 压力检测仿真效果图

2. EM232 的使用与仿真

【例 7－4】 EM232 数字转模拟。使用 EM232 将给定的数字量转换为模拟电压输出，试编程并仿真。

解 (1) 首先在 STEP 7－Micro/WIN 根据表 7－13 所示输入程序，然后执行菜单命令"文件"→"导出"，生成 .awl 仿真文件。网络 1 中的程序表示 CPU 上电时将常数 1000 传送到 VW0 中；网络 2 中的程序表示 I0.0 每接通一次，VW0 中的数值乘 2；网络 3 中的程序是将 VW0 中的数值转换成模拟量并从 AQW0 中输出。

表 7－13　　　　　　　　　　　　　　　EM231 数字转模拟程序

网络	LAD	STL
网络 1	SM0.1 — MOV_W (EN ENO) +1000–IN OUT–VW0	LD　　SM0.1 MOVW　+1000, VW0
网络 2	I0.0 —P— MUL_I (EN ENO) +2–IN1 OUT–VW0 VW0–IN2	LD　　I0.0 EU *I　　+2, VW0
网络 3	SM0.0 — MOV_W (EN ENO) VW0–IN OUT–AQW0	LD　　SM0.0 MOVW　VW0, AQW0

(2) 启动 S7_200 仿真软件，并输入软件打开密码，双击 CPU 模块，设置 CPU 的型号与 STEP 7－Micro/WIN 中 CPU 的型号相同。然后执行菜单命令"Program"→"Load Program"，载入在 STEP 7－Micro/WIN 中生成的 .awl 文件。

(3) 双击 S7_200 仿真软件的扩展模块 0，将弹出模块配置对话框。在此对话框中选择模拟量扩展模块为 EM232，然后单击"Accept"按钮。

(4) 在 S7_200 仿真软件中，单击"Conf. Module"按钮，将弹出如图 7－16 所示的 EM232 配置对话框，在此对话框中选择"±10V"，然后单击"Accept"按钮。

(5) 在 S7_200 仿真软件中，执行菜单命令"PLC"→"RUN"，使 CPU 处于模拟运行状态。再执行菜单命令"View"→"State Table"，将弹出的状态表。在此对话框的"Address"栏中输入"AQW0"，并单击"Start"按钮，此时可以看到 AQW0 中的 Value 值为 1000，AQ0 输出为 0.30V，其仿真效果如图 7－17 所示。将 0 位拨码开关多次设置 OFF→ON（即 I0.0 发生上升沿跳变）状态时，Value 值和 AQ0 输出值均

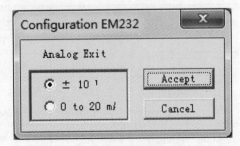

图 7－16　EM232 配置对话框

发生相应改变，见表 7 - 14。当 AQW0 中的 Value 值为 0 时，I0.0 再发生上升沿跳变，AQ0 继续保持为 0。

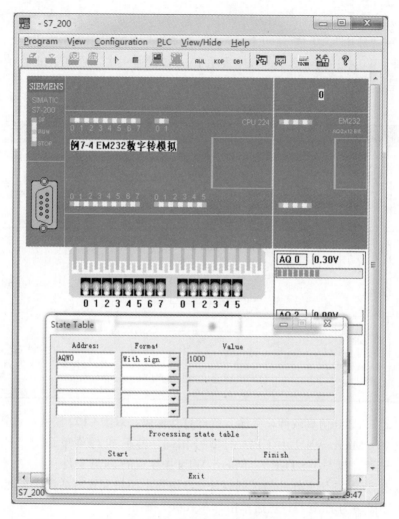

图 7 - 17　EM231 数字转模拟仿真效果图

表 7 - 14　　　　　　　　　　　　　EM232 数字转模拟仿真数据

I0.0 上升沿跳变次数	AQW0	AQ0	I0.0 上升沿跳变次数	AQW0	AQ0
0	1000	0.30V	7	−3072	−0.94V
1	2000	0.61V	8	−6144	−1.87V
2	4000	1.22V	9	−12288	−3.75V
3	8000	2.44V	10	−24576	−7.50V
4	16000	4.88V	11	16384	5.00V
5	32000	9.76V	12	−32768	−10.00V
6	−1536	−0.47V	13	0	0.00V

7.4 PID 闭环控制

7.4.1 模拟量闭环控制系统的组成

闭环控制是根据控制对象输出反馈来进行校正的控制方式，它是在测量出实际与计划发生偏差时，按定额或标准来进行纠正的。

如图 7-18 所示为典型的模拟量闭环控制系统结构框图。图中虚线部分可由 PLC 的基本单元加上模拟量输入/输出扩展单元来承担。即由 PLC 自动采样来自检测元件或变送器的模拟输入信号，同时将采样的信号转换为数字量，存在指定的数据寄存器中，经过 PLC 运算处理后输出给执行机构去执行。

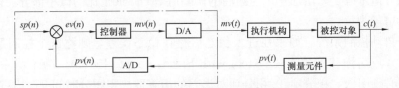

图 7-18 PLC 模拟量闭环控制系统结构框图

图 7-18 中 $c(t)$ 为被控量，该被控量是连续变化的模拟量，如压力、温度、流量、物位、转速等。$mv(t)$ 为模拟量输出信号，大多数执行机构（如电磁阀、变频器等）要求 PLC 输出模拟量信号。PLC 采样到的被控量 $c(t)$ 需转换为标准量程的直流电流或直流电压信号 $pv(t)$，例如 $4\sim20\text{mA}$ 和 $0\sim10\text{V}$ 的信号。$sp(n)$ 为是给定值，$pv(n)$ 为 A/D 转换后的反馈量。$ev(n)$ 为误差，误差 $ev(n)=sp(n)-pv(n)$。$sp(n)$、$pv(n)$、$ev(n)$、$mv(n)$ 分别为模拟量 $sp(t)$、$pv(t)$、$ev(t)$、$mv(t)$ 第 n 次采样计算时的数字量。

要将 PLC 应用于模拟量闭环控制系统中，首先要求 PLC 必须具有 A/D 和 D/A 转换功能，能对现场的模拟量信号与 PLC 内部的数字量信号进行转换；其次 PLC 必须具有数据处理能力，特别是应具有较强的算术运算功能，能根据控制算法对数据进行处理，以实现控制目的；同时还要求 PLC 有较高的运行速度和较大的用户程序存储容量。现在的 PLC 一般都有 A/D 和 D/A 模块，许多 PLC 还设有 PID 功能指令，在 S7-200 PLC 中还配有专门的 PID 控制器。

7.4.2 PID 控制原理

1. PID 控制的基本概念

PID（Proportional Integral Derivative）即比例（P）—积分（I）—微分（D），其功能是实现有模拟量的自动控制领域中需要按照 PID 控制规律进行自动调节的控制任务，如温度、压力、流量等。PID 是根据被控制输入的模拟物理量的实际数值与用户设定的调节目标值的相对差值，按照 PID 算法计算出结果，输出到执行机构进行调节，以达到自动维持被控制的量跟随用户设定的调节目标值变化的目的。

如果被控对象的结构和参数不能完全掌握，或者得不到精确的数学模型，并且难以采用控制理论的其他技术，系统控制器的结构和参数必须依靠经验和现场调试来确定，在这种情况下，可以使用PID控制技术。PID控制技术包含了比例控制、微分控制和积分控制等。

（1）比例控制（Proportional）。比例控制是一种最简单的控制方式。其控制器的输出与输入误差信号成比例关系，如果增大比例系数，使系统反应灵敏，调节速度加快，并且可以减小稳态误差。但是，比例系数过大会使超调量增大，振荡次数增加，调节时间加长，动态性能变坏，比例系数太大甚至会使闭环系统不稳定。当仅有比例控制时系统输出存在稳态误差（Steady-state error）。

（2）积分控制（Integral）。在PID中的积分对应于图7-19中的误差曲线 $ev(t)$ 与坐标轴包围的面积，图中的 T_S 为采样周期。通常情况下，用图中各矩形面积之和来近似精确积分。

在积分控制中，PID的输出与输入误差信号的积分成正比关系。每次PID运算时，在原来的积分值基础上，增加一个与当前的误差值 $ev(n)$ 成正比的微小部分。误差为负值时，积分的增量为负。

对一个自动控制系统，如果在进入稳态后存在稳态误差，则称这个控制系统为有稳态误差系统，或简称有差系统（System with Steady-state Error）。为了消除稳态误差，在控制器中必须引入"积分项"。积分项对误差的运算取决于积分时间 T_1，T_1在积分项的分母中。T_1越小，积分项变化的速度越快，积分作用越强。

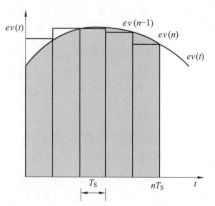

图7-19　积分的近似计算

（3）比例积分控制。PID输出中的积分与输入误差的积分成正比。输入误差包含当前误差及以前的误差，它会时间而增加而累积，因此积分作用本身具有严重的滞后特性，对系统的稳定性不利。如果积分项的系数设置得不好，其负面作用很难通过积分作用本身迅速地修正。而比例项没有延迟，只要误差一出现，比例部分就会立即起作用。因此积分作用很少单独使用，它一般与比例和微分联合使用，组成PI或PID控制器。

PI和PID控制器既克服了单纯的比例调节有稳态误差的缺点，又避免了单纯的积分调节响应慢、动态性能不好的缺点，因此被广泛使用。

如果控制器有积分作用（例如采用PI或PID控制），积分能消除阶跃输入的稳态误差，这时可以将比例系数调小一些。如果积分作用太强（即积分时间太小），其累积的作用会使系统输出的动态性能变差，有可能使系统不稳定。积分作用太弱（即积分时间太大），则消除稳态误差的速度太慢，所以要取合适的积分时间值。

（4）微分控制。在微分控制中，控制器的输出与输入误差信号的微分（即误差的变化率）成正比，误差变化越快，其微分绝对值越大。误差增大时，其微分为正；误差减小时，其微分为负。由于在自动控制系统中存在较大的惯性组件（环节）或有滞后（delay）组件，具有抑制误差的作用，其变化总是落后于误差的变化。因此，自动控制系统在克服误差的调节过程中可能会出现振荡甚至失稳。在这种情况下，可以使抑制误差的作用的变化"超前"，即在误差接近零时，抑制误差的作用就应该是零。因此，在控制器中仅引入"比例"项往往是不够的，比例项的作用仅是放大误差的幅值，而目前需要增加的是"微分项"，它能预测误差变化的趋势，这样，具有比例＋微分的控制器就能够提前使抑制误差的控制作用等于零，甚至为负值，从而避免被控量的严重超调。所以对有较大惯性或滞后的被控对象，比例＋微分（PD）控制器能改善系统在调节过程中的动态特性。

2. PID 控制器的主要优点

PID 控制器作为被广泛应用的控制器，它具有以下优点：

（1）不需要知道被控对象的数学模型。实际上大多数工业对象准确的数学模型是无法获得的，对于这一类系统，使用 PID 控制可以得到比较满意的效果。

（2）PID 控制器具有典型的结构，其算法简单明了，各个控制参数相对较为独立，参数的选定较为简单，形成了完整的设计的参数调整方法，很容易为工程技术人员所掌握。

（3）有较强的灵活性和适应性，对各种工业应用场合，都可在不同程度上应用，特别适用于"一阶惯性环节＋纯滞后"和"二阶惯性环节＋纯滞后"的过程控制对象。

（4）PID 控制根据被控对象的具体情况，可以采用各种 PID 控制的变种和改进的控制方式，如 PI、PD、带死区的 PID、积分分离式 PID、变速积分 PID 等。

3. PID 表达式

PID 控制器的传递函数为

$$\frac{mv(t)}{ev(t)} = K_{\mathrm{p}}\left(1 + \frac{1}{T_{1\mathrm{s}}} + T_{\mathrm{D}}s\right)$$

模拟量 PID 控制器的输出表达式为

$$mv(t) = K_{\mathrm{p}}\left[ev(t) + \frac{1}{T_{\mathrm{I}}}\int ev(t)\mathrm{d}t + T_{\mathrm{D}}\frac{\mathrm{d}ev(t)}{\mathrm{d}t}\right] + M \tag{7-3}$$

式（7-3）中控制器的输入量（误差信号）$ev(t) = sp(t) - pv(t)$，$sp(t)$ 为设定值，$pv(t)$ 为过程变量（反馈值）；$mv(t)$ 是 PID 控制器的输出信号，是时间的函数；K_{p} 是 PID 回路的比例系数；T_{I} 和 T_{D} 分别是积分时间常数和微分时间常数，M 是积分部分的初始值。

为了在数字计算机内运行此控制函数，必须将连续函数化成为偏差值的间断采样。数字计算机使用式（7-4）为基础的离散化 PID 运算模型。

$$Mv(n) = K_{\mathrm{P}}ev(n) + K_{\mathrm{I}}\sum_{i=1}^{n}e_i + M_{\mathrm{x}} + K_{\mathrm{D}}[ev(n) - ev(n-1)] \tag{7-4}$$

在式（7-4）中，$mv(n)$ 为第 n 次采样时刻的 PID 运算输出值；K_{p} 为 PID 回路的比例系数；K_{I} 为 PID 回路的积分系数；K_{D} 为 PID 回路的微分系数；$ev(n)$ 为第 n 次采样时刻的 PID 回路的偏差；$ev(n-1)$ 为第 $n-1$ 次采样时刻的 PID 回路的误差；e_i 为采样时刻 i 的 PID 回路的偏差；M_x 为 PID 回路输出的初始值。

在式（7-4）中，第一项叫做比例项，第二项由两项的和构成，叫积分项，最后一项叫微分项。比例项是当前采样的函数，积分项是从第一采样至当前采样的函数，微分项是当前采样及前一采样的函数。在数字计算机内，这里既不可能也没有必要存储全部偏差项的采样。因为从第一采样开始，每次对偏差采样时都必须计算其输出数值，因此，只需要存储前一次的偏差值及前一次的积分项数值。利用计算机处理的重复性，可对上述计算公式进行简化。简化后的公式为式（7-5）。

$$Mv(n) = K_p ev(n) + K_i ev(n) + M + K_D[ev(n) - ev(n-1)] \qquad (7-5)$$

4. PID 参数的整定

PID 控制器的参数整定是控制系统设计的核心内容。它是根据被控过程的特性，确定 PID 控制器的比例系数、积分时间和微分时间的大小。PID 控制器有 4 个主要的参数 K_p、T_I、T_D 和 T_S 需整定，无论哪一个参数选择得不合适都会影响控制效果。在整定参数时应把握住 PID 参数与系统动态、静态性能之间的关系。

在 P（比例）、I（积分）、D（微分）这三种控制作用中，比例部分与误差信号在时间上是一致的，只要误差一出现，比例部分就能及时地产生与误差成正比的调节作用，具有调节及时的特点。

增大比例系数 K_p 一般将加快系统的响应速度，在有静养的情况下，有利于减小静差，提高系统的稳态精度。但是，对于大多数系统而言，K_p 过大会使系统有较大的超调，并使输出量振荡加剧，从而降低系统的稳定性。

积分作用与当前误差的大小和误差的历史情况都有关系，只要误差不为零，控制器的输出就会因积分作用而不断变化，一直要到误差消失，系统处于稳定状态时，积分部分才不再变化。因此，积分部分可以消除稳态误差，提高控制精度，但是积分作用的动作缓慢，可能给系统的动态稳定性带来不良影响。积分时间常数 T_I 增大时，积分作用减弱，有利于减小超调，减小振荡，使系统的动态性能（稳定性）有所改善，但是消除稳态误差的时间变长。

微分部分是根据误差变化的速度，提前给出较大的调节作用。微分部分反映了系统变化的趋势，它较比例调节更为及时，所以微分部分具有超前和预测的特点。微分时间常数 T_D 增大时，有利于加快系统的响应速度，使系统的超调量减小，动态性能得到改善，稳定性增加，但是抑制高频干扰的能力减弱。

选取采样周期 T_S 时，应使它远远小于系统阶跃响应的纯滞后时间或上升时间。为使采样值能及时反映模拟量的变化，T_S 越小越好。但是 T_S 太小会增加 CPU 的运算工作量，相邻两次采样的差值几乎没有什么变化，所以也不宜将 T_S 取得过小。

对 PID 控制器进行参数整定时，可实行先比例、后积分、再微分的整定步骤。

首先整定比例部分。将比例参数由小变大，并观察相应的系统响应，直至得到反应快、超调小的响应曲线。如果系统没有静差或静差已经小到允许范围内，并且对响应曲线已经满意，则只需要比例调节器即可。

如果在比例调节的基础上系统的静差不能满足设计要求，则必须加入积分环节。在整定时先将积分时间设定到一个比较大的值，然后将已经调节好的比例系数略为缩小（一般缩小为原值的 0.8 倍），然后减小积分时间，使得系统在保持良好动态性能的情况下，静差得到消除。在此过程中，可根据系统的响应曲线的好坏反复改变比例系数和积分时间，以期得到满意的控制过程和整定参数。

反复调整比例系数和积分时间，如果还不能得到满意的结果，则可以加入微分环节。微分时间 T_D 从 0 逐渐增大，反复调节控制器的比例、积分和微分各部分的参数，直至得到满意的调节效果。

7.4.3 PID 回路控制参数表及指令

S7-200 系列 PLC 提供了 8 个回路的 PID 功能以实现有模拟量的自动控制领域中需要按照 PID 控制规律进行自动调节的控制任务，如温度、压力、流量等。PID 是根据被控制输入的模拟物理量的实际数值与用户设定的调节目标值的相对差值，按照 PID 算法计算出结果，输出到执行机构进行调节，以达到自动维持被控制的量跟随用户设定的调节目标值变化的目的。

1. PID 回路控制参数表

PID 控制回路的运算是根据参数表中的输入测量值、控制设定值和 PID 参数来求得输出控制值。回路参数表见表 7-15 所示。

表 7-15   PID 回路控制参数表

地址偏移量	参数	数据格式	参数类型	说明
0	PV_n 过程变量	实数	输入	过程变量，必须在 0.0～1.0 之间
4	SP_n 设定值	实数	输入	给定值，必须在 0.0～1.0 之间
8	M_n 输出值	实数	输入/输出	输出值，必须在 0.0～1.0 之间
12	增益	实数	输入	增益是比例常数，可正可负
16	T_s 采样时间	实数	输入	单位为 s，必须是正数
20	T_I 积分时间	实数	输入	单位为 min，必须是正数
24	T_D 微分时间	实数	输入	单位为 min，必须是正数
28	M_x 积分项前项	实数	输入	积分项前项，必须在 0.0～1.0 之间
32	PV_{n-1} 过程变量前值	实数	输入/输出	最近一次 PID 运算的过程变量值
36～79	保留给自整定变量	实数	输入/输出	

在许多控制系统中，有时只采用一种或两种回路控制类型即可。例如只需要比例回路或者比例积分回路。通过设置常量参数，可以选择需要的回路控制类型，其方法如下：

（1）如果不需要积分回路（即 PID 计算中没有"I"），可以把积分时间 T_I（复位）设为无穷大"INF"。虽然没有积分作用，但由于初值 M_x 不为零，所以积分项还是不为零。

（2）如果不需要微发回路（即 PID 计算中没有"D"），应将微分时间 T_D 设为零。

（3）如果不需要比例回路（即 PID 计算中没有"I"），但需要积分（I）或积分、微分（ID）回路，应将增益值 K_c 设为零。由于 K_c 是计算积分和微分项公式中的系数，系统会在积分和微分项时，将增益当作 1.0 看待。

2. PID 回路控制指令

PID 回路控制指令是利用回路参数表 TBL 中的输入信息和组态信息进行 PID 运算，其指令见表 7-16。

表 7 - 16   PID 回 路 控 制 指 令

指令	LAD	STL	说明
PID	PID EN ENO ????－TBL ????－LOOP	PID TBL, LOOP	TBL：参数表起始地址 VB，数据类型：字节 LOOP：回路号，常量（0～7），数据类型：字节

PID 回路指令可以用来进行 PID 运算，但是进行 PID 运算的前提条件是逻辑堆栈的栈顶（TOS）值必须为 1。该指令有两个操作数：TBL 和 LOOP。TBL 是 PID 回路表的起始地址；LOOP 是回路号，可以是 0～7 的整数。

在程序中最多可以使用 8 条 PID 指令，分别编号为 0～7。如果有两个或两个以上的 PID 指令用了同一个回路号，那么即使这些指令回路表不同，这些 PID 运算之间也会相互干涉，产生错误。

PID 指令不对参数表输入值进行范围检查。必须保证过程变量和给定值积分项前值和过程变量前值在 0.0～1.0 之间。

为了让 PID 运算以预想的采样频率工作，PID 指令必须用在定时发生的中断程序中，或者用在主程序中被定时器所控制以一定频率执行，采样时间必须通过回路表输入到 PID 运算中。

7.4.4 PID 回路控制

1. 控制方式

PID 回路没有设置控制方式，只要 PID 块有效，就可以执行 PID 运算。也就是说，S7-200 执行 PID 指令时为"自动"运行方式，不执行 PID 指令时为"手动"模式。同计数器指令相似，PID 指令有一个使能位 EN。当该使能位检测到一个信号的正跳变（从 0 到 1），PID 指令执行一系列的动作，使 PID 指令从手动方式无扰动地切换到自动方式。为了达到无扰动切换，在转变到自动控制前，必须用手动方式把当前输出值填入回路表中的 M_n 栏，用来初始化输出值 M_n，且进行一系列的操作，对回路表中值进行组态，完成一系列的动作包括：

（1）置给定值 SP_n=过程变量 PV_n。

（2）置过程变量前值 PV_{n-1}=过程变量当前值 PV_n。

（3）置积分项前值 M_x=输出值 M_n。

PID 使能位 EN 的默认值是 1，在 CPU 启动或从 STOP 方式转到 RUN 方式时首次使 PID 块有效，此时若没有检测到使能位的正跳变，也就不会执行"无扰动"自动变换。

2. 回路输入和转换的标准化

每个 PID 回路有两个输入量，即给定值（SP）和过程变量（PV）。给定值通常是一个固定的值，比如设定的汽车速度。过程变量是与 PID 回路输出有关，可以衡量输出对控制系统作用的大小。在汽车速度控制系统的实例中，过程变量应该是测量轮胎转速的测速计输入。给定值和过程变量都可能是实际的值，它们的大小、范围和工程单位都可能不一样。在 PID 指令对这些实际值进行运算之前，必须把它们转换成标准的浮点型表达形式，其步骤如下：

（1）将 16 位整数数值转换成浮点型实数值，下面指令是将整数转换为实数。

```
XORD  AC0, AC0   //将 AC0 清 0
ITD   AIW0, AC0   //将输入值转换成 32 位的双整数
DIR   AC0, AC0    //将 32 位双整数转换成实数
```

（2）将实际的实数值转换成 0.0～1.0 之间的标准化值。用下面的公式可实现：

实际的实数值＝实际数值的非标准化数值或原始实数/取值范围＋偏移量

式中取值范围＝最大可能值－最小可能值。单极性时取值范围为 32 000，偏移量为 0.0；双极性时取值范围为 64 000，偏移量为 0.5。

下面指令是将双极性实数标准化为 0.0～1.0 之间的实数。

```
/R    64000, AC0   //将累加器中的数值标准化
+R    0.5, AC0      //加偏移量,使其在 0.5～1.0 之间
MOVR  AC0, VD100    //标准化的值存入回路表
```

3. PID 回路输出值转换为成比例的整数值

程序执行后，回路输出值一般是控制变量，比如，在汽车速度控制中，可以是油阀开度的设置。回路输出是 0.0 和 1.0 之间的一个标准化的实数值。在回路输出可以用于驱动模拟输出之前，回路输出必须转换成一个 16 位的标定整数值。这一过程，是给定值或过程变量的标准化转换的逆过程。

PID 回路输出成比例实数数值＝（PID 回路输出标准化实数值－偏移量）×取值范围。

程序如下：

```
MOVR  VD108, AC0    //将 PID 回路输出值送入 AC0
-R    0.5, AC0       //双极性值减偏移量 0.5(仅双极性有此句)
*R    64 000, AC0    //将 AC0 的值×取值范围,变为 32 位整数
ROUND AC0, AC0       //将实数转换成 32 位整数
DTI   AC0, LW0       //将 32 位整数转换成 16 位整数
MOVW  LW0, AQW0      //将 16 位整数写入模拟量输出寄存器
```

4. PID 回路的正作用与反作用

如果 PID 回路增益 K_c 为正，那么该回路为正作用回路；若增益 K_c 为负，则为反作用回路。对于增益值为 0.0 的积分或微分控制来说，如果指定积分为时间，微分时间为正，就是正作用回路；如果指定为负值，就是反作用回路。

5. 变量与范围

过程变量和给定值是 PID 运算的输入值，因此在回路控制参数表中的这些变量只能被 PID 指令读而不能被改写。输出变量是由 PID 运算产生的，所以在每一次 PID 运算完成之后，需更新回路表中的输出值，输出值被限定在 0.0～1.0 之间。当 PID 指令从手动方式转变到自动方式时，回路表中的输出值可以用来初始化输出值。

如果使用积分控制，积分项前值要根据 PID 运算结果更新。这个更新了的值用作下一次 PID 运算的输入，当输出值超过范围（大于 1.0 或小于 0.0），那么积分项前值必须根据下列公式进行调整：

$$M_x = 1.0 - (MP_n + MD_n) \qquad 当前输出值 M_n > 1.0$$

或

$$M_x = -(MP_n + MD_n) \qquad 当前输出值 M_n < 0.0$$

式中，M_x 是经过调整了的积分项前值；MP_n 是第 n 次采样时刻的比例项；MD_n 是第 n 次采样时刻的微分项。

这样调整积分前值，一旦输出回到范围后，可以提高系统的响应性能。调整积分前值后，应保证 MX 的值在 $0.0\sim1.0$ 之间。

7.5 PID 应 用 控 制

PID的应用控制可以采用 3 种方式进行：PID 应用指令方式、PID 指令向导方式和 PID 自整定方式。其中，PID 应用指令方式就是直接使用 PID 回路控制指令进行操作；PID 指令向导方式就是在 SETP7 – Micro/WIN 软件中通过设置相应参数来完成PID 运算操作；PID 自整定方式的目的就是为用户提供一套最优化的整定参数，使用这些参数可以使控制系统达到最佳的控制效果。在此前两种方式为例，讲述 PID 的应用控制。

7.5.1 PID 应用指令控制

1. 锅炉内的蒸汽压力 PID 控制实例

（1）控制任务。某蒸汽锅炉，通过 PID 应用指令调节鼓风机的速度使其蒸汽压力维持在 $0.75\sim1.5$Mpa。压力的大小由压力变送器检测，变送器压力量程为 $0\sim2.5$MPa，输出为 DC $4\sim20$mA。

（2）PID 回路参数表。过程变量值是压力变送器检测的单极性模块量，回路输出值也是一个单极性模拟量，用来控制鼓风机的速度。由于变送器压力量程为 $0\sim2.5$MPa，输出为 DC $4\sim20$mA，蒸汽压力维持在 $0.75\sim1.5$Mpa 时，根据公式（7-1）和公式（7-2）可求得标准化刻度值如图 7-20 所示。

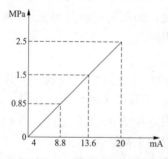
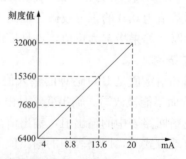

图 7-20　压力变送标准化刻度值示意图

根据图 7-20 可求得给定值和增益，列出 PID 控制回路参数见表 7-17。

（3）程序分析。假设采用 PI 控制，且给定值 $SP_n = 0.3$，增益 $K_c = 0.2$，采样时间 $T_S = 0.1$s，积分时间 $T_I = 10.0$min，微分时间 $T_D = 0$。将这些 PID 参数控制存放在 VB300 开始的 36 个字节中，编写的程序见表 7-18。

表 7-17 蒸汽压力 PID 控制回路参数

地址	参数	数值
VB300	过程变量当前值 PV_n	压力变送器提供的模拟量经 A/D 转换后的标准化数值
VD304	给定值 SP_n	0.3（对应 0.75MPa）
VD312	增益 K_c	0.2
VD316	采样时间 T_S	0.1
VD320	积分时间 T_I	10.0
VD324	微分时间 T_D	0（关闭微分作用）

表 7-18 蒸汽压力 PID 控制的程序

网络	LAD	STL

网络 1	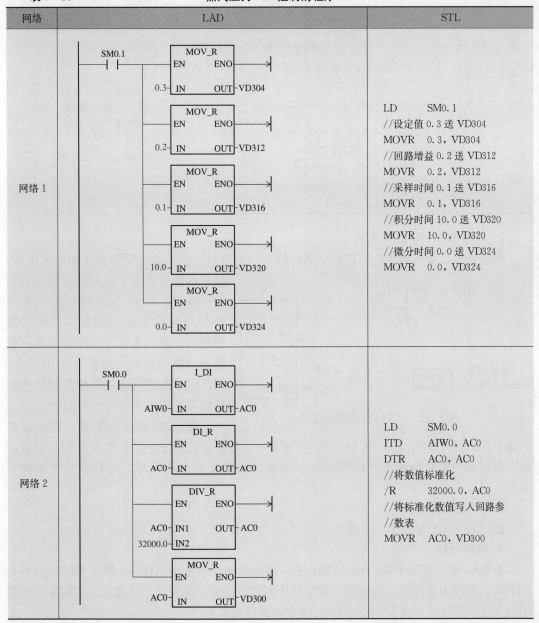	LD　　SM0.1
		//设定值 0.3 送 VD304
		MOVR　0.3，VD304
		//回路增益 0.2 送 VD312
		MOVR　0.2，VD312
		//采样时间 0.1 送 VD316
		MOVR　0.1，VD316
		//积分时间 10.0 送 VD320
		MOVR　10.0，VD320
		//微分时间 0.0 送 VD324
		MOVR　0.0，VD324

网络 2		LD　　SM0.0
		ITD　　AIW0，AC0
		DTR　　AC0，AC0
		//将数值标准化
		/R　　32000.0，AC0
		//将标准化数值写入回路参
		//数表
		MOVR　AC0，VD300

续表

网络	LAD	STL

网络3	SM0.0 — PID (EN ENO), VB300 — TBL, 0 — LOOP	LD SM0.0
		//执行 PID 指令，参数起始地
		//址 VD300
		PID VB300，0

网络4	SM0.0 — MUL_R (EN ENO), VD308 — IN1 OUT — AC1, 32000.0 — IN2; ROUND (EN ENO), AC1 — IN OUT — AC1; DI_I (EN ENO), AC1 — IN1 OUT — VW0; MOV_W (EN ENO), VW0 — IN OUT — AQW0	LD SM0.0
		// VD308 为控制输出
		//将 PID 运算结果转换成工
		//程量
		MOVR VD308，AC1
		*R 32000.0，AC1
		ROUND AC1，AC1
		DTI AC1，VW0
		//将数值写入模拟量输出寄
		//存器
		MOVW VW0，AQW0

2. 水箱水位 PID 控制实例

控制任务。某水箱水位的控制示意如图 7 - 21 所示，它是通过变频器驱动水泵供水，维持水位在满水位的 70%，满水位为 200cm。以 PLC 为主控制器，采用 EM235 模拟量模块实现模拟量和数字量的转换，水位计送出的水位测量值通过模拟量输入通道送入 PLC 中，PID 回路输出值通过模拟量转化控制变频器实现对水泵转速的调节。

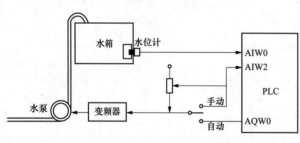

图 7 - 21 水箱水位控制示意图

假设选用 PI 控制器，各控制参数选定为 $K_c = 0.3$，$T_s = 0.1s$，$T_D = 30min$。要求开机后先由手动方式控制水泵电动机，等到水位上升到满水位的 70% 时，水泵电动机改为自动运行，由 PID 指令来调节水位。

3. PID 回路参数表

PID 回路参数见表 7 - 19 所示。

4. 程序分析

系统中 I0.0 作为手动/自动转换开关，模拟量输入通道为 AIW0，模拟量输出通道为 AQW0。程序由主程序、初始化子程序和中断程序构成，见表 7 - 20 所示。主程序用来调用初始化子程序，以及 I0.1 为 ON 时将变频器接入电源。

表 7－19 供水水箱 PID 控制参数表

地址	参数	数值
VB300	过程变量当前值 PV_n	水位检测计提供的模拟量经 A/D 转换后的标准化数值
VD304	给定值 SP_n	0.7
VD308	输出值 M_n	PID 回路
VD312	增益 K_c	0.3
VD316	采样时间 T_S	0.1
VD320	积分时间 T_I	30
VD324	微分时间 T_D	0（关闭微分作用）
VD328	上一次积分值 M_x	根据 PID 运算结果更新
VD332	上一次过程变量 PV_{n-1}	最近一次 PID 的变量值

表 7－20 供水水箱 PID 控制的程序

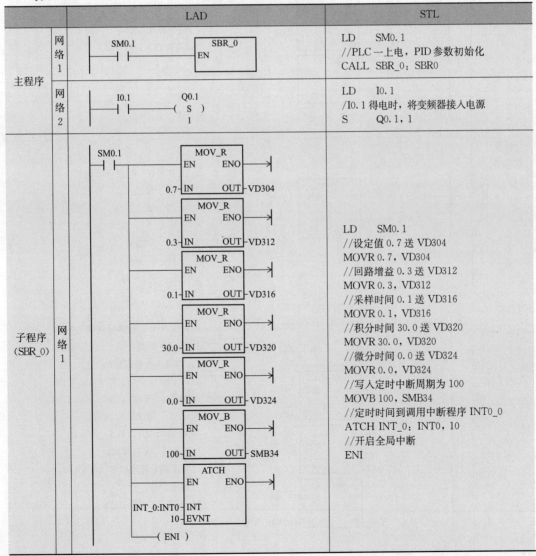

续表

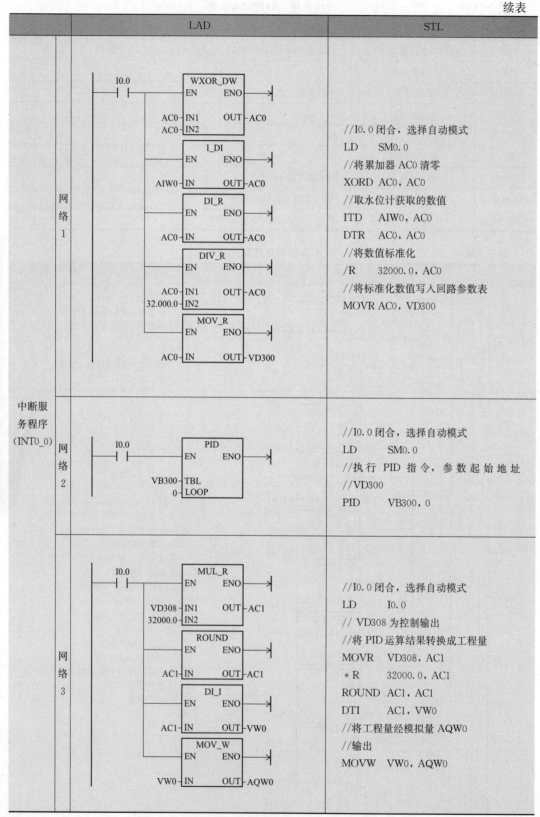

LAD	STL

网络1（中断服务程序(INT0_0)）

I0.0

WXOR_DW — EN ENO
AC0 — IN1 OUT — AC0
AC0 — IN2

I_DI — EN ENO
AIW0 — IN OUT — AC0

DI_R — EN ENO
AC0 — IN OUT — AC0

DIV_R — EN ENO
AC0 — IN1 OUT — AC0
32.000.0 — IN2

MOV_R — EN ENO
AC0 — IN OUT — VD300

STL网络1:
//I0.0闭合，选择自动模式
LD   SM0.0
//将累加器AC0清零
XORD AC0, AC0
//取水位计获取的数值
ITD   AIW0, AC0
DTR   AC0, AC0
//将数值标准化
/R   32000.0, AC0
//将标准化数值写入回路参数表
MOVR AC0, VD300

网络2

I0.0

PID — EN ENO
VB300 — TBL
0 — LOOP

STL网络2:
//I0.0闭合，选择自动模式
LD   SM0.0
//执行 PID 指令，参数起始地址
//VD300
PID   VB300, 0

网络3

I0.0

MUL_R — EN ENO
VD308 — IN1 OUT — AC1
32000.0 — IN2

ROUND — EN ENO
AC1 — IN OUT — AC1

DI_I — EN ENO
AC1 — IN OUT — VW0

MOV_W — EN ENO
VW0 — IN OUT — AQW0

STL网络3:
//I0.0闭合，选择自动模式
LD   I0.0
// VD308 为控制输出
//将 PID 运算结果转换成工程量
MOVR VD308, AC1
*R   32000.0, AC1
ROUND AC1, AC1
DTI   AC1, VW0
//将工程量经模拟量 AQW0
//输出
MOVW VW0, AQW0

		LAD	STL

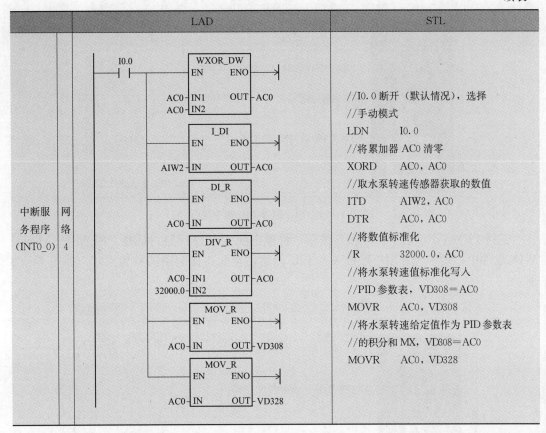

中断服务程序（INT0_0）| 网络 4 | （LAD 图，见左侧）

STL 程序内容：

//I0.0 断开（默认情况），选择

//手动模式

LDN   I0.0

//将累加器 AC0 清零

XORD   AC0, AC0

//取水泵转速传感器获取的数值

ITD   AIW2, AC0

DTR   AC0, AC0

//将数值标准化

/R   32000.0, AC0

//将水泵转速值标准化写入

//PID 参数表，VD308＝AC0

MOVR   AC0, VD308

//将水泵转速给定值作为 PID 参数表

//的积分和 MX, VD308＝AC0

MOVR   AC0, VD328

初始化子程序用来建立 PID 回路初始参数表和设置中断，其程序如图 6 - 55（b）所示。PID 指令控制回路表首地址为 VB300，采用定时中断 0（中断事件 10）调用 PID 控制程序，定时时间为 100ms。

中断程序用于执行 PID 运算。在此程序中，CPU 读取模拟量输入 AIW0（当前水位值），经标准化换算后存入控制回路表的 VD300 中。I0.0 为手动/自动转换开关，当 I0.0＝0 时，将手动控制量 AIW2（水泵电动机的转速值）经标准化换算后填入控制回路表，以便实现手动/自动的无扰切换；当 I0.0＝1 时，执行 PID 运算，并将指令输出值（VD308）换算为工程实际值，送入 AQW0 经 D/A 转换后输出。

7.5.2 PID 向导应用控制

SETP7 - Micro/WIN 软件提供了 PID 指令向导，用户只要在向导下设置相应的参数，就可以快捷地完成 PID 运算的子程序。在主程序中通过调用由向导生成的子程序，就可以完成控制任务。在此使用 PID 向导方式完成 7.5.1 节中"水箱水位 PID 控制"任务，其具体操作如下所示。

1. 运行向导

在 SETP7 - Micro/WIN 软件中，执行菜单命令"工具"→"指令向导"，将弹出指令配置对话框，在此选择配置 PID 指令操作，如图 7 - 22 所示。

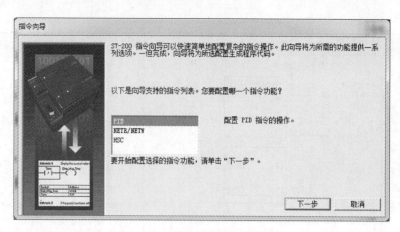

图7-22　选择配置PID指令操作

选择PID后，单击"下一步"按钮，将弹出配置PID回路对话框。SETP7-Micro/WIN软件中，最多允许用户配置8个PID回路，在此选择回路编号为"0"，如图7-23所示。

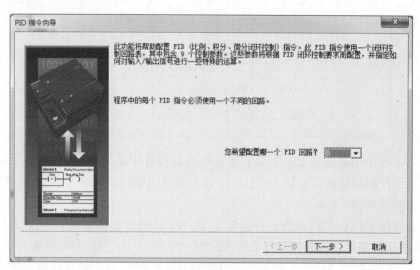

图7-23　选择配置PID回路

2. 回路给定值标定

在图7-23中设置好后，单击"下一步"按钮，将弹出回路给定值标定对话框如图7-24所示。回路给定值是提供给向导生成的子程序的控制参数。在此，选择默认值，即给定值范围的低、高限分别为"0.0"和"100.0"，比例增益为"1.0"，采样时间为"1.0"秒，积分时间为"10.00"分钟，微分时间为"0.00"分钟。

3. 回路输入/输出选项

在图7-24中设置好后，单击"下一步"按钮，将进入回路输入/输出选项的设置对话框。在"回路输入选项"的"标定"中选择单极性，即输入的信号为正，如0～10V或0～20mA等，量程范围默认为0～32 000。如果"标定"中选择双极性，则输入信号为正、负的范围内变化，如输入信号为±10V、±5V等时选用，量程范围默认为-32 000～

图 7-24 回路给定值标定

+32 000。如果输入为 4~20mA，则选择单极性，并将"使用 20%偏移量"复选框选中，向导将会自动进行转换，量程范围默认认为 6400~32 000。

在"回路输入选项"的"输出类型"中，可以选择模拟量输出或数字输出。模拟量输出用来控制一些需要模拟控制的设备，如变频器等；数字量输出实际上是控制输出点的通、断状态按照一定的占空比变化，可以控制固态继电器等。其信号极性、量程范围的意义与输入回路的类同。

回路输入/输出选项的设置如图 7-25 所示。

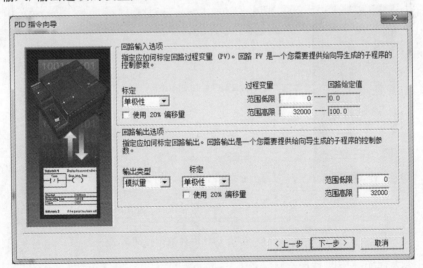

图 7-25　回路输入/输出选项的设置

4. 回路报警选项

在图 7-25 中设置完后，单击"下一步"按钮，将进入回路报警选项的设置。向导可以为回路状态提供输出信号，输出信号将在报警条件满足时置位。在此，回路报警选项的设置如图 7-26 所示。

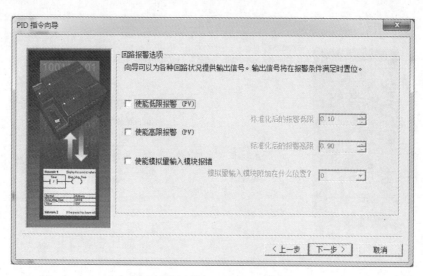

图 7 - 26 回路报警选项的设置

5. 指定 PID 运算数据存储区

在图 7 - 26 中设置完后,单击"下一步"按钮,将进入 V 存储区的设置。PID 向导需要一个 120 字节的数据存储区 (V 区),其中 80 个字节用于回路表,另外 40 个字节用于计算。注意,设置了相应的存储区后,在程序的其他地方就不能重复使用这些地址,否则,将出现不可预料的错误。在此设置其地址如图 7 - 27 所示。

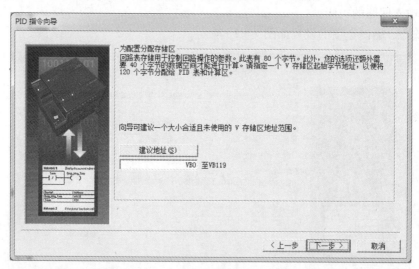

图 7 - 27 指定 PID 运算数据存储区

6. 创建子程序、中断程序

在图 7 - 27 中设置完后,单击"下一步"按钮,将进入所创建的子程序、中断程序名称的设置。PID 向导生成的子程序名默认为 PID0_INIT,中断程序名默认为 PID_EXE,用户也可以自定义这些名称。选择手动控制 PID,处于手动模式时,不执行 PID 控制。在此其设置如图 7 - 28 所示。

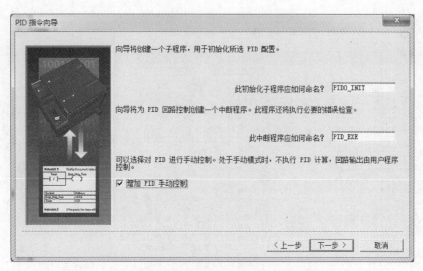

图 7 - 28　子程序、中断程序名称的设置

7. PID 生成子程序、中断程序和全局符号表

在图 7 - 28 中设置完后，单击"下一步"按钮，PID 指令向导将生成子程序、中断程序和全局符号表，如图 7 - 29 所示。

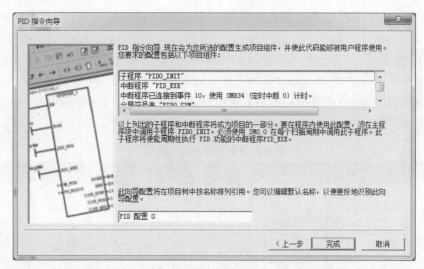

图 7 - 29　PID 生成子程序、中断程序和全局符号表

在图 7 - 29 中单击"完成"后，将弹出"完成"对话框。如果 PID 向导设置没有问题，则单击"是"按钮，否则还可以返回继续修改设置。单击"是"按钮后，在 SETP7 - Micro/WIN 软件的"指令树"中，点击"数据块"→"向导"→"PID0_DATA"，可以查看向导生成的数据表，如图 7 - 30 所示。

至此，PID 向导已经配置完成。

8. 供水水箱 PID 控制的主程序

PID 向导配置完成后，只要在主程序块中使用 SM0.0 在每个扫描周期中调用子程序 PID0_INIT 即可。程序编程后，将 PID 控制程序、数据块下载到 CPU 中。供水水箱 PID

```
//下列内容由 S7-200 的 PID 指令向导生成。
//PID 0 的参数表。
VD0      0.0          //过程变量
VD4      0.0          //回路给定值
VD8      0.0          //回路输出计算值
VD12     1.0          //回路增益
VD16     1.0          //采样时间
VD20     10.0         //积分时间
VD24     0.0          //微分时间
VD28     0.0          //积分项前值
VD32     0.0          //上次运算时存储的过程变量前值。
VB36     'PIDA'       //扩展回路表标志
VB40     16#00        //算法控制子节
VB41     16#00        //算法状态子节
VB42     16#00        //算法结果子节
VB43     16#03        //算法配置子节
VD44     0.08         //从'高级'按钮或默认设置的偏差值
VD48     0.02         //从'高级'按钮或默认设置的滞后死区值
VD52     0.1          //从'高级'按钮或默认设置的起始输出步长值
VD56     7200.0       //从'高级'按钮或默认设置的看门狗超时值
VD60     0.0          //由自动调节算法决定的增益值
VD64     0.0          //由自动调节算法决定的积分时间值
VD68     0.0          //由自动调节算法决定的微分时间值
VD72     0.0          //选择自动计算选项时由算法计算的偏差值
VD76     0.0          //选择自动计算选项时由算法计算的滞后死区值
```

`◄ ◄ ► ►│ \ 用户定义1 \ PID0_DATA /`

图 7-30　PID 向导生成的数据表

控制的主程序见表 7-21。

在 PID0_INIT 子程序中包括以下几项：①反馈过程变量值地址 PV_I，即 AIW0；②设置值 Setpoint_R，即 70.0；③手动/自动控制方式选择 Auto_Manual，即 I0.0；④手动控制输出值 ManualOutput，即 0.5；⑤PID 控制输出值地址 Output，即 AQW0。注意，PID0_INIT 子程序中，Setpoint_R 端是输入设定值变量地址，块中显示为 "Setpoin~"；Auto_manual 为手动/自动选择控制端，块中显示为 "Auto~"；ManualOutput 为手动输出控制端，块中显示为 "Manual~"。

表 7-21　　　　　　　　　　　供水水箱 PID 控制的主程序

网络	LAD	STL
网络1	SM0.0 —│ │— PID0_INIT ─ EN AIW0 — PV_I　　Output — AQW0 70.0 — Setpoin~ I0.0 — Auto~ 0.5 — Manual~	LD　SM0.0 CALL PID0_INIT: SBR1, AIW0, 70.0, I0.0, 0.5, AQW0

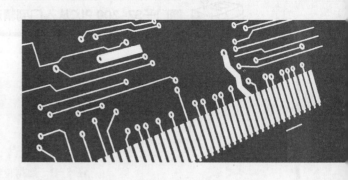

第8章

PLC的通信与网络

网络是将分布在不同物理位置上的具有独立工作能力的计算机、终端及其附属设备用通信设备和通信线路连接起来，并配置网络软件，以实现计算机资源共享的系统。随着计算机网络技术的发展，自动控制系统也从传统的集中式控制向多级分布式控制方向发展。为适应形式的发展，许多PLC生产企业加强了PLC的网络通信能力，并研制开发出自己的PLC网络系统。

8.1 数据通信的基础知识

数据通信是计算机网络的基础，没有数据通信技术的发展，就没有计算机网络的今天，也就没有PLC的应用基础。

8.1.1 数据传输方式

在计算机系统中，CPU与外部数据的传送方式有两种：并行数据传送和串行数据传送。

并行数据传送方式，即多个数据的各位同时传送，它的特点是传送速度快，效率高，但占用的数据线较多，成本高，仅适用于短距离的数据传送。

串行数据传送方式，即每个数据是一位一位地按顺序传送，它的特点是数据传送的速度受到限制，但成本较低，只需两根线就可传送数据。主要用于传送距离较远、数据传送速度要求不高的场合。

通常将CPU与外部数据的传送称为通信。因此，通信方式分为并行通信和串行通信，如图8-1所示。并行数据通信是以字节或字为单位的数据传输方式，除了8根或16根数据线和1根公共线外，还需要双方联络用的控制线。串行数据通信是以二进制的位为单位进行数据传输，每次只传送1位。串行通信适用于传输距离较远的场合，所以在工业控制领域中PLC一般采用串行通信。

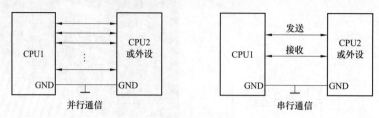

图 8-1 数据传输方式示意图

8.1.2 串行通信的分类

按照串行数据的时钟控制方式，将串行通信分为异步通信和同步通信两种方式。

1. 异步通信（asynchronous communication）

异步通信中的数据是以字符（或字节）为单位组成字符帧（Character Frame）进行传送的。这些字符帧在发送端是一帧一帧地发送，在接收端通过数据线一帧一帧地接收字符或字节。发送端和接收端可以由各自的时钟控制数据的发送和接收，这两个时钟彼此独立，互不同步。

在异步串行数据通信中，有两个重要的指标：字符帧和波特率。

（1）字符帧（character frame）。在异步串行数据通信中，字符帧也称为数据帧，它具有一定的格式，如图 8-2 所示。

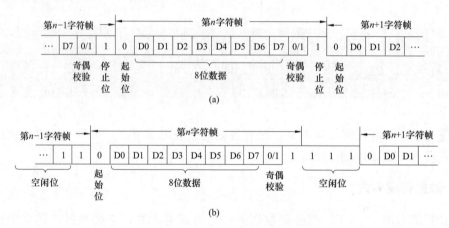

图 8-2 串行异步通信字符帧格式

(a) 无空闲位字符帧；(b) 有空闲位字符帧

从图 8-2 中可以看出，字符帧由起始位、数据位、奇偶校验位、停止位等 4 部分组成。

1）起始位。位于字符帧的开头，只占一位，始终为逻辑低电平，发送器通过发送起始位表示一个字符传送的开始。

2）数据位。起始位之后紧跟着的是数据位。在数据位中规定，低位在前（左），高位在后（右）。

3）奇偶校验位。在数据位之后，就是奇偶校验位，只占一位。用于检查传送字符的正确性。它有 3 种可能：奇校验、偶校验或无校验，用户根据需要进行设定。

4）停止位。奇偶校验位之后，为停止位。它位于字符帧的末尾，用来表示一个字符传送的结束，为逻辑高电平。通常停止位可取 1 位、1.5 位或 2 位，根据需要确定。

5）位时间。一个格式位的时间宽度。

6）帧（Frame）。从起始位开始到结束位为止的全部内容称为一帧。帧是一个字符的完整通信格式。因此也把串行通信的字符格式称为帧格式。

在串行通信中，发送端一帧一帧发送信息，接收端一帧一帧地接收信息，两相邻字符帧之间可以无空闲位，也可以有空闲位。图 8-2（a）为无空闲位，图 8-2（b）为 3 个空闲位的字符帧格式。两相邻字符帧之间是否有空闲位，由用户根据需要而决定。

（2）波特率（Band Rate）。数据传送的速率称为波特率，即每秒钟传送二进制代码的位数，也称为比特数，单位为 bit/s，即位/秒。波特率是串行通信中的一个重要性能指标，用来表示数据传输的速度。波特率越高，数据传输速度越快。波特率和字符实际的传输速率不同，字符的实际传输速率是指每秒钟内所传字符帧的帧数，它和字符帧格式有关。

例如，波特率为 1200bit/s，若采用 10 个代码位的字符帧（1 个起始位，1 个停止位，8 个数据位），则字符的实际传送速率为 $1200 \div 10 = 120$（帧/s）；采用图 8-2（a）的字符帧，则字符的实际传送速率为 $1200 \div 11 = 109.09$（帧/s）；采用图 8-2（b）的字符帧，则字符的实际传送速率为 $1200 \div 14 = 85.71$（帧/s）。

每一位代码的传送时间 T_D 为波特率的倒数。例如波特率为 2400bit/s 的通信系统，每位的传送时间为

$$T_D = \frac{1}{2400} = 0.4167 \, (\text{ms})$$

波特率与信道的频带有关，波特率越高，信道频带越宽。因此，波特率也是衡量通道频宽的重要指标。

在串行通信中，可以使用的标准波特率在 RS-232C 标准中已有规定，使用时应根据速度需要、线路质量等因素选定。

2．同步通信（Synchronous Communication）

同步通信是一种连续串行传送数据的通信方式，一次通信可传送若干个字符信息。同步通信的信息帧与异步通信中的字符帧不同，它通常含有若干个数据字符，如图 8-3 所示。

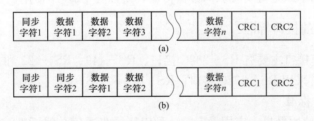

图 8-3　串行同步通信字符帧格式
（a）单同步字符帧结构；（b）双同步字符帧结构

从图 8-3 中可以看出，同步通信的字符帧由同步字符、数据字符、校验字符 CRC 等三部分组成。同步字符位于字符帧的开头，用于确认数据字符的开始（接收端不断对传输线采样，并把采样的字符和双方约定的同步字符比较，比较成功后才把后面接收到的字符加以存储）；校验字符位于字符帧的末尾，用于接收端对接收到的数据字符进行正确

性的校验。数据字符长度由所需传输的数据块长度决定。

在同步通信中，同步字符采用统一的标准格式，也可由用户约定。通常单同步字符帧中的同步字符采用 ASCII 码中规定的 SYN（即 0x16）代码，双同步字符帧中的同步字符采用国际通用标准代码 0xEB90。

同步通信的数据传输速率较高，通常可达 56 000bit/s 或更高。但是，同步通信要求发送时钟和接收时钟必须保持严格同步，发送时钟除应和发送波特率一致外，还要求把它同时传送到接收端。

8.1.3 串行通信的数据通路形式

在串行通信中，数据的传输是在两个站之间进行的，按照数据传送方向的不同，串行通信的数据通路有单工、半双工和全双工等三种形式。

1. 单工（Simplex）

在单工形式下数据传送是单向的。通信双方中一方固定为发送端，另一方固定为接收端，数据只能从发送端传送到接收端，因此只需一根数据线，如图 8-4 所示。

2. 半双工（Half Duplex）

在半双工形式下数据传送是双向的，但任何时刻只能由其中的一方发送数据，另一方接收数据。即数据从 A 站发送到 B 站时，B 站只能接收数据；数据从 B 站发送到 A 站时，A 站只能接收数据，如图 8-5 所示。

图 8-4 单工形式

3. 全双工（Full Duplex）

在全双工形式下数据传送也是双向的，允许双方同时进行数据双向传送，即可以同时发送和接收数据，如图 8-6 所示。

图 8-5 半双工形式　　　　　　图 8-6 全双工形式

由于半双工和全双工可实现双向数据传输，所以在 PLC 中使用比较广泛。

8.1.4 串行通信的接口标准

串行异步通信接口主要有 RS-232C 接口、RS-449、RS-422 和 RS-485 接口。在 PLC 控制系统中常采用 RS-232C 接口、RS-422 和 RS-485 接口。

1. RS-232C 标准

RS-232C 是使用最早、应用最广的一种串行异步通信总线标准，是美国电子工业协会 EIA（Electronic Industry Association）的推荐标准。RS 表示 Recommended Standard，232 为该标准的标识号，C 表示修订次数。

该标准定义了数据终端设备 DTE（Data Terminal Equipment）和数据通信设备 DCE（Data Communication Equipment）间按位串行传输的接口信息，合理安排了接口的电气信号和机械要求。DTE 是所传送数据的源或宿主，它可以是一台计算机或一个数据终端或一个外围设备；DCE 是一种数据通信设备，它可以是一台计算机或一个外围设备。例如编程器与 CPU 之间的通信采用 RS－232C 接口。

RS－232C 标准规定的数据传输速率为 50、75、100、150、300、600、1200、2400、4800、9600、19 200bit/s。由于它采用单端驱动非差分接收电路，因此传输距离不太远（最大传输距离 15m），传送速率不太高（最大位速率为 20Kbit/s）的问题。

（1）RS－232C 信号线的连接。RS－232C 标准总线有 25 根和 9 根两种"D"型插头，25 芯插头座（DB－25）的引脚排列如图 8－7 所示。9 芯插头座的引脚排列如图 8－8 所示。

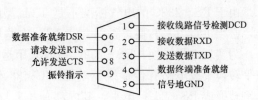

图 8－8　9 芯 232C 引脚图

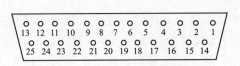

图 8－7　25 芯 232C 引脚图

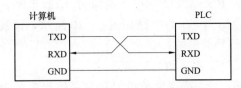

图 8－9　RS－232C 的信号线连接

在工业控制领域中，PLC 一般使用 9 芯的"D"型插头，当距离较近时只需要 3 根线即可实现，如图 8－9 所示，图中的 GND 为信号地。

RS－232C 标准总线的 25 根信号线是为了各设备或器件之间进行联系或信息控制而定义的。各引脚的定义见表 8－1。

表 8－1　　　　　　　　　　　　　　RS－232C 信号引脚定义

引脚	名称	定义	引脚	名称	定义
＊1	GND	保护地	14	STXD	辅助通道发送数据
＊2	TXD	发送数据	＊15	TXC	发送时钟
＊3	RXD	接收数据	16	SRXD	辅助通道接收数据
＊4	RTS	请求发送	17	RXC	接收时钟
＊5	CTS	允许发送	18		未定义
＊6	DSR	数据准备就绪	19	SRTS	辅助通道请求发送
＊7	GND	信号地	＊20	DTR	数据终端准备就绪
＊8	DCD	接收线路信号检测	＊21		信号质量检测
＊9	SG	接收线路建立检测	＊22	RI	振铃指示
10		线路建立检测	＊23		数据信号速率选择
11		未定义	＊24		发送时钟
12	SDCD	辅助通道接收线信号检测	25		未定义
13	SCTS	辅助通道清除发送			

注　表中带"＊"号的 15 根引线组成主信道通信，除了 11、18 及 25 三个引脚未定义外，其余的可作为辅信道进行通信，但是其传输速率比主信道要低，一般不使用。若使用，则主要用来传送通信线路两端所接的调制解调器的控制信号。

（2）RS－232C 接口电路。在计算机中，信号电平是 TTL 型的，即规定不小于 2.4V

时，为逻辑电平"1"；不大于0.5V时，为逻辑电平"0"。在串行通信中若DTE和DCE之间采用TTL信号电平传送数据时，如果两者的传送距离较大，很可能使源点的逻辑电平"1"在到达目的点时，就衰减到0.5V以下，使通信失败，所以RS-232C有其自己的电气标准。RS-232C标准规定：在信号源点，+5V～+15V时，为逻辑电平"0"，-5V～-15V时，为逻辑电平"1"；在信号目的点，+3V～+15V时，为逻辑电平"0"，-3V～-15V时，为逻辑电平"1"，噪声容限为2V。通常，RS-232C总线为+12V时表示逻辑电平"0"；-12V时表示逻辑电平"1"。

由于RS-232C的电气标准不是TTL型的，在使用时不能直接与TTL型的设备相连，必须进行电平转换，否则会使TTL电路烧坏。

为实现电平转换，RS-232C一般采用运算放大器、晶体管和光电管隔离器等电路。电平转换集成电路有传输线驱动器MC1488和传输线接收器MC1489。MC1488把TTL电平转换成RS-232C电平，其内部有3个与非门和一个反相器，供电电压为±12V，输入为TTL电平，输出为RS-232C电平。MC1489把RS-232C电平转换成TTL电平，其内部有4个反相器，供电电压为±5V，输入为RS-232C电平，输出为TTL电平。RS-232C使用单端驱动器MC1488和单端接收器MC1489的电路如图8-10所示，该线路容易受到公共地线上的电位差和外部引入干扰信号的影响。

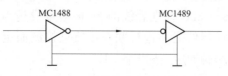

图8-10 单端驱动和单端接收

2. RS-422和RS-485

RS-422是一种单机发送、多机接收的单向、平衡传输规范，被命名为TIA/EIA-422-A标准。它是在RS-232的基础上发展起来的，用来弥补RS-232之不足而提出的。为改进RS-232通信距离短、速率低的缺点，RS-422定义了一种平衡通信接口，将传输速率提高到10Mbit/s，传输距离延长到4000英尺（速率低于100kbit/s时），并允许在一条平衡总线上连接最多10个接收器。为扩大应用范围，EIA又于1983年在RS-422基础上制定了RS-485标准，增加了多点、双向通信能力，即允许多个发送器连接到同一条总线上，同时增加了发送器的驱动能力和冲突保护特性，扩展了总线共模范围，后命名为TIA/EIA-485-A标准。由于EIA提出的建议标准都是以"RS"作为前缀，所以在通讯工业领域，仍然习惯将上述标准以RS作前缀称谓。

（1）平衡传输。RS-422、RS-485与RS-232不一样，数据信号采用差分传输方式，也称平衡传输，它使用一对双绞线，将其中一线定义为A，另一线定义为B。

通常情况下，发送驱动器A、B之间的正电平为+2～+6V，是一个逻辑状态，负电平为-2～-6V，是另一个逻辑状态。另有一个信号地C，在RS-485中还有一"使能"端，而在RS-422中这是可用或可不用的。"使能"端是用于控制发送驱动器与传输线的切断与连接。当"使能"端起作用时，发送驱动器处于高阻状态，称作"第三态"，即它有别于逻辑"1"与"0"的第三态。

接收器也做了与发送端相对应的规定，收、发端通过平衡双绞线将AA与BB对应相连，当在收端AB之间有大于+200mV的电平时，输出正逻辑电平，小于-200mV时，输出负逻辑电平。接收器接收平衡线上的电平范围通常在200mV～6V之间。

（2）RS-422电气规定。RS-422标准全称是"平衡电压数字接口电路的电气特性"，它定义了接口电路的特性。如图 8-11 所示是典型的 RS-422 四线接口，它有两根发送线 SDA、SDB 和两根接收线 RDA 和 RDB。由于接收器采用高输入阻抗和发送驱动器比 RS232 更强的驱动能力，故允许在相同传输线上连接多个接收节点，最多可接 10 个节点。即一个主设备（Master），其余为从设备（Salve），从设备之间不能通信，所以 RS-422 支持点对多的双向通信。接收器输入阻抗为 4kΩ，故发送端最大负载能力是 10×4kΩ+100Ω（终接电阻）。RS-422 四线接口由于采用单独的发送和接收通道，因此不

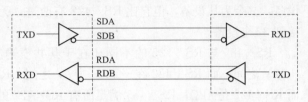

图 8-11 RS-422 通信接线图

必控制数据方向，各装置之间任何的信号交换均可以按软件方式（XON/XOFF 握手）或硬件方式（一对单独的双绞线）实现。

RS-422 的最大传输距离约 1219m，最大传输速率为 10Mbit/s。其平衡双绞线的长度与传输速率成反比，在 100kbit/s 速率以下，才可能达到最大传输距离。只有在很短的距离下才能获得最高速率传输。一般 100m 长的双绞线上所能获得的最大传输速率仅为 1Mbit/s。

RS-422 需要一终接电阻接在传输电缆的最远端，其阻值约等于传输电缆的特性阻抗。在短距离传输时可不需终接电阻，即一般在 300m 以下不需终接电阻。RS-232、RS422、RS485 接口的有关电气参数见表 8-2。

表 8-2   三种接口的电气参数

规定		RS-232 接口	RS-422 接口	RS-485 接口
工作方式		单端	差分	差分
节点数		1 个发送、1 个接收	1 个发送、10 个接收	1 个发送、32 个接收
最大传输电缆长度		15m	1219m	1219m
最大传输速率		20kbit/s	10Mbit/s	10Mbit/s
最大驱动输出电压		−25～+25V	−0.25～+6V	−7～+12V
驱动器输出信号电平 （负载最小值）	负载	±5～±15V	±2.0V	±1.5V
驱动器输出信号电平 （空载最大值）	负载	±25V	±6V	±6V
驱动器负载阻抗		3～7kΩ	100Ω	54Ω
接收器输入电压范围		−15～+15V	−10～+10V	−7～+12V
接收器输入电阻		3～7kΩ	4kΩ（最小）	≥12kΩ
驱动器共模电压			−3～+3V	−1～+3V
接收器共模电压			−7～+7V	−7～+12V

（3）RS-485 电气规定。由于 RS-485 是从 RS-422 基础上发展而来的，所以 RS-

485许多电气规定与RS-422类似。都采用平衡传输方式、都需要在传输线上接终接电阻等。RS-485可以采用二线或四线制传输方式，二线制可实现真正的多点双向通信，而采用四线制连接时，与RS-422一样只能实现点对多的通信，即只能有一个主（Master）设备，其余为从设备，但它比RS-422有改进，无论四线还是二线连接方式总线上可多接到32个设备。

RS-485与RS-422的不同还在于其共模输出电压是不同的，RS-485是-7V～+12V之间，而RS-422在-7V～+7V之间，RS-485接收器最小输入阻抗为12kΩ，而RS-422是4kΩ；RS-485满足所有RS-422的规范，所以RS-485的驱动器可以用在RS-422网络中应用。

RS-485与RS-422一样，其最大传输距离约为1219m，最大传输速率为10Mbit/s。平衡双绞线的长度与传输速率成反比，在100kbit/s速率以下，才可能使用规定最长的电缆长度。只有在很短的距离下才能获得最高速率传输。一般100m长双绞线最大传输速率仅为1Mbit/s。

RS-485需要2个终接电阻，接在传输总线的两端，其阻值要求等于传输电缆的特性阻抗。在短距离传输时可不需终接电阻，即一般在300m以下不需终接电阻。

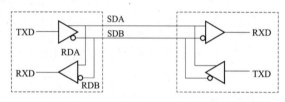

图8-12　RS-485通信接线图

将RS-422的SDA和RDA连接在一起，SDB和RDB连接在一起就可构成RS-485接口，如图8-12所示。RS-485为半双工，只有一对平衡差分信号线，不能同时发送和接收数据。使用RS-485的双绞线可构成分布式串行通信网络系统，系统中最多可达32个站。

8.1.5　通信介质

目前普遍采用同轴电缆、双绞线和光纤电缆等作为通信的传输介质。双绞线是将两根导线扭绞在一起，以减少外部电磁干扰。如果使用金属网加以屏蔽，其抗干扰能力更强。双绞线具有成本低、安装简单等特点，RS-485接口通常采用双绞线进行通信。

同轴电缆有4层，最内层为中心导体，中心导体的外层为绝缘层，包着中心体。绝缘外层为屏蔽层，同轴电缆的最外层为表面的保护皮。同轴电缆可用于基带传输也可用于宽带数据传输，与双绞线相比，具有传输速率高、距离远、抗干扰能力强等优点，但是其成本比双绞线要高。

光纤电缆有全塑光纤电缆、塑料护套光纤电缆、硬塑料护套光纤电缆等类型，其中硬塑料护套光纤电缆的数据传输距离最远，全塑料光纤电缆的数据传输距离最短。光纤电缆与同轴电缆相比具有抗干扰能力强、传输距离远等优点，但是其价格高、维修复杂。同轴电缆、双绞线和光纤电缆的性能比较见表8-3所示。

表8-3　　　　　　同轴电缆、双绞线和光纤电缆的性能比较

性能	双绞线	同轴电缆	光纤电缆
传输速率	9.6～2Kbit/s	1～450Mbit/s	10～500Mbit/s

性能	双绞线	同轴电缆	光纤电缆
连接方法	点到点 多点 1.5km 不用中继器	点到点 多点 10km 不用中继器（宽带） 1～3km 不用中继器（宽带）	点到点 50km 不用中继器
传送信号	数字、调制信号、纯模拟信号（基带）	调制信号、数字（基带）、数字、声音、图像（宽带）	调制信号（基带）、数字、声音、图像（宽带）
支持网络	星形、环形、小型交换机	总线形、环形	总线形、环形
抗干扰	好（需是屏蔽）	很好	极好
抗恶劣环境	好	好，但必须将同轴电缆与腐蚀物隔开	极好，耐高温与其他恶劣环境

8.2 工业局域网基础

8.2.1 网络结构

网络结构又称网络拓扑结构，它是指网络中的通信线路和节点间的几何连接结构。网络中通过传输线连接的点称为节点或站点。网络结构反映了各个站点间的结构关系，对整个网络的设计、功能、可靠性和成本都有影响。按照网络中的通信线路和节点间的连接方式不同，可分类星形结构、总线形结构和环形结构、树形结构、网状结构等，其中星形结构、总线形结构和环形结构为最常见的拓扑结构形式，如图 8-13 所示。

1. 星形结构

星形拓扑结构是以中央节点为中心节点，网络上其他节点都与中心节点相连接。通信功能由中心节点进行管理，并通过中心节点实现数据交换。通信由中心节点管理，任何两个节点之间通信都要通过中心节点中继

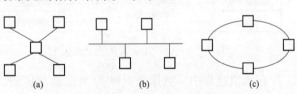

图 8-13　常见网络拓扑结构
(a) 星形；(b) 总线形；(c) 环形

转发。星形网络的结构简单、便于管理控制、建网容易、网络延迟时间短、误码率较低，便于集中开发和资源共享。但系统花费大，网络共享能力差，负责通信协调工作的上位计算机负荷大，通信线路利用率不高，且系统可靠性不高，对上位计算机的依靠性也很强，一旦上位机发生故障，整个网络通信就会瘫痪。星形网络常用双绞线作为通信介质。

2. 总线形结构

总线形结构是将所有节点接到一条公共通信总线上，任何节点都可以在总线上进行

数据的传送，并且能被总线上任一节点所接收。在总线形网络中，所有节点共享一条通信传输线路，在同一时刻网络上只允许一个节点发送信息。一旦两个或两个以上节点同时传送信息时，总线上的传送的信息就会发生冲突和碰撞，出现总线竞争现象，因此必须采用网络协议来防止冲突。这种网络结构简单灵活，容易加扩新节点，甚至可用中继器连接多个总线。节点间可直接通信，速度快、延时小。

3. 环形结构

环形结构中的各节点通过有源接口连接在一条闭合的环形通信线路上，环路上任何节点均可以请求发送信息。请求一旦批准，信息按事先规定好的方向从源节点传送到目的节点。信息传送的方向可以是单向也可以是双向，但由于环线是公用的，传送一个节点信息时，该信息有可能需穿过多个节点，因此如果某个节点出现障故时，将阻碍信息的传输。

8.2.2 网络协议

在工业局域网中，由于各节点的设备型号、通信线路类型、连接方式、同步方式、通信方式有可能不同，这样会给网络中各节点的通信带来不便，有时会影响整个网络的正常运行，因此在网络系统中，必须有相应通信标准来规定各部件在通信过程中的操作，这样的标准称为网络协议。

国际标准化组织 ISO（International Standard Organization）于 1978 年提出了开放式系统互连模型 OSI（Open Systems Interconnection），作为通信网络国际标准化的参考模型。该模型所用的通信协议一般为 7 层，如图 8-14 所示。

图 8-14　OSI 开放式系统互连模型

在 OSI 模型中，最底层为物理层，物理层的下面是物理互连媒介，如双绞线、同轴电缆等。实际通信就是通过物理层在物理互连媒介上进行的，如 RS-232C、RS-422/RS485 就是在物理层进行通信的。通信过程中 OSI 模型其余层都以物理层为基础，对等层之间可以实现开放系统互连。

在通信过程中，数据是以帧为单位进行传送，每一帧包含一定数量的数据和必要的控制信息，如同步信息、地址信息、差错控制和流量控制等。数据链路层就是在两个相邻节点间进行差错控制、数据成帧、同步控制等操作。

网络层用来对报文包进行分段，当报文包阻塞时进行相关处理，在通信子网中选择合适的路径。

传输层用来对报文进行流量控制、差错控制，还向上一层提供一个可靠的端到端的数据传输服务。

会话层的功能是运行通信管理和实现最终用户应用进行之间的同步，按正确的顺序收发数据，进行各种对话。

表示层用于应用层信息内容的形式变换，如数据加密/触密、信息压缩/解压和数据兼容，把应用层提供的信息变成能够共同理解的形式。

应用层为用户的应用服务提供信息交换，为应用接口提供操作标准。

8.2.3 现场总线

在传统的自动化控制中，生产现场的许多设备和装置（如传感器、调节器、变送器、执行器等）都是通过信号电缆与计算机、PLC 相连的。当这些装置和设备相隔的距离较远，并且分布较广时，就会使电缆线的用量和铺设费用大大增加，造成了整个项目的投资成本增加、系统连线复杂、可靠性下降、维护工作量增大、系统进一步扩展困难等问题。因此人们迫切需要一种可靠、快速、能经受工业现场环境且成本低廉的通信总线，通过这种总线将分散的设备连接起来，对其实施监控。基于此，现场总线（Field Bus）产生了。

现场总线始于 20 世纪 80 年代，20 世纪 90 年代技术日趋成熟。国际电工委员会 IEC 对现场总线的定义是"安装在制造和过程区域的现场设备、仪表与控制室内的自动控制装置系统之间的一种串行、数字式、多点通信的数据总线"。随着计算机技术、通信技术、集成电路技术的发展，以标准、开放、独立、全数字式现场总线（FIELDBUS）为代表的互联规范正在迅猛发展和扩大。现场总线 I/O 集检测、数据处理、通信为一体，可以代替变送器、调节器、记录仪等模拟仪表，它不需要框架、机柜，能够直接安装在现场导轨槽上。现场总线 I/O 的连线极为简单，只需一根电缆，从主机开始，沿数据链从一个现场总线 I/O 连接到下一个现场总线 I/O。这样使用现场总线后，还可以减少自控系统的配线、安装、调试等方面的费用。

由于采用现场总线将使控制系统结构简单，系统安装费用减少并且易于维护，用户可以自由选择不同厂商、不同品牌的现场设备达到最佳的系统集成等一系列的优点，现场总线技术正越来越受到人们的重视。近十几年，由于现场总线的国际标准没完全统一，使得现场总线发展的种类较多，约有 40 余种，但主要有基金会现场总线 FF（Foundation Field Bus）、过程现场总线 ProfiBus（Process Field Bus）、WorldFIP、ControlNet/DeviveNet、CAN 等。下面简单介绍部分现场总线。

1. 基金会现场总线 FF

现场总线基金会包含 100 多个成员单位，负责制订一个综合 IEC/ISA 标准的国际现场总线。它的前身是可互操作系统协议 ISP（Interperable System Protocol）——基于德国的 ProfiBis 标准，和工厂仪表世界协议 WorldFIP（World Factory Instrumentation Protocol）——基于法国的 FIP 标准。ISP 和 WorldFIP 于 1994 年 6 月合并成立了现场总线基金会。

基金会现场总线 FF 采用国际标准化组织 ISO 的开放化系统互联 OSI 的简化模型（物理层、数据链路层和应用层），另外增加了用户层。基金会现场总线 FF 标准无专利许可要求，可供所有的生产厂家使用。

2. 过程现场总线 ProfiBus

Profibus 是一种国际化、开放式、不依赖于设备生产商的现场总线标准，广泛适用于制造业自动化、流程工业自动化和楼宇、交通、电力等其他领域自动化。西门子通信网络的中间层为过程现场总线，PROFIBUS 协议的具体内容将在 8.3.2 节中介绍。

3. WorldFIP

WorldFIP（World Factory Instrumentation Protocol）协会成立于 1987 年 3 月，以法

国 CEGELEC、SCHNEIDER 等公司为基础开发了 FIP（工厂仪表协议）现场总线系列产品。产品适用于发电与输配电、加工自动化、铁路运输、地铁和过程自动化等领域。1996 年 6 月 WorldFIP 被采纳为欧洲标准 EN50170。WorldFIP 是一个开放系统，不同系统、不同厂家生产的装置都可以使用 WorldFIP，应用结构可以是集中型、分散型和主站—从站型。WorldFIP 现场总线构成的系统可分为三级：过程级、控制级和监控级，这样用单一的 WorldFIP 总线就可以满足过程控制、工厂制造加工系统和各种驱动系统的需要。

WorldFIP 协议由物理层、数据链路层和应用层组成。应用层定义为两种：MPS 定义和 SubMMS 定义。MPS 是工厂周期/非周期服务，SubMMS 是工厂报文的子集。

物理层的作用能够确保连接到总线上的装置间进行位信息的传递。介质是屏蔽双绞线或光纤。传输速度有 31.25kbit/s，1Mbit/s 和 2.5Mbit/s，标准速度是 1Mbit/s，使用光纤时最高可达 5Mbit/s。

WorldFIP 的帧有三部分组成，即帧起始定界符（FSS）、数据和检验字段，以及帧结束定界符。

应用层服务有三个不同的组：BAAS（Bus Arbitrator Application Services）、MPS（Manufacturing Periodical / a Periodical Services）、SubMMS（Subset of Messaging Services）。MPS 服务提供给用户：本地读/写服务、远方读/写服务、参数传输/接收指示、使用信息的刷新等。

处理单元通过 WorldFIP 的通信装置（通信数据库和通信芯片组成）挂到现场总线上。通信芯片包括通信控制器和线驱动，通信控制器有 FIPIU2、FIPCO1、FULLFIP2、MICROFIP 等，线驱动器用于连接电缆（FIELDRIVE、CREOL）或光纤（FIPOPTIC/FIPOPTIC - TS）。通信数据库用于在通信控制器和用户应用之间建立链接。

4. ControlNet/DeviceNet

ControlNet 的基础技术是 Rockwell Automation 企业于 1995 年 10 月公布的。1997 年 7 月成立了 ControlNet International 组织，Rockwell 转让此项技术给该组织。组织成员有 50 多个如 ABBRoboties、HoneywellInc.、YokogawaCorp.、ToshibaInternational、Procter&Gamble、OmronElectronicsInc. 等。

传统的工厂级的控制体系结构有五层即工厂层、车间层、单元层、工作站层、设备层组成。而 Rockwell 自动化系统简化为三层结构模式：信息层（Ethernet 以太网）、控制层（ControlNet 控制网）、设备层（DeviceNet 设备网）。ControlNet 层通常传输大量的 I/O 和对等通讯信息，具有确定性和可重复性，紧密联系控制器和 I/O 设备的要求。ControlNet 应用于过程控制、自动化制造等领域。

5. CAN

CAN（Controller Area Network）称为控制局域网，属于总线式通讯网络。CAN 总线规范了任意两个 CAN 节点之间的兼容性，包括电气特性及数据解释协议，CAN 协议分为二层：物理层和数据链路层。物理层决定了实际位传送过程中的电气特性，在同一网络中，所有节点的物理层必须保持一致，但可以采用不同方式的物理层。CAN 的数据链路层功能包括帧组织形式、总线仲裁和检错、错误报告及处理等。CAN 网络具有如下特点：CANBUS 网络上任意一个节点均可在任意时刻主动向网络上的其他节点发送信息，而不分主从。通讯灵活，可方便地构成多机备份系统及分布式监测、控制系统。网络上的节点可分成不同的优先级以满足不同的实时要求。采用非破坏性总线裁决技术，当两个节点同时向网络上传送信息时，优先级低的节点主动停止数据发送，而优先级高的节点可不受影响地继续传输数据。具有点对点、一点对多点及全局广播传送接收数据的功能。通讯距离最远可达 10km/5kbit/s，通讯速率最高可达 1Mbit/s/40m。网络节点数实际可达 110 个。每一帧的有效字节数为 8 个，这样传输时间短、受干扰的概率低。每帧信息都有 CRC 校验及其他检错措施，数据出错率极低、可靠性极高，通讯介质采用廉价的双绞线即可，无特殊要求。在传输信息出错严重时，节点可自动切断它与总线的联系，以使总线上的其他操作不受影响。

8.3 S7-200系列PLC的通信与网络

PLC 的通信包括 PLC 与 PLC 之间、PLC 与上位计算机之间以及 PLC 和其他智能设备之间的通信。

8.3.1 S7-200 系列 PLC 的通信部件

S7-200 系列 PLC 的通信部件主要包括通信口、PC/PPI 电缆、CP 通信卡、网络连接器、网络中继器等。

1. 通信口

S7-200 系列 PLC 的通信端口符合欧洲标准 EN50170 中 ProfiBus 标准的 RS-485 兼容的 9 针 D 型连接器，端口外形如图 8-15 所示。将 S7-200 接入网络时，该端口一般作为端口 1 出现，而端口 0 为所连接的设备，端口各个引脚名称及其表示意义见表 8-4。

图 8-15 RS-485 端口

表 8-4   S7-200 系列 PLC 通信端口引脚名称

引脚	ProfiBus 名称	端口 0/端口 1
1	屏蔽	机壳接地
2	24V 返回	逻辑地
3	RS-485 信号 B	RS-485 信号 B
4	发送申请	RTS（TTL）
5	5V 返回	逻辑地
6	+5V	+5V，100Ω 串联电阻
7	+24V	+24V
8	RS-485 信号 A	RS-485 信号 A
9	不用	10 位协议选择（输入）
连接器外壳	屏蔽	机壳接地

2. PC/PPI 电缆

S7 - 200 系列 PLC 的通信端口采用 RS - 485 接口，计算机通信端口采用 RS - 232C 接口或 USB 通信端口。使用计算机对 PLC 进行编程时，需采用 RS - 232C/PPI（个人计算机/点对点接口）电缆或 USB/PPI 电缆将计算机与 PLC 进行连接。RS - 232C/PPI 的电缆外形如图 8 - 16 所示。使用 RS - 232C/PPI 电缆和自由口通信功能，S7 - 200 可以与其他有 RS - 232C 接口的设备通信。

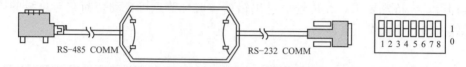

RS-485 COMM　　　　　　　　RS-232 COMM

图 8 - 16　RS - 232C/PPI 电缆外形

将 RS - 232C/PPI 电缆上标有"PC"的 RS - 232 端连接到计算机的 RS - 232 通信接口，标有"PPI"的 RS - 485 端连接到 PLC 的 CPU 模块，拧紧两边螺钉即可。RS - 232C/PPI 电缆的护套上有 8 个 DIP 开关，DIP 开关的 1～3 位设置通信的波特率，其设置方法见表 8 - 5。第 4 位和第 8 位为空闲位；第 5 位为 1 时选择 PPI（M 主站）模式，第 5 位为 0 时选择自由口模式；第 6 位为 0 时选择本地模式（相当于数据通信设备－DCE），第 6 位为 1 时选择远端模式（相当于数据终端设备－DTE）；第 7 位为 0 时选择 10 位 PPI 协议，第 7 位为 1 时选择 11 位 PPI 协议。

表 8 - 5　　　　　　　　　　　　　　波 特 率 设 置

波特率（bit/s）	开关 1、2、3	波特率（bit/s）	开关 1、2、3
115 200	1 1 0	9600	0 1 0
57 600	1 1 1	4800	0 1 1
38 400	0 0 0	2400	1 0 0
19 200	0 0 1	1200	1 0 1

当波特率不大于 187 500bit/s 时，通过 RS - 232C/PPI 电缆或 USB/PPI 电缆能以最简单和经济的方式将 PLC 编译软件 STEP7 - Micro/Win 连接到 S7 - 200 系列 PLC 或 S7 - 200 网络。USB/PPI 电缆是一种即插即用设备，适用于支持 USB1.1 版以上的计算机，当在 187 500bit/s 下进行 PPI 通信时，它能将 PC 和 S7 - 200 隔离，此时不需要设置任何开关。将 PLC 编译软件 STEP7 - Micro/Win 与 PLC 通信时，不能同时使用多根 USB/PPI 连接到计算机上。

RS - 232C/PPI 电缆或 USB/PPI 电缆上都带有 LED，用来显示计算机或 S7 - 200 网络是否进行通信，其中 Tx LED 用来指示电缆是否在将信息传送给计算机；Rx LED 用来指示电缆是否在接收 PC 传来的信息；PPI LED 用来指示电缆是否在网络上传输信息。

使用 RS - 232C/PPI 电缆或 USB/PPI 电缆将计算机与 PLC 连接好后，需进行通信时必须进行相应的通信设置。

3. CP 通信卡

在运行 Window 操作系统的个人计算机上安装了 STEP7 - Micro/Win 编译软件后，计算机作为网络中的编程主站。CP 通信卡为编程站管理多主网络提供了硬件，并且运行多种波特率下的不同协议。每一块 CP 卡为网络连接提供了一个单独的 RS-485 接口，CP5511 PCMCIA 卡有一个提供 9 针 D 型接口适配器，使用通信电缆的一端接到 CP 通信卡的 RS-485 接口，另一端接入网络使 CP 通信卡建立 PPI 通信。

当使用 CP 通信卡建立 PPI 通信时，STEP7-Micro/Win 无法支持在同一块通信卡上同时运行两个应用，因此在通过 CP 卡将 STEP7-Micro/Win 连接到网络之前，必须关掉另外一种应用。但若使用的是 MPI 或 Profibus 通信，将允许多个 STEP7-Micro/Win 应用在网络上同时进行通信。可供用户选择的 STEP7-Micro/Win 支持的通信硬件波特率和协议见表 8-6。

表 8-6　　　　　　　STEP7-Micro/Win 支持的 CP 通信硬件、波特率和协议

配　　置	波特率	协议
RS-232C/PPI 多主站或 USB/PPI 多主站电缆连接编程站的一个端口	9.6k～187.5k	PPI
CP5511 类型Ⅱ，PCMCI 卡（适用于笔记本电脑）	9.6k～12Mk	PPI、MPI 和 Profibus
CP5512 类型Ⅱ，PCMCI 卡（适用于笔记本电脑）	9.6k～12Mk	PPI、MPI 和 Profibus
CP5611 类型（版本 3 以上）PCI 卡	9.6k～12Mk	PPI、MPI 和 Profibus
CP1613、S7613PCI 卡	10M 或 100M	TCP/IP
CP1612、SoftNet7PCI 卡	10M 或 100M	TCP/IP
CP1612、SoftNet7PCMCIA 卡（适用于笔记本电脑）	10M 或 100M	TCP/IP

4. 网络连接器

为了能够把多个设备很容易地连接到网络中，西门子公司提供两种网络连接器：一种标准网络连接器和另一种带编程接口的连接器。后者允许在不影响现有网络连接的情况下，再连接一个编程站或者一个 HMI 设备到网络中。带编程接口的连接器将 S7-200 的所有信号（包括电源引脚）传到编程接口。这种连接器对于那些从 S7-200 取电源的设备（例如 TD200）尤为有用。

两种连接器都有两组螺钉连接端子，可以用来连接输入连接电缆和输出连接电缆。在整个网络中，始端和终端节点的网络一定要有网络偏置和终端匹配以减少网络在通信过程中的传输错误。所以处在始端和终端节点的网络连接器的网络偏置和终端匹配选择开关应拨在 ON 位置，而其他节点的网络连接器的网络偏置和终端匹配选择开关应拨在 OFF 位置上。典型的网络连接器偏置和终端如图 8-17 所示。

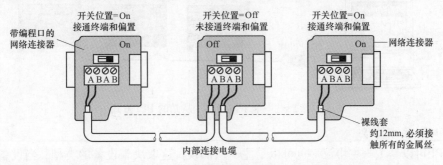

图 8-17　内部连接电缆的偏置与终端

5. 网络中继器

为增加网络传输距离，通常在网络中使用中继器就可以使网络的通信距离扩展 50m。如果在已连接的两个中继器之间没有其他节点，那么网络的长度将能达到波特率允许的最大值。在波特率为 9600bit/s，传输距离 50m 范围时，一个网段最多可以连接 32 个设备，但使用一个中继器后，将在网络上可再增加 32 个设备。但是在同一个串联网络中，最多只能增加 9 个中继器，且网络的总长度不能超过 9600m。含中继器的网络如图 8-18 所示。

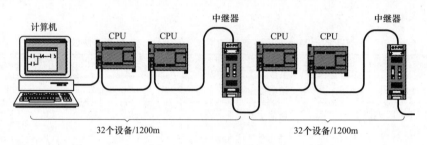

图 8-18　含中继器的网络

8.3.2　S7-200 系列 PLC 通信协议

S7-200 系列 PLC 支持多种通信协议，根据所使用的 S7-200CPU，网络可以支持一个或多个协议，如 PPI 点到点（Point to Point）协议、MPI 多点（Multi Point）协议、Profibus 协议、自由通信接口协议、TCP/IP 协议和 USS 协议等。PPI 点到点协议、MPI 多点协议和 Profibus 协议可以在 PLC 网络中同时运行，不会形成干扰。

1. PPI 点到点协议

PPI 是西门子专为 S7-200 系列 PLC 开发的主—从协议。在该协议中主站器件（如 CPU、西门子编程器或 TD200）给从站发送申请，从站器件响应。从站器件不发送信息，只是等待主站的要求并对要求作出响应。主站靠一个 PPI 协议管理的共享连接来与从站通信。在一个网络中 PPI 协议不限制从站的数量，但是要求主站的个数最多不能超过 32 个。

主站和从站可通过两芯屏蔽双绞线进行联网，如图 8-19 所示，其数据传输速率为 9600bit/s、19 200bit/s、187 500bit/s。

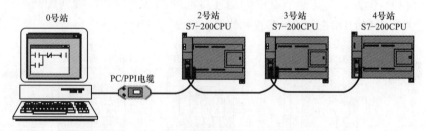

图 8-19　一个主站和多个从站的 PPI 方式

2. MPI 多点协议

MPI 可以是主—主协议，也可以是主—从协议，这取决于设备的类型。当设备是 S7-300/400CPU 时，MPI 就建立主—主协议，因为所有的 S7-300/400CPU 都可以是主站。

但当设备是 S7-200CPU 时，MPI 就建立主—从协议，因为 S7-200CPU 是从站。MPI 网采用全局数据（Globe Data）通信模式，可在 PLC 之间进行少量数据交换。它不需要额外的硬件和软件，具有成本低、用法简单等特点。MPI 网可连接多个不同的 CPU 或设备，如图 8-20 所示。MPI 符合 RS-485 标准，具有多点通信的功能，其波特率设定为 187.5kbit/s。

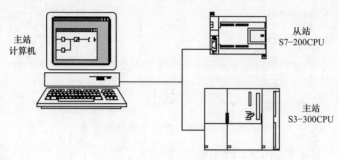

主站
计算机

从站
S7-200CPU

主站
S3-300CPU

图 8-20 MPI 网络连接

3. Profibus 协议

Profibus 是一种用于工厂自动化车间级监控和现场设备层数据通信与控制的现场总线技术。可实现现场设备层到车间级监控的分散式数字控制和现场通信网络，从而为实现工厂综合自动化和现场设备智能化提供了可行的解决方案。在 PLC 系统中 Profibus 应用比较广泛，下面对其进行相关介绍。

（1）Profibus 的组成。Profibus 由三个兼容部分组成，即 Profibus-DP（Decentralized Periphery）、Profibus-PA（Process Automation）和 Profibus-FMS（Fieldbus Message Specification）。

Profibus-DP 是一种高速（数据传输速率 9600bit/s～12 000bit/s）低成本的设备级网络，主要用于设备级控制系统与分散式 I/O 的通信。它可满足系统快速响应的时间要求，位于这一级的 PLC 或工业控制计算机可以通过 Profibus-DP 同分散的现场设备进行通信。主站之间的通信为令牌方式，主站与从站之间为主从方式。

Profibus-PA 专为过程自动化设计，可使传感器和执行机构联在一根总线上，可用于安全性要求较高的场合。

Profibus-FMS 用于车间级监控网络，是一个令牌结构、实时多主网络。它可提供大量生产的通信服务，用以完成中等级传输速度进行的循环和非循环的通信服务。对于 FMS 而言，考虑的是系统功能而不是系统响应时间。FMS 服务向用户提供了广泛的应用空间的更大的灵活性，通常用于大范围、复杂的通信系统。

（2）Profibus 的结构。Profibus 协议结构是根据 ISO7498 国际标准，以开放式系统互联网络 OSI（Open System Interconnection）作为参考模型的。该模型共有七层，第 1 层为物理层，定义了物理的传输特性；第 2 层为数据链路层；第 3 层至第 6 层未使用；第 7 层为应用层。应用层包括现场总线信息规范（Fieldbus Message Specification-FMS）和低层接口（Lower Layer Interface-LLI）。FMS 包括了应用协议并向用户提供了可广泛选用的强有力的通信服务；LLI 协调不同的通信关系并提供不依赖设备的第 2 层访问接口。

Profibus-DP 物理层与 ISO/OSI 参考模型的第 1 层相同，采用了 EIA-RS-485 协

议。RS-485 传输是 Profibus 最常用的一种传输技术，它采用屏蔽双绞铜线的电缆，如图 8-21 所示。图中两根数据线 A、B 分别对应 RXD/TXD-P 和 RXD/TXD-N。根据数据传输速率不同，可选用双绞线和光纤两种传输介质。

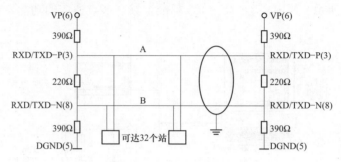

图 8-21 EIA-RS-485 总线连接

Profibus-DP 并未采用 ISO/OSI 参考模型的应用层，而是自行设置了一个用户层，该层定义了 DP 的功能、规范与扩展要求等。Profibus-DP 使用统一的介质存取协议，由 OSI 参考模型的第 2 层来实现，并提供了令牌总线方式和主从方式这两种基本的介质存取控制方式。令牌总线与局域网 IEEE 8024 协议一致，主从方式的数据链路层协议与局域网标准不同，它符合 HDLC 中的非平衡正常响应模式 NRM。

4. 自由端口协议

自由端口协议模式（Freeport Mode）是 S7-200 系列 PLC 一个很有特色的功能，用户通过用户程序对通信口进行操作，自己定义通信协议（如 ASCII 协议）。

用户自行定义协议使 PLC 可通信的范围增大，控制系统的配置更加灵活、方便。应用此种通信协议，使 S7-200 系列 PLC 可以与任何通信协议兼容，并使串口的智能设备和控制器进行通信。如打印机、条形码阅读器、调制解调器、变频器和上位 PC 机等。当然这种协议也可以使两个 CPU 之间进行简单的数据交换。当连接的智能设备具有 RS-485 接口时，可以通过双绞线进行连接；当连接的智能设备具有 RS-232C 接口时，可以通过 RS-232C/PPI 电缆连接起来进行自由口通信，此时通信口支持的速率为 1200～115 200bit/s。

与智能外设连接后，在自由口通信模式下，通信协议完全由用户程序控制。通过设定特殊存储字节 SMB30（端口 0）或者 SMB130（端口 1）允许自由口模式，用户程序可以通过使用接收中断、发送中断、发送指令（XMT）和接收指令（RCV）对通信口进行操作。

应注意，只有当 CPU 处于 RUN 模式时才能允许自由口模式，当 CPU 处于 STOP 模式时，自由通信口停止，通信口自动转换成正常的 PPI 协议操作，编程器与 CPU 恢复正常的通信。

5. TCP/IP 协议

若计算机安装以太网网卡，并且 S7-200 系列 PLC 配备了以太网模块 CP 243-1 或互联网模块 CP 243-1 IT 后，可运行 TCP/IP 以太网通信协议。CP 243-1 用于将 PLC 连接到工业以太网，通过工业以太网实现与 S7-200、S7-300 或 S7-400 系列 PLC 和 PC 进行数据交换。CP 243-1 IT 基本标准的 TCP/IP 协议进行通信，通过 RJ 45 接口访问以太网。安装了 STEP7 - Micro/Win 之后，计算机上会有一个标准的浏览器，可以用它来访问 CP 243 - 1 IT 模块的主页。

6. USS 协议

USS 协议（Universal Serial Interface Protocol，即通用串行接口协议）是用于传动控制设备（变频器等）通信的一种协议，S7 - 200 提供了 USS 协议指令，用户使用该指令可以方便地实现对变频器的控制。

通过串行 USS 总线，最多可连接 30 台变频器作为从站。这些变频器用一个主站（计算机或西门子公司的 PLC 产品）进行控制，包括变频器的启/停、频率设定、参数修改等操作，总线上的每个传动控制装置都有一个从站号（在参数中设定），主站依靠从站号对它们进行识别。USS 协议为主/从式总线结构，从站只是对主站发来的报文做出回应，并发送报文。

8.3.3　S7 - 200 系列 PLC 网络参数的设置

1. 硬件连接

采用 RS - 232C/PPI 电缆或 USB/PPI 电缆建立个人计算机与 PLC 之间的通信，这是单主机与个人计算机的连接，不需要其他的硬件设备。连接时，将 RS - 232C/PPI 电缆的 PC 端与计算机的 RS - 232 通信端（通常是计算机的 COM1 口），将电缆的 PPI 端连接到 PLC 的 RS - 485 通信端口即可，其硬件连接如图 8 - 22 所示。

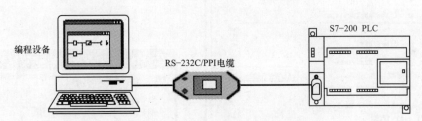

图 8 - 22　计算机与 PLC 的硬件连接

2. 计算机参数设置

在 STEP7 - Micro/Win 运行时选择"查看"→"组件"→"通信"菜单或单击 STEP7 - Micro/Win 屏幕上的通信图标，出现一个通信对话框，如图 8 - 23 所示。

在弹出的通信设定对话框中，双击"PC/PPI cable（PPI）"图标，出现"Set PG/PC Interface"（设置 PG/PC 接口）对话框，如图 8 - 24 所示。双击 Properties 按钮，将出现 PC/PPI cable（PPI）属性对话框，如图 8 - 25 所示。

在图 8 - 25　PC/PPI 电缆的 PPI 参数设置对话框的 PPI 选项卡中，选择"Multiple Master Network"（多主站网络）时，可以启动多主站模式，未选择它时为单主站模式。使用单主站协议时，STEP7 - Micro/Win 是网络中的唯一主站，不能与其他主站共享网络。Station Parameters（站参数区）的 Address（地址）框中用来设置运行 STEP7 - Micro/Win 的计算机的站地址，默认地址为 0。Station Parameters（站参数区）的 Timeout（超时）框中用来设置通信设备建立联系的最长时间，默认时间为 1s。Network Parameters（网络参数区）的 Transmission Rate 框中设置 STEP7 - Micro/Win 在网络中通信的传输波特率，默认波特率为 9.6kbps。Network Parameters（网络参数区）的 Highest

Station Address 框中设置最高站地址。

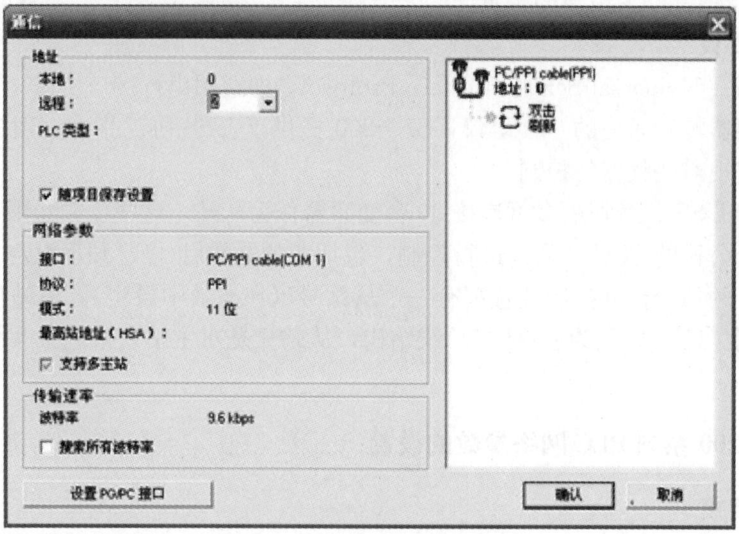

图 8-23　通信设定对话框

图 8-24　PG/PC 对话框　　　　　图 8-25　PC/PPI 电缆的 PPI 设置

在图 8-25 PC/PPI 电缆的 PPI 参数设置对话框的 Local Connection 选项卡中，选择连接 PC/PPI 电缆的计算机的 RS-232C 通信口或 USB，以及是否使用调制解调器。

3. S7-200 波特率和站地址的设置

上面讲述的是计算机接口参数的设置，同样对于 PLC 也应该进行相应设置。在 STEP7-Micro/Win 运行时，选择"查看"→"组件"→"系统块"菜单或单击 STEP7-Micro/Win 屏幕上系统块的通信端口，出现一个系统块的对话框，如图 8-26 所示，此对话框用来设置 S7-200 的通信参数。将参数设置好后，将系统块下载到 S7-200 中才起作用。

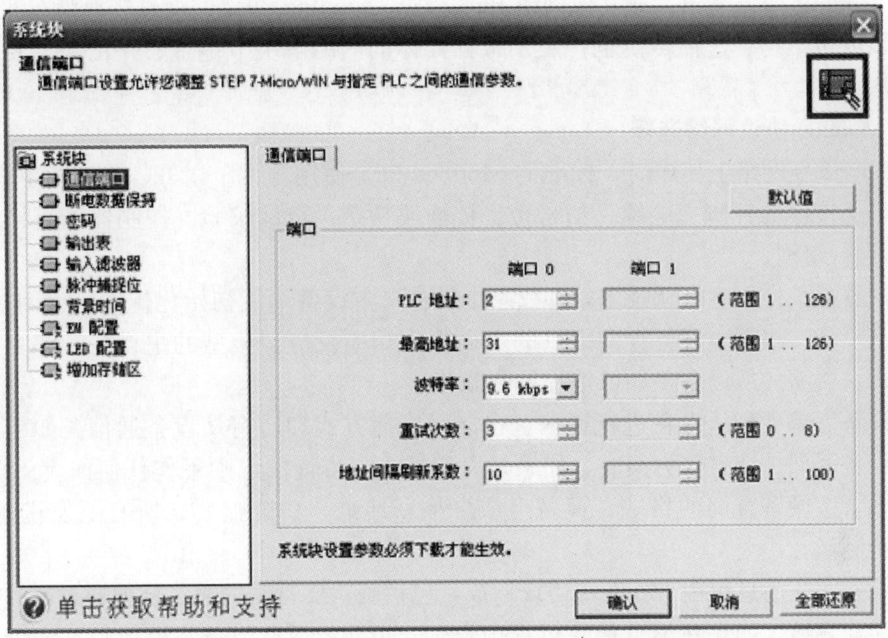

图 8-26　S7-200 波特率和站地址的设置对话框

8.4　S7-200系列PLC的Modbus通信

Modbus 是一种应用于电子控制器上的通信协议，于 1979 年由 Modicon 公司（现为施耐德公司旗下品牌）发明，并公开、推向市场。由于 Modbus 是制造业、基础设施环境下真正的开放协议，故得到了工业界的广泛支持，是事实上的工业标准。还由于其协议简单、容易实施和高性价比等特点，所以得到全球超过 400 个厂家的支持，使用的设备节点超过 700 万个，有多达 250 个硬件厂商提供 Modbus 的兼容产品。如 PLC、变频器、人机界面、DCS 和自动化仪表等都广泛使用 Modbus 协议。

8.4.1　Modbus 通信协议

Modbus 协议现为一通用工业标准协议，通过此协议，控制器相互之间、控制器通过网络（例如以太网）和其他设备之间可以通信。它已经成为一个通用工业标准。有了它，不同厂商生产的控制设备可以连成工业网络，进行集中监控。

Modbus 协议定义了一个控制器能认识使用的消息结构，而不管它们是经过何种网络进行通信的。它描述了控制器请求访问其他设备的过程，如何回应来自其他设备的请求，以及怎样侦测错误并记录。它制定了消息域格式和内容的公共格式。

在 Modbus 网络上通信时，协议规定对于每个控制器必须要知道它们的设备地址、能够识别按地址发来的消息及决定要产生何种操作。如果需要回应，控制器将生成反馈信息并用 Modbus 协议发出。在其他网络上，包含了 Modbus 协议的消息转换为在此网络上使用的帧或包结构。这种转换也扩展了根据具体的网络解决节地址、路由路径及错误检测的方法。

1. Modbus 协议网络选择

在 Modbus 网络上传输时，标准的 Modbus 口是使用与 RS-232C 兼容的串行接口，它定义了连接口的针脚、电缆、信号位、传输波特率、奇偶校验。控制器能直接或通过 Modem 进行组网。

控制器通信使用主—从技术，即仅一个设备（主设备）能初始化传输（查询）。其他设备（从设备）根据主设备查询提供的数据作出相应反应。典型的主设备，如主机和可编程仪表。典型的从设备，如可编程控制器等。

主设备可单独与从设备进行通信，也能以广播方式和所有从设备通信。如果单独通信，从设备返回一消息作为回应，如果是以广播方式查询的，则不作任何回应。Modbus 协议建立了主设备查询的格式：设备（或广播）地址、功能代码、所有要发送的数据、一错误检测域。

从设备回应消息也由 Modbus 协议构成，包括确认要行动的域、任何要返回的数据和一个错误检测域。如果在消息接收过程中发生一错误，或从设备不能执行其命令，从设备将建立一错误消息并把它作为回应发送出去。

在其他网络上，控制器使用对等技术通信，故任何控制都能初始化并和其他控制器的通信。这样在单独的通信过程中，控制器既可作为主设备也可作为从设备。提供的多个内部通道可允许同时发生的传输进程。

在消息位，Modbus 协议仍提供了主—从原则，尽管网络通信方法是"对等"的。如果一个控制器发送一个消息，它只是作为主设备，并期望从从设备得到回应。同样，当控制器接收到一个消息，它将建立一个从设备回应格式并返回给发送的控制器。

2. Modbus 协议的查询—回应周期

Modbus 协议的主—从式查询—回应周期如图 8-27 所示。

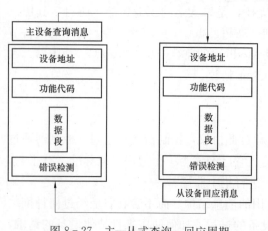

图 8-27 主—从式查询—回应周期

查询消息中的功能代码告之被选中的从设备要执行何种功能。数据段包含了从设备要执行功能的任何附加信息。例如功能代码 03 是要求从设备读保持寄存器并返回它们的内容。数据段必须包含要告之从设备的信息：从何寄存器开始读及要读的寄存器数量。错误检测域为从设备提供了一种验证消息内容是否正确的方法。

如果从设备产生一个正常的回应，在回应消息中的功能代码是在查询消息中的功能代码的回应。数据段包括了从设备收集的数据。如果有错误发生，功能代码将被修改并指出回应消息是错误的，同时数据段包含了描述此错误信息的代码。错误检测域允许主设备确认消息内容是否可用。

3. Modbus 的报文传输方式

Modbus 网络通信协议有两种报文传输方式：ASCII（美国标准交换信息码）和 RTU（远程终端单元）。Modbus 网络上以 ASCII 模式通信，在消息中的每个 8bit 字节都作为两个 ASCII 字符发送。这种方式的主要优点是字符发送的时间间隔可达到 1s 而不产生错误。

Modbus 网络上以 RTU 模式通信，在消息中的每个 8bit 字节包含两个 4bit 的十六进制字符。这种方式的主要优点是：在同样的波特率下，其传输的字符的密度高于 ASCII 模式，每个信息必须连续传输。

8.4.2 Modbus 通信帧结构

在 Modbus 网络通信中，无论是 ASCII 模式还是 RTU 模式，Modbus 信息是以帧的方式传输，每帧有确定的起始位和停止位，使接收设备在信息的起始位开始读地址，并确定要寻址的设备以及信息传输的结束时间。

1. Modbus ASCII 通信帧结构

在 ASCII 模式中，以 "："号（ASCII 的 3AH）表示信息开始，以换行键（CRLF）（ASCII 的 OD 和 OAH）表示信息结束。

对于其他的区，允许发送的字符为 16 进制字符 0～9 和 A～F。网络中设备连续检测并接收一个冒号（：）时，每台设备对地址区解码，找出要寻址的设备。

2. Modbus RTU 通信帧结构

Modbus RTU 通信帧结构如图 8-28 所示，从站地址为 0～247，它和功能码各占一个字节，命令帧中 PLC 地址区的起始地址和 CRC 各占一个字，数据以字或字节为单位，以字为单位时高字节在前，低字节在后。但是发送时 CRC 的低字节在前，高字节在后，帧中的数据将为十六进制数。

站地址	功能码	数据1	…	数据*n*	CRC低字节	CRC高字节

图 8-28　Modbus RTU 通信帧结构

8.4.3 Modbus 寻址

Modbus 的地址通常有 5 个字符值，其中包含数据类型和偏移量。第 1 个字符决定数据类型，后 4 个字符选择数据类型内的正确数值。Modbus 的寻址分为两种情况：主站寻址和从站寻址。

1. Modbus 主站寻址

Modbus 主站指令将地址映射至正确功能，以发送到从站。Modbus 主站指令支持下列 Modbus 地址。

（1）00001～09999 是数字量输出（线圈）。

（2）10001～19999 是数字量输入（触点）。

（3）30001～39999 是输入寄存器（通常是模拟量输入）。

（4）40001～49999 是保持寄存器。

所有 Modbus 地址均从 1 开始，也就是说，第 1 个数据值从地址 1 开始。实际有效地址范围取决于从站。不同的从站支持不同的数据类型和地址范围。

2. Modbus 从站寻址

Modbus 从站指令将地址映射至正确的功能。Modbus 从站指令支持下列 Modbus 地址。

（1）00001～00256 是映射到 Q0.0～Q31.7 的数字量输出。

（2）10001～10256 是映射到 I0.0～I31.7 的数字量输入。

（3）30001～30256 是映射到 AIW0～AIW110 的模拟量输入寄存器。

（4）40001～49999 和 400001～465535 是映射到 V 存储器的保持寄存器。

8.4.4 Modbus 通信指令

STEP7 - Micro/WIN 指令库包括专门为 Modbus 通信设计的预先定义的子程序和中断服务程序，使得与 Modbus 设备的通信变得更简单。通过 Modbus 协议指令，可以将 S7 - 200 组态为 Modbus 主站或从站设备。

Modbus 通信指令主要包括了 4 条指令：MBUS_CTRL、MBUS_MSG、MBUS_INIT、MBUS_SLAVE，其中 MBUS_CTRL、MBUS_MSG 指令与主设备（主站）有关；MBUS_INIT、MBUS_SLAVE 指令与从设备（从站）有关。

在使用 Modbus 通信前，需要先安装西门子的指令库"Toolbox_V32 - STEP 7 - Micro WIN 32 Instruction Library"，安装完成后，这 4 条指令可以在 STEP7 - Micro/WIN 指令树的库文件夹中找到，如图 8 - 29 所示。当在程序中输入一个 Modbus 指令时，自动将一个或多个相关的子程序添加到项目中。

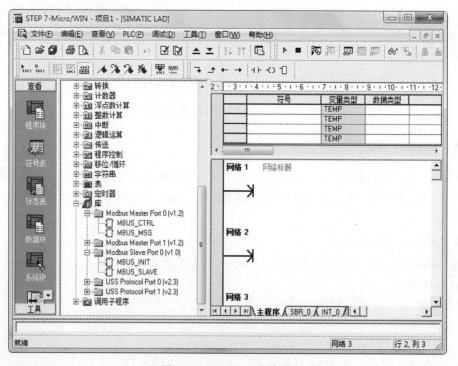

图 8 - 29　Modbus 指令库

1. MBUS_CTRL 指令

MBUS_CTRL 指令将主设备的 S7－200 通信端口使能、初始化或禁止 Modbus 通信，该指令的参数见表 8－7。在使用 MBUS_MSG 指令之前，必须正确执行 MBUS_CTRL 指令，指令执行完成后，立即设定"完成"位，才能继续执行下一条指令。

表 8－7　　　　　　　　　　MBUS_CTRL 指令参数

LAD	参数	数据类型	描　述
MBUS_CTRL EN Mode Baud　　Done Parity　　Error Timeout	EN	BOOL	使　能
	Mode	BOOL	为 1 将 CPU 端口分配给 Modbus 协议并启用该协议；为 0 将 CPU 端口分配给 PPI 协议，并禁用 Modbus 协议
	Baud	DWORD	用来设置波特率，波特率可设定为 1200、2400、4800、9600、19200、38400、57600 或 115200bit/s
	Parity	BYTE	设置奇偶校验使其与 Modbus 从站相匹配，为 0 时表示无校验，为 1 时表示奇校验；为 2 时表示偶校验
	Timeout	WORD	等待来自从站应答的毫秒时间数
	ERROR	BYTE	出错时返回错误代码

2. MBUS_MSG 指令

MBUS_MSG 指令用于启动对 Modbus 从站的请求，并处理应答，该指令的参数见表 8－8。当 EN 输入和"首次"输入打开时，MBUS_MSG 指令启动对 Modbus 从站的请求。

表 8－8　　　　　　　　　　MBUS_MSG 指令参数

LAD	参数	数据类型	描　述
MBUS_MSG EN First Slave　　Done RW　　Error Addr Count DataPtr	EN	BOOL	使　能
	First	BOOL	"首次"参数应该在有新请求要发送时才打开，进行一次扫描。"首次"输入应当通过一个边沿检测元素（例如上升沿）打开，这将保证请求被传送一次
	Slave	BYTE	"从站"参数时 Modbus 从站的地址。允许的范围是 0～247
	RW	BYTE	读/写操作控制，为 0 时进行读操作；为 1 时进行写操作
	Addr	DWORD	Modbus 的起始地址
	Count	INT	读取或写入的数据元素的数目
	DataPtr	DWORD	S7－200 CPU 的 V 存储器中与读取或写入请求相关数据的间接地址指针
	ERROR	BYTE	出错时返回错误代码

3. MBUS_INIT 指令

MBUS_INIT 指令将从设备的 S7－200 通信端口使能、初始化或禁止 Modbus 通信，该指令的参数见表 8-9。只有在本指令执行无误后，才能执行 MBUS_SLAVE 指令。

表 8-9   MBUS_INIT 指令参数

LAD	参数	数据类型	描 述
	EN	BOOL	使 能
	Mode	BOOL	为 1 将 CPU 端口分配给 Modbus 协议并启用该协议；为 0 将 CPU 端口分配给 PPI 协议，并禁用 Modbus 协议
	Addr	DWORD	Modbus 的起始地址
	Baud	DWORD	用来设置波特率，波特率可设定为 1200、2400、4800、9600、19200、38400、57600 或 115200bit/s
MBUS_INIT EN Mode Done Addr Error Baud Parity Delay MaxIQ MaxAI MaxHold HoldStart	Parity	BYTE	设置奇偶校验使其与 Modbus 从站相匹配，为 0 时表示无校验；为 1 时表示奇校验；为 2 时表示偶校验。
	Delay	WORD	通过将指定的毫秒数增加至标准 Modbus 信息超时的方法，延长标准 Modbus 信息结束超时条件
	MaxIQ	WORD	将 Modbus 地址 0×××× 和 1×××× 使用的 I 和 Q 点数设为 0～128 的数值
	MaxAI	WORD	将 Modbus 地址 3×××× 和 1×××× 使用的字输入（AI）寄存器数目设为 0～32 的数值
	MaxHold	WORD	用来指定主设备可以访问的保持寄存器（V 存储器字）的最大个数
	HoldStart	DWORD	用来设置 V 存储区内保持寄存器的起始地址，一般为 VB0
	ERROR	BYTE	出错时返回错误代码

4. MBUS_SLAVE 指令

MBUS_SLAVE 指令用于响应 Modbus 主设备发出的请求服务。该指令应该在每个扫描周期都被执行，以检查是否有主站的请求，指令参数见表 8-10。

表 8-10   MBUS_SLAVE 指令参数

LAD	参数	数据类型	描 述
	EN	BOOL	使 能
MBUS_SLAVE EN Done Error	Done	BOOL	当响应 Modbus 主站的请求时，Done 位有效，输出为 1。如果没有服务请求时，Done 位输出为 0。
	ERROR	BYTE	出错时返回错误代码

8.4.5 Modbus 通信应用举例

1. 两台 S7 - 200 PLC 间的 Modbus 通信

（1）控制要求。两台 S7 - 200 PLC（CPU 226CN）进行 Modbus 通信，其中 1 台为主站，另外 1 台作为从站，要求主站 CPU 发出启停信号，从站接收到该信号后，从站指示灯进行每隔 1s 进行闪烁。

（2）控制分析。本例的两台 S7 - 200 系列 PLC（CPU 226CN）进行 Modbus 通信时，主站 PLC 定时将启停控制信号通过 MBUS_MSG 指令写入从站；从站 PLC 通过 MBUS_INT 指令将接收到启停信号存放到相应地址中，然后通过该地址位来控制从站 PLC 的输出。为完成任务操作，首先要进行硬件配置，然后再进行程序的编写。

（3）硬件配置及 I/O 分配。这两台 CPU226CN 设备的硬件配置如图 8 - 30 所示，其硬件主要包括 1 根 PC/PPI 电缆（或者 CP5611 卡）、两台 CPU226CN 和 1 根 PROFI-BUS 网络电缆。主站 CPU226CN 的 I0.0 外接启动按钮，I0.1 外接停止按钮；从站 CPU226CN 的 Q0.0 外接 HL 指示灯，I/O 分配见表 8 - 11；主站和从站的 PLC 接线如图 8 - 31 所示。

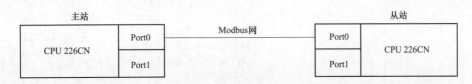

图 8 - 30　两台 S7 - 200PLC 间 Modbus 通信配置图

表 8 - 11　　　　　两台 S7 - 200 PLC 间 Modbus 通信的 I/O 分配表

输入（主站）			输出（从站）		
功能	元件	PLC 地址	功能	元件	PLC 地址
启动按钮	SB0	I0.0	指示灯	HL	Q0.0
停止按钮	SB1	I0.1			

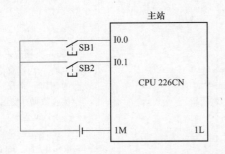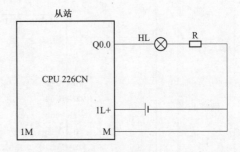

图 8 - 31　两台 CPU 226CN 的 Modbus 通信 PLC 接线图

（4）程序编写。这两台 CPU226CN 设备均应编写相应的源程序，所以需要编写主站程序和从站程序，见表 8 - 12。

表 8 - 12   两台 CPU 226CN 的 Modbus 通信程序

站	网络	LAD	STL

主站	网络 1	SM0.0—[ ]—EN　MBUS_CTRL
		SM0.0—[ ]—Mode
		9600—Baud　Done—M0.0
		1—Parity　Error—MB1
		1—Timeout
			LD　SM0.0
			=　L60.0
			LD　SM0.0
			=　L63.7
			LD　L60.0
			//波特率为9600bps,
			//奇校验, Modbus
			//模式
			CALL MBUS_CTRL:
			SBR1, L63.7, 9600,
			1, 1, M0.0, MB1

	网络 2	SM0.0—[ ]—EN　MBUS_MSG
		SM0.5—[ ]—[P]—First
		10—Slave　Done—M0.1
		1—RW　Error—MB2
		40001—Addr
		1—Count
		&VB200—DataPtr
			LD　SM0.0
			=　L60.0
			LD　SM0.5
			EU
			=　L63.7
			LD　L60.0
			//从站地址为10, 向
			//从站写数据, 数据存
			//储起始地址为
			//VW200, 字长为1
			CALL　MBUS_MSG:
			SBR2, L63.7, 10, 1,
			40001, 1, &VB200,
			M0.1, MB2

	网络 3	I0.0—[ ]—I0.1—[/]—(V200.0) V200.0—[ ]	LD　I0.0 O　V2000.0 AN　I0.1 =　V200.0

从站	网络 1	SM0.1—[ ]—EN　MBUS_INIT
		1—Mode　Done—M0.0
		10—Addr　Error—VB0
		9600—Baud
		1—Parity
		0—Delay
		128—MaxIQ
		32—MaxAI
		1000—MaxHold
		&VB200—HoldSt~
			LD　SM0.1
			//Modbus模式, 从站
			//地址为10, 波特率
			//为9600, 奇校验,
			//接收数据存储区的首
			//址为VW200
			CALL　MBUS_INIT:
			SBR1, 1, 10, 9600, 1,
			0, 128, 32, 1000,
			&VB200, M0.0, VB0

站	网络	LAD	STL
从站	网络2	SM0.0 —[ ]— EN MBUS_SLAVE Done — M0.1 Error — VB1	LD SM0.0 CALL MBUS_SLAVE： SBR2，M0.1，VB1

	网络3	V200.0 SM0.5 Q0.0
		—[ ]——[ ]——————( )
			LD V200.0
			//接收启停信息，以进
			//行/秒闪控制
			A SM0.5
			= Q0.0

（5）程序说明。主站 CPU226CN 的程序有 3 个网络段：网络 1 通过 MBUS_CTRL 指令主要设置波特率及 Modbus 模式等；网络 2 通过 MBUS_INIT 指令设置从站地址、数据存储起始地址；网络 3 中将主站的启停信息存储在 VB200.0 中。

从站 CPU226CN 的程序也有 3 个网络段：网络 1 通过 MBUS_INIT 指令主要设置波特率及接收 V 存储区等；网络 2 通过 MBUS_SLAVE 指令检测主站是否发送启停信息；网络 3 中将接收的启停信息，并串联 SM0.5 驱动 Q0.1 作为指示灯的闪烁控制。

注意，在调用了 Modbus 指令库的指令后，还要对库存储区进行分配，若不分配，则在程序编译后会显示一些错误。分配库存储区的方法：先选中"程序块"，再单击右键，弹出快捷菜单，并单击"库存储区"，再在"库存储区"中填写 Modbus 指令所需要用到的存储区的起始地址，如图 8 - 32 所示。

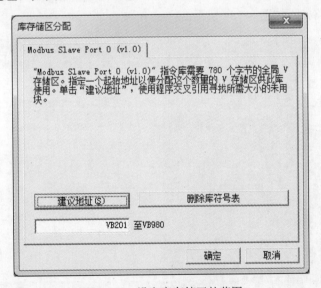

图 8 - 32　设定库存储区的范围

2. S7 - 200 PLC 与 S7 - 1200 PLC 间的 Modbus 通信

（1）控制要求。一台 S7 - 200 PLC（CPU 226CN）和另一台 S7 - 1200 PLC（CPU

1214C）进行 Modbus 通信，其中 S7-1200 PLC 作为主站，S7-200 PLC 作为从站，要求将主站读取从站由 40001 起始的连续 5 个数据，存储到主站指定地址开始的连续 5 个字中。

（2）控制分析。S7-200 PLC 的编译软件中包含了 Modbus 库，同样 S7-1200 PLC 的编译软件（如 TIA Protal，俗称博途）中也有 Modbus 库，在编程时可以通过相应指令即可。由于 S7-1200 PLC 采用模块式结构，所以使用前通常要进行硬件组态。

S7-1200 PLC 与 S7-1200 PLC 间进行 Modbus 通信时，首先要对两台 PLC 进行硬件配置，再对 S7-1200 PLC 进行硬件组态，然后分别编写下载程序即可完成任务操作。

（3）硬件配置。S7-200 PLC 作为从站时，只能使用 Port 0 口，而作为主站时，两个通信口均可使用；S7-1200 PLC 只有一个通信口，即 PROFINET 口，所以要进行 Modbus 通信就必须配置 RS-485 模块（如 CM1241 RS-485）或者 RS-232 模块（如 CM1241 RS-232），这两个模块都由 CPU 供电，不需外接供电电源。

本任务的硬件配置如图 8-33 所示，其硬件主要包括 1 根 PC/PPI 电缆、1 台 CPU 226CN、1 台 CPU 1214C、1 台 CM1241（RS-485）和 1 根 PROFIBUS 网络电缆（含 2 个网络总线连接器）。

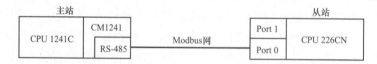

图 8-33　S7-200 PLC 与 S7-1200 PLC 间 Modbus 通信配置图

（4）S7-1200 主站硬件组态。在 TIA Protal 编程软件中，对于初学者来说，可按以下步骤完成 CPU 1214C 的硬件组态。

1）新建主站项目。启动 TIA Protal 软件，选择"创建新项目"，并输入项目名称和设置项目的保存路径，如图 8-34 所示。

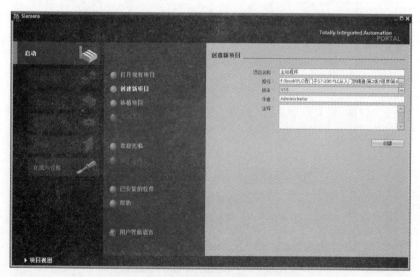

图 8-34　新建主站项目

2）进入组态设备。首先在图 8-34 中单击"创建"按钮，进入如图 8-35 所示界面并选择"组态设备",然后进入如图 8-36 所示界面,选择"添加新设备"。

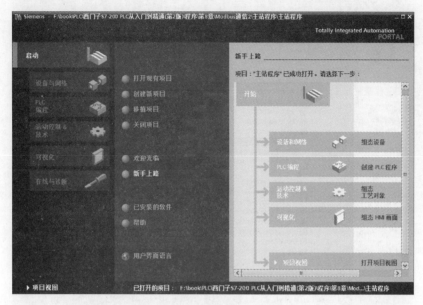

图 8-35 选择组态设备

图 8-36 添加新设备

3) 添加控制器 CPU 1214C。在图 8-36 所示的添加新设备对话框中执行命令"控制器"→"SIMATIC S7-1200"→"CPU"→"CPU 1214C DC/DC/DC",添加新设备为 CPU 1214C,如图 8-37 所示。

4) 进入硬件组态。在图 8-37 的右下角单击"添加"按钮,将进入如图 8-38 所示的硬件组态界面。在此界面中,可以看到机架 Rack_0 的第 1 槽为 CPU 模块。

5) 添加 RS-485 模块。在硬件组态界面选中 101 槽位,然后在右侧执行"硬件目录"→"通信模块"→"点到点"→"CM 1241(RS-485)",添加 RS-485 模块到 101 槽位,如图 8-39 所示。

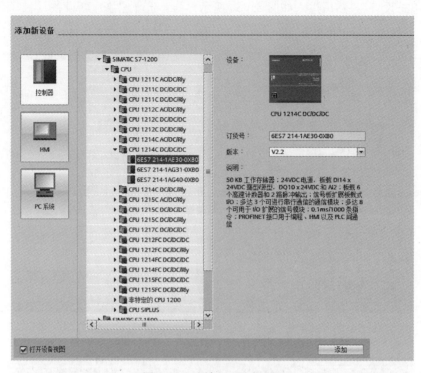

图 8-37　添加 CPU 1214C

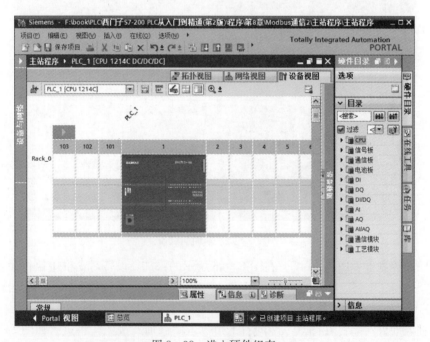

图 8-38　进入硬件组态

6）启动系统时钟。先选中 CPU 1214C，再在"属性"的"常规"选项卡中选中"系统和时钟存储器"，将"时钟存储器位"的"允许使用时钟存储器字节"勾选，并在"时钟存储器字节的地址"中输入 10，则 M10.1 位表示 5Hz 的时钟，M10.5 位表示 1Hz 的时钟。如图 8-40 所示。

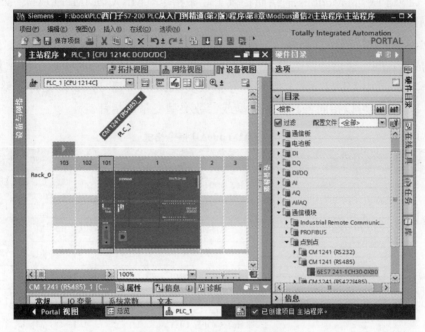

图 8-39 添加 RS-485 模块

图 8-40 启用系统时钟

7）单击"保存项目"按钮，硬件组态操作完成。

(5) S7-1200 PLC 的 Modbus 通信相关指令。在 TIA Protal 编辑软件的指令库中，专为 S7-1200 PLC 的 Modbus 通信而提供了 3 条指令：MB_COMM_LOAD、MB_MASTER 和 MB_SLAVE。

1) MB_COMM_LOAD 指令。MB_COMM_LOAD 指令的功能是将 CM1241 模块的端口配置成 Modbus 通信协议的 RTU 模式。此指令只在程序运行时执行 1 次，其指令格式见表 8-13。表中 UINT 为 16 位无符号整数类型；UDINT 为 32 位无符号整数类型；VARIANT 是 1 个可以指向各种数据类型或参数类型变量的指针。

表 8-13   **MB_COMM_LOAD 指令格式**

LAD	参数	数据类型	操作数
	REQ	BOOL	I、Q、M、D、L
	PORT	UDINT	I、Q、M、D、L 或常数
	BAUD	UDINT	I、Q、M、D、L 或常数
MB_COMM_LOAD_DB MB_COMM_LOAD — EN ENO — — REQ DONE — — PORT ERROR — — BAUD STATUS — — PARITY — FLOW_CTRL — RTS_ON_DLY — RTS_OFF_DLY — RESP_TO — MB_DB	PARITY	UINT	I、Q、M、D、L 或常数
	FLOW_CTRL	UINT	I、Q、M、D、L 或常数
	RTS_ON_DLY	UINT	I、Q、M、D、L 或常数
	RTS_OFF_DLY	UINT	I、Q、M、D、L 或常数
	RESP_TO	UINT	I、Q、M、D、L 或常数
	MB_DB	VARIANT	D
	DONE	BOOL	I、Q、M、D、L
	ERROR	BOOL	I、Q、M、D、L
	STATUS	WORD	I、Q、M、D、L

EN：使能端。

REQ：通信请求端。0 表示无请求；1 表示有请求，上升沿有效。

PORT：通信端口的 ID。在设备组态中插入通信模块后，端口 ID 就会显示在 PORT 框连接的下拉列表中。也可以在变量表的"常数"（Constants）选项卡中引用该常数。

BAUD：波特率设置端。波特率可设定为 1200、2400、4800、9600、19 200、38 400、57 600 或 11 5200bit/s，其他值无效。

PARITY：校验设置端。0 表示无校验；1 表示奇校验；2 表示偶校验。

FLOW_CTRL：流控制选择。0 表示无流控制；1 表示通过 RTS 实现的硬件流控制始终开启（不适用于 RS-485 端口）；2 表示通过 RTS 切换实现硬件流控制。默认情况下，该值为 0。

RTS_ON_DLY：RTS 延时选择。0 表示到传送消息的第 1 个字符之前，激活 RTS 无延时；1～65 535 表示传送消息的第 1 个字符之前，"激活 RTS"以毫秒为单位的延时（不适用于 RS-485 端口）。默认情况下，该值为 0。

RTS_OFF_DLY：RTS 关断延时选择。0 表示到传送最后 1 个字符到"取消激活 RTS"之前没有延时；1～65 535 表示传送消息的最后 1 个字符到"取消激活 RTS"之间以 ms 为单位的延时（不适用于 RS-485 端口）。默认情况下，该值为 0。

RESP_TO：响应超时。设定从站对主站的响应超出时间，取值范围为 5～65 535ms。

MB_DB：在同一程序中调用 MB_MASTER 或 MB_SLAVE 指令时的背景数据块的地址。

DONE：完成位。初始化完成，此位会自动置 1。

ERROR：出错时返回的错误代码。0 表示无错误；8180 表示端口 ID 的值无效（通信模块的地址错误）；8181 表示波特率设置错误；8182 表示奇偶校验值无效；8183 表示流控制值无效；8184 表示响应超时值无效；8185 表示参数 MB_DB 指向 MB_MASTER 或 MB_SLAVE 指令时的背景数据块的指针不正确。

2）MB_MASTER 指令。MB_MASTER 指令的功能是将主站上的 CM1241 模块（RS-485 或 RS-232）的通信口建立与一个或者多个从站的通信，其指令格式见表 8-14。表中 USINT 为 8 位无符号整数类型。

表 8-14　　　　　　　　　　　　　　　　**MB_MASTER 指令格式**

LAD	参数	数据类型	操作数
	REQ	BOOL	I、Q、M、D、L
	MB_ADDR	UINT	I、Q、M、D、L 或常数
MB_MASTER_DB	MODE	USINT	I、Q、M、D、L 或常数
MB_MASTER	DATA_ADDR	VARIANT	I、Q、M、D、L 或常数
— EN　　　　　ENO — — REQ　　　　DONE — — MB_ADDR　　BUSY — — MODE　　　ERROR — — DATA_ADDR　STATUS — — DATA_LEN — DATA_PTR	DATA_LEN	UINT	I、Q、M、D、L 或常数
	DATA_PTR	VARIANT	M、D
	DONE	BOOL	I、Q、M、D、L
	BUSY	BOOL	I、Q、M、D、L
	ERROR	BOOL	I、Q、M、D、L
	STATUS	WORD	I、Q、M、D、L

REQ：通信请求端。0 表示无请求；1 表示请求将数据发送到 Modbus 从站。

MB_ADDR：通信对象 Modbus RTU 从站的地址。默认地址范围为 0～247；扩展地址范围为 0～65 535。

MODE：模式选择控制端。可选择读、写或诊断。

DATA_ADDR：Modbus 从站中通信访问数据的起始地址。

DATA_LEN：请求访问数据的长度为位数或字节数。

DATA_PTR：用来存取 Modbus 通信数据的本地数据块的地址。多次调用 MB_MASTER 时，可使用不同的数据块，也可以各自使用同一个数据块的不同地址区域。

DONE：完成位。初始化完成，此位会自动置 1。

BUSY：通信忙。0 表示当前处于空闲状态；1 表示当前处于忙碌状态。

ERROR：出错时返回的错误代码。

STATUS：执行条件代码。

3）MB_SLAVE 指令。MB_SLAVE 指令使串口作为 Modbus 从站响应 Modbus RTU 主站的数据请求，其指令格式见表 8-15。

表 8－15 　　　　　　　　　　　MB_SLAVE 指令格式

LAD	参数	数据类型	操作数
MB_SLAVE_DB MB_SLAVE — EN　　ENO — — MB_ADDR　　NDR — — MB_HOLD_REG　　DR — ERROR — STATUS —	MB_ADDR	USINT	I，Q，M，D，L
	MB_HOLD_REG	VARIANT	D
	NDR	BOOL	I，Q，M，D，L
	DR	BOOL	I，Q，M，D，L
	ERROR	BOOL	I，Q，M，D，L
	STATUS	WORD	I，Q，M，D，L

MB_ADDR：通信对象 Modbus RTU 从站的地址。

MB_HOLD_REG：指向 Modbus 保持寄存器数据块的地址。

NDR：新数据准备好。

DR：读数据标志。

ERROR：出错时返回的错误代码。

STATUS：故障代码。

（6）编写 S7-1200 PLC 的主站程序。在 TIA Protal 编程软件中完成硬件组态后，可按以下步骤进行程序的编写。

1）添加数据块 Modbus_Data。首先在 TIA Protal 编程软件的"启动"项中选择"PLC 编程"，接着选择"添加新块"，然后选择"数据块"，并将名称改为"Modbus_Data"，如图 8-41 所示。设置完后，点击右下角的"添加"按钮，即可添加数据块 Modbus_Data。

图 8-41　添加数据块 Modbus_Data

2）新建数组。在数据块 Modbus_Data 中新建数组 data，数组的数据类型为字。其中 data［0］～data［5］的初始值均为 16#0，如图 8-42 所示。

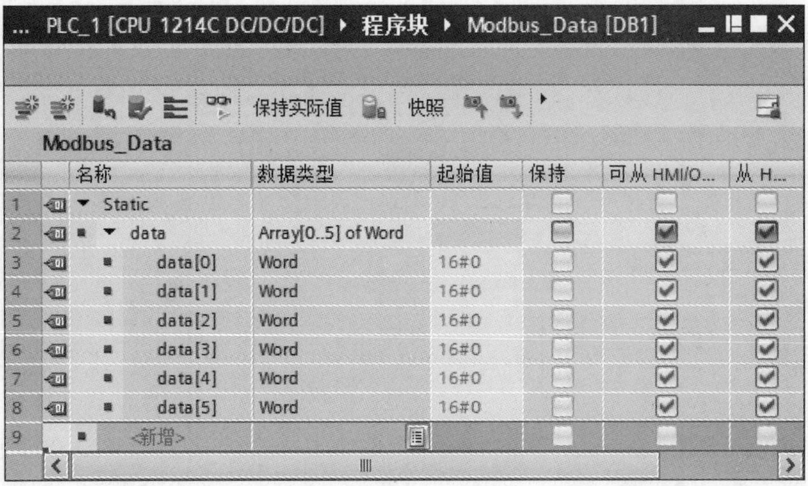

图 8-42 新建数组 data

3）添加启动组织块 OB100，并编写程序。新建数组后，点击左下角的"Portal 视图"按钮，选择"添加新块"，然后在"组织块"中选择"Startup"，如图 8-43 所示。双击"Startup"，将进入如图 8-44 所示的组织块 OB100 编辑界面。在此界面中编写如图 8-45 所示的程序。此程序只在启动时才运行 1 次，对主站进行 Modbus 初始化。在程序中，每当 M10.5 发生上升沿跳变时请求将数据发送到 Modbus 从站（REQ 连接 M20.1 的上升沿）；选择 CM-1241 通信模块的 RS-485 通信，其通信端口 ID 为 267（PORT=267）；波特率设置为 9600（BAUD=9600）；进行奇校验（PARITY=1）；数据块为"MB_MASTER_DB"。

图 8-43 添加启动组织块

图 8-44　进入组织块 OB100 编辑界面

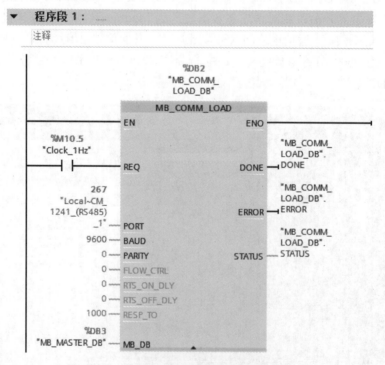

图 8-45　B100 组织块中的初始化程序

4）进入 Main，编写 OB1 组织块程序。在 TIA Protal 编程软件的"项目树"中，单击"主站程序"→"PLC_1"→"程序块"→"Main [OB1]"，进入 Main 主程序的编辑界面，并在界面中编写如图 8-46 所示的 OB1 组织块程序。程序中，每当 M10.5 发生上升沿跳变时请求将数据发送到 Modbus 从站（REQ 连接 M10.5 的上升沿）；从站地址设置为 2（MB_ADDR＝2）；对从站执行写操作（MODE＝1）；Modbus 从站中通信访问数据的起始地址为 40001（DATA_ADDR＝40001），即主站 S7 - 1200 PLC 读取从站 S7 - 200 PLC 由 40001 开始的连续 5 个数据，存储到主站指定地址开始的连续 5 个字中；数据的长度为 5 个字（DATA_LEN＝5）；发送"Modbus_Data.data"数组的数据。主站中的 40001 对应从站中的 &VB10。

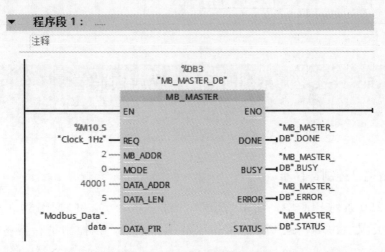

图 8 - 46　OB1 组织块中的程序

（7）编写 S7 - 200 PLC 从站程序。在 STEP 7 Micro/WIN 中编写的从站程序见表 8 - 16。PLC 一上电，程序段 1 执行从站 Modbus 通信初始化操作，将通信波特率设置为 9600bit/s（Baud＝9600），不进行奇偶校验（Parity＝0），使用端口 0（Port＝0），延时时间为 0s（Delay＝0），最大 I/O 位为 128（MaxIQ＝128），最大 AI 字数为 16（MaxAI＝16），最大保持寄存器区为 5（MaxHold＝5），数据指针为 VB10（HoldStart＝&VB10），即从站 V 存储区为 VW10 和 VW11，完成位为 M1.0，错误代码存储于 MB2 中。同时，程序段 2 在完成初始化后执行 Modbus 从站协议。注意，主站中的 40001 对应从站中的 &VB10。

表 8 - 16　　　　　　　　　　　　　　Modbus 通信从站程序

程序段	LAD	STL
程序段 1	SM0.1　MBUS_INIT EN 1 – Mode　　Done – M1.0 2 – Addr　　Error – MB2 9600 – Baud 0 – Parity 1 – Delay 128 – MaxIQ 16 – MaxAI 5 – MaxHold &VB10 – Holdst~	LD　　SM0.1 CALL　MBUS_INIT：SBR1，1，2，9600，0，1，128，16，5，&VB10，M1.0，MB2

续表

程序段	LAD	STL
程序段 2	M1.0 MBUS_SLAVE EN Done—M1.1 Error—MB3	LD M1.0 CALL MBUS_SLAVE：SBR2， M1.1，MB3

8.5　S7-200系列PLC的自由端口通信

8.5.1　自由端口控制寄存器

在 S7-200 系列 PLC 中，使用 SMB30（对于 Port 0）和 SMB130（对于 Port 1）控制寄存器定义自由端口或 PPI 通信协议的工作模式，该控制寄存器各位的定义见表 8-17。

表 8-17　　　　　　　　　　自由端口控制寄存器各位定义

位号	7　6	5	4　3　2	1　0
标志符	pp	d	bbb	mm
标志	pp=00，不校验 pp=01，奇校验 pp=10，不校验 pp=11，偶校验	d=0，每字符 8 位数据 d=1，每字符 7 位数据	bbb=000，38400bit/s bbb=001，19200bit/s bbb=010，9600bit/s bbb=011，4800bit/s bbb=100，2400bit/s bbb=101，1200bit/s bbb=110，600bit/s bbb=111，300bit/s	mm=00，PPI/从站模式 mm=01，自由端口模式 mm=10，PPI/主站模式 mm=11，保留

在自由端口模式下，通信协议完全由用户程序来控制，对 PORT0 和 PORT1 分别通过 SMB30 和 SMB130 来设置波特率及奇偶校验。在执行连接到接收字符中断程序之前，接收到的字符存储在自由端口模式的接收字符缓冲区 SMB2 中，奇偶状态存储在自由端口模式的奇偶校验错误标志 SM3.0 中。奇偶校验出错时丢弃接收到的信息或产生一个出错的返回信息。端口 0 和端口 1 共用 SMB2 和 SMB3。

8.5.2　自由端口发送和接收数据指令

XMT/RCV 指令常用于自由端口通信模式，控制通信端口发送或接收数据，其指令见表 8-18。

表 8-18   自由端口发送和接收指令

指令	LAD	STL	TABLE 操作数	PORT 操作数
发送	XMT EN ENO ???? TBL ???? PORT	XMT TBL, PORT	VB, MB, QB, MB, SMB, SB, *VD, *AC	常数（0 或 1）
接收	RCV EN ENO ???? TBL ???? PORT	RCV TBL, PORT	VB, IB, QB, MB, ! VD	常数（0 或 1）

　　在自由端口模式下，发送指令 XMT 激活时，数据缓冲区 TBL 中的数据（1～255 个字符）通过指令指定的通信端口 PORT 发送出去，发送完时端口 0 将产生一个中断事件 9，端口 1 产生一个中断事件 26，数据缓冲区的第一个数据指明了要发送的字节数。

　　如果将字符数设置为 0，然后执行 XMT 指令时，以当前的波特率在线路上产生一个 16 位的间断条件。SM4.5 或 SM4.6 反映 XMT 的当前状态。

　　在自由端口模式下，接收指令 RCV 激活时，通过指令指定的通信端口 PORT 接收信息（最多可接收 255 上字符），并存放于接收数据缓冲区 TBL 中，发送完成时端口 0 将产生一个中断事件 23，端口 1 产生一个中断事件 24，数据缓冲区的第一个数据指明了接收的字节数。

　　当然，也可以不通过中断，而通过监控 SMB86（对于 Port 0）或者 SMB186（对于 Port 1）的状态来判断发送是否完成，如果状态为非零，说明完成。通过监控 SMB87（对于 Port 0）或者 SMB187（对于 Port 1）的状态来判断接收是否完成，如果状态为非零，说明完成。SMB86 和 SMB186 的各位含义见表 8-19；SMB87 和 SMB187 的各位含义见表 8-20。

表 8-19   SMB86 和 SMB186 的各位含义

对于 Port 0	对于 Port 1	控制字节各位的含义
SM86.0	SM186.0	由于奇偶校验出错而终止接收信息，1 有效
SM86.1	SM186.1	因已达到最大字符数而终止接收信息，1 有效
SM86.2	SM186.2	因已超过规定时间而终止接收信息，1 有效
SM86.3	SM186.3	为 0
SM86.4	SM186.4	为 0
SM86.5	SM186.5	收到信息的结束符
SM86.6	SM186.6	由于输入参数错误或缺少起始和结束条件而终止接收信息，1 有效
SM86.7	SM186.7	由于用户使用禁止命令而终止接收信息，1 有效

表 8-20   SMB87 和 SMB187 的各位含义

对于 Port 0	对于 Port 1	控制字节各位的含义
SM87.0	SM187.0	为 0
SM87.1	SM187.1	使用中断条件为 1；不使用中断条件为 0

续表

对于 Port 0	对于 Port 1	控制字节各位的含义
SM87.2	SM187.2	0 与 SMW92 无关；1 为若超出 SMW92 确定的时间而终止接收信息
SM87.3	SM187.3	0 为字符间定时器；1 为信息间定时器
SM87.4	SM187.4	0 与 SMW90 无关；1 由 SMW90 中的值来检测空闲状态
SM87.5	SM187.5	0 与 SMB89 无关；1 为结束符由 SMB89 设定
SM87.6	SM187.6	0 与 SMB88 无关；1 为起始符由 SMB88 设定
SM87.7	SM187.7	0 禁止接收信息；1 允许接收信息

与自由端口通信相关的其他重要特殊控制字/字节见表 8-21。

表 8-21　　其他重要特殊控制字/字节

对于 Port 0	对于 Port 1	控制字节或控制字的含义
SMB88	SMB188	起始符
SMB89	SMB189	结束符
SMW90	SMW190	空闲时间间隔的毫秒数
SMW92	SMW192	字符间/信息间定时器超时值（毫秒数）
SMW94	SMW194	接收字符的最大数（1～255）

8.5.3　获取和设置通信口地址指令

S7-200 系列 PLC 获取和设置通信口地址的指令见表 8-22。获取通信口地址指令用来读取 PORT 指定的 CPU 口地址，并将数据放入 ADDR 指定的地址中。设置通信口地址指令用来将通信口站地址 PORT 设置为 ADDR 指定的数值。

表 8-22　　S7-200 系列 PLC 获取和设置指令

指令	LAD	STL
获取通信口地址		GPA　ADDR，PORT
设置通信口地址		SPA　ADDR，PORT

8.5.4　自由端口通信应用举例

1. S7-200 PLC 与 PC 机终端的自由端口通信

(1) 控制要求。使用 S7-200 PLC 与 PC 机终端进行自由端口通信，要求 PLC 的输入信号 I0.0 发生上升沿跳变时，将数据缓冲区 VB10 中的数据信息发送到 PC 机超级终端进行显示。

（2）控制分析。S7 - 200 PLC（CPU 226CN）与 PC 机采用自由端口实现通信时，可以使用 RS - 232C/PPI 电缆将 PC 的 COM1 端口与 CPU 226CN 的 Port 0 端口进行硬件连接。在 STEP7 - Micro/WIN 中编写程序即可。

（3）硬件配置。本任务的硬件配置如图 8 - 47 所示，硬件主要包括 1 根 RS - 232C/PPI 电缆（PC 机为 RS - 232C 接口）、1 台计算机和 1 台 CPU 226CN。

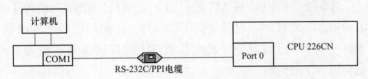

图 8 - 47　S7 - 200 PLC 与 PC 机终端自由端口通信的硬件配置

（4）程序编写。可以利用 SM0.1 对自由端口协议进行设置，然后在发送空闲时执行发送命令，编写程序见表 8 - 23。在网络 1 中，PLC 一上电时，MOVD 指令将要发送的数据地址 VB10 送入 VD100 中；DTA 指令将 VD100 中的数值转换为 ASCII 码存入 VB200 中；MOVB 指令执行自由端口的初始化。网络 2 中，Port 0 端口发送空闲时 SM4.5 动合触点闭合，每次 I0.0 发生上升沿跳变时，触发 XMT 指令，完成数据的传送。

表 8 - 23　　　　　　　　S7 - 200 PLC 与 PC 机终端自由端口通信程序

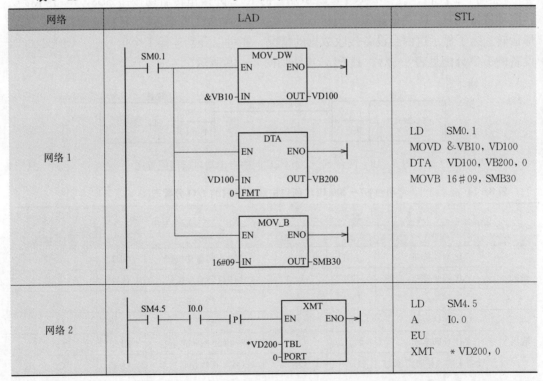

（5）设置 Hyper Terminal（超级终端）。除了在 STEP7 - Micro/WIN 中编写相应程序外，在 PC 中还需对 Hyper Terminal 进行相应设置。在 windows XP 系统的附件中集成了 Hyper Terminal，而 windows 7 的 32 位和 64 位系统的附件中没有集成了，所以使用 windows 7 系统时，要完成本操作需要到 HyperTerminal 的官方网站上下载最新的 HyperTerminal Private Edition。打开超级终端 Hyper Terminal，设置串行通信接口为 COM1，数据传输速率为 9600bit/s（与 CPU 226CN 的通信速率保持一致），数据流控制方式为 "无"。通过这些设置后，即可实现 S7-200PLC 与 PC 机的自由端口通信。

2. **两台 S7-200 PLC 间的自由端口通信**

（1）控制要求。两台 S7-200 PLC（CPU 226CN）进行自由端口通信，要求设备 1 的 SB1（I0.0）启动设备 2 的电动机 M2 进行星—三角启动控制，设备 1 的 SB2（I0.1）终止设备 2 的电动机 M2 的转动。设备 2 的 SB3（I0.2）启动设备 1 的电动机 M1 正转运行，设备 2 的 SB4（I0.3）启动设备 1 的电动机 M1 的反转运行，设备 2 的 SB5（I0.4）终止设备 1 的电动机 M1 的运转。

（2）控制分析。这两台 S7-200 PLC（CPU 226CN）既能向对方发送数据，又能接收对方发送过来的数据，这属于全双工式自由端口通信。要实现自由端口通信，首先应进行硬件配置及 I/O 分配，并为每台 PLC 的划定某些区域为发送或接收缓冲区，然后分别编写程序实现任务操作即可。

（3）硬件配置及 I/O 分配。这两台 CPU 226CN 设备的硬件配置如图 8-48 所示，其硬件主要包括 1 根 PC/PPI 电缆、两台 CPU 226CN 和 1 根 PROFIBUS 网络电缆。设备 1（CPU 226CN）的 I0.0 外接启动按钮 SB1，I0.1 外接停止按钮 SB2，Q0.0 驱动 M1 正转，Q0.1 驱动 M1 反转；设备 2（CPU 226CN）的 I0.2 外接正转启动按钮 SB3，I0.3 外接反转启动按钮 SB4，I0.4 外接停止按钮 SB5，Q0.3 驱动 M2 星形运转，Q0.4 驱动 M2 三角形运转。为了显示这两台设备接收数据的情况，还可以分别连接 1 个信号灯。CPU226CN 设备的 I/O 分配见表 8-24，其 PLC 接线如图 8-49 所示。

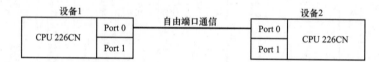

图 8-48　两台 S7-200 PLC 间的自由端口通信配置图

表 8-24　　　　　　　两台 S7-200 PLC 间自由端口通信的 I/O 分配表

	设备 1			设备 2		
	功能	元件	PLC 地址	功能	元件	PLC 地址
输入	M2 启动按钮	SB1	I0.0	M1 正转启动按钮	SB3	I0.2
	M2 停止按钮	SB2	I0.1	M1 反转启动按钮	SB4	I0.3
				M1 停止按钮	SB5	I0.4
输出	M1 正转驱动	KM1	Q0.0	驱动 M2 星形运行	KM3	Q0.3
	M1 反转驱动	KM2	Q0.1	驱动 M2 三角形运行	KM4	Q0.4
	设备 1 接收超时指示	HL1	Q0.2	设备 2 接收超时指示	HL2	Q0.5

（4）程序编写。两台 S7-200 PLC 间进行自由端口通信时，可按表 8-25 所示分配某些区域作为数据的发送与接收缓冲区。两台 S7-200 PLC 都需要编写程序，它们都可以由 1 个主程序、2 个子程序（SBR_0、SBR_1）和 3 个中断服务程序（INT_0、INT_1）构成。其中主程序负责调用两个子程序以及判断接收数据时是否发生超时；SBR_0 设置

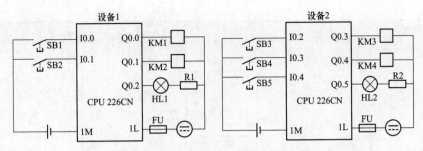

图 8-49　两台 S7-200 PLC 间自由端口通信的 I/O 接线图

自由端口通信协议，并初始化相关参数；SBR_1 为本设备控制对方设备进行正反转（或星形—三角形启动）运行，并根据接收的信息控制本机设备进行星形—三角形启动（或正反转）运行；INT_0 为发送数据中断服务程序；INT_1 为数据发送完，并准备接收数据的中断服务程序；；INT_2 为数据接收完，并重新启动 SMB34 定时中断准备发送数据的中断服务程序。设备 1 的程序编写见表 8-26，设备 2 的程序编写见表 8-27。

表 8-25　　　　　　　　　　　发送和接收数据缓冲区分配表

设备 1			设备 2		
地址		说明	地址		说明
发送区	VB100	发送字节数（含结束符）	发送区	VB100	发送字节数（含结束符）
	VB101	发送的数据		VB101	发送的数据
	VB102	结束字符		VB102	结束字符
接收区	VB200	接收到的字符数	接收区	VB200	接收到的字符数
	VB201	接收到的数据		VB201	接收到的数据
	VB202	结束字符		VB202	结束字符

表 8-26　　　　　　　　　　　设备 1 的自由端口通信程序

程序	网络	LAD	STL
主程序	网络 1	调用初始化子程序，初始化通信参数 SM0.1——[SBR_0 EN]	LD　　SM0.1 CALL　SBR_0：SBR0
	网络 2	调用正反转控制子程序 SM0.0——[SBR_1 EN]	LD　　SM0.0 CALL　SBR_1：SBR1
	网络 3	接收计时，接收超过1s，T37将置位 SMB86 ==B 0——[T37 IN TON]　10-PT　100ms	LDB=　SMB86，0 TON　　T37，10
	网络 4	设备1接收数据超时指示 T37——(Q0.2)	LD　　T37 //超时 1s，指示灯 HL1 点亮 =　　Q0.2

351

第 8 章　PLC 的通信与网络

续表

程序	网络	LAD	STL

子程序 0 (SBR_0)	网络 1	设置自由端口通信协议，初始化相关参数
		
		SM0.0 — MOV_B (EN ENO, 16#09–IN OUT–SMB30)
		MOV_B (EN ENO, 16#B0–IN OUT–SMB87)
		MOV_B (EN ENO, 16#0D–IN OUT–SMB89)
		MOV_W (EN ENO, 5–IN OUT–SMW90)
		MOV_B (EN ENO, 14–IN OUT–SWB94)
			LD SM0.0
			//Port 0，自由端口模式
			MOVB 16#09，SMB30
			/接收控制信息
			MOVB 16#B0，SMB87
			//定义结束字符
			MOVB 16#0D，SMB89
			//定义空闲时间
			MOVW 5，SMW90
			//定义最大接收字节
			//为 14
			MOVB 14，SMB94

	网络 2	设置定时中断，周期为50ms，即每50ms发送一次数据
		将中断服务程序INT_0与中断事件10连接，全局开中断
		
		SM0.0 — MOV_B (EN ENO, 50–IN OUT–SMB34)
		ATCH (EN ENO, INT_0:INT0–INT, 10–EVNT)
		—(ENI)
			LD SM0.0
			//设置定时中断时间
			MOVB 50，SMB34
			//连接定时中断
			//(INT_0)
			ATCH INT_0：INT0, 10
			//开启全局中断
			ENI

	网络 3	将中断服务程序INT_1与中断事件9相连
		将中断服务程序INT_2与中断事件23相连
		
		SM0.0 — ATCH (EN ENO, INT_1:INT1–INT, 9–EVNT)
		ATCH (EN ENO, INT_2:INT2–INT, 23–EVNT)
			LD SM0.0
			//连接 Port 0 发送数据
			//中断
			ATCH INT_1：INT1, 9
			//连接 Port 0 接收数据
			//中断
			ATCH INT_2：INT2, 23

西门子S7-200 PLC从入门到精通(第二版)

程序	网络	LAD	STL
子程序1 (SBR_1)	网络1	设备1的I0.0启动设备2的电动机 I0.0 —| |— —|P|— M10.1 —| |— (S) M10.0 1	LD　I0.0 EU AN　M10.1 S　M10.0, 1
	网络2	星形启动时间 M10.0 —| |— T38 IN TON 100—PT　100ms	LD　M10.0 TON　T38, 100
	网络3	切换成三角形运行 T38 —| |— (S) M10.1 1 (R) M10.0 1	LD　T38 S　M10.1, 1 R　M10.0, 1
	网络4	设备2的I0.2启动设备1的电动机正转 设备2的I0.4停止设备1的电动机运行 V201.0 —| |— V201.2 —|/|— Q0.0 ( )	LD　V201.0 AN　V201.2 =　Q0.0
	网络5	设备2的I0.3启动设备1的电动机反转 设备2的I0.4停止设备1的电动机运行 V201.1 —| |— V201.2 —|/|— Q0.1 ( )	LD　V201.1 AN　V201.2 =　Q0.1

中断服务
程序0
(INT_0)
	网络1	设置发送字节数为2；将要发送的数据送入发送数据缓冲区
		设置发送结束符；启动发送指令实现数据发送
		
		SM0.0 —| |—
		MOV_B　EN　ENO
		2—IN　OUT—VB100
		MOV_B　EN　ENO
		MB10—IN　OUT—VB101
		MOV_B　EN　ENO
		16#0D—IN　OUT—VB102
		XMT　EN　ENO
		VB100—TBL
		0—PORT
			LD　SM0.0
			//设置发送2个字节
			MOVB 2, VB100
			//MB10中的内容送缓
			//冲区
			MOVB MB10, VB101
			//将结束码送VB102
			MOVB 16#0D, VB102
			//从VB100开始进行
			//发送
			XMT　VB100, 0

第8章　PLC的通信与网络

续表

程序	网络	LAD	STL
中断服务程序1（INT_1）	网络1	断开SMB34定时中断 SM0.0 — DTCH [EN ENO] 10—EVNT	LD SM0.0 //接收过程禁止中断 DTCH 10
	网络2	准备接收数据 SM0.0 — RCV [EN ENO] VB200—TBL 0—PORT	LD SM0.0 //发送完成转为接收 RCV VB200，0
中断服务程序2（INT_2）	网络1	接收完成后，重新启动SMB34定时中断，准备发送数据 SM0.0 — ATCH [EN ENO] INT_0:INT0—INT 10—EVNT	LD SM0.0 //接收完成允许中断 ATCH INT_0：INT0，10

表8-27 　　　　　　　　　　设备2的自由端口通信程序

程序	网络	LAD	STL
主程序	网络1	调用初始化子程序，初始化通信参数 SM0.1 — SBR_0 [EN]	LD SM0.1 CALL SBR_0：SBR0
	网络2	调用正反转控制子程序 SM0.0 — SBR_1 [EN]	LD SM0.0 CALL SBR_1：SBR1
	网络3	接收计时，接收超过1s，T37将置位 SMB86 ==B 0 — T37 [IN TON] 10—PT 100ms	LDB= SMB86，0 TON T37，10

	网络4	设备2接收数据超时指示
		 T37 —(Q0.5)
			LD T37
			 //超时1s，指示灯 HL2
			 //点亮
			 = Q0.5

程序	网络	LAD	STL

子程序 0
(SBR_0)
	网络 1	设置自由端口通信协议，初始化相关参数
		
		SM0.0 — MOV_B (EN ENO)
		16#09 — IN / OUT — SMB30
		MOV_B (EN ENO)
		16#B0 — IN / OUT — SMB87
		MOV_B (EN ENO)
		16#0D — IN / OUT — SMB89
		MOV_W (EN ENO)
		5 — IN / OUT — SMW90
		MOV_B (EN ENO)
		14 — IN / OUT — SWB94
			LD SM0.0
			//Port 0，自由端口模式
			MOVB 16#09, SMB30
			//接收控制信息
			MOVB 16#B0, SMB87
			//定义结束字符
			MOVB 16#0D, SMB89
			//定义空闲时间
			MOVW 5, SMW90
			//定义最大接收字节
			//为 14
			MOVB 14, SMB94

	网络 2	设置定时中断，周期为50ms，即每50ms发送一次数据
		将中断服务程序INT_0与中断事件10连接，全局开中断
		
		SM0.0 — MOV_B (EN ENO)
		50 — IN / OUT — SMB34
		ATCH (EN ENO)
		INT_0:INT0 — INT
		10 — EVNT
		—(ENI)
			LD SM0.0
			//设置定时中断时间
			MOVB 50, SMB34
			//连接定时中断
			//(INT_0)
			ATCH INT_0: INT0, 10
			//开启全局中断
			ENI

	网络 3	将中断服务程序INT_1与中断事件9相连
		将中断服务程序INT_2与中断事件23相连
		
		SM0.0 — ATCH (EN ENO)
		INT_1:INT1 — INT
		9 — EVNT
		ATCH (EN ENO)
		INT_2:INT2 — INT
		23 — EVNT
			LD SM0.0
			//连接 Port 0 发送数据
			//中断
			ATCH INT_1: INT1, 9
			//连接 Port 0 接收数据
			//中断
			ATCH INT_2: INT2, 23

西门子S7-200 PLC从入门到精通(第二版)

程序	网络	LAD	STL
子程序1 (SBR_1)	网络1	设备2的I0.2启动设备1的电动机正转 I0.2 ─┤ ├─┤P├─ M10.0 (S) 1 / M10.1 (R) 2	LD I0.2 EU S M10.0, 1 R M10.1, 2
	网络2	设备2的I0.3启动设备1的电动机反转 I0.3 ─┤ ├─┤P├─ M10.1 (S) 1 / M10.0 (R) 1 / M10.2 (R) 1	LD I0.3 EU S M10.1, 1 R M10.0, 1 R M10.2, 1
	网络3	设备2的I0.4停止设备1的电动机运行 I0.4 ─┤ ├─┤P├─ M10.0 (R) 2 / M10.2 (S) 1	LD I0.4 EU R M10.0, 2 S M10.2, 1
	网络4	设备1控制设备2的电动机星形启动 V201.0 ─┤ ├─ Q0.3 ( )	LD V201.0 = Q0.3
	网络5	设备1控制设备2电动机三角形运行 V201.1 ─┤ ├─ Q0.4 ( )	LD V201.1 = Q0.4

中断服务
程序0
(INT_0)
	网络1	设置发送字节数为2；将要发送的数据送入发送数据缓冲区
		设置发送结束符；启动发送指令实现数据发送
		
		SM0.0 ─┤ ├─ MOV_B (EN ENO) 2─IN OUT─VB100
		MOV_B (EN ENO) MB10─IN OUT─VB101
		MOV_B (EN ENO) 16#0D─IN OUT─VB102
		XMT (EN ENO) VB100─TBL 0─PORT
			LD SM0.0
			//设置发送2个字节
			MOVB 2, VB100
			//MB10中的内容送缓
			//冲区
			MOVB MB10, VB101
			//将结束码送VB102
			MOVB 16#0D, VB102
			//从VB100开始进行
			//发送
			XMT VB100, 0

程序	网络	LAD	STL
中断服务 程序 1 （INT_1）	网络 1	断开SMB34定时中断 SM0.0 —[ ]— DTCH EN ENO —( ) 10 — EVNT	LD SM0.0 //接收过程禁止中断 DTCH 10
	网络 2	准备接收数据 SM0.0 —[ ]— RCV EN ENO —( ) VB200 — TBL 0 — PORT	LD SM0.0 //发送完成转为接收 RCV VB200，0
中断服务 程序 2 （INT_2）	网络 1	接收完成后，重新启动SMB34定时中断， 准备发送数据 SM0.0 —[ ]— ATCH EN ENO —( ) INT_0:INT0 — INT 10 — EVNT	LD SM0.0 //接收完成允许中断 ATCH INT_0：INT0，10

8.6 S7-200 PLC的PPI通信

8.6.1 PPI通信网络读/写指令

当 S7－200 系列 PLC 作为 PPI 主站模式时，可使用通信网络读/写指令对该网络中另外的 S7－200 进行 PPI 协议的网络通信，其读/写指令见表 8－28。

表 8－28   通信网络读/写指令

指令	LAD	STL	TABLE 操作数	PORT 操作数
网络读	NETR — EN ENO — ???? — TBL ???? — PORT	NETR TBL， PORT	VB，MB， ＊VD，＊AC	常数（0 或 1）
网络写	NETW — EN ENO — ???? — TBL ???? — PORT	NETW TBL， PORT	VB，MB， ＊VD，＊AC	常数（0 或 1）

TBL 为缓冲区首地址，操作数为字节；PORT 为操作端口，CPU226 可为 0 或 1，而其他的只能为 0。

网络读 NETR 指令通过指令指定的通信端口 PORT 从远程设备上接收数据，并将从另外的 S7 - 200 上接收到的数据存储在指定的缓冲区表 TBL 中，即通过 PORT 指定的端口从远程装置上读取数据。

网络写 NETW 指令通过指令指定的通信端口 PORT 向远程设备写入指令的缓冲区表 TBL 中的数据，即通过 PORT 指定的端口向远程装置发送数据。

缓冲区 TBL 的参数定义见表 8-29，其中字节 0（首字节）的各标志位及错误码（4位）的含义见表 8-30。

表 8-29 缓冲区的参数定义

字节	定义				
字节 0	D	A	E	0	错误码
字节 1	远程的地址（远程 PLC 存储区中数据的间接指针）				
字节 2	远程站的数据指针：指向远程 PLC 存储区中数据的间接指针				
字节 3					
字节 4					
字节 5					
字节 6	数据长度：远程站点被访问数据的字节数（1～16bits）				
字节 7	数据字节 0	接收或发送数据区，1～16 个字节，其长度在字节 6 中定义；执行 NETR 后，从远程读到的数据放在这个数据区；执行 NETW 后，要发送到远程站的数据要放在这个数据区			
字节 8	数据字节 1				
⋮	⋮				
字节 22	数据字节 15				

表 8-30 缓冲区首字节标志的定义

标志位		定义	说 明
D		操作已完成	0=未完成；1=功能完成
A		激活（操作已排队）	0=未激活；1=激活
E		错误	0=错误；1=有错误
错误码	0 (0000)	无错误	
	1 (0001)	超时错误	远程站点无响应
	2 (0010)	接收错误	有奇偶错误，帧或校验和出错
	3 (0011)	离线错误	重复的站地址或无效的硬件引起冲突
	4 (0100)	队列溢出错误	多于 8 条 NETR/NETW 指令被激活
	5 (0101)	违反通信协议	没有在 SMB30 中允许 PPI，就试图执行 NETR/NETW 指令
	6 (0110)	非法的参数	NETR/NETW 表中包含非法或无效的参数值
	7 (0111)	没有资源	远程站点忙（正在进行上装或下装操作）
	8 (1000)	第 7 层错误	违反应用协议
	9 (1001)	信息错误	错误的数据地址或数据长度

NETR 指令可以从远程站点上读最多 16 字节的信息，NETW 指令则可以向远程站点写最多 16 字节的信息。在任何同一时间内，只能有最多 8 条 NETR 或 NETW 指令、4

条 NETR 和 4 条 NETW 指令或者 2 条 NETR 和 6 条 NETW 指令。

使用 NETR/NETW 对网络上其他的 S7-200PLC 进行读/写操作时，首先要将网络读写指令的 S7-200 定义为 PPI 主站模式（SMB30），即通信初始化，然后就可以使用该指令进行读写操作。

8.6.2 PPI 通信应用举例

1. 两台 S7-200 PLC 间的 PPI 通信

（1）控制要求。两台 S7-200 PLC（CPU 226CN）之间通过 Port 0 端口实现 PPI 通信控制，要求甲站按下 SB3（I0.2）启动乙站电动机 M2 的 Y（Q0.0）—△（Q0.1）启动，甲站按下 SB4（I0.3）停止乙站电动机运转；乙站按下 SB1（I0.0）启动甲站电动机 M1 的 Y（Q0.2）—△（Q0.3）启动，乙站按下 SB2（I0.1）停止甲站电动机运转。

（2）控制分析。PPI 通信的实现可以采用两种方法：一是用 STEP 7-Micro/WIN 中的"指令向导"生成通信子程序，另一种是用网络读/写指令编写通信程序，在此使用第二种方法。此任务的两台 S7-200 PLC 采用主—从式通信，其中甲站作为主站，乙站作为从站。要实现两台 S7-200 PLC（CPU 226CN）的 PPI 通信，首先应进行硬件配置及 I/O 分配，并为主站 PLC 划定某些区域作为网络读/写的数据缓冲区，然后分别对两台 PLC 编写程序实现任务操作即可。

（3）硬件配置及 I/O 分配。这两台 CPU 226CN 设备的硬件配置如图 8-50 所示，其硬件主要包括 1 根 PC/PPI 电缆、两台 CPU 226CN 和 1 根 PROFIBUS 网络电缆。甲站（CPU 226CN）的 I0.2 外接启动按钮 SB3，I0.3 外接停止按钮 SB4，Q0.2 驱动甲站电动机 M1 星形启动，Q0.3 驱动甲站电动机三角形运行。乙站（CPU 226CN）的 I0.0 外接启动按钮 SB1，I0.1 外接停止按钮 SB2，Q0.0 驱动乙站电动机 M2 星形启动，Q0.1 驱动乙站电动机三角形运行。CPU 226CN 设备的 I/O 分配见表 8-31，其 PLC 接线如图 8-51 所示。

图 8-50　两台 S7-200 PLC 间的 PPI 通信配置图

表 8-31　　　　　　　两台 S7-200 PLC 间 PPI 通信的 I/O 分配表

	设备 1			设备 2		
	功能	元件	PLC 地址	功能	元件	PLC 地址
输入	M2 启动按钮	SB3	I0.2	M1 启动按钮	SB1	I0.0
	M2 停止按钮	SB4	I0.3	M1 停止按钮	SB2	I0.1
输出	驱动 M1 星形运行	KM1	Q0.2	驱动 M2 星形运行	KM3	Q0.0
	驱动 M1 三角形运行	KM2	Q0.3	驱动 M2 三角形运行	KM4	Q0.1

（4）程序编写。两台 S7-200 PLC 间进行 PPI 通信时，可按表 8-32 所示为主站（甲站）分配某些区域作为网络读/写的数据缓冲区。两台 CPU 226CN 之间通过 Port 0 端

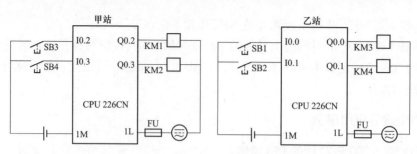

图 8 - 51　两台 S7 - 200 PLC 间 PPI 通信的 I/O 接线图

口实现 PPI 通信控制时，需要对甲站和乙站编写相应的程序，编写的程序见表 8 - 33。对于甲站而言，其程序主要完成的任务有：PPI 通信设置、网络读/写初始化、网络读/写操作、甲站 Y（Q0.2）—△（Q0.3）输出、启动乙站电动机 Y（Q0.0）—△（Q0.1）、启动乙站电动机运转等。对于乙站而言，其程序主要完成的任务有：PPI 通信设置、启动甲站电动机 Y—△、启动甲站电动机运转等。

表 8 - 32　　　　　　　　　甲站网络读/写的数据缓冲区分配表

字节功能	状态字节	远程站地址	远程站数据区指针	数据长度	数据字节
NETR 缓存区	VB100	VB101	VD102	VB106	VB107
NETW 缓存区	VB110	VB111	VD112	VB116	VB117

表 8 - 33　　　　　　　　　两台 CPU 226CN 间 PPI 通信程序

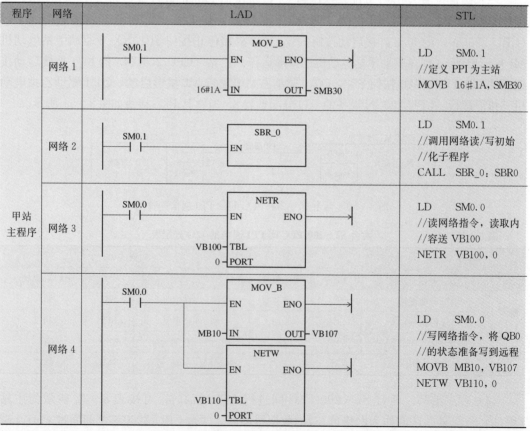

程序	网络	LAD	STL
甲站 主程序	网络 5	V107.0 —(Q0.2)	LD V107.0 //甲站电动机 Y 输出 = Q0.2
	网络 6	V107.1 —(Q0.3)	LD V107.1 //甲站电动机△输出 = Q0.3

	网络 7	I0.2 —(M10.0 S 2)	LD I0.2
			//网络 7～网络 10,控
			//制乙站电动机 Y-△
			//启动
			S M10.0, 2

	网络 8	M10.0 M10.2 T37 TON IN +60 PT 100ms	LD M10.0 AN M10.2 TON T37, +60
	网络 9	T37 —(M10.1 R 1) T38 TON IN +10 PT 100ms	LD T37 R M10.1, 1 TON T38, +10
	网络 10	T38 —(M10.2 S 1)	LD T38 S M10.2, 1
	网络 11	I0.3 —(M10.0 R 2)	LD I0.3 //停止乙站电动机运转 R M10.0, 2

甲站
SBR_0
	网络 1	SM0.0 MOV_B EN ENO 16#03 IN OUT VB101
		MOV_DW EN ENO &MB10 IN OUT VD102
		MOV_B EN ENO 16#1 IN OUT VB106
			LD SM0.0
			//读 3 号站(乙站电动
			//机)
			MOVB 16#03, VB101
			//远程地址 MB10
			MOVD &MB10,
			VD102
			//准备读 1 个字节
			MOVB 16#1, VB106

第 8 章 PLC 的通信与网络

西门子S7-200 PLC从入门到精通（第二版）

续表

程序	网络	LAD	STL
甲站 SBR_0	网络2	SM0.0 ——[ ]—— MOV_B (EN ENO) 16#03—IN OUT—VB111; MOV_DW (EN ENO) &QB0—IN OUT—VD112; MOV_B (EN ENO) 16#1—IN OUT—VB116	LD SM0.0 //写3号站（乙站电动//机） MOVB 16#03,VB111 //写远程QB0 MOVD &QB0,VD112 //写1个字节 MOVB 16#1,VB116
乙站 主程序	网络1	SM0.1 ——[ ]—— MOV_B (EN ENO) 16#08—IN OUT—SMB30	LD SM0.1 //SMB30为8，定义//PPI为从站 MOVB 16#08,SMB30
	网络2	I0.0 ——[ ]—— M10.0 (S) 2	LD I0.0 //启动甲站动机机 S M10.0,2
	网络3	M10.0 ——[ ]—— M10.2 ——[/]—— T37 (IN TON) +60—PT 100ms	LD M10.0 //网络3～网络5，控//制甲站电动机Y-△//启动 AN M10.2 TON T37,+60
	网络4	T37 ——[ ]—— M10.1 (R) 1; T38 (IN TON) +10—PT 100ms	LD T37 R M10.1,1 TON T38,+10
	网络5	T38 ——[ ]—— M10.2 (S) 1	LD T38 S M10.2,1
	网络6	I0.1 ——[ ]—— M10.0 (R) 2	LD I0.1 //停止甲站电动机运转 R M10.0,2

2. 多台 S7-200 PLC 间的 PPI 通信

（1）控制要求。某系统中有 3 台 S7-200 PLC，分别为甲机、乙机、丙机，组成了 1

362

个主—从式的 PPI 网络。其中甲机作为主站，乙机和丙机为从站。要求通过甲机的控制，实现乙机按下 SB1（I0.0）启动丙机电动机 M2 的 Y（Q0.0）—△（Q0.1）启动，乙机按下 SB2（I0.1）停止丙机电动机运转；丙机按下 SB3（I0.2）启动乙机电动机 M1 正转运行，丙机按下 SB4（I0.3）启动乙机电动机 M1 反转运行。丙机按下 SB5（I0.4）停止乙机电动机 M1 运行。

（2）控制分析。两台 PLC 采用 PPI 通信时，通常一台 PLC 作为主站，另一台 PLC 作为从站。而多台 PLC 采用 PPI 通信时，一台 PLC 作为主站，另外的 PLC 作为从站，从站之间不直接通信，从站之间的信息沟通都通过主站进行。要实现 3 台 S7 - 200 PLC（CPU 226CN）的 PPI 通信，首先应进行硬件配置及 I/O 分配，并为主站 PLC 划定某些区域作为网络读/写的数据缓冲区，然后分别对 3 台 PLC 编写程序实现任务操作即可。

（3）硬件配置及 I/O 分配。这 3 台 CPU 226CN 设备的硬件配置如图 8 - 52 所示，其硬件主要包括 1 根 PC/PPI 电缆、3 台 CPU 226CN 和 1 根 PROFIBUS 网络电缆（含 3 个网络总线连接器）。甲机作为主机，完成本任务时，可以不外接 I/O 设备，而作为从站的乙机和丙机需外接 I/O 设备。乙机（CPU 226CN）的 I0.0 外接 M2 的星形—三角形启动按钮 SB1，I0.1 外接停止按钮 SB2，Q0.0 驱动乙机电动机 M1 正转，Q0.1 驱动乙机电动机 M1 反转。丙机（CPU 226CN）的 I0.2 外接 M1 正转启动按钮 SB3，I0.3 外接 M1 正转启动按钮 SB4，I0.4 外接 M1 停止按钮 SB5，Q0.2 驱动丙机电动机 M2 星形启动，Q0.3 驱动丙机电动机三角形运行。两台从站（CPU 226CN）的 I/O 分配见表 8 - 34，其 PLC 接线如图 8 - 53 所示。

图 8 - 52　3 台 S7 - 200 PLC 间的 PPI 通信配置图

表 8 - 34　　　　　　　　　　两台从站的 I/O 分配表

	乙机（从站3）			丙机（从站4）		
	功能	元件	PLC 地址	功能	元件	PLC 地址
输入	M2 启动按钮	SB1	I0.0	M1 正转启动按钮	SB3	I0.2
	M2 停止按钮	SB2	I0.1	M1 反转启动按钮	SB4	I0.3
	—	—	—	M1 停止按钮	SB5	I0.4
输出	M1 正转驱动	KM1	Q0.0	驱动 M2 星形运行	KM3	Q0.2
	M1 反转驱动	KM2	Q0.1	驱动 M2 三角形运行	KM4	Q0.3

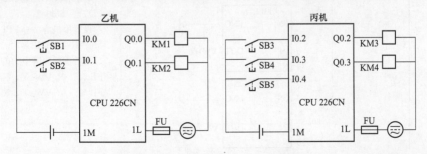

图 8 - 53　两台从站的 I/O 接线图

（4）程序编写。3 台 S7 - 200 PLC 间进行 PPI 通信时，可按表 8 - 35 所示为主站（甲机）分配某些区域作为网络读/写的数据缓冲区。3 台 CPU 226CN 之间通过 Port 0 端口实现 PPI 通信控制时，每台 PLC 均需要编写相应的程序。

表 8 - 35　　　　　　　甲机网络读/写的数据缓冲区分配表

	字节功能	状态字节	远程站地址	远程站数据区指针	数据长度	数据字节
与乙机通信时的甲机缓冲区	NETR 缓存区	VB100	VB101	VD102	VB106	VB107
	NETW 缓存区	VB110	VB111	VD112	VB116	VB117
与丙机通信时的甲机缓冲区	NETR 缓存区	VB200	VB201	VD202	VB206	VB207
	NETW 缓存区	VB210	VB211	VD212	VB216	VB217

对于甲机而言，PLC 一上电，就将其设置为 2 号 PPI 主站，并对数据缓冲区进行清零，然后每隔 100ms 对两个从站进行读/写操作。甲机通过 NETR 指令读取乙机 IB0 的状态存储到 VB107 中，然后将 VB107 中的内容通过 NETW 指令，将其写入到丙机的 VB10 中，从而实现了乙机对丙机电动机的控制。甲机通过 NETR 指令读取丙机 IB0 的状态存储到 VB207 中，然后将 VB207 中的内容通过 NETW 指令，将其写入到乙机的 VB20 中，从而实现了丙机对乙机电动机的控制。

对于乙机而言，主程序是根据 VB20 的位来控制电动机 M1 的运行状态。当丙机的 I0.2 为 ON 时，即 V20.2 动合触点为 ON，从而控制 M1 正转。当丙机的 I0.3 为 ON 时，即 V20.3 动合触点为 ON，从而控制 M1 反转。当丙机的 I0.4 为 ON 时，即 V20.4 动合触点为 ON，从而控制 M1 停止运行。

对于丙机而言，主程序也是根据 VB10 的位来控制电动机 M2 的运行状态。当乙机的 I0.0 为 ON 时，即 V10.0 动合触点为 ON，从而控制 M2 星形启动。当乙机的 I0.1 为 ON 时，即 V10.1 动合触点为 ON，从而控制 M2 停止运行。

综上所述，甲机程序编写见表 8 - 36，乙机程序编写见表 8 - 37，丙机程序编写见表 8 - 38。

表 8 - 36　　　　　　　主站（甲机）PPI 通信程序

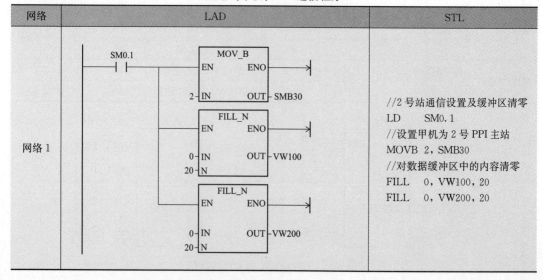

网络	LAD	STL

网络 2	T37 (常闭) —[/]— T37 IN TON / 1—PT 100ms	//使用 T37，每隔 100ms 读写网
		//络 1 次
		LDN T37
		TON T37，1

网络 3	T37 —[ ]—
	MOV_B EN ENO / 3—IN OUT—VB101
	MOV_DW EN ENO / &IB0—IN OUT—VD102
	MOV_B EN ENO / 1—IN OUT—VB106
	NETR EN ENO / VB100—TBL / 0—PORT
		//读从站 3（乙机）数据，把 3
		//号站 IB0 读到 VB107
		LD T37
		//将乙机站地址 3 送数据表
		MOVB 3，VB101
		//对 3 号站 IB0 建立地址指针
		MOVD &IB0，VD102
		//设置读取 3 号站的字节个数
		MOVB 1，VB106
		//读取 3 号站 IB0 的状态
		//到 VB107
		NETR VB100，0

网络 4	T37 —[ ]—
	MOV_B EN ENO / 4—IN OUT—VB211
	MOV_DW EN ENO / &VB10—IN OUT—VD212
	MOV_B EN ENO / 1—IN OUT—VB216
	MOV_B EN ENO / VB107—IN OUT—VB217
	NETW EN ENO / VB210—TBL / 0—PORT
		//主站将 VB107 发送到从站 4
		//的 VB10
		LD T37
		//将丙机站地址 4 送数据表
		MOVB 4，VB211
		//对 4 号站 VB10 建立地址指针
		MOVD &VB10，VD212
		//设置写入 4 号站的字节个数
		MOVB 1，VB216
		//将 VB107 传送到 VB217
		MOVB VB107，VB217
		//将 3 号站 IB0 内容写入 4 号站
		//VB10 中
		NETW VB210，0

第 8 章 PLC 的通信与网络

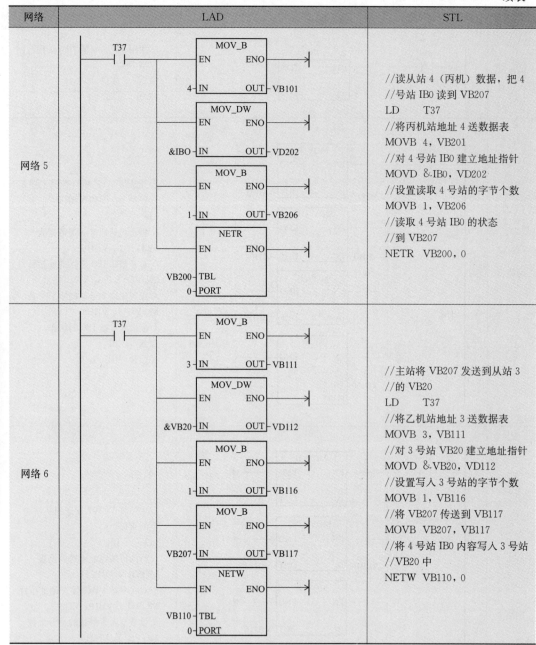

续表

网络	LAD	STL

网络5	T37
	MOV_B: EN ENO, 4-IN OUT-VB101
	MOV_DW: EN ENO, &IB0-IN OUT-VD202
	MOV_B: EN ENO, 1-IN OUT-VB206
	NETR: EN ENO, VB200-TBL, 0-PORT
		//读从站4（丙机）数据，把4
		//号站IB0读到VB207
		LD T37
		//将丙机站地址4送数据表
		MOVB 4，VB201
		//对4号站IB0建立地址指针
		MOVD &IB0，VD202
		//设置读取4号站的字节个数
		MOVB 1，VB206
		//读取4号站IB0的状态
		//到VB207
		NETR VB200，0

网络6	T37
	MOV_B: EN ENO, 3-IN OUT-VB111
	MOV_DW: EN ENO, &VB20-IN OUT-VD112
	MOV_B: EN ENO, 1-IN OUT-VB116
	MOV_B: EN ENO, VB207-IN OUT-VB117
	NETW: EN ENO, VB110-TBL, 0-PORT
		//主站将VB207发送到从站3
		//的VB20
		LD T37
		//将乙机站地址3送数据表
		MOVB 3，VB111
		//对3号站VB20建立地址指针
		MOVD &VB20，VD112
		//设置写入3号站的字节个数
		MOVB 1，VB116
		//将VB207传送到VB117
		MOVB VB207，VB117
		//将4号站IB0内容写入3号站
		//VB20中
		NETW VB110，0

表 8-37　　　　　　　　3 号站（乙）机 PPI 通信程序

网络	LAD	STL
网络1	V20.2 —[P]— Q0.0 (S) 1 ; Q0.1 (R) 1	LD V20.2 EU S Q0.0，1 R Q0.1，1

网络	LAD	STL
网络2	V20.3 —| |—[P]— Q0.1 (S) 1 / Q0.0 (R) 1	LD V20.3 EU S Q0.1, 1 R Q0.0, 1
网络3	V20.4 —| |—[P]— Q0.0 (R) 2	LD V20.4 EU R Q0.0, 2

表8-38   **4 号站（丙）机 PPI 通信程序**

网络	LAD	STL
网络1	V10.0 —| |—[P]— Q0.2 (S) 1 / Q0.3 (R) 1	LD V10.0 EU S Q0.2, 1 R Q0.3, 1
网络2	Q0.2 —| |— T37 [IN TON] 100—PT 100ms	LD Q0.2 TON T37, 100
网络3	T37 —| |— Q0.3 (S) 1 / Q0.2 (R) 1	LD T37 S Q0.3, 1 R Q0.2, 1
网络4	V10.1 —| |—[P]— Q0.2 (R) 2	LD T37 S Q0.3, 1 R Q0.2, 1

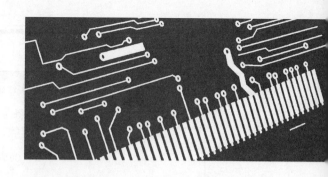

第9章

文本显示器与变频器

文本显示器（Text Display，TD）又称为终端显示器，用来显示数字（包括 PLC 中的动态数据）、字符和汉字，还可以用来修改 PLC 中的参数设定值。变频器（Variable - frequency Drive，VFD）是应用变频技术与微电子技术，通过改变电机工作电源频率方式来控制交流电动机的电力控制设备。文本显示器和变频器在 PLC 控制系统中应用较为广泛，本章主要讲解它们的相关知识。

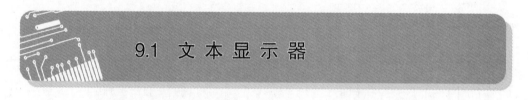

9.1 文本显示器

S7 - 200 TD 设备是一种低成本的人机界面（Human Machine Interface，HMI），是可嵌入数据的文本显示器。可以使用 TD 设备组态层级式用户菜单及信息画面，来查看、监视和改变用户应用程序的过程变量。

9.1.1 文本显示器设备简介

S7 - 200 TD 设备是一个 2 行或 4 行的文本显示设备，可以通过 TD/CPU（RS485 接口）电缆连接到 S7 - 200 CPU。S7 - 200 TD 文本显示器有 4 种类型的 TD 设备：TD 100C、TD 200C、TD 200 和 TD 400C，它们的面板如图 9 - 1 所示。

TD 100C 具有 4 行文本显示，2 种字体可供选择。显示器每行可显示 16 个字符（或 8 个中文简体字符），总共可显示 64 个字符集 或者如果使用粗体字体，则每行可显示 12 个字符，总共可显示 48 个字符。TD 100C 的面板允许用户完全灵活地设计键盘布局和面板，用户可最多创建 14 个自定义按键。液晶显示器（LCD）的分辨率为 132×65 像素，最多 32 个屏幕。

TD 200C 具有 2 行文本显示，每行可显示 20 个字符（或 10 个中文简体字符），总共可显示 40 个字符。TD 200C 的面板允许用户完全灵活地设计键盘布局和面板，可最多创建 20 个自定义按键。LCD 分辨率为 33×181 像素，最多 64 个屏幕。

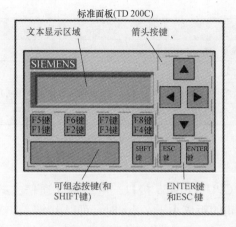

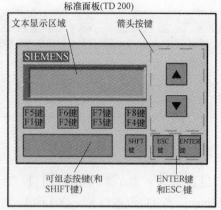

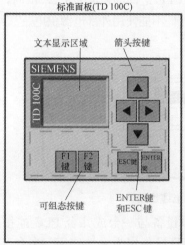

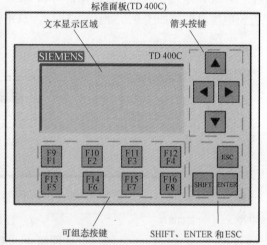

图 9-1   S7-200 TD 设备面板图

TD 200 具有 2 行文本显示，每行可显示 20 个字符（或 10 个中文简体字符），总共可显示 40 个字符。TD 200 的面板最多提供 8 个（F1、F2、F3、F4 以及 F5＝SHIFT＋F1、F6＝SHIFT＋F2、F7＝SHIFT＋F3、F8＝SHIFT＋F4）置位功能的按键。LCD 分辨率为 33×181 像素，最多 64 个屏幕。

TD 400C 是 TD 200C 的升级产品，具有 2 行（8 个大中文简体字符）或 4 行（12 个小中文简体字符）文本显示，其 LCD 分辨率为 192×64 像素，最多 64 个屏幕。TD 400C 有 8 个功能键，与 Shift 键配合，可最多可创建 16 个自定义按键。

TD 设备的命令键见表 9-1。

表 9-1   TD 设备命令键功能表

命令键	说　　明
ENTER	选择屏幕上的菜单项或确认屏幕上的值
ESC	切换显示信息模式和菜单模式，返回上一级菜单或前一个屏幕
▲键	可编辑的数值加 1，或显示上一条信息
▼键	可编辑的数值减 1，或显示下一条信息

续表

命令键	说　　　明
▶键	在 TD 设备的信息内右移显示
◀键	在 TD 设备的信息内左移显示
功能键 F1～F8	完成用文本显示向导组态的任务（TD 设备型号不同，其功能键数量也不相同）
SHIFT	与功能键配合完成用文本显示向导组态的任务

9.1.2　TD 设备与 S7－200 的连接

　　TD 设备与 S7－200 系列 PLC 通过 TD/CPU（RS485 接口）电缆建立通信方式，如图 9-2 所示。当 TD 设备与 S7－200 CPU 之间的距离小于 2.5m 时，可以由 S7－200 CPU 模块通过 TD/CPU 电缆供电。当 TD 设备与 S7－200 CPU 之间的距离大于 2.5m 时，由独立的 24V 直流电源供电，如图 9-3 所示。注意，TD100C 不能使用外部电源供电。

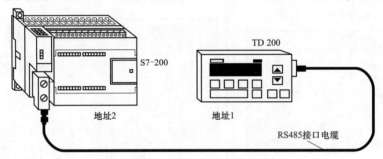

图 9-2　S7-200 与 TD 电缆连接

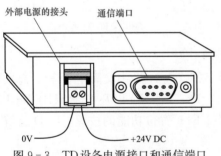

图 9-3　TD 设备电源接口和通信端口

　　在 TD 设备与一台或几台 PLC 连接构成的网络中，TD 设备作为主站使用。多台 TD 设备可以和一个或多个连在同一网络上的 S7－200 CPU 模块一起使用。

1. 一对一配置

　　一对一配置用 TD/CPU 电缆连接一台 TD 设备与一台 CPU 的通信口。默认 TD 设备的通信地址为 1，S7－200 的地址为 2。

2. TD 设备连接到网络中的 CPU 通信口

　　多台 S7－200 CPU 联网时，某个 CPU 的通信口使用带编程口的网络连接器，来自 TD 设备的电缆连接到该编程口。此时，TD 设备由外接的直流 24V 电源供电。

3. TD 设备接入通信网络

　　可用网络连接器和 PROFIBUS 电缆将 TD 设备连入网络。此时，只连接了通信信号线（3 针和 8 针），没有连接电源线（2 针和 7 针），而 TD 设备是由外接的直流 24V 电源供电。

9.1.3　使用文本显示器向导

　　S7－200 的编程软件 STEP7－Micro/Win 提供为 TD 设备组态的文本显示向导，只需要进行一些简单的设置，就可以自动生成存储 TD 设备的组态信息、画面和报警信息的参数块，参数块放在 CPU 的 V 存储区中。TD 设备在上电时从 S7 - 200 CPU 中读取参数块。参数块是数据块的一部分，在下载时应将数据块下载到 S7 - 200。上电时，TD 设备从 S7 - 200 读取参数块。

使用 STEP7 - Micro/Win 中的文本显示向导可以完成的任务有：组态 TD 设备参数；生成在 TD 设备上显示画面和报警信息；生成 TD 设备的语言设置；为参数块指定 V 存储器区地址。

下面以 TD 200 为例讲述文本显示向导的相关操作。

1. TD 200 基本配置

TD 设备的组态（Configuration，或称设置），是指设置 TD 设备的操作参数，例如使用的语言、更新速率、画面的信息和报警允许位的地址等，它们存储在 CPU 的变量存储器（V 存储器）的 TD 设备参数块内。

TD 设备组态向导对 TD 200 设备的基本设置可按以下步骤进行：

（1）启动 TD 组态向导。在使用向导时，必须先对项目进行编译，编译成功后，在 STEP7 - Micro/Win 中执行菜单命令"工具"→"文本显示向导"，或单击指令树的"向导"文件夹中的"文本显示"图标，启动 TD 组态向导。

（2）选择 TD 200 型号和版本。启动 TD 200 组态向导后，单击"下一步"按钮，将弹出如图 9 - 4 所示对话框。在此对话框中，用户可以根据实际情况选择合适的 TD 200 型号和版本。STEP7 - Micro/Win 的向导可以 4 种型号和版本的 TD 进行编程，用户确定 TD 型号和版本号有 2 种方法：①给 TD 设备上电，初始画面会显示 TD 的型号和版本号；②可以在 TD 设备的背面发现其型号和版本号，如果没有则选择"TD 200 2.1 版和更早的版本"。

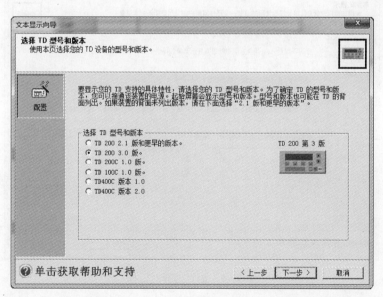

图 9 - 4 选择 TD 设备的型号和版本对话框

（3）组态密码、菜单和数据更新速率。在图 9 - 4 中单击"下一步"按钮，将弹出图 9 - 5 所示对话框。在图 9 - 5 中，如果选择"使能密码保护"复选框，可以设置一个 4 位数的密码，以防止未经许可对 TD 设备系统菜单的操作，从而避免随意改变 TD 设备的参数设置。

用户还可以选择是否启用"实时时钟（TOD）"菜单和"强制"菜单，还可以设置更新速率。

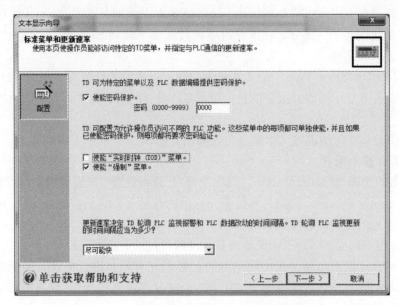

图 9-5　组态密码、菜单和更新速率对话框

（4）选择语言和字符集。在图 9-5 中单击"下一步"按钮，将弹出图 9-6 所示对话框。在图 9-6 中，可以设定菜单及提示语言，还可以设定用户定义信息的字符集。如果想显示汉字消息，则需在图 9-6 中设置"简体中文"字符集。

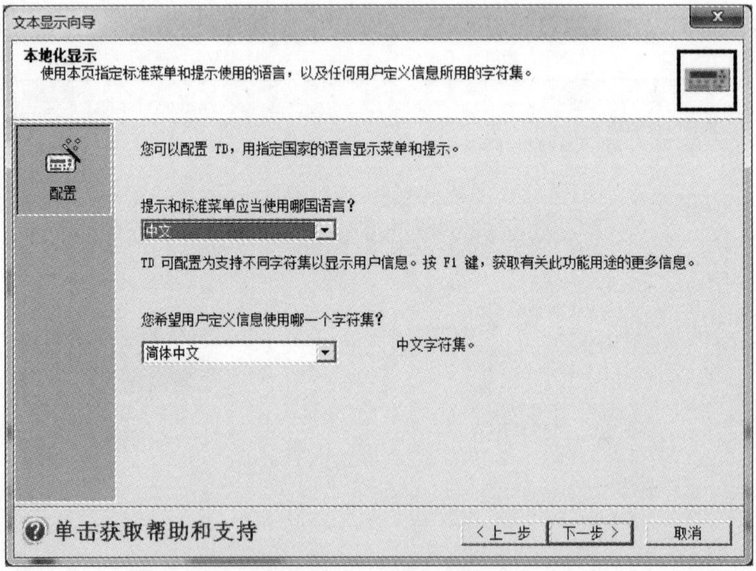

图 9-6　语言选择对话框

（5）定义按钮功能。在图 9-6 中点击"下一步"按钮，将弹出图 9-7 所示对话框。在图 9-7 中，可以定义 TD 设备的按钮功能。

　　标准的 TD 设备有 4 个可组态的键（F1～F4，又称为功能键），若加上 SHIFT 组合键，则 TD 上可提供 8 个功能键直接控制 PLC 中的数据位。其中，F1～F4 分别对应于组

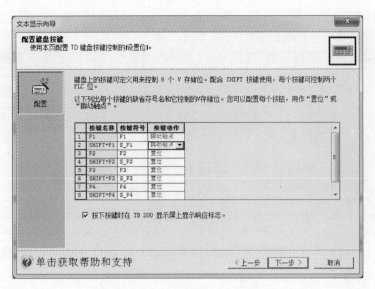

图 9-7　定义按钮功能对话框

态时自动指定的 CPU 中某个 V 存储器字节的第 0～3 位。SHIFT 键加上 F1～F4 的组合键，分别对应于组态时自动指定的 CPU 中某个 V 存储器字节的第 4～7 位。

（6）TD 基本配置完成。完成上述基本配置后，将弹出如图 9-8 所示对话框。在图 9-8 中，单击左侧的"配置"，将返回图 9-4 所示对话框；点击左侧的"用户菜单"，将进入用户菜单的相关设置；单击左侧的"报警"，将进入报警信息的相关设置。

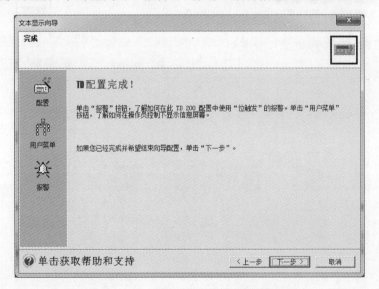

图 9-8　TD 基本配置完成对话框

2. 组态用户菜单和画面

（1）用户菜单的结构。在图 9-8 中，单击左侧的"用户菜单"，将进入用户菜单设置，如图 9-9 所示。新的 TD 200 设备支持 8 个用户菜单项，每个菜单项下面最多可以设置 8 个用户定义的画面，从而使 TD 200 设备能够根据组态时确定的结构显示菜单和画面。

（2）组态用户画面。如果想添加新的信息显示画面，在图 9-9 中单击"添加屏幕"

按钮，则弹出如图9-10所示的画面编辑器。图9-10给出的是"1号机组"菜单中的"屏幕1"，用来设置1号机组的PID控制器的参数。

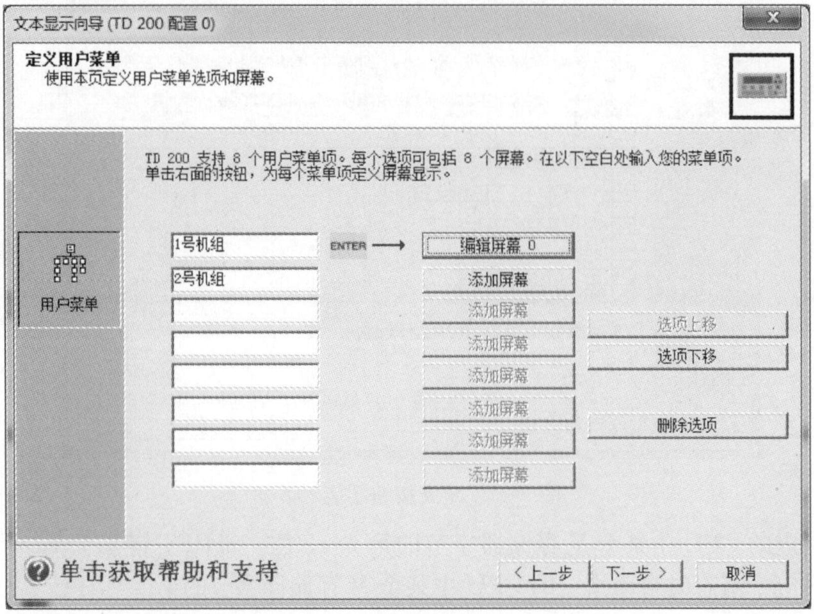

图9-9　定义用户菜单对话框

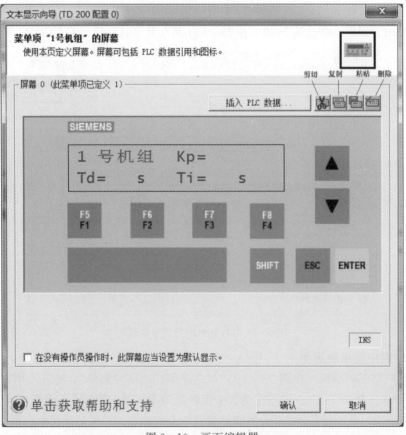

图9-10　画面编辑器

在图中绿色的文本显示区（即 TD 设备的显示屏）输入字符，TD 200 可以在文本信息中插入工具栏内的图标。

图 9-10 右下角的"INS"（Insert）表示插入新的字符，单击计算机键盘上的<Inset>键，INS 将变为 OVE（Over），则输入的新字符将覆盖原有的字符。

工具栏内的剪切、复制、粘贴、删除按键用于对显示屏内的内容的整体操作，例如可以将当前组态的画面的全部显示内容复制到另一画面。复制的画面中如果有嵌入的 PLC 中的地址，应修改复制的画面中的地址，以避免地址冲突。

（3）在用户画面中插入动态数据。若需在画面中的光标所处位置插入 PLC 中的动态数据时，单击图 9-10 中"插入 PLC 数据"按钮，将弹出如图 9-11 所示对话框。在图 9-11 的对话框中，输入数据地址。输入的数据地址可以是字节（VB）、字（VW）或双字（VD）。数据格式可以选择为无符号或有符号。可以用变量的符号名来访问变量。若输入的数据为整数，选择了小数点后的位数后，该整数以指定的小数点位数显示为小数。

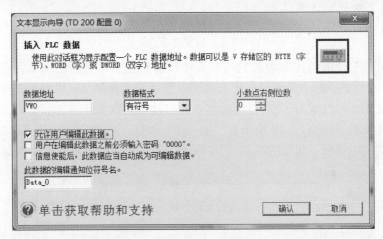

图 9-11　插入 PLC 数据

如果想修改数据，在图 9-11 中，应选中"允许用户编辑此数据"复选框。在 TD 设备上修改完数据后，必须按 ENTER 键确认，修改的数值才被写入 CPU 中。

每个数据都有一个对应的数据编辑通知位，该位在用户对此数据进行编辑后，会自动置位为 1，且不会自动复位。用户根据该位的状态变化来编程实现一些动作，并且应编程将其复位，以便以后继续识别该位的状态变化。图 9-11 下面的文本框给出了自动生成的数据编辑通知位的符号名"Data_0"，可以在 TD 设备的符号表中找到其绝对地址。

3. 组态报警信息

（1）报警选项设置。在图 9-8 中，单击左侧的"报警"，将进入报警选项设置对话框，如图 9-12 所示。在此对话框中可以设置报警长度以及默认显示模式。

上电后 TD 设备显示默认的显示模式和文本，操作员可以用 ESC 键返回主菜单，在主菜单按 ESC 键，将进入默认的显示模式。在主菜单也可选择非默认的显示模式，按 ENTER 键后进入该模式。

如果选择默认显示模式为报警信息，则 TD 设备显示最高优先级的报警信息，用▲键

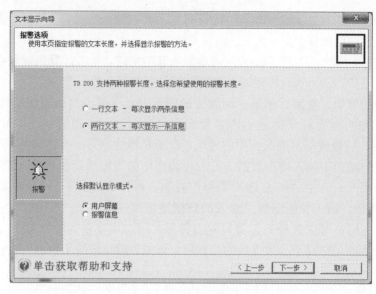

图 9-12　报警选项设置框

和▼键可以显示被使能的优先级较低或较高的报警信息。在显示当前报警信息时，如果
没有按键，10s 后将返回去显示最高优先级的报警信息。如果 TD 设备不是处于默认的显
示状态，且在 1min 之内用户没有任何操作，会自动返回到默认的显示模式。

（2）定义报警。在图 9-12 中单击"下一步"按钮，将弹出是否为 TD 200 设备增加
一条报警的询问对话框，如果选择"是"，则进入图 9-13 所示报警设置界面。

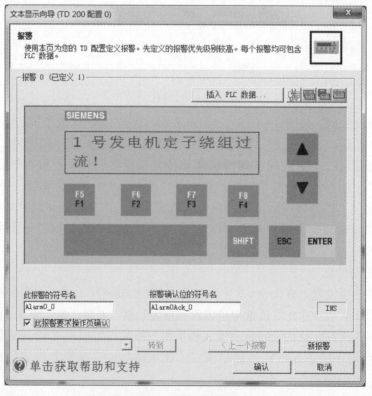

图 9-13　报警设置界面

在组态报警信息时，向导将在符号表中自动为报警信息生成符号名"Alarm0_x"（x为报警信息的编号），并显示在组态报警信息的对话框中。为了显示报警信息，用户程序应将对应的报警位置为1。TD设备不停地检查参数块中的报警位，以决定需要激活哪些报警信息。

在图中绿色的文本显示区（即TD设备的显示屏）输入字符，TD 200可以在文本信息中插入工具栏内的图标。

如果在图9-13中选中"此报警要求操作员确认"复选框，将显示自动生成的报警确认位的符号名"Alarm0Ack_x"（x为报警信息的编号）。在运行时，需要按ENTER键确认该报警信息，用户才能接着翻看其他报警信息。用户程序通过报警确认位来了解报警是否被确认。报警被确认后，TD设备将PLC中该报警的确认位置1，并复位报警使能位。

如果在图9-13中单击"插入PLC数据"按钮，将弹出与图9-11完全相同的对话框，在此对话框中可以输入报警信息地址。在符号表中可以看到报警符号名对应的报警使能位的地址，如图9-14所示。

			符号	地址	注释
1			S_F4	V247.7	键盘按键 "SHIFT+F4" 已按下标志 (置位)
2			F4	V245.3	键盘按键 "F4" 已按下标志 (置位)
3			S_F3	V247.6	键盘按键 "SHIFT+F3" 已按下标志 (置位)
4			F3	V245.2	键盘按键 "F3" 已按下标志 (置位)
5			S_F2	V247.5	键盘按键 "SHIFT+F2" 已按下标志 (置位)
6			F2	V245.1	键盘按键 "F2" 已按下标志 (置位)
7			S_F1	V247.4	键盘按键 "SHIFT+F1" 已按下标志 (瞬动触点)
8			F1	V245.0	键盘按键 "F1" 已按下标志 (瞬动触点)
9			TD_CurScreen_188	VB251	TD 200显示的当前屏幕 (其配置起始于 VB188)。如无屏幕显示则设置为 16#FF
10			TD_Left_Arrow_Key_188	V244.4	左箭头键按下时置位
11			TD_Right_Arrow_Key_188	V244.3	右箭头键按下时置位
12			TD_Enter_188	V244.2	ENTER键按下时置位
13			TD_Down_Arrow_Key_188	V244.1	下箭头键按下时置位
14			TD_Up_Arrow_Key_188	V244.0	上箭头键按下时置位
15			TD_Reset_188	V233.0	此位置位会使 TD 200 从 VB188 重读其配置信息
16			Data_0	V253.0	VW0的编辑通知
17			Alarm0_0	V234.7	报警使能位 0

图9-14 自动生成的符号表

4. 分配存储区

完成基本配置和用户画面、报警信息的组态后，单击"确认"按钮，返回到如图9-8所示的TD基本配置完成对话框，在此对话框中，单击"下一步"按钮，将进入如图9-15所示的分配存储区对话框。

在图9-15所示对话框中，可以分配S7-200 CPU的V存储区地址中的参数块的起始地址。默认情况下，起始地址为VB0，但用户可以自己输入一个程序中未用的V存储区，也可以单击"建议地址"按钮，由向导自动分配一个程序中未用的V存储区地址。如果为不同的TD设备设置不同的参数块地址，可以将多个TD设备连接到同一CPU上，它们可以同时显示不同的内容。在用户程序中绝对不能占用这个地址区，否则会引起参数块错误、显示乱码和数据错误。

如果设置的数据块区不是从VB0开始的，单击"下一步"按钮，将会弹出一个对话

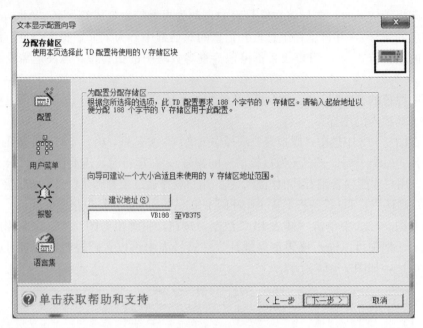

图 9-15　分配存储区对话框

框，询问是否将存储块偏移量设置为 VW0。

如果单击"是"按钮，向导会自动将参数块地址（本例为 VB188）存放到 VW0 中，使 VW0 成为参数块地址的指针。此时 TD 设备硬件的 TD Setup 菜单中的"Parameter Block Address"既可以设为实际参数块地址 VB188，也可以设为参数块指针的地址 VB0，但是应保证程序中其他地址不要用到 VB0，否则会引动无参数块错误、乱码及数据错误。

如果单击"否"按钮，参数块地址为设定的参数块起始地址，用 TD 设备的 TD Set-up 菜单中的"Parameter Block Address"设置的地址必须为 VB188。

5. 完成配置

设置好 V 存储区地址后，单击"下一步"按钮，进入如图 9-16 所示的项目组件对话框。在此对话框中，显示了向导根据用户的配置自动生成的各项目组件，如子程序、全局符号表、TD 配置数据页的符号名称等。

在图 9-16 中单击"完成"按钮，全部配置过程结束，自动退出向导。

在 S7-200 编程软件 STEP7-Micro/Win 的指令树的"\指令\调用子程序"文件夹内，可以看到刚刚生成的子程序"TD_CTRL_188"和"TD_ALM_188"的图标。子程序名中的"188"表示 TD 设置的参数块的起始地址为 VB188。

在 S7-200 编程软件 STEP7-Micro/Win 的指令树的"\数据块\向导"文件夹内，可以看到刚刚生成的 V 存储区内的数据块（参数块）"TD_DATA_188"的图标。该图标上有一把锁，表示参数块受到保护，用户只能查看，不能改写。参数块内存储了画面和报警信息的 ASCII 文本、输入的变量和格式信息。操作人员用 TD 设备上的按钮选择画面时，TD 设备读取和显示存储在 CPU 内的参数块中相应的画面信息或报警信息。

在 S7-200 编程软件 STEP7-Micro/Win 的指令树的"\符号表\向导"文件夹内，可以看到刚刚生成的符号表"TD_SYM_188"图标，双击该图标，将弹出如图 9-14 所示符号表。在此符号表中，详细显示了 TD 设备向导的设置内容。

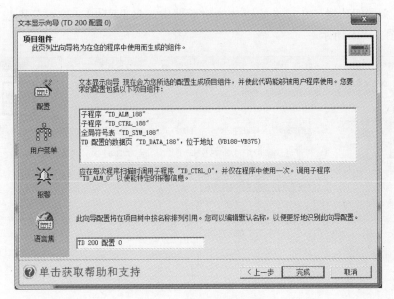

图 9-16 项目组件对话框

9.1.4 TD 400C 的应用实例

【例 9-1】 若 S7-200 CPU 与 TD 400C 已连接好，当按下 TD 400C 的 F1 键时，Q0.0 置位为 ON，并在 TD 400C 的屏幕上显示"指示灯状态为：ON"；当按下 TD 400C 的 F2 键时，Q0.0 复位为 OFF，并在 TD 400C 的屏幕上显示"指示灯状态为：OFF"。主要操作步骤如下：

1. 组态 TD 400C 向导

（1）选择 TD 200 型号和版本。启动 TD 文本向导，选择 TD 型号和版本为"TD 400C 版本 2.0"，如图 9-17 所示。

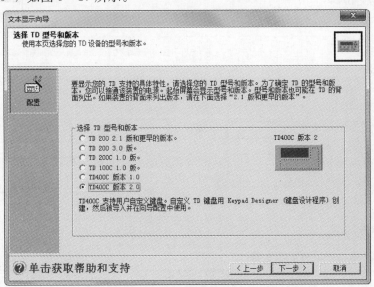

图 9-17 选择 TD 设备的型号和版本对话框

（2）定义按钮功能。在定义按钮功能对话框中，将 F1 和 F2 按键分别设置为"瞬时触点"，如图 9-18 所示。

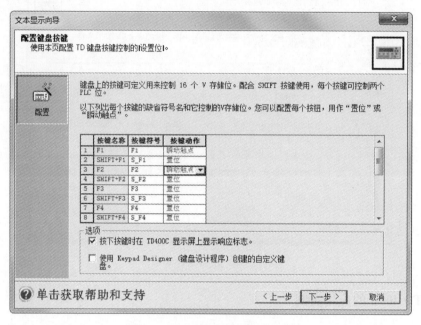

图 9-18　定义按钮功能对话框

（3）组态用户画面。在定义用户菜单对话框中，按图 9-19 所示命名用户菜单名为"1"，然后单击"添加屏幕"按钮，在弹出的画面编辑器中输入文本"指示灯状态："，如图 9-20 所示。然后在图 9-20 中，单击"插入 PLC 数据"按钮，组态数据地址为"VB20"，数据格式为"字符串"，如图 9-21 所示。

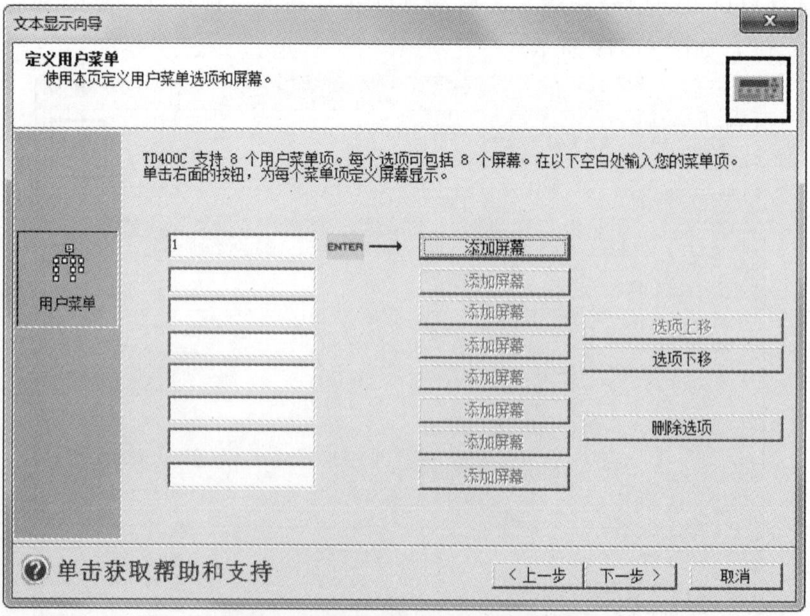

![文本显示向导 定义用户菜单对话框]

图 9-19　定义用户菜单对话框

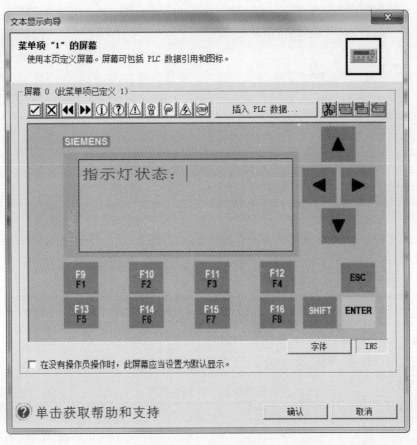

图 9-20　画面编辑器

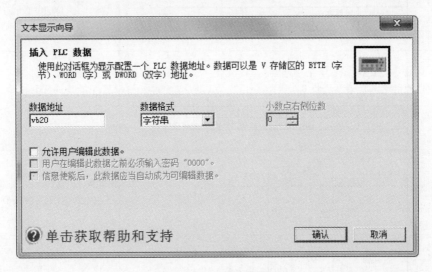

图 9-21　插入 PLC 数据

（4）分配存储区。在分配存储区对话框中，单击"建议地址"按钮分配存储区，如图 9-22 所示。

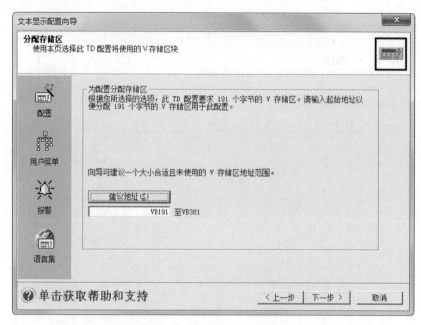

图 9-22　分配存储区对话框

2. 编写 PLC 程序

在 STEP7-Micro/Win 中按表 9-2 所示编写相应的 PLC 程序。

表 9-2　　　　　　　　　　　　　　　指示灯显示的 PLC 程序

网络	LAD	STL
网络 1	F1:V248.0　　Q0.0 ├┤ ├─────(S) 　　　　　　　　　1 <table><tr><td>符号</td><td>地址</td><td>注释</td></tr><tr><td>F1</td><td>V248.0</td><td>键盘按键"F1"已按下标志(瞬动触点)</td></tr></table>	LD　　F1：V248.0 S　　　Q0.0, 1
网络 2	F2:V248.1　　Q0.0 ├┤ ├─────(R) 　　　　　　　　　1 <table><tr><td>符号</td><td>地址</td><td>注释</td></tr><tr><td>F2</td><td>V248.1</td><td>键盘按键"F2"已按下标志(瞬动触点)</td></tr></table>	LD　　F2：V248.1 R　　　Q0.0, 1
网络 3	Q0.0　　┌─STR_CPY─┐ ├┤ ├──┤EN　　ENO├── 　　　　　│　　　　　│ 　"ON"─┤IN　　OUT├─VB20	LD　　Q0.0 SCPY　"ON", VB20
网络 4	Q0.0　　┌─STR_CPY─┐ ├┤/├──┤EN　　ENO├── 　　　　　│　　　　　│ 　"OFF"─┤IN　　OUT├─VB20	LDN　　Q0.0 SCPY　　"OFF", VB20

9.2 变 频 器

把工频交流电（或直流电）变换为电压和频率可变的交流电的电气设备称为变频器。变频器的主要用途是用于交流电动机的调速控制。

9.2.1 变频器概述

变频器是利用电力半导体器件的通断作用将工频电源（50Hz 或 60Hz）变换为另一频率的电能控制装置，能实现对交流异步电机的软起动、变频调速、提高运转精度、改变功率因数、过电流/过电压/过载保护等功能。

1. 变频的用途

（1）调速。如图 9-23 所示，变频器将固定的交流电（50Hz）变换成频率和电压连续可调的交流电，因此，受变频器驱动的三相异步电动机可以平滑地改变转速。

（2）节能。对风机、泵类负载，通过调节电动机的转速改变输出功率，不仅能做到流量平稳，减少启动和停机次数，而且节能效果显著，经济效益可观。

（3）提高自动化控制水平。变频器有较多的外部控制接口（数字开关信号或模拟信号接口）和通信接口，控制功能强，并且可以组网控制。

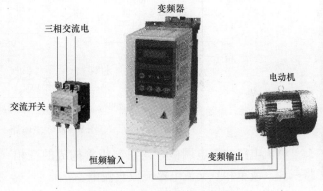

图 9-23 变频器连接电路

使用变频器的电动机大大降低了启动电流，启动和停机过程平稳，减少了对设备的冲击力，延长了电动机及生产设备的使用寿命。

2. 变频器的基本结构

为交流电动机变频调速提供变频电源的一般都是变频器。按主回路电路结构，变频器有交—交变频器和交—直—交变频器两种结构形式。

（1）交—交变频器。交—交变频器无中间直流环节，直接将工频交流电变换成频率、电压均可控制的交流电，又称直接式变频器。整个系统由两组整流器组成，一组为正组整流器，一组为反组整流器，控制系统按照负载电流的极性，交替控制两组反向并联的整流器，使之轮流处于整流和逆变状态，从而获得变频变流电压，交—交变频器的电压由整流器的控制角来决定。

交—交变频器由于其控制方式决定了最高输出频率只能达到电源频率的 1/3～1/2，不能高速运行。但由于没有中间直流环节，不需换流，提高了变频效率，并能实现四象限运行。

（2）交—直—交变频器。交—直—交变频器，先把工频交流电通过整流器变成直流电，然后再把直流电变换成频率、电压均可控制的交流电，它又称为间接式变频器。由于直流电逆变成交流电的环节较易控制，现在社会流行的低压通用变频器大多是这种形式，所以在此以交—直—交变频器为例讲述其结构形式。

交—直—交变频器的基本结构如图9-24所示，由主电路和控制电路组成。

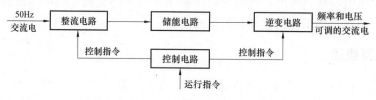

图9-24　交—直—交变频器的基本结构

主电路是给异步电动机提供调压调频电源的电力变换部分，变频器的主电路包括整流电路、储能电路、逆变电路，如图9-25所示。

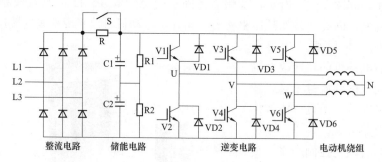

图9-25　主电路

整流电路位于电网侧，是由二极管构成的三相（或单相）桥式整流电路，其作用是将三相（或单相）交流电整流成直流电。

逆变电路位于负载侧，是由6只绝缘栅双极晶体管（IGBT）V1～V6和6只续流二极管VD1～VD6构成三相逆变桥式电路。晶体管工作在开关状态，按一定规律轮流导通，将直流电逆变成三相正弦脉宽调制波（SPWM），驱动电动机工作。

由于逆变器的负载属于感性负载，在中间直流环节和电动机之间总会有无功功率的交换。这种无功能量要靠中间直流环节的储能元件（电容器或电抗器）来缓冲。所以将这些中间直流环节电路称为储能电路。储能电路由电容C1、C2构成（R1和R2为均压电阻），具体有储能和平稳直流电压的作用。为了防止刚接通电源时对电容器充电电流过大，串入限流电阻R，当充电电压上升到正常值后，并联开关S闭合，将R短接。

控制电路由运算电路、检测电路、控制信号的输入、输出电路和驱动电路等构成。其主要任务是完成对逆变电路的开关控制、对整流电路的电压控制以及完成各种保护功能等。控制方法可以采用模拟控制或数字控制。高性能的变频器目前已经采用微型计算机进行全数字控制，采用尽可能简单的硬件电路，主要靠软件来完成各种功能。

3. 变频器的分类

（1）按主电路的结构分类。按主电路结构的不同，变频器可分为交—交变频器和交—直—交变频器两类。

交—交变频器是将频率固定的交流电直接变换成连续可调的交流电。这种变频器的变换效率高、但其连续可调的频率范围窄，一般为额定频率的1/2以下，所以它主要用于低速、大容量的场合。

交—直—交变频器是将频率固定的交流电整流成直流电，经过滤波，再将平滑的直流电逆变成频率连续可调的交流电。

（2）按主路电路的工作方式分类。按主路电路工作方式的不同，变频器可分为电压型和电流型两类。

对于交—直—交变频器，当中间直流环节主要采用大电容作为储能元件时，主回路直流电压波形比较平直，在理想情况下是一种内阻抗为零的恒压源，输出交流电压是矩形波或阶梯波，称为电压型变频器，如图9-26所示。

当交—直—交变频器的中间直流环节采用大电感作为储能元件时，直流回路中电流波形比较平直，对负载来说基本上是一个恒流源，输出交流电流是矩形波或阶梯波，称为电流型变频器。

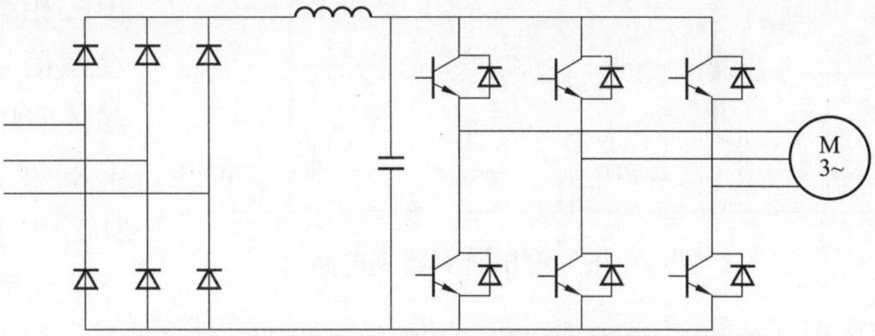

图9-26　电压型变频器

除以上两种分类方式外，变频器还可以按其他方式进行分类：按照开关方式的不同，可以分为PAM（Pulse Amplitude Modulation，脉冲幅值调制）控制变频器、PWM（Pulse Width Modulation，脉冲宽度调制）控制变频器和高载频PWM控制变频器；按照工作原理分类，可以分为V/f控制变频器、转差频率控制变频器和矢量控制变频器等；在变频器修理中，按照用途分类，可以分为通用变频器、高性能专用变频器、高频变频器、单相变频器和三相变频器等。

4. 变频器的工作原理

（1）PWM控制。PWM控制方式即脉宽调制方式，是变频器的核心技术之一，也是目前应用较多的一种技术。它是通过一系列等幅不等宽的脉冲，来代替等效的波形。

一般异步电动机需要的是正弦交流电，而逆变电路输出的往往是脉冲。PWM控制方式，就是对逆变电路开关器件的通断控制，使输出端得到一系列幅值相等而宽度不等的方波脉冲，用这些脉冲来代替正弦波或所需要的波形，即可改变逆变电路输出电压的大小。如图9-27所示，就是将正弦波的一个周期分成N个等份，并把每一等份所包围的面积，用一个等幅

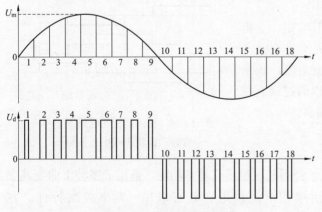

图9-27　正弦脉宽调制波

的矩形脉冲来表示，且矩形波的中点与相应正弦波等份的中点重合，就得到正弦波等效的脉宽调制波，称为SPWM波。

从图9-27中可以看出，等份数 N 越多，就越接近正弦波。N 在变频器中称为载波频率，通常载波频率为 0.7～15kHz。正弦波的频率称为调制频率。

（2）PWM逆变原理。如图9-28所示为单相逆变器的主电路。在正弦脉宽调制波的正半周，V1保持导通，V2保持截止。当V4受控导通时，负载电压 $U_o=U_d$，当V4受控截止时，负载感性电流经过V1和VD3续流。在正弦脉宽调制波的负半周，V2保持导通，V1保持截止。当V3受控导通时，负载电压 $U_o=-U_d$，当V3受控截止时，负载感性电流经过V2和VD4续流。

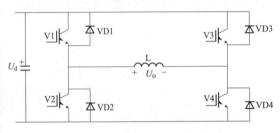

图9-28　单相逆变器主电路

图9-25所示的逆变电路为三相逆变器的主电路，V1～V6各管导通波形及输出三相线电压的波形如图9-29所示。在控制信号的作用下，一个周期内V1～V6晶体管的导通电角度均为 $180°$，同一相的上下两个晶体管交替导通。例如在 $0°$～$180°$电角度内，V1导通、V2截止；在 $180°$～$360°$电角度内 V2导通、V1截止。

各相开始导通的相位差为 $120°$，例如 V3 从 $120°$、V5 从 $240°$开始导通，据此可画出 V3 与 V4、V5 与 V6 的导通波形。可以看出，在任意时刻，均有 3 只晶体管导通。

下面以 U、V 之间的电压为例，分析三相逆变电路输出的线电压 U_{UV}。

在 $0°$～$120°$电角度内，V1 与 V4 导通，电流经直流电源正极 V1→U→负载→V→V4 直流电源负极，形成 U_{UV} 的正半周。当 V4 受控截止时，负载电流经过 V1 和 VD3 续流。

在 $180°$～$300°$电角度内，V3 与 V2 导通，电流经直流电源正极 V3→V→负载→U→V2 直流电源负极，形成 U_{UV} 的负半周。当 V3 受控截止时，负载电流经过 V2 和 VD4 续流。

综合分析三相输出线电压的波形可知，三相线电压为脉宽调制的矩形波，其最大值等于整流后的直流电压值；相位互差 $120°$的电角度；频率（或周期）与调制波的频率相等，所以通过调节控制信号频率即可改变输出交流电的频率。

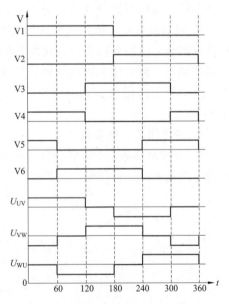

图9-29　变频器逆变电路 V1～V6
管导通及输出线电压波形图

9.2.2　SINAMICS G110 变频器

SINAMICS G110 变频器是西门子公司的一种具有基本功能，适用于多种工业变速驱动装置的变频器。其结构紧凑，由单相电源供电，具有电压—频率控制特性。在 SINAMICS 变频器系列产品中，G110 是一种理想的小功率、低价位变频器。

1. 电源和电动机接线端子

电源和电动机的接线端子如图 9 - 30 所示，其中端子 L1、L2/N 接 200～240V± 10%，47～63Hz 的交流电源，U、V、W 接三相异步电动机。

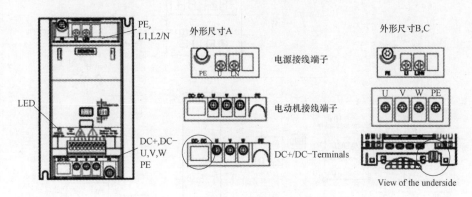

图 9 - 30　电源和电动机的接线端子

2. 控制端子

SINAMICS G110 变频器有 10 个端子，端子编号分别为 1～10。各端子的端子号、标识、功能见表 9 - 3。其中，1、2 号端子为一数字输出信号，可用来输出某些开关信号；3～5 号端子是数字输入信号，各端子都可往变频器输入一个开关信号；6 号端子为输出 24V 电源正极；7 号端子为输出 0V（即电源负极）；8～10 号端子的功能按控制方式来确定，在模拟控制方式下，8 号端子为输出＋10V，9 号端子为模拟量输入信号，变频器按此信号大小决定输出频率，10 号端子为 0V；在 USS 串行接口控制方式下，8、9 号端子分别为 RS - 485 通信的 P＋和 N－。

表 9 - 3　　　　　　　　　　　SINAMICS G110 变频器端子功能表

端子号	标识	功能		控制端子外形
1	DOUT—	数字输出（一）		
2	DOUT＋	数字输出（＋）		
3	DIN0	数字输入 0		
4	DIN1	数字输入 1		
5	DIN2	数字输入 2		
6		带电位隔离的输出＋24V/50mA		
7		输出 0V		
控制方式		模拟控制	USS 串行接口控制	
8		输出＋10V	RS - 485 P＋	
9	ADC	模拟输入	RS - 485 N—	
10		输出 0V		

3. 变频器接线图

变频器的接线如图 9 - 31 所示。如果将模拟输入回路的接线加以适当配置，可以使它成为一个附加的数字输入（DIN3），如图 9 - 32 所示。

选件：基本操作面板（BOP）

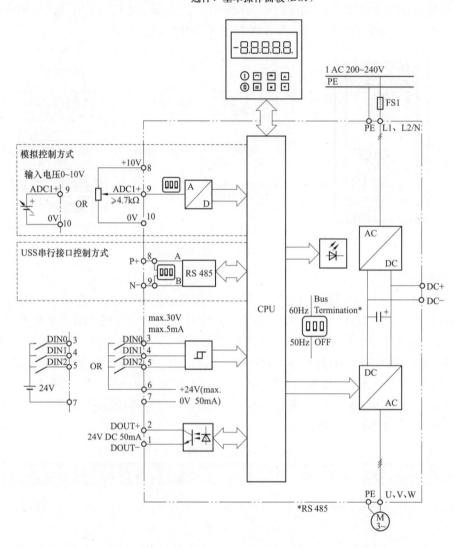

图9-31　变频器接线图

4. BOP 的按钮及其功能

BOP是基本操作面板，可用来设置变频器的参数，控制变频器的运行及监视变频器的运行状态等，其外形如图9-33所示。BOP按钮及其功能见表9-4。

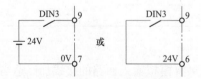

图9-32　模拟输入回路的配置

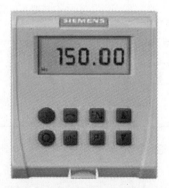

图9-33　BOP操作面板

表 9 - 4   **BOP 按钮及其功能表**

显示/按钮	功能	功 能 说 明
`r0000`	状态显示	LCD 显示变频器当前所用的设定值
Ⅰ	启动变频器	按此键启动变频器。默认值运行时此键是被封锁的，为了使此键的操作有效，应按照下面的数值进行设置：P0700＝1 或 P0719＝10～15
O	停止变频器	OFF1：按此键，变频器将按选定的斜坡下降速率减速停车。默认值运行时此键被封锁，为了使此键的操作有效，应按照下面的数值进行设置：P0700＝1 或 P0719＝10～15； OFF2：按此键两次（或一次，但时间较长）电动机将在惯性作用下自由停车。此功能总是"使能"的
↷	改变电动机的方向	按此键可以改变电动机的转动方向。电动机的反向用负号（－）表示或用闪烁的小数点表示。默认值运行时此键是被封锁的。为了使此键的操作有效，应设置：0700＝1 或 P0719＝10～15
JOG	电动机点动	在变频器"运行准备就绪"的状态下，按下此键，将使电动机启动，并按预设定的点动频率运行。释放此键时，变频器停车。如果电动机正在运行，按此键将不起作用
Fn	功能	此键用于游览辅助信息。 变频器运行过程中，在显示任何一个参数时按下此键并保持不动，将显示以下参数的数值： （1）直流回路电压（用 d 表示，单位为 V）； （2）输出频率（Hz）； （3）输出电压（用 o 表示，单位为 V）； （4）由 P0005 选定的数值〔如果 P0005 选择显示上述参数中的任何一个（①～③），这里将不再显示〕。 连续多次按下此键，将轮流显示以上参数。 跳转功能：在显示任何一个参数（r××××或 P××××）时短时间按下此键，将立即跳转到 r0000，如果需要的话，用户可以接着修改其他的参数。跳转到 r0000 后，按此键将返回原来的显示点。 故障确认：在出现故障或报警的情况下，按此键可以对故障或报警进行确认
P	参数访问	按此键即可访问参数
▲	增加数值	按此键即可增加面板上显示的参数数值
▼	减少数值	按此键即可减少面板上显示的参数数值

5. 参数的设置操作方法

（1）设置更改参数。更改参数的操作举例，P0003 的"访问级"更改为"3"，其操作步骤见表 9 - 5。

表 9 - 5   设置更改参数操作步骤

	操作参数	显示的结果
1	按 P 键，访问参数	┌0000
2	按 ▲ 键，直到显示出 P0003	P0003
3	按 P 键，进入参数访问级	1
4	按或键，达到所要求的数值（例如：3）	3
5	按键，确认并存储参数的数值	P0003
6	现在已设定为第 3 访问级，用户可以看到第 1 至第 3 级的全部参数	

（2）利用 BOP 复制参数。简单的参数设置可以由一台 SINAMICS G110 变频器上装，然后下载到另一台 SINAMICS G110 变频器。为了把参数的设置值由一台变频器复制到另一台变频器，必须完成以下操作步骤：

1）上装（SINAMICS G110→BOP）。

a. 在需要复制其参数的 SINAMICS G110 变频器上安装基本操作面板（BOP）。

b. 确认将变频器停车是安全的。

c. 将变频器停车。

d. 将参数 P0003 设定为 3，进入专家访问级；将参数 P0010 设定为 30，进入复制方式；将参数 P0802 设定为 1，开始由变频器向 BOP 上装参数。

e. 在参数上装期间，BOP 显示"BUSY（忙碌）"，BOP 和变频器对一切命令都不预响应。

f. 如果参数上装成功，BOP 的显示将返回常规状态，变频器则返回准备状态；如果参数上装失败，则应尝试再次进行参数上装的各个操作步骤，或将变频器复位为出厂时的默认设置值。

g. 从变频器上拆下 BOP。

2）下载（BOP→SINAMICS G110）。

a. 把 BOP 装到另一台需要下载参数的 SINAMICS G110 变频器上。

b. 确认该变频器已经上电。

c. 将变频器的参数 P0003 设定为 3，进入专家访问级；将参数 P0010 设定为 30，进入参数复制方式。

d. 在参数下载期间，BOP 显示"BUSY（忙碌）"，BOP 和变频器对一切命令都不预响应。

e. 如果下载成功，BOP 的显示将返回常规状态，变频器则返回准备状态；如果下载失败，则应尝试再次进行参数下载的各个操作步骤，或将变频器复制为工厂的默认设置值。

在进行参数复制操作时，应注意以下一些重要的限制条件：

a. 只是将当前的数据上装到 BOP。

b. 一旦参数复制的操作已经开始，操作过程就不能中断。

c. 额定功率和额定电压不同的变频器之间也可以进行参数复制。

d. 在数据下载期间，如果数据与变频器不兼容，将把该参数的默认设置值写入变频器。

e. 在参数复制过程中，BOP 中已有的任何数据都将被重写。

f. 如果参数的上装或下载失败，变频器将不会正常运行。

6. SINAMICS G110 变频器运行控制方式的设定

SINAMICS G110 变频器运行控制方式主要有 3 种：BOP 控制方式、由控制端子控制和 USS 串行接口控制。

（1）BOP 控制方式。使用 BOP 控制方式时，其启动、停止（命令信号源）由基本操作面板 BOP 控制，频率输出大小（设定值信号源）也由 BOP 来调节。在该控制方式下，需设定的参数见表 9 - 6。

表 9 - 6 　　　　　　　　　　　　　　　BOP 控制设置参数

名称	参数	功能
命令信号源	P0700＝1	BOP 设置
设定值信号源	P1000＝1	BOP 设置

（2）由控制端子控制。使用由控制端子控制时，启动、停止（命令信号源）由控制端子控制，频率输出大小（设定值信号源）也由控制端子来调节。控制接线图如图 9 - 34 所示，需设置的参数及功能见表 9 - 7。

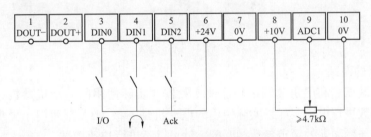

图 9 - 34 　端子控制接线图

表 9 - 7 　　　　　　　　　　　　　　　端子控制时设置的参数与功能

数字输入	端子	参数	功能
命令信号源	3、4、5	P0700＝2	数字输入
设定值信号源	9	P1000＝2	模拟输入
数字输入 0	3	P0701＝1	ON/OFF（I/O）
数字输入 1	4	P0702＝12	反向
数字输入 2	5	P0703＝9	故障复位（Ack）
控制方式		P0727＝0	西门子标准控制

（3）USS串行接口控制。使用USS串行接口控制时，启动、停止（命令信号源）及频率输出大小（设定值信号源）都由RS-485通信来控制。需设置的参数见表9-8，接线如图9-35所示。

表9-8　　　　　　　　USS串行接口控制时需要设置的参数与接线

数字输入	端子	参数	功　　能
命令信号源		P0700=5	符合USS协议
设定值信号源		P1000=5	符合USS协议的输入频率
USS地址	8、9	P2011=0	USS地址=0
USS波特率		P2010=6	USS波特率=9600bit/s
USS-PZD长度		P2012=2	在USS报文中PZD是两个16位字

1	2	3	4	5	6	7	8	9	10
DOUT-	DOUT+	DIN0	DIN1	DIN2	+24V	0V	P+	N-	0V

RS 485

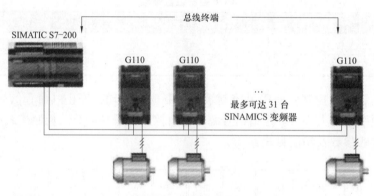

图9-35　USS总线

7. 变频器的调试

（1）快速调试。利用快速调试功能使变频器与实际使用的电动机参数相匹配，并对重要的技术参数进行设定。如果实际使用的电动机是4极1LA型西门子异步电动机，而且其额定参数与变频器的额定参数相匹配，就可以不进行快速调试。

为了访问电动机的全部参数，建议将用户的访问级设定为3，即P0003=3。快速调试的过程如图9-36所示。

（2）应用调试。所谓应用调试是指对变频器—电动机组成的驱动系统进行自适应或优化，保证其特性符合特定应用对象的要求。变频器可以提供许多功能，但是，对于一个特定的应用对象来说，并不是所有这些功能都需要投入。在进行应用调试时，这些不需要投入的功能被跳跃过去。在此，只讲述变频器的大部分功能。

应用调试过程如图9-37所示，包括开始准备、USS串行通信设置、命令信号源的选择等操作。

（3）数字量输入/输出端的设置。数字量输入端（DIN）的设置如图9-38（a）所示，数字量输出端的设置如图9-38（b）所示。

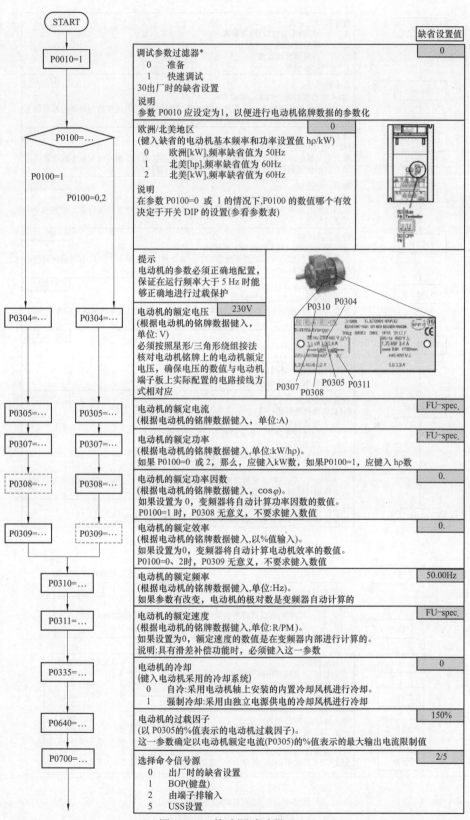

右上：缺省设置值

START

P0010=1

调试参数过滤器*　　　　0
0　准备
1　快速调试
30 出厂时的缺省设置
说明
参数 P0010 应设定为1，以便进行电动机铭牌数据的参数化

P0100=…

P0100=1
P0100=0,2

欧洲/北美地区　　　　0
(键入缺省的电动机基本频率和功率设置值 hρ/kW)
0　欧洲[kW],频率缺省值为 50Hz
1　北美[hp],频率缺省值为 60Hz
2　北美[kW],频率缺省值为 60Hz
说明
在参数 P0100=0 或 1 的情况下,P0100 的数值哪个有效
决定于开关 DIP 的设置(参看参数表)

提示
电动机的参数必须正确地配置，保证在运行频率大于 5 Hz 时能够正确地进行过载保护

P0304=…　　P0304=…
电动机的额定电压　　230V
(根据电动机的铭牌数据键入，单位: V)
必须按照星形/三角形绕组接法核对电动机铭牌上的电动机额定电压，确保电压的数值与电动机端子板上实际配置的电路接线方式相对应

P0310　P0304
P0307　P0305　P0311
P0308

P0305=…　　P0305=…
电动机的额定电流　　FU-spec.
(根据电动机的铭牌数据键入，单位:A)

P0307=…　　P0307=…
电动机的额定功率　　FU-spec.
(根据电动机的铭牌数据键入，单位:kW/hρ)。
如果 P0100=0 或 2，那么，应键入kW数，如果P0100=1,应键入hρ数

P0308=…　　P0308=…
电动机的额定功率因数　　0.
(根据电动机的铭牌数据键入，$\cos\varphi$)。
如果设置为 0，变频器将自动计算功率因数的数值。
P0100=1 时，P0308 无意义，不要求键入数值

P0309=…　　P0309=…
电动机的额定效率　　0.
(根据电动机的铭牌数据键入，以%值输入)。
如果设置为0，变频器将自动计算电动机效率的数值。
P0100=0、2时，P0309 无意义，不要求键入数值

P0310=…
电动机的额定频率　　50.00Hz
(根据电动机的铭牌数据键入，单位:Hz)。
如果参数有改变，电动机的极对数是变频器自动计算的

P0311=…
电动机的额定速度　　FU-spec.
(根据电动机的铭牌数据键入，单位:R/PM)。
如果设置为0，额定速度的数值是在变频器内部进行计算的。
说明:具有滑差补偿功能时，必须键入这一参数

P0335=…
电动机的冷却　　0
(键入电动机采用的冷却系统)
0　自冷:采用电动机轴上安装的内置冷却风机进行冷却。
1　强制冷却:采用由独立电源供电的冷却风机进行冷却

P0640=…
电动机的过载因子　　150%
(以 P0305的%值表示的电动机过载因子)。
这一参数确定以电动机额定电流(P0305)的%值表示的最大输出电流限制值

P0700=…
选择命令信号源　　2/5
0　出厂时的缺省设置
1　BOP(键盘)
2　由端子排输入
5　USS设置

图 9-36　快速调试过程（一）

第 9 章　文本显示器与变频器

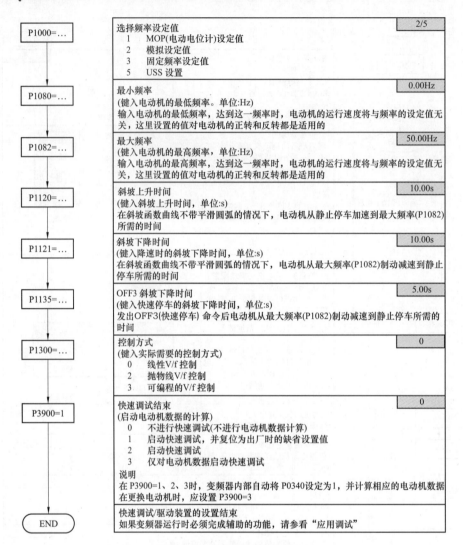

图 9-36　快速调试过程（二）

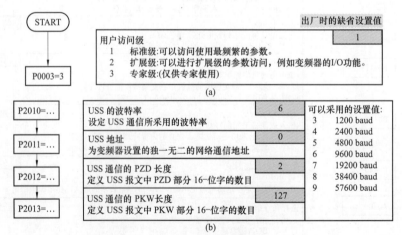

图 9-37　应用调试过程（一）

（a）开始准备；（b）USS串行通信的设置

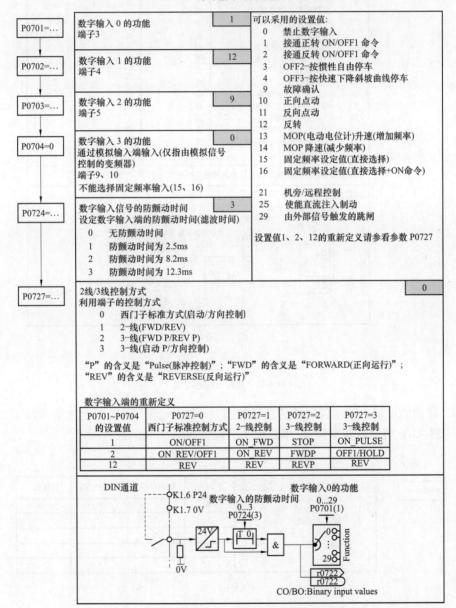

P0700=...	命令信号源的选择 2/5		P0700	G110 AIN	G110 USS	设置值
	这一参数选择数字的命令信号源		0	×	×	—
	0 出厂时的缺省设置值		1	×	×	—
	1 BOP(键盘)设置		2	×	×	
	2 由端子排输入		5	—	×	
	5 USS 设置					

(c)

图 9-37　应用调试过程（二）

（c）命令信号源的设置

P0701=...	数字输入 0 的功能 端子3	1	可以采用的设置值:

可以采用的设置值:

0 禁止数字输入
1 接通正转 ON/OFF1 命令
2 接通反转 ON/OFF1 命令
3 OFF2-按惯性自由停车
4 OFF3-按快速降斜坡曲线停车
9 故障确认
10 正向点动
11 反向点动
12 反转
13 MOP(电动电位计)升速(增加频率)
14 MOP 降速(减少频率)
15 固定频率设定值(直接选择)
16 固定频率设定值(直接选择+ON命令)
21 机旁/远程控制
25 使能直流注入制动
29 由外部信号触发的跳闸

设置值1、2、12的重新定义请参看参数 P0727

P0701=...　数字输入 0 的功能　端子3　**1**

P0702=...　数字输入 1 的功能　端子4　**12**

P0703=...　数字输入 2 的功能　端子5　**9**

P0704=0　数字输入 3 的功能　通过模拟输入端输入(仅指由模拟信号控制的变频器)　端子9、10　不能选择固定频率输入(15、16)　**0**

P0724=...　数字输入信号的防颤动时间　设定数字输入端的防颤动时间(滤波时间)　**3**
0 无防颤动时间
1 防颤动时间为 2.5ms
2 防颤动时间为 8.2ms
3 防颤动时间为 12.3ms

P0727=...　2线/3线控制方式　利用端子的控制方式　**0**
0 西门子标准方式(启动/方向控制)
1 2-线(FWD/REV)
2 3-线(FWD P/REV P)
3 3-线(启动 P/方向控制)

"P"的含义是"Pulse(脉冲控制)"；"FWD"的含义是"FORWARD(正向运行)"；
"REV"的含义是"REVERSE(反向运行)"

数字输入端的重新定义

P0701~P0704 的设置值	P0727=0 西门子标准控制方式	P0727=1 2-线控制	P0727=2 3-线控制	P0727=3 3-线控制
1	ON/OFF1	ON_FWD	STOP	ON_PULSE
2	ON_REV/OFF1	ON_REV	FWDP	OFF1/HOLD
12	REV	REV	REVP	REV

(a)

图 9-38　数字量输入/输出端的设置（一）

（a）数字量输入端的设置

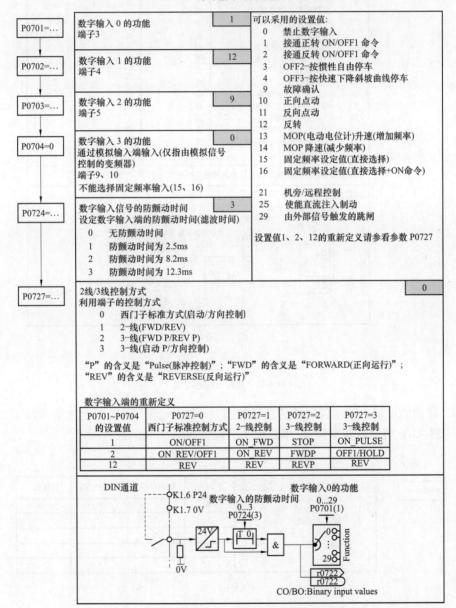

（图中文字：DIN通道　K1.6 P24　K1.7 0V　数字输入的防颤动时间 0...3 P0724(3)　数字输入0的功能 0...29 P0701(1)　24V　& Function　0V　r0722 r0722　CO/BO:Binary input values）

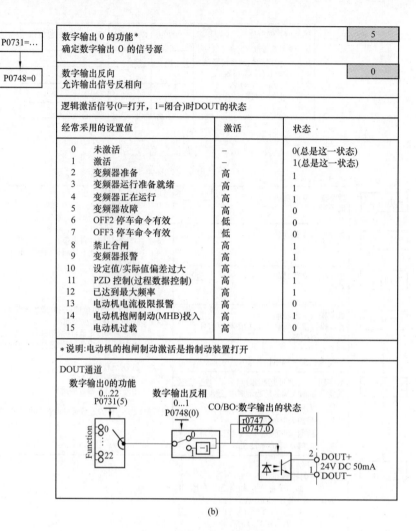

图9-38　数字量输入/输出端的设置（二）

（b）数字量输出端的设置

（4）频率的设置。频率设定值的选择如图9-39（a）所示，固定频率（FF）的设置如图9-39（b）所示；基准频率/限定频率的设置如图9-39（c）所示。

频率设定值的选择		2/5	P1000	G110 AIN	G110 USS	设置值
0	无主设定值		0	×	×	—
1	MOP 设定值		1	×	×	
2	模拟设定值		2	×	—	
3	固定频率设定值		3	×	×	
5	USS 设置		5	—	×	

（P1000=...）

（a）

图9-39　频率的设置（一）

（a）频率设置值的选择

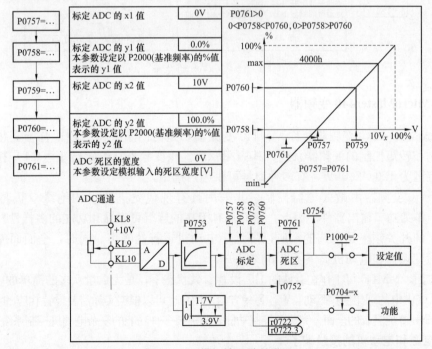

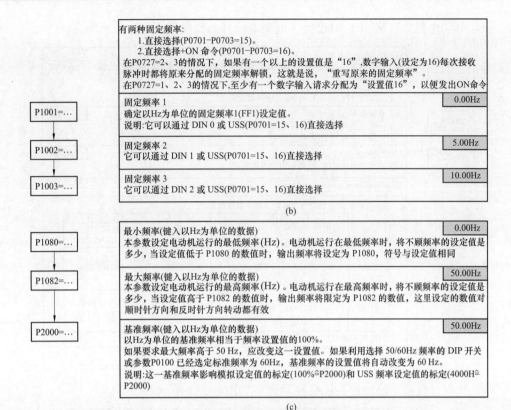 content:

有两种固定频率:
  1.直接选择(P0701-P0703=15)。
  2.直接选择+ON 命令(P0701-P0703=16)。
在P0727=2、3的情况下,如果有一个以上的设置值是"16",数字输入(设定为16)每次接收脉冲时都将原来分配的固定频率解锁,这就是说,"重写原来的固定频率"。
在P0727=1、2、3的情况下,至少有一个数字输入请求分配为"设置值16",以便发出ON命令。

P1001=...	固定频率 1	0.00Hz
	确定以Hz为单位的固定频率1(FF1)设定值。	
	说明:它可以通过 DIN 0 或 USS(P0701=15、16)直接选择	

| P1002=... | 固定频率 2 | 5.00Hz |
| | 它可以通过 DIN 1 或 USS(P0701=15、16)直接选择 | |

| P1003=... | 固定频率 3 | 10.00Hz |
| | 它可以通过 DIN 2 或 USS(P0701=15、16)直接选择 | |

(b)

| P1080=... | 最小频率(键入以Hz为单位的数据) | 0.00Hz |
| | 本参数设定电动机运行的最低频率(Hz)。电动机运行在最低频率时,将不顾频率的设定值是多少,当设定值低于 P1080 的数值时,输出频率将设定为P1080,符号与设定值相同 | |

| P1082=... | 最大频率(键入以Hz为单位的数据) | 50.00Hz |
| | 本参数设定电动机运行的最高频率(Hz)。电动机运行在最高频率时,将不顾频率的设定值是多少,当设定值高于 P1082 的数值时,输出频率将限定为P1082 的数值,这里设定的数值对顺时针方向和反时针方向转动都有效 | |

P2000=...	基准频率(键入以Hz为单位的数据)	50.00Hz
	以Hz为单位的基准频率相当于频率设置值的100%。	
	如果要求最大频率高于 50 Hz, 应改变这一设置值。如果利用选择 50/60Hz 频率的 DIP 开关或参数P0100 已经选定标准频率为 60Hz,基准频率的设置值将自动改变为 60 Hz。	
	说明:这一基准频率影响模拟设定值的标定(100%≙P2000)和USS 频率设定值的标定(4000H≙P2000)	

(c)

图 9-39 频率的设置(二)

(b)固定频率的设置;(c)基准频率/限定频率的设置

(5)模拟输入端(ADC)的设置。模拟输入端的设置如图 9-40 所示。

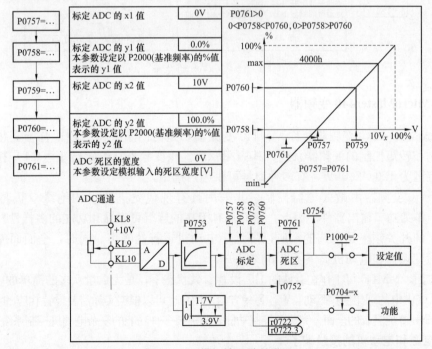 content:

P0757=...	标定 ADC 的 x1 值	0V
P0758=...	标定 ADC 的 y1 值 本参数设定以 P2000(基准频率)的%值表示的 y1 值	0.0%
P0759=...	标定 ADC 的 x2 值	10V
P0760=...	标定 ADC 的 y2 值 本参数设定以 P2000(基准频率)的%值表示的 y2 值	100.0%
P0761=...	ADC 死区的宽度 本参数设定模拟输入的死区宽度[V]	0V

图 9-40 模拟输入端的设置

（6）电动电位计（MOP）的设置。电动电位计的设置如图 9－41 所示。

图 9－41　电动电位计的设置

（7）JOG（点动）的设置。JOG 点动设置如图 9－42 所示。

图 9－42　JOG 点动设置

9.2.3　MicroMaster440 变频器

MicroMaster440 变频器简称 MM440 变频器，是西门子公司一种适合于三相电动机速度控制和转矩控制的变频器系列，其应用较广。该变频器在恒定转矩（CT）控制方式下功率范围为 120～200kW，有多种型号可供用户选用。

MM440 变频器由微处理器控制，并采用具有现代先进技术的绝缘双极型晶体管（IGBT）作为功率输出器件。因此，它们具有很高的运行可靠性和功能的多样性。其脉冲宽度调制的开关频率是可选的，所以降低了电动机运行的噪声。同时，全面而完善的保护功能为变频器和电动机提供了良好的保护。

一方面，MM440 可工作在默认的工厂设置参数状态下，是为数量众多的简单的电动机变速驱动系统供电的理想变频驱动装置。另一方面，用户也可以根据实际需要设置相应的参数，充分利用 MM440 所具有的全面、完善的控制功能，为需要多种功能的复杂电动机控制系统服务。

1. 电源和电动机的接线端子

MM440 的接线端子如图 9－43 所示，从图中可以看出，选用不同的 MM440 外形尺寸，其接线端子也不相同。外形尺寸 A～F 的 MM440 与电源和电动机的接线方法如图 9-44 所示。

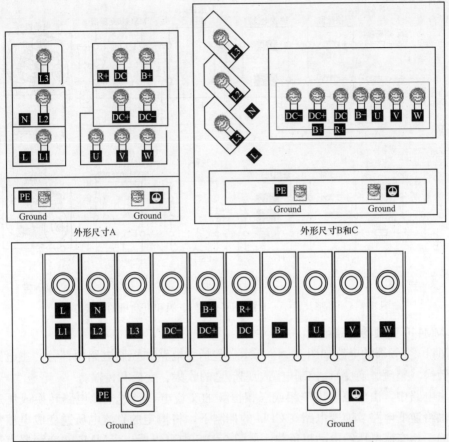

外形尺寸A

外形尺寸B和C

外形尺寸D和E

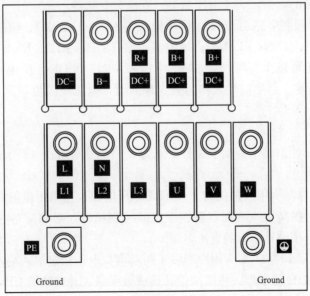

外形尺寸F

图 9-43　MM440 的接线端子

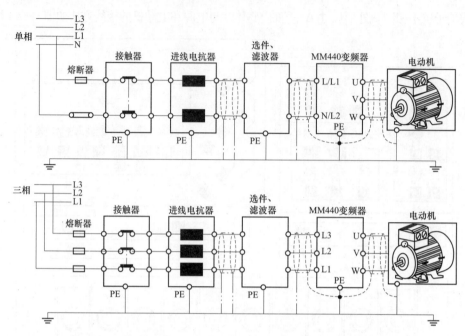

图 9-44 外形尺寸 A~F 的 MM440 与电源和电动机的接线方法

2. MM440 变频器电路结构

MM440 变频器的电路如图 9-45 所示，包括主电路和控制电路两部分。主电路完成电能的转换（整流、逆变）；控制电路处理信息的收集、变换和传输。

在主电路中，由电源输出单相或三相恒频的交流电，经过整流电路转换成恒定的直流电，供给逆变电路。逆变电路在 CPU 的控制下，将恒定的直流电压逆变成电压和频率均可调的三相交流电压给电动机负载。从图 9-45 中可以看出，MM440 变频器直流环节是通过电容进行滤波的，所以属于电压型交—直—交变频器。

M440 变频器的控制电路由 CPU、模拟输入（AIN1、AIN2）、模拟输出（AOUT1、AOUT2）、数字输入（DIN1~DIN6）、继电器输出（RL1、RL2、RL3）、操作板等组成。两个模拟输入回路也可以作为两个附加的数字输入 DIN7 和 DIN8 使用，此时的外部线路的连接如图 9-46 所示。当模拟输入作为数字输入时，电压门限值如下：1.75V（DC）＝OFF、3.75V（DC）＝ON。

3. 控制端子

MM440 有 30 个控制端子，端子编号分别为 1~10，如图 9-45 所示。各端子的端子号、标识、功能见表 9-9。

端子 1、2 是变频器为用户提供的 10V 直流稳压电源。当采用模拟电压信号输入方式输入给定频率时，为提高交流变频器调速系统的控制精度，必须配备一个高精度的直流稳压电源作为模拟电压信号输入的直流电源。

模拟输入 3、4 和 10、11 端为用户提供了两对模拟电压给定输入端，作为频率给定信号，经变频器内的 A/D 转换器，将模拟量转换成数字量，并传输给 CPU 来控制系统。

数字输入 5~8 和 16、17 端为用户提供了 6 个完全可编程的数字输入端，数字信号经光电隔离输入 CPU，对电动机进行正反转、正反向点动、固定频率设定值控制等。

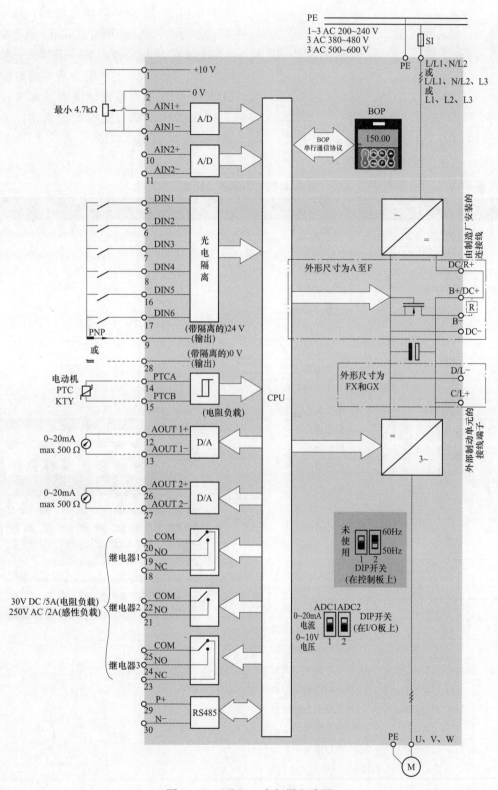

图 9-45 MM440 变频器电路图

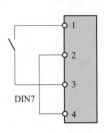

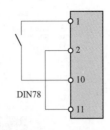

图9-46 模拟输入作为数字输入时
外部线路的连接

端子9和28是24V直流电源端，端子9（24V）在作为数字输入使用时也可用于驱动模拟输入，要求端子2和28（0V）必须连接在一起。

输出12、13和26、27端为两对模拟输出端；输出18～25端为输出继电器的触头；输入14、15端为电动机过热保护输入端；输入29、30端为串行接口 RS - 485（USS 协议）端。

表 9 - 9   MM440 变频器端子功能表

端子	标识	功能	控制端子外形
1	—	输出+10V	
2	—	输出 0V	
3	ADC1+	模拟输入1（+）	
4	ADC1-	模拟输入1（-）	
5	DIN1	数字输入1	
6	DIN2	数字输入2	
7	DIN3	数字输入3	
8	DIN4	数字输入4	
9	—	隔离输出+24V/最大电流为100mA	
10	ADC2+	模拟输入2（+）	
11	ADC2-	模拟输入2（-）	
12	DAC1+	模拟输出1（+）	
13	DAC1-	模拟输出1（-）	
14	PTCA	连接 PTC/KTY84	
15	PTCB	连接 PTC/KTY84	
16	DIN5	数字输入5	
17	DIN6	数字输入6	
18	DOUT1/NC	数字输出1/动断触点	
19	DOUT1/NO	数字输出1/动合触点	
20	DOUT1/COM	数字输出1/转换触点	
21	DOUT2/NO	数字输出2/动合触点	
22	DOUT2/COM	数字输出2/转换触点	
23	DOUT3/NC	数字输出3/动断触点	
24	DOUT3/NO	数字输出3/动合触点	
25	DOUT3/COM	数字输出3/转换触点	
26	DAC2+	模拟输出2（+）	
27	DAC2-	模拟输出2（-）	
28	—	隔离输出 0V/最大电流为100mA	
29	P+	RS - 485 端口	
30	P-	RS - 485 端口	

4. MM440 变频器的调试

适用于 MM440 变频器的操作面板主要包含 SDP、BOP 和 AOP, 如图 9 - 47 所示。MM440 变频器在标准供货方式时装有状态显示板（SDP）, 对于很多用户来说, 利用 SDP 和制造厂的默认设置值, 就可以使变频器成功地投入运行。如果工厂的默认设置值不适合用户的设备情况, 用户可以利用基本操作板（BOP）或高级操作板（AOP）修改参数, 使之匹配起来。BOP 和 AOP 是作为可选件供货的, 用户也可以用 PC IBN 工具 "Drive Monitor" 或 "STARTER" 来调整工厂的设置值。

SDP状态显示板

BOP基本操作板

AOP高级的操作板

图 9 - 47　适用于 MM440 变频器的操作面板

设置电动机频率的 DIP 开关位于 I/O 板的下面, 共有两个开关, 即 DIP2 开关和 DIP1 开关。其中 DIP2 开关置于 OFF 时, 默认值为 50Hz, 功率单位为 kW, 适用于中国及欧洲地区; 置于 ON 时, 默认值为 60Hz, 功率单位为 hp, 适用于日本及北美地区。DIP1 开关不供用户使用。在调试前, 需要首先设置 DIP2 开关的位置, 选择正确的频率匹配。

（1）用状态显示屏（SDP）进行调试。SDP 上有两个 LED 指示灯, 用于指示变频器的运行状态。采用 SDP 进行操作时, 变频器的预设定必须与电动机的额定功率、额定电压、额定电流、额定频率等参数兼容。此外, 还必须满足以下条件:

1）按照线性 V/f 控制特性, 由模拟电位计控制电动机速度。

2）频率为 50Hz 时最大速度为 3000r/min（60Hz 时为 3600r/min）, 可通过变频器输入端用电位计控制。

3）斜坡上升时间/斜坡下降时间＝10s。

采用 SDP 进行调试时, 变频器控制端子的默认设置见表 9 - 10。

表 9 - 10　　　　　　　　　用 SDP 调试时变频器的默认设置

	端子编号	参数的设置值	默认的操作
数字输入 1	5	P0701＝1	ON, 正向运行
数字输入 2	6	P0702＝12	反向运行
数字输入 3	7	P0703＝9	故障确认
数字输入 4	8	P0704＝15	固定频率
数字输入 5	16	P0705＝15	固定频率
数字输入 6	17	P0706＝15	固定频率
数字输入 7	经由 AIN1	P0707＝0	不激活
数字输入 8	经由 AIN2	P0708＝0	不激活

使用变频器上装设的 SDP 进行调试的基础电路如下：

1）启动和停止电动机（数字输入 DIN1 由外接开关控制）。

2）电动机正向（数字输入 DIN2 由外接开关控制）。

3）故障复位（数字输入 DIN3 由外接开关控制）。

用 SDP 进行调试的基本操作如图 9-48 所示，按图连接模拟输入信号，即可实现对电动机速度的控制。

（2）用基本操作板（BOP）进行调试。利用基本操作面板（BOP）可以更改变频器的各个参数。为了用 BOP 设置参数，用户首先必须将 SDP 从变频器上

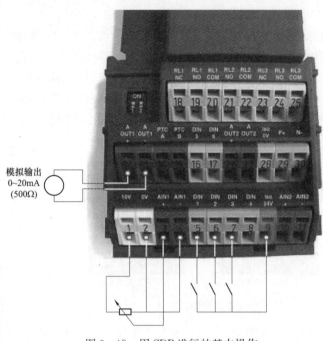

模拟输出
0~20mA
(500Ω)

图 9-48　用 SDP 进行的基本操作

拆卸下来，然后装上 BOP。

BOP 具有 5 位数字的七段显示，用于显示参数的序号和数值、报警和故障信息，以及该参数的设定值和实际值。BOP 不能存储参数的信息。

用 BOP 操作时的工厂默认值见表 9-11。在默认值设置时，用 BOP 控制电动机的功能是被禁止的。如果要用 BOP 进行控制，参数 P0700 应设置为 1，参数 P1000 也应设置为 1。变频器加上电源时，也可以将 BOP 装到变频器上，或从变频器上将 BOP 拆卸下来。如果 BOP 已经设置为 I/O 控制（P0700=1），在拆卸 BOP 时，变频器驱动装置将自动停车。

表 9-11　　　　　　　　　　用 BOP 操作时的工厂默认值

参数	说明	默认值，欧洲（或北美）地区
P0100	运行方式，欧洲/北美	50Hz，kW（60Hz，hp）
P0307	电动机的额定功率	量纲 [kW（Hp）] 取决于 P0100 的设定值（数值决定于变量）
P0310	电动机的额定频率	50（60Hz）
P0311	电动机的额定速度	1395（1680）r/min（决定于变量）
P1082	最大电动机频率	50（60Hz）

基本面板 BOP 上的按钮及其功能说明见表 9-12。

表 9-12　　　　　　　　　　基本面板 BOP 上的按钮及其功能

显示/按钮	功能	功能的说明
r0000	状态显示	LCD 显示变频器当前的设定值

显示/按钮	功能	功能的说明
	启动电动机	按此键启动变频器。默认值运行时此键是被封锁的。为了使此键的操作有效，应设定 P0700＝1
	停止电动机	OFF1：按此键，变频器将按选定的斜坡下降速率减速停车。默认值运行时此键被封锁，为了允许此键操作，应设定 P0700＝1； OFF2：按此键两次（或一次，但时间较长），电动机将在惯性作用下自由停车。 此功能总是"使能"的
	改变电动机的转动方向	按此键可以改变电动机的转动方向，电动机的反向用负号（－）表示或用闪烁的小数点表示。默认值运行时此键是被封锁的，为了使此键的操作有效，应设定 P0700＝1
	电动机点动	在变频器无输出的情况下按此键，将使电动机机起动，并按预设的点动频率运行。释放此键时，变频器停车。如果变频器/电动机正在运行，按此键将不起作用
	功能	此键用于游览辅助信息。 变频器运行过程中，在显示任何一个参数时按下此键并保持不动 2 秒钟，将显示以下参数的数值： (1) 直流回路电压（用 d 表示，单位为 V）； (2) 输出电流（A）； (3) 输出频率（Hz）； (4) 输出电压（用 o 表示，单位为 V）； (5) 由 P0005 选定的数值（如果 P0005 选择显示上述③～⑤参数中的任何一个，这里将不再显示）。 连续多次按此键，将轮流显示以上参数。 跳转功能：在显示任何一个参数（r××××或 P××××）时短时间按下此键，将立即跳转到 r0000，如果需要的话，用户可以接着修改其他的参数。跳转到 r0000 后，按此键将返回原来的显示点。 故障确认：在出现故障或报警的情况下，按此键可以对故障或报警进行确认
	访问参数	按此键即可访问参数
	增加数值	按此键即可增加面板上显示的参数数值
	减少数值	按此键即可减少面板上显示的参数数值

　　用 BOP 可以更改参数的数值，下面以更改参数 P0004 为例介绍数值的更改步骤，见表 9－13；并以 P0719 为例说明如何修改下标参数的数值，见表 9－14。按照表 9－13 和表 9－14 中说明的类似方法，可以用 BOP 更改任何一个参数。

表 9 - 13   设置更改参数的操作步骤

操作步骤	显示结果
1. 按 ⓟ 访问参数	r0000
2. 按 ▲ 直到显示出 P0004	P0004
3. 按 ⓟ 进入到参数数值的访问级	0
4. 按 ▲ 或 ▼ 达到所需的数值	1
5. 按 ⓟ 确认并存储参数的数值	P0004
6. 使用者只能看到电动机的参数	

表 9 - 14   修改下标参数 P0719 步骤

操作步骤	显示结果
1. 按 ⓟ 访问参数	r0000
2. 按 ▲ 直到显示出 P0719	P0719
3. 按 ⓟ 进入参数数值访问级	in000
4. 按 ⓟ 显示当前的设定值	0
5. 按 ▲ 或 ▼ 选择运行所需要的数值	12
6. 按 ⓟ 确认并存储这一数值	P0719
7. 按 ▼ 直到显示出 r0000	r0000
8. 按 ⓟ 返回标准的变频器显示（由用户定义）	

　　用 BOP 修改参数的数值时，BOP 有时会显示"busy"，表示变频器正忙于处理优先级更高的任务。

　　（3）用高级操作板（AOP）调试变频器。高级操作面板 AOP 也是可选件，除了像 BOP 一样的方法进行参数设置与修改外，AOP 还具有以下特点：

　　1）清晰的多种语言文本显示。

　　2）多组参数组的上装和下载功能。

3）可以通过 PC 编程。

4）具有连接多个站点的能力，最多可连接 30 台变频器。

（4）BOP/AOP 的快速调试功能。如果变频器还没有进行适当的参数设置，那么在采用闭环矢量控制和 V/f 控制的情况下必须进行快速调试，同时执行电动机技术数据的自动检测子程序。快速调试可采用 BOP 或 AOP，也可以采用带调试软件 STARTER 或 DriveMonitor 的 PC 工具。

采用 BOP 或 AOP 进行快速调试中，P0010 的参数过滤调试功能和 P0003 的选择用户访问级别的功能十分重要。P0010＝1 表示启动快速调试。MM440 变频器的参数有 3 个用户访问级，即标准访问级（基本的应用）、扩展访问级（标准应用）和专家访问级（复杂的应用）。访问的等级由参数 P0003 来选择。对于大多数应用对象，只要访问标准级（P0003＝1）和扩展级（P0003＝2）参数就足够了。

快速调试的进行与参数 P3900 的设定有关，当它被设定为 1 时，快速调试结束后要完成必要的电动机计算，并使其他所有的参数（P0010＝1 不包括在内）复位为工厂的默认设置值。当 P3900＝1，并完成快速调试后，变频器即已做好了运行准备。

快速调试（QC）的步骤如下：

步骤 1：设置用户访问级别 P0003。对于大多数应用对象，可采用默认设定值（标准级）就可以了。P0003 的设定为 1，表示选择标准级；P0003 的设定为 2，表示选择扩展级；P0003 的设定为 3，表示选择专家级。

步骤 2：设置参数过滤器 P0004。该参数的作用是按功能的要求筛选（过滤）出与该功能相关的参数，这样可以更方便地进行调试。P0004 设定为 0，表示选择全部参数（默认设置）；P0004 设定为 1，表示选择变频器参数；P0004 设定为 2，表示选择电动机参数；P0003 设定为 1，表示选择速度传感器。

步骤 3：设置调试参数过滤器 P0010，开始快速调试。P0010 设定为 0，表示准备运行；P0010 设定为 1，表示快速调试；P0010 设定为 30，表示选择工厂的默认设定值。在变频器投入运行之前，应将本参数复位为 0。在 P0010 设定为 1 时变频器的调试可以较快速和方便地完成。此时，只有一些重要的参数（如 P0304、P0305 等）是可以看得见的。这些参数的数值必须一个一个地输入变频器。当 P3900 设定为 1～3 时，快速调试结束后立即开始变频器参数的内部计算。然后，自动把参数 P0010 复位为 0。当进行电动机铭牌数据的参数化设置时，参数 P0010 应设定为 1。

步骤 4：设置参数 P0100，选择工作区域。P0100 设定为 0 时，工作区域是欧洲地区，功率单位为 kW，频率默认为 50Hz；P0100 设定为 1 时，工作区域是北美地区，功率单位为 hp，频率默认为 60Hz；P0100 设定为 2 时，工作区域是北美地区，功率单位为 kW，频率默认为 60Hz。本参数用于确定功率设定值的单位为 kW 还是 hp，在我国使用 MM440 变频器，P0100 应设定为 0。P0100 的设定值 0 和 1 应该用 DIP 开关更改，使其设定的值固定不变。在 P0100 为 0 或 1 的情况下，DIP2 开关确定 P0100 的值，DIP2 为 OFF，选择功率单位为 kW，频率为 50Hz；DIP2 为 ON，选择功率单位为 hp，频率为 60Hz。

步骤 5：设置参数 P0205，确定变频器的应用对象（转矩特性）。P0205 设定为 0，选择恒转矩（例如压缩机生产过程恒转矩机械）；P0205 设定为 1，选择变转矩（例如水泵、风机）。参数 P0205 只对不小于 5.5kW/400V 的变频器有效，其用户访问级为专家级（P0003＝3）。此外，对于恒转矩的应用对象，如果将 P0205 的参数设定为 1，可能导致电动机过热。

步骤 6：设置参数 P0300，选择电动机的类型。P0300 设定为 1 时，选择异步电动机（感应电动机）；P0300 设定为 2 时，选择同步电动机。设定 P0300＝2（同步电动机）时，只允许 V/f 控制方式（P1300＜20）。

步骤 7：设置参数 P0304，确定电动机的额定电压。根据电动机的铭牌数据键入 P0304＝电动机的额定电压（V）。注意，按照 Y-△绕组接法核对电动机铭牌上的电动机额定电压，确保电压的数值与电动机端子板上实际配置的电路接线方式相对应。

步骤 8：设置参数 P0305，确定电动机的额定电流。电动机额定电流 P0305 设定值范围通常为 0~2 倍变频器额定电流，根据电动机的铭牌数据键入 P0305＝电动机的额定电流（A）。对于异步电动机，电动机电流的最大值定义为变频器的最大电流继电；对于同步电动机，电动机的最大值定义为变频器的最大电流的 2 倍。

步骤 9：设置参数 P0307，确定电动机的额定功率。电动机额定功率 P0307 的设定值范围通常为 0~2000kW，应根据电动机的铭牌数据来设定。键入 P0307＝电动机的额定功率。如果 P0100＝0 或 2，那么应键入 kW 数；如果 P0100＝1 应键入 hp 数。

步骤 10：设置参数 P0308，输入电动机的额定功率因数。电动机额定功率因数 P0308 的设定值范围通常为 0.000~1.000，应根据所选电动机的铭牌上的额定功率因数来决定。键入 P0308＝电动机额定功率因数。如果设置为 0，变频器将自动计算功率因数的数值。注意，本参数只有在 P0100＝0 或 2 的情况下（电动机的功率单位为 kW 时），才能看到。

步骤 11：设置参数 P0309，确定电动机的额定效率。该参数设定值的范围为 0.00%~99.9%，根据电动机铭牌键入。如果设置为 0，变频器将自动计算电动机效率的数值。只有在 P0100＝1 的情况下（电动机的功率单位为 hp 时），才能看到。

步骤 12：设置参数 P0310，确定电动机的额定频率。该参数设定值的范围为 12~650Hz，根据电动机的铭牌数据键入。电动机的极对数是变频器自动计算的。

步骤 13：设置参数 P0311，确定电动机的额定速率。该参数设定值的范围为 0~40000r/min，根据电动机的铭牌数据键入电动机的额定速率（r/min）。如果设置为 0，额定速度的数值是在变频器内部进行计算的。

步骤 14：设置参数 P0320，确定电动机的磁化电流。该参数设定值的满园为 0.0%~99.0%，是以电动机额定电流（P0305）的百分数表示的磁化电流。

步骤 15：设置参数 P0335，确定电动机的冷却方式。P0335 设定为 0，将利用安装在电动机轴上的风机自冷；P0335 设定为 1，将强制冷却采用单独供电的冷却风机进行冷却；P0335 设定为 2，将自冷和内置冷却风机；P0335 设定为 3，将强制冷却和内置冷却风机。

步骤 16：设置参数 P0640，确定电动机的过载因子。该参数设定值的范围为 10.0%~400.0%，它确定以电动机额定电流（P0305）的百分值表示的最大输出电流限制值。在恒转矩方式（由 P0205 确定）下，这一参数设置为 150%；在变转矩方式下，这一参数设置为 110%。

步骤 17：设置参数 P0700，确定选择命令信号源。P0700 设定为 0 时，将数字 I/O 复位为出厂的默认设置值；P0700 设定为 1 时，命令信号源选择为 BOP（变频机键盘）；P0700 设定为 2 时，命令信号源选择为由端子排输入（出厂的默认设置值）；P0700 设定为 4 时，命令信号源选择为通过 BOP 链路的 USS 设置；P0700 设定为 5 时，命令信号源选择为通过 COM 链路的 USS 设置（经由控制端子 29 和 30）；P0700 设定为 6 时，命令信号源选择为通过 COM 链路的 CB 设置（CB＝通信模块）。

步骤 18：设置参数 P1000，选择频率设定值。该参数用于键入频率设定值信号源。P1000 设定为 1 时，选择电动电位计设定（MOP 设定）；P1000 设定为 2 时，选择模拟输入设定值 1（工厂的默认设定值）；P1000 设定为 3 时，选择固定频率设定值；P1000 设定为 4 时，选择通过 BOP 链路的 USS 设置；P1000 设定为 5 时，选择通过 COM 链路的 USS 设置（控制端子 29 和 30）；P1000 设定为 6 时，选择通过 COM 链路的 CB 设置（CB＝通信模块）；P1000 设定为 7 时，选择模拟输入设定值 2。

步骤 19：设置参数 P1080，确定电动机的最小频率。该参数设置电动机的最低频率，其设定值范围为 0～650Hz，低于这一频率时电动机的运行速度将与频率的设定值无关。这里设置的值对电动机的正转和反转都适用。

步骤 20：设置参数 P1082，确定电动机的最大频率。该参数设置电动机的最高频率，其设定值范围为 0～650Hz，高于这一频率时电动机的运行速度将与频率的设定值无关。这里设置的值对电动机的正转和反转都适用。

步骤 21：设置参数 P1120，确定斜坡上升时间。斜坡上升时间是电动机从静止停车加速到电动机最大频率 P1082 所需的时间，其设定值范围为 0～650s。如果斜坡上升时间设定的太短，就可能会出现报警信号 A0501（电流达到限制值）或变频器因故障 F0001（过电流）而停车。

步骤 22：设置参数 P1121，确定斜坡下降时间。斜坡下降时间是电动机从最大频率 P1082 制动减速到静止停车所需的时间，其设定值范围为 0～650s。如果斜坡下降时间设定的太短，就可能会出现报警信号 A0501（电流达到限制值）、A0502（达到过电压限制值）或变频器因故障 F0001（过电流）或 F0002（过电压）而断电。

步骤 23：设置参数 P1135，确定 OFF3 的斜坡下降时间。OFF3 的斜坡下降时间是发出 OFF3（快速停车）命令后电动机从其最大频率（P1082）制动减速到静止停车所需的时间，其设定值范围为 0～650s。如果设置的斜坡下降时间太短，可能出现报警信号 A0501（电流达到限制值）、A0502（达到过电压限制值）或变频器因故障 F0001（过电流）或 F0002（过电压）而断电。

步骤 24：设置参数 P1300，确定实际需要的控制方式。P1300 设定为 0 时，选择 V/f 控制；P1300 设定为 1 时，选择带 FCC（磁通电流控制）功能的 V/f 控制；P1300 设定为 2 时，选择抛物线 V/f 控制；P1300 设定为 5 时，选择用于纺织工业的 V/f 控制；P1300 设定为 6 时，选择用于纺织工业的带 FCC 功能的 V/f 控制；P1300 设定为 19 时，选择带独立电压设定值的 V/f 控制；P1300 设定为 20 时，选择无传感器的矢量控制；P1300 设定为 21 时，选择带传感器的矢量控制；P1300 设定为 22 时，选择无传感器的矢量转矩控制；P1300 设定为 23 时，选择带传感器的矢量转矩控制。

步骤 25：设置参数 P1500，选择转矩设定值。P1500 设定为 0 时，选择无主设定值；

P1500 设定为 2 时，选择模拟设定值 1；P1500 设定为 4 时，选择通过 BOP 链路的 USS 设置；P1500 设定为 5 时，选择通过 COM 链路的 USS 设置（控制端子 29 和 30）；P1500 设定为 6 时，选择通过 COM 链路的 CB 设置（CB=通信模块）；P1500 设定为 7 时，选择模拟设定值 2。

步骤 26：设置参数 P1910，选择电动机技术数据自动检测方式。P1910 设定为 0 时，禁止自动检测；P1910 设定为 1 时，自动检测全部参数并改写参数数值，这些参数被控制器接收并用于控制器的控制；P1910 设定为 2 时，自动检测全部参数但不改写参数数值，显示这些参数但不供控制器使用；P1910 设定为 3 时，饱和曲线自动检测并改写参数数值，生成报警信号 A0541（电动机技术数据自动检测功能激活）并用后续的 ON 命令启动检测。

步骤 27：设置参数 P3900，快速调试结束。P3900 设定为 0 时，不进行快速调试（不进行电动机数据计算）；P3900 设定为 1 时，结束快速调试，进行电动机数据计算，并且将不包括在快速调试中的其他全部参数都复位为出厂时的默认设置值；P3900 设定为 2 时，结束快速调试，进行电动机技术数据计算，并将 I/O 设置复位为出厂时的默认设置；P3900 设定为 3 时，只进行电动机技术数据计算，其他参数不复位。注意，P3900 设定为 3 时，接通电动机，开始电动机数据的自动检测，在完成电动机数据的自动检测以后，报警信号 A0541 消失。如果电动机要弱磁运行，操作要在 P1910＝3（饱和曲线）下重复。

步骤 28：快速调试结束，变频器进入"运行准备"就绪状态。

（5）复位为出厂时变频器的默认设置值的方法。使用 BOP、AOP 或通信选件，将 P0010 设置为 30，P0970 设置为 1，大约需要 30min 就可以把变频器的所有参数复位为出厂时的默认设置值。

（6）MM440 的常规操作。用 BOP、AOP 进行 MM440 的常规操作前提条件是：①P0010＝0，为了正确地进行运行命令的初始化；②P0700＝1，使能 BOP 的启动/停止按钮；③P1000＝1，使能电动电位计的设定值。

用 BOP、AOP 进行 MM440 的基本操作是：①按下绿色按键 ⊙ 启动电动机；②在电动机转动时按下 ⊙ 键使电动机升速到 50Hz；③在电动机达到 50Hz 时按下 ⊙ 键电动机速度及其显示值都降低；④用 ⊙ 键改变电动机的转动方向；⑤用红色按键 ⊙ 停止电动机。

在操作时，应注意以下几点：

1）变频器没有主电源开关，所以，当电源电压接通时变频器就已带电。在按下运行（RUN）键，或者在数字输入端 5 出现"ON"信号（正向旋转）之前，变频器的输出一直被封锁，处于等待状态。

2）如果装有 BOP 或 AOP 并且已选定要显示输出频率（P0005＝21），那么，在变频器减速停车时，相应的设定值大约 1s 显示一次。

3）变频器出厂时已按相同额定功率的西门子四级标准电动机的常规应用对象进行编程。用户采用的是其他型号的电动机，就必须输入电动机铭牌上的规格数据。

4）除非 P0010＝1，否则是不能修改电动机参数的。

5）为了使电动机开始运行，必须将 P0010 返回"0"值。

9.2.4 变频器的应用实例

1. PLC 与变频器联机延时控制实例

【例 9-2】 使用 S7-224 和 MM440 变频器的联机，以实现电动机延时控制运转。若按下正转按钮 SB2，延时 5s 后，电动机正向启动并运行频率为 30Hz，对应电动机转速为 1680r/min。若按下反转按钮 SB3，延时 10s 后，电动机反向启动并运行频率为 30Hz，对应电动机转速为 1680r/min。如果按下停止按钮 SB2，电动机停止运行。

解 PLC 只使用 3 个输入和 2 个输出即可，其 I/O 分配见表 9-15。PLC 与变频器的接线方法如图 9-49 所示。

表 9-15   PLC 与变频器联机延时控制的 I/O 分配表

输　入			输　出	
功能	元件	PLC 地址	功能	PLC 地址
停止工作	SB1	I0.0	电动机正向运行	Q0.0
正转启动	SB2	I0.1	电动机反向运行	Q0.1
反转启动	SB3	I0.2		

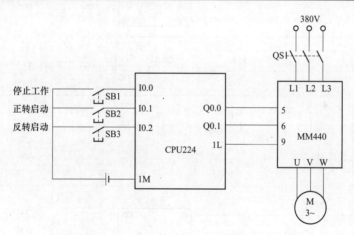

图 9-49   S7-224 和 MM440 变频器联机接线图

复位变频器为工厂默认设置值，P0010＝30 和 P0970＝1，按下 P 键，开始复位，复位过程大约 3min，这样保证了变频器的参数恢复到工厂默认设置值。变频器参数设置见表 9-16 所示。

表 9-16   变 频 器 参 数 设 置

参数号	工厂默认值	设置值	说　明
P0003	1	2	设用户访问级为标准级
P0700	2	2	由端子输入
P0701	1	1	ON 接通正转，OFF 停止
P0702	1	2	ON 接通反转，OFF 停止
P1000	2	1	频率设定值为键盘（MOP）设定值
P1080	0	0	电动机运行时最低频率（Hz）
P1082	50	50	电动机运行时最高频率（Hz）

续表

参数号	工厂默认值	设置值	说　　明
P1120	10	8	斜坡上升时间（s）
P1121	10	10	斜坡下降时间（s）
P1040	5	30	设定键盘控制的频率值（Hz）

在 STEP 7 Micro/WIN 中输入的 PLC 与变频器联机延时控制源程序见表 9-17。

表 9-17　　　　　　　　PLC 与变频器联机延时控制程序

网络	LAD	STL
网络1	I0.1 I0.0 I0.2 M0.0 / / ( ) M0.0	LD I0.1 / O M0.0 / AN I0.0 / AN I0.2 / = M0.0
网络2	M0.0 T37 IN TON +50 PT 100 ms	LD M0.0 / TON T37, +50
网络3	M0.0 T37 Q0.0 ( )	LD M0.0 / A T37 / = Q0.0
网络4	I0.2 I0.0 I0.1 M0.1 / / ( ) M0.1	LD I0.2 / O M0.1 / AN I0.0 / AN I0.1 / = M0.1
网络5	M0.1 T38 IN TON +100 PT 100 ms	LD M0.1 / TON T38, +100
网络6	M0.1 T38 Q0.1 ( )	LD M0.1 / A T38 / = Q0.1

2. PLC 与变频器联机多段速频率控制实例

【例 9-3】　使用 S7-224 和 MM440 变频器的联机，以实现电动机三段速频率运转控制。若按下启动按钮 SB2，电动机启动并运行在第 1 段，频率为 10Hz，对应电动机转速为 560r/min；延时 10s 后，电动机反向运行在第 2 段，频率为 30Hz；再延时 15s 后，电动机正向运行在第 3 段，频率为 50Hz，对应电动机转速为 2800r/min。如果按下停止按钮 SB1，电动机停止运行。

解　PLC 只使用 2 个输入和 3 个输出即可，其 I/O 分配见表 9-18。PLC 与变频器的接线方法如图 9-50 所示。

表 9-18　　　　　　　　PLC 与变频器联机三段速频率控制的 I/O 分配表

输　入			输　出	
功能	元件	PLC 地址	功能	PLC 地址
停止工作	SB1	I0.0	DIN1，3 速功能	Q0.0
启动运行	SB2	I0.1	DIN2，3 速功能	Q0.1
			DIN3，启停功能	Q0.2

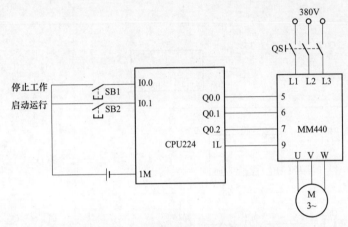

图 9-50　PLC 与变频器联机三段速频率控制接线图

复位变频器为工厂默认设置值，P0010＝30 和 P0970＝1，按下 P 键，开始复位，这样保证了变频器的参数恢复到工厂默认设置值。变频器参数设置见表 9-19。

表 9-19　　　　　　　　　　　　变 频 器 参 数 设 置

参数号	工厂默认值	设置值	说　　明
P0003	1	2	设用户访问级为标准级
P0700	2	2	命令源选择由端子排输入
P0701	1	17	选择固定频率
P0702	1	17	选择固定频率
P0703	1	1	ON 接通正转，OFF 停止
P1000	2	3	选择固定频率设定值
P1001	0	10	设定固定频率 1（Hz）
P1002	5	－30	设定固定频率 2（Hz）
P1003	10	50	设定固定频率 3（Hz）

在 STEP 7 Micro/WIN 中输入表 9-20 所示的 PLC 与变频器联机三段速频率控制源程序。

3. PLC 与变频器的 USS 通信控制实例

（1）USS 协议简介。USS 协议（Universal Serial Interface Protocol，通用串行接口协

议）是西门子公司所有传动产品（变频器等）的通用通信协议，它是一种基于串行总线进行数据通信的协议。S7-200 PLC可以将其通信端口设置为自由模式的USS协议，以便实现PLC对变频器的控制。

表9-20　　　　　　　　　　　PLC与变频器联机三段速频率控制程序

网络	LAD	STL
网络1	I0.0 —| |— Q0.2 —(S)— 1	LD　I0.0 S　　Q0.2, 1
网络2	Q0.2 —| |— T38 —|/|— T37 IN TON 100—PT 100 ms	LD　Q0.2 AN　T38 TON　T37, 100
网络3	T37 —| |— T38 IN TON 150—PT 100 ms	LD　T37 TON　T38, 150
网络4	Q0.2 —| |— T37 —|/|— Q0.0 —( )— T38 —| |—	LD　Q0.2 AN　T37 O　　T38 =　　Q0.0
网络5	T37 —| |— Q0.1 —( )—	LD　T37 =　　Q0.1
网络6	I0.1 —| |— Q0.2 —(R)— 1	LD　I0.1 R　　Q0.2, 1

　　USS协议是主—从结构的协议，规定了在USS总线上可以有一个主站和最多31个从站（变频器）；总线上的每个从站都有一个站地址（在从站参数中设定），主站依靠它识别每个从站；每个从站也只对主站发来的报文做出响应并回送报文，从站之间不能直接进行数据通讯。另外，还有一种广播通讯方式，主站可以同时给所有从站发送报文，从站在接收到报文并做出相应的响应后可不回送报文。

　　USS协议的波特率最高可达187.5kbit/s，通信字符帧格式长度为11位，分别为1位起始位、8位数据位、1位偶校验位和1位停止位。

　　USS通信的刷新周期与PLC的扫描周期是不同步的，一般完成一次USS通信需要几个PLC扫描周期，通信时间和链路变频器的台数、波特率和扫描周期有关。例如，假设通信的波特率设置为19.2kbit/s，3台变频器，经实际设计检测通信时间大约为50ms。

　　（2）USS协议的数据报文结构。USS通信是以报文传递信息的，每条报文都是以字符STX（=02hex）开始，接着是长度的说明（LGE）和地址字节（ADR），然后是采用的数据字符报文以数据块的检验符（BCC）结束，其报文结构如图9-51所示。

STX区为1个字节的ASCII字符，固定为02hex，表示一条信息的开始。

图9-51　USS协议报文结构

LGE区为1个字节，指明这一条信息中后跟的字节数目，即报文长度。报文的长度是可以变化的，其长度必须在报文的第2个字节（即LGE）中说明。总线上的各个从站节点可以采用不同长度的报文。一条报文的最大长度是256个字节。LGE是根据所采用的数据字符数（数量n）、地址字节（ADR）和数据块检验字符（BCC）确定。显然，实际的报文总长度比LGE要多2个字节，因为字节STX和LGE没有计算在LGE以内。

ADR区为一个字节，标志从站地址。bit0~4表示变频器的地址，从站地址可以是0~31。bit5是广播标志位，如果这一位设置为1，该报文就是广播报文，对串行链路上的所有节点都有效。bit6表示镜像报文，如果这一位设置为1，节点号需要判定，被寻址的从站将未加更改的报文返回给主站。其余不用的位应设置为0。

BCC区是长度为一个字节的校验和，用于检查该报文是否有效。它是该报文中BCC前面所有字节"异或"运算的结果。

数据区由参数标志值域（PKW）和过程数据域（PZD）组成，典型USS报文的数据区结构如图9-52所示。

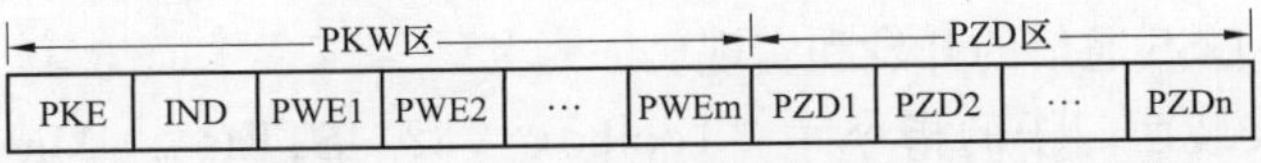

PKW域由参数标志（PKE）、参数标号（IND）和参数值（PWE）3部分构成。

图9-52　USS协议数据区结构

PKE为参数标志码，1字长，PNU（bit0~10）表示参数号；SP（bit11）为参数改变标志，由从站设置；AK（bit12~15）为报文类型，主站—从站和从站—主站各有16种不同的报文类型。

IND为参数标号，1字长，用来指定某些数组型设备参数的子参数号。

PWE为参数值，1字长或2字长，是PKE区域中所指定参数的IND指定子参数的值。每个报文中只能有一个参数值被传送。

PZD区是为控制和监测变频器而设计的。在主站和从站中收到的PZD总是以最高的优先级加以处理，处理PZD的优先级高于处理PKW的优先级，而且，总是传送接口上当前最新的有效数据。PZD区域的长度是由PZD元素的数量和它们的大小（单字或双字）决定的。每个报文中的最大PZD数量限制为16个字，最小为0个字。PZD1在传送方向为主站至从站时为控制字，传送方向为从站至主站时为状态字。

（3）常用USS设备。西门子变频器都带有一个RS-485通信接口，PLC作为主站，最多允许31个变频器作为通信链路中的从站。USS主站设备包括：S7-200、S7-1200、CPU 31xC-PtP、CP 340、CP341、CP 440、CP 441等。常用USS主站设备性能对比见表9-21。

USS从站设备包括MM3、MM4、G110、G120、6RA70、6SE70等变频驱动装置及其他第三方支持USS协议的设备。常用USS从站设备的性能对比见表9-22。

表 9 - 21　　　　　　　　　　　常用 USS 主站设备的性能对比

主站设备	通信接口	最大通信波特率
CPU 22x	9 芯 D 型插头	115.2kbit/s
CPU 31xC - PtP	15 芯 D 型插头	19.2kbit/s
CP 340 - C	15 芯 D 型插头	9.6kbit/s
CP 341 - C	15 芯 D 型插头	19.2kbit/s

表 9 - 22　　　　　　　　　　　常用 USS 从站设备的性能对比

从站设备	PKW 区	PZD 区	Bico	终端电阻	通信接口	最大通信波特率
MM3/ECO	3 固定	2 固定	NO	NO	9 芯 D 型插头或端子	19.2kbit/s
MM410/420	0，3，4，127	0～4	YES	NO	端子	57.6kbit/s
MM430/440	0，3，4，127	0～8	YES	NO	端子	115.2kbit/s
Simoreg 6RA70	0，3，4，127	0～16	YES	YES	9 芯 D 型插头或端子	115.2kbit/s
Simovert 6SE70	0，3，4，127	0～16	YES	YES	9 芯 D 型插头或端子	115.2kbit/s

（4）USS 指令库。STEP7 - Micro/WIN 指令库包括提供了 14 个子程序、3 个中断例行程序和 8 条指令，极大地简化了 USS 通信的开发和实现。

在使用 USS 通信前，需要先安装西门子的指令库"Toolbox_V32 - STEP 7 - Micro WIN 32 Instruction Library"，安装完成后，这 8 条指令可以在 STEP7 - Micro/WIN 指令树的库文件夹中找到，如图 9 - 53 所示。PLC 将用这些指令表来控制变频器的运行和参数的读/写操作。

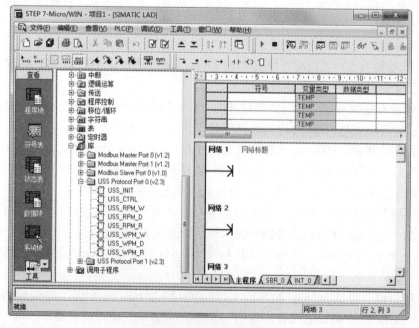

图 9 - 53　USS 指令库

USS 协议需占用 PLC 的通信端口 0 或 1，使用 USS_INIT 指令可以选择 PLC 的端口是使用 USS 协议还是 PPI 协议，选择 USS 协议后 PLC 的相应端口不能再做其他用途，包括与 STEP 7‐Wicro/WIN 的通信，只有通过执行另外一条 USS 指令或将 CPU 的模式开关拨到 STOP 状态，才能重新再进行 PPI 通信，当 PLC 与变频器通信中断时，变频器将停止运行，所以一般建议选择 CPU 226、CPU224XP。因为它们有 2 个通信端口，当第一个口用于 USS 通信时，第二个端口可以用于在 USS 协议运行时通过 STEP7‐Micro/WIN 监控应用程序。注意，STEP7‐Micro/WIN SP5 以前的版本中，USS 通信只能用端口 0，而 STEP7‐Micro/WIN SP5（含）之后的版本，则 USS 通信可以使用通信端口 0 或 1。调用不同的通信端口使用的子程序也不同。USS 指令还影响与端口 0 自由端口通信相关的所有 SM 位置。

1）初始化指令 USS_INIT。初始化指令 USS_INIT 用于使能或禁止 PLC 和变频器之间的通信，在执行其他 USS 协议前，必须先成功执行一次 USS_INIT 指令。只有当该指令成功执行且其完成位（DONE）置位后，才能继续执行下面的指令。USS_INIT 指令格式及参数的意义见表 9‐23。

表 9‐23   USS_INIT 指令参数

LAD	参数	数据类型	描　述
	EN	BOOL	该位为 1 时 USS_INIT 指令被执行，通常采用脉冲指令
	Mode	BYTE	用于选择 PLC 通信端口的通信协议，1——选择 USS；0——选择 PPI
USS_INIT EN Mode　　Done Baud　　Error Active	Baud	INT	指定通信波特率
	Active	DINT	用于设定链路上的哪个变频器被激活，Active 共 32 位，位 0～31 分别对应通信链路上的通信地址为 0 到 31 的变频器。例如 Active 的给定值为 16#0000000000000010 时，表示链路上的通信地址为 1 的变频器被激活
	Done	BIT	当 USS_INIT 指令正确执行完成后该位置 1
	Error	BYTE	在 USS_INIT 指令执行有错误时该字节包含错误代码

2）控制指令 USS_CTRL。USS_CTRL 指令用于控制已通过 USS_INIT 激活的变频器，每台变频器只能使用 1 条这样的指令。该指令将用户命令放在通信缓冲区内，如果指令参数 Drive 指定的变频器已经激活，缓冲区内的命令将被发送到指定的变频器。USS_CTRL 格式及参数意义见表 9‐24。

其中，对应 MM3 系列变频器的"Status"参数的意义如图 9‐54（a）所示，对应 MM4 系列变频器的"Status"参数的意义如图 9‐54（b）所示。

3）读取变频器参数指令 USS_RPM_x。读取变频器参数的指令，包括 USS_RPM_W、USS_RPM_D 和 USS_RPM_R 共 3 条指令，分别用于读取变频器的一个无符号字参数，一个无符号双字参数和一个实数类型的参数，USS_RPM_x 指令的格式及参数的意义见表 9‐25。

表 9 - 24   **USS_CTRL 指令参数**

LAD	参数	数据类型	描 述
	EN	BOOL	该位为 1 时 USS_CTRL 指令被执行，通常该指令总是处于使能状态
	RUN	BOOL	该命令用于控制变频器的启动停止状态，RUN=1，OFF2=0，OFF3=0 时变频器启动；RUN=0 变频器停止
	OFF2	BOOL	停车信号 2，此信号为 1 时，变频器将封锁主回路输出，电机自由停车
	OFF3	BOOL	停车信号 3，此信号为 1 时，变频器将快速制动停车
	F_ACK	BOOL	故障确认。当变频器发生故障后，将通过状态字向 USS 主站报告；如果造成故障的原因排除，可以使用此输入端清除变频器的报警状态，即复位
	DIR	BOOL	该命令用于控制变频器的运行方向，1——正转；0——反转。
	Drive	BYTE	该命令用于设定变频器的站地址，指定该指令的命令要发送到那台变频器
	Type	BYTE	变频器的类型，1-MM4 或 G110 变频器；0-MM3 或更早的产品
	Speed_SP	REAL	速度设定值。速度设定值必须是一个实数，给出的数值是变频器的频率范围百分比还是绝对的频率值取决于变频器中的参数设置（如 MM440 的 P2009）
	Resp_R	BOOL	从站应答确认信号。主站从 USS 从站收到有效的数据后，此位接通一个扫描周期，表明以下的所有数据都是最新的
	Error	BYTE	当变频器产生错误时该字节包含错误代码
	Status	WORD	状态字，此状态字直接来自变频器的状态字，表示当时的实际运行状态
	Speed	REAL	变频器返回的实际运行速度
	Run_EN	BOOL	变频器返回的运行状态信号，1——正在运行；0——已停止
	D_Dir	BOOL	变频器返回的运行方向信号，1——正转；0——反转
	Inhibit	BOOL	变频器返回的禁止状态信号，1——禁止；0——开放
	Fault	BOOL	故障指示位（0——无故障；1——有故障）。表示变频器处于故障状态，变频器上会显示故障代码（如果有显示装置）。要复位故障报警状态，必须先消除引起故障的原因，然后用 F_ACK 或者变频器的端子、或操作面板复位故障状态

LAD 框图：

```
      USS_CTRL
   EN

   RUN

   OFF2

   OFF3

   F_ACK

   DIR

   Drive      Resp_R
   Type        Error
   Speed_SP   Status
               Speed
              Run_EN
               D_Dir
              Inhibit
               Fault
```

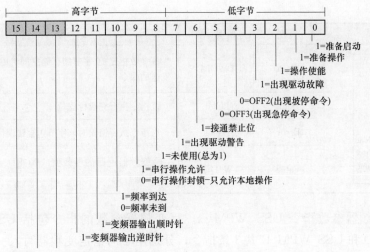

(a)

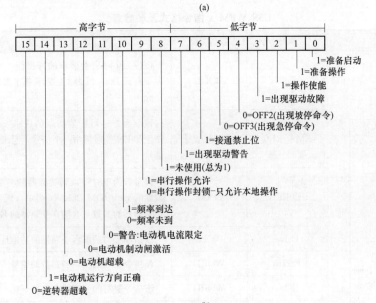

(b)

图 9-54 "Status"参数的意义

（a）对应 MM3 系列变频器的"Status"参数的意义；（b）对应 MM4 系列变频器的"Status"参数的意义

表 9-25 USS_RPM_x 指令格式及参数意义

LAD	参数	数据类型	描 述
USS_RPM_W EN XMT_REQ Drive　Done Param　Error Index　Value DB_Ptr	EN	BOOL	位为 1 时启动请求的发送，并且要保持该位为 1 直到 Done 位为 1 标志着整个参数读取过程完成
	XMT_REQ	BOOL	该位为 1 时读取参数指令的请求发送给变频器，该位和 EN 位通常用一个信号，但该请求通常用脉冲信号
	Drive	BYTE	被读变频器的站地址
	Param	WORD	被读变频器参数的编号
	Index	WORD	被读变频器参数的下标

续表

LAD	参数	数据类型	描 述
USS_RPM_W —EN —XMT_REQ —Drive　Done— —Param　Error— —Index　Value— —DB_Ptr	DB_Ptr	DWORD	该参数指定16字节的存储空间，用于存放向变频器发送的命令
	Done	BOOL	该指令执行完成标志位
	Error	BYTE	当指令执行错误时该字节包含错误代码
	Value	W/D/R	由变频器返回的参数值（WORD、DWORD 或 RE-AL 类型）

4）写变频器参数指令 USS_WPM_x。写变频器参数的指令包括 USS_WPM_W、USS_WPM_D 和 USS_WPM_R 共 3 条指令，分别用于向指定变频器写入一个无符号字，一个无符号双字和一个实数类型的参数，该指令的格式及参数的意义见表 9 - 26。

表 9 - 26　　　　　　　　USS_WPM_x指令格式及参数意义

LAD	参数	数据类型	描 述
	EN	BOOL	该位为1时启动请求的写操作，并且要保持该位为1直到Done位为1标志着整个参数的写操作过程完成
USS_WPM_W —EN —XMT_REQ —EEPROM —Drive　Done— —Param　Error— —Index —Value —DB_Ptr	XMT_REQ	BOOL	该位为1时写参数指令的请求发送给比变频器，该位和EN位通常用一个信号，但该请求通常用脉冲信号
	EEPROM	BOOL	该参数为1时写入到变频器的参数同时存储在变频器的 EEPROM 和 ROM 当中，该参数为0时写入到变频器的参数只存储在变频器的 ROM 当中
	Drive	BYTE	该指令要写的那台变频器的站地址
	Param	WORD	该指令要写的变频器参数的编号
	Index	WORD	该指令要写的变频器参数的下标
	Value	W/D/R	写入到变频器中的参数值
	DB_Ptr	DWORD	该参数指定16字节的存储空间，用于存放向变频器发送的命令
	Done	BOOL	该指令执行完成标志位
	Error	BYTE	当指令执行错误时该字节包含错误代码

（5）PLC 与变频器的 USS 通信实例。

【例 9 - 4】　使用 S7 - 226 和 MM440 变频器的进行 USS 通信，以实现电动机的无级调速控制。已知电动机功率为 0.06kW，额定转速为 1440r/min，额定电压为 380V，额定电流为 0.35A，额定频率为 50Hz。

解　PLC 使用 5 个输入即可，通过双绞线，将 PLC 的通信端口 0 与变频器连接在一起，其接线方法如图 9 - 55 所示。

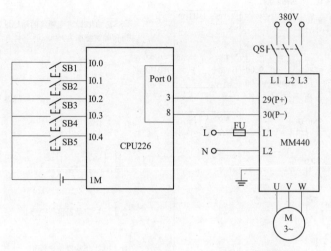

图 9-55 PLC 与变频器的 USS 无级调速接线图

复位变频器为工厂默认设置值，P0010＝30 和 P0970＝1，按下 P 键，开始复位，复位过程大约 3min，这样保证了变频器的参数恢复到工厂默认设置值。变频器参数设置见表 9-27。

表 9-27   变 频 器 参 数 设 置

参数号	工厂默认值	设置值	说 明
P0304	230	380	电动机的额定电压 380V
P0305	3.25	0.35	电动机的额定电流 0.35A
P0307	0.75	0.06	电动机的额定功率 0.06kW
P0310	50.00	50.00	电动机的额定频率 50Hz
P0311	0	1440	电动机的额定转速 1440r/min
P0700	2	5	选择命令源（COM 链路的 USS 设置）
P1000	2	5	频率源（COM 链路的 USS 设置）
P2010	6	6	USS 波特率（6～9600bit/s）
P2011	0	18	站点的地址

在 STEP 7 Micro/WIN 中输入如图 9-56 所示的 PLC 与变频器的 USS 无级调速控制源程序。编写完程序后，在用户程序中需指定库存储区地址，否则程序编译时会报错。其方法是用鼠标单击指令树中的"程序块"→"库"图标，在弹出的快捷菜单中执行"库存储区"命令，为 USS 指令库所使用的 397 个字节 V 存储区指定起始地址，如图 9-57 所示。

【例 9-5】 使用 S7-226 和 MM440 变频器进行 USS 通信，以实现对电动机的启动、制动停止、自由停止和正反转，并能够通过 PLC 读取变频器参数、设置变频器参数。

解 PLC 使用 7 个输入和 5 个输出，其 I/O 分配见表 9-28，通过双绞线，将 PLC 的通信端口 0 与变频器连接在一起，其接线方法如图 9-58 所示。

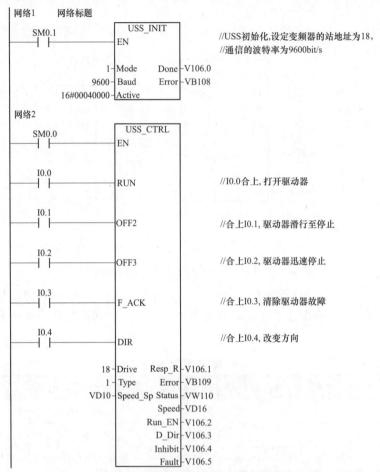

图 9-56　PLC 与变频器的 USS 无级调速控制程序

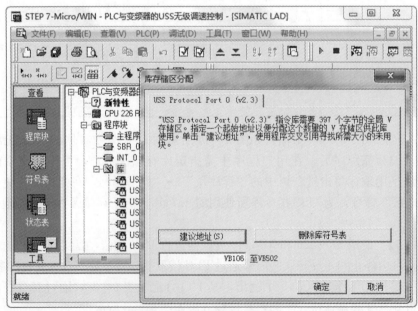

图 9-57　指定库存储区地址

表 9-28   PLC 与变频器的 USS 启停控制 I/O 分配表

输 入				
功能	元件	PLC 地址	功能	PLC 地址
启动按钮	SB0	I0.0	变频器激活状态显示	Q0.0
自动停车按钮	SB1	I0.1	变频器运行状态显示	Q0.1
快速停车按钮	SB2	I0.2	变频器运行方向显示	Q0.2
变频器故障确认按钮	SB3	I0.3	变频器禁止位状态显示	Q0.3
变频器方向控制按钮	SB4	I0.4	变频器故障状态显示	Q0.4
变频器参数读操作使能按钮	SB5	I0.5		
变频器参数写操作使能按钮	SB6	I0.6		

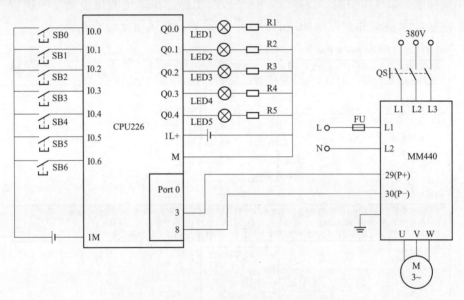

图 9-58 PLC 与变频器的 USS 启停控制接线图

复位变频器为工厂默认设置值，P0010＝30 和 P0970＝1，按下 P 键，开始复位，复位过程大约 3min，这样保证了变频器的参数恢复到工厂默认设置值。变频器主要参数设置见表 9-29。

表 9-29   变频器主要参数设置

参数号	工厂默认值	设置值	说　　明
P0003	1	3	设用户访问级为专家级
P0010	30	1	调试参数过滤器，＝1 快速调试，＝0 准备
P0304	230	380	电动机的额定电压 380V（以电动机铭牌为准）
P0305	3.25	0.35	电动机的额定电流 0.35A（以电动机铭牌为准）
P0307	0.75	0.06	电动机的额定功率 0.06kW（以电动机铭牌为准）
P0310	50.00	50.00	电动机的额定频率 50Hz（以电动机铭牌为准）
P0311	0	1440	电动机的额定转速 1440r/min（以电动机铭牌为准）
P0700	2	5	选择命令源（COM 链路的 USS 设置）
P1000	2	5	频率源（COM 链路的 USS 设置）

续表

参数号	工厂默认值	设置值	说　明
P2010	6	7	USS 波特率（19.2kbit/s）
P2011	0	1	站点的地址
P2012	2	2	USS 的 PZD 长度
P2013	127	4	USS 的 PKW 长度
P2014	0	0	禁止通信超时

在 STEP 7 Micro/WIN 中输入图 9-59 所示的 PLC 与变频器的 USS 启停控制源程序。编写完程序后，在用户程序中需指定库存储区地址，否则程序编译时会报错。其方法是用鼠标单击指令树中的"程序块"→"库"图标，在弹出的快捷菜单中执行"库存储区"命令，为 USS 指令库所使用的 397 个字节 V 存储区指定起始地址。

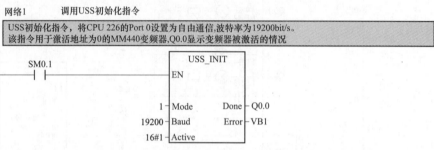

网络1　　　调用USS初始化指令

USS初始化指令，将CPU 226的Port 0设置为自由通信，波特率为19200bit/s。
该指令用于激活地址为0的MM440变频器,Q0.0显示变频器被激活的情况

```
SM0.1                       USS_INIT
──┤├──                   ─┤EN         ┤
                     1 ─┤Mode    Done├─ Q0.0
                 19200 ─┤Baud    Error├─ VB1
                  16#1 ─┤Active       ┤
```

网络2

I0.0启动变频器运行;I0.1按下,自动停车模式,关停变频器;I0.2按下,快速停车模式,关停变频器;
I0.3作为变频器的故障确认信号;I0.4控制变频器的运行方向;Q0.1显示变频器的运行状态;
Q0.2显示变频器的运行方向;Q0.3显示变频器上的禁止位的状态;Q0.4显示变频器故障位的状态

```
SM0.0                       USS_CTRL
──┤├──                   ─┤EN         ┤
I0.0
──┤├──                   ─┤RUN        ┤
I0.1
──┤├──                   ─┤OFF2       ┤
I0.2
──┤├──                   ─┤OFF3       ┤
I0.3
──┤├──                   ─┤F_ACK      ┤
I0.4
──┤├──                   ─┤DIR        ┤
                     0 ─┤Drive   Resp_R├─ M0.0
                     1 ─┤Type    Error├─ VB2
                 100.0 ─┤Speed_SP Status├─ VW4
                              Speed├─ VD6
                             Run_EN├─ Q0.1
                              D_Dir├─ Q0.2
                            Inhibit├─ Q0.3
                              Fault├─ Q0.4
```

图 9-59　PLC 与变频器的 USS 启停控制源程序（一）

网络3   读变频器的运行频率

该指令用于读取变频器的实际运行频率

```
           SM0.0                                    USS_RPM_W
           ──┤├──                                  EN

           I0.5
           ──┤├──          ──┤P├──                 XMT_REQ

                                           0 ─ Drive      Done ─ M0.4
                                           0 ─ Param      Error ─ VB16
                                           0 ─ Index      Value ─ VW18
                                        &VB80 ─ DB_Ptr
```

网络4   写入控制方式

该指令用于在变频器启动时将运行控制方式写入变频器中:
　　Drive=0,指定将命令写到地址为0的变频器;
　　Param=1300,该参数用于设置变频器的控制方式;
　　Index=0,该参数无下标必须设置为0;
　　Value=22,指定变频器的运行方式为无传感器的转矩矢量控制方式

```
           SM0.0                                    USS_WPM_W
           ──┤├──                                  EN

           I0.6
           ──┤├──          ──┤P├──                 XMT_REQ

           SM0.0
           ──┤/├──                                 EEPROM

                                           0 ─ Drive      Done ─ M0.3
                                        1300 ─ Param      Error ─ VB15
                                           0 ─ Index
                                          22 ─ Value
                                        &VB60 ─ DB_Ptr
```

图 9-59 PLC 与变频器的 USS 启停控制源程序（二）

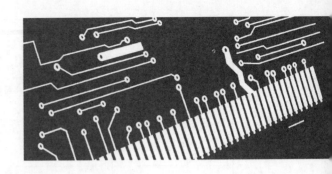

第10章

PLC控制系统设计及实例

PLC 的内部结构尽管与计算机、微机类似，但其接口电路不相同，编程语言也不一致。因此，PLC 控制系统与微机控制系统开发过程也不完全相同，需要根据 PLC 本身特点、性能进行系统设计。

10.1 PLC控制系统的设计

可编程控制器应用方便、可靠性高，被大量地应用于各个行业、各个领域。随着可编程控制器功能的不断拓宽与增强，它已经从完成复杂的顺序逻辑控制的继电器控制柜的替代物，逐渐进入到过程控制和闭环控制等领域，它所能控制的系统越来越复杂，控制规模越来宏大，因此如何用可编程控制器完成实际控制系统应用设计，是每个从事电气控制技术人员所面临的实际问题。

10.1.1 PLC 控制系统的设计原则和内容

任何一种电气控制系统都是为了实现生产设备或生产过程的控制要求和工艺需求，以提高生产效率和产品质量。因此，在设计 PLC 控制系统时，应遵循以下基本原则：

（1）最大限度地满足被控对象提出和各项性能指标。设计前，设计人员除理解被控对象的技术要求外，应深入现场进行实地的调查研究，收集资料，访问有关的技术人员和实际操作人员，共同拟定设计方案，协同解决设计中出现的各种问题。

（2）在满足控制要求的前提下，力求使控制系统简单、经济，使用及维修方便。

（3）保证控制系统的安全、可靠。

（4）考虑到生产的发展和工艺的改进，在选择 PLC 容量时，应适当留有裕量。

PLC 控制系统是由 PLC 与用户输入、输出设备连接而成的，因此，PLC 控制系统设计的基本内容如下：

（1）明确设计任务和技术文件。设计任务和技术条件一般以设计任务的方式给出，在设计任务中，应明确各项设计要求、约束条件及控制方式。

（2）确实用户输入设备和输出。在构成 PLC 控制系统时，除了作为控制器的 PLC，用户的输入/输出设备是进行机型选择和软件设计的依据，因此要明确输入设备的类型（如控制按钮、操作开关、限位开关、传感器等）和数量，输出设备的类型（如信号灯、接触器、继电器等）和数量，以及由输出设备驱动的负载（如电动机、电磁阀等），并进行分类、汇总。

（3）选择合适的 PLC 机型。PLC 是整个控制系统的核心部件，正确、合理选择机型对于保证整个系统技术经济性能指标起重要的作用。选择 PLC，应包括机型的选择、容量选择、I/O 模块的选择、电源模块的选择等。

（4）合理分配 I/O 端口，绘制 I/O 接线图。通过对用户输入/输出设备的分析、分类和整理，进行相应的 I/O 地址分配，并据此绘制 I/O 接线图。

（5）设计控制程序。根据控制任务、所选择的机型及 I/O 接线图，一般采用梯形图语言（LAD）或语句表（STL）设计系统控制程序。控制程序是控制整个系统工作的软件，是保证系统工作正常、安全、可靠的关键。

（6）必要时设计非标准设备。在进行设备选型时，应尽量选用标准设备，如果无标准设备可选，还可能需要设计操作台、控制柜、模拟显示屏等非标准设备。

（7）编制控制系统的技术文件。在设计任务完成后，要编制系统技术文件。技术文件一般应包括设计说明书、使用说明书、I/O 接线图和控制程序（如梯形图、语句表等）。

10.1.2　PLC 控制系统的设计步骤

设计一个 PLC 控制系统需要以下 8 个步骤：

步骤一：分析被控对象并提出控制要求。详细分析被控对象的工艺过程及工作特点，了解被控对象机、电、液之间的配合，提出被控对象对 PLC 控制系统的控制要求，确定控制方案，拟定设计任务书。被控对象就是受控的机械、电气设备、生产线或生产过程。控制要求主要指控制的基本方式、应完成的动作、自动工作循环的组成、必要的保护和联锁等。

步骤二：确定输入/输出设备。根据系统的控制要求，确定系统所需的全部输入设备（如按钮、位置开关、转换开关及各种传感器等）和输出设备（如接触器、电磁阀、信号指示灯及其他执行器等），从而确定与 PLC 有关的输入/输出设备，以确定 PLC 的 I/O 点数。

步骤三：选择 PLC。根据已确定的用户 I/O 设备，统计所需的输入信号和输出信号的点数，选择合适的 PLC 类型，包括机型的选择、容量的选择、I/O 模块的选择、电源模块的选择等。

步骤四：分配 I/O 点并设计 PLC 外围硬件线路。

（1）分配 I/O 点。画出 PLC 的 I/O 点与输入/输出设备的连接图或对应关系表，该部分也可在第（2）步中进行。

（2）设计 PLC 外围硬件线路。画出系统其他部分的电气线路图，包括主电路和未进入 PLC 的控制电路等。由 PLC 的 I/O 连接图和 PLC 外围电气线路图组成系统的电气原理图。到此为止系统的硬件电气线路已经确定。

步骤五：程序设计。

（1）程序设计。根据系统的控制要求，采用合适的设计方法来设计 PLC 程序。程序要以满足系统控制要求为主线，逐一编写实现各控制功能或各子任务的程序，逐步完善系统指定的功能。除此之外，程序通常还应包括以下内容：

1）初始化程序。在 PLC 上电后，一般都要做一些初始化的操作，为启动做必要的准备，避免系统发生误动作。初始化程序的主要内容有：对某些数据区、计数器等进行清零，对某些数据区所需数据进行恢复，对某些继电器进行置位或复位，对某些初始状态进行显示等等。

2）检测、故障诊断和显示等程序。这些程序相对独立，一般在程序设计基本完成时再添加。

3）保护和联锁程序。保护和连锁是程序中不可缺少的部分，必须认真加以考虑。它可以避免由于非法操作而引起的控制逻辑混乱。

（2）程序模拟调试。程序模拟调试的基本思想是，以方便的形式模拟产生现场实际状态，为程序的运行创造必要的环境条件。根据产生现场信号的方式不同，模拟调试有硬件模拟法和软件模拟法两种形式。

1）硬件模拟法是使用一些硬件设备（如用另一台 PLC 或一些输入器件等）模拟产生现场的信号，并将这些信号以硬接线的方式连到 PLC 系统的输入端，其时效性较强。

2）软件模拟法是在 PLC 中另外编写一套模拟程序，模拟提供现场信号，其简单易行，但时效性不易保证。模拟调试过程中，可采用分段调试的方法，并利用编程器的监控功能。

步骤六：硬件实施。硬件实施方面主要是进行控制柜（台）等硬件的设计及现场施工。主要内容有：

（1）设计控制柜和操作台等部分的电器布置图及安装接线图。

（2）设计系统各部分之间的电气互联图。

（3）根据施工图纸进行现场接线，并进行详细检查。

由于程序设计与硬件实施可同时进行，因此 PLC 控制系统的设计周期可大大缩短。

步骤七：联机调试。联机调试是将通过模拟调试的程序进一步进行在线统调。联机调试过程应循序渐进，从 PLC 只连接输入设备、再连接输出设备、再接上实际负载等逐步进行调试。如不符合要求，则对硬件和程序作调整。通常只需修改部分程序即可。

全部调试完毕后，交付试运行。经过一段时间运行，如果工作正常、程序不需要修改，应将程序固化到 EPROM 中，以防程序丢失。

步骤八：编制技术文件。系统调试好后，应根据调试的最终结果，整理出完整的系统技术文件。系统技术文件包括说明书、电气原理图、电器布置图、电气元件明细表、PLC 梯形图。

10.1.3　PLC 硬件系统设计

PLC 硬件系统设计主要包括：PLC 型号的选择、I/O 模块的选择、输入/输出点数的选择、可靠性的设计等内容。

1. PLC 型号选择

做出系统控制方案的决策之前，要详细了解被控对象的控制要求，从而决定是否选用 PLC 进行控制。

随着 PLC 技术的发展，PLC 产品的种类也越来越多。不同型号的 PLC，其结构形式、指令系统、编程方式、价格等也各有不同，适用的场合也各有侧重。因此，合理选用 PLC，对于提高 PLC 控制系统的技术经济指标有着重要意义。

PLC 的选择主要应从 PLC 的机型、容量、I/O 模块、电源模块、特殊功能模块、通信联网能力等方面加以综合考虑。

（1）对输入/输出点的选择。盲目选择点数多的机型会造成一定浪费。要先弄清除控制系统的 I/O 总点数，再按实际所需总点数的 15%～20% 留出备用量（为系统的改造等留有余地）后确定所需 PLC 的点数。另外要注意，一些高密度输入点的模块对同时接通的输入点数有限制，一般同时接通的输入点不得超过总输入点的 60%；PLC 每个输出点的驱动能力也是有限的，有的 PLC 其每点输出电流的大小还随所加负载电压的不同而异；一般 PLC 的允许输出电流随环境温度的升高而有所降低等。在选型时要考虑这些问题。

PLC 的输出点可分共点式、分组式和隔离式三种接法。隔离式的各组输出点之间可以采用不同的电压种类和电压等级，但这种 PLC 平均每点的价格较高。如果输出信号之间不需要隔离，则应选择前两种输出方式的 PLC。

（2）对存储容量的选择。对用户存储容量只能作粗略的估算。在仅对开关量进行控制的系统中，可以用输入总点数乘 10 字/点＋输出总点数乘 5 字/点来估算；计数器/定时器按（3～5）字/个估算；有运算处理时按（5～10）字/量估算；在有模拟量输入/输出的系统中，可以按每输入/（或输出）一路模拟量约需（80～100）字左右的存储容量来估算；有通信处理时按每个接口 200 字以上的数量粗略估算。最后，一般按估算容量的 50%～100% 留有裕量。对缺乏经验的设计者，选择容量时留有裕量要大些。

（3）对 I/O 响应时间的选择。PLC 的 I/O 响应时间包括输入电路延迟、输出电路延迟和扫描工作方式引起的时间延迟（一般在 2～3 个扫描周期）等。对开关量控制的系统，PLC 和 I/O 响应时间一般都能满足实际工程的要求，可不必考虑 I/O 响应问题。但对模拟量控制的系统、特别是闭环系统就要考虑这个问题。

（4）根据输出负载的特点选型。不同的负载对 PLC 的输出方式有相应的要求。例如频繁通断的感性负载，应选择晶体管或晶闸管输出型的，而不应选用继电器输出型的。但继电器输出型的 PLC 有许多优点，如导通压降小，有隔离作用，价格相对较便宜，承受瞬时过电压和过电流的能力较强，其负载电压灵活（可交流、可直流）且电压等级范围大等。所以动作不频繁的交、直流负载可以选择继电器输出型的 PLC。

（5）对在线和离线编程的选择。离线编程是指主机和编程器共用一个 CPU，通过编程器的方式选择开关来选择 PLC 的编程、监控和运行工作状态。编程状态时，CPU 只为编程器服务，而不对现场进行控制。专用编程器编程属于这种情况。在线编程是指主机和编程器各有一个 CPU，主机的 CPU 完成对现场的控制，在每一个扫描周期末尾与编程器通信，编程器把修改的程序发给主机，在下一个扫描周期主机将按新的程序对现场进行控制。计算机辅助编程既能实现离线编程，也能实现在线编程。在线编程需购置计算机，并配置编程软件。采用哪种编程方法应根据需要决定。

（6）根据是否联网通信选型。若PLC控制的系统需要联入工厂自动化网络，则PLC需要有通信联网功能，即要求PLC应具有连接其他PLC、上位计算机及CRT等的接口。大、中型机都有通信功能，目前大部分小型机也具有通信功能。

（7）对PLC结构形式的选择。在相同功能和相同I/O点数的情况下，整体式比模块式价格低且体积相对较小，所以一般用于系统工艺过程较为固定的小型控制系统中。但模块式具有功能扩展灵活，维修方便（换模块），容易判断故障等优点，因此模块式PLC一般适用于较复杂系统和环境差（维修量大）的场合。

2. I/O模块的选择

在PLC控制系统中，为了实现对生产机械的控制，需将对象的各种测量参数按要求的方式送入PLC。PLC经过运算、处理后再将结果以数字量的形式输出，此时也是把该输出变换为适合于对生产机械控制的量。因此在PLC和生产机械中必须设置信息传递和变换的装置，即I/O模块。

由于输入和输出信号的不同，所以I/O模块有数字量输入模块、数字量输出模块、模拟量输入模块和模拟量输出模块共4大类。不同的I/O模块，其电路及功能也不同，直接影响PLC的应用范围和价格，因此必须根据实际需求合理选择I/O模块。

选择I/O模块之前，应确定哪些信号是输入信号，哪些信号是输出信号，输入信号由输入模块进行传递和变换，输出信号由输出模块进行传递和变换。

对于输入模块的选择要从3个方面进行考虑。

（1）根据输入信号的不同进行选择，输入信号为开关量即数字量时，应选择数字量输入模块；输入信号为模拟量时，应选择模拟量输入模块。

（2）根据现场设备与模块之间的距离进行选择，一般5V、12V和24V属于低电平，其传输出距离不宜太远，如12V电压模块的传输距离一般不超过12m。对于传输距离较远的设备应选用较高电压或电压范围较宽的模块。

（3）根据同时接通的点数多少进行选择，对于高密度的输入模块，如32点和64点输入模块，能允许同时接通的点数取决于输入电压的高低和环境温度，不宜过多。一般同时接通的点数不得超过总输入点数的60%，但对于控制过程，比如自动/手动、启动/停止等输入点同时接通的几率不大，所以不需考虑。

输出模块有继电器、晶体管和晶闸管三种工作方式。继电器输出适用于交、直流负载，其特点是带负载能力强，但动作频率与响应速度慢。晶体管输出适用于直流负载，其特点是动作频率高、响应速度快，但带负载能力小。晶闸管输出适用于交流负载，响应速度快，带负载能力不大。因此，对于开关频繁、功率因数低的感性负载，可选用晶闸管（交流）和晶体管（直流）输出；在输出变化不太快、开关要求不频繁的场合应选用继电器输出。在选用输出模块时，不但是看一个点的驱动能力，还是看整个模块的满负荷能力，即输出模块同时接通点数的总电流值不得超过模块规定的最大允许电流。对于功率较小的集中设备，如普通机床，可选用低电压高密度的基本I/O模块；对功率较大的分散设备，可选用高电压低密度的基本I/O模块。

3. 输入/输出点数的选择

一般输入点和输入信号、输出点和输出控制是一一对应的。

分配好后，按系统配置的通道与接点号，分配给每一个输入信号和输出信号，即进行编号。在个别情况下，也有两个信号用一个输入点的，那样就应在接在输入点前，按逻辑关系接好线（如两个触点先串联或并联），然后再接到输入点。

（1）确定 I/O 通道范围。不同型号的 PLC，其输入/输出通道的范围是不一样的，应根据所选 PLC 型号，查阅相应的编程手册，决不可"张冠李戴"。

（2）内部辅助继电器。内部辅助继电器不对外输出，不能直接连接外部器件，而是在控制其他继电器、定时器 /计数器时作数据存储或数据处理用。

从功能上讲，内部辅助继电器相当于传统电控柜中的中间继电器。未分配模块的输入/输出继电器区以及未使用 1：1 链接时的链接继电器区等均可作为内部辅助继电器使用。根据程序设计的需要，应合理安排 PLC 的内部辅助继电器，在设计说明书中应详细列出各内部辅助继电器在程序中的用途，避免重复使用。

（3）分配定时器/计数器。PLC 的定时器/计数器数量分配请参阅 4.2 节和 4.3 节。

4. 可靠性的设计

PLC 控制系统的可靠性设计主要包括供电系统设计、接地设计和冗余设计。

（1）PLC 供电系统设计。通常 PLC 供电系统设计是指 CPU 工作电源、I/O 模板工作电源的设计。

1）CPU 工作电源的设计。PLC 的正常供电电源一般由电网供电（交流 220V，50Hz），由于电网覆盖范围广，它将受到所有空间电磁干扰而在线路上感应电压和电流。尤其是电网内部的变化，开关操作浪涌、大型电力设备的启停、交直流传动装置引起的谐波、电网短路暂态冲击等，都通过输电线路传到电源中，从而影响 PLC 的可靠运行。在 CPU 工作电源的设计中，一般可采取隔离变压器、交流稳压器、UPS 电源、晶体管开关电源等措施。

PLC 的电源模板可能包括多种输入电压：交流 220V、交流 110V 和直流 24V，而 CPU 电源模板所需要的工作电源一般是 5V 直流电源，在实际应用中要注意电源模板输入电压的选择。在选择电源模板的输出功率时，要保证其输出功率大于 CPU 模板、所有 I/O 模板及各种智能模板总的消耗功率，并且要考虑 30％左右的裕量。

2）I/O 模板工作电源的设计。I/O 模板工作电源是为了系统中的传感器、执行机构、各种负载与 I/O 模板之间的供电电源。在实际应用中，基本上采用 24V 直流供电电源或 220V 交流供电电源。

（2）接地的设计。为了安全和抑制干扰，系统一般要正确接地。系统接地方式一般有浮地方式、直接接地方式和电容接地三种方式。对 PLC 控制系统而言，它属于高速低电平控制装置，应采用直接接地方式。由于信号电缆分布电容和输入装置滤波等的影响，装置之间的信号交换频率一般都低于 1MHz，所以 PLC 控制系统接地线采用一点接地和串联一点接地方式。集中布置的 PLC 系统适于并联一点接地方式，各装置的柜体中心接地点以单独的接地线引向接地极。如果装置间距较大，应采用串联一点接地方式。用一根大截面铜母线（或绝缘电缆）连接各装置的柜体中心接地点，然后将接地母线直接连接接地极。接地线采用截面大于 20mm² 的铜导线，总母线使用截面大于 60mm² 的铜排。

接地极的接地电阻小于 2Ω，接地极最好埋在距建筑物 $10\sim15$m 远处，而且 PLC 系统接地点必须与强电设备接地点相距 10m 以上。信号源接地时，屏蔽层应在信号侧接地；不接地时，应在 PLC 侧接地；信号线中间有接头时，屏蔽层应牢固连接并进行绝缘处理，一定要避免多点接地；多个测点信号的屏蔽双绞线与多芯对绞总屏电缆连接时，各屏蔽层应相互连接好，并经绝缘处理。选择适当的接地处单点接点。PLC 电源线、I/O 电源线、输入/输出信号线，交流线、直流线都应尽量分开布线。开关量信号线与模拟量信号线也应分开布线，而且后者应采用屏蔽线，并且将屏蔽层接地。数字传输线也要采用屏蔽线，并且要将屏蔽层接地。PLC 系统最好单独接地，也可以与其他设备公共接地，但严禁与其他设备串联接地。连接接地线时，应注意以下几点：

1）PLC 控制系统单独接地。

2）PLC 系统接地端子是抗干扰的中性端子，应与接地端子连接，其正确接地可以有效消除电源系统的共模干扰。

3）PLC 系统的接地电阻应小于 100Ω，接地线至少用 20mm^2 的专用接地线，以防止感应电的产生。

4）输入输出信号电缆的屏蔽线应与接地端子端连接，且接地良好。

（3）冗余设计。冗余设计是指在系统中人为地设计某些"多余"的部分，冗余配置代表 PLC 适应特殊需要的能力，是高性能 PLC 的体现。冗余设计的目的是在 PLC 已经可靠工作的基础上，再进一步提高其可靠性，减少出现故障的概率，减少出现故障后修复的时间。

10.1.4　PLC 软件系统设计

1. PLC 软件系统设计方法

PLC 软件系统设计就是根据控制系统硬件结构和工艺要求，使用相应的编程语言，编制用户控制程序和形成相应文件的过程。编制 PLC 控制程序的方法很多，这里主要介绍几种典型的编程方法。

（1）图解法编程。图解法是靠画图进行 PLC 程序设计。常见的主要有梯形图法、逻辑流程图法、时序流程图法和步进顺控法。

1）梯形图法。梯形图法是用梯形图语言去编制 PLC 程序。这是一种模仿继电器控制系统的编程方法。其图形甚至元件名称都与继电器控制电路十分相近。这种方法很容易地就可以把原继电器控制电路移植成 PLC 的梯形图语言。这对于熟悉继电器控制的人来说，是最方便的一种编程方法。

2）逻辑流程图法。逻辑流程图法是用逻辑框图表示 PLC 程序的执行过程，反应输入与输出的关系。逻辑流程图法是把系统的工艺流程，用逻辑框图表示出来形成系统的逻辑流程图。这种方法编制的 PLC 控制程序逻辑思路清晰、输入与输出的因果关系及联锁条件明确。逻辑流程图会使整个程序脉络清楚，便于分析控制程序、查找故障点、调试程序和维修程序。有时对一个复杂的程序，直接用语句表和用梯形图编程可能觉得难以下手，则可以先画出逻辑流程图，再为逻辑流程图的各个部分用语句表和梯形图编制 PLC 应用程序。

3）时序流程图法。时序流程图法是首先画出控制系统的时序图（即到某一个时间应该进行哪项控制的控制时序图），再根据时序关系画出对应的控制任务的程序框图，最后把程序框图写成 PLC 程序。时序流程图法很适合于以时间为基准的控制系统的编程方法。

4）步进顺控法。步进顺控法是在顺控指令的配合下设计复杂的控制程序。一般比较复杂的程序，都可以分成若干个功能比较简单的程序段，一个程序段可以看成整个控制过程中的一步。从整个角度去看，一个复杂系统的控制过程是由这样若干个步组成的。系统控制的任务实际上可以认为在不同时刻或者在不同进程中去完成对各个步的控制。为此，不少 PLC 生产厂家在自己的 PLC 中增加了步进顺控指令。在画完各个步进的状态流程图之后，可以利用步进顺控指令方便地编写控制程序。

（2）经验法编程。经验法是运用自己的或别人的经验进行设计。多数是设计前先选择与自己工艺要求相近的程序，把这些程序看成是自己的"试验程序"。结合自己工程的情况，对这些"试验程序"逐一修改，使之适合自己的工程要求。这里所说的经验，有的来自自己的经验总结，有的可能是别人的设计经验，就需要日积月累，善于总结。

（3）计算机辅助设计编程。计算机辅助设计是通过 PLC 编程软件在计算机上进行程序设计、离线或在线编程、离线仿真和在线调试等。使用编程软件可以十分方便地在计算机上离线或在线编程、在线调试，使用编程软件可以十分方便地在计算机上进行程序的存取、加密以及形成 EXE 运行文件。

2. PLC 软件系统设计步骤

在了解了程序结构和编程方法的基础上，就要实际地编写 PLC 程序了。编写 PLC 程序和编写其他计算机程序一样，都需要经历如下过程。

（1）对系统任务分块。分块的目的就是把一个复杂的工程，分解成多个比较简单和小任务。这样就把一个复杂的大问题。这样可便于编制程序。

（2）编制控制系统的逻辑关系图。从逻辑控制关系图上，可以反映出某一逻辑关系的结果是什么，这一结果又应该导出哪些动作。这个逻辑关系可以是以各个控制活动顺序基准，也可能是以整个活动的时间节拍为基准。逻辑关系图反映了控制过程中控制作用与被控对象的活动，也反映了输入与输出的关系。

（3）绘制各种电路图。绘制各种电路的目的，是把系统的输入输出所设计的地址和名称联系起来，这是关键的一步。在绘制 PLC 的输入电路时，不仅要考虑到信号的连接点是否与命名一致，还要考虑到输入端的电压和电流是否合适，也要考虑到在特殊条件下运行的可靠性与稳定条件等问题。特别要考虑到能否把高压引导到 PLC 的输入端，当将高压引入 PLC 的输入端时，有可能对 PLC 造成比较大的伤害。在绘制 PLC 输出电路时，不仅要考虑到输出信号连接点是否与命名一致，还要考虑到 PLC 输出模块的带负载能力和耐电压能力。此外还要考虑到电源输出功率和极性问题。在整个电路的绘制中，还要考虑设计原则，努力提高其稳定性和可靠性。虽然用 PLC 进行控制方便、灵活。但是在电路的设计仍然需要谨慎、全面。因此，在绘制电路图时要考虑周全，何处该装按钮何处该装开关都要一丝不苟。

（4）编制 PLC 程序并进行模拟调试。在编制完电路图后，就可以着手编制 PLC 程序了。在编程时，除了注意程序要正确、可靠之外，还要考虑程序简捷、省时、便于阅读和修改。编好一个程序块要进行模拟实验，这样便于查找问题，便于及时修改程序。

10.2　PLC在电动机控制中的应用

10.2.1　异步电动机降压启动控制

对于10kW及其以下容量的三相异步电动机，通常采用全压起动，但对于10kW以上容量的电动机一般采用降压启动。鼠笼式异步电动机的降压启动控制方法有多种：定子电路串电阻降压启动、自耦变压器降压启动、星形—三角形降压启动、延边三角形降压启动和软启动（固态降压起动器启动）等。在此，以星形—三角形降压启动为例，讲述PLC在异步电动机降压启动控制中的应用。

1. 星形—三角形降压启动控制线路分析

星形—三角形降压启动又称为Y—△降压启动，简称星三角降压启动。启动时，定子绕组先接成星形，待电动机转速上升到接近额定转速时，将定子绕组接成三角形，电动机进入全电压运行状态。传统继电器—接触器的星形—三角形降压启动控制线路如图10-1所示。

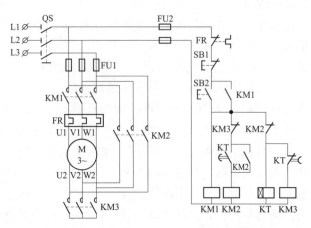

图10-1　传统继电器—接触器星形—三角形降压启动控制线路原理图

电路的工作原理：合上电源开关QS，按下启动按钮SB2，KM1、KT、KM3线圈得电。KM1线圈得电，辅助动合触头闭合，形成自锁，KM1主触头闭合，为电动机的启动做好准备。KM3线圈得电，主触头闭合，使电动机定子绕组接成星形，进行降压启动，KM3的辅助动断触头断开对KM2进行联锁，防止电动机在启动过程中由于误操作而发生短路故障。当电动机转速接近额定转速时，KT的延时断开动断触头KT断开，使KM3线圈失电，而KT的延时闭合动合触头KT闭合。当KM3线圈断电时，主触头断开，同时辅助动断触头闭合，使KM2线圈得电。KM2线圈得电，辅助动合触头闭合自锁，辅助动断触头断开，切断KT和KM3线圈的电源，主触头闭合使电动机定子绕组接成三角形而全电压运行。KM2、KM3动断触头为互锁触头，可防止KM2、KM3线圈同时得电，造成电源短接现象。

2. 星形—三角形降压启动控制线路 PLC 控制

根据星形—三角形降压启动控制线路的分析，其 PLC 控制设计如下：

（1）PLC 的 I/O 分配见表 10-1。

表 10-1　　　　星形—三角形降压启动控制线路 PLC 控制的 I/O 分配表

输 入			输 出		
功能	元件	PLC 地址	功能	元件	PLC 地址
停止按钮	SB1	I0.0	电动机电源接通接触器	KM1	Q0.0
启动按钮	SB2	I0.1	定子绕组△形接法接触器	KM2	Q0.1
			定子绕组 Y 形接法接触器	KM3	Q0.2

（2）PLC 的控制线路接线图如图 10-2 所示。

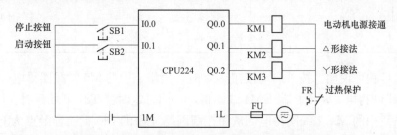

图 10-2　PLC 控制星形—三角形降压启动接线图

（3）星形—三角形降压启动控制 PLC 程序见表 10-2。

表 10-2　　　　　　　　星形—三角形降压启动控制 PLC 程序

网络	LAD	STL
网络 1	I0.1 ─┤├─┬─ I0.0 ─┤/├─ M0.0 ─( ) M0.0 ─┤├─┘	LD　　I0.1 O　　 M0.0 AN　　I0.0 =　　 M0.0
网络 2	M0.0 ─┤├─┬─ Q0.0 ─( ) 　　　　　T37 IN TON 　+10─PT　　100 ms	LD　　 M0.0 =　　　Q0.0 TON　 T37，+10
网络 3	M0.0 ─┤├─ T37 ─┤├─ M0.1	LD　　M0.0 A　　 T37 =　　 M0.1

网络	LAD	STL
网络4	M0.1 ─┤├─ Q0.1 ─┤/├─ T38 ─┤/├─ (Q0.2)　　　T38 [IN　TON]　+50─PT　100 ms	LD　　M0.1 AN　　Q0.1 LPS AN　　T38 =　　　Q0.2 LPP TON　　T38，+50
网络5	T38 ─┤├─ M0.0 ─┤├─ (Q0.1)　Q0.1 ─┤├─	LD　　T38 O　　　Q0.1 A　　　M0.0 =　　　Q0.1

（4）PLC程序说明。按下启动按钮SB2时，网络1中的M0.0线圈得电，使得网络2中的Q0.0线圈得电，从而控制KM1线圈得电，同时定时器T37开始延时。当T37延时1s后，网络3中的M0.1线圈得电，从而控制网络4中的M0.1动合触点为ON。网络4中的M0.1动合触点为ON，定时器T38开始延时，同时Q0.2线圈得电，控制KM3线圈得电，从而使电动机进行星形启动。当T38延时5s后，网络5中的Q0.1线圈得电，使Q0.1动合触点闭合，形成自保，同时网络4中的Q0.1动断触点断开，使KM3线圈失电，而KM2线圈得电，从而使电动机处于三角形运行状态。其PLC运行仿真效果如图10-3所示。

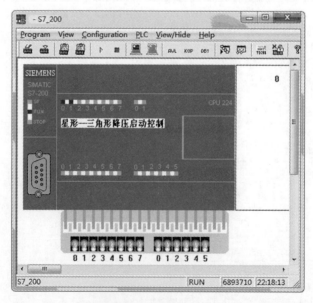

图10-3　PLC控制星形—三角形降压启动运行仿真效果图

10.2.2 异步电动机限位往返控制

在生产过程中，有时需控制一些生产机械运动部件的行程和位置，或允许某些运动部件只能在一定范围内自动循环往返。如在摇臂钻床、万能铣床、镗床、桥式起重机及各种自动或半自动控制机床设计中经常遇到机械运动部件需进行位置与自动循环控制的要求。

1. 异步电动机限位往返控制线路分析

自动往返通常是利用行程开关来控制自动往复运动的相对位置，再控制电动机的正反转，其传统继电器—接触器控制线路如图 10-4 所示。

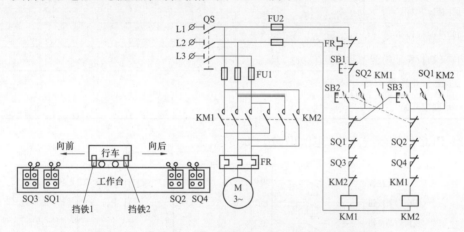

图 10-4 传统继电器—接触器自动循环控制线路原理图

为使电动机的正反转与行车的向前或向后运动相配合，在控制线路中设置了 SQ1、SQ2、SQ3 和 SQ4 这四个行程开关，并将它们安装在工作台的相应位置。SQ1 和 SQ2 用来自动切换电动机的正反转以控制行车向前或向后运行，因此将 SQ1 称为反向转正向行程开关；SQ2 称为正向转反向行程开关。为防止工作台越过限定位置，在工作台的两端还安装 SQ3 和 SQ4，因此 SQ3 称为正向限位开关；SQ4 称为反向限位开关。行车的挡铁1 只能碰撞 SQ1、SQ3；挡铁 2 只能碰撞 SQ2、SQ4。

电路的工作原理：合上电源刀开关 QS，按下正转启动按钮 SB2，KM1 线圈得电，KM1 动合辅助触头闭合，形成自锁；KM1 动断辅助触头打开，对 KM2 进行联锁；KM1 主触头闭合，电动机启动，行车向前运行。当行车向前运行到限定位置时，挡铁 1 碰撞行程开关 SQ1，SQ1 动断触头打开，切断 KM1 线圈电源，使 KM1 线圈失电，触头释放，电动机停止向前运行，同时 SQ1 的动合触头闭合，使 KM2 线圈得电。KM2 线圈得电，KM2 动断辅助触头打开，对 KM1 进行联锁；KM2 主触头闭合，电动机启动，行车向后运行。当行车向后运行到限定位置时，挡铁 2 碰撞行程开关 SQ2，SQ2 动断触头打开，切断 KM2 线圈电源，使 KM2 线圈失电，触头释放，电动机停止向前运行，同时 SQ2 的动合触头闭合，使 KM1 线圈得电，电动机再次得电，行车又改为向前运行，实现了自动循环往返转控制。电动机运行过程中，按下停止按钮 SB1 时，行车将停止运行。若 SQ1（或 SQ2）失灵时，行车向前（或向后）碰撞 SQ3（或 SQ4）时，强行停止行车运行。启动行车时，如果行车已在工作台的最前端应按下 SB3 进行启动。

2. 异步电动机限位往返控制线路 PLC 控制

根据异步电动机限位往返控制线路的分析，其 PLC 控制设计如下：

（1）PLC 的 I/O 分配见表 10-3。

表 10-3　　　　　　　异步电动机限位往返控制线路 PLC 控制的 I/O 分配表

输　入			输　出		
功能	元件	PLC 地址	功能	元件	PLC 地址
停止按钮	SB1	I0.0	正向控制接触器	KM1	Q0.0
正向启动按钮	SB2	I0.1	反向控制接触器	KM2	Q0.1
反向启动按钮	SB3	I0.2			
正向转反向行程开关	SQ1	I0.3			
反向转正向行程开关	SQ2	I0.4			
正向限位开关	SQ3	I0.5			
反向限位开关	SQ4	I0.6			

（2）PLC 的控制线路接线图如图 10-5 所示。

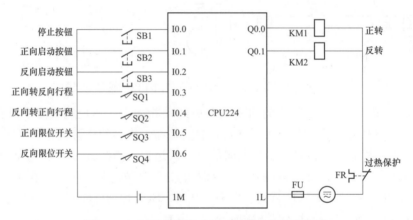

图 10-5　PLC 控制异步电动机限位往返接线图

（3）异步电动机限位往返控制线路 PLC 程序见表 10-4。

表 10-4　　　　　　　　异步电动机限位往返控制线路 PLC 控制程序

网络	LAD	STL
网络 1	I0.1 I0.0 I0.3 I0.2 I0.5 Q0.1 M0.0 I0.4 M0.0	LD　I0.1 O　I0.4 O　M0.0 AN　I0.0 AN　I0.3 AN　I0.2 AN　I0.5 AN　Q0.1 =　M0.0

网络	LAD	STL
网络 2	I0.2 I0.0 I0.4 I0.1 I0.6 Q0.0 M0.1 ├┤├─┤/├─┤/├─┤/├─┤/├─┤/├─( ) I0.3 ├┤├ M0.1 ├┤├	LD I0.2 O I0.3 O M0.1 AN I0.0 AN I0.4 AN I0.1 AN I0.6 AN Q0.0 = M0.1
网络 3	M0.0 Q0.0 T37 ├┤├─┤/├─┤IN TON├ +20─┤PT 100ms├	LD M0.0 AN Q0.0 TON T37, +20
网络 4	T37 M0.0 Q0.0 ├┤├─┤├─( ) Q0.0 ├┤├	LD T37 O Q0.0 A M0.0 = Q0.0
网络 5	M0.1 Q0.1 T38 ├┤├─┤/├─┤IN TON├ +20─┤PT 100ms├	LD M0.1 AN Q0.1 TON T38, +20
网络 6	T38 M0.1 Q0.1 ├┤├─┤├─( ) Q0.1 ├┤├	LD T38 O Q0.1 A M0.1 = Q0.1

（4）PLC程序说明。网络 1、网络 3、网络 4 为正向运行控制，按下正向启动按钮 SB2 时，I0.1 动合触点闭合，延时 2s 后 Q0.0 输出线圈有效，控制 KM1 主触头闭合，行车正向前进。当行车行进中碰到反向转正向限位开关 SQ1 时，I0.3 动断触点打开，Q0.0 输出线圈无效，KM1 主触头断开，从而使行车停止前进，同时 I0.3 动合触点闭合，延时 2s 后 Q0.1 输出线圈得电并自保，使行车反向运行，其 PLC 运行仿真效果如图 10-6 所示。

网络 2、网络 5、网络 6 为反向运行控制，按下反向启动按钮 SB3 时，I0.2 动合触点闭合，延时 2s 后 Q0.1 输出线圈有效，控制 KM2 主触头闭合，行车反向后退。当行车行进中碰到反向限位开关 SQ2 时，I0.4 动断触点打开，Q0.1 输出线圈无效，KM2 主触头断开，从而使行车停止后退，同时 I0.4 动合触点闭合，延时 2s 后 Q0.0 输出线圈得电并自保，使行车正向运行。

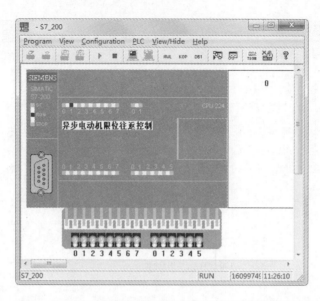

图 10-6　PLC控制异步电动机限位往返运行仿真效果图

行车在行进过程中，按下停止按钮 SB1 时，I0.0 动断触头断开，从而控制行车停止运行。

当电动机由正转切换到反转时，KM1 的断电和 KM2 的得电同时进行。这样，对于功率较大、且为感性的负载，有可能在 KM1 断开其触头，电弧尚未熄灭时，KM2 的触头已闭合，使电源相间瞬时短路。解决的办法是在程序中加入两个定时器（如 T37 和 T38），使正、反向切换时，被切断的接触器瞬时动作，被接通的接触器延时一段时间才动作（如延时 2s），避免了 2 个接触器同时切换造成的电源相间短路。

10.2.3　异步电动机制动控制

交流异步电动机的制动方法有机械制动和电气制动两种。机械制动是用机械装置来强迫电动机迅速停转，如电磁抱闸制动、电磁离合器制动等。电气制动是使电动机的电磁转矩方向与电动机旋转方向相反以达到制动，如反接制动、能耗制动、回馈制动等。在此，以电动机能耗制动为例，讲述 PLC 在异步电动机制动控制中的应用。

1. 异步电动机制动控制线路分析

能耗制动是一种应用广泛的电气制动方法，它是在电动机切断交流电源后，立即向电动机定子绕组通入直流电源，定子绕组中流过直流电流，产生一个静止不动的直流磁场，而此时电动机的转子由于惯性仍按原来方向旋转，转子导体切割直流磁通，产生感生电流，在感生电流和静止磁场的作用下，产生一个阻碍转子转动的制动力矩，使电动机转速迅速下降，当转速下降到零时，转子导体与磁场之间无相对运动，感生电流消失，制动力矩变为零，电动机停止转动，从而达到制动的目的。传统继电器—接触器能耗制动线路如图 10-7 所示。

电路的工作原理：合上电源刀开关 QS，按下启动按钮 SB2，KM1 线圈得电，动合辅助触头自锁，动断辅助触头互锁，主触头闭合，电动机全电压启动运行。需要电动机停

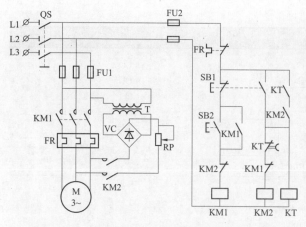

止时，按下停止按钮 SB1，KM1 线圈失电，释放触头，电动机定子绕组失去交流电源，由于惯性转子仍高速旋转。同时 KM2、KT 线圈得电形成自锁，KM2 主触头闭合，使电动机定子绕组接入直流电源进行能耗制动，电动机转速迅速下降，当转速接近零时，时间继电器 KT 的延时时间到，KT 动断触头延时打开，切断 KM2 线圈的电源，KM2、KT 的相应触头释放，从而断开了电动机定子绕组的直流电源，使电动机停止转动，以达到了能耗制动的目的。

图 10-7　传统继电器—接触器能耗制动控制线路

2. 异步电动机制动控制线路 PLC 控制

根据异步电动机制动控制线路的分析，其 PLC 控制设计如下：

（1）PLC 的 I/O 分配见表 10-5 所示。

表 10-5　　　　　　异步电动机制动控制线路 PLC 控制的 I/O 分配表

输　入			输　出		
功能	元件	PLC 地址	功能	元件	PLC 地址
停止按钮	SB1	I0.0	启动运行控制	KM1	Q0.0
启动按钮	SB2	I0.1	能耗制动控制	KM2	Q0.1

（2）PLC 的控制线路接线图如图 10-8 所示。

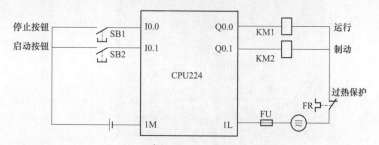

图 10-8　PLC 控制异步电动机制动控制接线图

（3）异步电动机制动 PLC 程序见表 10-6。

表 10-6　　　　　　PLC 控制异步电动机制动控制程序

网络	LAD	STL
网络 1	I0.1　　I0.0　　M0.0　　(Q0.0) Q0.0	LD　　I0.1 O　　　Q0.0 AN　　I0.0 AN　　M0.0 =　　　Q0.0

续表

网络	LAD	STL
网络2	I0.0 ─┤ ├─┤P├─ Q0.0 ─┤/├─ T38 ─┤/├─ M0.0 ─( ) M0.0 ─┤ ├─ T37 IN TON +10─PT 100ms	LD I0.0 EU O M0.0 AN Q0.0 AN T38 = M0.0 TON T37，+10
网络3	T37 ─┤ ├─ M0.0 ─┤ ├─ Q0.1 ─( ) Q0.1 ─┤ ├─ T38 IN TON +30─PT 100ms	LD T37 O Q0.1 A M0.0 = Q0.1 TON T38，+30

（4）PLC 程序说明。按下启动按钮，KM1 线圈（Q0.0）得电。按下停止按钮时（I0.0），KM1 线圈失电，延时 1s 后 KM2 线圈（Q0.1）得电，使电机反接制动，同时定时器 T38 进行延时。当 T38 延时达 3s 后，KM2 线圈失电，能耗制动过程结束。其 PLC 运行仿真效果如图 10-9 所示。网络 2 中的上升沿检测指令 EU 是确保按下停止按钮且未松开时，而电动机反接制动工作完成后，KM2 线圈不再重新上电。

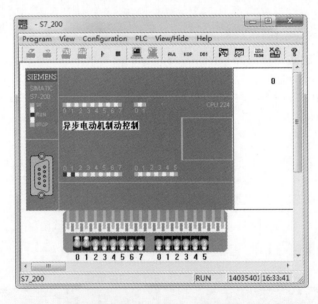

图 10-9　PLC 控制异步电动机制动控制运行仿真效果图

10.2.4　异步电动机多速控制

改变异步电动机磁极对数来调速电动机转速称为变极调速，变极调速是通过接触器触头改变电动机绕组的外部接线方式，改变电动机的极对数，从而达到调速目的。改变鼠笼式异步电动机定子绕组的极数以后，转子绕组的极数能够随之变化，而改变绕线式异步电动机定子绕组的极数以后，它的转子绕组必须进行相应的重新组合，无法满足极数能够随之变化的要求，因此变极调速只适用于鼠笼式异步电动机。凡磁极对数可以改变的电动机称为多速电动机，常见的多速电动机有双速、三速、四速等。

1. 异步电动机多速控制线路分析

三速异步电动机有两套绕组和低速、中速、高速这三种不同的转速。其中一套绕组同双速电动机一样，当电动机定子绕组接成△形接法时，电动机低速运行；当电动机定子绕组接成丫丫形接法时，电动机高速运行。另一套绕组接成丫形接法，电动机中速运行。

传统继电器—接触器三速异步电动机的调速控制线路如图 10 - 10 所示，其中 SB1、KM1 控制电动机△形接法下低速运行；SB2、KT1、KT2 控制电动机从△形接法下低速启动到丫形接法下中速运行的自动转换；SB3、KT1、KT2、KM3 控制电动机从△形接法下低速启动到丫形中速过渡到丫丫接法下高速运行的自动转换。

合上电流开关 QS，按下 SB1，KM1 线圈得电，KM1 主触头闭合、动合辅助触头闭合自锁，电动机 M 接成△形接法低速运行，动断辅助触头打开对 KM2、KM3 联锁。

按下 SB2，SB2 的动断触头先断开，动合触头后闭合，使 KT1 线圈得电延时。KT1 - 1 瞬时闭合，使 KM1 线圈得电，KM1 主触头闭合，电动机 M 接成△形接法低速启动，KT1 延时片刻后，KT1 - 2 先断开，使 KM1 线圈失电，KM1 触头复位，KT1 - 3 后闭合使 KM2 线圈得电。KM2 线圈得电，KM2 的两对动合触头闭合，KM2 的主触头闭合，使电动机接成丫形中速运行，KM2 两对联锁触头断开对 KM1、KM3 进行联锁。

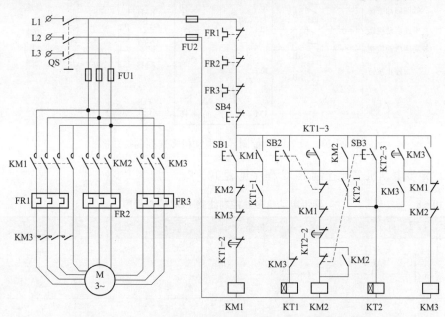

图 10 - 10　传统继电器—接触器三速电动机变极调速控制

按下 SB3，SB3 的动断触头先断开，动合触头后闭合，使 KT2 线圈电，KT2 - 1 瞬时闭合，这样 KT1 线圈得电。KT1 线圈得电，KT1 - 1 瞬时闭合，KM1 线圈得电，KM1 主触头动作，电动机接成△形接法低速启动，经 KT1 整定时间，KT1 - 2 先分断，KM1 线圈失电，KM1 主触头复位，而 KM1 - 3 后闭合使 KM2 线圈得电，KM2 主触头闭合，电动机接成Y形中速过渡。经 KT2 整定时间后，KT2‐2 先分断，KM2 线圈失电，KM2 主触头复位，KT2‐3 后闭合，KM3 线圈得电。KM3 线圈得电，其主触头和两对动合辅助触头闭合，使电动机 M 接成YY形高速运行，同时 KM3 两对动断辅助触头分断，对 KM1 联锁，而使 KT1 线圈失电，KT1 触头复位。

不管电动机在低速、中速还是高速下运行，只要按下停止按钮 SB4，电动机就会停止运行。

2. 异步电动机多速控制线路 PLC 控制

根据异步电动机多速控制线路的分析，其 PLC 控制设计如下：

（1）PLC 的 I/O 分配见表 10‐7。

表 10‐7　　　　　　　　异步电动机多速控制线路 PLC 控制的 I/O 分配表

输　入			输　出		
功能	元件	PLC 地址	功能	元件	PLC 地址
低速启动按钮	SB1	I0.0	低速运行控制	KM1	Q0.0
中速启动按钮	SB2	I0.1	中速运行控制	KM2	Q0.1
高速启动按钮	SB3	I0.2	高速运行控制	KM3	Q0.2
停止按钮	SB4	I0.3			

（2）PLC 的控制线路接线图如图 10‐11 所示。

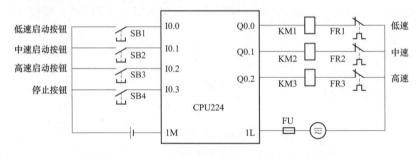

图 10‐11　PLC 控制异步电动机多速控制接线图

（3）异步电动机多速控制 PLC 程序见表 10‐8。

表 10‐8　　　　　　　　异步电动机多速控制线路 PLC 控制程序

网络	LAD	STL
网络 1	I0.0 ──┤ ├──┤P├──(M0.0)	LD　I0.0 EU ＝　M0.0
网络 2	I0.1 ──┤ ├──┤P├──(M0.1)	LD　I0.1 EU ＝　M0.1
网络 3	I0.2 ──┤ ├──┤P├──(M0.2)	LD　I0.2 EU M0.2

网络	LAD	STL
网络 4	M0.0 ─┤ ├─ I0.3 ─┤/├─ T37 ─┤/├─ (Q0.0) M0.1 ─┤ ├─ M0.2 ─┤ ├─ Q0.0 ─┤ ├─	LD M0.0 O M0.1 O M0.2 O Q0.0 AN I0.3 AN T37 = Q0.0
网络 5	M0.1 ─┤ ├─ I0.3 ─┤/├─ (M0.3) M0.2 ─┤ ├─ M0.3 ─┤ ├─ T37 IN TON +20─ PT 100ms	LD M0.1 O M0.2 O M0.3 AN I0.3 = M0.3 TON T37, +20
网络 6	─┤ T37 ├─ ─┤ T38 /├─ (Q0.1)	LD T37 AN T38 = Q0.1
网络 7	M0.2 ─┤ ├─ I0.3 ─┤/├─ (M0.4) M0.4 ─┤ ├─ T38 IN TON +30─ PT 100ms	LD M0.2 O M0.4 AN I0.3 = M0.4 TON T38, +30
网络 8	─┤ T38 ├─ (Q0.2)	LD T38 = Q0.2

（4）PLC 程序说明。按下低速启动按钮 SB1 时，网络 1 中的 I0.0 动合触点闭合，M0.0 在其上升沿到来时闭合一个扫描周期，控制网络 4 中的 M0.0 动合触点闭合一个扫描周期，从而使 Q0.0 线圈得电，控制 KM1 主触头闭合，电动机接成△形低速运行。

按下中速启动按钮 SB2 时，网络 2 中的 I0.1 动合触点闭合，M0.1 在其上升沿到来时闭合一个扫描周期，控制网络 4 中的 M0.1 动合触点闭合一个扫描周期，从而使 Q0.0 线圈得电，控制 KM1 主触头闭合，电动机△形接法低速启动。而网络 5 中的 M0.1 动合触点闭合一个扫描周期，使 T37 进行延时 2s。若延时时间到，T37 的动断触头断开使网络 4 中的 Q0.0 线圈失电，同时 T37 的动合触头闭合，控制网络 6 的 Q0.1 线圈得电，使电动机接成Y形中速运行。

按下高速启动按钮 SB3 时，网络 3 中的 I0.2 动合触点闭合，M0.2 在其上升沿到来时闭合一个扫描周期，控制网络 4 中的 M0.2 动合触点闭合一个扫描周期，从而使 Q0.0

第 10 章　PLC 控制系统设计及实例

445

线圈得电，控制 KM1 主触头闭合，电动机△形接法低速启动。而网络 5 中的 M0.2 动合触点闭合一个扫描周期，使 T37 进行延时 2s。若延时时间到，T37 的动断触头断开使网络 4 中的 Q0.0 线圈失电，同时 T37 的动合触头闭合，控制网络 6 的 Q0.1 线圈得电，使电动机接成Y形中速过渡。网络 7 中的 M0.2 动合触点闭合一个扫描周期，使 T38 进行延时 3s。若延时时间到，T38 的动断触头断开使网络 6 中的 Q0.1 线圈失电，同时 T38 的动合触头闭合，控制网络 8 的 Q0.2 线圈得电，使电动机接成YY形高速运行。其 PLC 运行仿真效果如图 10-12 所示。

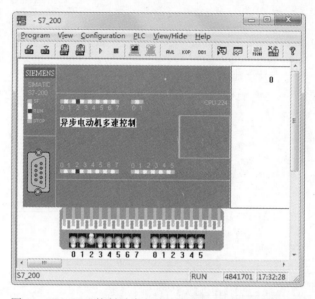

图 10-12　PLC 控制异步电动机多速控制运行仿真效果图

10.3　PLC在机床电气控制系统中的应用

利用 PLC 对机床控制进行改造，具有可靠性高和应用简便等特点。采用 PLC 对机床进行电气改造，一般只是变更控制电路部分，而机床主电路通常都原样保留。

10.3.1　PLC 在 C6140 普通车床中的应用

C6140 是我国自行设计制造的普通车床，具有性能优越、结构先进、操作方便、外形美观等优点。

1. C6140 车床传统继电器—接触器电气控制线路分析

C6140 普通车床由三台三相鼠笼式异步电动机拖动，即主轴电动机 M1、冷却泵电动机 M2 和刀架快速移动电动机 M3。主轴电动机 M1 带动主轴旋转和刀架进给运动；冷却泵电动机 M2 用以车削加工时提供冷却液；刀架快速移动电动机 M3 使刀具快速地接近或退离加工部位。C6140 车床传统继电器—接触器电气控制线路如图 10-13 所示，它由主电路和控制电路两部分组成。

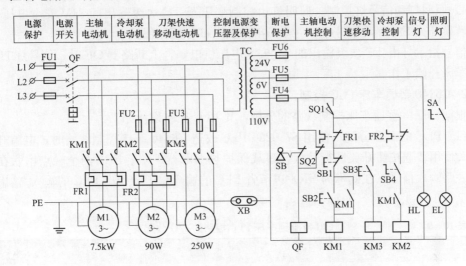

图 10-13 C6140 车床传统继电器—接触器电气控制线路

（1）C6140 普通车床主电路分析。将钥匙开关 SB 向右旋转，扳动断路器 QF 将三相电源引入。主电动机 M1 由交流接触器 KM1 控制，冷却泵电动机 M2 由交流接触器 KM2 控制，刀架快速移动电动机由 KM3 控制。热继电器 FR 作过载保护，FU 作短路保护，KM 作失压和欠压保护，由于 M3 是点动控制，因此该电动机没有设置过载保护。

（2）C6140 普通车床控制电路分析。C6140 普通车床控制电源由控制变压器 TC 将380V 交流电压降为 110V 交流电压作为控制电路的电源，降为 6V 电压作为信号灯 HL 的电源，降为 24V 电压作为照明灯 EL 的电源。在正常工作时，位置开关 SQ1 的动合触头闭合。打开床头皮带罩后，SQ1 断开，切断控制电路电源以确保人身安全。钥匙开关 SB和位置开关 SQ2 在正常工作时是断开的，QF 线圈不通电，断路器 QF 能合闸。打开配电盘壁龛门时，SQ2 闭合，QF 线圈获电，断路器 QF 自动断开。

1）主轴电动机 M1 的控制。按下启动按钮 SB2，KM1 线圈得电，KM1 的一组动合辅助触头闭合形成自锁，KM1 的另一组动合辅助触头闭合，为 KM2 线圈得电作好准备，KM1 主触头闭合，主轴电动机 M1 全电压下启动运行。按下停止按钮 SB1，电动机M1 停止转动。当电动机 M1 过载时，热继电器 FR1 动作，KM1 线圈失电，M1 停止运行。

C6140 普通车床主轴正反转由操作手柄通过双向多片摩擦片离合器控制，摩擦离合器还可以起到过载保护作用。

2）冷却泵电动机 M2 的控制。主轴电动机 M1 启动运行后，合上旋转开关 SB4，KM2 线圈得电，其主触头闭合，冷却泵电动机 M2 启动运行。当 M1 电动机停止运行时，M2 也会自动停止运转。

3）刀架快速移动电动机 M3 的控制。刀架快速移动电动机 M3 的启动由按钮 SB3 和KM3 组成的线路进行控制，当按下 SB3 时，KM3 线圈得电，其主触头闭合，刀架快速移动电动机 M3 启动运行。由于 SB3 没有自锁，所以松开 SB3 时，KM3 线圈电源被切断，电动机 M3 停止运行。

4）照明灯和信号灯控制。照明灯由控制变压器 TC 次级输出的 24V 安全电压供电，扳动转换开关 SA 时，照明灯 EL 亮，熔断器 FU6 作短路保护。

信号指示灯由 TC 次级输出的 6V 安全电压供电，合上断路器 QF 时，信号灯 HL 亮，表示车床开始工作。

2. C6140 普通车床 PLC 控制

根据 C6140 普通车床控制线路的分析，其 PLC 控制设计如下：

（1）PLC 的 I/O 分配。使用 S7 - 200 PLC 改造 C6140 车床控制线路时，电源开启钥匙开关使用普通按钮开关进行替代，过载保护热继电器 FR1、FR2 两个触点串联在一起作为一路输入信号（在此称为 FR）以节省 PLC 的输入端子，列出 PLC 的输入/输出分配表，见表 10 - 9。

表 10 - 9　　　　　　　　　C6140 普通车床 PLC 控制的 I/O 分配表

输　入			输　出		
功　能	元　件	PLC 地址	功　能	元　件	PLC 地址
电源钥匙开关开启	SB0 - 1	I0.0	主轴电动机 M1 控制	KM1	Q0.0
电源钥匙开关断开	SB0 - 2	I0.1	冷却泵电动机 M2 控制	KM2	Q0.1
主轴电动机 M1 停止按钮	SB1	I0.2	刀架快速移动电动机 M3 控制	KM3	Q0.2
主轴电动机 M1 启动按钮	SB2	I0.3	机床工作指示	HL	Q0.3
快速移动电动机 M3 点动按钮	SB3	I0.4	照明控制	EL	Q0.4
冷却泵电动机 M2 旋转开关	SB4	I0.5			
过载保护热继电器触点	FR	I0.6			
照明开关 SA	SA	I0.7			

（2）PLC 改造 C6140 车床控制线路的 I/O 接线图，如图 10 - 14 所示。

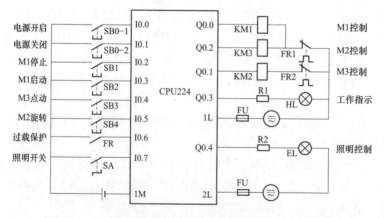

图 10 - 14　PLC 改造 C6140 车床控制线路的 I/O 接线图

（3）PLC 改造 C6140 车床控制线路的程序见表 10 - 10。

表 10 - 10　　　　S7 - 200 PLC 改造 C6140 车床控制线路的程序

网络	LAD	STL
网络 1	I0.0 —┤├— I0.1 —┤/├— (M0.0)；M0.0 —┤├—	LD I0.0 / O M0.0 / AN I0.1 / = M0.0
网络 2	I0.3 —┤├— M0.0 —┤├— I0.2 —┤/├— I0.6 —┤/├— (Q0.0)；Q0.0 —┤├—	LD I0.3 / O Q0.0 / A M0.0 / AN I0.2 / AN I0.6 / = Q0.0
网络 3	I0.5 —┤├— Q0.0 —┤├— I0.6 —┤/├— (Q0.1)	LD I0.5 / A Q0.0 / AN I0.6 / = Q0.1
网络 4	I0.4 —┤├— M0.0 —┤├— I0.6 —┤/├— (Q0.2)	LD I0.4 / A M0.0 / AN I0.6 / = Q0.2
网络 5	M0.0 —┤├— (Q0.3)	LD M0.0 / = Q0.3
网络 6	I0.7 —┤├— M0.2 —┤/├— M0.0 —┤├— (Q0.4)；Q0.4 —┤├— I0.7 —┤/├—	LD I0.7 / AN M0.2 / LD Q0.4 / AN I0.7 / OLD / A M0.0 / = Q0.4
网络 7	Q0.4 —┤├— I0.7 —┤/├— (M0.2)；I0.7 —┤├— M0.2 —┤├—	LD Q0.4 / AN I0.7 / LD I0.7 / A M0.2 / OLD / = M0.2

（4）PLC 程序说明。网络 1 为按钮电源控制，当按下 SB0 - 1 为 1 时，电源有效（即扳动断路器 QF 将三相电源引入），各电动机才能启动运行，按下 SB0 - 2 为 1 时，电源无效。

网络 2 为主轴电动机 M1 的控制，按下主轴电动机 M1 启动按钮 SB2 时，I0.1 输入有效，Q0.0 输出线圈有效，控制主轴电动机 M1 启动运行，若按下停止按钮 SB1，或发生过载现象时，Q0.0 输出线圈无效，M1 电动机停止工作。

网络 3 为冷却泵电动机 M2 的控制，当按下冷却泵电动机 M2 旋转开关 SB4 且主轴电动机 M1 在运行时，Q0.1 输出线圈有效，冷却泵电动机 M2 进行工作。若 M1 电动机停止工作或发生过载现象时，Q0.1 输出线圈无效，M2 电动机停止工作。

网络 4 为刀架快速移动电动机 M3 的点动控制，当按下快速移动电动机 M3 点动按钮 SB3 时，Q0.2 输出线圈有效，刀架快速移动电动机 M3 启动运行。由于 SB3 没有自锁，所以松开 SB3 时，KM3 线圈电源被切断，电动机 M3 停止运行。

网络 5 为 HL 电源指示；网络 6 和网络 7 为 EL 照明控制，同样照明开关 SA 按下为奇数次时，EL 亮，照明开关 SA 按下为偶数次时，EL 熄灭。

按下电源启动开关，M0.0 线圈得电，此时即使松开启动开关，C6140 车床控制线路仍能工作。如图 10-15 所示是 C6140 车床控制线路处于工作状态时，其 PLC 的各输入/输出仿真效果图，图中 Q0.3 为 1 表示车床控制线路处于工作状态；按下主轴电动机 M1 启动按钮（I0.3 有效），KM1 线圈得电（Q0.0 为 1）；按下快速移动电动机 M3 点动按钮（I0.4 有效），KM2 线圈得电（Q0.2 为 1）；按下冷却泵电动机旋转开关 SB4（I0.5 有效），KM3 线圈得电（Q0.1 为 1）；按下照明开关 SA（I0.7 有效），照明灯点亮（Q0.4 为 1）。

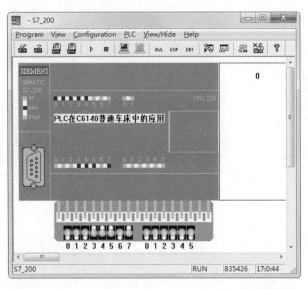

图 10-15　S7-200 PLC 改造 C6140 车床的仿真效果图

10.3.2　PLC 在 C650 卧式车床中的应用

不同型号的卧式车床，其主电动机的工作要求不同，因而其控制线路也有所不同，下面讲述另一型号的卧式车床——C650。

1. C650 车床传统继电器—接触器电气控制线路分析

C650 车床也由三台电动机控制：M1 为主轴电动机，拖动主轴旋转并通过进给机构实现进给运动。M2 为冷却电动机，提供切削液。M3 为快速移动电动机，拖动刀架的快速移动。C650 车床传统继电器—接触器电气控制线路如图 10-16 所示。

（1）C650 车床主电路分析。电动机 M1 的电路分三个部分进行控制：①正转控制交流接触器 KM1 和反转控制交流接触器 KM2 的两组主触点构成 M1 电动机的正反转；

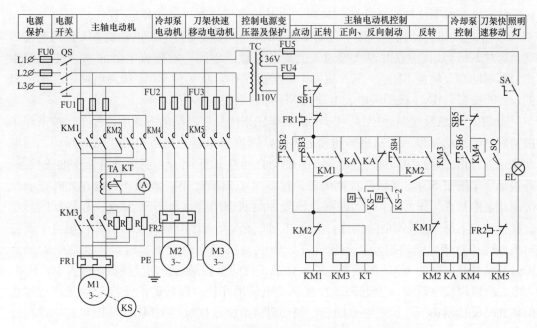

电源 保护	电源 开关	主轴电动机	冷却泵 电动机	刀架快速 移动电动机	控制电源变 压器及保护	主轴电动机控制				冷却泵 控制	刀架快 速移动	照明 灯
						点动	正转	正向、反向制动	反转			

图 10-16　C650 车床传统继电器—接触器电气控制线路

②电流表 A 经电流互感器 TA 接在主电动机 M1 的主回路上以监视电动机工作时的电流变化，为防止电流表被启动电流冲击损坏，利用时间继电器 KT 的延时动断触点在启动短时间内将电流表暂时短接掉；③交流接触器 KM3 的主触点控制限流电阻 R 的接入和切除，在进行点动调整时，为防止连续的启动电流造成电动机过载，串入限流电阻 R，保证电路设备正常工作。速度继电器 KS 的速度检测部分与电动机的主轴同轴相联，在停车制动过程中，当主电动机转速低于 KS 的动作值时，其动合触点可将控制电路中反接制动的相应电路切断，完成停车制动。

电动机 M3 由交流接触器 KM4 的主触点控制其主电路的接通和断开，电动机 M3 由交流接触器 KM5 的主触点控制。

为保证主电路的正常运行，主电路中还设置了熔断器的短路保护环节和热继电器的过载保护环节。

（2）C650 车床控制电路分析。C650 车床控制电路可分为主电动机 M1 的控制电路和电动机 M2 及 M3 的制动电路两部分。由于主电动机控制电路比较复杂，因而还可进一步将主电动机控制电路分为正、反转启动、点动和停车制动等局部控制电路。

1）主电动机正、反转启动控制。按下正转启动按钮 SB3 时，其两动合触点同时闭合，一对动合触点接通交流接触器 KM3 的线圈电路和时间继电器 KT 的线圈电路，时间继电器的动断触点在主电路中短接电流表 A，以防止电流对电流表的冲击，经延时继闭后，电流表接入电路正常工作。KM3 的主触点将主电路中限流电阻短接，其辅助动合触点同时将中间继电器 KA 的线圈电路接通，KA 的动断触点将停车制动的基本电路切除，其动合触点与 SB3 的动合触点均在闭合状态，控制主电动机的交流接触器 KM1 的线圈电路得电工作并自锁，其主触点闭合，电动机正向直接启动并结束。KM1 的自锁回路由它的动合辅助触点和 KM3 线圈上方的 KA 的动合触点组成自锁回路，使电动机保持在正向运行状态。若按下反转启动按钮 SB4 时，电动机将反向直接启动并运行。

2）主电动机点动控制。按下点动按钮 SB2，KM1 线圈得电，电动机 M1 正向直接启动，这时 KM3 线圈电路并没有接通，因此其主触点不闭合，限流电阻 R 接入主电路限流，其辅助动合触点不闭合，KA 线圈不能得电工作，从而使 KM1 线圈电路不能形成自锁，松开按钮，KM1 线圈失电，电动机 M1 停转。

3）主电动机反接制动控制。C650 卧式车床采用反接制动的方式进行停车，按下停车按钮后开始制动过程。电动机转速接近零时，速度继电器的触点打开，结束制动。当电动机正进行正向运行时，速度继电器 KS 的动合触点 KS1 闭合，制动电路处于准备状态。若按下停车按钮 SB1，将切断控制电源，使 KM1、KM3、KA 线圈均失电，此时控制反接制动电路是否工作的 KA、动断触点恢复原始状态闭合，与 KS1 触点一起将反向启动交流接触器 KM2 的线圈电路接通。电动机 M1 接入反向序电流，反向启动转矩将平衡正向惯性转动转矩，强迫电动机迅速停车。当电动机速度趋近于零时，速度继电器触点 KS2 复位打开，切断 KM2 的线圈电路，完成正转的反接制动。在反接制动过程中，KM3 失电，所以限流电阻 R 一直起限流反接制动电流的作用。反转时的反接制动工作过程相似，此时反转状态下，KS2 触点闭合，制动时接通交流接触器 KM1 的线圈电路，进行反接制动。

4）冷却泵电动机 M2 的控制。冷却泵电动机 M2 由启动按钮 SB6、停止按钮 SB5 和交流继接触器 KM4 进行控制。按下启动按钮 SB6，KM4 线圈得电，动合辅助触点闭合形成自锁，其主触头闭合，冷却泵电动机 M2 启动运行。

5）刀架快速移动电动机 M3 的控制。刀架快速移动是由刀架手柄压动位置开关 SQ，接通快速移动电动机 M3 的控制接触器 KM5 的线圈电路，KM5 的主触点闭合，M3 电动机启动运行，经传动系统驱动溜板带动刀架快速移动。

6）照明灯控制。照明灯由控制变压器 TC 次级输出的 36V 安全电压供电，扳动转换开关 SA 时，照明灯 EL 亮，熔断器 FU5 作短路保护。

2. C650 普通车床 PLC 控制

根据 C650 普通车床控制线路的分析，其 PLC 控制设计如下：

（1）PLC 的 I/O 分配。使用 S7-200 PLC 改造 C650 车床控制线路时，照明开关可使用普通的按钮开关代替，列出 PLC 的输入/输出分配表，见表 10-11。

表 10-11　　　　S7-200 PLC 改造 C650 车床的输入/输出分配表

输入			输出		
功能	元件	PLC 地址	功能	元件	PLC 地址
总停按钮	SB1	I0.0	主电动机 M1 正转控制	KM1	Q0.0
主电动机 M1 正向点动按钮	SB2	I0.1	主电动机 M1 反转控制	KM2	Q0.1
主电动机 M1 正向启动按钮	SB3	I0.2	短接限流电阻 R 控制	KM3	Q0.2
主电动机 M1 反向启动按钮	SB4	I0.3	冷却泵电动机 M2 控制	KM4	Q0.3
冷却泵电动机 M2 停止按钮	SB5	I0.4	快速移动电动机 M3 控制	KM5	Q0.4
冷却泵电动机 M2 启动按钮	SB6	I0.5	电流表 A 短接控制	KM6	Q0.5
快速移动电动机 M3 位置开关	SQ	I0.6	照明灯控制	EL	Q0.6

输	入		输	出	
功能	元件	PLC 地址	功能	元件	PLC 地址
M1 过载保护热继电器触点	FR1	I0.7			
M2 过载保护热继电器触点	FR2	I1.0			
正转制动速度继电器动合触点	KS-1	I1.1			
反转制动速度继电器动合触点	KS-2	I1.2			
照明开关 SA	SA	I1.3			

（2）PLC 改造 C650 车床控制线路的 I/O 接线图，如图 10-17 所示。

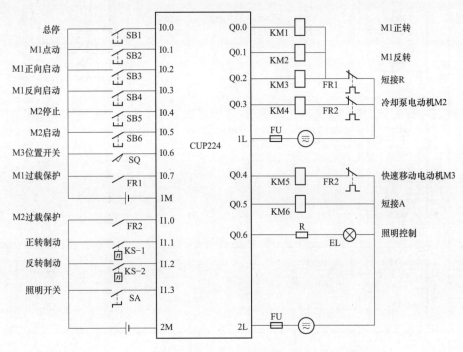

图 10-17　PLC 改造 C650 车床控制线路的 I/O 接线图

（3）PLC 改造 C650 车床控制线路的程序见表 10-12。

表 10-12　　　　　　　S7-200 PLC 改造 C650 车床控制线路的程序

网络	LAD	STL
网络 1	I0.2 ┤├ I0.0 ┤/├ I0.7 ┤/├ Q0.2 ( )　　I0.3 ┤├　Q0.2 ┤├　　T37 IN TON　+50-PT 100ms	LD　I0.2 O　I0.3 O　Q0.2 AN　I0.0 AN　I0.7 =　Q0.2 TON　T37,+50

续表

网络	LAD	STL
网络2	I0.2 ⊢⊢ I0.7 ⊣/⊢ M0.1 ⊣/⊢ I0.3 ⊣/⊢ I0.0 ⊣/⊢ M0.0 ( ) M0.0 ⊢⊢ I0.1 ⊣/⊢	LD I0.2 LD M0.0 AN I0.1 OLD AN I0.7 AN M0.1 AN I0.3 AN I0.0 = M0.0
网络3	I0.3 ⊢⊢ I0.7 ⊣/⊢ M0.0 ⊣/⊢ I0.2 ⊣/⊢ I0.0 ⊣/⊢ M0.1 ( ) M0.1 ⊢⊢	LD I0.3 O M0.1 AN I0.7 AN M0.0 AN I0.2 AN I0.0 = M0.1
网络4	M0.0 ⊢⊢ I0.0 ⊣/⊢ Q0.0 ( ) I0.1 ⊢⊢ M0.3 ⊢⊢	LD M0.0 O I0.1 O M0.3 AN I0.0 = Q0.0
网络5	M0.1 ⊢⊢ Q0.1 ( ) M0.2 ⊢⊢	LD M0.1 O M0.2 = Q0.1
网络6	I0.0 ⊢⊢ I1.1 ⊢⊢ I1.2 ⊣/⊢ M0.2 ( )	LD I0.0 A I1.1 AN I1.2 = M0.2
网络7	I0.0 ⊢⊢ I1.2 ⊢⊢ I1.1 ⊣/⊢ M0.3 ( )	LD I0.0 A I1.2 AN I1.1 = M0.3
网络8	I0.5 ⊢⊢ I0.4 ⊣/⊢ I1.0 ⊣/⊢ I0.0 ⊣/⊢ Q0.3 ( ) Q0.3 ⊢⊢	LD I0.5 O Q0.3 AN I0.4 AN I1.0 AN I0.0 = Q0.3

网络	LAD	STL
网络 9	I0.6 — I0.0(/) — Q0.4( )	LD I0.6 AN I0.0 = Q0.4
网络 10	T37(/) — I0.0(/) — Q0.5( )	LDN T37 AN I0.0 = Q0.5
网络 11	I1.3 — Q0.6( )	LD I1.3 = Q0.6

（4）PLC 程序说明。网络 1 为短接限流电阻 R 控制，当按下正向启动按钮 SB3 或反向启动按钮 SB4 时，I0.2 或 I0.3 动合触点闭合，输出线圈 Q0.2 有效，为主电动机 M1 的正、反转启动控制作好准备。

网络 2 为主电动机 M1 正转启动控制，其 PLC 的仿真效果如图 10-18 所示；网络 3 为主电动机 M1 反转启动控制。网络 4 为主电动机 M1 正向运行控制，若网络 2 有效，或按下点动按钮 SB1，或 M1 电动机反转 KS-2 触点闭合进行制动停车时，电动机 M1 正转；网络 5 为主电动机 M1 反向运行控制，若网络 3 有效，或 M1 电动机正转 KS-1 触点闭合进行制动停车时，电动机 M1 反转。

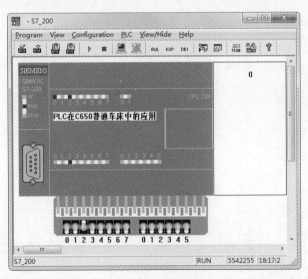

图 10-18 S7-200 PLC 改造 C650 车床控制线路仿真效果图

网络 6 为主电机 M1 正转运行时，按下停止按钮 SB1 所进行的反接制动停车控制；网络 7 为主电机 M1 反转运行时，按下停止按钮 SB1 所进行的正接制动停车控制。

网络 8 为冷却泵电动机 M2 控制，当按下冷却泵电动机 M2 启动按钮 SB6 时，动合触点 I0.6 闭合，输出线圈 Q0.3 有效，电动机 M2 启动；当按下冷却泵电动机 M2 停止按钮 SB5 时，电动机 M2 停止。

网络 9 为快速移动电动机 M3 控制，当刀架手柄压动位置开关 SQ 时，M3 电动机启动运行，经传动系统驱动溜板带动刀架快速移动。

网络 10 为电流表 A 短接控制，M1 电动机在正转或反转启动时，先短接经电流表 A，T37 延时片刻后才将电流表接入电路中。

网络 11 为 EL 照明控制，照明开关 SA 按下时，EL 亮，照明开关 SA 松开时，EL 熄灭。

10.3.3 PLC 在 Z3040 摇臂钻床中的应用

钻床是一种用来对工件进行钻孔、扩孔、铰孔、攻螺纹及修刮端面的加工机床。钻床按结构形式的不同，可分为立式钻床、卧式钻床、台式钻床、深孔钻床、摇臂钻床等。摇臂钻床是用得较广泛的一种钻床，它适用于单件或批量生产中带有多孔的大型零件的孔加工，是机械加工中常用的机床设备。

1. Z3040 钻床传统继电器—接触器电气控制线路分析

Z3040 摇臂钻床由主轴电动机 M1、摇臂升降电动机 M2、液压泵电动机 M3 和冷却泵电动机 M4 这 4 台三相异步电动机进行拖动。4 台电动机容量较小，采用直接启动方式。主轴要求正、反转，采用机械方法实现，主轴电动机单向旋转。液压泵电动机用来驱动液压泵送出不同流向的压力油，推动活塞、带动菱形块动作来实现内外立柱的夹紧与放松以及主轴箱的夹紧与放松。

主轴箱上装有 4 个按钮 SB1、SB2、SB3、SB4，分别是主电动机的停止、启动、摇臂上升、下降控制按钮。主轴箱转盘上的 2 个按钮 SB5、SB6 分别为主轴箱及立柱松开按钮和夹紧按钮。Z3040 摇臂钻床传统继电器—接触器电气控制线路如图 10-19 所示，它由主电路和控制电路组成。

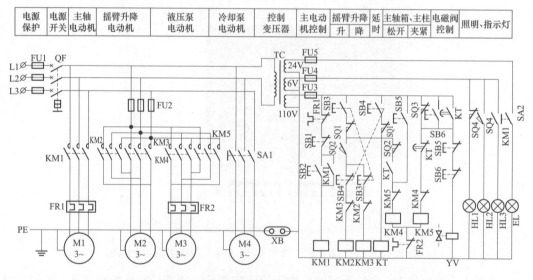

图 10-19 Z3040 摇臂钻床传统继电器—接触器电气控制线路

（1）Z3040 摇臂钻床主电路分析。Z3040 摇臂钻床的三相电源由断路器 QF 控制，熔断器 FU 作短路保护，主轴电动机 M1 为单向旋转，由接触器 KM1 控制，设有热继电器 FR1 作过载保护。摇臂升降电动机 M2 由接触器 KM2、KM3 控制，可进行正反转，因摇臂旋转是短时的，所以不用设置过载保护。液压泵电动机 M3 由主接触器 KM4、KM5 控制，可进行正反转，设有热继电器 FR2 作过载保护。冷却泵电动机 M4 由组合转换开关 SA1 控制。

（2）Z3040 摇臂钻床控制电路分析。控制电路电源由控制变压器 TC 降压后供给110V 电压，熔断器 FU3 作为短路保护。

1）主轴电动机的控制。按下启动按钮 SB2，KM1 线圈得电并自锁，KM1 主触头闭合，使主轴电动机 M1 启动。当按下停止按钮 SB1 时，断开了 KM1 线圈电源，主轴电动机 M1 停止运行。

2）摇臂升降、夹紧和松开控制。摇臂的松开、升降、夹紧操作是按顺序进行控制的。摇臂上升时，按下上升按钮 SB3，SB3 的动断触头先打开，切断 KM3 线圈回路，SB3 的动合触头后闭合，时间继电器 KT 线圈得电。KT 两对瞬时动合触头闭合，瞬时动断触头打开，其中一对触头闭合使 KM4 线圈得电，另一对触头闭合使电磁阀 YV 线圈通电。KM4 线圈得电，从而控制液压泵电动机 M3 启动，拖动液压泵送出压力油，经二位六通阀进入摇臂松开油腔，推动活塞和菱形块，使摇臂松开。同时活塞杆通过弹簧片压动行程开关 SQ2，其动断触头 SQ2 断开，接触器 KM4 断电释放，液压泵电动机停止旋转，摇臂维持在松开状态。同时，SQ2 动合触头闭合，使 KM2 线圈得电吸合，摇臂升降电动机 M2 启动旋转，拖动摇臂上升。

当摇臂上升至所需位置时，松开按钮 SB3，接触器 KM2 和时间继电器 KT 同时断电，M2 依惯性停止，摇臂停止上升。时间继电器断电后，经 1～3s 的延时后，KT 动断触头闭合，使 KM5 线圈得电。KM5 线圈得电，主触头闭合，使液压泵电动机 M3 反转。KT 动合触头打开，使电磁阀 YV 线圈失电。送出的压力油经另一条油路流入二位六通阀，再进入摇臂夹紧油腔，反向推动活塞与菱形块，使摇臂夹紧。

当摇臂夹紧后，活塞杆通过弹簧片压动行程开关 SQ3，使 SQ3 动断触头断开，从而切断 KM5 线圈电源，液压泵电动机 M3 停止运转，摇臂夹紧完成。

摇臂下降时按下按钮 SB4 即可，其设备操作过程与摇臂上升过程类似。摇臂升降由 SQ1 作限位保护。

3）主轴箱与立柱的夹紧与松开控制。主轴箱与立柱的夹紧与松开均采用液压操纵，两者是同时进行的，工作时要求二位六通阀 YV 不通电。当是使主轴箱与立柱松开时，按下按钮 SB5，接触器 KM4 通电吸合，使 M3 电动机正转，拖动液压泵高压油从油泵油路流出，此时 SB5 的动断触头打开，电磁阀线圈 YV 不通电，压力油经二位六通电磁阀到右侧油路，进入立柱与主轴箱松开油腔，推动活塞和菱形块使立柱和主轴箱同时松开。

按下按钮 SB6，接触器 K5 通电吸合，液压油泵电动机 M3 反转，电磁阀 YV 仍不通电，压力油从油泵左侧油路流出，进入主轴箱及立柱油箱右腔，使二者夹紧。

4）冷却泵电动机 M4 的控制。扳动手动开关 SA1 时，冷却泵电动机 M4 启动，单向运行。

5）照明和信号指示灯控制。HL1 为主轴箱与立柱松开指示灯，当主轴箱与立柱夹紧时，SQ4 动断触头打开，此时 HL1 灯熄灭；当主轴箱与立柱松开时，SQ4 动断触头复位闭合，HL1 灯亮。

HL2 为主轴箱与立柱夹紧指示灯，当主轴箱与立柱松开时，SQ4 动合触头打开，此时 HL1 灯熄灭；当主轴箱与立柱夹紧时，SQ4 动合触头复位闭合，HL2 灯亮。

HL3 为主轴旋转工作指示灯，当主轴电动机工作时，KM1 动合辅助触头闭合，HL3 亮。

EL 为主轴旋转工作照明灯，扳动转换开关 SA 时，EL 亮。

## 2. Z3040 摇臂钻床 PLC 控制

根据 Z3040 摇臂钻床控制线路的分析，其 PLC 控制设计如下：

（1）PLC 的 I/O 分配。使用 S7-200 PLC 改造 Z3040 摇臂钻床控制线路时，照明开关可使用普通的按钮开关代替，列出 PLC 的输入/输出分配表，见表 10-13。

表 10-13　　　　S7-200 PLC 改造 Z3040 摇臂钻床的输入/输出分配表

输入			输出		
功能	元件	PLC 地址	功能	元件	PLC 地址
主轴电动机 M1 停止按钮	SB1	I0.0	主轴电动机 M1 控制	KM1	Q0.0
主轴电动机 M1 启动按钮	SB2	I0.1	摇臂电动机 M2 上升控制	KM2	Q0.1
摇臂上升控制	SB3	I0.2	摇臂电动机 M2 下降控制	KM3	Q0.2
摇臂下降控制	SB4	I0.3	主轴箱、立柱松开控制	KM4	Q0.3
立柱放松控制	SB5	I0.4	主轴箱、立柱夹紧控制	KM5	Q0.4
立柱夹紧控制	SB6	I0.5	冷却泵电动机控制	KM6	Q0.5
行程开关	SQ1	I0.6	松开指示	HL1	Q0.6
行程开关	SQ2	I0.7	夹紧指示	HL2	Q0.7
行程开关	SQ3	I1.0	主电动机工作指示	HL3	Q1.0
行程开关	SQ4	I1.1	照明灯控制	EL	Q1.1
冷却泵电动机 M4 控制	SA1	I1.2	电磁阀控制	YV	Q1.2
照明灯控制	SA2	I1.3			

（2）PLC 改造 Z3040 摇臂钻床控制线路的 I/O 接线图，如图 10-20 所示。

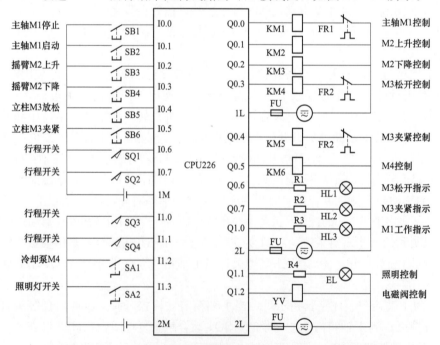

图 10-20　PLC 改造 Z3040 摇臂钻床控制线路的 I/O 接线图

蟽l458

（3）PLC 改造 Z3040 摇臂钻床控制线路的程序见表 10 - 14。

表 10 - 14　　　　　　　S7 - 200 PLC 改造 Z3040 摇臂钻床控制线路的程序

网络	LAD	STL
网络 1	I0.1　　　I0.0　　　　（Q0.0） Q0.0	LD　　I0.1 O　　　Q0.0 AN　　I0.0 =　　　Q0.0
网络 2	I0.2　　　I0.6　　　M0.0 （　） I0.3　　　I0.6 　　　　　T37 　　　　IN　　TON +50—PT　　100ms	LD　　I0.2 AN　　I0.6 LD　　I0.3 AN　　I0.6 OLD =　　　M0.0 TON　　T37，+50
网络 3	M0.0　　I0.7　　I0.3　　Q0.2　　Q0.1 （　）	LD　　M0.0 A　　　I0.7 AN　　I0.3 AN　　Q0.2 =　　　Q0.1
网络 4	M0.0　　I0.7　　I0.2　　Q0.1　　Q0.2 （　）	LD　　M0.0 A　　　I0.7 AN　　I0.2 AN　　Q0.1 =　　　Q0.2
网络 5	M0.0　　I0.7　　T37　　Q0.4　　Q0.3 （　） I0.4	LD　　M0.0 AN　　I0.7 A　　　T37 O　　　I0.4 AN　　Q0.4 =　　　Q0.3
网络 6	I0.5　　　M0.1 （　） T37 I1.0	LD　　I0.5 O　　　T37 O　　　I1.0 =　　　M0.1
网络 7	M0.1　　T37　　Q0.3　　　Q0.4 （　）	LD　　M0.1 AN　　T37 AN　　Q0.3 =　　　Q0.4

续表

网络	LAD	STL
网络 8	┤M0.1├ ┤/I0.4├ ┤/I0.5├ ─(Q1.2)	LD M0.1 AN I0.4 AN I0.5 = Q1.2
网络 9	┤I1.2├ ┤/M1.0├ ─(Q0.5) ┤/I1.2├ ┤Q0.5├	LD I1.2 AN M1.0 LDN I1.2 A Q0.5 OLD = Q0.5
网络 10	┤Q0.5├ ┤/I1.2├ ─(M1.0) ┤I1.2├ ┤M1.0├	LD Q0.5 AN I1.2 LD I1.2 A M1.0 OLD = M1.0
网络 11	┤I1.3├ ┤/M1.1├ ─(Q1.1) ┤Q1.1├ ┤/I1.3├	LD I1.3 AN M1.1 LD Q1.1 AN I1.3 OLD = Q1.1
网络 12	┤Q1.1├ ┤/I1.3├ ─(M1.1) ┤I1.3├ ┤M1.1├	LD Q1.1 AN I1.3 LD I1.3 A M1.1 OLD = M1.1
网络 13	┤/I1.1├ ─(Q0.6)	LDN I1.1 = Q0.6
网络 14	┤I1.1├ ─(Q0.7)	LD I1.1 = Q0.7
网络 15	┤Q0.0├ ─(Q1.0)	LD Q0.0 = Q1.0

（4）PLC 程序说明。网络 1 为主轴电动机 M1 启动与停止控制，当按下 SB2 时，M1 启动；按下 SB1 时，M1 停止。网络 2 为摇臂电动机正、反转的前提条件。若按下 SB3 按钮，网络 2 中的 M0.0 有效，并启动定时器 T37 进行延时，同时使网络 3 中的 Q0.1 控制 KM2 有效，从而控制摇臂电动机上升；若按下 SB4 按钮，网络 2 中的 M0.0 有效，并启动定时器 T37 进行延时，同时使网络 4 中的 Q0.2 控制 KM3 有效，从而控制摇臂电动机下降。

网络 5 为主轴箱、立柱松开控制；网络 6 和网络 7 为主轴箱、立柱夹紧控制；网络 8 为电磁阀控制；网络 9 和网络 10 为冷却泵电动机控制；程序 11 和网络 12 为照明灯控制；

网络 13 为立柱松开指示；网络 14 为立柱夹紧指示；网络 15 为主轴电动机运行指示。其 PLC 仿真效果如图 10-21 所示。

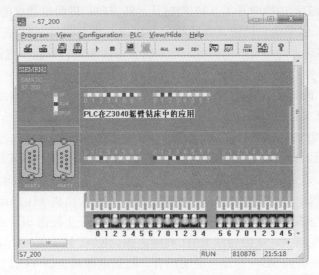

图 10-21　S7-200 PLC 改造 Z3040 摇臂钻床控制线路仿真效果图

10.3.4　PLC 在 X62W 万能铣床中的应用

铣床是用铣刀进行铣削的机床，它用来加工平面、斜面和沟槽等，还可用来铣削直齿轮和螺旋面等。铣床的种类很多，按照结构形式和加工性能的不同，可分为卧式铣床、立式铣床、龙门铣床和各种专用铣床等。在此以 X62W 万能铣床为例，讲述 PLC 在其控制系统中的应用。

1. X62W 万能铣床传统继电器—接触器电气控制线路分析

X62W 万能铣床传统继电器—接触器的电气控制线路如图 10-22 所示，该线路由主电路、控制电路和照明电路 3 部分组成。

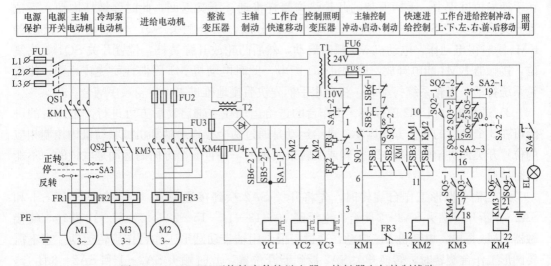

图 10-22　X62W 万能铣床传统继电器—接触器电气控制线路

（1）X62W 万能铣床主电路分析。X62W 万能铣床由 3 台异步电动机拖动，它们分别是主轴电动机 M1、进给电动机 M2 和冷却泵电动机 M3。主轴电动机 M1 用来拖动主轴带动铣刀进行铣削加工，由换向开关 SA3 控制其运转方向。进给电动机的正反转由 KM3 和 KM4 控制，通过操纵手柄和机械离合器的配合拖动工作台前后、左右、上下 6 个方向的进给运动和快速移动。冷却泵电动机 M3 用来供应切削液，它只能在主轴电动机运行后才能通过扳动手动开关 QS2 进行启动。

（2）X62W 万能铣床控制电路分析。X62W 万能铣床的控制电路由控制变压器照明 T1 输出 110V 电压来提供电源。

1）主轴电动机 M1 的控制。主轴电动机 M1 由接触器 KM1 控制，为方便操作，主轴电动机的启动由 SB1 和 SB2 按钮控制，停止由 SB5 和 SB6 控制，以实现两地控制。启动主轴电动机前将 SA3 旋到所需转动方向。合上电源开关 QS1，按下启动按钮 SB1 或 SB2，接触器 KM1 线圈得电并自锁，KM1 主触头闭合，主轴电动机 M1 启动。热继电器 FR1 的动断触头串接于 KM1 控制电路中作为过载保护。按下停止按钮 SB5 或 SB6 时，SB5 - 1 或 SB6 - 1 动断触头断开，从而切断 KM1 线圈电源，KM1 触头复位，主轴电动机断电惯性运转。同时 SB5 - 2 或 SB6 - 2 动合触头闭合，接通电磁离合器 YC1，使主轴电动机 M1 制动停止运转。

主轴电动机 M1 停止运转后，它并不处于制动状态，主轴仍然可以自由转动。在主轴更换铣刀时，为避免主轴转动，应将转换开关 SA1 扳向换刀位置，此时动合触头 SA1 - 1 闭合，电磁离合器 YC1 得电使主轴处于制动状态，同时动断触头 SA1 - 2 断开，控制回路电源被断开，使铣床不能运行，这样可安全更换铣刀。

主轴变速操纵箱装在床身左侧窗口上，主轴变速是由一个变速手柄盘来实现的。当主轴需要变速时，为保证变速齿轮易于啮合，需设置变速冲动控制，它利用变速手柄和冲动位置开关 SQ1 通过机械上的联动机构完成的。变速时，先将变速手柄下压，使手柄的榫块从定位槽中脱出，然后向外拉动手柄使榫块落入第二道槽内，使齿轮组脱离啮合。然后旋转变速盘选择转速，把手柄推回原位，使榫块重新落进槽内，齿轮组重新啮合。在手柄推拉过程中，手柄上装的凸轮将弹簧杆推动一下又返回，此时弹簧杆推动一下位置开关 SQ1，使 SQ1 的动断触头 SQ1 - 2 先分断，动合触头 SQ1 - 1 后闭合，接触器 KM1 瞬时得电动作，电动机 M1 瞬时启动，然后凸轮放开弹簧杆，位置开关 SQ1 触头复位，接触器 KM1 断电释放，电动机 M1 断电，此时电动机 M1 因惯性而旋转片刻，使齿轮系统抖动。齿轮系统抖动时，将变速手柄先快后慢地推进去，齿轮顺序啮合。

2）进给电动机 M2 的控制。工作台的进给运动在主轴启动后方可进行。工作台的进给可在 3 个坐标的 6 个方向运动，进给运动是通过两个操作手柄和机械联动机构控制相应的位置开关使进给电动机 M2 正转或反转来实现的，并且 6 个方向的运动是联锁的，不能同时接通。

a. 当需要圆形工作台旋转时，先将开关 SA2 扳到接通位置，这时触头 SA2 - 1 和 SA2 - 3 断开，触头 SA2 - 2 闭合，电流经 10—13—14—15—20—19—17—18 路径，使接触器 KM3 得电，电动机 M2 启动，通过一根专用轴带动圆形工作台作旋转运动。当不需要圆形工作台旋转时，转换开关 SA2 扳到断开位置，此时触头 SA2 - 1 和 SA2 - 3 闭合，触头 SA2 - 2 断开，以保证工作台在 6 个方向的进给运动，因为圆形工作台的旋转运动和

6个方向的进给运动也是联锁的。

b. 工作台的左右进给运动由左右进给操作手柄控制。操作手柄与位置开关 SQ5 和 SQ6 联动，有左、中、右三个位置，其控制关系见表 10-15。当手柄扳向中间位置时，位置开关 SQ5 和 SQ6 均未被压合，进给控制电路处于断开状态；当手柄扳向左或右位置时，手柄压下位置开关 SQ5 或 SQ6，使动断触头 SQ5-2 或 SQ6-2 分断，动合触头 SQ5-1 或 SQ6-1 闭合，接触器 KM3 或 KM4 得电动作，电动机 M2 正转或反转。由于在 SQ5 或 SQ6 被压合的同时，通过机械机构已将电动机 M2 的传动链与工作台下面的左右进给丝杠相搭合，所以电动机 M2 的正转或反转就拖动工作台向左或向右运动。

表 10-15 工作台左右进给手柄位置及其控制关系

手柄位置	位置开关动作	接触器动作	电动机 M2 转向	传动链搭合丝杠	工作台运动方向
左	SQ5	KM3	正转	左右进给丝杠	向左
中			停止		停止
右	SQ6	KM4	反转	左右进给丝杠	向右

c. 工作台的上下和前后进给运动是由一个手柄进行控制。该手柄与位置开关 SQ3 和 SQ4 联动，有上、下、前、后、中 5 个位置，其控制关系见表 10-16。当手柄扳至中间位置时，位置开关 SQ3 和 SQ4 均未被压合，工作台无任何进给运动；当手柄扳至下或前位置时，手柄压下位置开关 SQ3 使动断触头 SQ3-2 分断，动合触头 SQ3-1 闭合，接触器 KM3 得电动作，电动机 M2 正转，带动着工作台向下或向前运动；当手柄扳向上或后时，手柄压下位置开关 SQ4，使动断触头 SQ4-2 分断，动合触头 SQ4-1 闭合，接触器 KM4 得电动作，电动机 M2 反转，带动着工作台向上或向后运动。当两个操作手柄被置定于某一进给方向后，只能压下四个位置开关 SQ3、SQ4、SQ5、SQ6 中的一个开关，接通电动机 M2 正转或反转电路，同时通过机械机构将电动机的传动链与三根丝杠（左右丝杠、上下丝杠、前后丝杠）中的一根（只能是一根）丝杠相搭合，拖动工作台沿选定的进给方向运动，而不会沿其他方向运动。

表 10-16 工作台上、下、中、前、后进给手柄位置及其控制关系

手柄位置	位置开关动作	接触器动作	电动机 M2 转向	传动链搭合丝杠	工作台运动方向
上	SQ4	KM4	反转	上下进给丝杠	向上
下	SQ3	KM3	正转	上下进给丝杠	向下
中			停止		停止
前	SQ3	KM3	正转	前后进给丝杠	向前
后	SQ4	KM4	反转	前后进给丝杠	向后

d. 左右进给手柄与上下前后手柄实行了联锁控制，如当把左右进给手柄扳向左时，若又将另一个进给手柄扳到向下进给方向，则位置开关 SQ5 和 SQ3 均被压下，触头 SQ5-2 和 SQ3-2 均分断，断开了接触器 KM3 和 KM4 的通路，电动机 M2 只能停转，保证了操作安全。

e. 6 个进给方向的快速移动是通过两个进给操作手柄和快速移动按钮配合实现的。安装好工件后，扳动进给操作手柄选定进给方向，按下快速移动按钮 SB3 或 SB4（两地

控制），接触器 KM2 得电，KM2 动断触头分断，电磁离合器 YC2 失电，将齿轮传动链与进给丝杠分离；KM2 两对动合触头闭合，一对使电磁离合器 YC3 得电，将电动机 M2 与进给丝杠直接搭合；另一对使接触器 KM3 或 KM4 得电动作，电动机 M2 得电正转或反转，带动工作台沿选定的方向快速移动。由于工作台的快速移动采用的是点动控制，故松开 SB3 或 SB4，快速移动停止。

f. 进给变速时与主轴变速时相同，利用变速盘与冲动位置开关 SQ2 使 M1 产生瞬时点动，齿轮系统顺利啮合。

3）冷却泵电动机 M3 的控制。主轴电动机 M1 和冷却泵电动机 M3 采用顺序控制，当 KM1 线圈得电时，主轴电动机得电启动运行，此时扳动组合开关 QS2 才能使冷却泵电动机 M3 启动。当按下停止按钮 SB5 或 SB6 使主轴电动机停止运行时，冷却泵电动机也会停止工作。

（3）X62W 万能铣床照明电路分析。X62W 万能铣床的照明电路由变压器 T1 提供 24V 的安全电压，转换开关 SA4 控制照明灯是否点亮。FU6 作 X62W 万能铣床照明电路的短路保护。

2. X62W 万能铣床 PLC 控制

根据 X62W 万能铣床控制线路的分析，其 PLC 控制设计如下：

（1）PLC 的 I/O 分配。使用 S7 - 200 PLC 改造 X62W 万能铣床时，其电气控制线路中的电源电路、主电路及照明电路保持不变，在控制电路中，变压器 TC 的输出及整流器 VC 的输出部分去掉。为节省 PLC 的 I/O，可将 M1 的启动按钮 SB1、SB2 共用同一个 I0.0 端子，快速进给启动按钮 SB3 和 SB4 共用同一个 I0.1 端子，M1 停止制动按钮 SB5 - 1 和 SB6 - 1 共用同一个 I0.2 端子，M1 停止制动按钮 SB5 - 2 和 SB6 - 2 共用同一个 I0.3 端子，上、下、前、后进给控制行程开关 SQ3 - 2 和 SQ4 - 2 共用同一个 I0.7 端子，M2 电动机正转控制行程开关 SQ5 - 1 和 SQ3 - 1 共用同一个 I1.0 端子，M2 电动机反转控制行程开关 SQ6 - 1 和 SQ4 - 1 共用同一个端子 I1.1 端子，M2 电动机正转控制 KM4 触头和 KM3 线圈由 Q0.2 控制，M2 电动机反转控制 KM3 触头和 KM4 线圈由 Q0.3 控制。X62W 万能铣床输入输出设备和 PLC 的输入输出端子分配见表 10 - 17。

表 10 - 17　　　　S7 - 200 PLC 改造 X62W 万能铣床的输入/输出分配表

输入			输出		
功能	元件	PLC 地址	功能	元件	PLC 地址
主轴电机 M1 启动按钮	SB1、SB2	I0.0	主轴电动机 M1 接触器	KM1	Q0.0
进给电机 M2 启动按钮	SB3、SB4	I0.1	KM2 线圈	KM2	Q0.1
主轴电机 M1 停止按钮	SB5 - 1、SB6 - 1	I0.2	M2 电动机正转控制 KM4 触头、KM3 线圈	KM3	Q0.2
	SB5 - 2、SB6 - 2	I0.3	M2 电动机反转控制 KM3 触头、KM4 线圈	KM4	Q0.3
换刀开关	SA1	I0.4	主轴制动	YC1	Q0.4
圆工作台开关	SA2	I0.5	正常进给	YC2	Q0.5
左右进给控制	SQ5 - 2、SQ6 - 2	I0.6	快速进给	YC3	Q0.6

输　入			输　出		
功能	元件	PLC 地址	功能	元件	PLC 地址
上、下、前、后进给控制	SQ3 - 2、 SQ4 - 2	I0.7	照明灯	EL	Q0.7
M2 电动机正转控制	SQ5 - 1、 SQ3 - 1	I1.0			
M2 电动机反转控制	SQ6 - 1、 SQ4 - 1	I1.1			
进给冲动控制	SQ2 - 2	I1.2			
主轴冲动控制	SQ1 - 2	I1.3			
照明灯开关	SA4	I1.4			

（2）PLC 改造 X62W 万能铣床控制线路的 I/O 接线图，如图 10 - 23 所示。

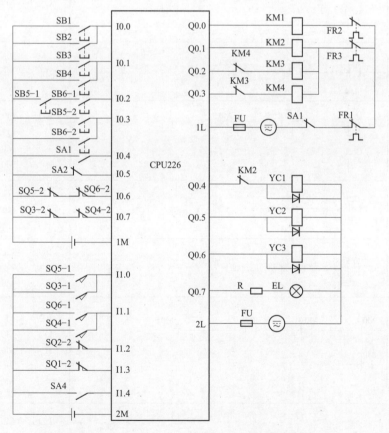

图 10 - 23　PLC 改造 X62W 万能铣床控制线路的 I/O 接线图

（3）PLC 改造 X62W 万能铣床控制线路的程序见表 10 - 18。

西门子S7-200 PLC从入门到精通（第二版）

表 10‑18　　　　　S7‑200 PLC 改造 X62W 万能铣床控制线路的程序

网络	LAD	STL
网络1	I0.0 I1.3 / I0.2 / M0.0 ( ) ; M0.0	LD I0.0 / O M0.0 / AN I1.3 / AN I0.2 / = M0.0
网络2	I0.0 I1.3 M0.1 ( ) ; Q0.0	LD I0.0 / O Q0.0 / A I1.3 / = M0.1
网络3	M0.0 I0.4 / Q0.0 ( ) ; I1.3	LD M0.0 / O I1.3 / AN I0.4 / = Q0.0
网络4	M0.0 M0.2 ( ) ; M0.1	LD M0.0 / O M0.1 / = M0.2
网络5	I0.1 M0.2 Q0.1 ( )	LD I0.1 / A M0.2 / = Q0.1
网络6	Q0.0 M0.2 M0.3 ( ) ; Q0.1	LD Q0.0 / O Q0.1 / A M0.2 / = M0.3
网络7	I1.2 / I0.7 / M0.4 ( )	LDN I1.2 / AN I0.7 / = M0.4
网络8	I0.5 I0.6 / M0.5 ( )	LD I0.5 / AN I0.6 / = M0.5
网络9	M0.4 M0.3 I0.5 M0.6 ( ) ; M0.5	LD M0.4 / O M0.5 / A M0.3 / A I0.5 / = M0.6
网络10	M0.5 M0.6 I1.2 M0.7 ( )	LD M0.5 / A M0.6 / A I1.2 / = M0.7

466

网络	LAD	STL
网络 11	M0.6 ── M1.0 ─( ) M0.7 ──	LD M0.6 O M0.7 = M1.0
网络 12	M1.0 ──────── Q0.3 ── Q0.2 ─( ) I1.0 ── I0.5 ── M0.3 ──	LD M1.0 O I1.0 LD I0.5 A M0.3 OLD AN Q0.3 = Q0.2
网络 13	M1.0 ── I1.1 ── Q0.2 ── Q0.3 ─( )	LD M1.0 A I1.1 AN Q0.2 = Q0.3
网络 14	I0.6 ── Q0.4 ─( ) I0.4 ──	LD I0.6 O I0.4 = Q0.4
网络 15	Q0.1 ── Q0.5 ─( )	LDN Q0.1 = Q0.5
网络 16	Q0.1 ── Q0.6 ─( )	LD Q0.1 = Q0.6
网络 17	I1.4 ── M1.1 ── Q0.7 ─( ) Q0.7 ── I1.4 ──	LD I1.4 AN M1.1 LD Q0.7 AN I1.4 OLD = Q0.7
网络 18	I1.4 ── Q0.7 ── M1.1 ─( ) I1.4 ── M1.1 ──	LDN I1.4 A Q0.7 LD I1.4 A M1.1 OLD = M1.1

（4）PLC 程序说明。网络 1~3 为主轴电动机 M1 的启动与停止控制；网络 4 和网络 5 为 KM2 线圈控制；网络 6~11 表述了工作台进给控制的前提条件；网络 12 为进给电机 M2 的正转控制；网络 13 为进给电机的反转控制；网络 14~17 为各指示灯的显示控制。其 PLC 仿真效果如图 10-24 所示。

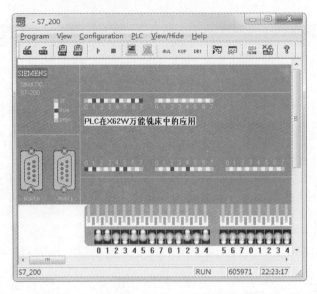

图 10-24   S7-200 PLC 改造 X62W 万能铣床控制线路仿真效果图

10.3.5   PLC 在 T68 卧式镗床中的应用

镗床是一种精密加工机床，主要用于加工精确的孔和孔间距离要求较为精确的零件。按照用途的不同，镗床分为卧式镗床、立式镗床、坐标镗床、金刚镗床和专用镗床，其中卧式镗床在生产中应用最多。卧式镗床具有万能特点，它不但能完成孔加工，而且还能完成车削端面及内外圆、铣削平面等。在此，以 T68 为例讲述 PLC 在其控制系统中的应用。

1. T68 卧式镗床传统继电器—接触器电气控制线路分析

T68 卧式镗床传统继电器—接触器的电气控制线路如图 10-25 所示，该线路由主电路、控制电路和照明电路 3 部分组成。

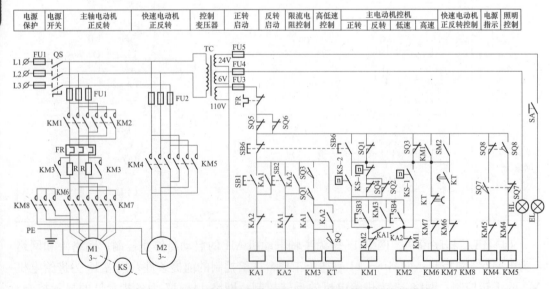

图 10-25   T68 卧式镗床传统继电器—接触器电气控制线路

（1）T68 卧式镗床主电路分析。T68 卧式镗床有 M1 和 M2 两台电动机，其中 M1 为主轴电动机，M2 为快速移动电动机。M1 由接触器 KM1 和 KM2 控制其正反转，KM6 控制其低速运转，KM7、KM8 控制 M1 高速运转，KM3 控制 M1 反接制动，FR 作为 M1 过载保护。M2 由 KM4、KM5 控制其正反转，因 M2 是短时间运行，因此不需要过载保护。

（2）T68 卧式镗床控制电路分析。T68 卧式镗床的控制电路由控制变压器 TC 输出 110V 电压来提供电源。

1）主轴电动机 M1 的控制。主轴电动机 M1 控制主要包括点动控制、正反转控制、高低速转换控制、停车控制和主轴及进给变速控制。

合上电源开关 QS，按下 SB3，KM1 线圈得电，主触头接通三相正相序电源，KM1 动合触头闭合，使 KM6 线圈得电，主轴电动机 M1 绕组接成三角形，串入电阻 R，电动机 M1 低速启动。由于 KM1、KM6 此时都不能自锁，当松开 SB3 时，KM1、KM6 相继断电，M1 断电停车，这样实现了电动机 M1 的正向点动控制。当按下 SB4 时，可控制电动机 M1 进行反向点动控制。

SB1、SB2 可控制电动机 M1 进行正反转控制。M1 电动机启动前，主轴变速与进给变速手柄置于推合位置，此时行程开关 SQ1、SQ3 被压下，它们的动合触头闭合。若选择 M1 为低速运行时，将主轴速度选择手柄置于"低速"挡位，此时经速度手柄联动机构使高低速行程开关 SQ 处于释放状态，其动断触头断开。按下 SB1，中间继电器 KA1 线圈得电并自锁，另一个动合触头 KA1 闭合，使 KM3 线圈得电。KM3 线圈得电，动合辅助触头闭合，使 KM1 线圈得电吸合。KM1 线圈闭合，其动合辅助触头闭合，从而使 KM6 线圈得电，于是 M1 电动机定子绕组接成三角形，接入正相序三相交流电源全电压低速正向运行。如果按下 SB2 时，KA2、KM3、KM2 和 KM6 相继动作，从而使电动机 M1 进行反向运行。

M1 电动机的高低速转换可通过行程开关 SQ 来进行控制。其控制过程如下：将主轴速度选择手柄置于"高速"挡时，SQ 被压下，其动合触头闭合。按下 SB1 按钮，KA1 线圈通电并自锁，KA1、KM3、KM6 相继得电工作，电动机 M1 低速正向启动运行。在 KM3 线圈通电的同时，由于 SQ 动合触头被压下闭合了，KT 线圈也通电吸合。当 KT 延时片刻后，KT 延时打开触头断开切断 KM6 线圈的电源，KT 延时闭合触头闭合使 KM7、KM8 线圈得电吸合，这样使主轴电动机 M1 的定子绕组由三角形接法自动切换成双星形接法，使电动机自动由低速转变到高速运行。同档，若将主轴速度选择手柄置于"高速"挡时，按下 SB2 后，电动机也会自动由低速运行转到高速运行。

主轴电动机 M1 正向低速运行，由 KA1、KM3、KM1 和 KM6 进行控制。欲使 M1 停车，按下停止按钮 SB6 时，KA1、KM3、KM1 和 KM6 相继断电释放。由于 M1 正转时速度继电器 KS-1 动合触头闭合，因此按下 SB6 后，KM2 线圈通电并自锁，并使 KM6 线圈仍保护得电状态，但此时 M1 定子绕组串入限流电阻 R 进行反接制动，当电动机速度降至 KS 复位转速时 KS-1 的动合触头打开，使 KM2 和 KM6 断电释放，反接制动结束。

同样主轴电动机 M1 正向高速运行中，按下停车按钮 SB6 时，KA1、KM3、KM1、KT、KM7 和 KM8 相继断电释放，从而使 KM2 和 KM6 线圈通电吸合，电动机进行反接制动。

T68 卧式镗床的主轴变速与进给变速可在停车时或运行时进行控制。变速时将变速手柄拉出，转动变速盘，选好速度后，再将变速手柄推回。拉出变速手柄时，相应的变速行程开关不受压；推回变速手柄时，相应的变速行开头压下，其中 SQ1 和 SQ2 为主轴变速行程开关，SQ3 和 SQ4 为进给变速行程开关。

2）快速移动电动机 M2 的控制。主轴箱、工作台或主轴的快速移动由快速移动电动机 M2 来实现。快速移动电动机的转动方向由快速手柄进行控制。快速手柄有三个位置，将变速手柄置于中间位置时，行程开关 SQ7、SQ8 将没被压下，电动机 M2 停转。当将变速手柄置于正向位置时，SQ7 被压下，其动合触头闭合，KM4 线圈得电，使电动机 M2 正向转动，从而控制相应部件正向快速移动。当将快速手柄置于反向位置时，SQ8 被压下，KM5 线圈得电，使电动机 M2 反向转动，从而控制相应部件反向快速移动。

（3）T68 卧式镗床照明电路分析。T68 卧式镗床的照明和指示电路由变压器 TC 提供 24V 和 6V 的安全电压，合上电源开关 QS 时，电源指示灯亮，而转换开关 SA 控制照明灯是否点亮。

2. T68 卧式镗床 PLC 控制

根据 T68 卧式镗床控制线路的分析，其 PLC 控制设计如下：

（1）PLC 的 I/O 分配见表 10-19。

表 10-19　　　　S7-200 PLC 改造 T68 卧式镗床的 I/O 分配表

输入			输出		
功能	元件	PLC 地址	功能	元件	PLC 地址
主轴停止控制按钮	SB6	I0.0	M1 正转控制	KM1	Q0.0
主轴正转控制按钮	SB1	I0.1	M1 反转控制	KM2	Q0.1
主轴反转点动按钮	SB2	I0.2	限流电阻控制	KM3	Q0.2
M1 的正转点动按钮	SB3	I0.3	M2 正转控制	KM4	Q0.3
M1 的正转点动按钮	SB4	I0.4	M2 反转控制	KM5	Q0.4
高低速转换行程开关	SQ	I0.5	M1 低速（三角形）控制	KM6	Q0.5
主轴变速行程开关	SQ1	I0.6	M1 高速（双星形）控制	KM7	Q0.6
主轴变速行程开关	SQ2	I0.7	M1 高速（双星形）控制	KM8	Q0.7
进给变速行程开关	SQ3	I1.0			
进给变速行程开关	SQ4	I1.1			
工作台或主轴箱进给限位	SQ5	I1.2			
主轴或花盘刀架进给限位	SQ6	I1.3			
快速 M2 电动机正转限位	SQ7	I1.4			
快速 M2 电动机反转限位	SQ8	I1.5			
速度继电器正转触头	KS1	I1.6			
速度继电器反转触头	KS2	I1.7			

（2）PLC 改造 T68 卧式镗床控制线路的 I/O 接线图，如图 10-26 所示。

（3）PLC 改造 T68 卧式镗床控制线路的程序见表 10-20。

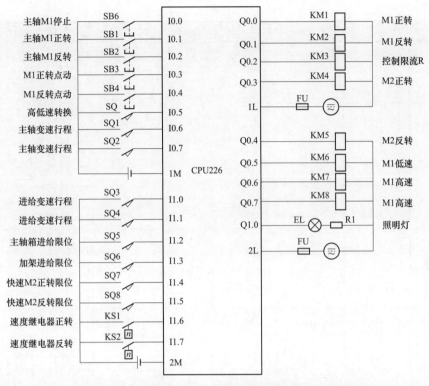

图 10 - 26　PLC 改造 T68 卧式镗床控制线路的 I/O 接线图

表 10 - 20　　　　　　　　**S7 - 200 PLC 改造 T68 卧式镗床控制线路的程序**

网络	LAD	STL
网络 1	I1.2 ─│/├─ I0.0 ─│/├─ M0.0 ─( ) I1.3 ─│/├─	LDN　I1.2 ON　I1.3 AN　I0.0 =　M0.0
网络 2	I0.1 ─┤├─ M0.0 ─┤├─ M0.2 ─│/├─ M0.1 ─( ) M0.1 ─┤├─	LD　I0.1 O　M0.1 A　M0.0 AN　M0.2 =　M0.1
网络 3	I0.2 ─┤├─ M0.0 ─┤├─ M0.1 ─│/├─ M0.2 ─( ) M0.2 ─┤├─	LD　I0.2 O　M0.2 A　M0.0 AN　M0.1 =　M0.2
网络 4	M0.1 ─┤├─ M0.0 ─┤├─ I0.6 ─┤├─ I0.0 ─┤├─ Q0.2 ─( ) M0.2 ─┤├─ T37 IN TON +50 ─ PT 100ms	LD　M0.1 O　M0.2 A　M0.0 A　I0.6 A　I0.0 =　Q0.2 TON　T37，+50

I/O 接线图说明（左侧输入）：
主轴 M1 停止　SB6　I0.0
主轴 M1 正转　SB1　I0.1
主轴 M1 反转　SB2　I0.2
M1 正转点动　SB3　I0.3
M1 反转点动　SB4　I0.4
高低速转换　SQ　I0.5
主轴变速行程　SQ1　I0.6
主轴变速行程　SQ2　I0.7
1M　CPU226
进给变速行程　SQ3　I1.0
进给变速行程　SQ4　I1.1
主轴箱进给限位　SQ5　I1.2
加架进给限位　SQ6　I1.3
快速 M2 正转限位　SQ7　I1.4
快速 M2 反转限位　SQ8　I1.5
速度继电器正转　KS1　I1.6
速度继电器反转　KS2　I1.7
2M

I/O 接线图说明（右侧输出）：
Q0.0　KM1　M1 正转
Q0.1　KM2　M1 反转
Q0.2　KM3　控制限流 R
Q0.3　KM4　M2 正转
1L　FU
Q0.4　KM5　M2 反转
Q0.5　KM6　M1 低速
Q0.6　KM7　M1 高速
Q0.7　KM8　M1 高速
Q1.0　EL　R1　照明灯
2L　FU

续表

网络	LAD	STL
网络5	I0.0 —[ ]— M0.3 —( ) I0.6 —[/]— I1.0 —[/]— Q0.0 —[ ]— Q0.1 —[ ]—	LD I0.0 ON I0.6 ON I1.0 O Q0.0 O Q0.1 = M0.3
网络6	I1.2 —[/]— M0.3 —[ ]— M0.4 —( ) I1.3 —[/]—	LDN I1.2 ON I1.3 A M0.3 = M0.4
网络7	I0.7 —[/]— I1.6 —[/]— M0.4 —[ ]— M0.5 —( ) I1.1 —[ ]— I1.7 —[ ]—	LDN I0.7 ON I1.1 AN I1.6 O I1.7 A M0.4 = M0.5
网络8	I0.4 Q0.2 M0.1 M0.3 I1.6 M0.6 —[ ]—[ ]—[ ]—[ ]—[ ]—( ) I0.4 I0.3 —[ ]—[ ]— M0.1 M0.2 —[ ]—[ ]— M0.2 Q0.2 I0.3 —[ ]—[ ]—[ ]—	LD I0.4 A Q0.2 A M0.1 LD I0.4 A I0.3 OLD LD M0.1 A M0.2 OLD LD M0.2 A Q0.2 A I0.3 OLD A M0.3 A I1.6 = M0.6
网络9	I0.4 M0.1 M0.2 M0.0 Q0.1 Q0.0 —[ ]—[ ]—[ ]—[ ]—[/]—( ) Q0.2 —[ ]— I0.3 —[ ]— M0.5 —[ ]— M0.6 —[ ]—	LD I0.4 A M0.1 O Q0.2 A M0.2 O I0.3 A M0.0 LD M0.5 O M0.6 OLD AN Q0.1 = Q0.0

网络	LAD	STL
网络 10	M0.1 M0.2 I0.3 M0.0 M0.7 Q0.3 M0.2 I0.4	LD M0.1 A M0.2 A I0.3 LD Q0.3 A M0.2 OLD O I0.4 A M0.0 = M0.7
网络 11	I0.3 Q0.2 M0.2 M0.5 M1.0 I0.3 I0.4 M0.1 M0.2 M0.1 Q0.2 I0.4	LD I0.3 A Q0.2 A M0.2 LD I0.3 A I0.4 OLD LD M0.1 A M0.2 OLD LD M0.1 A Q0.2 A I0.4 OLD A M0.5 = M1.0
网络 12	M0.3 I1.6 Q0.0 Q0.1 M0.7 M1.0	LD M0.3 A I1.6 O M0.7 O M1.0 AN Q0.0 = Q0.1
网络 13	M0.3 T37 Q0.6 Q0.5	LD M0.3 AN T37 AN Q0.6 = Q0.5
网络 14	M0.4 T37 Q0.5 Q0.6 Q0.7	LD M0.4 A T37 AN Q0.5 = Q0.6 = Q0.7
网络 15	I1.2 I1.5 I1.4 Q0.4 Q0.3 I1.3	LDN I1.2 ON I1.3 AN I1.5 A I1.4 AN Q0.4 = Q0.3
网络 16	I1.2 I1.4 I1.5 Q0.3 Q0.4 I1.3	LDN I1.2 ON I1.3 AN I1.4 A I1.5 AN Q0.3 = Q0.4

第10章 PLC控制系统设计及实例

（4）PLC 程序说明。网络 1～4 为 KM3 线圈控制；网络 5～9 为 M1 正转控制；网络 10～12 为 M1 反转控制；网络 13 为 M1 低速运行控制；网络 14 为 M1 高速控制；网络 15 为 M2 正转控制；网络 16 为 M2 反转控制。其 PLC 仿真效果如图 10-27 所示。

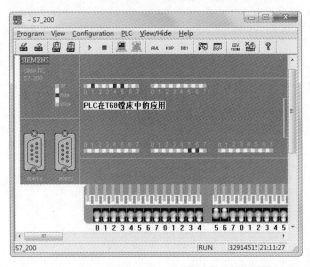

图 10-27 S7-200 PLC 改造 T68 卧式镗床控制线路仿真效果图

10.4 PLC控制应用设计实例

PLC 控制系统具有较好的稳定性、控制柔性、维修方便性。随着 PLC 的普及和推广，其应用领域越来越广泛，特别是在许多新建项目和设备的技术改造中，常常采用 PLC 作为控制装置。在此，通过实例讲解 PLC 应用系统的设计方法。

10.4.1 六组抢答器 PLC 控制

1. 控制要求

（1）主持人宣布抢答后，首先抢答成功者，抢答有效并且指示灯 LED1 亮，并显示组号，此时其他组抢答无效。

（2）主持人宣布抢答后方可抢答，否则抢答的组被视为犯规并且指示灯 LED2 闪烁，显示犯规组号。

（3）主持人宣布抢答后，10s 内抢答有效，否则指示灯 LED3 闪烁。

（4）主持人按下复位按钮后，各组才可重复上述操作。

2. 控制分析

假设每组有 1 个抢答按钮，分别为 SB1、SB2、SB3、SB4、SB5、SB6，主持人允许抢答按钮为 SB0，复位按钮为 SB7。SB0、SB1、SB2、SB3、SB4、SB5、SB6、SB7 分别与 I0.0、I0.1、I0.2、I0.3、I0.4、I0.5、I0.6、I0.7 相连；LED1、LED2、LED3 分别

与 Q1.0、Q1.1、Q1.2 相连。使用编码指令和译码指令可实现组号的显示。在编程时，使用 T37 进行 10s 延时，在 10s 内，允许各小组进行抢答。如果超过 10s，T37 的动断触点断开，使各小组不能进行抢答；同时 T37 的动合触点闭合，使无效指示灯 LED3 闪烁。各小组抢答状态用 6 条 SET 指令保存，同时考虑到抢答器是否已经被最先按下的组所锁定，抢答器的锁定状态用 M2.2 保存；抢答器组被状态锁定后，其他组的操作无效，允许抢答指示灯 LED1 亮，同时数码管显示其组号。当某组先按下抢答按钮时，可将相应的组号数送入 VB0，然后使用 SEG 指令将 VB0 中数值进行译码由 QB0 输出，即可实现数值的显示。

3. I/O 分配表及 I/O 接线图

通过对控制要求的分析，六组抢答器需要使用 8 个输入和 11 个输出端子，I/O 分配见表 10 - 21，其 I/O 接线如图 10 - 28 所示。

表 10 - 21　　　　　　　　　简易 6 组抢答器的输入/输出分配表

输 入			输 出		
功能	元件	PLC 地址	功能	元件	PLC 地址
允许抢答按钮	SB0	I0.0	数码管段码	a～g、dp	Q0.0～Q0.7
抢答 1 按钮	SB1	I0.1	允许抢答指示	LED1	Q1.0
抢答 2 按钮	SB2	I0.2	犯规指示	LED2	Q1.1
抢答 3 按钮	SB3	I0.3	抢答无效指示	LED3	Q1.2
抢答 4 按钮	SB4	I0.4			
抢答 5 按钮	SB5	I0.5			
抢答 6 按钮	SB6	I0.6			
复位按钮	SB7	I0.7			

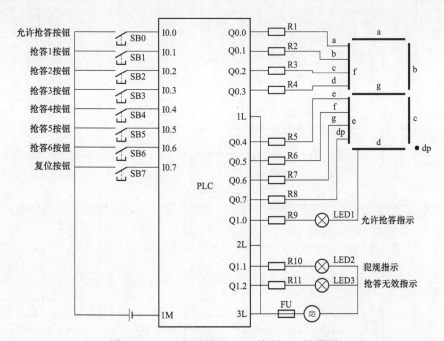

图 10 - 28　六组抢答器 PLC 控制 I/O 接线图

4. 程序编写

根据六组抢答器的控制分析和 PLC 资源配置，编写出 PLC 控制六组抢答器的梯形图（LAD）及指令语句表（STL），见表 10 - 22。

表 10 - 22　　　　　　　　　　六组抢答器 PLC 控制程序

网络	LAD	STL
网络 1	SM0.1 —┤├— MOV_W [EN ENO] 0—IN OUT—MW0；M2.0 —(R)— 1	LD　　SM0.1 MOVW 0, MW0 R　　M2.0, 1
网络 2	I0.0 —┤├— I0.7 —┤/├— M2.0 —( )；M2.0 —┤├—	LD　　I0.0 O　　M2.0 AN　　I0.7 =　　M2.0
网络 3	M1.1 —┤├— M2.0 —┤├— Q1.0 —( )；M1.2 —┤├— M2.0 —┤/├— SM0.5 —┤├— Q1.1 —( )；M1.3 —┤├—；M1.4 —┤├—；M1.5 —┤├—；M1.6 —┤├—	LD　　M1.1 O　　M1.2 O　　M1.3 O　　M1.4 O　　M1.5 O　　M1.6 LPS A　　M2.0 =　　Q1.0 LPP AN　　M2.0 A　　SM0.5 =　　Q1.1
网络 4	M2.0 —┤├— T37 [IN TON] 100—PT 100ms	LD　　M2.0 TON　T37, 100
网络 5	I0.1 —┤├— T37 —┤/├— M2.2 —┤/├— M1.1 —(S)— 1	LD　　I0.1 AN　　T37 AN　　M2.2 S　　M1.1, 1
网络 6	I0.2 —┤├— T37 —┤/├— M2.2 —┤/├— M1.2 —(S)— 1	LD　　I0.2 AN　　T37 AN　　M2.2 S　　M1.2, 1

网络	LAD	STL
网络 7	I0.3 ┤├ T37 ┤/├ M2.2 ┤/├ M1.3 ─(S)1	LD I0.3 AN T37 AN M2.2 S M1.3，1
网络 8	I0.4 ┤├ T37 ┤/├ M2.2 ┤/├ M1.4 ─(S)1	LD I0.4 AN T37 AN M2.2 S M1.4，1
网络 9	I0.5 ┤├ T37 ┤/├ M2.2 ┤/├ M1.5 ─(S)1	LD I0.5 AN T37 AN M2.2 S M1.5，1
网络 10	I0.6 ┤├ T37 ┤/├ M2.2 ┤/├ M1.6 ─(S)1	LD I0.6 AN T37 AN M2.2 S M1.6，1
网络 11	I0.1 ┤├ — I0.1 ┤/├ M2.2 ─( ) I0.2 ┤├ I0.3 ┤├ I0.4 ┤├ I0.5 ┤├ I0.6 ┤├	LD I0.1 O I0.2 O I0.3 O 0.4 O I0.5 O I0.6 AN I0.1 = M2.2
网络 12	T37 ┤├ M1.1 ┤/├ M1.2 ┤/├ M1.3 ┤/├ M3.0 ─( )	LD T37 AN M1.1 AN M1.2 AN M1.3 = M3.0
网络 13	M3.0 ┤├ M1.4 ┤/├ M1.5 ┤/├ M1.6 ┤/├ M3.1 ─( )	LD M3.0 AN M1.4 AN M1.5 AN M1.6 = M3.1

续表

网络	LAD	STL
网络 14	M3.1 SM0.5 Q1.2 ─┤├──┤├──( )─	LD M3.1 A SM0.5 = Q1.2
网络 15	M1.1 ─┤├── MOV_B / EN ENO / 1─IN OUT─VB0	LD M1.1 MOVB 1,VB0
网络 16	M1.2 ─┤├── MOV_B / EN ENO / 2─IN OUT─VB0	LD M1.2 MOVB 2,VB0
网络 17	M1.3 ─┤├── MOV_B / EN ENO / 3─IN OUT─VB0	LD M1.3 MOVB 3,VB0
网络 18	M1.4 ─┤├── MOV_B / EN ENO / 4─IN OUT─VB0	LD M1.4 MOVB 4,VB0
网络 19	M1.5 ─┤├── MOV_B / EN ENO / 5─IN OUT─VB0	LD M1.5 MOVB 5,VB0
网络 20	M1.6 ─┤├── MOV_B / EN ENO / 6─IN OUT─VB0	LD M1.6 MOVB 6,VB0
网络 21	M1.1 ─┤├── SEG / EN ENO / VB0─IN OUT─QB0 M1.2 ─┤├─ M1.3 ─┤├─ M1.4 ─┤├─ M1.5 ─┤├─ M1.6 ─┤├─	LD M1.1 O M1.2 O M1.3 O M1.4 O M1.5 O M1.6 SEG VB0,QB0

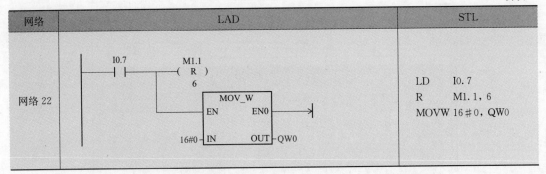

续表

网络	LAD	STL
网络 22		LD　　I0.7 R　　　M1.1, 6 MOVW 16#0, QW0

5. 程序说明

PLC一上电，网络1对MW0和M2.0进行初始化。网络2为主持人允许各组抢答的启保停控制。网络3中，主持人按下允许抢答按钮SB0后，各组才能抢答，其允许抢答指示灯LED1（Q1.0）点亮，否则抢答犯规指示灯LED2（Q1.1）以1s的频率进行闪烁。网络4中，主持人按下允许抢答按钮SB0后，T37进行延时10s。网络5～10，在SB0按下的10s内，只要有一组按下抢答按钮，将其状态置1。网络11中，只要有一组按下抢答按钮，M2.2线圈置1，对网络5～10进行锁定，使其他组按下抢答按钮无效。网络12～14中，若T37延时超过10s，抢答无效指示灯LED3（Q1.2）以1s的频率进行闪烁。网络15～20中，只要有一组按下抢答按钮，将相应的值送入VB0，例如第3组先按下了抢答按钮则将数值3送入VB0中。网络21中，只要一组按下抢答按钮，执行SEG指令，将组号通过数码管进行显示。网络22中，主持人按下复位按钮后，将各组的状态复位、显示清零。主持人按下允许抢答按钮SB0后，在10s内第五组最先按下了抢答按钮时，其仿真效果如图10-29所示。

10.4.2　多种液体混合PLC控制

多种液体混合装置示意图如图10-30所示。图中L为低液面，SL3为低液面传感器；M为中液面，SL2为中液面传感器；H为高液面，SL1为高液面传感器；YV1～YV4为电磁阀，YV1～YV3控制液体流入容器，YV4控制混合液体从容器中流出；M为搅拌电动机；H为控制加热的电磁阀。

（1）初始状态。装置投入运行时，YV1～YV3电磁阀关闭，YV4阀门打开1min使容器清空，液位传感器SL1～SL3无信号，搅拌电动机未启动。

（2）混合操作。按下启动按钮，电磁阀YV1打开，液体A流入容器。当液面达到L低液面时，SL3发出信号，使YV1闭合YV2打开，液体B流入容器。当液面达到M中液面时，SL2发出信号，使YV2闭合YV3打开，液体C流入容器。

（3）搅拌操作。当液面达到H高液面时，YV3阀门关闭。搅拌电动机M开始定时搅匀；搅动停止后进行加热，打开控制蒸汽的加热炉H，加入蒸汽对混合后的液体进行加热。经过一定时间后，达到规定的温度，停止加热，YV4阀门打开进行放料，放出混合料后，容器放空。

（4）停止操作。按下停止按钮，在当前周期混合操作处理完毕后，才能停止操作，各阀门均关闭。

第10章　PLC控制系统设计及实例

479

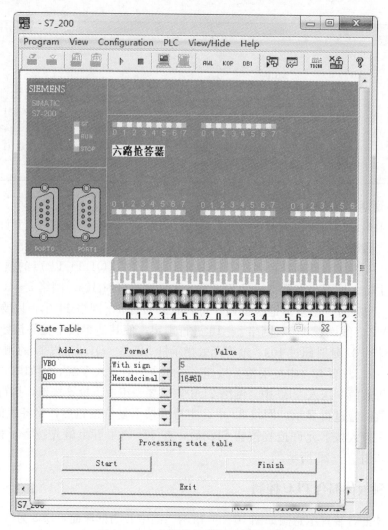

图 10-29 六组抢答器的仿真效果图

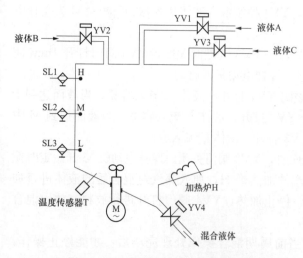

图 10-30 多种液体混合装置示意图

1. 控制分析

PLC 控制多种液体混合装置需要 1 个启动按钮、1 个停止按钮、1 路温度传感信号和 3 个液面检测传感器作为输入控制。4 个电磁阀、1 个搅拌电动机和 1 个加热炉作为输出控制对象。系统刚上电时，需要对系统进行初始化，因此可用 SM0.1 控制实现。

2. I/O 分配表及 I/O 接线图

通过对控制要求的分析，多种液体混合 PLC 控制需要使用 6 个输入和 6 个输出端子，I/O 分配见表 10-23。温度传感器在此用开关信号替代，蒸汽加热炉用电磁阀替代，其 I/O 接线如图 10-31 所示。

表 10-23 多种液体混合的 I/O 分配表

输　入			输　出		
功能	元件	PLC 地址	功能	元件	PLC 地址
启动按钮	SB1	I0.0	控制液体 A 流入电磁阀	YV1	Q0.0
停止按钮	SB2	I0.1	控制液体 B 流入电磁阀	YV2	Q0.1
高液面检测信号	SL1	I0.2	控制液体 C 流入电磁阀	YV3	Q0.2
中液面检测信号	SL2	I0.3	控制混合液体流出电磁阀	YV4	Q0.3
低液面检测信号	SL3	I0.4	控制搅拌电动机 M	KM	Q0.4
温度传感器	T	I0.5	加热炉	H	Q0.5

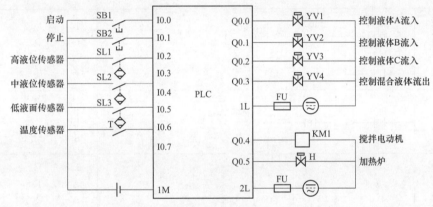

图 10-31 多种液体混合控制的 I/O 接线图

3. 程序编写

根据控制要求编写出多种液体混合装置的梯形图（LAD）及指令语句表（STL），见表 10-24。

表 10-24 多种液体混合的 PLC 控制程序

网络	LAD	STL
网络 1	SM0.1 — Q0.0(/) — M0.0( )；M0.0；T37 IN TON，600-PT 100 ms	LD SM0.1 O M0.0 AN Q0.0 = M0.0 TON T37，600
网络 2	T37 — M0.1(S)1	LD T37 S M0.1，1
网络 3	I0.0 —│P│— M2.3(R)1	LD I0.0 EU R M2.3，1

续表

网络	LAD	STL
网络4	I0.0 M0.1 M2.3 I0.4 Q0.0 —| |——| |——|/|——|/|——( ) T39 —| |— Q0.0 —| |—	LD I0.0 O T39 O Q0.0 A M0.1 AN M2.3 AN I0.4 = Q0.0
网络5	I0.4 I0.3 Q0.1 —| |——|/|——( ) Q0.1 —| |—	LD I0.4 O Q0.1 AN I0.3 = Q0.1
网络6	I0.3 I0.2 Q0.2 —| |——|/|——( ) Q0.2 —| |—	LD I0.3 O Q0.2 AN I0.2 = Q0.2
网络7	I0.2 M2.0 —| |——|P|——(S) 1	LD I0.2 EU S M2.0，1
网络8	M2.0 T38 Q0.0 Q0.1 Q0.2 Q0.4 —| |——|/|——|/|——|/|——|/|——( )	LD M2.0 AN T38 AN Q0.0 AN Q0.1 AN Q0.2 = Q0.4
网络9	M2.0 T38 —| |—— IN TON 40—PT 100 ms	LD M2.0 TON T38，40
网络10	T38 M2.1 —| |——(S) 1 M2.0 ——(R) 1	LD T38 S M2.1，1 R M2.0，1
网络11	M2.1 I0.5 Q0.5 —| |——|/|——( )	LD M2.1 AN I0.5 = Q0.5
网络12	I0.5 M2.1 —| |——(R) 1 M2.2 ——(S) 1	LD I0.5 R M2.1，1 S M2.2，1

网络	LAD	STL
网络 13	M0.0 ——┤├———————(Q0.3) M2.2 ——┤├——	LD M0.0 O M2.2 = Q0.3
网络 14	M2.2 ——┤├——— [T39 / IN TON] 1200—PT 100 ms	LD M2.2 TON T39, 1200
网络 15	T39 ——┤├—— M2.2 (R) 1	LD T39 R M2.2, 1
网络 16	I0.1 ——┤├———┤P├——— M2.3 (S) 1	LD I0.1 EU S M2.3, 1

4. 程序说明

PLC 一上电，网络 1 中的 T37 进行延时，同时控制网络 13 中的 Q0.3 线圈得电，YV4 电磁阀打开，放空容器中的混合液体。当 T37 延时达 1min 时，网络 2 中的 M0.1 线圈置 1 输出。按下启动按钮 SB1 时，网络 3 将 M2.3 复位，为下轮重新启动做准备；网络 4 中的 Q0.0 线圈得电，电磁阀 YV1 打开，控制液体 A 流入容器。当液面达到 L 低液面时，网络 4 中的 I0.4 动断触点断开，Q0.0 线圈失电，YV1 闭合，而网络 5 中的 I0.4 动合触点闭合，Q0.1 线圈得电，YV2 打开，控制液体 B 流入容器。当液面达到 M 中液面时，网络 5 中的 I0.3 动断触点断开，Q0.1 线圈失电，YV2 闭合，而网络 6 中的 I0.3 动合触点闭合，Q0.2 线圈得电，YV3 打开，控制液体 C 流入容器，其仿真效果如图 10-32 所示。当液面达到 H 高液面时，网络 6 中的 I0.2 动断触点断开，Q0.2 线圈失电，YV3 闭合，停止液体流入容器。同时，网络 7 中的 I0.2 动合触点闭合，将 M2.0 置 1。M2.0 动合触点闭合，网络 8 中的 Q0.4 线圈得电，控制搅拌电动机 M 进行液体的搅拌工作。同时，网络 9 中的 T38 进行延时。当 T38 延时达设定时，网络 8 中的 T38 动断触点断开，使 Q0.4 线圈失电，停止液体的搅拌工作。而网络 10 中的 T38 动合触点闭合，将 M2.0 复位，M2.1 置位，为加热做准备。液体停止搅拌工作后，M11 中的 Q0.5 线圈得电，蒸汽加热炉加入蒸汽对混合后的液体进行加热。当加热到一定温度时，网络 11 中的 I0.5 动断触点断开，停止加热，网络 12 中的 I0.5 动合触点闭合，使 M2.1 复位，M2.2 置位。M2.2 动合触点闭合，使得网络 13 中的 Q0.3 线圈得电，YV4 阀门打开进行放出搅拌好的混合料，而网络 14 中的 T39 进行延时。当 T39 延时达到设定值，表示容器中混合料放空，此时网络 15 中的 T39 动合触点闭合，将 M2.2 复位，同时网络 4 中的 T39 动合触点也闭合，Q0.0 线圈得电，重新加入液体 A，执行下一轮的液体混合操作。网络 16 为停止控制，注意按下停止按钮时，必须执行完本次液体搅拌工作系统才能停止。

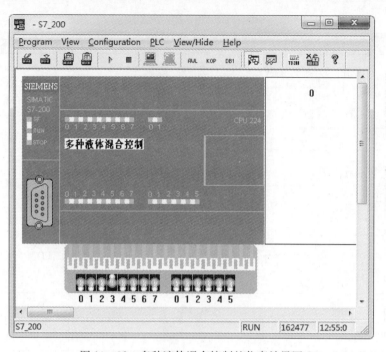

图 10-32　多种液体混合控制的仿真效果图

10.4.3　天塔之光 PLC 控制

1. 控制要求

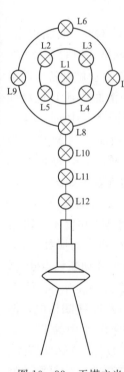

图 10-33　天塔之光
控制示意图

天塔之光的控制示意图如图 10-33 所示，其中，彩灯 L1 为黄灯，L2~L5 为红灯，L6~L9 为绿灯，L10 ~L12 为白灯。要求按下启动按钮 SB1 后，彩灯间隔 1s 按以下规律显示：L12→L11→L10→L8→L1→L1、L2、L9→L1、L5、L8→L1、L4、L7→L1、L3、L6→L1→L1、L2、L3、L4、L5→L6、L7、L8、L9→L1、L2、L6→L1、L3、L7→L1、L4、L8→L1、L5、L9→L1、L2、L3、L4、L5→L6、L7、L8、L9→L12→L11→L10……，循环显示。按下停止按钮 SB2 时，彩灯同时熄灭。

2. 控制分析

根据控制要求可知，天塔之光共有 12 只彩灯，这些彩灯是循环移位点亮。移位分为 19 步，可以采用一个 19 位移位寄存器（M10.1~M10.7，M11.0~M11.7，M12.0~M12.3），每 1 位对应 1 步控制相应的彩灯。如果对于 12 位输出（Q0.0~Q0.7，Q1.0~Q1.3）的任意一位输出有效，则有若干移位寄存器的位共同使能：如 Q0.0 输出有效，则 M10.5、M10.6、M10.7、M11.0、M11.1、M11.2、M11.5、M11.6、M11.7、M12.0、M12.1 必须置位 1，Q0.0=1 使 L1 点亮，其余的 QW0（QB0 和 QB1）位输出类似。利用移位寄存器指令 SHRB 可实现显示状态的转换，MB10.0 作为数据输入端，M10.1 作为移位寄存器的最低位，则 MD10 寄存器状态与 QW0 输出的对应关系见表 10-25。

表 10-25 　　　　　　　　　　MD10 寄存器状态与 QW0 输出的对应关系

寄存器状态	输出											
	L1	L2	L3	L4	L5	L6	L7	L8	L9	L10	L11	L12
	Q0.0	Q0.1	Q0.2	Q0.3	Q0.4	Q0.5	Q0.6	Q0.7	Q1.0	Q1.1	Q1.2	Q1.3
M10.7	1	0	0	0	1	0	0	1	0	0	0	0
M10.6	1	1	0	0	0	0	0	0	1	0	0	0
M10.5	1	0	0	0	0	0	0	0	0	0	0	0
M10.4	0	0	0	0	0	0	0	1	0	0	0	0
M10.3	0	0	0	0	0	0	0	0	0	1	0	0
M10.2	0	0	0	0	0	0	0	0	0	0	1	0
M10.1	0	0	0	0	0	0	0	0	0	0	0	1
M11.7	1	0	0	1	0	0	0	1	0	0	0	0
M11.6	1	0	0	0	0	0	1	0	0	0	0	0
M11.5	1	1	0	0	0	1	0	0	0	0	0	0
M11.4	0	0	0	0	0	1	1	1	1	0	0	0
M11.3	0	1	1	1	1	0	0	0	0	0	0	0
M11.2	1	0	0	0	0	0	0	0	0	0	0	0
M11.1	1	0	0	0	0	1	0	0	0	0	0	0
M11.0	1	0	0	0	0	1	0	0	0	0	0	0
M12.3	0	0	0	0	0	1	1	1	1	0	0	0
M12.2	0	1	1	1	1	0	0	0	0	0	0	0
M12.1	1	0	0	0	0	0	0	0	0	0	0	0
M12.0	1	0	0	0	1	0	0	0	1	0	0	0

3. I/O 分配表及 I/O 接线图

通过对控制要求的分析，天塔之光需要使用 2 个输入和 12 个输出端子，I/O 分配见表 10-26，其 I/O 接线如图 10-34 所示。

表 10-26 　　　　　　　　　　天塔之光的 I/O 分配表

输 入			输 出		
功能	元件	PLC 地址	功能	元件	PLC 地址
启动按钮	SB1	I0.0	彩灯 1	L1	Q0.0
停止按钮	SB2	I0.1	彩灯 2	L2	Q0.1
			彩灯 3	L3	Q0.2
			彩灯 4	L4	Q0.3
			彩灯 5	L5	Q0.4
			彩灯 6	L6	Q0.5
			彩灯 7	L7	Q0.6
			彩灯 8	L8	Q0.7
			彩灯 9	L9	Q1.0
			彩灯 10	L10	Q1.1
			彩灯 11	L11	Q1.2
			彩灯 12	L12	Q1.3

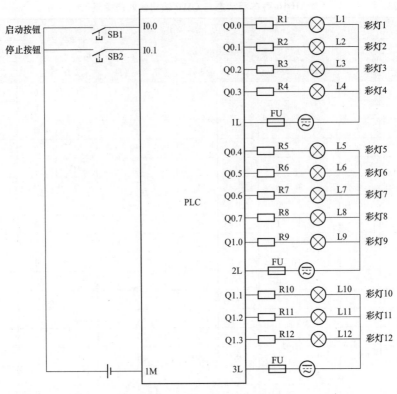

图 10-34 天塔之光的 I/O 接线图

4. 程序编写

根据控制要求，使用移位寄存器指令，并参照表 10-21，编写出 PLC 控制天塔之光的梯形图（LAD）及指令语句表（STL），见表 10-27。

表 10-27　　　　　　　　　　　　　天塔之光的程序

网络	LAD	STL
网络1	I0.0 —│ ├— I0.1 —│/├— M0.0 —( ) M0.0 —│ ├—	LD I0.0 O M0.0 AN I0.1 = M0.0
网络2	M0.0 —│ ├— M0.1 —│/├— T37 IN TON 10-PT 100ms	LD M0.0 AN M0.1 TON T37, 10
网络3	T37 —│ ├— M0.1 —( )	LD T37 = M0.1
网络4	M0.0 —│ ├— T38 IN TON 20-PT 100ms T38 —│/├— M0.2 —( )	LD M0.0 TON T38, 20 AN T38 = M0.2

网络	LAD	STL
网络 5	M0.2 — M10.0 ( ) M0.3	LD M0.2 O M0.3 = M10.0
网络 6	M12.3 —— T39 IN TON 10 — PT 100ms T39 —|/|— M0.3 ( )	LD M12.3 TON T39, 10 AN T39 = M0.3
网络 7	M0.1 —— SHRB EN ENO M10.0 — DATA M10.1 — S_BIT +19 — N	LD M0.1 SHRB M10.0, M10.1, +19
网络 8	M10.7 — Q0.0 ( ) M10.6 M10.5 M11.7 M11.6 M11.5 M11.2 M11.1 M11.0 M12.1 M12.0	LD M10.7 O M10.6 O M10.5 O M11.7 O M11.6 O M11.5 O M11.2 O M11.1 O M11.0 O M12.1 O M12.0 = Q0.0
网络 9	M0.6 — Q0.1 ( ) M11.5 M11.3 M12.2	LD M10.6 O M11.5 O M11.3 O M12.2 = Q0.1

第 10 章　PLC 控制系统设计及实例

续表

网络	LAD	STL
网络 10	M11.6 —(Q0.2) M11.3 M11.1 M12.2	LD M11.6 O M11.3 O M11.1 O M12.2 = Q0.2
网络 11	M11.7 —(Q0.3) M11.3 M11.0 M12.2	LD M11.7 O M11.3 O M11.0 O M12.2 = Q0.3
网络 12	M10.7 —(Q0.4) M11.3 M12.2 M12.0	LD M10.7 O M11.3 O M12.2 O M12.0 = Q0.4
网络 13	M11.5 —(Q0.5) M11.4 M11.1 M12.3	LD M11.5 O M11.4 O M11.1 O M12.3 = Q0.5
网络 14	M11.6 —(Q0.6) M11.4 M11.0 M12.3	LD M11.6 O M11.4 O M11.0 O M12.3 = Q0.6

网络	LAD	STL
网络 15	M10.7 — Q0.7 M10.4 M11.7 M11.4 M12.3	LD M10.7 O M10.4 O M11.7 O M11.4 O M12.3 = Q0.7
网络 16	M10.6 — Q1.0 M11.4 M12.3 M12.0	LD M10.6 O M11.4 O M12.3 O M12.0 = Q1.0
网络 17	M10.3 — Q1.1	LD M10.3 = Q1.1
网络 18	M10.2 — Q1.2	LD M10.2 = Q1.2
网络 19	M10.1 — Q1.3	LD M10.1 = Q1.3

5. 程序说明

网络 1 为启停控制，SB1 按下，I0.0 动合触点闭合，M0.0 线圈得电并自锁；按下 SB2，I0.1 动断触点断开，M0.0 线圈失电自锁解除。网络 2 和网络 3 控制 1s 的脉冲由 M0.1 输出，该脉冲作为移位寄存器的移位信号。当 M0.0 线圈得电后，网络 4 中的 M0.2 线圈也得电，同时 T38 进行延时，当 T38 延时达 2s 后，T38 动断触点断开，使 M0.2 线圈失电。当移位寄存器移位了 19 步后，M12.3 动合触点闭合，使得网络 6 中的 M0.3 线圈也得电，同时 T39 进行延时，当 T39 延时达 1s 后，T39 动断触点断开，使 M0.3 线圈失电。在 M0.2 线圈或 M0.3 线圈得电时，网络 5 中的 M0.2 动合触点闭合，M10.0 线圈得电，从而使网络 7 中移位寄存器的 DATA 值为 1。在网络 7 中，每隔 1s，执行 1 次移位寄存器指令，将 M10.0 中的内容从 M10.1 开始往左移 1 位，共移位 19 次。网络 8~19 是根据表 10-25 的状态，每次移位时控制相应彩灯的亮或灭状态。由于 S7-200 仿真软件不支持寄存器移位指令，所以本例将程序下载到 PLC 中之后，在 STEP 7-Micro/WIN 中单击 📶 图标，进入程序状态监控，天塔之光的运行效果如图 10-35 所示。

西门子S7-200 PLC从入门到精通（第二版）

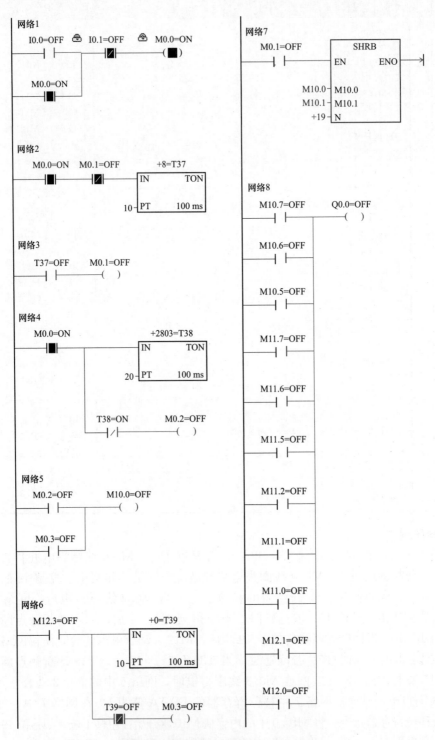

图 10-35 天塔之光的运行效果图（一）

网络9

```
 M10.6=OFF    Q0.1=ON
───┤ ├──────────( ■ )

 M11.5=OFF
───┤ ├────

 M11.3=ON
───┤■├────

 M12.2=OFF
───┤ ├────
```

网络10

```
 M11.6=OFF    Q0.2=ON
───┤ ├──────────( ■ )

 M11.3=ON
───┤■├────

 M11.1=OFF
───┤ ├────

 M12.2=OFF
───┤ ├────
```

网络11

```
 M11.7=OFF    Q0.3=ON
───┤ ├──────────( ■ )

 M11.3=ON
───┤■├────

 M11.0=OFF
───┤ ├────

 M12.2=OFF
───┤ ├────
```

网络12

```
 M10.7=OFF    Q0.4=ON
───┤ ├──────────( ■ )

 M11.3=ON
───┤■├────

 M12.2=OFF
───┤ ├────

 M12.0=OFF
───┤ ├────
```

网络13

```
 M11.5=OFF    Q0.5=OFF
───┤ ├──────────(   )

 M11.4=OFF
───┤ ├────

 M11.1=OFF
───┤ ├────

 M12.3=OFF
───┤ ├────
```

网络14

```
 M11.6=OFF    Q0.6=OFF
───┤ ├──────────(   )

 M11.4=OFF
───┤ ├────

 M11.0=OFF
───┤ ├────

 M12.3=OFF
───┤ ├────
```

网络15

```
 M10.7=OFF    Q0.7=OFF
───┤ ├──────────(   )

 M10.4=OFF
───┤ ├────

 M11.7=OFF
───┤ ├────

 M11.4=OFF
───┤ ├────

 M12.3=OFF
───┤ ├────
```

图 10-35 天塔之光的运行效果图（二）

网络16
M10.6=OFF
Q1.0=OFF
M11.4=OFF
M12.3=OFF
M12.0=OFF
网络17
M10.3=OFF
Q1.1=OFF
网络18
M10.2=OFF
Q1.2=OFF
网络19
M10.1=OFF
Q1.3=OFF

图 10－35　天塔之光的运行效果图（三）

10.4.4　PLC 与变频器联机 15 段速频率控制设计

1. 控制要求

使用 PLC 和变频器设计一个电动机 15 段速控制系统，要求按下电动机的启动按钮，电动机启动运行在 5Hz 所对应的转速；延时 n 秒后，电动机升速运行在 10Hz 对应的转速，再延时 n 秒后，电动机继续升速运行，电动机继续升速运行在 20Hz 对应的转速；以后每隔 n 秒，则速度按图 10－36 所示依次变化，一个运行周期完后自动重新运行。按下停止按钮，电动机停止运行。间隔时间 n 通过开关 K0～K7 进行设置，电动机的转速由变频器的 15 段调速来控制。

开始
正传
5Hz
正传
10Hz
正传
20Hz
正传
30Hz
正传
40Hz
正传
50Hz
正传
45Hz
正传
35Hz
正传
25Hz
正传
15Hz
反传
10Hz
反传
20Hz
反传
30Hz
反传
40Hz
反传
50Hz
0Hz

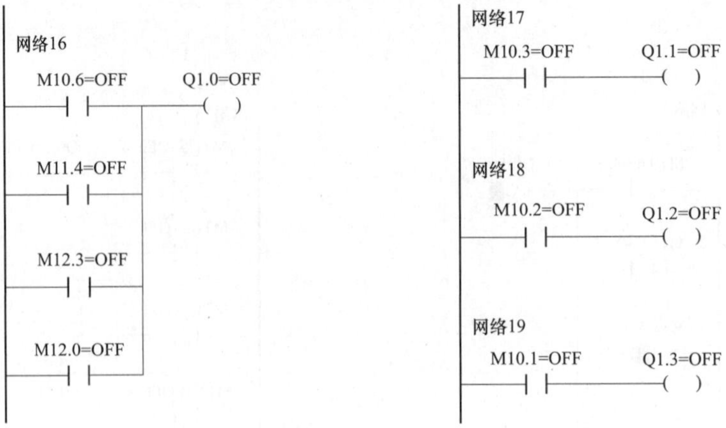

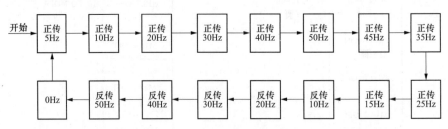

图 10－36　电动机运行过程

2. 控制分析

MM440 变频器有 6 个完全可编程的数字输入端 DIN1～DIN6，可对电动机进行正反转、固定频率设定值进行控制。在此使用 5 个数字输入端 DIN1～DIN4 的组合，可实现 15 段速频率控制。这 4 个数字输入端 DIN1～DIN5 由 PLC 的输出映像寄存器位 Q0.0～Q0.4 进行控制，该 15 段速与 PLC 的输出端子对应的关系见表 10－28。表中运行频率为负值，表示反转。

表 10－28　　　　15 段速与 PLC 输出端子对应的关系

Q0.4（DIN5）	Q0.3（DIN4）	Q0.2（DIN3）	Q0.1（DIN2）	Q0.0（DIN1）	运行频率（Hz）
1	0	0	0	1	5
1	0	0	1	0	10

Q0.4 (DIN5)	Q0.3 (DIN4)	Q0.2 (DIN3)	Q0.1 (DIN2)	Q0.0 (DIN1)	运行频率（Hz）
1	0	0	1	1	20
1	0	1	0	0	30
1	0	1	0	1	40
1	0	1	1	0	50
1	0	1	1	1	45
1	1	0	0	0	35
1	1	0	0	1	25
1	1	0	1	0	15
1	1	0	1	1	-10
1	1	1	0	0	-20
1	1	1	0	1	-30
1	1	1	1	0	-40
1	1	1	1	1	-50
0	0	0	0	0	0

3. I/O 分配表及 I/O 接线图

由于延时时间 n 通过开关 K0～K7 设置，所以需要使用 I0.0～I0.7 与 K0～K7 进行连接。电动机的启动按钮 SB1 与停止按钮 SB2 可与 PLC 的 I.0 和 I1.1 连接。PLC 的 Q0.0～Q0.4 与频率器 MM440 的 DIN1～DIN5 连接，因此需要使用 10 个输入和 5 个输出端子，I/O 分配见表 10-29，其 I/O 接线如图 10-37 所示。

表 10-29   15 段速频率控制的 I/O 分配表

输　入			输　出	
功能	元件	PLC 地址	功能	PLC 地址
延时时间设置	K0～K7	I0.0～I0.7	DIN1，固定频率设置	Q0.0
启动按钮	SB1	I1.0	DIN2，固定频率设置	Q0.1
停止按钮	SB2	I1.1	DIN3，固定频率设置	Q0.2
			DIN4，固定频率设置	Q0.3
			DIN5，固定频率设置	Q0.4

4. 变频器参数设置

复位变频器为工厂默认设置值，P0010＝30 和 P0970＝1，按下 P 键，开始复位，复位过程大约 3min，这样保证了变频器的参数恢复到工厂默认设置值。变频器参数设置见表 10-30。

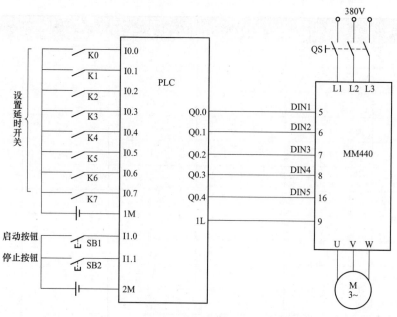

图 10-37 15 段速频率控制的 I/O 接线图

表 10-30 　　　　　　　　　　变 频 器 参 数 设 置

参数号	设置值	说　　明
P0003	2	设用户访问级为标准级
P0010	1	定义为快速调试
P0100	0	功率单位为 kW，频率为 50Hz
P0304	230	确定电动机的额定电压为 230V
P0305	1	确定电动机的额定电流为 1A
P0307	0.75	确定电动机的额定功率为 0.75kW
P0310	50	确定电动机的额定频率为 50Hz
P0311	1460	确定电动机的额定转速为 1460r/min
P3900	1	结束快速调试，进入"运行准备就绪"

5. 程序编写

间隔时间 n 由 I0.0～I0.7 的状态来设置，其数据长度为 8 位，而定时器设置值的数据长度为 16 位，所以可以使用右移指令将 IW0（IB0 为高 8 位，IB1 为低 8 位）移动 8 位，形成新的数值，该数值的长度为 16 位，但最高 8 位 0，而低 8 位为 IB0 的值，移位的结果送入 MW0 中，这样 MW0 中就可获取由 I0.0～I0.7 的状态决定的延时时间。15 段速频率的切换可通过 16 个定时器（T37～T52）延时来实现。从表 10-28 中可以看出，15 段速频率中，Q0.4 在定时器 T37～T50 延时均有输出，Q0.3 在 T43～T50 延时有输出，Q0.2 在 T39～T42、T47～T50 延时有输出，Q0.1 在 T37、T38、T41、T42、T45、T46、T49、T50 延时有输出，Q0.0 在启动 T37 延时及 T38、T40、T42、T44、T46、T48、T50 延时有输出。根据这些编写出程序见表 10-31。

图 10-2 200 PLC 入门与实战（第二版）

表 10-31 15 段速频率控制程序

网络	LAD	STL
网络 1	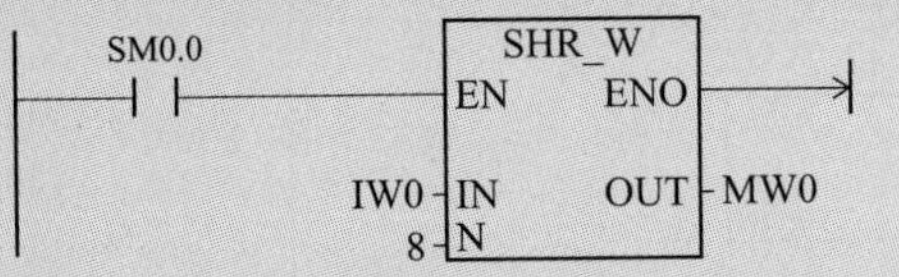 SM0.0 —[ ]— SHR_W (EN ENO) IW0–IN OUT–MW0 8–N	LD SM0.0 MOVW IW0, MW0 SRW MW0, 8
网络 2	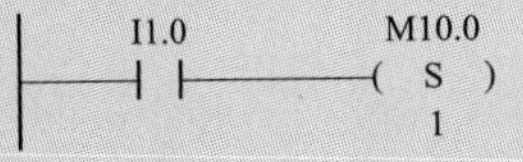 I1.0 —[ ]— M10.0 —(S)— 1	LD I1.0 S M10.0, 1
网络 3	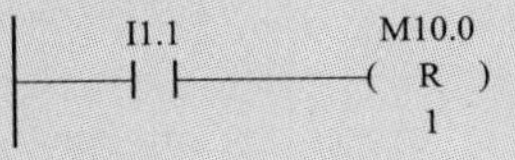 I1.1 —[ ]— M10.0 —(R)— 1	LD I1.1 R M10.0, 1
网络 4	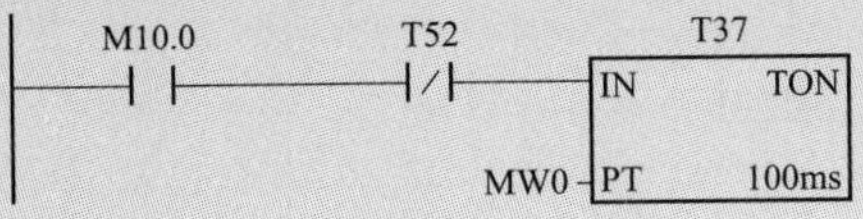 M10.0 —[ ]— T52 —[/]— T37 (IN TON) MW0–PT 100ms	LD M10.0 AN T52 TON T37, MW0
网络 5	 T37 —[ ]— T38 (IN TON) MW0–PT 100ms	LD T37 TON T38, MW0
网络 6	 T38 —[ ]— T39 (IN TON) MW0–PT 100ms	LD T38 TON T39, MW0
网络 7	 T39 —[ ]— T40 (IN TON) MW0–PT 100ms	LD T39 TON T40, MW0
网络 8	 T40 —[ ]— T41 (IN TON) MW0–PT 100ms	LD T39 TON T40, MW0
网络 9	 T41 —[ ]— T42 (IN TON) MW0–PT 100ms	LD T41 TON T42, MW0
网络 10	 T42 —[ ]— T43 (IN TON) MW0–PT 100ms	LD T42 TON T43, MW0
网络 11	 T43 —[ ]— T44 (IN TON) MW0–PT 100ms	LD T43 TON T44, MW0

续表

网络	LAD	STL
网络 12	T44 —┤├— T45 IN TON / MW0—PT 100ms	LD T44 TON T45, MW0
网络 13	T45 —┤├— T46 IN TON / MW0—PT 100ms	LD T45 TON T46, MW0
网络 14	T46 —┤├— T47 IN TON / MW0—PT 100ms	LD T46 TON T47, MW0
网络 15	T47 —┤├— T48 IN TON / MW0—PT 100ms	LD T47 TON T48, MW0
网络 16	T48 —┤├— T49 IN TON / MW0—PT 100ms	LD T48 TON T49, MW0
网络 17	T49 —┤├— T50 IN TON / MW0—PT 100ms	LD T49 TON T50, MW0
网络 18	T50 —┤├— T51 IN TON / MW0—PT 100ms	LD T50 TON T51, MW0
网络 19	T51 —┤├— T52 IN TON / MW0—PT 100ms	LD T51 TON T52, MW0
网络 20	M10.0 —┤├— T51 —┤/├— Q0.4 —( )	LD T51 TON T52, MW0
网络 21	T43 —┤├— T51 —┤/├— Q0.3 —( )	LD T43 AN T51 = Q0.3

网络	LAD	STL
网络 22	T39 ──┤├── T43 ──┤/├── Q0.2 ──( ) T47 ──┤├── T51 ──┤/├──	LD T39 AN T43 LD T47 AN T51 OLD = Q0.2
网络 23	T37 ──┤├── T39 ──┤/├── Q0.1 ──( ) T41 ──┤├── T43 ──┤/├── T45 ──┤├── T47 ──┤/├── T49 ──┤├── T51 ──┤/├──	LD T37 AN T39 LD T41 AN T43 OLD LD T45 AN T47 OLD LD T49 AN T51 OLD = Q0.1
网络 24	M10.0 ──┤├── T37 ──┤/├── Q0.0 ──( ) T38 ──┤├── T39 ──┤/├── T40 ──┤├── T41 ──┤/├── T42 ──┤├── T43 ──┤/├── T44 ──┤├── T45 ──┤/├── T46 ──┤├── T47 ──┤/├── T48 ──┤├── T49 ──┤/├── T50 ──┤├── T51 ──┤/├──	LD M10.0 AN T37 LD T38 AN T39 OLD LD T40 AN T41 OLD LD T42 AN T43 OLD LD T44 AN T45 OLD LD T46 AN T47 OLD LD T48 AN T49 OLD LD T50 AN T51 OLD = Q0.0

第 10 章　PLC 控制系统设计及实例

6. 程序说明

当PLC一上电时，网络1就采集I0.0～I0.7的状态，将该状态转换为16位数值，送入MW0中。按下启动按钮，网络2中的M10.0置1。按下停止按钮，网络3中的M10.1复位。M10.1置1后，网络4～19依次对多个定时器延时。网络20～24是根据表10-28而控制Q0.4～Q0.0的输出，从而控制变频器的15段速频率输出。如图10-38所示为15段速频率控制的仿真运行图，图中间隔时间n设置为127（即实际延时间隔为$127\times100ms=12.7s$），T37当前计数值为286，变频器输出10Hz频率，控制电动机进行正转。

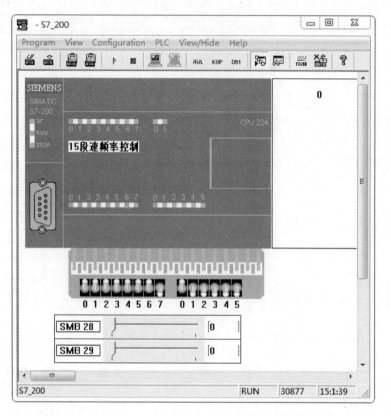

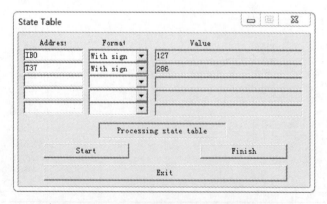

图 10-38 15段速频率控制仿真运行图（一）

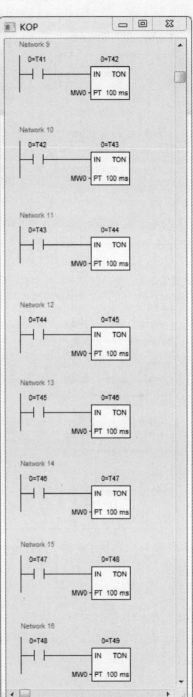

图 10-38   15 段速频率控制仿真运行图（二）

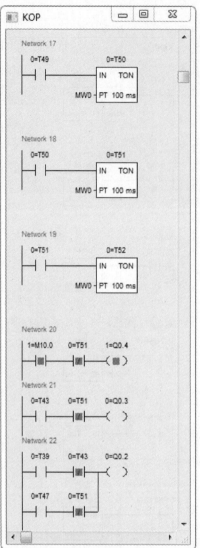

图 10 – 38　15 段速频率控制仿真运行图（三）

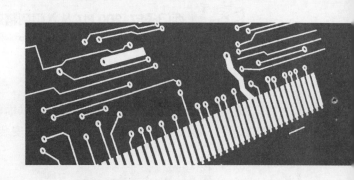

| 第11章

PLC的安装与维护

S7-200 系列 PLC 可靠性较高，能适应恶劣的外部环境。为了充分利用 PLC 的这些特点，实际应用时要注意正确的安装、接线。

11.1 PLC 的 安 装

11.1.1 PLC安装注意事项

1. 安装环境要求

为保证可编程控制器工作的可靠性，尽可能地延长其使用寿命，在安装时一定要注意周围的环境，其安装场合应该满足以下几点：

（1）环境温度在 0~50℃ 的范围内。

（2）环境相对湿度在 35%~85% 范围内。

（3）不能受太阳光直接照射或水的溅射。

（4）周围无腐蚀和易燃的气体，例如氯化氢、硫化氢等。

（5）周围无大量的金属微粒及灰尘。

（6）避免频繁或连续的振动，振动频率范围为 10~55Hz、幅度为 0.5mm（峰—峰）。

（7）超过 10g（重力加速度）的冲击。

2. 安装注意事项

除满足以上环境条件外，安装时还应注意以下几点：

（1）可编程控制器的所有单元必须在断电时安装和拆卸。

（2）为防止静电对可编程控制器组件的影响，在接触可编程控制器前，先用手接触某一接地的金属物体，以释放人体所带静电。

（3）注意可编程控制器机体周围的通风和散热条件，切勿将导线头、铁屑等杂物通过通风窗落入机体内。

11.1.2 安装方法

S7-200 既可以安装在控制柜背板上（面板安装），也可以安装在标准导轨上（DIN 导轨安装）；既可以水平安装，也可以垂直安装，如图 11-1 所示。

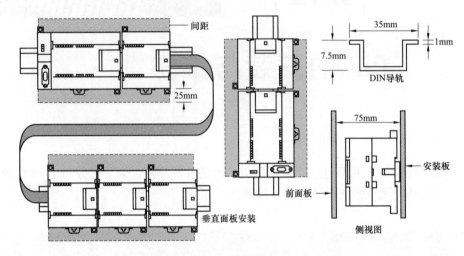

图 11-1　S7-200 安装方式、方向和间距

1. CPU 和扩展模块的安装

S7-200 系列的 CPU 和扩展模块都有安装孔，可以很方便地安装在背板上。安装尺寸见表 11-1。

（1）面板安装。

面板安装法的步骤如下：

1）按照表 11-1 所示的尺寸进行定位，钻安装孔。

2）用合适的螺钉（M4 或美国标准 8 号螺钉）将模块固定在背板上。

3）若使用扩展模块，将扩展模块的扁平电缆连到前盖下面的扩展口。

表 11-1　　　　　　　　**S7-200 系列的 CPU 和扩展模块安装尺寸**

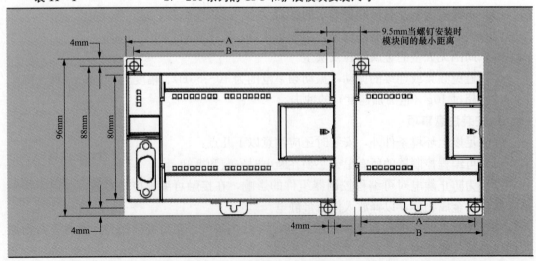

续表

S7-200 模块	宽度 A	宽度 B
CPU221 和 CPU222	90mm	82mm
CPU 224	120.5mm	112.5mm
CPU 224XP	140mm	132mm
CPU 226	196mm	188mm
扩展模块：4 点、8 点直流和继电器 I/O（8I、4Q、8Q、4I/4Q）及模拟量输出（2 AQ）	46mm	38mm
扩展模块：16 点数字量 I/O（16I、8I/8Q）、模拟量 I/O（4AI、4AI/1AQ）、RTD、热电偶、PROFIBUS、以太网、因特网、定位模块和 Modem 模块	71.2mm	63.2mm
扩展模块：32 点数字量 I/O（16I/16Q）	137.3mm	129.3mm

（2）DIN 导轨安装的步骤如下。

1）保持导轨到安装面板的距离为 75mm。

2）打开模块底部的 DIN 夹子，将模块背部卡在 DIN 导轨上。

3）若使用扩展模块，将扩展模块的扁平电缆连到前盖下面的扩展口。

4）旋转模块贴近 DIN 导轨，合上 DIN 夹子，仔细检查模块上 DIN 夹子与 DIN 导轨是否紧密固定好，为避免模块损坏，不要直接按压模块正面，而要按压安装孔的部分。

2. 端子排的安装与拆卸

为了安装和替换模块方便，大多数的 CPU 或扩展模块都有可拆卸的端子排，如图 11 - 2 所示。

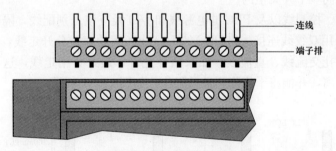

图 11 - 2　可拆卸的端子排

（1）将端子排安装 CPU 或扩展模块。

1）抬起 CPU 或扩展模块的端子上盖。

2）确保新的端子排的引线和 CPU 或扩展模块上的引线相符合。

3）将端子排向下压入 CPU 或扩展模块，确保端子块对准了位置并锁住。

（2）端子排的拆卸。

1）打开端子排安装位置上盖，以便可以接近端子排。

2）把螺钉旋具插入端子块中央的槽口中。

3）用力向下压并撬出端子排，可拆下端子排，如图 11 - 3 所示。

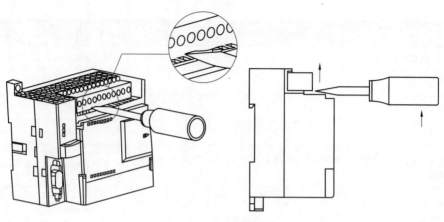

图 11-3　端子排的拆卸

11.2　接　　线

11.2.1　接线注意事项

在进行接线时应注意以下事项：

（1）PLC 应远离强干扰源，如电焊机、大功率硅整流装置和大型动力设备，不能与高压电器安装在同一个开关柜内。

（2）动力线、控制线以及 PLC 的电源线和 I/O 线应该分别配线，隔离变压器与 PLC 和 I/O 之间应采用双绞线连接。将 PLC 的 I/O 线和大功率线分开走线，如果必须在同一线槽内，分开捆扎交流线、直流线。如果条件允许，最好分槽走线，这不仅能使其有尽可能大的空间距离，并能将干扰降到最低限位，如图 11-4 所示。

图 11-4　在同一电缆沟内铺设 I/O 接线和动力电缆

（3）PLC 的输入与输出最好分开走线，开关量与模拟量也要分开敷设。模拟量信号的传送应采用屏蔽线，屏蔽层应一端或两端接地，接地电阻应小于屏蔽层电阻的 1/10。

（4）交流输出线和直流输出线不要用同一根电缆，输出线应尽量远离高压线和动力线，避免并行。

（5）I/O 端的接线。

1）输入接线。输入接线一般不要太长，但当环境干扰较小，电压降不大时，输入接线可适当长些。尽可能采用动合触点形式连接到输入端，使编制的梯形图与继电器原理图一致，便于阅读。

2）输出接线。输出端接线分为独立输出和公共输出。在不同组中，可采用不同类型和电压等级的输出电压，但在同一组中的输出只能用同一类型、同一电压等级的电源。由于 PLC 的输出元件被封装在印制电路板上，并且连接至端子板，若将连接输出元件的负载短路，将烧毁印制电路板，导致整个 PLC 的损坏。采用继电器输出时，所承受的电感性负载的大小，会影响到继电器的使用寿命，因此，使用电感性负载时应合理选择或加隔离继电器。PLC 的输出负载可能产生干扰，因此要采取措施加以控制，如直流输出的续流管保持，交流输出的阻容吸收电路，晶体管及双向晶闸管输出的旁路电阻保持。

11.2.2 安装现场的接线

1. 交流安装现场接线

交流安装现场的接线方法如图 11-5 所示，图中①是用一个单刀切断开关将电源与 CPU、所有的输入电路和输出（负载）电路隔离开；图中②是用一台过电流保护设备来保护 CPU 的电源、输出点以及输入点，用户也可以为每个输出点加上熔丝或熔断器以扩大保护范围；图中③是当用户使用 Micro PLC 24V DC 传感器电源时，由于该传感器具有短路保护，所以可以取消输入点的外部过电流保护；图中④是将 S7-200 的所有地线端子与最近接地点相连接，以获得最好的抗干扰能力；图中⑤是本机单元的直流传感器电源可用来为本机单元的输入；图中⑥和⑦是扩展 DC 输入以及扩展继电器线圈供电，这一传感器电源具有短路保护功能；在大部的安装中，常将图中⑧的传感器的供电 M 端子接到地上可以获得最佳的噪声抑制。

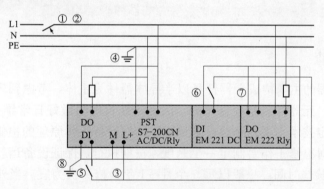

图 11-5　交流安装现场的接线方法

2. 直流安装现场接线

直流安装现场的接线方法如图 11-6 所示，图中①是用一个单刀切断开关将电源与 CPU、所有的输入电路和输出（负载）电路隔离开；图中②是用过电流保护设备保护 CPU 电源；图中③是用过电流保护设备保护输出点；图中④是用过电流保护设备保护输入点；用户可以在每个输出点加上熔丝或熔断器进行过电流防护，当用户使用 Micro 24V DC 传感器电源时，可以取消输入点的外部过电流保护，因为传感器电源内部带有限流功能。图中⑤是加上一个外部电容，以确保 DC 电源有足够的抗冲击能力，从而保证在负载突变时，可以维持一个稳定的电压；图中⑥是在大部分的应用中，把所有的 DC 电源接到地可以得到最佳的噪声抑制。图中⑦是在未接地的 DC 电源的公共端与保护地之间并联电阻与电容，其中电阻提供了静电释放通路，电容提供高频噪声通路，它们的典型值是 $1M\Omega$ 和 4700pF；图中⑧是将 S7-200 所有的接地端子与最近接地点连接，以获得最好的抗干扰能力。

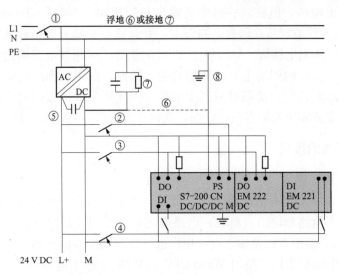

图 11-6　直流安装现场的接线方法

11.3　PLC的维护和检修

11.3.1　维护检查

　　可编程控制器的主要构成元器件是以半导体器件为主体，考虑到环境的影响，随着使用时间的增长，元器件总是要老化的。因此定期检修与做好日常维护是非常必要的。要有一支具有一定技术水平、熟悉设备情况、掌握设备工作原理的检修队伍，做好对设备的日常维修。对检修工作要制定一个制度，按期执行，保证设备运行状况最优。每台PLC 都有确定的检修时间，一般以每 6 个月～1 年检修一次为宜。当外部环境条件较差时，可以根据情况把检修间隔缩短。定期检修的内容见表 11-2。

表 11-2　　　　　　　　　　　　可编程控制器定期检修

序号	检修项目	检 修 内 容	判 断 标 准
1	供电电源	在电源端子处测量电压波动范围是否在标准范围内	电动波动范围：85％～110％供电电压
2	运行环境	环境温度	0～55℃
		环境湿度	35％～85％RH，不结露
		积尘情况	不积尘
		振动频率	频率：10～50Hz，幅度：0.5mm

序号	检修项目	检 修 内 容	判 断 标 准
3	输入输出用电源	在输入输出端子处测电压变化是否在标准范围内	以各输入输出规格为准
4	安装状态	各单元是否可靠固定	无松动
		电缆的连接器是否完全插紧	无松动
		外部配线的螺钉是否松动	无异常
5	寿命元件	电池、继电器、存储器	以各元件规格为准

11.3.2 故障排除

应该说 PLC 是一种可靠性、稳定性极高的控制器。只要按照其技术规范安装和使用，出现故障的概率极低。但是，一旦出现了故障，一定要按表 11-3 所示步骤进行检查、处理。特别是检查由于外部设备故障造成的损坏。一定要查清故障原因，待故障排除以后再试运行。

表 11-3   PLC 硬件故障诊断表

问题	故障原因	解决方法
输出不工作	被控制的设备产生了损坏	当接到感性负载时，（例如电机或继电器），需要接入一个抑制电路
	程序错误	修改程序
	接线松动或不正确	检查接线，如果不正确，要改正
	输出过载	检查输出的负载功率
	输出被强制	检查 CPU 是否有被强制的 I/O
S7-200 上 SF（系统故障）灯亮（红）	用户程序错误（0003、0011、0012、0014）	对于编程错误，检查 FOR、NEXT、JMP、LBL 和比较指令的用法
	电气干扰（0001 到 0009）	控制面板良好接地和高电压与低电压不并行引线是很重要的
	元件损坏（0001 到 0010）	把 24V DC 传感器电源的 M 端子接到
LED 灯全部不亮	保险丝烧断	把电源分析器连接到系统，检查过电压尖峰的幅值和持续时间。根据检查结果，给系统加一个合适的抑制设备
	24V 供电线接反	重新接入
	不正确的供电电压	接入正确供电电压
电气干扰问题	不合适的接地	正确接地
	在控制柜内交叉配线	把 24V DC 传感器电源的 M 端子接到地。确保控制面板良好接地和高电压与低电压不并行引线
	对快速信号配置了输入滤波器	增加系统数据块中的输入滤波器的延迟时间
当连接一个外部设备时通讯网络损坏	如果所有的非隔离设备（例如 PLC、计算机或其他设备）连到一个网络，而该网络没有共同的参考点，通讯电缆提供了一个不期望的电流通路。这些不期望的电流可以造成通讯错误或损坏电路	购买隔离型 PC/PPI 电缆。当连接没有共同电气参考点的机器时，购买隔离型 RS-485 到 RS-485 中继器

西门子S7-200 PLC从入门到精通（第二版）

11.3.3 错误代码

S7-200 的每个错误代码都代表相应的含义，见表 11-4。

表 11-4   S7-200 错误代码

类型	错误代码	描述
致命错误代码和信息（从CPU读出的致命错误）	0000	无致命错误
	0001	用户程序编译错误
	0002	编译后的梯形图程序错误
	0003	扫描看门狗超时错误
	0004	内部 EEPROM 错误
	0005	内部 EEPROM 用户程序检查错误
	0006	内部 EEPROM 配置参数检查错误
	0007	内部 EEPROM 强制数据检查错误
	0008	内部 EEPROM 默认输出表值检查错误
	0009	内部 EEPROM 用户数据、DBI 检查错误
	000A	存储器卡失误
	000B	存储器卡上用户程序检查错误
	000C	存储器卡配置参数检查错误
	000D	存储器卡强制数据检查错误
	000E	存储器卡默认输出表值检查和错误
	000F	存储器卡用户数据，DBI 检查错误
	0010	内部软件错误
	0011	比较接点间接寻址错误
	0012	比较接点非法值错误
	0013	存储器卡空或者 CPU 不识别该卡
	0014	比较接口范围错误
程序运行错误代码和信息	0000	无错误
	0001	执行 HDED 之前，HSC 禁止
	0002	输入中断分配冲突并分配给 HSC
	0003	到 HSC 的输入分配冲突、已分配给输入中断
	0004	在中断程序中企图执行 ENI、DISI、或 HDEF 指令
	0005	第一个 HSC/PLS 执行之前，又企图执行同编号的第二个 HSC/PLS
	0006	间接寻址错误
	0007	TODW（写实时时钟）或 TODR（读实时时钟）数据错误
	0008	用户子程序嵌套层数超过规定
	0009	在程序执行 XMT 或 RCV 时，通信口 0 又执行另一条 SMT/RCV 指令
	000A	HSC 执行时，又企图用 HDEF 指令再定义该 HSC
	000B	在通信口 1 上同时执行 XMT/RCV 指令

类型	错误代码	描 述
程序运行错误代码和信息	000C	时钟存储卡不存在
	000D	重新定义已经使用的脉冲输出
	000E	PTO 个数设为 0
	0091	范围错误：检查操作数范围
	0092	某条指令的计数域错误（带计数信息）：检查最大计数范围
	0094	范围错误（带地址信息）：写无效存储器
	009A	用户中断程序试图转换成自由口模式
	009B	非法指令（字符串操作中起始位置值指定为 0）
程序编译错误（非致命）代码	0080	程序太大无法编译，需缩短程序
	0081	堆栈溢出，需把一个网络分成多个网络
	0082	非法指令
	0083	无 MEND 或主程序中有不允许的指令，加条 MEND 或删去不正确的指令
	0084	保留
	0085	无 FOR 指令，加上一条 FOR 指令或删除 NEXT 指令
	0086	无 NEXT 指令，加上 NEXT 指令或删除 FOR 指令
	0087	无标号（LBL、INT、SBR），加上合适符号
	0088	无 RET 或子程序中有不允许的指令，加条 RET 或删除不正确的指令
	0089	无 RET 或中断程序有不允许的指令，加条 RETI 或删除不正确的指令
	008A	保留
	008B	从/向一个 SCR 段的非法跳转
	008C	标号重复（LBL、INT、SBR），重新命名标号
	008D	非法标号（LBL、INT、SBR），确保标号数在允许范围内
	0090	非法参数，确认指令所允许的参数
	0091	范围错误（带计数器信息），确认最大计数器范围
	0092	指令计数域错误（带计数器信息），确认最大计数范围
	0093	FOR/NEXT 嵌套层数超出范围
	0094	这个错误在运行错误里面标志，没有问题
	0095	无 LSCR 指令（装载 SCR）
	0096	无 SCRE 指令或 SCRE 指令或 SCRE 前面有不允许的指令
	0097	用户程序包含了非法的数字编码和数字编码的 EV/ED 指令
	0098	在运行模式进行非法编辑（试图编辑非数字编辑的 EV/ED 指令）
	0099	隐含网络段太多
	009B	非法指针
	009C	超出指令最大长度

附录 A S7 - 200 的 SIMATIC 指令集速查表

S7 - 200 的 SIMATIC 指令集速查表见表 A - 1。

表 A - 1   S7 - 200 的 SIMATIC 指令集速查表

类型	指令名称	指令描述
装载	LD N	装载（电路开始的动合触头）
	LDI N	立即装载
	LDN N	取反后装载（电路开始的动断触点）
	LDNI N	取反后立即装载
与	A N	与（串联的动合触头）
	AI N	立即与
	AN N	取反后与（串联的动断触头）
	ANI N	取反后立即与
或	O N	或（并联的动合触头）
	OI N	立即或
	ON N	取反后或（并联的动断触头）
	ONI N	取反后立即或
比较	LDBx N1, N2	装载字节的比较结果，N1（x1：<, <=, =, >, <>）N2
	ABx N1, N2	与字节比较的结果，N1（x1：<, <=, =, >, <>）N2
	OBx N1, N2	或字节比较的结果，N1（x1：<, <=, =, >, <>）N2
	LDWx N1, N2	装载字比较的结果，N1（x1：<, <=, =, >, <>）N2
	AWx N1, N2	与字比较的结果，N1（x1：<, <=, =, >, <>）N2
	OWx N1, N2	或字比较的结果，N1（x1：<, <=, =, >, <>）N2
	LDDx N1, N2	装载双字的比较结果，N1（x1：<, <=, =, >, <>）N2
	ADx N1, N2	与双字比较的结果，N1（x1：<, <=, =, >, <>）N2
	ODx N1, N2	或双字比较的结果，N1（x1：<, <=, =, >, <>）N2
	LDRx N1, N2	装载实数的比较结果，N1（x1：<, <=, =, >, <>）N2
	ARx N1, N2	与实数的比较结果，N1（x1：<, <=, =, >, <>）N2
	ORx N1, N2	或实数的比较结果，N1（x1：<, <=, =, >, <>）N2
取反	NOT	栈顶值取反
检测	EU	上升沿检测
	ED	下降沿检测
赋值	= Bit	赋值（线圈）
	=I Bit	立即赋值
置位	S Bit, N	置位一个区域
	SI Bit, N	立即置位一个区域

布尔指令

类型		指令名称	指 令 描 述
布尔指令	复位	R Bit, N	复位一个区域
		RI Bit, N	立即复位一个区域
	字符串比较	LDSx IN1, IN2	装载字符串比较结果，N1（x：＝，＜＞）N2
		ASx IN1, IN2	与字符串比较结果，N1（x：＝，＜＞）N2
		OSx IN1, IN2	或字符串比较结果，N1（x：＝，＜＞）N2
	电路块	ALD	与装载（电路块串联）
		OLD	或装载（电路块并联）
	栈	LPS	逻辑入栈
		LRD	逻辑读栈
		LPP	逻辑出栈
		LDS N	装载堆栈
		AENO	对 ENO 进行与操作
数学增减1函数	加法	＋I IN1, OUT	整数加法，IN1＋OUT＝OUT
		＋D IN1, OUT	双整数加法，IN1＋OUT＝OUT
		＋R IN1, OUT	实数加法，IN1＋OUT＝OUT
	减法	－I IN1, OUT	整数减法，OUT－IN1＝OUT
		－D IN1, OUT	双整数减法，OUT－IN1＝OUT
		－R IN1, OUT	实数减法，OUT－IN1＝OUT
	乘法	MUL IN1, OUT	整数乘整数得双整数
		＊I IN1, OUT	整数乘法，IN1＊OUT＝OUT
		＊D IN1, OUT	双整数乘法，IN1＊OUT＝OUT
		＊R IN1, OUT	实数乘法，IN1＊OUT＝OUT
	除法	DIV IN1, OUT	整数除整数得双整数
		/I IN1, OUT	整数除法，OUT/IN1＝OUT
		/D IN1, OUT	双整数除法，OUT/IN1＝OUT
		/R IN1, OUT	实数除法，OUT/IN1＝OUT
	平方根	SQRT IN, OUT	平方根
	自然对数	LN IN, OUT	自然对数
	自然指数	EXP IN, OUT	自然指数
	正弦数	SIN IN, OUT	正弦数
	余弦数	COS IN, OUT	余弦数
	正切数	TAN IN, OUT	正切数
	加1	INCB OUT	字节加1
		INCW OUT	字加1
		INCD OUT	双字加1

续表

类型		指令名称	指 令 描 述
数学增减1函数	减1	DECB OUT	字节减1
		DECW OUT	字减1
		DECD OUT	双字减1
	PID回路	PID Table, Loop	PID回路
定时器和计数器	定时器	TON Txxx, PT	接通延时定时器
		TOF Txxx, PT	断开延时定时器
		TONR Txxx, PT	保持型接通延时定时器
		BITIM OUT	启动间隔定时器
		CITIM IN, OUT	计算间隔定时器
	计数器	CTU Cxxx, PV	加计数器
		CTD Cxxx, PV	减计数器
		CTUD Cxxx, PV	加/减计数器
实时时钟	读/写时钟	TODR T	读实时时钟
		TODW T	写实时时钟
	扩展读/写时钟	TODRX T	扩展读实时时钟
		TODWX T	扩展写实时时钟
程序控制	程序结束	END	程序的条件结束
	切换STOP	STOP	切换到STOP模式
	看门狗	WDR	看门狗复位9300ms0
	跳转	JMP N	跳到指定的标号
		LBL N	定义一个跳转的标号
	调用	CALL N (N1…)	调用子程序，可以有16个可选参数
		CRET	从子程序条件返回
	循环	FOR INDX, INIT, FINAL NEXT	FOR/NEXT循环
	顺控继电器	LSCR N	顺序继电器段的启动
		SCRT N	顺序继电器段的转换
		CSCRE	顺序继电器段的条件结束
		SCRE	顺序继电器段的结束
	诊断LED	DLED IN	实时时钟
传送移位循环填充	传送	MOVB IN, OUT	字节传送
		MOVW IN, OUT	字传送
		MOVD IN, OUT	双字传送
		MOVR IN, OUT	实数传送

类型		指令名称	指 令 描 述
传送移位循环填充	立即读/写	BIR IN，OUT	立即读物理输入字节
		BIW IN，OUT	立即写物理输出字节
	块传送	BMB IN，OUT，N	字节块传送
		BMW IN，OUT，N	字块传送
		BMD IN，OUT，N	双字块传送
	交换	SWAP IN	交换字节
	移位	SHRB DATA，S_BIT，N	移位寄存器
		SRB OUT，N	字节右移 N 位
		SRW OUT，N	字右移 N 位
		SRD OUT，N	双字右移 N 位
		SLB OUT，N	字节左移 N 位
		SLW OUT，N	字左移 N 位
		SLD OUT，N	双字左移 N 位
		RRB OUT，N	字节循环右移 N 位
		RRW OUT，N	字循环右移 N 位
		RRD OUT，N	双字循环右移 N 位
		RLB OUT，N	字节循环左移 N 位
		RLW OUT，N	字循环左移 N 位
		RLD OUT，N	双字循环左移 N 位
	填充	FILL IN，OUT，N	用指定元素填充存储器空间
逻辑操作	逻辑与	ANDB IN1，OUT	字节逻辑与
		ANDW IN1，OUT	字逻辑与
		ANDD IN1，OUT	双字逻辑与
	逻辑或	ORB IN1，OUT	字节逻辑或
		ORW IN1，OUT	字逻辑或
		ORD IN1，OUT	双字逻辑或
	逻辑异或	XORB IN1，OUT	字节逻辑异或
		XORW IN1，OUT	字逻辑异或
		XORD IN1，OUT	双字逻辑异或
	取反	INVBB IN1，OUT	字节取反（1 的补码）
		INVW IN1，OUT	字取反
		INVD IN1，OUT	双字取反
字符串指令	字符串长度	SLEN IN，OUT	求字符串长度
	连接字符串	SCAT IN，OUT	连接字符串
	复制字符串	SCPY IN，OUT	复制字符串
		SSCPY IN，INDX，N，OUT	复制子字符串
	查找字符串	CFED IN1，IN2，OUT	在字符串查找一个字符串
		SFND IN1，IN2，OUT	在字符串查找一个子字符串

类型		指令名称	指令描述
表查找转换指令	表取数	AFF TABLE, DATA	把数据加到表中
		LIFO TABLE, DATA	从表中取数据，后入先出
		FIFO TABLE, DTAT	从表中取数据，后入后出
	表查找	FND= TBL, PATRN, INDX	从表 TBL 中查找等于比较条件 PATRN 的数据
		FND<> TBL, PATRN, INDX	从表 TBL 中查找不等于比较条件 PATRN 的数据
		FND< TBL, PATRN, INDX	从表 TBL 中查找小于比较条件 PATRN 的数据
		FND> TBL, PATRN, INDX	从表 TBL 中查找大于比较条件 PATRN 的数据
	BCD 码和整数转换	BCDI OUT	BCD 码转换成整数
		IBCD OUT	整数转换成 BCD 码
	字节和整数转换	BTI IN, OUT	字节转换成整数
		ITB IN, OUT	整数转换成字节
	整数和双整数转换	ITD IN, OUT	整数转换成双整数
		DTI IN, OUT	双整数转换成整数
	实数转换	DTR IN, OUT	双整数转换成实数
		ROUND IN, OUT	实数四舍五入为双整数
		TRUNC IN, OUT	实数截位取整为双整数
	ASCII 码转换	ATH IN, OUT, LEN	ASCII 码转换成 16 进制数
		HTA IN, OUT, LEN	16 进制数转换成 ASCII 码
		ITA IN, OUT, LEN	整数转换成 ASCII 码
		DTA IN, OUT, LEN	双整数转换成 ASCII 码
		RTA IN, OUT, LEN	实数转换成 ASCII 码
	编码/译码	DECO IN, OUT	译码
		ENCO IN, OUT	编码
		SEG IN, OUT	7 段译码
	字符串转换	ITS IN, FMT, OUT	整数转换为字符串
		DTS IN, FMT, OUT	双整数转换为字符串
		STR IN, FMT, OUT	实数转换为字符串
	子字符串转换	STI IN, FMT, OUT	子字符串转换为整数
		STD IN, FMT, OUT	子字符串转换为双整数
		STR IN, FMT, OUT	子字符串转换为实数
中断	中断返回	CRETI	从中断程序有条件返回
	允许/禁止中断	ENI	允许中断
		DISI	禁止中断
	分配/解除中断	ATCH INT, EVENT	给中断事件分配中断程序
		DTCH EVENT	解除中断事件

类型		指令名称		指 令 描 述
网络	发送/接收	XMT	TABLE，PORT	自由端口发送
		RCV	TABLE，PORT	自由端口接收
	读/写	NETR	TABLE，PORT	网络读
		NETW	TABLE，PORT	网络写
	获取/设置	GPA	ADDR，PORT	获取端口地址
		SPA	ADDR，PORT	设置端口地址
高速计数器	定义模式	HDEF	HSC，MODE	定义高速计数器模式
	激活计数器	HSC	N	激活高速计数器
	脉冲输出	PLS	X	脉冲输出

附录 B　S7-200 系列特殊标志寄存器

特殊寄存器标志位提供了大量的状态和控制功能，特殊寄存器起到了 CPU 和用户程序之间交换信息和作用。特殊寄存器标志位能以位、字节、字或双字等形式使用。

1. SMB0：系统状态位

SM0.0　PLC 运行时，此位始终为 1。

SM0.1　PLC 首次扫描时为 1，可以用于初始化子程序。

SM0.2　如果断电保存的数据丢失，此位在一个扫描周期中为 1。

SM0.3　开机后进入 RUN 方式。

SM0.4　此位提供高低电平各 30s，周期为 1min 的时钟脉冲。

SM0.5　此位提供高低电平各 0.5s，周期为 1s 的时钟脉冲。

SM0.6　此位扫描时钟，本次扫描为 1，下次扫描为 0。可作为扫描计数器的输入。

SM0.7　指示模式开关的当前位置，0 为 TERM（终止），1 为 RUN（运行）。

2. SMB1：系统状态位

SM1.0　零标志，当执行某些结果为 0 时，该位置 1。

SM1.1　错误标志，当执行某些指令的结果为溢出或检测到非法数值时，该位置 1。

SM1.2　负数村志，当执行数学运算的结果为负数时，该位置 1。

SM1.3　当尝试用零除时，该位置 1。

SM1.4　当执行 ATT（Add to Table）指令时超出表的范围，该位置 1。

SM1.5　执行 LIFO 或 FIFO 指令时，试图从空表读取数据，该位置 1。

SM1.6　当把一个非 BCD 数转换成二进制时，该位置 1。

SM1.7　当 ASCII 码不能转换成有效的十六进制数时，该位置 1。

3. SMB2：自由口接收字符缓冲区

SMB2 为自由端口接收的缓冲区，在自由端口模式下从 PLC 端口 0 或端口 1 接收到的每一个字符。

4. SMB3：自由口奇偶校验错误

接收到的字符有奇偶校验错误时，SM3.0 被置 1。SM3.1～SM3.7 暂时保留。

5. SMB4：队列溢出

SM4.0　如果通信中断队列溢出时，该位置 1。

SM4.1　如果输入中断队列溢出时，该位置 1。

SM4.2　如果定时中断队列溢出时，该位置 1。

SM4.3　在运行时发现编程有问题，该位置 1。

SM4.4　当全局中断允许时，该位置 1。

SM4.5　端口 0 发送空闲时，该位置 1。

SM4.6　端口 1 发送空闲时，该位置 1。

SM4.7　当发生强行置位时，该位置 1。

6. SMB5：I/O 错误状态

SM5.0　有 I/O 错误时，该位置 1。

SM5.1　I/O 总线上连接了过多的数字量 I/O 点时，该位置 1。

SM5.2　I/O 总线上连接了过多的模拟量 I/O 点时，该位置 1。

SM5.3　I/O 总线上连接了过多的智能 I/O 模块时，该位置 1。

SM5.4～SM5.6 暂时保留。

SM5.7　DP 标准总线出现错误时（仅限 S7-215），该位置 1。

7. SMB6：CPU 标识（ID）寄存器

SM6.7～SM6.4＝0000 为 CPU212/CPU222。

SM6.7～SM6.4＝0010 为 CPU214/CPU224。

SM6.7～SM6.4＝0110 为 CPU221。

SM6.7～SM6.4＝1000 为 CPU215。

SM6.7～SM6.4＝1001 为 CPU216。

8. SMB8～SMB21：I/O 模块标识与错误寄存器

SMB8～SMB21 以字节对的形式用于 0～6 号扩展模块。偶数字节是模块标识寄存器，用于标记模块的类型、I/O 类型、输入和输出的点数，模块标识寄存器的各位功能见表 B-1。奇数字节是模块错误寄存器，提供该模块 I/O 的错误，错误标志寄存器的各位功能见表 B-2。

表 B-1　　识别标志寄存器的各位功能

位号	7	6	5	4	3	2	1	0
标志位	M	T	T	A	I	I	Q	Q
标志	M＝0，模块已插入　M＝1，模块未插入	TT＝00，一般 I/O 模块　TT＝01，保留　TT＝10，非 I/O 模块　TT＝11，保留		A＝0，数字量 I/O　A＝1，模拟量 I/O	II＝00，无输入　II＝01，2AI/8DI　II＝10，4AI/16DI　II＝11，8AI/32DI		QQ＝00，无输出　AA＝01，8AQ/8DQ　QQ＝10，4AQ/16DQ　QQ＝11，8AQ/32DQ	

表 B-2　　错误标志寄存器的各位功能

位号	7	6	5	4	3	2	1	0
标志位	C	0	0	b	r	p	f	t
标志	C＝0，无错误　C＝1，组态错误			b＝0，无错误　b＝1，总线故障或奇偶错误	r＝0，无错误　r＝1，输出范围错误	p＝0，无错误　p＝1，没有用户电源错误	f＝0，无错误　f＝1，熔丝故障	t＝0，无错误　t＝1，终端错误

SMB8　模块 0 识别寄存器。

SMB9　模块 0 错误寄存器。

SMB10　模块 1 识别寄存器。

SMB11　模块 1 错误寄存器。

SMB12   模块 2 识别寄存器。

SMB13   模块 2 错误寄存器。

SMB14   模块 3 识别寄存器。

SMB15   模块 3 错误寄存器。

SMB16   模块 4 识别寄存器。

SMB17   模块 4 错误寄存器。

SMB18   模块 5 识别寄存器。

SMB19   模块 5 错误寄存器。

SMB20   模块 6 识别寄存器。

SMB21   模块 6 错误寄存器。

9. SMW22～SMW26：扫描时间

SMW22～SMW26 中分别以 ms 为单位的扫描时间

SMW22   上次扫描时间。

SMW24   进入 RUN 方式后，所记录的最短扫描时间。

SMW26   进入 RUN 方式后，所记录的最长扫描时间。

10. SMB28 和 SMB29：模拟电位器

SMB28   存储模拟电位 0 的输入值。

SMB29   存储模拟电位 1 的输入值。

11. SMB30 和 SMB130：自由端口控制寄存器

SMB30 和 SMB130 分别控制自由端口 0 和 1 的通信方式，用于设置通信的波特率和奇偶校验等，见表 B-3，并提供选择自由端口方式或使用系统支持的 PPI 通信协议。

表 B-3   自由端口控制寄存器标志

位号	7 6	5	4 3 2	1 0
标志符	pp	d	bbb	mm
标志	pp＝00，不校验 pp＝01，奇校验 pp＝10，不校验 pp＝11，偶校验	d＝0，每字符 8 位数据 d＝1，每字符 7 位数据	bbb＝000，38400bit/s bbb＝001，19200bit/s bbb＝010，9600bit/s bbb＝011，4800bit/s bbb＝100，2400bit/s bbb＝101，1200bit/s bbb＝110，600bit/s bbb＝111，300bit/s	mm＝00，PPI/从站模式 mm＝01，自由端口模式 mm＝10，PPI/主站模式 mm＝11，保留

12. SMB31 和 SMB32：EEPROM 写控制

SMB31   在用户程序的控制下，将 V 存储器中的数据存放 EEPROM。

SMB32   在用户程序的控制下，将保存的数据地址存入 EEPROM。

13. SMB34 和 SMB35：定时中断时间间隔寄存器

SMB34   定义定时中断 0 的时间间隔（5～255ms，以 1ms 为增量）。

SMB35   定义定时中断 1 的时间间隔（5～255ms，以 1ms 为增量）。

14. SMB36～SMB65：高速计数器 HSC0、HSC1 和 HSC2 寄存器

SMB36   HSC0 当前状态寄存器。

SM36.5　HSC0 当前计数方向位，1 为增计数。

SM36.6　HSC0 当前计数等于预设值位，1 为等于。

SM36.7　HSC0 当前计数大于预设值位，1 为大于。

SMB37　HSC0 控制寄存器。

SM37.0　HSC0 复位操作的有效电平控制位，0 高电平复位有效；1 低电平复位有效。

SM37.2　HSC0 正交计数器的计数速率选择，0 为 4 倍速；1 为 1 倍速。

SM37.3　HSC0 方向控制位，1 为增计数。

SM37.4　HSC0 更新方向位，1 为更新。

SM37.5　HSC0 更新预设值，1 为更新。

SM37.6　HSC0 更新当前值，1 为更新。

SM37.7　HSC0 允许位，0 为禁；1 为允许。

SMD38　HSC0 新的当前值。

SMD42　HSC0 新的预设值。

SMB46　HSC1 当前状态寄存器。

SM46.5　HSC1 当前计数方向位，1 为增计数。

SM46.6　HSC1 当前计数等于预设值位，1 为等于。

SM46.7　HSC1 当前计数大于预设值位，1 为大于。

SMB47　HSC1 控制寄存器。

SM47.0　HSC1 复位操作的有效电平控制位，0 高电平复位有效；1 低电平复位有效。

SM47.2　HSC1 正交计数器的计数速率选择，0 为 4 倍速；1 为 1 倍速。

SM47.3　HSC1 方向控制位，1 为增计数。

SM47.4　HSC1 更新方向位，1 为更新。

SM47.5　HSC1 更新预设值，1 为更新。

SM47.6　HSC1 更新当前值，1 为更新。

SM47.7　HSC1 允许位，0 为禁；1 为允许。

SMD48　HSC1 新的当前值。

SMD52　HSC1 新的预设值。

SMB56　HSC2 当前状态寄存器。

SM56.5　HSC2 当前计数方向位，1 为增计数。

SM56.6　HSC2 当前计数等于预设值位，1 为等于。

SM56.7　HSC2 当前计数大于预设值位，1 为大于。

SMB57　HSC2 控制寄存器。

SM57.0　HSC2 复位操作的有效电平控制位，0 高电平复位有效；1 低电平复位有效。

SM57.2　HSC2 正交计数器的计数速率选择，0 为 4 倍速；1 为 1 倍速。

SM57.3　HSC2 方向控制位，1 为增计数。

SM57.4　HSC2 更新方向位，1 为更新。

SM57.5　HSC2 更新预设值，1 为更新。

SM57.6　HSC2 更新当前值，1 为更新。

SM57.7　HSC2 允许位，0 为禁；1 为允许。

SMD58　HSC2 新的当前值。

SMD62　HSC2 新的预设值。

15. SMB66～SMB85：监控脉冲输出 PTO 和脉宽调制 PWM 功能

SMB66　PTO0/PWM0 状态寄存器。

SM66.4　PTO0 包络溢出，0 无溢出；1 有溢出（由于增量计算错误）。

SM66.5　PTO0 命令终止，0 不由用户命令终止；1 由用户命令终止。

SM66.6　PTO0 管道溢出，0 无溢出；1 有溢出。

SM66.7　PTO0 空闲位，0 空闲；1 忙。

SMB67　PTO0/PWM0 控制寄存器。

SM67.0　PTO0/PWM0 更新周期，1 写新的周期值。

SM67.1　PWM0 更新脉冲宽度，1 写新的脉冲宽度。

SM67.2　PTO0 更新脉冲量，1 写新的脉冲量。

SM67.3　PTO0/PWM0 基准时间，0 为 1μs；1 为 1ms。

SM67.4　同步更新 PWM0，0 异步更新；1 同步更新。

SM67.5　PTO0 操作，0 单段操作；1 多段操作。

SM67.6　PTO0/PWM0 模式选择，0 为 PTO0；1 为 PWM0。

SM67.7　PTO0/PWM0 允许位，0 禁止；1 允许。

SMW68　PTO0/PWM0 周期值（2～65536 倍的时间基准）。

SMW70　PWM0 脉冲宽度值（0～65536 倍的时间基准）。

SMD72　PTO0 脉冲宽度值（1～$2^{32}-1$ 倍的时间基准）。

SMB76　PTO1/PWM1 状态寄存器。

SM76.4　PTO1 包络溢出，0 无溢出；1 有溢出（由于增量计算错误）。

SM76.5　PTO1 命令终止，0 不由用户命令终止；1 由用户命令终止。

SM76.6　PTO1 管道溢出，0 无溢出；1 有溢出。

SM76.7　PTO1 空闲位，0 空闲；1 忙。

SMB77　PTO1/PWM1 控制寄存器。

SM77.0　PTO1/PWM1 更新周期，1 写新的周期值。

SM77.1　PWM1 更新脉冲宽度，1 写新的脉冲宽度。

SM77.2　PTO1 更新脉冲量，1 写新的脉冲量。

SM77.3　PTO1/PWM1 基准时间，0 为 1μs；1 为 1ms。

SM77.4　同步更新 PWM1，0 异步更新；1 同步更新。

SM77.5　PTO1 操作，0 单段操作；1 多段操作。

SM77.6　PTO1/PWM1 模式选择，0 为 PTO1；1 为 PWM1。

SM77.7　PTO1/PWM1 允许位，0 禁止；1 允许。

SMW78　PTO1/PWM1 周期值（2～65536 倍的时间基准）。

SMW80　PWM1 脉冲宽度值（0～65536 倍的时间基准）。

SMD82 PTO1 脉冲宽度值（$1 \sim 2^{32} - 1$ 倍的时间基准）。

16. SMB86～SMB94、SMB186～SMB194：端口 0 和 1 接收信息控制

SMB86 端口 0 接收信息状态寄存器。

SM86.0 由于奇偶校验出错而终止接收信息，1 有效。

SM86.1 因已达到最大字符数而终止接收信息，1 有效。

SM86.2 因已超过规定时间而终止接收信息，1 有效。

SM86.5 收到信息的结束符。

SM86.6 由于输入参数错误或缺少起始和结束条件而终止接收信息，1 有效。

SM86.7 由于用户使用禁止命令而终止接收信息，1 有效。

SMB87 端口 0 接收信息控制寄存器。

SM87.2 0 与 SMW92 无关；1 为若超出 SMW92 确定的时间而终止接收信息。

SM87.3 0 为字符间定时器；1 为信息间定时器。

SM87.4 0 与 SMW90 无关；1 由 SMW90 中的值来检测空闲状态。

SM87.5 0 与 SMB89 无关；1 为结束符由 SMB89 设定。

SM87.6 0 与 SMB88 无关；1 为起始符由 SMB88 设定。

SM87.7 0 禁止接收信息；1 允许接收信息。

SMB88 起始符。

SMB89 结束符。

SMW90 空闲时间间隔的毫秒数。

SMW92 字符间/信息间定时器超时值（毫秒数）。

SMB94 接收字符的最大数（1～255）。

SMB186 端口 1 接收信息状态寄存器。

SM186.0 由于奇偶校验出错而终止接收信息，1 有效。

SM186.1 因已达到最大字符数而终止接收信息，1 有效。

SM186.2 因已超过规定时间而终止接收信息，1 有效。

SM186.5 收到信息的结束符。

SM186.6 由于输入参数错误或缺少起始和结束条件而终止接收信息，1 有效。

SM186.7 由于用户使用禁止命令而终止接收信息，1 有效。

SMB187 端口 1 接收信息控制寄存器。

SM187.2 0 与 SMW192 无关；1 为若超出 SMW192 确定的时间而终止接收信息。

SM187.3 0 为字符间定时器；1 为信息间定时器。

SM187.4 0 与 SMW190 无关；1 由 SMW190 中的值来检测空闲状态。

SM187.5 0 与 SMB189 无关；1 为结束符由 SMB189 设定。

SM187.6 0 与 SMB188 无关；1 为起始符由 SMB188 设定。

SM187.7 0 禁止接收信息；1 允许接收信息。

SMB188 起始符。

SMB189 结束符。

SMW190 空闲时间间隔的毫秒数。

SMW192 字符间/信息间定时器超时值（毫秒数）。

SMB194　接收字符的最大数（1～255）。

17. SMW98：扩展总线错误计数器

当扩展总线出现校验错误时加1，系统得电或用户写入零时清零。

18. SMB136～SMB165：高速计数器HSC3、HSC4和HSC5寄存器

SMB136　HSC3当前状态寄存器。

SM136.5　HSC3当前计数方向位，1为增计数。

SM136.6　HSC3当前值等于预设值位，1为等于。

SM136.7　HSC3当前值大于预设值位，1为大于。

SMB137　HSC3控制寄存器。

SM137.0　HSC3复位操作的有效电平控制位，0高电平复位有效；1低电平复位有效。

SM137.2　HSC3正交计数器的计数速率选择，0为4倍速；1为1倍速。

SM137.3　HSC3方向控制位，1为增计数。

SM137.4　HSC3更新方向位，1为更新。

SM137.5　HSC3更新预设值，1为更新。

SM137.6　HSC3更新当前值，1为更新。

SM137.7　HSC3允许位，0为禁；1为允许。

SMD138　HSC3新的当前值。

SMD142　HSC3新的预设值。

SMB146　HSC4当前状态寄存器。

SM146.5　HSC4当前计数方向位，1为增计数。

SM146.6　HSC4当前计数等于预设值位，1为等于。

SM146.7　HSC4当前计数大于预设值位，1为大于。

SMB147　HSC4控制寄存器。

SM147.0　HSC4复位操作的有效电平控制位，0高电平复位有效；1低电平复位有效。

SM147.2　HSC4正交计数器的计数速率选择，0为4倍速；1为1倍速。

SM147.3　HSC4方向控制位，1为增计数。

SM147.4　HSC4更新方向位，1为更新。

SM147.5　HSC4更新预设值，1为更新。

SM147.6　HSC4更新当前值，1为更新。

SM147.7　HSC4允许位，0为禁；1为允许。

SMD148　HSC4新的当前值。

SMD152　HSC4新的预设值。

SMB156　HSC5当前状态寄存器。

SM156.5　HSC5当前计数方向位，1为增计数。

SM156.6　HSC5当前计数等于预设值位，1为等于。

SM156.7　HSC5当前计数大于预设值位，1为大于。

SMB157　HSC5控制寄存器。

SM157.0 HSC5 复位操作的有效电平控制位，0 高电平复位有效；1 低电平复位有效。

SM157.2 HSC5 正交计数器的计数速率选择，0 为 4 倍速；1 为 1 倍速。

SM157.3 HSC5 方向控制位，1 为增计数。

SM157.4 HSC5 更新方向位，1 为更新。

SM157.5 HSC5 更新预设值，1 为更新。

SM157.6 HSC5 更新当前值，1 为更新。

SM157.7 HSC5 允许位，0 为禁；1 为允许。

SMD158 HSC5 新的当前值。

SMD162 HSC5 新的预设值。

19. SMB166~SMB185：PTO0、PTO1 的包络步数、包络表地址和 V 存储器地址

SMB166 PTO0 的包络当前计数值。

SMB167 保留。

SMB168 PTO0 的包络表 V 存储地址（从 V0 开始的偏移量）。

SMB170~SMB175 保留。

SMB176 PTO1 的包络当前计数值。

SMB177 保留。

SMB178 PTO1 的包络表 V 存储地址（从 V0 开始的偏移量）。

SMB180~SMB185 保留。

20. SMB200~SMB549：智能模块状态

SMB200~SMB549 预留给智能扩展模块（例如 EM277 PROFIBUS-DP 模块）的状态信息。SMB200～SMB249 预留给系统的第一个扩展模块（离 CPU 最近的模块）；SMB250~SMB299 预留给第二个扩展模块。如果使用版本 2.2 之前的 CPU，应将智能模块放在非智能模块左边紧靠 CPU 的位置，已确保其兼容性。

参 考 文 献

[1] 陈忠平. 西门子 S7 - 200 系列 PLC 自学手册 [M]. 北京：人民邮电出版社，2008.

[2] 陈忠平. 三菱 FX/Q 系列 PLC 自学手册（第 2 版）[M]. 北京：人民邮电出版社，2019.

[3] 邬书跃，陈忠平. 电气控制与 PLC 原理及应用（第三版）[M]. 北京：中国电力出版社，2017.

[4] 陈忠平，侯玉宝. 三菱 FX$_{2N}$ PLC 从入门到精通 [M]. 北京：中国电力出版社，2015.

[5] 侯玉宝，陈忠平. 三菱 Q 系列 PLC 从入门到精通 [M]. 北京：中国电力出版社，2017.

[6] 陈忠平等. 西门子 S7 - 300/400 PLC 从入门到精通 [M]. 北京：中国电力出版社，2019.

[7] 陈忠平等. 欧姆龙 CP1H 系列 PLC 完全自学手册（第二版）[M]. 北京：化学工业出版社，2018.

[8] 向晓汉，陆彬. 西门子 PLC 工业通信网络应用案例精讲 [M]. 北京：化学工业出版社，2011.

[9] 吴志敏，阳胜峰. 西门子 PLC 与变频器、触摸屏综合应用教程 [M]. 北京：中国电力出版社，2009.